人工智能与电气应用

胡维昊 穆 钢 黄 琦 邱才明 刘俊勇 等 著

科 学 出 版 社

北 京

内 容 简 介

本书系统地阐述了人工智能与电气应用的理论基础及应用实践。全书共分为五部分，分别为理论篇、基于人工智能的故障诊断技术、基于人工智能的模式识别和预测技术、基于人工智能的控制和优化技术以及展望篇。

第一部分介绍人工智能技术的理论基础。第二部分介绍风机叶片覆冰故障检测技术、电网故障诊断技术、电力设备图像识别技术等方面的人工智能故障诊断技术。第三部分介绍电力指纹负荷识别技术、配电网可靠性评估技术、智能电网信息系统的假数据侵入识别技术、台风灾害下架空输电线路损毁预测技术等方面的人工智能模式识别和预测技术。第四部分介绍双有源全桥直流变换器效率优化技术、电力电子变换器实时控制技术、电网有功无功优化调度技术、配电网检修决策技术、多目标潮流优化控制技术与实践、混合能源系统优化技术等方面的人工智能控制和优化技术。第五部分分析并展望未来人工智能在电气工程中的应用前景。

本书内容翔实，层次结构合理、清晰，对人工智能与电气应用的基本概念、技术原理和应用场景等进行了系统阐述，涵盖了当今人工智能与电气应用的一系列研究与实践。因此，本书不但面向高校本科生和研究生，同时也面向人工智能和电气工程领域的工程技术人员，具有较高的阅研和应用价值。

图书在版编目（CIP）数据

人工智能与电气应用/胡维昊等著. —北京：科学出版社，2021.12（2023.2 重印）

ISBN 978-7-03-068226-0

Ⅰ. ①人… Ⅱ. ①胡… Ⅲ. ①人工智能②电工技术 Ⅳ. ①TP18②TM

中国版本图书馆 CIP 数据核字（2021）第 038619 号

责任编辑：叶苏苏 / 责任校对：王萌萌
责任印制：罗 科 / 封面设计：义和文创

科 学 出 版 社 出版
北京东黄城根北街 16 号
邮政编码：100717
http://www.sciencep.com
四川煤田地质制图印务有限责任公司 印刷
科学出版社发行 各地新华书店经销
*
2021 年 12 月第 一 版 开本：890 × 1240 1/16
2023 年 2 月第二次印刷 印张：34 3/4
字数：105 0000
定价：299.00 元
（如有印装质量问题，我社负责调换）

本书编写组名单

第一部分　理　论　篇

第1章　邱才明（华中科技大学）　　　密铁宾（上海交通大学）

第二部分　基于人工智能的故障诊断技术

第1章　胡维昊（电子科技大学）　　　陈健军（电子科技大学）
　　　　张蔓（电子科技大学）　　　　邓惠文（电子科技大学）
第2章　杨强（浙江大学）　　　　　　徐健（浙江大学）
第3章　罗国敏（北京交通大学）
　　　　黑嘉欣（国网冀北电力有限公司工程管理分公司）
第4章　张葛祥（成都理工大学）　　　董建平（成都理工大学）
　　　　荣海娜（西南交通大学）
第5章　郑含博（广西大学）
第6章　赵振兵（华北电力大学）　　　赵文清（华北电力大学）
　　　　翟永杰（华北电力大学）

第三部分　基于人工智能的模式识别和预测技术

第1章　余涛（华南理工大学）　　　　蓝超凡（华南理工大学）
第2章　黄南天（东北电力大学）
第3章　李更丰（西安交通大学）　　　黄玉雄（西安交通大学）
　　　　别朝红（西安交通大学）
第4章　肖浩（中国科学院电工研究所）　　裴玮（中国科学院电工研究所）
第5章　黎静华（广西大学）　　　　　韦善阳（广西大学）
　　　　黄乾（广西大学）　　　　　　黄玉金（广西大学）
第6章　万灿（浙江大学）　　　　　　宋智伟（浙江大学）
　　　　徐胜蓝（浙江大学）　　　　　赵长飞（浙江大学）
　　　　崔文康（浙江大学）
第7章　张东霞（中国电力科学研究院有限公司）　　韩肖清（太原理工大学）
第8章　侯慧（武汉理工大学）　　　　于士文（武汉理工大学）
　　　　李显强（武汉理工大学）
　　　　黄勇（广东电网有限责任公司电力科学研究院）
第9章　汤奕（东南大学）
第10章　刘俊勇（四川大学）　　　　　邱高（四川大学）
　　　　刘挺坚（四川大学）　　　　　刘友波（四川大学）

第四部分　基于人工智能的控制和优化技术

第1章　胡维昊（电子科技大学）　　　　　　　唐远鸿（电子科技大学）
　　　　王浩（电子科技大学）　　　　　　　　李坚（电子科技大学）
第2章　张欣（浙江大学）
第3章　陈宇（华中科技大学）
第4章　李英堂（兰州理工大学）　　　　　　　张孝顺（东北大学）
第5章　黄琦（电子科技大学）　　　　　　　　张国洲（电子科技大学）
　　　　王浩（电子科技大学）　　　　　　　　易建波（电子科技大学）
第6章　张孝顺（东北大学）
第7章　尚宇炜（中国电力科学研究院）　　　　吴文传（清华大学）
第8章　帅航（华中科技大学）　　　　　　　　方家琨（华中科技大学）
第9章　史迪（全球能源互联网美国研究院）
　　　　刁瑞盛（全球能源互联网美国研究院）
　　　　段嘉俊（全球能源互联网美国研究院）
　　　　王司琪（全球能源互联网美国研究院）
　　　　李海峰（国网江苏省电力有限公司）
　　　　徐春雷（国网江苏省电力有限公司）
　　　　王之伟（全球能源互联网美国研究院）
第10章　胡维昊（电子科技大学）　　　　　　曹迪（电子科技大学）
　　　　　李涛（电子科技大学）　　　　　　　张真源（电子科技大学）
第11章　胡维昊（电子科技大学）　　　　　　张斌（电子科技大学）
　　　　　杜月芳（电子科技大学）　　　　　　井实（电子科技大学）
第12章　黄琦（电子科技大学）　　　　　　　曹迪（电子科技大学）
　　　　　李坚（电子科技大学）　　　　　　　蔡东升（电子科技大学）

第五部分　展　望　篇

第1章　穆钢（东北电力大学）　　　　　　　　安军（东北电力大学）
　　　　周毅博（东北电力大学）　　　　　　　陈奇（东北电力大学）

序

　　智能电网的核心要义是"智能"。近些年，我国在智能电网的物理建设方面取得了显著的成果，但其智能化水平却表现不足。如何进一步提高智能化水平，是发展智能电网急需解决的问题。

　　以人工智能和大数据为核心的第四次工业革命已经悄然而至。人工智能，作为新一轮科技革命和产业革命的核心驱动力，正在对全球经济、社会进步和人类生活产生深刻的影响。2019 年，中国信息通信研究院发布了《全球人工智能产业数据报告》。该报告显示人工智能从基础研究、技术到产业，都进入了高速增长期。全球范围内越来越多的政府逐渐认识到人工智能在经济和战略上的重要性，并从国家战略上涉足人工智能。2017 年，美国发布《人工智能与国家安全》；英国于 2018 年发布了《产业战略：人工智能领域行动》政策文件；2019 年，日本政府制定"人工智能战略"。我国政府更是高度重视，2017 年国务院印发《新一代人工智能发展规划》，提出我国新一代人工智能发展的指导思想、战略目标、重点任务和保障措施。习总书记于 2019 年 3 月 19 日主持召开中央全面深化改革委员会第七次会议，通过了《关于促进人工智能和实体经济深度融合的指导意见》。2021 年 3 月发布的《"十四五"规划纲要和 2035 年远景目标纲要》指出"十四五"期间，我国新一代人工智能产业将着重构建开源算法平台，并在学习推理与决策、图像图形等重点领域进行创新。

　　借助人工智能技术来提升智能电网的智能水平，具有重要的研究意义。在这个目标的驱动下，我国在人工智能和智能电网的深度融合方向的研究和探索如雨后春笋般兴起，并迅速发展。我本人也一直密切关注，作为中国电工技术学会人工智能与电气应用专业委员会名誉主任委员之一，也见证了该书写作的启动过程。

　　可以说，该书的诞生是适时的且具有重要意义的。当前以深度学习、强化学习为代表的第三代人工智能技术在电气工程各领域的应用逐渐成为学术界和产业界关注的焦点，各类成果百花齐放，但目前国内尚无相关的书籍就近年来人工智能在电气工程中研究的最新成果进行梳理，系统介绍其基本概念、技术原理和应用场景。为帮助读者全面认识和理解电气人工智能，推动电气人工智能领域的可持续发展，该书集结了电气人工智能各技术方向的 70 余位一线专家组成的编写团队，集体攻关，历时 2 年有余，最终高质量完成。全书图文并茂，内容详实，数据丰富，对人工智能的基本概念、技术原理和在电力系统中的应用场景等进行了系统阐述。以人工智能为核心，详细介绍了人工智能在故障诊断、模式识别和预测、控制和优化三个层面上的具体技术和应用，是一本难得的佳作。在此，对编写团队表达衷心的祝贺！

　　该书的出版凝聚了编写团队的汗水与心血，既是一部有深度的理论专著，又是一本极具实用价值的参考书，具有极高的阅研和实用价值。它的出版发行，必将推动国内电气人工智能理论及技术的进一步发展。

周孝信

2021 年 11 月

前　　言

随着智能电网建设加速推进，高比例新能源接入、电力负荷的多样化以及电力市场化改革等发展趋势加剧了电网的复杂性，高维、时变、非线性问题越来越突出，使得电网运行存在高度不确定性，对电力系统的规划、调控、运行、分析提出了新的挑战。传统的建模、优化、控制技术存在诸多局限，已难以适应智能电网快速发展所带来的一系列挑战。

近年来，随着大数据时代的到来和计算机性能的飞跃，人工智能技术及其应用有了质的发展。新一代人工智能以算法为核心，以数据和硬件为基础，以提升感知识别、知识计算、认知推理、操作控制、人机交互能力为重点，是引领未来的战略性技术，人工智能作为新一轮产业变革的核心驱动力，将进一步释放历次科技革命和产业变革积蓄的巨大能量，是第四次工业革命的重要推动力。当前，世界主要国家均把发展人工智能作为提升国家竞争力的重大战略，2016 年 10 月，美国政府率先发布了《为人工智能的未来做好准备》和《国家人工智能研究与发展策略规划》两份重要报告；英国于同年 12 月发布了《人工智能：未来决策制定的机遇和影响》报告。2017 年 7 月国务院印发《新一代人工智能发展规划》，其中提出了新一代人工智能发展分三步走的战略目标，到 2030 年使中国人工智能理论、技术与应用总体达到世界领先水平，成为世界人工智能创新中心。2019 年 3 月，习近平总书记主持召开中央全面深化改革委员会第七次会议，在会议中指出要把握新一代人工智能发展的特点，坚持以市场需求为导向，以产业应用为目标，深化改革创新，优化制度环境，激发企业创新活力和内生动力，结合不同行业、不同区域特点，探索创新成果应用转化的路径和方法，构建数据驱动、人机协同、跨界融合、共创分享的智能经济形态。2020 年 4 月，国家发展改革委明确了新基建的范围，指出要深度应用互联网、大数据、人工智能等技术，支撑传统基础设施转型升级，进而形成新的融合基础设施，如智能交通基础设施、智慧能源基础设施等。

为推动新一代人工智能技术在电气工程中的发展与应用，共享学术和技术成果，本书作者就近年来人工智能在电气工程中研究的新理论、新技术、新进展、新应用，写成此书，希望对于关心这一领域的广大研究者有所裨益。全书共分为五个部分，分别为理论篇、基于人工智能的故障诊断技术、基于人工智能的模式识别和预测技术、基于人工智能的控制和优化技术以及展望篇。

第一部分理论篇主要介绍人工智能技术的理论基础，对人工智能技术及主要分支概况进行详细的说明，并对人工智能的实现方式和发展情况进行详细的分析。

第二部分主要介绍基于人工智能的故障诊断技术，详细介绍风机叶片覆冰故障检测技术、风力发电机组机械故障智能辨识与诊断技术、柔直线路故障测距技术、电网故障诊断技术、电力设备图像识别及输电线路部件视觉检测技术等方面的人工智能的故障诊断技术。

第三部分主要介绍基于人工智能的模式识别和预测技术，详细介绍电力指纹负荷识别技术、基于用电行为特征重要度聚类的居民负荷预测技术、配电网可靠性评估技术、微网互动需求响应特性封装与预测技术、电力点功率预测和区间预测技术、风电功率预测技术、智能电网信息系统的假数据侵入识别技术、台风灾害下架空输电线路损毁预测技术、电力系统稳定性预测技术、新能源高渗透下电网断面传输极限精准预测与运行控制等方面的人工智能的模式识别和预测技术。

第四部分主要介绍基于人工智能的控制和优化技术，详细介绍双有源全桥直流变换器效率优化方案、两阶段谐振直流-直流变换器效率优化设计方法、电力电子变换器实时控制技术、新能源最大功率跟踪控制技术、风电场控制器参数调节技术、电网有功无功优化调度技术、配电网检修决策技术、微电网在线调度策略技术、多目标潮流优化控制与实践技术、配电网光伏逆变器协同控制技术、混合能源系统优化技术等方面的人工智能的控制和优化技术。

第五部分展望篇简要回顾人工智能的发展历史，分析并展望未来人工智能在电气工程中的应用前景。

本书各章节的编写人员详见于本书编写组名单，全书由胡维昊负责统稿审阅。本书在编撰、审稿、出版过程中，中国电工技术学会、中国电工技术学会人工智能与电气应用专业委员会以及相关的高等院校、科研院所、电网企业、发电企业、制造企业，都给予了很多帮助，同时科学出版社也为本书的出版发行提供了大力的支持，在此一并表示衷心的感谢。

人工智能依然处于高速发展时期，一些技术方法还处于不断的发展变革之中，可能会出现一些争议，人工智能技术在电气工程中的应用研究仍处于初步探索阶段。限于作者水平，书中难免会有疏漏之处，敬请广大读者批评指正。

作　者

2021 年 9 月

目　　录

第一部分　理　论　篇

第1章　人工智能技术 3

1.1　人工智能技术简介 3

1.2　人工神经网络 3

  1.2.1　人工神经网络简介 3

  1.2.2　人工神经网络基本结构 5

1.3　卷积神经网络 8

  1.3.1　卷积神经网络简介 8

  1.3.2　卷积神经网络基本结构 8

  1.3.3　几种典型的卷积神经网络 10

1.4　循环神经网络 13

  1.4.1　循环神经网络简介 13

  1.4.2　循环神经网络基本结构 13

  1.4.3　循环神经网络的输出层 14

  1.4.4　循环神经网络的参数优化 15

  1.4.5　长短期记忆网络 16

1.5　生成对抗神经网络 17

  1.5.1　生成对抗神经网络简介 17

  1.5.2　生成对抗神经网络的训练原理 18

  1.5.3　生成对抗神经网络的经典模型 19

  1.5.4　生成对抗神经网络模型的评价指标 21

  1.5.5　其他类型的生成模型 22

1.6　图网络 23

  1.6.1　图的简介 23

  1.6.2　图数据应用场景 23

  1.6.3　图嵌入 25

  1.6.4　图卷积神经网络 26

1.7　强化学习 31

  1.7.1　强化学习基本概念 31

  1.7.2　强化学习算法介绍 32

  1.7.3　强化学习实验环境 34

  1.7.4　强化学习和深度学习 35

参考文献 35

第二部分　基于人工智能的故障诊断技术

第1章　基于深度学习的风机叶片覆冰故障检测 ·············· 39

1.1　应用背景 ··· 39

1.2　基于深度学习的风机叶片覆冰故障检测整体框架 ········ 40

1.3　基于深度学习的风机叶片覆冰故障检测方法 ············ 41

　　1.3.1　数据处理 ··· 41

　　1.3.2　特征提取 ··· 41

　　1.3.3　算法简介 ··· 42

1.4　基于深度学习的风机叶片覆冰故障检测整体模型与算例分析 · 45

　　1.4.1　算例背景 ··· 46

　　1.4.2　算例分析 ··· 46

　　1.4.3　对比分析 ··· 48

1.5　本章小结 ··· 49

　　参考文献 ··· 49

第2章　基于深度学习的风力发电机组机械故障智能辨识与诊断 · 51

2.1　风电机组智能辨识与诊断需求 ·························· 51

2.2　风电机组故障诊断技术现状与趋势 ······················ 53

　　2.2.1　风电机组故障诊断主要方式与检测信号 ··········· 53

　　2.2.2　风电机组机械振动信号检测与分析方法 ··········· 54

　　2.2.3　风电机组机械故障辨识与诊断技术的发展趋势 ····· 55

2.3　风电机组轴承故障机理特性分析 ······················ 56

　　2.3.1　轴承部件分布与结构特征 ······················· 56

　　2.3.2　轴承部件失效原因分析 ························· 57

　　2.3.3　轴承部件故障信号特征 ························· 58

2.4　基于卷积神经网络的风电机组轴承故障诊断 ············ 59

　　2.4.1　基于 CNN 的故障辨识和诊断流程 ··············· 59

　　2.4.2　算例应用与结果分析 ··························· 62

2.5　基于多标签分类的风电机组轴承复合故障诊断 ·········· 68

　　2.5.1　轴承部件复合故障与诊断 ······················· 68

　　2.5.2　基于多标签分类的诊断方法 ····················· 68

　　2.5.3　算例应用与结果分析 ··························· 71

2.6　本章小结 ··· 73

　　参考文献 ··· 73

第3章　基于深度学习的柔直线路故障测距 ················· 76

3.1　高压直流输电线路行波分析 ···························· 77

　　3.1.1　行波的产生和传播 ····························· 77

　　3.1.2　行波的折反射 ································· 77

3.2　基于堆叠式自编码器的柔直线路故障测距 ·············· 78

　　3.2.1　堆叠式自编码器 ······························· 78

3.2.2　基于 SAE 的故障测距 ·· 79

3.2.3　SAE 参数选取 ··· 80

3.2.4　仿真结果 ··· 81

3.2.5　对比分析 ··· 84

3.3　基于堆叠式降噪自编码器的柔直线路故障测距 ····················· 85

3.3.1　堆叠式降噪自编码器 ·· 85

3.3.2　基于 SDAE 的故障测距 ··· 85

3.3.3　SDAE 参数选取 ··· 86

3.3.4　仿真结果 ··· 86

3.3.5　对比分析 ··· 92

3.4　本章小结 ··· 93

参考文献 ··· 93

第4章　基于脉冲神经膜计算模型的电网故障诊断 ······················· 95

4.1　脉冲神经膜计算基础 ··· 95

4.1.1　脉冲神经膜系统模型 ·· 95

4.1.2　模糊推理实数脉冲神经膜系统 ··································· 96

4.2　脉冲神经膜系统电网故障诊断 ······································ 100

4.2.1　基于脉冲神经膜系统的电网故障诊断框架 ····················· 100

4.2.2　网络拓扑分析 ·· 100

4.2.3　可疑故障元件分析 ·· 101

4.2.4　可疑故障元件模糊推理实数脉冲神经膜系统建模 ··············· 101

4.2.5　模糊推理 ·· 104

4.2.6　电网故障诊断案例分析 ··· 106

4.3　本章小结 ·· 108

参考文献 ·· 108

第5章　基于深度学习的电力设备图像识别 ······························ 110

5.1　引言 ··· 110

5.2　电力设备图像分析与处理 ··· 110

5.2.1　图像采集 ·· 110

5.2.2　图像处理 ·· 110

5.3　电力设备的图像识别技术研究 ······································ 115

5.3.1　基于卷积神经网络的图像分类与检测研究 ····················· 115

5.3.2　基于深度学习的电力设备图像识别技术应用 ··················· 122

5.4　本章小结 ·· 128

参考文献 ·· 128

第6章　基于深度学习的输电线路部件视觉检测 ························· 130

6.1　绝缘子视觉检测 ··· 130

6.1.1　基于深度特征表达的绝缘子红外图像定位方法 ················· 130

6.1.2　基于 R-FCN 的航拍巡线绝缘子检测方法 ····················· 132

6.1.3　基于候选目标区域生成的绝缘子检测方法 ····················· 136

　　　6.1.4　基于 Mask R-CNN 的输电线路绝缘子掉片检测方法 ················· 139

　　　6.1.5　基于深度特征表达的绝缘子表面缺陷分类方法 ··················· 140

　6.2　导地线视觉检测 ··· 142

　6.3　金具视觉检测 ··· 144

　　　6.3.1　防震锤检测 ·· 144

　　　6.3.2　间隔棒检测 ·· 145

　　　6.3.3　线夹检测 ·· 147

　6.4　螺栓视觉检测 ··· 149

　6.5　本章小结 ··· 150

　参考文献 ··· 150

第三部分　基于人工智能的模式识别和预测技术

第1章　基于机器学习的电力指纹负荷识别技术 ································· 153

　1.1　技术产生背景 ··· 153

　　　1.1.1　电网感知的内涵 ·· 153

　　　1.1.2　识别是能源互联网的基础 ·· 154

　　　1.1.3　当前识别技术存在的问题 ·· 155

　1.2　电力指纹定义与内涵 ··· 156

　　　1.2.1　电力指纹技术的定义 ·· 156

　　　1.2.2　基于电力指纹的五大识别 ·· 158

　　　1.2.3　电力指纹的优势 ·· 159

　1.3　电力指纹关键技术 ··· 159

　　　1.3.1　信号特征分析技术 ·· 159

　　　1.3.2　数据特征分析技术 ·· 161

　　　1.3.3　相关识别算法 ·· 161

　1.4　家用电器电力指纹研究 ··· 162

　　　1.4.1　家用电器的主要分类 ·· 162

　　　1.4.2　不同电器建模与数据分析 ·· 163

　　　1.4.3　家用电器的类型识别研究 ·· 164

　1.5　电力指纹应用场景 ··· 165

　　　1.5.1　相关应用技术 ·· 165

　　　1.5.2　安全用电实例 ·· 166

　1.6　本章小结 ··· 168

　参考文献 ··· 169

第2章　基于用电行为特征重要度聚类的居民负荷预测 ························· 170

　2.1　居民负荷时域波动性分析 ··· 171

　　　2.1.1　居民智能电表数据集 ·· 171

　　　2.1.2　居民负荷时域波动特性分析 ······································ 171

　　　2.1.3　负荷波动对聚类结果的影响 ······································ 172

　2.2　最优特征重要度聚类 ··· 173

　　　2.2.1 基于 RReliefF 的特征重要度分析 ·· 173

　　　2.2.2 FI 聚类实现 ··· 173

　　　2.2.3 FI-SDCKM 实用性 ·· 175

　2.3 负荷预测模型 ·· 176

　　　2.3.1 基于随机森林的负荷预测 ··· 176

　　　2.3.2 构建特征集合 ··· 177

　　　2.3.3 滚动预测模型中 RF 的预测精度 ·· 177

　2.4 负荷预测结果 ·· 178

　　　2.4.1 预测模型比较 ··· 178

　　　2.4.2 工作日和非工作日预测结果 ·· 179

　2.5 本章小结 ··· 180

　参考文献 ··· 180

第 3 章　基于机器学习的配电网可靠性评估技术 ··· 183

　3.1 概述 ··· 183

　　　3.1.1 基本概念和必要性 ·· 183

　　　3.1.2 配电网可靠性评估的基本原理 ·· 184

　　　3.1.3 挑战与机遇 ·· 188

　3.2 基于机器学习的可靠性评估框架 ·· 190

　　　3.2.1 传统的可靠性评估框架 ·· 190

　　　3.2.2 数据驱动的可靠性评估框架 ··· 190

　3.3 数据驱动的元件可靠性建模 ·· 192

　　　3.3.1 影响因子选择 ··· 192

　　　3.3.2 特征优选与集成学习模型 ·· 193

　3.4 基于感知机的系统状态评估 ·· 195

　　　3.4.1 感知机模型 ·· 195

　　　3.4.2 可靠性建模 ·· 196

　　　3.4.3 基于感知机的系统状态评估 ··· 197

　3.5 基于感知机的配电网可靠性评估 ·· 198

　　　3.5.1 可靠性评估算法 ·· 198

　　　3.5.2 可靠性指标建模 ·· 200

　　　3.5.3 测试算例 ··· 201

　3.6 结论与展望 ·· 203

　　　3.6.1 结论 ·· 203

　　　3.6.2 展望 ·· 203

　参考文献 ··· 204

第 4 章　基于深度学习的微网互动需求响应特性封装与预测 ······························ 205

　4.1 微网互动响应特性的深度学习封装与优化运行机制 ································ 205

　4.2 微网互动运行数据的特性挖掘与样本增量 ·· 206

　　　4.2.1 非参数核密度估计的微网互动数据特性挖掘 ··································· 206

　　　4.2.2 拉丁超立方抽样的数据样本增量 ··· 209

4.2.3 互动数据场景的聚类识别与分类 ·· 211

4.3 微网互动响应行为的深度学习封装方法 ····································· 213

4.3.1 深度学习的微网互动特性封装 ·· 213

4.3.2 对比算法 ·· 214

4.3.3 数据驱动的微网互动响应特性封装和预测流程 ·························· 215

4.4 算例分析与验证 ·· 216

4.4.1 不含储能装置的微网互动特性行为封装与结果分析 ···················· 216

4.4.2 含储能装置的微网互动特性行为封装与结果分析 ······················ 221

4.4.3 深度学习的微网互动特性学习收敛性和敏感性分析 ···················· 223

4.5 本章小结 ·· 225

参考文献 ·· 225

第 5 章　基于人工智能的电力点功率预测和区间预测技术 ···················· 227

5.1 基于 S-BGD 和梯度累积策略的改进深度学习光伏出力预测方法 ·········· 227

5.1.1 引言 ·· 227

5.1.2 传统深度学习算法 ·· 228

5.1.3 改进的深度学习算法 ·· 228

5.1.4 基于深度学习的光伏出力预测方法 ······································ 230

5.1.5 基于深度学习的光伏出力预测方法实例 ·································· 232

5.1.6 结论 ·· 236

5.2 基于改进混沌时间序列的风电功率区间预测方法 ························· 236

5.2.1 引言 ·· 236

5.2.2 基于传统混沌时间序列的风电功率区间预测方法 ························ 237

5.2.3 基于蚁群聚类算法和支持向量机的改进风电功率区间预测方法 ·········· 238

5.2.4 风电功率区间预测性能评价指标 ·· 240

5.2.5 算例分析 ·· 241

5.2.6 结论 ·· 245

5.3 基于改进权值优化模型的光伏功率区间预测 ····························· 245

5.3.1 引言 ·· 245

5.3.2 基于 RBF 神经网络的区间预测模型 ···································· 246

5.3.3 区间预测优化模型的建立与求解 ·· 248

5.3.4 光伏功率区间预测的具体步骤 ·· 250

5.3.5 算例分析 ·· 250

5.3.6 结论 ·· 253

5.4 基于强化自组织映射和径向基函数神经网络的短期负荷预测 ············· 254

5.4.1 引言 ·· 254

5.4.2 RBF 神经网络负荷预测方法 ·· 254

5.4.3 RL-SOM 方法的 RBF 中心训练方法 ·································· 256

5.4.4 RBF 神经网络负荷预测模型的整体参数训练 ···························· 258

5.4.5 仿真分析 ·· 259

5.4.6 结论 ·· 261

参考文献 ··261
本章附录：迭代更新公式表 ·································262

第6章　基于人工智能的风电功率预测 ·················263
6.1　人工智能在新能源发电预测技术中的应用现状 ·······263
　6.1.1　新能源发电现状 ···································263
　6.1.2　新能源发电预测研究现状 ·························263
6.2　统计学习与浅层神经网络在风电预测中的应用 ·······264
　6.2.1　BP神经网络在风电预测中的应用 ··················264
　6.2.2　支持向量机在风电预测中的应用 ··················265
6.3　深度学习在风电预测中的应用 ·······················267
　6.3.1　深度信念网络在风电预测中的应用 ················267
　6.3.2　长短期记忆神经网络在风电预测中的应用 ··········268
　6.3.3　多层感知机在风电预测中的应用 ··················269
6.4　基于集成学习的风电预测技术 ·······················270
　6.4.1　集成学习方法 ···································270
　6.4.2　基于简单平均方法的集成风电预测技术 ············271
6.5　算例分析 ··272
　6.5.1　实验数据及评价指标 ·····························272
　6.5.2　多时间尺度预测分析 ·····························274
　6.5.3　多季节场景下预测性能分析 ·······················276
6.6　本章小结 ··277
参考文献 ··277

第7章　应用机器学习识别智能电网信息系统的假数据侵入 ···279
7.1　信息系统假数据侵入点 ·····························279
7.2　假数据侵入方式 ···································279
7.3　假数据侵入后果 ···································280
7.4　假数据侵入和识别问题的数学描述 ··················281
7.5　基于机器学习的假数据识别 ·························281
　7.5.1　监督学习方法应用 ·······························281
　7.5.2　半监督学习 ···································284
　7.5.3　非监督学习方法应用 ·····························285
　7.5.4　强化学习 ·····································285
　7.5.5　假数据识别方法的效果评价 ·······················288
7.6　总结和展望 ·······································289
参考文献 ··289

第8章　基于机器学习的台风灾害下架空输电线路损毁预测技术 ···290
8.1　应用背景 ··290
8.2　台风灾害下输电线路损毁智能预测及可视化风险评估框架 ···291
8.3　台风灾害下输电线路损毁智能预测及可视化风险评估方法 ···292
　8.3.1　数据层 ···292

8.3.2　知识提取层 ··· 293

8.3.3　可视化处理层 ··· 295

8.4　算例分析 ··· 295

8.4.1　算例背景 ··· 295

8.4.2　数据层 ··· 295

8.4.3　知识提取层 ·· 297

8.4.4　可视化处理层 ·· 298

8.4.5　分析比较 ·· 299

8.5　泛化能力分析 ·· 301

8.5.1　模型通用性 ·· 301

8.5.2　样本数量级 ·· 301

8.6　本章小结 ··· 302

参考文献 ··· 302

第9章　基于人工智能算法的电力系统稳定性预测技术 ····························· 303

9.1　极限学习机算法 ··· 303

9.2　基于极限学习机的功角稳定性预测技术 ·· 305

9.2.1　功角稳定性预测模型的特征选取方法 ································· 307

9.2.2　基于极限学习机的功角稳定性预测在线实施方法 ···················· 307

9.2.3　基于极限学习机的暂态稳定预测模型应用分析 ······················ 308

9.3　频率响应模型与人工智能相结合的频率动态特征预测技术 ··················· 312

9.3.1　电力系统频率响应模型 ·· 312

9.3.2　基于极限学习机的系统频率响应模型校正方法 ······················ 314

9.3.3　电力系统受扰频率态势特征计算方法性能分析 ······················ 316

9.4　本章小结 ··· 317

参考文献 ··· 317

第10章　新能源高渗透下电网断面传输极限精准预测与运行控制 ················· 319

10.1　引言 ··· 319

10.2　物理模型驱动的 TTC 计算与控制模型 ·· 319

10.2.1　TTC 计算模型 ··· 319

10.2.2　TTC 计算模型的求解方法 ·· 320

10.2.3　TTC 控制模型 ··· 320

10.3　数据驱动的 TTC 计算 ·· 321

10.3.1　样本生成 ··· 321

10.3.2　特征选择 ··· 321

10.3.3　TTC 规则学习方法 ·· 322

10.4　数据驱动规则辅助的 TTC 调控方法 ·· 324

10.4.1　点估计规则驱动的 TTC 调控 ··· 325

10.4.2　感知数据规则欠控制风险的 TTC 调控 ································· 325

10.4.3　求解方法 ··· 326

10.5　测试算例 ··· 326

　　　10.5.1　测试系统概述 ·· 326
　　　10.5.2　数据驱动的 TTC 估计 ··· 327
　　　10.5.3　数据驱动规则辅助的 TTC 调控 ··· 327
　10.6　本章小结 ··· 329
　参考文献 ··· 329

第四部分　基于人工智能的控制和优化技术

第 1 章　基于强化学习的双有源全桥直流变换器效率优化方案 ·································· 333
　1.1　应用背景 ··· 333
　1.2　双有源全桥直流变换器的三重移相调制和损耗分析 ····························· 334
　　　1.2.1　三重移相调制的基本原理 ·· 334
　　　1.2.2　损耗分析 ··· 337
　1.3　采用 Q-learning 算法的效率优化方案 ·· 338
　　　1.3.1　Q-learning 算法 ··· 338
　　　1.3.2　Q-learning 算法的训练 ··· 339
　1.4　基于强化学习的效率优化方案的性能评价和比较 ·································· 341
　1.5　实验验证 ··· 345
　　　1.5.1　电感 L_k 的设计 ·· 346
　　　1.5.2　实验结果分析 ··· 346
　1.6　本章小结 ··· 349
　参考文献 ··· 350
第 2 章　基于人工智能的两阶段谐振直流-直流变换器效率优化设计方法 ·············· 351
　2.1　引言 ··· 351
　2.2　以效率为导向的两级优化设计方法的初步研究：$LCLC$ 谐振变换器和
　　　　总功率损耗的计算 ··· 353
　　　2.2.1　$LCLC$ 谐振变换器主要参数计算的回顾 ··· 353
　　　2.2.2　空间行波管应用中 $LCLC$ 谐振变换器的功率损耗分析 ················· 354
　2.3　空间行波管应用中 $LCLC$ 谐振变换器的两阶段效率优化设计方法 ·· 356
　　　2.3.1　一种面向效率的两阶段优化设计方法 ··· 356
　　　2.3.2　第一阶段：基于 GA+PSO 的最优参数提取 ······································· 357
　　　2.3.3　第二阶段：基于所提出的单层部分交错变压器结构实现最佳参数 ·· 360
　2.4　实验验证 ··· 364
　　　2.4.1　优化 $LCLC$ 谐振变换器的 ZVS 和 ZCS 特性验证 ························· 364
　　　2.4.2　验证所提出的 $LCLC$ 谐振变换器面向效率的两阶段优化设计方法 ·· 365
　2.5　本章小结 ··· 367
　参考文献 ··· 367
第 3 章　神经网络在电力电子变换器实时控制中的应用 ··· 370
　3.1　神经网络控制概述 ··· 370
　3.2　Buck 电路及其模型简述 ··· 371

3.3　基于神经网络的参数估计 ……………………………………………………… 373
　　3.3.1　Buck 变换器的"准神经网络"参数估计模型 ………………………… 373
　　3.3.2　"准神经网络"的训练 ………………………………………………… 374
　　3.3.3　参数估计示例 …………………………………………………………… 374
　　3.3.4　参数估计方法小结 ……………………………………………………… 375
3.4　基于离线训练的神经网络控制器设计 ……………………………………… 375
　　3.4.1　高性能控制器离线设计 ………………………………………………… 376
　　3.4.2　离线训练样本采样 ……………………………………………………… 376
　　3.4.3　神经网络的离线训练 …………………………………………………… 377
　　3.4.4　控制效果示例 …………………………………………………………… 379
　　3.4.5　离线训练设计方法小结 ………………………………………………… 381
3.5　基于在线训练的神经网络控制器设计 ……………………………………… 382
　　3.5.1　神经网络控制器的在线训练原理 ……………………………………… 383
　　3.5.2　在线训练示例 …………………………………………………………… 383
　　3.5.3　在线训练设计方法小结 ………………………………………………… 385
3.6　展望 …………………………………………………………………………… 386
参考文献 …………………………………………………………………………… 386
第 4 章　基于人工智能的新能源最大功率跟踪控制技术 …………………………… 387
4.1　基于人工智能的风力发电最大功率跟踪控制技术 ………………………… 387
　　4.1.1　风力发电系统的组成 …………………………………………………… 387
　　4.1.2　风力发电的最大功率跟踪问题 ………………………………………… 388
　　4.1.3　PSO 算法及其在风电 MPPT 中的应用 ……………………………… 389
　　4.1.4　中低风速下风电 MPPT 的动态匹配法 ……………………………… 390
4.2　基于人工智能的光伏及温差发电最大功率跟踪控制技术 ………………… 392
　　4.2.1　光伏及温差发电系统模型 ……………………………………………… 392
　　4.2.2　基于动态代理模型的最大功率跟踪算法原理 ………………………… 396
　　4.2.3　基于动态代理模型的 MPPT 设计 …………………………………… 397
　　4.2.4　算例仿真分析 …………………………………………………………… 399
4.3　本章小结 ……………………………………………………………………… 402
参考文献 …………………………………………………………………………… 403
第 5 章　基于深度强化学习的风电场控制器参数调节 …………………………… 404
5.1　应用背景 ……………………………………………………………………… 404
5.2　静止同步补偿器及其附加阻尼控制器 ……………………………………… 405
5.3　阻尼控制器的鲁棒设计 ……………………………………………………… 407
5.4　系统等效传递函数辨识 ……………………………………………………… 408
5.5　深度确定性策略梯度算法 …………………………………………………… 409
　　5.5.1　马尔可夫动态建模 ……………………………………………………… 409
　　5.5.2　深度策略梯度算法 ……………………………………………………… 409
5.6　算例分析 ……………………………………………………………………… 411
　　5.6.1　测试系统 …………………………………………………………………411

5.6.2　智能体离线训练过程 ···412
5.6.3　智能体在线运用 ··413
5.6.4　性能评估 ··414
5.7　本章小结 ··416
参考文献 ··416

第 6 章　基于群智能强化学习的电网有功无功优化调度 ···························418
6.1　群智能强化学习原理 ··418
6.1.1　联系记忆降维 ···418
6.1.2　多主体协同学习 ··419
6.1.3　动作选择 ··420
6.1.4　奖励函数 ··420
6.2　电网无功优化应用 ··421
6.2.1　电网无功优化模型 ··421
6.2.2　算法求解设计 ···422
6.2.3　算例仿真分析 ···423
6.3　微电网有功调度应用 ··429
6.3.1　微电网有功调度模型 ···429
6.3.2　算法求解设计 ···431
6.3.3　算例仿真分析 ···433
6.4　本章小结 ··436
参考文献 ··437

第 7 章　基于蒙特卡罗树搜索的配电网检修决策 ·································439
7.1　问题概述 ··439
7.1.1　配电网检修决策问题的研究现状 ···439
7.1.2　配电网检修决策的新挑战 ···440
7.2　考虑不确定性的配网检修优化决策模型 ··441
7.3　蒙特卡罗树搜索方法 ··444
7.4　蒙特卡罗树搜索方法的改进 ··445
7.4.1　考虑运行不确定性的蒙特卡罗树搜索方法 ··445
7.4.2　知识启发的随机蒙特卡罗树搜索方法 ··447
7.5　算例分析 ··448
7.6　本章小结 ··451
参考文献 ··451

第 8 章　基于 ADP 的微电网在线调度策略 ·······································453
8.1　自适应动态规划的基本思想 ··453
8.2　微电网在线调度数学模型 ··454
8.3　基于自适应动态规划的微电网在线调度算法 ··457
8.4　仿真分析 ··461
8.5　本章小结 ··467
参考文献 ··467

第 9 章　基于深度强化学习的多目标潮流优化控制与实践 ················ 468

　9.1　深度强化学习原理及核心算法 ···································· 468

　　9.1.1　DRL 概述 ·· 468

　　9.1.2　DQN 算法及其适用范围 ··································· 470

　　9.1.3　DDPG 算法及其适用范围 ································· 470

　　9.1.4　DQN 与 DDPG 算法的比较及应用方法 ···················· 470

　9.2　基于 DRL 的自主电压控制策略 ·································· 472

　　9.2.1　控制目标和样本的定义 ····································· 472

　　9.2.2　奖励机制定义 ··· 473

　　9.2.3　系统状态定义 ··· 473

　　9.2.4　控制动作集定义 ··· 474

　　9.2.5　基于 DRL 的自主电压控制实现流程 ························ 474

　9.3　基于 DRL 的自主线路潮流控制实现流程 ······················· 475

　9.4　算例分析及讨论 ·· 475

　　9.4.1　算例验证：基于 DRL 的自主电压控制 ····················· 476

　　9.4.2　基于 DRL 的线路潮流控制 ······························· 479

　9.5　基于深度强化学习的多目标潮流优化控制实践 ·················· 480

　　9.5.1　总体流程设计 ··· 480

　　9.5.2　最大熵强化学习算法 ······································· 481

　　9.5.3　实际系统测试结果 ··· 484

　9.6　本章小结 ·· 487

　参考文献 ··· 488

第 10 章　基于多智能体深度强化学习的配电网光伏逆变器协同控制 ······· 490

　10.1　应用背景 ··· 490

　10.2　本章所提方法描述 ··· 491

　　10.2.1　马尔可夫博弈过程 ·· 491

　　10.2.2　带有注意力机制的 MADDPG ······························ 492

　10.3　算例分析 ··· 493

　　10.3.1　训练过程 ··· 494

　　10.3.2　性能评估 ··· 495

　10.4　本章小结 ··· 496

　参考文献 ··· 496

第 11 章　基于深度强化学习的混合能源系统优化 ····················· 498

　11.1　应用背景 ··· 498

　11.2　混合能源系统结构与单体组件建模 ····························· 500

　　11.2.1　热泵和热电联产输出 ······································ 501

　　11.2.2　分布式供热系统 ·· 501

　11.3　深度强化学习算法 ··· 504

　　11.3.1　将动态能量分配问题阐述为马尔可夫决策过程 ·············· 504

　　11.3.2　采用 PPO 算法求解风电分配问题 ······················· 504

11.4　实验仿真 ·· 506
　　11.4.1　训练过程 ··· 506
　　11.4.2　三天数据仿真 ·· 507
　　11.4.3　算法对比 ··· 508
11.5　本章小结 ·· 509
参考文献 ·· 510

第 12 章　基于深度强化学习的风电厂商竞价策略研究 ····························· 511
12.1　应用背景 ·· 511
12.2　问题建模 ·· 512
12.3　马尔可夫建模 ·· 513
12.4　采用的方法 ··· 514
12.5　算例分析 ·· 516
　　12.5.1　算例背景 ··· 516
　　12.5.2　参数设置 ··· 516
　　12.5.3　测试集结果分析 ·· 517
12.6　本章小结 ·· 520
参考文献 ·· 520

第五部分　展　望　篇

第 1 章　人工智能在电气工程中应用的展望 ··· 523
1.1　人工智能发展的简要回顾 ··· 523
　　1.1.1　人工智能概念的演进 ·· 523
　　1.1.2　人工智能的发展进程回顾 ·· 523
1.2　人工智能在电气工程中应用的前景 ·· 526
　　1.2.1　人工智能发展的趋势 ·· 526
　　1.2.2　人工智能发展的主要推动力 ··· 527
　　1.2.3　电气工程中的人工智能应用需求 ··· 529
1.3　世界各国鼓励人工智能发展的规划与措施 ··· 529
　　1.3.1　我国发展人工智能的战略目标与规划 ··· 529
　　1.3.2　外国推动人工智能发展的规划和举措 ··· 530
参考文献 ·· 532

第一部分　理　论　篇

第1章　人工智能技术

1.1　人工智能技术简介

人工智能（Artificial Intelligence，AI）是计算机科学的一个分支，它使用计算机技术来理解和分析人类智能的本质。从语义分析的角度来说，"人工"是指人造的、科技的；"智能"是指智力能力，包括记忆、判断、思考、想象等。人工智能是研究、开发用于模拟、延伸和扩展人的智能的理论、方法、技术及应用系统的技术科学。它企图了解智能的实质，并生产出一种新的能以人类智能相似的方式做出反应的智能机器。因此，简单地讲，人工智能就是让机器具有人类的智能。

和很多其他学科不同，人工智能这个学科的诞生有着明确的标志性事件，就是1956年的达特茅斯（Dartmouth）会议。在这次会议上，"人工智能"被提出并作为本研究领域的名称。自此，研究者们发展了众多的理论和原理，人工智能的概念也随之扩展。在定义智慧时，英国科学家图灵做出了贡献：如果一台机器能够通过称为图灵实验的实验，那它就是智慧的。图灵实验的本质就是让人在不看外型的情况下不能区别是机器的行为还是人的行为时，这个机器就是智慧的。John McCarthy则提出了人工智能的定义：人工智能就是要让机器的行为看起来就像是人所表现出的智能行为一样。

人工智能包括十分广泛的科学，它由不同的领域组成，如机器学习、语言识别、图像识别、自然语言处理和专家系统等。但总的来说，人工智能研究的一个主要目标是使机器能够胜任一些通常需要人类智能才能完成的复杂工作。人工智能自诞生以来，理论和技术日益成熟，应用领域也不断扩大。可以设想，未来人工智能带来的科技产品，将是人类智慧的"容器"，可以对人的意识、思维的信息过程进行模拟。人工智能不是人的智能，但是能像人那样思考、也可能超过人的智能。

1.2　人工神经网络

1.2.1　人工神经网络简介

20世纪初，生物学家通过研究揭示了生物神经元的结构，如图1.1所示。

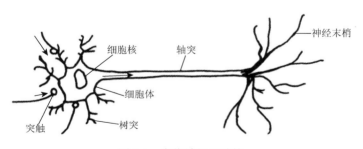

图 1.1　生物神经元结构

它主要包括突触、树突、细胞体、轴突等。突触是一个神经元的神经末梢与另一个神经元的树突或细胞体接触的地方，神经元之间通过突触建立联系，从而实现信息传递；树突是细胞体向外延伸的树枝状纤维体，用以接收其他神经元传递来的信息；轴突是细胞体向外延伸的一条又粗又长的纤维体，其末端有许多向外延伸的树枝状纤维体（神经末梢），用以输出神经元的信息。神经元通过树突接收来自其他神经元的信号，当信号的累积超出某个阈值时，神经元被激活，产生电脉冲，并通过轴突将脉冲信号传递给其他神经元。

受生物神经元工作机制启发，McCulloc 和 Pitts 于 1943 年提出了一种人工神经元模型[1]，其结构如图 1.2 所示。

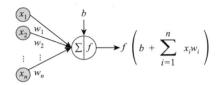

图 1.2　人工神经元模型

模型的输入 $x = [x_1, x_2, \cdots, x_n]$，输入权重 $w = [w_1, w_2, \cdots, w_n]$，偏置值用 b 表示，则神经元的累积输入（净输入）z 可表示为

$$z = b + \sum_{i=1}^{n} x_i w_i = b + w^{\mathrm{T}} x$$

净输入 z 经过激活函数 $f(\cdot)$ 产生神经元输出。

激活函数 $f(\cdot)$ 对神经元来说作用非常重要，直接决定了网络的表征能力，通常需要满足以下几方面性质：

（1）非线性可导函数，以便于网络参数的优化学习；

（2）导函数应尽可能简单，以确保网络的计算效率；

（3）导函数的值域应在一个合适的范围内，以确保训练的效率和稳定性。

常用的激活函数如下。

1）Sigmoid 型函数

Sigmoid 型函数为 S 型曲线函数，常用的有 Logistic 函数和 Tanh 函数。Logistic 函数定义为

$$f(x) = \frac{1}{1 + \exp(-x)}$$

Tanh 函数定义为

$$f(x) = \frac{\exp(x) - \exp(-x)}{\exp(x) + \exp(-x)}$$

2）ReLU 型函数

ReLU 型函数为斜坡函数，常见的有 ReLU 函数[2]、LReLU 函数[3]、PReLU 函数[4]、ELU 函数[5]和 Softplus 函数[6]。基本的 ReLU 函数定义为

$$f(x) = \begin{cases} x, & x \geqslant 0 \\ 0, & x < 0 \end{cases} = \max(0, x)$$

LReLU 函数定义为

$$f(x) = \begin{cases} x, & x \geqslant 0 \\ \gamma x, & x < 0 \end{cases} = \max(0, x) + \gamma \min(0, x)$$

γ 通常为一比较小的常数，如 0.001。PReLU 函数定义为

$$f(x) = \begin{cases} x, & x \geqslant 0 \\ \gamma_i x, & x < 0 \end{cases} = \max(0, x) + \gamma_i \min(0, x)$$

γ_i 为 $x < 0$ 时函数的斜率。ELU 函数定义为

$$f(x) = \begin{cases} x, & x \geq 0 \\ \gamma(\exp(x)-1), & x < 0 \end{cases} = \max(0,x) + \min\left(0, \gamma(\exp(x)-1)\right)$$

Softplus 函数是平滑版的 ReLU 函数，其定义为

$$f(x) = \log(1 + \exp(x))$$

3）Swish 函数

Swish 函数[7]为一种自门控函数，其定义为

$$f(x) = x\varphi(\alpha x)$$

其中，$\varphi(\cdot)$ 为 Logistic 函数；α 为一个固定超参数。

4）Maxout 函数

Maxout 函数[8]是一种分段线性函数，其输入是上一层神经元的全部原始输入，为一向量 x，每个 Maxout 单元有 K 个权重向量 w_k 和偏置 b_k（$1 \leq k \leq K$），其净输入 z_k 可以表示为

$$z_k = w_k^T x + b_k$$

该函数定义为

$$f(x) = \max(z_k)$$

1.2.2　人工神经网络基本结构

人工神经元是模拟生物神经元的一种简单实现，要想完成复杂的功能，单一神经元往往是不够的，需要很多神经元一起协作完成。多个神经元通过一定的连接方式进行协作便形成了神经网络。常见的神经网络结构包括前馈网络、反馈网络和图网络。

1. 前馈网络

前馈网络是结构上最简单的一种神经网络，各神经元分层排列，每个神经元只与前一层神经元相连，接收前一层神经元的输出，并将信息输出给下一层，各层神经元之间彼此没有连接。前馈网络是最常见、应用最广泛的网络结构，典型结构如图 1.3 所示。

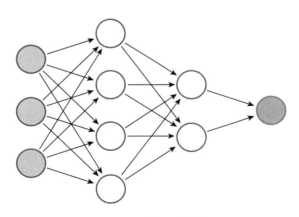

图 1.3　前馈网络结构

前馈网络通常由多层神经元构成，包括输入层、隐藏层和输出层，每一层神经元可以接收前一层神经元的信号，并产生信号输出到下一层，其网络示例如图 1.4 所示。网络的相关参数定义如下。

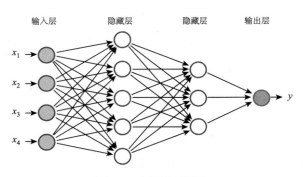

图 1.4　多层前馈网络

网络层数：L；第 l 层神经元个数：$m^{(l)}$；第 l 层神经元激活函数：$f_l(\cdot)$；第 $l-1$ 层到 l 层的权重矩阵：$W^{(l)}$；第 l 层的偏置：$b^{(l)}$；第 l 层神经元净输入：$z^{(l)}$；第 l 层神经元的输出：$a^{(l)}$。

反向传播（Back Propagation，BP）神经网络于 1986 年由 Rumelhart 和 McClelland 为首的科学家提出，是一种应用非常广泛的前馈网络，下面重点以 BP 神经网络为例介绍一下前馈网络的工作流程。BP 神经网络的训练过程可以分为三步。

（1）信息前向传播。

具体来说，输入信号通过多个隐藏层作用于输出节点，经过非线性变换，产生输出信号，前向传播过程可以表示为

$$a^{(l)} = f_l\left(W^{(l)} \cdot a^{(l-1)} + b^{(l)}\right)$$

（2）输出误差计算。

以交叉熵作为损失函数为例，对于样本(x, y)，输出误差为

$$e = -y^{\mathrm{T}}\log\hat{y}$$

其中，$\hat{y}$ 为实际输出；log 底数为 e，下同。

（3）误差反向传播。

具体来说，将输出误差通过隐藏层向输入层逐层反传，以各层得到的误差信号作为调整各单元权值的依据。对于第 l 层中的 $W^{(l)}$ 和 $b^{(l)}$，计算其偏导数如下：

$$\frac{\partial e}{\partial W_{ij}^{(l)}} = \left(\frac{\partial z^{(l)}}{\partial W_{ij}^{(l)}}\right)^{\mathrm{T}} \frac{\partial e}{\partial z^{(l)}}$$

$$\frac{\partial e}{\partial b^{(l)}} = \left(\frac{\partial z^{(l)}}{\partial b^{(l)}}\right)^{\mathrm{T}} \frac{\partial e}{\partial z^{(l)}}$$

下面依次计算 $\dfrac{\partial z^{(l-1)}}{\partial W_{ij}^{(l-1)}}$、$\dfrac{\partial z^{(l)}}{\partial b^{(l)}}$ 和 $\dfrac{\partial e}{\partial z^{(l)}}$：

$$\frac{\partial z^{(l-1)}}{\partial W_{ij}^{(l-1)}} = \frac{\partial\left(W^{(l-1)} \cdot a^{(l-1)} + b^{(l)}\right)}{\partial W_{ij}^{(l)}} = \prod_i\left(a^{(l-1)}\right)$$

$$\frac{\partial z^{(l)}}{\partial b^{(l)}} = \frac{\partial\left(W^{(l)} \cdot a^{(l-1)} + b^{(l)}\right)}{\partial b^{(l)}} = I_{m^{(l)}}$$

$$\frac{\partial e}{\partial z^{(l)}} = \frac{\partial a^{(l)}}{\partial z^{(l)}} \cdot \frac{\partial z^{(l+1)}}{\partial a^{(l)}} \cdot \frac{\partial e}{\partial z^{(l+1)}}$$

$$= \mathrm{diag}\left(f_l'(z^{(l)})\right) \cdot \left(W^{(l+1)}\right)^{\mathrm{T}} \cdot \delta^{(l+1)}$$

$$\cdot f_l'(z^{(l)}) \cdot \left(\left(W^{(l+1)}\right)^{\mathrm{T}} \cdot \delta^{(l+1)}\right)$$

其中，I 为单位矩阵；$\delta^{(l+1)}$ 表示第 $l+1$ 层的误差项；· 是向量点积运算，表示逐个元素相乘。

逐层更新网络参数，计算公式如下：

$$W^{(l)} \leftarrow W^{(l)} - \alpha \left(\delta^{(l)} (a^{(l-1)})^{\mathrm{T}} \right)$$

$$b^{(l)} \leftarrow b^{(l)} - \alpha \delta^{(l)}$$

2. 反馈网络

与前馈网络不同，反馈网络中各神经元不但可以接收来自前一层神经元的输出，同时将自身的输出作为输入反馈给其他神经元，其典型结构如图 1.5 所示。

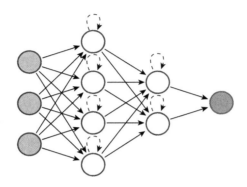

图 1.5　反馈网络结构

常见的反馈网络包括循环神经网络、递归神经网络及其变体等，其最大的特点是不仅存在拟合不同变量之间关系的神经元，还有能够处理自身变化的神经元，对于时序数据有着不错的效果。

3. 图网络

图网络是基于图结构定义的一种神经网络，图中每个节点由一个或一组神经元构成，节点之间通过边进行连接，可以是有向的也可以是无向的，其网络结构如图 1.6 所示。

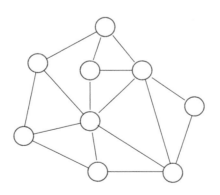

图 1.6　图网络结构

图网络在现实中有着广泛的应用，如社交网络、化学分子结构、电路系统拓扑等。社交网络结构可以看作一类图数据，通常以用户为节点，用户之间的关系作为边。社交网络一般定义为同构图，最常用于推荐系统中。如今随着互联网技术的不断深入，多元化的对象被补充到社交网络结构中，如短视频等，构成的异构图可以用来完成更复杂多样的图任务。

化学分子结构，以各个原子为节点，原子间的化学键为边，这样一个分子就可看作一个图结构数据进行研究。化学分子的理化性质与分子结构和原子性质有关，因此将其看作图数据指导新材料、新药物的研究尤为重要。

电力系统拓扑整体上就是一个图结构数据，可将母线位置看作节点，输电线路看作节点之间的边，甚至边的权重都可通过电气距离进行人为规定，从而可将电力系统中的任务用解决图数据的方法来应对。

1.3 卷积神经网络

1.3.1 卷积神经网络简介

卷积神经网络（Convolutional Neural Network，CNN）是受生物学上感受野机制的启发而提出的，最早应用于处理图像信息。普通的前馈神经网络的输入数据为一维数组，这也就意味着输入数据的结构无法考虑在内。当遇到图像类数据时，前馈神经网络将难以发挥其作用。例如，当处理灰度图像时，图像中的每一个像素点具有一个灰度值，而图像本身具有宽度和高度，因此输入的图像数据其实相当于一个二维数组，此时就需要引入卷积神经网络来处理该类数据。不同于前馈神经网络，CNN 中的神经元按照宽度、高度和深度三个维度排列，每一个神经元都连接到前一层输出的小块，就好比在输入图像上叠加过滤器，每一层过滤器的输出都会提取到输入数据的部分特征。例如，在初始层中可以提取到边缘、角等，随着层数加深，后面的层可以提取到更高级别的特征，如图片的纹理、阴影等。此外，和前馈神经网络相比，卷积神经网络的参数更少，提高了网络训练效率。

卷积神经网络中每个神经元接收到输入信号后，将其与神经元的权值进行内积运算，最后经一个非线性的激活函数实现信号输出。卷积神经网络依旧关于损失函数可导，在最后的输出层仍有损失函数（如 Softmax，并且一般为全连接层），在标准前馈神经网络中的正则化和优化技巧在卷积神经网络中也同样适用。随着电网规模的扩张，节点数也越来越多，卷积神经网络相比深度前馈神经网络具有更佳的处理大量数据输入的性能。

1.3.2 卷积神经网络基本结构

目前的卷积神经网络一般是由卷积层、池化层和全连接层交叉堆叠而成的前馈神经网络，使用反向传播算法进行训练。如图 1.7 所示，图（a）为一个包含 2 个隐藏层的标准前馈神经网络示意图，图（b）为卷积神经网络示意图。卷积神经网络的神经元不再是深度前馈网络中简单的列向量，而是包括宽度、高度、深度三个尺度的三维模型。卷积神经网络的每一层接收一个三维的输入，最后经一个非线性激活函数转化为一个三维的输出。

1. 卷积层

卷积运算是分析数学中一种重要的运算。在信号处理中，经常使用一维或二维卷积。

令输入表示为 $x \in \mathbb{R}^{W \times H \times C}$，是一个三维的数据，表示有 C 个矩阵，每个矩阵 $x^c \in \mathbb{R}^{W \times H}$ 称为特征图。输出 $y \in \mathbb{R}^{W_0 \times H_0 \times C_0}$ 也是一个三维数据。特征图分辨率从 $W \times H$ 变为 $W_0 \times H_0$，特征图的个数也从 C 变为 C_0。

卷积层从输入到输出的一般公式为

$$y^{c_0} = \sum_c x^c * w^{c,c_0}$$

其中，矩阵 $w^{c,c_0} \in \mathbb{R}^{w \times h}$ 称为卷积核，一般通过 SGD 优化更新；x^c 为输入数据的第 c 个特征图；将卷积运算记为符号*。卷积过程示意图如图 1.8 所示。

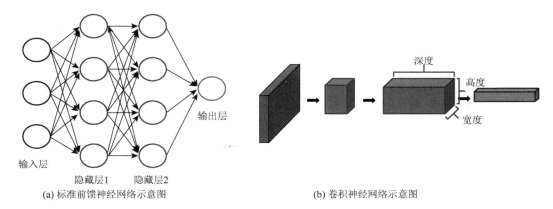

(a) 标准前馈神经网络示意图　　　　　　　　　　　(b) 卷积神经网络示意图

图 1.7　标准前馈神经网络示意图和卷积神经网络示意图

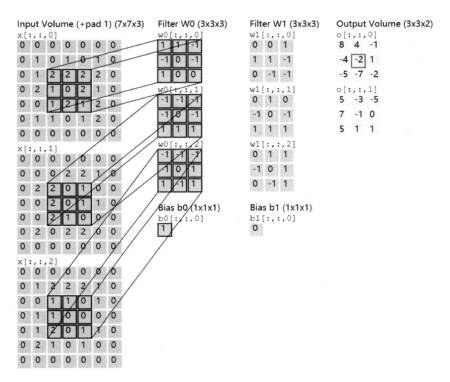

图 1.8　卷积过程示意图

更直观地说，卷积层可以类比成信号处理中的滤波，通过小卷积核对输入数据的每个局部位置进行扫描滤波，从而抽象出输入数据的每个局部位置的局部信息。

2. 池化层

池化层包括最大化池化和均值池化。最大化池化（Max Pooling）从一个区域内取所有神经元的最大值，即

$$Y_{k,l}^d = \max_{i \in R_{k,l}^d} x_i$$

其中，x_i 是区域 $R_{k,l}^d$ 内各神经元的激活值。均值池化（Mean Pooling）取区域内所有神经元的平均值，即

$$Y_{k,l}^d = \frac{1}{\left| R_{k,l}^d \right|} \sum_{i \in R_{k,l}^d} x_i$$

从图像中提取小图的方式可以是任意一个子图，也可以是每隔多个像素值得到一个子图。池化层的设计可以减少计算量以及增强网络的鲁棒性。池化过程的示例如图 1.9 所示。

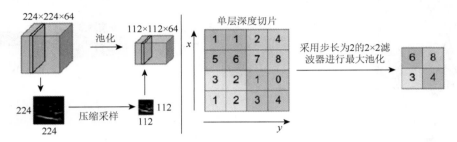

图 1.9　池化过程示意图

3. 全连接层

全连接层和标准前馈网络的全连接层原理相同，其作用是将输入的高维矩阵重构成一个列向量，令输入表示为 $x \in \mathbb{R}^D$，输出表示为 $x \in \mathbb{R}^P$。

输入与输出之间的关系可以表示为

$$y = Wx + b$$

其中，$W \in \mathbb{R}^{P \times D}$ 表示该层的投影矩阵；$b \in \mathbb{R}^P$ 表示该层的误差，全连接层一般通过 SGD 的方式实现更新和优化。

1.3.3　几种典型的卷积神经网络

1. LeNet-5

LeNet-5 诞生于 1994 年，是最早的卷积神经网络之一。基于 LeNet-5 的手写数字识别系统在 20 世纪 90 年代被美国很多银行使用，用来识别支票上面的手写数字。LeNet-5 的规模虽小，但包含了卷积神经网络的基本模块——卷积层、池化层、全连接层，是其他深度学习模型的基础。本节将对 LeNet-5 进行深入分析。同时，通过实例分析，加深对与卷积层和池化层的理解。

除去输入层，LeNet-5 共有 7 层，如图 1.10 所示。每一层的结构如下。

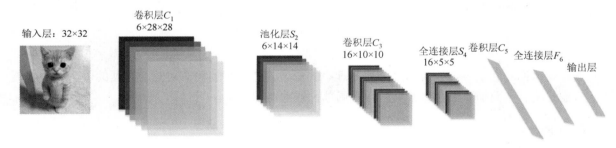

图 1.10　LeNet-5 网络结构

（1）输入层：输入图片，图片大小为 $32 \times 32 = 1024$。

（2）卷积层 C_1：使用 6 个 5×5 的滤波器，从而得到 6 组大小为 $28 \times 28 = 784$ 的特征图。C_1 层的神经元个数有 $6 \times 784 = 4704$ 个，可训练参数有 $6 \times 25 + 6 = 156$ 个。

（3）池化层 S_2：使用均值池化方式，采样窗口大小为 2×2，神经元个数为 $6 \times 14 \times 14 = 1176$ 个，可训练参数数量为 $6 \times (1 + 1) = 12$ 个。

（4）卷积层 C_3：共使用 60 个 5×5 的滤波器，得到 16 组大小为 10×10 的特征图。神经元个数为 $16\times100=1600$ 个，可训练参数数量有 $(60\times25)+16=1516$ 个。

（5）全连接层 S_4：采样窗口大小为 2×2，得到 16 个 5×5 大小的特征图，可训练参数数量为 $16\times2=32$ 个。

（6）卷积层 C_5：使用 $120\times16=1920$ 个 5×5 的滤波器，得到 120 组大小为 1×1 的特征图。该层神经元数量为 120 个，可训练参数数量有 $1920\times25+120=48120$ 个。

（7）全连接层 F_6：神经元个数为 84 个，可训练参数数量为 $84\times(120+1)=10164$ 个。

（8）输出层：由 10 个欧氏径向基函数（Radial Basis Function，RBF）构成。

2. Inception 网络

一般来说，提升网络性能最保险的方法就是增加网络的宽度和深度，其中，网络的深度指的是网络的层数，宽度指的是每层的通道数。但是，这种方法会带来两个不足。

（1）容易发生过拟合。当深度和宽度不断增加的时候，需要学习到的参数也不断增加，巨大的参数容易发生过拟合。

（2）均匀地增加网络的大小，会导致计算量的加大。

Inception 网络引入稀疏特性和将全连接层转换成稀疏连接，从而很好地解决了这两个问题。在 Inception 网络中，一个卷积层包含多个不同大小的卷积操作，称为 Inception 模块。Inception 网络由多个 Inception 模块和少量的池化层堆叠而成。Inception 模块同时使用 1×1、3×3、5×5 等不同大小的卷积核，并将得到的特征图在深度上堆叠起来作为输出特征。

图 1.11 给出了 V1 版本的 Inception 模块。Inception V1 采用了 4 组平行的特征抽取方式，分别为 1×1、3×3、5×5 的卷积和 3×3 的最大化池化。同时，为了减少参数数量，提高计算效率，Inception 模块在进行 3×3、5×5 的卷积之前，3×3 的最大化池化之后，进行一次 1×1 的卷积来减少特征图的深度。如果输入特征图之间存在冗余信息，1×1 的卷积相当于先进行一次特征抽取。

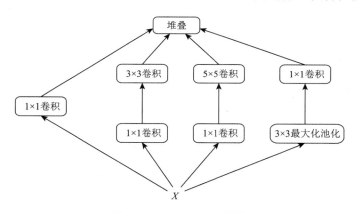

图 1.11　Inception V1 模块

Inception 网络最早的版本又称为 GoogLeNet。它由 9 个 Inception V1 模块、5 个池化层以及其他一些卷积层和全连接层构成，总共为 22 层网络，结构如图 1.12 所示。为了避免因梯度消失导致浅层的网络参数无法更新的问题，GoogLeNet 网络框架中会有额外的两个 Softmax 预测层，这两个预测层分别是从网络框架中间部分引出的分支，用于反向传播更新梯度。

Inception 网络有多个改进版本（Inception V2、Inception V3、Inception V4）。其中，Inception V3 网络用多层的小卷积核来替换大的卷积核，以减少计算量和参数量，并保持感受野不变。具体包括：①使用两层 3×3 的卷积来替换 V1 中的 5×5 的卷积；②使用连续的 $n\times1$ 和 $1\times n$ 来替换 $n\times n$ 的卷积。

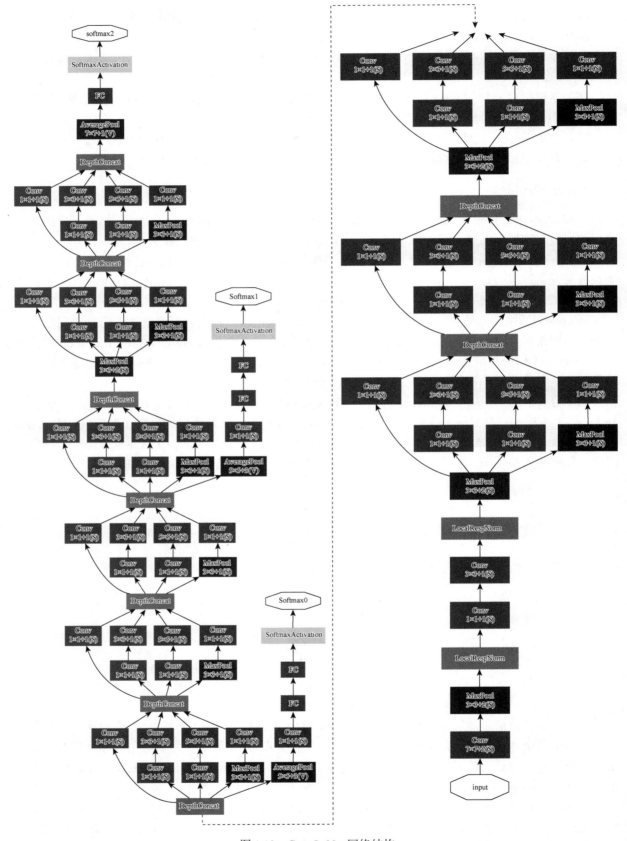

图 1.12 GoogLeNet 网络结构

1.4　循环神经网络

1.4.1　循环神经网络简介

现实中的许多数据是具有长期或者短期时间依赖的时序数据，其当前的输出值不仅仅与当前的输入有关，还与历史的输入输出值有关，如文本、语音、视频、风速、电力负荷、设备老化过程等。电力系统作为一个复杂的非线性动力系统，其暂态过程具有很强的时间依赖性，故障后电力系统的机电暂态与电磁暂态过程都是典型的时间序列问题。

前面所述的前馈神经网络与卷积神经网络均为静态网络，其信息的传递是单向的从输入到输出，这样的网络结构较为简单，易于参数的优化，但是在时序数据的处理能力上有所欠缺。例如，如果使用前馈神经网络处理时序数据，一种最简单的方式是将一段时序数据看作前馈神经网络不同的输入，即通过前馈神经网络拟合当前输出与最近一段时间的输入[1]。这样的方法称为时延神经网络，它需要占用额外的存储资源存储网络的历史信息，使得前馈神经网络有了能够分析短期时序数据的能力。另一种使用卷积神经网络处理时序数据的方式是在时域上使用一维卷积[2]，因卷积操作具有权值共享的特点，其在每一个时间段中使用相似的一组卷积核。但是每一个卷积核的覆盖范围仅仅是相邻的很小一部分时序数据，即每一个卷积核只能在很小的时间范围内提取特征。

循环神经网络（Recurrent Neural Network，RNN）是一种专门处理时序数据的神经网络。循环神经网络的输出同时由当前输入与历史状态所决定，其中的每一个神经单元不仅与其他神经元连接，而且自身存在环路结构，也就是说，循环神经网络的隐藏层之间的节点是有连接的，隐藏层的输入不仅包括输入层的输出，还包括上一时刻隐藏层的输出。这样的结构可以使得循环神经网络对历史数据有一定的记忆能力，便于分析数据序列的时序相关性。

1.4.2　循环神经网络基本结构

为了更加贴合实际，我们从一个经典的动力系统入手：

$$\begin{cases} s_t = f(s_{t-1}, x_t) \\ y_t = g(s_t) \end{cases}$$

其中，s_{t-1} 和 s_t 分别表示当前时刻和上一个时刻系统的状态向量，x_t 和 y_t 表示当前的输入向量与输出向量。随着时间的推移，动力系统会根据不同输入向量和状态向量逐渐地向前演化，其时序展开图如图 1.13 所示。

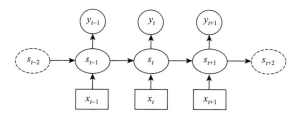

图 1.13　经典动力系统时序展开图

基本的循环神经网络的结构与经典动力系统的结构完全一致，循环神经网络只是将动力系统中的函数 $f(\cdot)$ 与 $g(\cdot)$ 通过前馈神经网络构建，再利用梯度下降方法优化其权值。也就是说，一个循环神经网络通过构建一个隐藏状态向量 h_t 来代替状态向量 s_t，隐藏状态向量 h_t 由输入向量 x_t 和上一个时刻的隐藏状态向量 h_{t-1} 通过前馈神经网络计算得来，而每个时刻的输出值 y_t 由状态向量 h_t 通过前馈神经网络计算得来。一个简单的循环神经网络的神经元可以表示为

$$\begin{cases} h_t = \sigma(Wh_{t-1} + Ux_t + b) \\ y_t = Vh_t \end{cases}$$

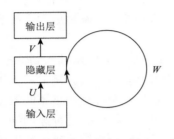

图 1.14　循环神经网络神经元示意图

其中，U、V 和 W 分别为状态-输入权值矩阵、状态-输出权值矩阵和状态-状态权值矩阵；b 表示偏置向量；$\sigma(\cdot)$ 表示激活函数。一个简单的循环神经网络的神经元如图 1.14 所示。

隐藏状态变量的引入是循环神经网络的关键，其中包含有历史数据中对当前预测有用的信息。隐藏状态向量 h_t 的计算过程虽然仅仅设计输入向量 x_t 和上一时刻的状态向量 h_{t-1}，但是其包含了历史一段时间序列的信息。这是因为上一个时刻的状态向量 h_{t-1} 是由上一时刻的输入 x_{t-1} 结合再前一时刻的状态向量 h_{t-2} 所得到的。以此类推，当前时刻的隐藏状态的计算中包含了历史数据中一段时间的状态。也就是说，本时刻的状态是由前一段时间的状态和输入无限嵌套而来：

$$h_t = \sigma(W\sigma(W\sigma(W\sigma(\cdots) + Ux_{t-2} + b) + Ux_{t-1} + b) + Ux_t + b)$$

可以看出，在时序的迭代过程中，不同的时间点共享相同的权值矩阵，且这个迭代过程相比于前面所述的使用前馈神经网络或者一维卷积处理时间序列来说，它对于时间序列的长度没有任何要求，无论输入序列的长度是多少，它都能给出相同的输入输出大小。

1.4.3　循环神经网络的输出层

循环神经网络对于每一个时刻的状态都通过一段前馈神经网络得到输出向量 y_t，所以如何组织这些输出得到最后的结果有多种形式。使用 $x = [x_1, x_2, x_3, \cdots, x_t]$ 表示一段输入时间序列，它通过循环神经网络产生一段隐藏状态序列 $h = [h_1, h_2, h_3, \cdots, h_t]$，用 $y = [y_1, y_2, y_3, \cdots, y_t]$ 表示循环神经网络这段序列对应的输出。

（1）最简单的形式是点对点的直接输出，即直接将各个时间点的输出作为最终的输出：

$$\hat{y}_t = y_t$$

其中，$\hat{y}_t$ 表示最终的输出。点对点的输出方式常见于序列标注问题中，对于一段文本，要对其中的每一个词打上词性标签，因而其输入与输出序列的长度一致，如图 1.15 所示。

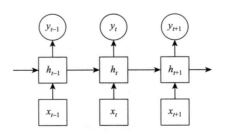

图 1.15　循环神经网络点对点输出示意图

（2）序列对点的输出，即最终的输出是根据对最近一段时间输出使用全连接层计算得到的，这

样的输出方式等于再一次添加了一段连接时序数据输出的前馈神经网络，有时可以更好地与循环神经网络形成互补，提高精度，如图 1.16 所示，可表示为

$$\hat{y}_t = \sigma\left(\sum_{t=1}^{T} W_t^o y_t\right)$$

其中，W_t^o 表示新的权值矩阵，它将与循环神经网络的权值一起训练；T 表示时间序列长度。

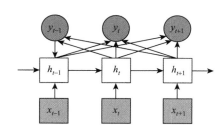

图 1.16　循环神经网络序列对点输出示意图

1.4.4　循环神经网络的参数优化

本节将介绍循环神经网络的参数优化过程，其仍然采用基于梯度下降的权值更新方式。不失一般性，我们以点对点输出模式为例介绍。假设一可微的损失函数：

$$L = \sum_{t=1}^{T} L_t(\hat{y}_t, R_t) \tag{1-1}$$

其中，R_t 表示标签值。循环神经网络的梯度下降不同于前馈神经网络的主要原因是循环神经网络在时域上共享权值，因而一段时间序列的计算中，反向传播过程会多次传播同一权值。因此损失函数对该权值的导数就是每个时刻的损失对该权值导数之和。

首先我们计算每一个时刻的损失 L_t 对权值的导数，根据式（1-2），分别对状态-输入权值矩阵 U、状态-输出权值矩阵 V 和状态-状态权值矩阵 W 求导。一个时刻的损失 L_t 对状态-输入权值矩阵 U 的某一个元素 U_{ij} 的导数为

$$\begin{aligned}\frac{\partial L_t}{\partial U_{ij}} &= \sum_{k=1}^{t} \frac{\partial L_t}{\partial h_k} \frac{\partial h_k}{\partial U_{ij}} \\ &= \sigma' \sum_{k=1}^{t} \frac{\partial L_t}{\partial h_k} I_i([h_{k-1}]_j)\end{aligned} \tag{1-2}$$

其中，$k(1 \leqslant k \leqslant t)$ 表示求导涉及的不同的时刻；$I_i([h_{k-1}]_j)$ 表示仅在第 i 行有数值的列向量，其余位置均为 0，且第 i 行的数值为 h_{k-1} 的第 j 个元素；σ' 表示激活函数的导数。表示为矩阵形式（此处推导采用分子布局）：

$$\begin{aligned}\frac{\partial L_t}{\partial U} &= \sum_{k=1}^{t} \frac{\partial L_t}{\partial h_k} \frac{\partial h_k}{\partial U} \\ &= \sum_{k=1}^{t} \mathrm{diag}(\sigma') \frac{\partial L_t^{\mathrm{T}}}{\partial h_k} x_k^{\mathrm{T}}\end{aligned} \tag{1-3}$$

其中，$\mathrm{diag}(\sigma')$ 表示对角线元素均为激活函数的导数，其余元素均为 0 的对角矩阵。行向量 $\dfrac{\partial L_t}{\partial h_k}$ 可以由 $\dfrac{\partial L_t}{\partial h_t}$ 逐步递归得到，这是由于

$$\frac{\partial L_t}{\partial h_k} = \frac{\partial L_t}{\partial h_{k+1}}\frac{\partial h_{k+1}}{\partial h_k}$$
$$= \frac{\partial L_t}{\partial h_{k+1}}W\mathrm{diag}(\sigma') \tag{1-4}$$

因而 $\dfrac{\partial L_t}{\partial h_k}$ 可以表示为

$$\frac{\partial L_t}{\partial h_k} = \frac{\partial L_t}{\partial h_t}\frac{\partial h_t}{\partial h_{t-1}}\cdots\frac{\partial h_{k+1}}{\partial h_k}$$
$$= \frac{\partial L_t}{\partial h_t}W^{t-k}\mathrm{diag}(\sigma')^{t-k} \tag{1-5}$$
$$= \frac{\partial L_t}{\partial y_t}VW^{t-k}\mathrm{diag}(\sigma')^{t-k}$$

其中，$\dfrac{\partial L_t}{\partial y_t}$ 表示数值全为损失函数的导数 L' 的行向量。根据式（1-4）可以逐步计算得到行向量 $\dfrac{\partial L_t}{\partial h_k}$，将式（1-5）代入式（1-3），同时考虑多个时刻输出的损失，可以得到最终的权值更新公式：

$$\frac{\partial L_t}{\partial U} = \sum_{t=1}^{T}\sum_{k=1}^{t}\mathrm{diag}(\sigma')^t(W^{\mathrm{T}})^{t-k}V^{\mathrm{T}}\frac{\partial L_t^{\mathrm{T}}}{\partial y_t}x_k^{\mathrm{T}} \tag{1-6}$$

同理，计算得到对状态-状态权值矩阵 W 和状态-输出权值矩阵 V 以及 b 的求导公式：

$$\frac{\partial L_t}{\partial W} = \sum_{t=1}^{T}\sum_{k=1}^{t}\frac{\partial L_t}{\partial h_k}\frac{\partial h_k}{\partial W}$$
$$= \sum_{t=1}^{T}\sum_{k=1}^{t}\mathrm{diag}(\sigma')\frac{\partial L_t^{\mathrm{T}}}{\partial h_k}h_{k-1}^{\mathrm{T}} \tag{1-7}$$
$$= \sum_{t=1}^{T}\sum_{k=1}^{t}\mathrm{diag}(\sigma')^t(W^{\mathrm{T}})^{t-k}V^{\mathrm{T}}\frac{\partial L_t^{\mathrm{T}}}{\partial y_t}h_{k-1}^{\mathrm{T}}$$

$$\frac{\partial L_t}{\partial b} = \sum_{t=1}^{T}\sum_{k=1}^{t}\frac{\partial L_t}{\partial h_k}\frac{\partial h_k}{\partial b}$$
$$= \sum_{t=1}^{T}\sum_{k=1}^{t}\mathrm{diag}(\sigma')\frac{\partial L_t^{\mathrm{T}}}{\partial h_k} \tag{1-8}$$
$$= \sum_{t=1}^{T}\sum_{k=1}^{t}\mathrm{diag}(\sigma')^t(W^{\mathrm{T}})^{t-k}V^{\mathrm{T}}\frac{\partial L_t^{\mathrm{T}}}{\partial y_t}$$

$$\frac{\partial L_t}{\partial V} = \sum_{t=1}^{T}\frac{\partial L_t^{\mathrm{T}}}{\partial y_t}h_t^{\mathrm{T}} \tag{1-9}$$

循环神经网络的权值更新要在一次完整的时序数据的前向传递完成后统一更新。

1.4.5　长短期记忆网络

循环神经网络的一个优点是它可以将先前的信息与当前任务连接起来。如果循环神经网络能做到这一点，它们将是非常有用的，但是实际情况下，普通的循环神经网络总是受制于各种各样的问题而无法到达很好的效果。

有时，我们只需要查看最近的信息就可以完成当前的任务。例如，考虑一个语言模型，它试图根据前面的单词预测下一个单词。如果我们试图预测"云层在天空"中的最后一个词，我们不需要任何进一步的上下文——很明显下一个词将是天空。在这种情况下，当相关信息与所需位置之间的差距很小时，循环神经网络可以学习使用过去的信息。但也有些情况下我们需要更多的历史信息。考虑尝试预测文本中的最后一个词"我在法国长大……我说流利的法语"。最近的信息表明，下一个词可能是一种语言的名称，但如果我们想缩小语言的范围，我们需要从更前面的上下文法国来判断。相关信息与需要信息的点之间的差距完全有可能变得非常大。所以，不同的时间序列问题其时序上的依赖性有长有短，一个良好的时序分析工具应当考虑不同长度的依赖，并能够无差别地同时处理它们。

从理论上讲，循环神经网络应当有能力处理这种长期依赖性，人类可以通过仔细地为它们选择参数来解决这种形式的问题。遗憾的是，在实践中却没有这么简单，大量的实验表明普通的循环神经网络并不能够有效地处理这种问题。

长短期记忆（Long Short-Term Memory，LSTM）网络是一种特殊的循环神经网络，能够学习长期依赖关系。它是由 Hochreiter 和 Schmidhuber 在 1997 年提出的，并在随后的工作中被许多人提炼和推广。它们对各种各样的时序问题都有着非常好的效果，现在被广泛使用。长短期记忆网络在许多与时间序列分析相关的研究领域取得了最先进的性能。在电力系统领域，它已成功地应用于负荷预测、太阳能发电预测、暂态稳定分析、能量分解等。长短期记忆网络是循环神经网络的一个增强型变体，它不仅连接输出和输入数据，而且还将当前细胞状态与上一次的状态联系起来。一个长短期记忆网络单元的结构如图 1.17 所示，它由输入门、遗忘门和输出门组成。输入门用于从输入数据和上一时刻的隐藏状态中提取有利信息，遗忘门用于决定是否删除或传递最后一个单元状态的变量，输出门用于构造当前隐藏状态。长短期记忆网络单元的显式计算如下所示：

$$z_t^i = \sigma(W_i x_t + U_i h_{t-1} + b_i)$$
$$z_t^f = \sigma(W_f x_f + U_f h_{t-1} + b_f)$$
$$\hat{c}_t = \tanh(W_c x_t + U_c h_{t-1} + b_c)$$
$$z_t^o = \sigma(W_o x_t + U_o h_{t-1} + b_o)$$
$$c_t = z_t^f c_{t-1} + z_t^i \hat{c}_t$$
$$h_t = z_t^o \tanh(c_t)$$

其中，h_t、c_t、h_{t-1} 和 c_{t-1} 是当前时间 t 和前一次时间 $t-1$ 的隐藏状态和单元状态；x_t 是当前输入数据。z_t^i、z_t^f、z_t^o 是输入门、遗忘门、输出门的输出；W_i、W_f、W_c、W_o、U_i、U_f、U_c、U_o、b_i、b_f、b_c、b_o 表示需要优化的权重矩阵和偏差向量。

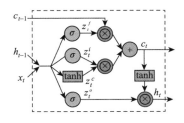

图 1.17　长短期记忆网络示意图

1.5　生成对抗神经网络

1.5.1　生成对抗神经网络简介

生成对抗神经网络的概念从其名称之中可以很好地理解，"生成"指的是模型的作用，我们的目标为生成符合目标数据分布的样本，我们从低维空间的随机噪声分布(如标准的多元正态分布 $N(0,I)$)，创建一个由神经网络构成的模型，其作用为对噪声分布进行采样，并将其映射到目标空间，这个模型称为生成器；"对抗"指的是同样使用神经网络搭建一个模型，此模型的作用为判定输入样本为真实图片还是由生成器所产生的虚假图片，在此过程中，生成器的目的为"欺骗"判别器，使其对虚假图片判定为真，而判别器则需要对输入图片进行精准判定，具体流程图如图 1.18 所示。

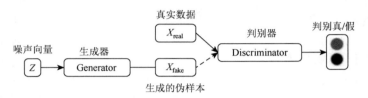

图 1.18　生成对抗神经网络流程图

如图 1.18 所示，在训练过程当中，首先对噪声样本进行采样，经过生成器处理之后产生第一轮次的伪样本，此样本与真实图片一起输入判别器进行判断，根据结果对生成器的参数进行更新，更新后的生成器将会产生更加逼真的伪样本，原始的判别器难以区分，此时需要对判别器再进行更新，两个过程交替进行，当训练趋于稳定时，可通过生成器得到生成样本。

1.5.2　生成对抗神经网络的训练原理

1. 生成网络

如前面所述，生成网络的目标为通过噪声数据生成真实样本，并且让判别器将自己生成的样本判定为真实样本，其目标函数为

$$\max(E_{z\sim p(z)}(\log D(G(Z,\theta),\phi)))$$
$$=\min(E_{z\sim p(z)}(\log(1-D(G(Z,\theta),\phi))))$$

其中，D 代表判别器；G 代表生成器；θ 代表生成器的参数；ϕ 代表判别器的参数。生成器的目的是要让判别器提高对生成器所生成样本的打分，公式中上下是等价的，实际训练中我们一般使用前者，因为其梯度的性质较好，利于网络的优化。

2. 判别网络

判别网络是生成对抗模型中非常重要的一个部分，是网络最后收敛状态判定的核心所在，若训练过程中，判别器无法对输入样本准确判定来源（即无法准确判别来自于真实图像还是生成器所生成图像），即代表此时生成器所产生图像质量已到达可"以假乱真"的地步。

给定输入样本，判别器的目标函数为

$$\min_{\phi}(-E_x(y\log p(y=1|x)+(1-y)\log p(y=0|x)))$$
$$=\max_{\phi}(E_{x\sim p_r(x)}(\log D(x,\phi))+E_{x'\sim p_\theta(x')}(\log(1-D(x',\phi))))$$
$$=\max_{\phi}(E_{x\sim p_r(x)}(\log D(x,\phi))+E_{z\sim p(z)}(\log(1-D(G(z,\theta),\phi))))$$

通过最大化对生成结果和真实图片与真实值的最大似然来对网络进行更新。

用一个统一的公式来表示 GAN 的目标函数为

$$\min_G \max_D V(G,D) = \min_G \max_D E_{x\sim p_{data}}(\log D(x)) + E_{z\sim p_z}(\log(1-D(G(z))))$$

在实际训练过程中，为了更好地得到判别器的参数，通常会采取训练 k 次判别器，然后训练 1 次生成器的方法（k 通常取值 5），我们固定生成器的参数，对 $V(D, G)$求导，可得到判别器的最优参数为

$$D^*(x) = \frac{p_g(x)}{p_g(x) + p_{data}(x)}$$

最终达到收敛状态之时，生成器与判别器之间的博弈将达到纳什均衡，二者具体训练过程如图 1.19 所示。

输入：训练集D，对抗训练迭代次数T，每次判别网络的训练迭代次数K，小批量样本数量M

1　随机初始化θ, ϕ；
2　for $t \leftarrow 1$ to T do
　　// 训练判别网络$D(x, \phi)$
3　　for $k \leftarrow 1$ to K do
　　　　// 采集小批量训练样本
4　　　从训练集D中采集M个样本$\{x^{(m)}\}$，$1\leqslant m\leqslant M$；
5　　　从$N(0, I)$中采集M个样本$\{z^{(m)}\}$，$1\leqslant m\leqslant M$；
6　　　使用随机梯度上升更新ϕ，梯度为
$$\frac{\partial}{\partial \phi}\left(\frac{1}{M}\sum_{m=1}^{M}\left(\log D(x^{(m)},\phi)+\log(1-D(G(z^{(m)},\theta),\phi))\right)\right)$$
7　　end
　　// 训练生成网络$G(z, \theta)$
8　　从分布$N(0, I)$中采集M个样本$\{z^{(m)}\}$，$1\leqslant m\leqslant M$；
9　　使用随机梯度上升更新θ，梯度为
$$\frac{\partial}{\partial \phi}\left(\frac{1}{M}\sum_{m=1}^{M}\left(D(G(z^{(m)},\theta),\phi)\right)\right)$$
10 end
输出：生成网络$G(z, \theta)$

图 1.19　生成对抗模型训练算法

1.5.3　生成对抗神经网络的经典模型

1. 条件对抗模型

生成对抗神经网络虽然在生成任务之上效果显著，但是作为一个无监督学习的工作，其缺陷在于无法确定生成图像的类别，例如，对 MNIST（Mixed National Institude of Standards Technology）数据集而言，无法控制生成的数字类别，在此工作中，作者对网络结构进行了一些改变，使得网络可以根据条件输出想要类别的数据，具体结构图如图 1.20 所示[4]。

从上述结构可以看出，条件对抗模型总体还是基于神经网络而搭建的结构，与原始神经网络的区别在于，生成器和判别器的输入部分均多了一个向量y，这部分代表着输入图片所属的类别信息，如对于 MNIST 数据集而言，y 代表 one-hot 编码表示的 0～9 数字。通过此项更改，研究者可根据需要输入类别信息来生成对应的图片（图 1.21）。

2. Wassertein-GAN

GAN 自被提出之后，一直存在着训练困难、训练过程不稳定、误差无法可视化等问题，研究者

通过理论推导、实际论证等方法，对网络结构及训练过程进行了一些限定，解决了这些问题，这个改进后的模型被称为 Wassertein-GAN（W-GAN）[5]。

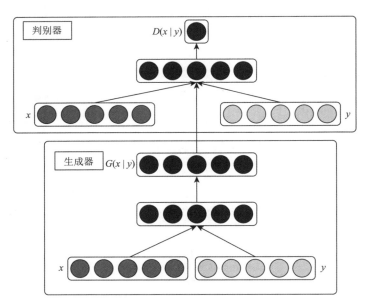

图 1.20　条件对抗网络结构图

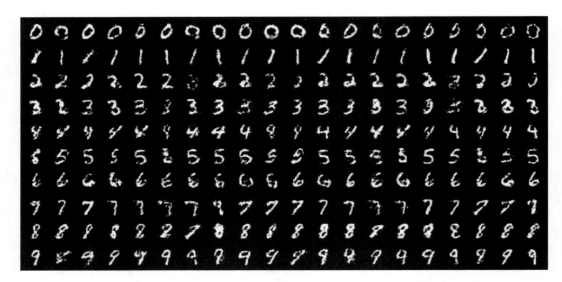

图 1.21　条件对抗网络生成图片结果图（MNIST 数据集）

GAN 解决了原始 GAN 模型之中存在的：①训练不稳定；②生成样本多样性的匮乏；③无法可视化训练进程等问题。而通过理论推导论证后，仅仅需要对模型进行以下一些简单的更改即可达到这个效果：①去掉判别器最后一层的 sigmoid；②去掉生成器与判别器误差函数当中的对数 log；③对更新完判别器的参数进行一个截断，使其不超过一个固定常数 c；④更换优化梯度的算法，不使用基于动量的方法（如 momentum、Adam）。

Wassertein 距离的公式为

$$W(P_r, P_g) = \inf_{\gamma \sim \Pi(P_r, P_g)} E_{(x,y) \sim \gamma} \left(\| x - y \| \right)$$

其相比于 KL（Kullback-Leibler）散度、JS（Jensen-Shannon）散度的优越性在于，即使两个分布没有重叠，Wassertein 距离依然能够反映它们的远近[6]。

3. 3D-GAN

生成对抗模型除了在二维图像上展现出优秀的效果之外，其思想在 3D 的模型生成任务上也依然表现显著，文献[7]提出了一种三维的生成对抗模型，学习了一个从一维向量到高维空间的映射，图 1.22 为 3D-GAN 中的生成器结构示意图。

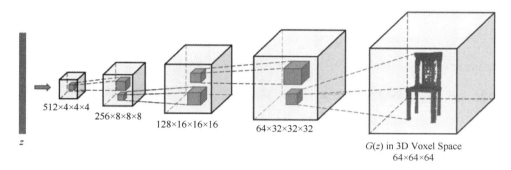

图 1.22　3D-GAN 中的生成器结构示意图

其误差函数及更新方式依然遵循 GAN 的更新原则，部分效果图如图 1.23 所示。

图 1.23　3D-GAN 生成目标效果图

1.5.4　生成对抗神经网络模型的评价指标

除了对生成图像进行可视化之外，我们在实际应用过程之中，还需要一些指标来定量分析模型的好坏，本节将对评价生成模型所使用的常见的几个指标进行介绍。

1. Inception Score

初始得分（Inception Score，IS）是评价生成结果时最常使用的指标之一，Inception 为一个预训练好的分类神经网络（如 Inception V3），对于每个输入的图像输出一个 1000 维的向量，分别代表着属于每一类别的置信度。指标使用假设为若生成模型能生成质量很高的某一类别图像，那么对于在

生成数据之上训练好的分类神经网络，也能在生成图像上以高置信度对其进行分类，分类采用交叉熵定义为

$$H(y \mid x) = -\sum p(y_i \mid x) \log \left(p(y_i \mid x) \right)$$

同时，IS 可以从另一个角度来衡量生成图像样本的质量，即生成图像的多样性。对于一个大批次的生成图像而言，它们在分类网络上输出的置信度应该是均衡的，趋向于一个均匀分布的状态。

IS 一直以来作为评价指标而被广泛使用，但是它也存在着使用的局限性，例如：①泛化性能差，当 GAN 只对训练图片有效时，IS 指标仍然很高；②使用的局限性，Inception 框架是在 imagenet 上进行训练的，可迁移性受到影响，如对于遥感数据等无法真实反映出性能。故相关研究者逐渐提出了另外的指标来弥补 IS 所带来的缺陷。

2. AM Score

AM Score（以下简称 AMS）出发点为，计算训练数据集和生成集的类别标签分布之间的 KL 散度，其公式为

$$D_{\mathrm{KL}}(p^*(y) \parallel p(y)) + E_x(H(y \mid x))$$

其中，KL 散度定义为

$$\mathrm{KL} \ (p \parallel q) = \int p(x) \log \frac{p(x)}{q(x)} \mathrm{d}x$$

从以上公式可以看出，AMS 越低代表生成模型的性能越好。

3. FID

弗雷切特初始距离（Fréchet Inception Distance，FID）也是一种通过距离的形式来衡量生成模型的指标，是一种基于统计的方法，具体做法为将生成器所生成样本和真实样本分别输入分类器中，然后抽取分类器中间层的输出（特征层向量），假定此特征层分布符合多元高斯分布，分别估计两个样本的均值和方差，然后计算距离如下：

$$\mathrm{FID} = \left\| \mu_{\mathrm{data}} - \mu_g \right\| + \mathrm{tr}(\Sigma_{\mathrm{data}} + \Sigma_g - 2(\Sigma_{\mathrm{data}} \Sigma_g)^{\frac{1}{2}})$$

FID 数值越小，代表两个样本的分布越接近，此生成模型的效果越好。

1.5.5　其他类型的生成模型

除了生成对抗网络之外，还有一些出发点不同，但是在生成任务上表现也很突出的模型，本节仅对其中一类——对抗自编码（Adversarial Autoencoder，AAE）进行介绍[8]。

AAE 的核心与前面内容中的生成对抗网络类似，依然为使用判别器与生成器对抗的方式进行网络的训练与学习，但是模型学习的对象和思想上有所不同，x 代表需要去拟合的图像数据，AAE 一部分为一个自编码器，encoder 会对原始样本输出一个隐藏层的向量 z，随后 decoder 会对这个编码 z 进行解码还原为原始样本 x，所以隐藏层的编码 z 是原始空间中的一个压缩特征表示，其分布为 $q(z)$。下半部分则为 AAE 中的生成器与判别器，与生成对抗网络不同，生成器所生成的并不是原始空间中的图像，而是让图像的隐藏层特征向量 $q(z)$ 的分布尽可能地与随机分布（如正态分布）$p(z)$ 相同，当模型收敛之后，即可通过对随机分布采样，然后通过 decoder 生成所需样本。

与原始生成对抗网络的流程"相反"，AAE 的工作方式最大化地保留了隐藏层空间分布的信息量，减少了计算量并利于分析，在实验中也取得了优异的结果。以 MNIST 数据集为例，AAE 的图像生成结果如图 1.24 所示。

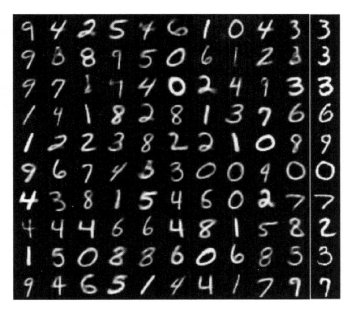

图 1.24　AAE 生成图像结果（MNIST 数据集）

1.6　图　网　络

1.6.1　图的简介

图（Graph）是一种常见的数据结构。数学中有专门一个门类称为图论。在如今的大数据时代，图被用来描述各种关系型数据，许多图论中的知识被运用到有关图结构数据的任务上。

1）图的定义

图的组成有两个重要的要素，即顶点（Vertex）和边（Edge）。顶点表示研究的对象，边表示对象间的特定关系。图可表示为边和顶点的集合，通常记为 $G=(V, E)$。设 G 的顶点数为 n，边的数目为 m，将 V 写为 $\{v_1, v_2, \cdots, v_n\}$，$E$ 写为 $\{(v_i, v_j), \cdots\}$（i，j 是两个相连顶点的下标）。

2）图的类型

图可根据不同的定义方式分为不同的类型。

根据图中边是否有方向性，分为有向图和无向图；根据图中是否有孤立的顶点，分为连通图和非连通图；根据图中边是否有权重，分为加权图和非加权图。

3）邻接矩阵

图作为一种常见的数据结构，在计算机中通常用邻接矩阵（Adjacency Matrix）进行存储。邻接矩阵 A 为 $n \times n$（n 表示顶点数目）的，其中元素 A_{ij} 为 1 时表示顶点 v_i 与 v_j 有边相连，为 0 则不相连。实际的图数据中，邻接矩阵往往会存在大量的 0，因此可用稀疏矩阵的格式来存储邻接矩阵，以控制其空间复杂度。

1.6.2　图数据应用场景

在实际的应用场景中我们通常将图称为网络，图的顶点和边也称为节点（Node）和关系（Link），例如，社交网络等有关图的概念名词。

图数据是一种较为复杂的数据类型，具有许多不同的类别。这里介绍其中最常见的四种：同构图（Isomorphic Graph）、异构图（Heterogeneous Graph）、属性图（Property Graph）和非显式图（Graph Constructed from Non-relational Data）。

1）同构图

同构图简单来说就是指图中节点类型和关系类型都只有一种的图数据。它是实际应用场景下图数据一种最简化的情况，这类图的信息完全包含在邻接矩阵 A 中，例如，由超链接关系组成的万维网（World-Wide-Web）。

2）异构图

异构图是指图中的节点类型或关系类型多于一种的图。通常实际图数据的节点和关系都是多类型的，因此异构图更为常见。

3）属性图

属性图是在同构图或异构图的基础上，增加了额外的属性信息的一种图数据，如图 1.25 所示。针对一个属性图而言，节点和关系都有对应的标签（Label）和属性（Property），标签指的是节点或关系的类型，即图中的"用户"、"运动"等；属性指的是节点或者关系的附加信息，即图中的"张××"、"篮球"等。属性图是针对工业大图数据的表示方式，能够广泛适用于多种应用场景下的数据表达。

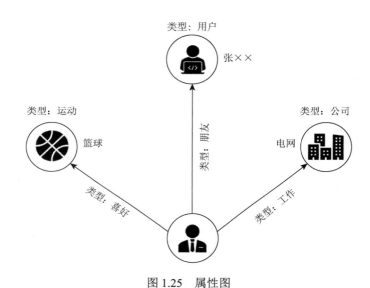

图 1.25　属性图

4）非显式图

非显式图指数据之间没有显式地定义出关联关系，需要我们制定某种规则将数据间的关联关系表达出来，进而将其转化为图数据进行研究。典型应用如计算机视觉中的 3D 点云数据，若将节点间的空间距离转化为节点间的关系，此时就可将点云数据看成图数据。

现实世界中，图结构数据有着十分广泛的应用场景。下面举例进行简单介绍。

社交网络：显然社交网络结构可以看作一类图数据，通常以用户为节点，用户之间的关系作为边。社交网络一般定义为同构图，最常用于推荐系统中。如今随着互联网技术的不断深入，多元化的对象被补充到社交网络结构中，如短视频等，构成的异构图可以用来完成更复杂多样的图任务。

化学分子结构：如图 1.26 所示，以各个原子为节点，原子间的化学键为边，这样一个分子就可看作一个图结构数据进行研究。化学分子的理化性质与分子结构和原子性质有关，因此将其看作图数据指导新材料、新药物的研究尤为重要。

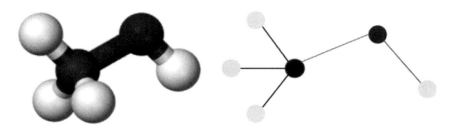

图 1.26　化学分子结构

物理系统：物理系统（图 1.27）中的每一个节点表示系统中的物理器件主体（Object），每一条边表示不同主体之间的关系。例如，电力系统整体上就是一个图结构数据，可将母线位置看作节点，输电线路看作节点之间的边，甚至边的权重都可通过电气距离进行人为规定。从而可将电力系统中的任务用解决图数据的方法来应对。

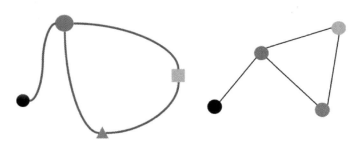

图 1.27　物理系统

图数据常见的应用场景还有交通网络预测，计算机视觉中人体骨架的识别，以及更多有待探索的工业图数据。实际上图是与现实世界数据对应最合适的一种数据描述。

1.6.3　图嵌入

图嵌入（Graph Embedding）也称为图表示学习（Graph Representation Learning）。"嵌入"在数学上是一个函数：$f: X \to Y$，即将一个空间的点映射到另一个空间，通常是从高维抽象的空间映射到低维具象的空间。一般映射到低维空间的表示具有分布式稠密表示的特征。

机器学习的第一步便是从数据中提取特征，模型效果的好坏很大程度上取决于所提取特征的质量。通过一种方法可以自动从图数据中去学习有用的特征，用于后续任务，这类方法称为图表示学习。

研究图嵌入的原因是，我们认为抽象事物都应该有一个低维的特征表示，例如一张五彩斑斓的图片，它的底层表示即为像素值。而计算机和神经网络更善于处理低纬度的信息。

图嵌入有许多古典方法，下面简要介绍其中三种。

1）局部线性嵌入（Locally Linear Embedding）

该方法假设一个节点可以用它的邻域节点的线性组合来表示，目标函数为 $\phi(Y) = \dfrac{1}{2} \sum_i \left| Y_i - \sum_j W_{ij} Y_j \right|^2$。

2）拉普拉斯特征映射（Laplacian Eigenmaps）

该方法认为在原始空间越相似的节点（使用边权重衡量），映射到低维空间后也会越相似，目标函数为 $\phi(Y) = \dfrac{1}{2} \sum_{ij} (Y_i - Y_j)^2 W_{ij}$。

3）图分解（Graph Factorization）

该方法通过矩阵分解求得嵌入表示，目标函数为 $\phi(Y,\lambda)=\dfrac{1}{2}\sum\limits_{(i,j)\in E}\left(W_{ij}-\left\langle Y_i,Y_j\right\rangle\right)^2+\dfrac{\lambda}{2}\sum\limits_i\left\|Y_i\right\|^2$。

还有几种图表示学习的方法如 Deepwalk、Node2vec 等在此不做详细介绍，本质都是一种寻求图数据低维表示的过程。在具体碰到一个任务时，需要根据实际情况自主选择合适的图嵌入方法。

1.6.4 图卷积神经网络

1. 卷积网络起源

图卷积神经网络（Graph Convolutional Neural Network，GCNN，以下简称 GCN）起源于两种动机，一种动机来自于前面提及的图嵌入；另一种动机来自于卷积神经网络（CNN）。

普通卷积神经网络能够提取出多尺度的空间特征，并将它们进行组合来构建更加高级的表示。卷积网络的核心在于两点：首先，局部连接（Local Connection）和权重共享（Shared Weights）这两点在图数据结构中同样适用，因为图数据本身就是最典型的局部连接结构；其次，卷积中的共享权重策略可以显著减少参数量；另外，多层结构是处理分级模式（Hierarchical Patterns）的关键。然而卷积神经网络只能处理欧几里得数据（Euclidean Data），例如，二维图片和一维文本这样的规则数据，这些数据实际上是图结构数据的特殊情况。一般来说 CNN 中的卷积核和池化操作不能直接用在不规则的图数据上。

CNN 中的卷积是一种离散卷积，本质上是一种加权求和，通过计算中心像素点以及相邻像素点的加权和来构成一个"Feature Map"，从而实现空间特征的提取，加权系数即为卷积核权重参数。卷积核参数通常是随机化初值，然后根据误差函数通过反向传播梯度下降进行迭代优化。卷积核参数通过神经网络的训练得到最优值才能更好地实现特征提取，而图卷积理论很大一部分工作就是为了引入可优化的卷积核。

2. 两类图卷积

图卷积神经网络总的可以分为谱域图卷积和空域图卷积两种形式。通俗地说，谱域图卷积可以类比到对图进行傅里叶变换后，再进行卷积，而空域图卷积可以类比到直接在一张图片的像素点上进行卷积。

1）谱域（频域）图卷积

谱域图卷积的思路就是借助图谱理论来实现拓扑图上的卷积操作，从整体研究进程来看，首先研究者们结合图信号处理（Graph Signal Processing）知识定义了图上的傅里叶变换，进而定义了图上的卷积形式，最后与神经网络结合形成了图卷积神经网络。

在介绍图卷积之前，首先需要读者明白几个数学概念：拉普拉斯矩阵、傅里叶变换。

（1）拉普拉斯矩阵。

拉普拉斯矩阵（Laplacian Matrix）也称为离散拉普拉斯算子，主要用在图论中，作为一个图的矩阵表示。对于图 $G=(V,E)$，其拉普拉斯矩阵的定义为 $L=D-A$，其中 L 是拉普拉斯矩阵，$D=\mathrm{diag}(d)$ 是顶点的度矩阵，对角线上元素依次为各个顶点的度，A 是图的邻接矩阵。

谱域图卷积的前提条件是图必须是无向图，若只考虑无向图，那么 L 就是对称矩阵。而无向图的拉普拉斯矩阵有许多良好的性质：L 是半正定矩阵；L 是对称矩阵，可以进行特征分解；L 中零特征值的个数就是图连通区域的个数；最小特征值对应的特征向量是每个值全为 1 的向量；最小非零特征值是图的代数连通度。

由于卷积操作在傅里叶域的计算较为简单，为了在图上进行傅里叶变换，就需要找到图上的连续的正交基对应于傅里叶变换的基，因此要计算拉普拉斯矩阵的特征向量。我们将拉普拉斯矩阵进行特征分解（谱分解），分解形式如下：

$$L = U \Lambda U^{\mathrm{T}} = U \begin{bmatrix} \lambda_1 & & \\ & \ddots & \\ & & \lambda_n \end{bmatrix} U^{\mathrm{T}}$$

其中，U 是拉普拉斯矩阵的特征向量；λ 是矩阵的特征值。

（2）傅里叶变换。

将传统傅里叶变换以及卷积操作迁移到图数据上来，核心工作就是把傅里叶变换中的拉普拉斯算子变为图拉普拉斯矩阵的特征向量。简单来说，传统傅里叶变换的基就是拉普拉斯矩阵的一组特征向量。传统傅里叶变换是通过一组正交函数来表示任意的一个函数，是连续形式的。而处理图数据时，用的是离散傅里叶变换的形式。拉普拉斯矩阵进行特征分解后，可以得到与节点数相同个数（n 个）的线性无关的特征向量，构成空间的一组正交基，因此拉普拉斯矩阵的特征向量构成了图傅里叶变换的一组基。图傅里叶变换将输入图数据投射到正交空间。传统傅里叶变换与图傅里叶变换的对比情况如表 1.1 所示。

表 1.1　传统傅里叶变换与图傅里叶变换对比

	传统傅里叶变换	图傅里叶变换
傅里叶变换基	$e^{-i\omega t}$	U^{T}
傅里叶逆变换基	$e^{i\omega t}$	U
维度	∞	n

由上述内容可定义图上的傅里叶变换如下：

$$F(\lambda_l) = \hat{f}(\lambda_l) = \sum_{i=1}^{n} f(i) u_l(i)$$

其中，f 是图上的某节点的特征向量；$f(i)$ 表示此节点的第 i 个特征；$u_l(i)$ 表示第 l 个特征向量的第 i 个分量；$\hat{f}$ 是图傅里叶变换，即式中 λ_l 对应的特征向量 u_l 与 f 进行内积运算。

将上述图傅里叶变换写成矩阵形式如下：

$$\hat{f} = U^{\mathrm{T}} f$$

与此同理，图傅里叶逆变换的矩阵形式也可求得

$$f = U^{\mathrm{T}} \hat{f}$$

至此，我们理解了图傅里叶变换和传统傅里叶变换的联系和区别，下一步将图傅里叶变换推广到图上的卷积。

（3）图卷积。

由所学的卷积定理可知，一个函数卷积的傅里叶变换是函数傅里叶变换之后的乘积。类比普通函数，在图上我们将卷积核用 g 表示，信号依然用 f 表示，则图上的卷积可以表示为

$$(f * g)_{\text{Graph}} = U((U^{\mathrm{T}} g) \odot (U^{\mathrm{T}} f))$$

以上公式含义为先对卷积核函数与信号函数进行傅里叶变换，将其转换到频域，分别是式中的 $U^{\mathrm{T}} g$ 和 $U^{\mathrm{T}} f$，再相乘得到频域结果，最后进行傅里叶逆变换得到所需结果。其中，$\odot$ 表示阿达马积（Hadamard Product），即内积运算。通常我们也将频域卷积核写成 g_θ 对角矩阵的形式，即

$$U^{\mathrm{T}}g = g_\theta = \begin{bmatrix} \overset{\Lambda}{g}(\lambda_1) & & \\ & \ddots & \\ & & \overset{\Lambda}{g}(\lambda_n) \end{bmatrix}$$

之后要介绍的谱域图卷积的各种变体，都是在 g_θ 这个卷积核的构建上进行研究的。

2）谱域图卷积的发展

深度学习中的图卷积神经网络的形式与上面推导得到的形式有所不同，但是所有变体都是上面这个公式的继承和推广。

由于原式将卷积核看作一个可训练的参数，训练过程需要对拉普拉斯矩阵进行特征值分解，计算复杂度很高，因此谱域的 GCN 有很多的变体，例如，用切比雪夫多项式去拟合卷积核的 Chebnet，避免了计算拉普拉斯矩阵特征向量这一复杂过程，卷积公式为

$$x * g_\theta = \sum_{k=0}^{K} \theta_k T_k(\tilde{L})x$$

切比雪夫多项式中

$$T_0(x) = 1, \quad T_1(x) = x$$

其中，公式的推导过程在这里不做详细介绍，有兴趣的读者可以查阅相关参考文献；而目前最常用的谱域图卷积计算公式为一阶近似 Chebnet 形式，方法中假设 $K=1, \lambda_{\max}=2$，Chebnet 卷积公式简化为

$$x * g_\theta = \theta_0 x - \theta_1 D^{-1/2} A D^{-1/2} x$$

其中，$D^{-1/2} A D^{-1/2}$ 是归一化的邻接矩阵。为了抑制参数数量防止训练过程发生过拟合，一阶 Chebnet 假设 $\theta = \theta_0 = -\theta_1$，图卷积的公式就变为如下形式：

$$x * g_\theta = \theta \tilde{D}^{-1/2} \tilde{A} \tilde{D}^{-1/2} x$$

其中，$\tilde{A} = A + I_N$，是加了自环的邻接矩阵。加上激活函数，就得到了最终的图卷积公式：

$$H^{(k+1)} = \sigma(\tilde{D}^{-1/2} \tilde{A} \tilde{D}^{-1/2} H^{(k)} W^{(k)})$$

上面公式中的 $H^{(k)}$ 是第 k 层的输出，维度为 $N \times F$；W 是权重参数，也就是卷积核参数，维度通常是 $F \times F'$。

谱域的 GCN 有 CNN 网络参数共享和局部连接的性质，也能够通过改变层数改变感受野大小，第一层的聚合过程只包含一阶邻域节点的信息，第 k 层包含了 k 阶邻域节点的信息。在处理图数据的过程中，GCN 除了有神经网络本身强大的拟合能力以外，还能够聚合节点和边的信息，在有限的数据量下充分利用数据本身的性质和数据的空间性质。

3）谱域图卷积的不足

谱域图卷积有坚实的理论基础，模型性能较为优良，但仍存在一系列改进之处。首先，模型的扩展性差，不同图的邻接矩阵不同，因此模型是直推式（Transductive）的，无法进行更好的泛化；其次，深层 GCN 会存在过度平滑问题，即聚合的邻域阶数到一定程度，节点会有趋同性，影响整体训练；再有就是不能处理有向图，因为有向图的拉普拉斯矩阵不再对称，也就没有那些优良的性质。

正因如此，空域图卷积的诞生成为必然。

4）空域图卷积

谱域图卷积存在一些缺陷，例如，不适用于有向图，只能在固定图结构下卷积，模型复杂度大等问题。因此我们能否绕开图谱理论，重新从图上定义卷积？

答案是可以的。本节将介绍几种最典型的空域图卷积模型，每一个模型都是对"图卷积"这个概念的不同理解。

（1）Graph CNN。

第一种空域图卷积方法没有特定的名字，暂且称为 Graph CNN。这种方法的核心是将卷积定义为固定数量的邻域节点排序后，与相同数量的卷积核参数相乘求和。通过前面分析我们已经知道，传统卷积有着固定的邻域大小（如 3×3 的卷积核即为八邻域），同时有着固定的顺序。而对于图结构数据而言，不存在固定大小的邻域，每个节点的邻域大小是不同的，同一节点的邻域也不存在顺序。因此 Graph CNN 将卷积操作分为了两步：①构建邻域，即找到固定数量的邻域节点，然后对邻域节点进行排序；②对邻域节点与卷积核参数作内积。

寻求邻域节点的思路是，使用随机游走（Random Walk）的方法，根据被选择的概率期望大小来选择固定数量的邻域节点，然后根据节点被选择的概率期望来对邻域进行排序。记 P 为图上的随机游走转移矩阵，其中 P_{ij} 表示由 i 节点到 j 节点的转移概率；记 S 为相似度矩阵，也可用邻接矩阵表示。D 仍为度矩阵。Graph CNN 假设存在图转移矩阵 P，在图结构已知的情况下，S 和 D 可求得。定义随机游走概率转移矩阵：

$$P = D^{-1}S$$

相当于可用归一化后的邻接矩阵作为转移矩阵。多步的转移期望定义为

$$Q^{(0)} = I, \quad Q^{(1)} = I + P, \cdots, Q^{(k)} = \sum_{i=0}^{k} P^k$$

此处定义 $Q_{ij}^{(k)}$ 为 k 步内，由 i 节点出发到 j 节点的期望访问数。图 1.28 所示为 $k=1$ 和 $k=2$ 时的期望访问图。

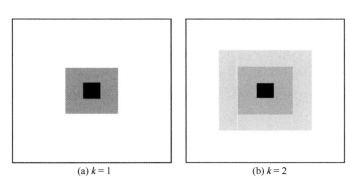

(a) $k=1$　　　　　　　(b) $k=2$

图 1.28　期望访问图

然后根据期望来选择邻域，$\pi_i^{(k)}(c)$ 表示节点的序号，该节点表示（k 步内）由 i 节点出发的访问期望数第 c 大的节点，因此有

$$Q_{i\pi i\,(1)}^{(k)} > Q_{i\pi i\,(2)}^{(k)} > \cdots > Q_{i\pi i\,(N)}^{(k)}$$

执行 1D 卷积得

$$\text{Conv}_1(x) = \begin{bmatrix} x_{\pi 1\,(1)}^{(k)} & \cdots & x_{\pi 1\,(p)}^{(k)} \\ x_{\pi 2\,(1)}^{(k)} & \cdots & x_{\pi 2\,(p)}^{(k)} \\ \vdots & & \vdots \\ x_{\pi N\,(1)}^{(k)} & \cdots & x_{\pi N\,(p)}^{(k)} \end{bmatrix} \cdot \begin{bmatrix} w_1 \\ w_2 \\ \vdots \\ w_p \end{bmatrix}$$

实践证明，Graph CNN 在图数据上分类和预测的效果优于传统的全连接层和随机森林。

本节认为，Graph CNN 本质上是寻求了一种与 CNN 卷积极其类似的方式在不规则图结构数据上进行卷积。

（2）Graphsage。

Graphsage 方法对卷积有着不同的理解。这种方法认为卷积=采样+聚合，并且邻域节点不需要进行排序，其名称 SAGE 是 Sample and Aggregate 的含义。这类图卷积的步骤为，首先通过采样得到邻域节点，然后使用聚合函数来聚合邻域节点的信息，获得目标节点的新表示，最后利用节点上聚合得到的综合信息来对节点或图任务的标签进行预测。Graphsage 通常采用均匀采样法，而聚合方式有许多种，如 mean aggregator、LSTM aggregator、Pooling aggregator。Graphsage 与 Graph CNN 的不同之处在于：首先，这种方法认为图卷积邻域的节点不需要排序，且邻域内所有节点共享同样的卷积核参数；在邻域选择上，Graph CNN 通过随机游走的概率来构建邻域，而 Graphsage 通过均匀采样构建邻域。

（3）Graph Attention Network（GAT）。

GAT 方法认为卷积可定义为利用注意力机制（Attention）对邻域节点进行有区别的聚合，即邻域中所有节点共享相同的卷积核参数会限制模型的能力，因为通常每一个邻域节点和中心节点的关联度都是不同的，在卷积时，对邻域的不同节点应该分配不同的权重。具体做法是，针对每个节点计算注意力系数：

$$e_{ij} = \alpha(Wh_i, Wh_j) = a^{\mathrm{T}}(Wh_i \mid Wh_j)$$

将注意力系数进行归一化：

$$\alpha_{ij} = \mathrm{Soft}\max_j(e_{ij}) = \frac{\exp(e_{ij})}{\sum_{k \in N_i} \exp(e_{ik})}$$

最后利用注意力系数对邻域节点进行有区别的聚合，完成图卷积操作：

$$h_i' = f\left(\sum_{j \in N_i} \alpha_{ij} Wh_j\right)$$

在邻域节点的构建上，GAT 直接选用一阶相邻节点作为邻域节点（与谱域 GCN 类似）；在节点顺序上，GAT 认为节点无须排序且共享卷积核参数，但在加入注意力系数之后，实际上对邻域各个节点的卷积核参数是不同的。GAT 可看作对图数据分析的一大进步，它不仅考虑了节点特征，更丰富了边的信息。

（4）PGC。

PGC（Partition Graph Convolution）方法将卷积定义为特定的取样函数与特定的权重函数相乘后求和，简单来说就是将邻域内的点（不一定是一阶）分为不同的类，每一类共享一个卷积核参数，不同类之间卷积核参数不同。如何将邻域节点分类需要结合具体任务确定。

最后对四种空域图卷积做一个对比，如表 1.2 所示。

表 1.2　四种典型空域图卷积方法对比

卷积方法	邻域节点选择方式	是否对邻域节点排序	是否共享卷积核参数
Graph CNN	随机游走	是	不共享
Graphsage	均匀采样	否	共享
GAT	一阶邻居	否	实质不共享
PGC	由取样函数决定	由权重函数决定	由权重函数决定

（5）空域图卷积特点。

空域图卷积的应用比谱域图卷积更广泛，它不要求图结构固定，可研究动态图和有向图，即测试集和训练集的图结构可以不同；直接在空域上进行卷积更为直观，容易理解；没有图谱理论的约束，方法更为灵活，变体也更多。但同时它也有明显的缺点，就是缺少数学理论的支撑，有时缺乏可解释性。

1.7　强　化　学　习

1.7.1　强化学习基本概念

在一个典型强化学习中，主要包含以下几个要素。

状态集合 S：智能体所处的特定状态集合，智能体每次处于集合中的某个特定状态。

动作集合 A：智能体可以采取的动作集合，每个时间步下，智能体采取集合中的某个动作，同时状态迭代到下一状态下。

动作转换概率 $P_r(s'|a,s)$：表示智能体在状态 s 下，执行动作 a 后，跳转到状态 s' 的概率。

奖励值 $R(s,a)$：又称为回报，或者奖赏值，表示在状态 s 下执行动作 a 得到的奖励值，也有其他的表示方法，如 $R(s)$、$R(s,a,s')$ 等，这些不同的表示代表了当前环境设定的意义不同。

如图 1.29 中的交互过程所示，首先初始化智能体状态为 s_0，之后每个时间步 t 下，通过观测环境得到智能体当前的状态 s_t 和得到的奖励值 r_t，由此，智能体可以继续做出下一步决策，从而进行下一个时间步的迭代。经过这样的迭代过程，我们可以得到一个马尔可夫决策过程（Markov Decision Process，MDP），这个决策过程完全取决于当前状态，而与之前和之后状态无关，记为 $M = \langle s,a,R,P_{s,a} \rangle$。

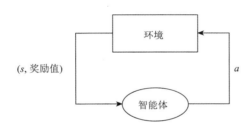

图 1.29　一个强化学习交互环境示意

根据这样的过程，进一步给出以下定义。

第 t 时间步的长期回报 G_t：$G_t = \sum_{k}^{\infty} \gamma^k R_{t+k+1}$，这里的 k 表示动作序列的序号，γ 是折扣因子（$0 \leqslant \gamma \leqslant 1$），可见，当 $\gamma = 0$ 时，表示只考虑当前步骤的奖励值，当 $\gamma = 1$ 时表示未来奖励值没有损失，直接累计。

策略 $\pi(s) \to a$：表示当前智能体学习到的策略，即当前选择动作的策略函数，通常表示为 $a = \pi(s)$，表示状态 s 下执行的动作，另一种概率形式的表达为 $\pi(a|s) = P(a|s)$ 表示当前状态 s 下，不同动作的概率。

状态价值 $v_\pi(s)$：在策略 π 下，状态 s 的长期奖励值，即 G_t。

行动价值 $q_\pi(s,a)$：在策略 π 下，状态 s 和动作 a 的长期奖励值。

$V(s)$：$v_\pi(s)$ 的集合。

$Q(s,a)$：$q_\pi(s,a)$ 的集合。

强化学习算法就是利用迭代和优化算法，来找到最优策略 π_* 使得智能体能获得的长期回报奖励值 G_t 最大，我们可以通过求解来得到最优策略或最大回报。

1.7.2　强化学习算法介绍

强化学习算法分类按照三个标准来划分，这三个标准代表了强化学习的两个方面，可以进行交叉组合。

根据强化学习更新方式可以将其分成基于值（Value）或者基于策略（Policy）的两类。前者指Agent训练过程中不断更新动作价值函数($Q(s,a)$或者$Q(s)$)，之后按照Q值表所对应的动作进行决策，所以被称为基于值的更新算法。后者指Agent在训练过程中通过策略梯度更新策略函数$\pi(s)$，之后通过价值函数$V(s)$来反馈获得更新，得到价值函数最大的策略π。

根据强化学习采样的策略与智能体执行策略相同与否，可以将强化学习算法分成同策略（On-policy）和离策略（Off-policy），On-policy指Agent训练过程中，采样策略和Agent策略相同，后者指采样策略与Agent策略不同，如可能进行均匀或者随机采样等。

从强化学习算法是否根据学习环境模型建立，可以将算法分成基于模型（Model-base）和无模型（Model-free）。前者指在训练Agent的过程中，Agent会学习环境模型进行建模，通常是建立状态转换概率($P(s'|s)$或者$P(s'|s,a)$等)。后者指在训练过程中，Agent不学习转换概率而是直接学习建立价值函数($V(s)$或者$Q(a,s)$等)。

1. 值迭代和策略迭代

值迭代和策略迭代是两种动态规划的算法，用于解决奖励值已知且状态转移概率确定的问题，二者比较相似。

二者都是从一个初始策略/动作出发（初始通常是随机动作），然后对当前策略进行评估，得到评估之后迭代改进策略，以此循环，不断评估改进，直到收敛，得到最优策略。

对于策略迭代，就是计算当前策略的价值函数V_π：

$$V_\pi(s) = E_\pi\left(G_t|S_t = s\right) = E_\pi\left(R_{t+1} + \gamma G_{t+1}|S_t = s\right) = E_\pi\left(R_{t+1} + \gamma V\left(S_{t+1}\right)|S_t = s\right) = \sum_a \pi(a\,|\,s)\sum_{s'} P(s'\,|\,s,a)$$

$$\cdot\left(R(s'|s,a) + \gamma V_\pi(s')\right)$$

将上述公式写成动态规划迭代更新的形式，即

$$V_{k+1} = \sum_a \pi(a\,|\,s)\sum_{s'} P(s'\,|\,s,a)\left(R(s'|s,a) + \gamma V_k(s')\right)$$

其中，V_k就代表第k次迭代时，当前策略π的价值函数。

每次迭代完成后，计算每个状态s下的所有动作的期望价值：

$$Q_\pi(s,a) = \sum_{s',r} P(s',r\,|\,s,a)\left(r + \gamma V_\pi(s')\right)$$

然后利用以下公式进行策略更新：

$$\pi_{k+1}(s) = \arg\max_a Q_{\pi_{k+1}}(s,a)$$

经过以上过程不断迭代，直到价值函数收敛，得到最优策略，整个过程如下所示。

策略迭代：

策略迭代算法

（1）先给定初始策略π，求解线性方程，计算出π相应的值函数V

$$V(s) = R(s,\pi(s)) + \gamma\sum_{s'} T(s,a,s')V(s')$$

（2）基于计算出的值函数V，按下式更新策略

$$\pi(s) \leftarrow \arg\max_a \left\{ R(s,a) + \gamma \sum_{s'} T(s,a,s')V(s') \right\}$$

（3）不断重复步骤（1）、（2），直到收敛
策略迭代算法最终收敛到最优值
收敛到最优值所需的迭代不大于 $|A|^{|S|}$（确定性策略的总数目）

值迭代和策略迭代类似，只是每次更新时只更新动作的期望价值，而没有策略，每次迭代也是利用当前最大价值动作更新。

值迭代：

值迭代（Value Iteration）算法求 V_t^* 序列，借助于辅助 $Q_t^a(s)$，其直观含义为：在 s 执行 a，然后执行 $t-1$ 步的最优策略所产生的预期回报

对所有 $s \in S, V_0(s) := 0; t := 0;$
loop
$t := t + 1;$
loop 对所有 $s \in S$
loop 对所有 $a \in A$
$$Q_t^a(s) := R(s,a) + \gamma \sum_{s'} T(s,a,s')V_{t-1}(s')$$
End loop
$V_t(s) := \max_a Q_t^a(s)$ (Bellman equation)
End loop
until $|V_t(s) - V_{t-1}(s)| < \varepsilon$ 对所有 $s \in S$ 成立

2. Q-Learning

策略迭代和值迭代有一个最大的缺点在于，每次更新时，均需要对所有状态 S 和该状态下的所有动作 A 进行价值函数的更新，这就导致以下两个问题。

（1）状态转换概率必须已知。当状态转换概率 $P(s'|s,a)$ 未知时，价值函数迭代更新无法计算，因此导致两种迭代算法无法进行。

（2）所有状态和动作遍历更新导致连续动作或者连续状态无法求解。当动作和状态离散时，可以将价值函数建立成一个表格，完成所有更新，但是当二者是连续变量时，这种迭代过程就无法计算，导致算法失效，当然，即使是离散状态时，这种更新方式的时间和空间复杂度也是非常高的。

正是因为存在上述两个问题，才出现了更多的改进算法，例如，当转换概率未知时，可以利用蒙特卡罗算法进行计算，利用历史采样数据统计得到转换概率解决第一个问题，当然时间和空间复杂度依然比较大。目前为止较为普遍的一种方法是 Q-Learning。

Q-Learning 是一种基于值的 Off-policy 算法，利用 TD（Temporal-Difference）时间差分方法来估计当前的动作价值，通过不断迭代得到环境的真实价值。

在策略迭代和值迭代的方法中，期望价值通过以下公式得到：

$$Q_\pi(s,a) = \sum_{s',r} P(s',r|s,a)\left(r + \gamma V_\pi(s')\right)$$

考虑到价值函数 V_π 的计算方式，可以得到

$$Q_\pi(s,a) = \sum_{s',r} P(s',r|s,a)\left(r + \gamma Q_\pi(s',\pi(s'))\right)$$

又因为策略 π 是最大 Q 函数的策略，因此将最优策略代入，可以得到

$$Q_\pi(s,a) = \sum_{s',r} P(s',r|s,a)(r + \gamma \max_{a'} Q(s',a'))$$

可以看出，每次迭代时，本质上是 Q 函数的迭代过程，因此，我们利用 TD 方法，利用 Q 的误差不断

迭代，使得当前的 Q 值不断逼近最优的 Q 值，就可以忽略掉状态概率的问题，而直接得到最优的 Q：

$$Q(s,a) \leftarrow Q(s,a) + \alpha \left(r + \gamma \max_{a'} Q(s',a') - Q(s,a) \right)$$

即通过 TD 误差逼近真实的 Q 值，这种更新方式就是 Q-Learning 的过程，其中 α 指学习率，即每次更新 Q 值的步长。

1.7.3　强化学习实验环境

与其他机器学习不同，强化学习需要和环境进行交互，因此仿真器和虚拟环境的模拟显得至关重要，在目前的主流框架中，存在各种各样的强化学习环境，以下介绍几个比较有名的环境。

目前最主流的环境是 OpenAI 开发并开源的 gym 环境，通过 python 官方包管理软件的方式就可以安装得到，整个环境包括以下几个类别。

Atari 游戏如图 1.30 所示，这类环境是红白机的一些经典游戏，例如，空间入侵者（SpaceInvaders）、吃豆人（Ms.Pacman）等。其输入格式为三通道的图片，动作则是红白机手柄按键操作。这类游戏比较考验模型学习和图像识别能力。

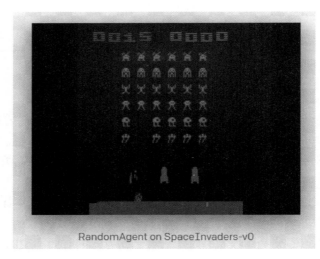

图 1.30　Atari 游戏

机器人控制如图 1.31 所示，这类环境是自动化的机器人关节和机械臂控制仿真，典型环境包括一阶倒立摆（Cart-pole）的控制等，这类环境复杂度比较高，存在一定的合作和控制策略的考验。

图 1.31　机器人控制

1.7.4　强化学习和深度学习

深度学习，特别是神经网络工具的使用，使得函数泛化和应用显著提高，解决了一系列的认知问题（如识别、判断、分类等），强化学习作为机器学习的另一分支，主要解决 AI 应用中的决策问题（如推荐、规划、动作选择等），因此二者是相互独立但又相互借鉴的关系。

强化学习中的一些问题，例如，之前提过的动作和状态空间连续的问题，就可以通过神经网络的拟合泛化解决，由此诞生了一系列的 State of Art 算法，例如，从 *Q*-Learning 而来的 DQN 算法，从策略梯度来的 TRPO 和 PPO 算法等，这些都是目前主流且性能极好的算法，如果想进一步了解这方面的知识，可以基于这几种算法进行学习和研究。

整体而言，强化学习远远不够成熟，应用层面更是少之又少，因此作为一个新兴的机器学习社群，强化学习还在一步步地扩大、发展，希望能为社群做一些有意义的分享和工作。

参 考 文 献

[1]　Mnih V，Kavukcuoglu K，Silver D，et al. Human-level control through deep reinforcement learning[J]. Nature，2015，518（7540）：529-533.

[2]　Schulman J，Levine S，Moritz P，et al. Trust region policy optimization[J]. Computer Science，2015：1889-1897.

[3]　Schulman J，Wolski F，Dhariwal P，et al. Proximal policy optimization algorithms[J]. arxiv preprint arxiv：1707. 06347，2017.

[4]　Trottier L. Off-Policy Actor-Critic[EB/OL]. (2012-07-25).http://citeseerx.ist.psu.edu/viewdoc/download;jsessionid=17B9DA3372B068BB907 CD249CDECAC06?doi=10.1.1.390.7611&rep=rep1&type=pdf.

[5]　Wang Z，Bapst V，Heess N，et al. Sample efficient actor-critic with experience replay[J]. arXiv preprint arXiv：1611.01224，2016.

[6]　Mania H，Guy A，Recht B . Simple random search provides a competitive approach to reinforcement learning[J]. arXiv preprint arXiv：1803.07055，2018.

[7]　Salimans T，Ho J，Chen X，et al. Evolution strategies as a scalable alternative to reinforcement learning[J]. arXiv preprint arXiv：1703.03864，2017.

[8]　Fujimoto S，Hoof H，Meger D. Addressing function approximation error in actor-critic methods[C]//International Conference on Machine Learning. PMLR，2018：1587-1596.

第二部分　基于人工智能的故障诊断技术

第1章　基于深度学习的风机叶片覆冰故障检测

近年来，随着科技和经济的发展，人们对生活品质的追求不断提升，低碳环保成为人们关注的热点，这促进了新能源发展。特别是风力发电，其渗透率在最近几年迅速上升。但是在寒冷季节，由雨雪大雾天气造成的风机叶片结冰，对风电场的运行与维护带来了巨大的影响。风机叶片覆冰后，叶片继续旋转可能会造成冰块脱落损坏附近财产或威胁风场工作人员；长时间的风机叶片覆冰，会影响风力发电机的稳定运行，如果覆冰的质量过大，还会影响风力发电机叶片的疲劳寿命，严重的情况下甚至会造成风机叶片断裂；此外，一般情况下，每个风机叶片覆冰的质量是不相等的，这会诱发风力发电机叶片不平衡故障，严重时会因为受力不同损坏风机内部结构，带来严重的经济损失，增加了风电场的维护成本。在风机叶片表面由于大量覆冰而引起进一步损失前，快速检测出该故障是很有必要的。在对风机运行时的时间序列数据的初步分析中，使用传统的数学方法对风机数据进行分析，很难检测到由叶片覆冰造成的不平衡故障，因为在正常和故障状态下，数据之间的特征差异并不明显。

随着人工智能技术的发展，越来越多的方法被应用到电力系统中，如电力系统输电线路故障诊断、风力发电的出力预测、风力发电机叶片断裂预测等。电力系统的数据量庞大，在处理大规模数据的时候，神经网络有着巨大的优势，它能够发现相似数据之间的细微差别。而恰好风机叶片覆冰时的风机运行数据与正常状态数据差异不大，而用传统数据分析方法很难提取风机叶片覆冰时的特征，因此，将人工智能应用于由叶片覆冰造成的不平衡故障是可行的办法。尽早发现风机叶片表面的异常情况，可以及时地去检查维修，降低风电场的运营和维护成本，预防风机叶片发生更严重的事故。通过数据驱动来搭建故障检测模型，预测风力发电机叶片不平衡状况，解决了人力巡检成本高以及肉眼直观观测的误差高的问题。

本章搭建了基于深度学习（Deep Learning，DL）方法的风机叶片覆冰检测模型，该模型主要分为数据与处理层、数据特征提取层以及风机状态分类层。首先，采集风机在不同风速、不同叶片状态下的运行数据，构建风机历史数据集。然后，基于参数优化，将长短期记忆（Long Short-Term Memory，LSTM）网络与注意力机制（Attention Mechanism）模型相结合，建立风机数据特征提取模型。最后，通过对目标函数的优化，更新神经网络模型的各个参数，从而实现对不同状态下的风机数据进行分类。

1.1　应 用 背 景

风能作为一种清洁的可再生能源，近年来发展迅速[1]。随着风力发电在电力系统的渗透率不断增加，风力发电机组维修成本高、故障率高的问题日益突出[2]。据统计，风电场维修成本的 40%与风力发电机部件故障有关[3]。风力机故障主要包括齿轮箱、各种轴承和转子的机械故障[4]、叶片断裂[5]、发电机和电力电子元器件的异常工作状态[6]等。当风力发电机发生故障时，会对电力系统的稳定造成威胁，甚至导致电网受损。因此，有必要对风机在发生更严重的事故之前，对其潜在危险进行诊断，避免毁灭性的故障发生[7, 8]。本文介绍的方法就是针对风机叶片覆冰所提出的。风机一般安装在山上或者沿着海岸线，且风电场 SCADA 数据不会反映出风机叶片是否有覆冰的状态，仅仅依靠人工对风机叶片状态的检查是一个费时的过程。因此，有必要提出一种方法，能够根据 SCADA 数据的特征反映出风机叶片的状态。

　　传统的故障诊断方法是基于在风力发电机组不同部位安装大量传感器进行监测，但会增加大量的投资成本。在故障诊断中应用更有效的数据驱动方法，以降低投资成本[9]。针对数据驱动这一方案，很多研究中提出了不同的方法，目前最热门的就是将机器学习[10]应用到故障诊断。近年来，基于机器学习的方法在许多领域得到了广泛的应用。深度学习是这个热门领域中最重要的部分之一，谷歌公司的 AlphaGo[11]就有利用到这种方法，并取得了巨大的突破。

　　由于 DL 对数据具有的强大的学习能力，它可以对大量的数据进行统计分析[12]，因此这种新兴的技术在风机叶片覆冰检测方面有很大的应用前景。一般情况下，基于 DL 的故障检测方法包括两个步骤：一是通过神经网络提取故障特征；二是基于提取的特征实现故障分类[13]。文献[14]应用稀疏自编码器，来检测风电系统输电线路故障，实现了风电场输电线路故障识别，且准确率高达 99%；文献[15]成功地将一种基于自动编码器的方法应用于风力机齿轮箱故障诊断；文献[16]提出了一种基于深度学习的风机齿轮箱轴承故障检测方法。但是，目前很少有基于深度学习的风机叶片覆冰检测的研究。因此，本章针对当前方法的不足，提出一种基于数据驱动的 DL 组合模型。研究结果可为风电场资源的抢修工作提供理论依据与实际指导。

1.2　基于深度学习的风机叶片覆冰故障检测整体框架

　　目前，基于深度学习的故障检测主要采用有监督学习的方法，通过对大量历史数据进行线下训练。在训练过程中，神经网络提取历史数据的特征，映射出一个训练好的故障检测模型，其整体实现方案如图 1.1 所示。

　　线下训练部分大致可以分为历史风机数据采集与处理、特征提取、故障分类三个过程。

　　第 1 个过程是历史风机数据采集与处理，目前主要方法有缺省值填充、归一化以及标准化等，并将数据划分为训练集、验证集和测试集，然后对各个数据集进行分段处理，使其满足所搭建模型的数据输入格式，然后送入神经网络进行训练。本方法的数据包括风机运行时的电压、电流、输出功率、转子角速度和机械转矩。

　　第 2 个过程是特征提取，利用 DL 算法，根据目标函数，对神经网络模型进行超参数优化，最终映射出一个可以反映当前风机状态的 DL 模型。

　　第 3 个过程是故障分类，使用上述模型对风机叶片的状态进行预测与分类。

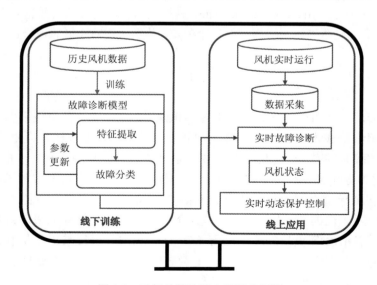

图 1.1　风机故障诊断方案整体框架

1.3　基于深度学习的风机叶片覆冰故障检测方法

1.3.1　数据处理

数据处理就是对数据进行预处理，使得神经网络的训练效率更高。常见的神经网络数据预处理方法有：最大-最小标准化、z-score 标准化等，还有一些传统的数据处理方法，如傅里叶变换、小波变换等。本章使用的数据预处理方法是最大-最小标准化，经过预处理后将数据划分一系列指定长度的子序列作为训练集，用作训练的子序列的长度又称为时间步长（n_step）。

1.3.2　特征提取

线下训练的核心是对数据进行特征提取。目前主流的数据特征提取模型主要有卷积神经网络（CNN）和循环神经网络（RNN）。CNN 主要用于图片识别、语言识别等；而 RNN 主要用于处理时间序列问题，相对于 CNN 而言，RNN 对随着时间的变化而变化的数据具有更强的敏感性。风机的运行数据是一系列的时间序列数据，以风机的输出功率为例，如图 1.2 所示，随着时间与风速的变化，风机状态的变化是很明显的，但是不同风机状态下的输出功率整体趋势相同。在使用传统方法提取风机数据特征效率较低的情况下，使用基于 DL 的方法自动提取数据的特征是一个很好的选择，RNN 对这种时间序列数据的处理具有较大的优势。

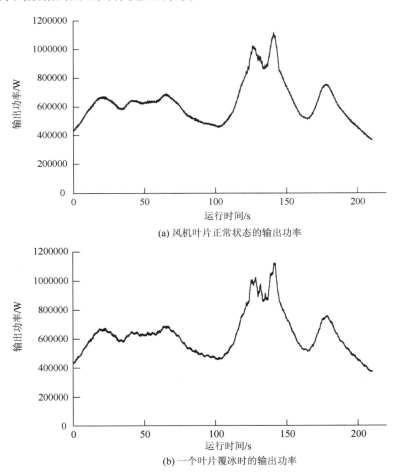

(a) 风机叶片正常状态的输出功率

(b) 一个叶片覆冰时的输出功率

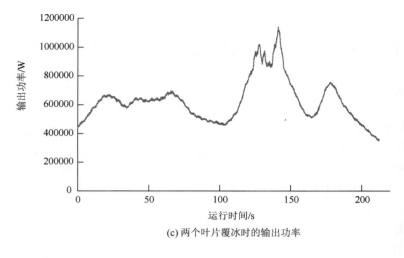

(c) 两个叶片覆冰时的输出功率

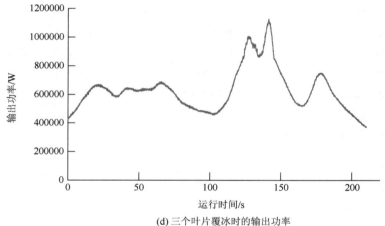

(d) 三个叶片覆冰时的输出功率

图 1.2　平均风速 8m/s 下不同风机状态的输出功率

1.3.3　算法简介

1. RNN

RNN 是一种具有特殊结构的神经网络，与 CNN 相比，RNN 可以看作一个具有记忆功能的神经网络，它可以存储数据之前时刻的特征信息，这些信息可以被用作下一个 RNN 单元的输入。一个简单的 RNN 包括 3 层：输入层、隐藏层和输出层。一个标准 RNN 及其展开结构如图 1.3 所示。

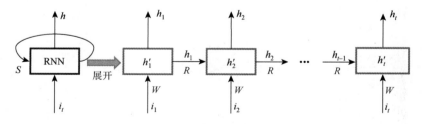

图 1.3　一个标准的展开 RNN 结构

其中，i_t 表示 t 时刻 RNN 的输入向量。在展开的 RNN 结构中，每个 RNN 的基本单元内都有一个激活函数，其输出的数据的特征值会作为下一个单元的输入。RNN 网络的具体运算如式（1-1）和式（1-2）所示：

$$h'_t = W \begin{bmatrix} i_t \\ h_{t-1} \end{bmatrix} + b \tag{1-1}$$

$$h_t = \text{Sigmoid}(h'_t) \tag{1-2}$$

其中，h'_t 表示在 t 时刻时，神经网络的隐藏状态；W 和 b 分别表示权重矩阵和偏置向量；h_t 是 RNN 基本单元的输出；Sigmoid 是神经网络的激活函数。因为每一时刻的输入都与上一时刻的输出有关，因此我们可以将 RNN 看作具有记忆功能的神经网络，它可以用来提取并记忆时间序列数据的特征。

2. LSTM

时间序列数据的长度、维数和数量的增加，会使得 RNN 的学习能力降低，但一种特殊结构的 RNN——LSTM，可以解决 RNN 的这一缺点。

由于标准 RNN 神经网络只是考虑相邻状态间的相互关系，如果两 RNN 单元状态之间相距时刻太远，可能会造成之前的数据被"遗忘"，从而导致神经网络丢失长时间序列数据的学习能力。但是，LSTM 可以很好地解决这一问题。与传统的 RNN 相比，LSTM 的基本单元中增加了三个特殊的门控单元，即遗忘门、输入门和输出门，LSTM 基本单元的内部结构如图 1.4 所示。

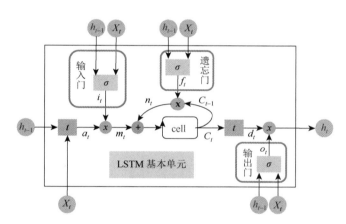

图 1.4　LSTM 基本单元内部结构

在图 1.4 中，σ 表示激活函数，x 表示两数相乘，i_t、f_t 和 o_t 是输入门、遗忘门和输出门的输出信息，这三个控制量都与输入时间序列 X_t 和前一时刻的输出量有关系。LSTM 网络最重要的部分是基本单元状态 C_t，且 LSTM 可以控制三个门控单元来决定外部数据特征是否应该被存入这个基本单元。LSTM 三个门控单元的内部运算过程如式（1-3）～式（1-5）所示：

$$i_t = \sigma\left(W_i \begin{bmatrix} X_t \\ h_{t-1} \end{bmatrix} + b_i \right) \tag{1-3}$$

$$f_t = \sigma\left(W_f \begin{bmatrix} X_t \\ h_{t-1} \end{bmatrix} + b_f \right) \tag{1-4}$$

$$o_t = \sigma\left(W_o \begin{bmatrix} X_t \\ h_{t-1} \end{bmatrix} + b_o \right) \tag{1-5}$$

其中，激活函数 σ 是 Sigmoid 函数；W_i、W_f 和 W_o 分别是输入门、遗忘门以及输出门对应输入时间序列数据 X_t 和前一时刻 LSTM 的输出 h_{t-1} 的权重矩阵；b_i、b_f、b_o 是这三个门控单元内部的偏置向量；i_t 的作用是选择性地将新的特征信息记录到 LSTM 单元；f_t 的作用是选择性地遗忘 LSTM 单元的部分信息；o_t 的作用是选择性地输出相关的特征信息。输入数据经过激活函数处理后的初始状态 a_t 如式（1-6）所示：

$$a_t = \tanh\left(W_t \begin{bmatrix} X_t \\ h_{t-1} \end{bmatrix} + b_t \right) \tag{1-6}$$

因此，中间变量 m_t 可表示为

$$m_t = i_t \cdot a_t \tag{1-7}$$

在图 1.4 中，LSTM 基本单元中最核心的部分就是 C_t，其可通过式（1-8）计算得到：

$$C_t = m_t + n_t \tag{1-8}$$

其中，n_t 可表示为

$$n_t = f_c \cdot C_{t-1} \tag{1-9}$$

在式（1-7）与式（1-9）中，i_t 与 f_t 的值是介于 0 到 1 之间的，C_{t-1} 是 LSTM 上一时刻的状态。最后，LSTM 的基本单元状态 C_t 经过激活函数以及遗忘门的处理，得到最终的输出状态 h_t，其过程分别为

$$d_t = \tanh(C_t) \tag{1-10}$$

$$h_t = o_t \cdot d_t \tag{1-11}$$

其中，tanh 为激活函数，输出门的状态 o_t 的值介于 0 到 1 之间。

3. Attention Mechanism

注意力机制在时间序列学习上具有很大的优势，它能给 LSTM 提取的数据特征中重要的部分更高的权重，这样使得神经网络不再让所有的特征信息向前传递，使得学习效率增加。注意力机制的核心目标就是从众多信息中选择出对当前任务目标更关键的信息。其计算过程可以分为以下三个步骤。

第一步：根据第 k 时刻 LSTM 的输入和第 t 时刻 LSTM 的输出，计算二者的匹配程度，如式（1-12）所示：

$$u^{k,t} = V^{\mathrm{T}} \times \tanh(W_a \times h_t + b_a) \tag{1-12}$$

其中，V^{T}、W_a 是注意力机制的权值矩阵；T 表示转置；b_a 表示偏置向量；tanh 是激活函数；h_t 是 LSTM 的输出；$u^{k,t}$ 表示第 k 时刻 LSTM 的输入和第 t 时刻 LSTM 的输出 h_t 的匹配程度的得分。

第二步：用 Softmax 函数对注意力得分进行数值转换，一方面可以进行归一化，得到所有权重系数之和为 1 的概率分布，另一方面可以用 Softmax 函数的特性突出重要元素的权重，如式（1-13）所示：

$$a_{k,t} = \frac{\mathrm{e}^{u^{k,t}}}{\sum_{j=1}^{n\_\mathrm{step}} \mathrm{e}^{u^{k,j}}} \tag{1-13}$$

其中，$a_{k,t}$ 表示 $u^{k,t}$ 不同时刻的概率分布，$a_{k,t} \in [1, n\_\mathrm{step}]$。$n\_\mathrm{step}$ 为输入到 LSTM 网络数据的时间步长。

第三步：根据权重系数对 LSTM 的输出特征信息进行加权求和，如式（1-14）所示：

$$Y_t = \sum_{t=1}^{n\_\mathrm{step}} a_{k,t} \times h_t \tag{1-14}$$

其中，Y_t 为 Attention Mechanism 网络模型输出的特征向量；$k, t \in [1, n\_step]$。在处理长时间序列数据时，数据长度过长，LSTM 模型可能会丢失数据中重要的特征，引入 Attention Mechanism 可以弥补数据过长导致特征丢失所带来的不足。

4. 参数更新

将全连接函数判断的结果与风机真实状态进行比较，计算输出误差 E，然后采用梯度下降法，通过将输出误差 E 反向传递来更新 LSTM 结合 Attention Mechanism 网络模型的参数，参数更新方式如式（1-15）～式（1-19）所示：

$$(V^{\mathrm{T}})' = V^{\mathrm{T}} - flr \cdot \frac{\partial E}{\partial V^{\mathrm{T}}} \tag{1-15}$$

$$W_a' = W_a - lr \cdot \frac{\partial E}{\partial W_a} \tag{1-16}$$

$$W' = W - lr \cdot \frac{\partial E}{\partial W} \tag{1-17}$$

$$b_a' = b_a - lr \cdot \frac{\partial E}{\partial b_a} \tag{1-18}$$

$$b' = b - lr \cdot \frac{\partial E}{\partial b} \tag{1-19}$$

其中，W_a'、b_a' 分别为 Attention Mechanism 网络模型更新后的权重矩阵和偏置向量；W' 和 b' 可看作 LSTM 模型更新后的整体的权重矩阵与偏置向量。

1.4　基于深度学习的风机叶片覆冰故障检测整体模型与算例分析

根据前面的介绍，本章风机叶片覆冰故障检测整体模型如图 1.5 所示，该模型由数据采集、数据处理、采用多层 LSTM 网络与注意力机制结合进行数据特征处理以及风机叶片状态分类多个部分组成。

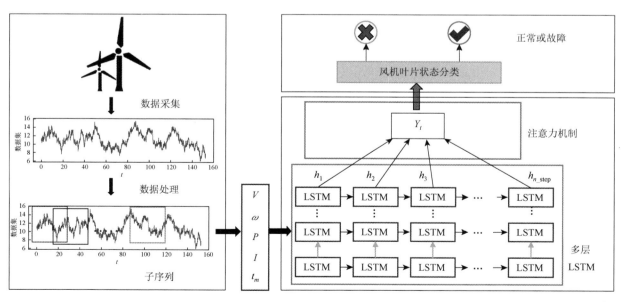

图 1.5　风机叶片覆冰故障检测整体模型

1.4.1　算例背景

由于目前缺少真实数据的原因，本章方法利用 Bladed 软件对风电机组不同类型的不平衡故障进行仿真，然后利用该软件采集了风力发电机在一个叶片、两个叶片、三个叶片覆冰情况下的故障数据和风机正常运行时的数据。其中，每个叶片的覆冰质量为 30kg，风机运行时的风速在 8～13m/s 变化；综上，在变风速的情况下，一共采集了风机在五种故障状态和正常工作状态下的电压、电流、功率、转矩和角速度的数据。

1.4.2　算例分析

本章利用 Bladed 软件对不同类型不平衡故障的风力发电机进行仿真并进行数据采集，本节将整个数据集的 80% 作为训练集，在剩余 20% 中，10% 的数据作为验证集，10% 作为测试集；本节神经网络的学习率为 0.0001，LSTM 网络一共有 3 层，本章以状态检测的准确率作为模型的评判标准，整个网络模型的训练流程如图 1.6 所示。

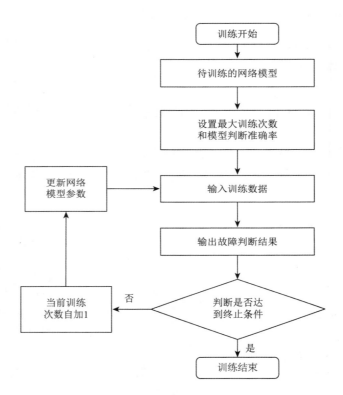

图 1.6　神经网络模型训练流程图

以一个风机叶片结冰的情况为例，本章提出的网络模型的检测结果的训练曲线（验证集数据）如图 1.7 所示。

由图 1.7 可以看到，本章提出的故障检测模型的准确率在 99% 以上，该结果表明，本章提出的基于 DL 的方法对风机叶片覆冰的检测是有效的。

图 1.8 的结果是两个叶片结冰时，在无注意力机制和有注意力机制（其中，attention_size 为 256，

attention_size 是注意力机制的一个重要参数，它是在模型调试阶段人为选取的值，本章中均为 256）的情况下，神经网络模型的风机叶片覆冰检测的结果。

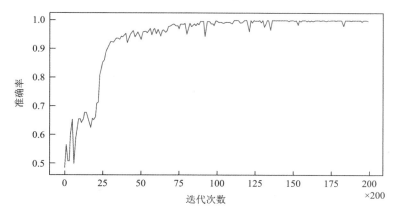

图 1.7　模型状态检测结果的训练曲线

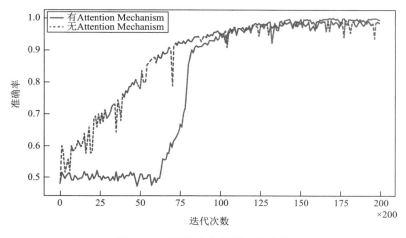

图 1.8　有无注意力机制对比曲线

可以观察到 LSTM 结合注意力机制以后，可以增加模型的收敛速率，而且，由于注意力机制可以保留时间序列数据更多重要的特征，当网络找到最佳梯度下降方向时，具有注意力机制的神经网络的准确率快速上升。最后可以观察到具有注意力机制的网络模型的精度高于无注意力机制的 LSTM，且准确率曲线要更加稳定。该结果证明了通过增加注意力机制，神经网络的性能可以得到提高。

表 1.1 所示为在 attention_size 为 256，每回合输入数据的批次数量为 4096，不同的时间步长 n_step 的情况下，模型的风机叶片状态检测的准确率。

表 1.1　不同时间步长下模型状态检测的准确率

n_step	叶片结冰数量	准确率	
		有注意力机制	无注意力机制
1	1	87.2%	83.4%
	2	83.5%	85.5%
	3	86.9%	85.6%
48	1	97.2%	93.4%
	2	99.0%	95.6%
	3	99.2%	94.9%

n_step	叶片结冰数量	准确率	
		有注意力机制	无注意力机制
96	1	98.1%	97.9%
	2	99.8%	98.2%
	3	100%	98.8%

根据表 1.1 的结果，随着 n_step 增加，模型的准确率会上升，且最优的 n_step 的大小为 96；此外，有注意力机制的模型具有更高的准确率。表 1.2 所示为在 attention_size 为 256，n_step 的大小为 96，不同输入数据批次数量情况下，模型的风机叶片状态检测的准确率。

表 1.2　不同数据批次数情况下模型状态检测的准确率

数据批次数	叶片结冰数量	准确率	
		有注意力机制	无注意力机制
48	1	87.5%	81.2%
	2	85.4%	77.1%
	3	83.3%	79.2%
2048	1	97.8%	94.1%
	2	98.6%	94.3%
	3	99.1%	97.3%
4096	1	98.1%	97.9%
	2	99.8%	98.2%
	3	100%	98.8%

1.4.3　对比分析

图 1.9 为传统 RNN 方法与本章提出的基于 LSTM 方法在不同输入数据批次数情况下准确率的对比图。从图中可以看到，本章提出的方法——LSTMAM（Long Short-Term Memory with Attention Mechanism Model）在所有不同的输入数据批次数下，其状态检测的准确率都要高于传统 RNN。

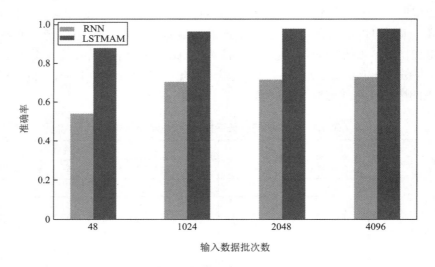

图 1.9　传统 RNN 与本章提出模型准确率对比

表 1.3 为本章提出的方法与其他不同方法的仿真结果对比，其他方法包括基于循环神经网络（RNN）、支持向量机（Support Vector Machine，SVM）的 DL 方法，以及传统的高斯过程分类（Gaussian Process Classification，GPC）方法，结果表明本章所提出方法（LSTMAM）的准确率远远高于其他方法。

表 1.3　不同数据批次数量情况下模型状态检测的准确率

方法	准确率
RNN	71.3%
SVM	65.0%
GPC	48.3%
LSTMAM	99.8%

1.5　本章小结

本章提出了一种基于 DL 的方法，将 LSTM 与注意力机制相结合，进行风机叶片的不平衡故障检测和分类。与标准 LSTM 相比，LSTM 结合注意力机制可以提高模型对数据特征的学习能力和收敛速度。本章不仅分析了电压和电流信号，还考虑了其他因素，如功率、转矩和角速度等。此外，与标准的 RNN、SVM 和高斯过程分类方法相比，该方法在不平衡故障检测中具有更好的性能。仿真结果表明，该方法在风力机叶片不平衡检测中是可行的，本章提出方法的最高准确率为 100%。

在实际应用中，可以使用该预测结果对风电场风机进行状态监测，从而能够精准地了解每一个风机的叶片状态，节约大量人力成本。

参 考 文 献

[1] Santiago S，Xurxo C，Francisco S L，et al. Development of offshore wind power：Contrasting optimal wind sites with legal restrictions in Galicia，Spain[J]. Energies，2018，11（4）：731.

[2] Wang N，Li J，Hu W，et al. Optimal reactive power dispatch of a full-Scale converter based wind farm considering loss minimization[J]. Renewable Energy，2019，139：292-301.

[3] Entezami M，Hillmansen S，Western P，et al. Fault detection and diagnosis within a wind turbine mechanical braking system using condition monitoring[J]. Renewable Energy，2012，47：175-182.

[4] Tabatabaeipour S M，Odgaard P F，Bak T，et al. Fault detection of wind turbines with uncertain parameters：A set-membership approach[J]. Energies，2012，5（12）：2224-2248.

[5] Hur S，Recalde-Camacho L，Leithead W E. Detection and compensation of anomalous conditions in a wind turbine[J]. Energy，2017，124（1）：74-86.

[6] Yang W，Liu C，Jiang D. An unsupervised spatiotemporal graphical modeling approach for wind turbine condition monitoring[J]. Renewable Energy，2018，127：230-241.

[7] Hameed Z，Hong Y S，Cho Y M，et al. Condition monitoring and fault detection of wind turbines and related algorithms：A review[J]. Renewable and Sustainable Energy Reviews，2009，13（1）：1-39.

[8] Ozgener O，Ozgener L. Exergy and reliability analysis of wind turbine systems：A case study[J]. Renewable & Sustainable Energy Reviews，2007，11（8）：1811-1826.

[9] Deng F，Chen Z，Khan M R，et al. Fault detection and localization method for modular multilevel converters[J]. IEEE Transactions on Power Electronics，2015，30（5）：1-1.

[10] Marugán A P，Márquez F P G，Perez J M P，et al. A survey of artificial neural network in wind energy systems[J]. Applied Energy，2018，228：1822-1836.

[11] Silver D，Huang A，Maddison C J，et al. Mastering the game of go with deep neural networks and tree search[J]. Nature，2016，529（7587）：484-489.

[12] Helbing G，Ritter M. Deep Learning for fault detection in wind turbines[J]. Renewable and Sustainable Energy Reviews，2018，98：189-198.

[13] Lei J，Liu C，Jiang D. Fault diagnosis of wind turbine based on long short-term memory networks[J]. Renewable Energy，2019，133：422-432.

[14] Chen K，Hu J，He J. Detection and classification of transmission line faults based on unsupervised feature learning and convolutional sparse autoencoder[J]. IEEE Transactions on Smart Grid，2018，9（3）：1748-1758.

[15] Jiang G，He H，Xie P，et al. Stacked multilevel-denoising autoencoders：A new representation learning approach for wind turbine gearbox fault diagnosis[J]. IEEE Transactions on Instrumentation & Measurement，2017，66（9）：2391-2402.

[16] Bangalore P，Tjernberg L B. An artificial neural network approach for early fault detection of gearbox bearings[J]. IEEE Transactions on Smart Grid，2017，6（2）：980-987.

第 2 章　基于深度学习的风力发电机组机械故障智能辨识与诊断

当前全世界范围内风电产业发展迅猛，风电机组实时可靠的状态监测与智能精准的故障预警和诊断已成为风力发电基础设施中智慧化运维的重要组成部分，可以显著地降低系统维护成本、减少运行损失和提高系统的运行可靠性。在风力发电机组中，齿轮箱中的轴承是故障最为频发的部件之一，因此准确有效的轴承故障诊断方法将有助于保障风力发电机组安全和稳定运行。传统的诊断方法往往需要依靠人工经验和专家知识进行故障特征提取，增加了故障诊断的复杂性和困难性，不利于实现风电机组的自动化故障检测和智能运维。因此，深入探索基于人工智能技术的风力发电机组机械故障智能辨识与诊断理论方法和技术具有重要的研究意义和应用价值。本章将围绕风力发电机组机械故障辨识和诊断问题，介绍近年来的主要理论研究成果和应用进展。

2.1　风电机组智能辨识与诊断需求

进入 21 世纪，随着科学技术的不断进步与经济的持续增长，人民生活水平得到了前所未有的提高，加之工业制造与产品生产的日新月异，传统的能源供给方式正面临着空前的挑战。日益短缺的化石能源资源和增长的社会能源需求之间的矛盾，以及基于化石燃料的能源供给模式对环境造成的严重污染问题，都已经成为迫切需要解决的战略问题。在能源短缺和环境危机的双重背景下，清洁可再生能源的发展越来越受到重视。当前，新能源技术已经成为发展最快的能源产业之一，风能、太阳能、核能和地热能等能源技术不断成熟，在能源结构中发挥着越来越重要的作用。其中，风能作为一种安全的清洁可再生能源，具有非常大的发展潜力，是传统化石燃料的重要替代能源。随着风电技术的不断发展和成熟，风力发电进入了高速发展时期，风能已经受到我国乃至全球范围内的高度青睐[1]。

全球风能理事会在 2019 年发布的统计报告显示，2018 年全球范围风电新增装机容量 51.3GW 左右，累计装机容量突破 591GW，相比去年增长 9%。其中，中国的新增装机容量为 22860MW，在全球新增风电装机容量中的占比达到 44.6%；截至 2018 年中国风力发电累计装机容量已经达到 211.4GW，占据了全球累计风电装机容量的 35.4%，占比位居世界第一[2]。中国的风能资源丰富，技术水平发展迅速，风电建设项目开发力度大，是世界范围内风电行业中最大的市场。图 2.1 显示了 2008~2020 上半年中国风电发电量和增速情况[3]。

国家统计局发布的《2018 年国民经济和社会发展统计公报》[4]统计数据显示，我国电力生产装机容量构成中风电已经达到约 9.5%（图 2.2），风电在我国能源转型和国民经济发展中承担着日益重要的角色。

随着我国风力发电规模不断扩大，风力发电机组的运行维护问题也日益突出，特别是由于故障和检修导致运维成本居高不下，维护费用甚至占用了总投入的 10%~25%[5]。由于受到风能资源所处地理位置的制约，我国的大型风电场一般建在西北部、高原和沿海等偏远地区，风电机组运行环境较为恶劣，且交通运输条件不便，为风电机组的运维带来了诸多困难。风电机组可能会遭受强降雨降雪、暴风闪电等极端恶劣天气的影响。随着运行时间的增加，风机叶片、齿轮箱、发电机以及其他部件极易发生各种各样的异常和故障，导致机组不正常运行甚至停机[6]。

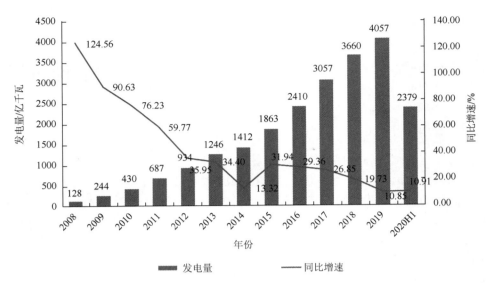

图 2.1　2008~2020 上半年中国风电发电量和增速情况

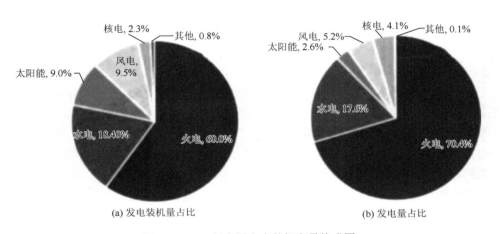

图 2.2　2018 年中国电力装机容量构成图

　　齿轮箱作为风力发电机中的重要传动部件,在实际运行中显示出较高的故障率,据统计约有 20% 的停机时间都是齿轮箱故障造成的[7]。此外,2009~2015 年对 750 台风力发电机齿轮箱损坏记录的统计数据[8]显示,约 76% 的故障发生在轴承部件上,而齿轮和其他部件的故障率分别为 17.1% 和 6.9%,因此轴承故障是造成风机齿轮箱失效的主要原因。健康状况监测对于保障风电机组安全稳定运行是不可或缺的。有效的故障诊断技术可以在早期及时检测到风电机组的故障,对于降低维护成本、减少停机时间和经济损失,提高系统运行的可靠性,甚至预防灾难性事故都具有重大意义。

　　由于风电装机规模的不断扩大,传统的定期检修方法已经越来越无法满足风场的实际运维需求,非故障停机所造成的经济损失不容忽视。状态监测技术通过传感器获取风电机组实时运行数据达到在线监测和故障诊断的目的。传统基于物理模型的故障诊断流程通常包含信号获取、信号处理、故障识别等步骤,其中信号处理主要是为了获取故障特征,依赖于专家知识和工作经验,且需要花费大量的人力物力和时间成本。由于系统复杂性、故障多样性和数据量的增加以及在线诊断的需求,依靠传统方法进行有效的故障诊断也变得越来越困难,因此急需更为有效的智能诊断技术来解决上述问题。

　　随着工业 4.0、大数据时代的到来与人工智能技术的突破,机器学习、深度学习显示出了巨大的潜力,基于数据驱动的智能诊断方法在故障诊断中显示出了充分的可行性和优越性[9]。在人工智能和大数据时代，如何有效利用海量生产制造数据并发挥出数据的价值已经成为工业转型的必然发展趋势和重要突破口[10]。机械设备的早期故障诊断，也称故障预测（Fault Prognosis）、状态监测（Condition Monitoring）、预测性维护（Predictive Maintenance），是指通过传感器数据和先进的信号处理分析技术对系统状态进行评估并提前预测可能发生的故障，从而给出及时的检修维护建议，是现代工业中最为重要和广泛的应用之一，在提高生产安全和可靠性方面发挥着不可忽视的关键作用。由于本质都是异常状态检测，本章将统一使用故障诊断来指代状态监测与故障预警等相关术语，以免产生术语混乱。同时，基于数据驱动和基于人工智能的方法，本质上都是指利用机器学习方法从大数据中进行知识学习再进行模式识别和智能决策，在本章中统一称为智能故障诊断技术。

随着风电机组运维需求的不断提高，故障诊断也面临新的挑战，开发更有效的数据处理技术，发挥大数据的价值，迫切需要更先进的人工智能算法。因此，研究基于数据驱动的人工智能方法在风电机组故障诊断中的应用，对于提高故障诊断效率与准确率、保障风电机组的安全可靠运行、节省维护检修成本、提高经济效益，具有重要意义和应用价值。

2.2　风电机组故障诊断技术现状与趋势

本节简要介绍风力发电机组的故障辨识和诊断技术的应用现状和未来发展趋势，包括目前主要采用的几类典型技术方法和实现手段。

2.2.1　风电机组故障诊断主要方式与检测信号

风电机组的传动系统是一种旋转类机械设备，针对齿轮箱已经具有一些通用的诊断技术，适用于齿轮、轴承、保持架等部件的故障检测。故障诊断从 20 世纪 60 年代开始兴起，至今已经有大量学者和专家在传感器技术、信号采集、信号处理及特征提取、健康状态识别等各个环节都进行了深入研究[11]。从故障诊断历史来看，也经历了从早期基于经验的人工诊断，到基于物理模型和信号分析的计算机辅助诊断，再到基于知识学习的现代化智能诊断的发展历程，诊断结果的可靠性不断提升，诊断系统规模也从单一设备的诊断转向多区域多设备联动的系统化、网络化监测[12]。通常故障诊断可分为三个主要步骤，即信号获取、特征提取、故障分类，因此诊断技术可以从监测的信号种类、特征提取方法、故障分类方法等角度进行分类研究。

用于风电机组故障诊断的信号主要有：振动信号（Vibration）、声发射信号（Acoustic Emission）、应变力信号（Strain）、温度信号（Temperature）、油液参数（Oil Parameters）、电信号（Electrical Signal）等。特别地，我国电力系统中常用监控和数据采集（Supervisory Control and Data Acquisition，SCADA）系统进行数据采集和监测控制[13]。不同的信号适用于不同的部件监测，例如，振动信号特别适合于齿轮箱、叶片、传动轴等；温度的高低可以反映设备是否出现劣化、运行情况是否异常，适合于齿轮、发电机、变流器等的监测；电信号的幅值、谐波成分直接反映出电气故障，特别适合于发电机、传感器等，此外风电机组是一个强机电耦合系统，机械故障也会引起电气信号的异常；油液成分含量的监测则适合用于分析经过润滑油润滑的机械组件是否出现损坏。通常实际系统中会在不同位置同时安装多个传感器甚至同时监测多种信号，利用数据融合技术共同进行故障诊断，而不同信号的处理方法和分析难易度也不尽相同。其中，振动信号是最为广泛应用的监测信号，在轴承、齿轮、叶片、传动轴等部件的故障诊断中发挥着重要作用。振动信号中往往包含了内在故障特性，反映了风机运行状态，大量实践表明，通过多种信号处理技术能够从振动信号中提取出大量特征信息，并能根据这些特征信息准确有效地识别出故障种类、位置和严重程度等[14]。值得提出的是，包括振动信号在内的多种信号传感器都是侵入式的，需要内嵌到设备内部，增加了设备复杂性和故障可能性，非侵入式的声音信号检测在故障诊断中也非常有应用前景[15]。

2.2.2　风电机组机械振动信号检测与分析方法

振动信号作为实践中应用最广泛和成熟的信号，其分析处理方法也得到了大量研究，作为提取故障特征的必要手段，信号处理方法的优劣直接关系到从原始信号中提取出的特征是否能够充分反映故障信息，进而影响故障诊断的准确性，因此振动信号的特征提取是故障诊断的关键步骤。通过加速度传感器获得的原始振动信号是一维时域信号，常用的方法主要分为时域分析、频域分析和时频域分析[16]。

1. 时域分析方法

由于原始信号就是时域信号，因此时域分析是最为简单直观的信号处理方法。时域分析就是计算多个统计指标作为时域特征，并以此作为依据进行故障诊断。用于风电机组故障诊断的主要时域统计指标有：均值、绝对平均值、最大值、均方根值、方根幅值等有量纲参数，以及峰值指标、裕度指标、脉冲指标、偏度指标和峭度指标等无量纲参数[17]。不同的统计指标能够反映不同的特征信息，例如，峰值指标和峭度指标对故障冲击较为敏感。其中有量纲指标不仅受故障影响也容易受设备运行工况的影响，而无量纲指标对由设备工况改变引起的振动信号幅值和频率的变化较为不敏感，因此可靠的状态监测需要结合多种时域指标。时域分析虽然简单且直观，但由于反映的故障信息有限，存在较大的局限性，特别是对于噪声干扰和复杂故障信号的处理存在诸多困难。

2. 频域分析方法

由于各种机械故障都会产生周期性冲击，这些故障频率成分能够提取出具有区分性的特征信息。频域分析就是通过时频变换将时域振动信号转换到频域进行分析，傅里叶变换是最常用的时频转换算法。用于分析的频谱种类主要包括幅值谱、功率谱、能量谱、倒频谱、高阶谱和包络谱等[18]。幅值谱是最常用的频谱，指信号幅值在频域的分布。能量谱也称为能量谱密度，描述了单位频带内的信号能量。功率谱定义为单位频带内的信号功率，反映了信号功率随频率变化的情况。包络谱分析先对信号进行 Hilbert 变换后取包络信号再进行快速傅里叶变换（Fast Fourier Transform，FFT），剔除了不必要的频率干扰，更能够凸显故障特征频率，多用于发现早期故障[19]。相比于简单的时域分析，选用合理的频域分析能获得更丰富和更有效的特征信息。值得注意的是，频域分析通常用于平稳信号。

3. 时频域分析方法

时域分析和频域分析都只能提取单一域信息，而时频域分析则兼顾了时域和频域的特征信息，且时频域特征对于分析非平稳信号非常有效。由于风电机组是一个复杂的系统且运行工况多变，实际的振动信号往往具有非线性和非平稳特性，因此时频域分析对风机齿轮箱等部件的故障诊断更为有效。常用的时频域分析方法包括短时傅里叶变换（Short-term Fourier Transform，STFT）、小波包变换（Wavelet Packet Transform，WPT）、希尔伯特-黄变换（Hilbert-Huang Transform，HHT）、S 变换和维格纳-威利分布（Wigner-Ville Distribution，WVD）等[20]，它们能够将一维信号转换为时间和频率关系的二维图像信号，时频图结合灰度直方图、灰度共生矩阵法等纹理特征构造方法可用于故障分类识别。此外还有局部均值分解（Local Mean Decomposition，LMD）和经验模态分解（Empirical Mode Decomposition，EMD）等自适应非平稳信号时频分析方法也在风机齿轮和轴承故障诊断中被广泛应用[21, 22]。

4. 智能诊断方法

故障诊断可以看作一个模式识别问题，正常运行状态与各种故障状态都可以看作一种特定的模式，可以根据提取出的特征进行分类识别，而基于模式识别的故障诊断方法即智能诊断技术。对于模式识别问题，前面的振动信号处理方法可以作为特征提取方法，一旦获得了充分的特征信息，即可以训练机器学习模型进行识别。值得一提的是，高维特征往往具有冗余性，有些特征可能是重复甚至是无效的，反而增加了分类器的训练难度和影响分类准确性。因此特征降维和特征选择在实际应用中也是非常重要的，主成分分析（PCA）和独立成分分析（ICA）常用于特征选择[23]，有些分类器也能在训练过程中自动进行特征选择，如决策树（DT）等[24]。目前智能诊断方法中广泛使用基于统计学习方法的分类器，即机器学习方法，包括 k-近邻（k-NN）算法[25]、随机森林（RF）算法[26]、支持向量机（SVM）[27]和人工神经网络（ANN）[28]等，在旋转机械故障诊断中均能取得较好的效果。然而基于机器学习算法的故障诊断也存在一些缺点，首先特征提取需要非常复杂的信号处理方法，并且非常依赖于专家知识和诊断经验，是一个非常耗时耗力的环节，而且特征提取并没有固定的做法，每一个新的故障诊断任务都需要重新设计一次特征提取流程，因而故障诊断的大部分工作实际上就是在进行特征提取；其次，机器学习模型都是一些较为浅层的分类器，其学习能力有限，在处理复杂的模式识别问题中存在较多局限性。为了更好地解决上述问题，迫切需要更先进的智能方法，而深度学习方法由于具备自动学习特征的能力，为故障诊断提供了一个新的解决方案[29]。

深度学习模型是具有多个隐藏层的深度神经网络，与传统机器学习模型相比具有更强的非线性特征学习能力。近年来由于大数据技术的广泛应用和计算机资源算力的提升，深度学习模型得到了空前发展并逐步应用于工程实践。自从 2012 年深度卷积神经网络 AlexNet 在 ImageNet 图像识别竞赛中获得成功[30]，深度学习方法得到了更多的重视和研究，而 2016 年 AlphaGo 在国际围棋比赛中打败人类冠军后，以深度学习为核心的人工智能引起广泛关注，开始进入了大众视野，其研究和应用也逐渐全面铺开。近年来，深度学习方法已经被广泛应用于故障诊断领域的研究，如深度信念网络（DBN）[31]、稀疏自编码器（SAE）[32]、稀疏滤波（Sparse Filtering）[33]、卷积神经网络（CNN）[34]和递归神经网络[35]等，以及基于上述基本模型的变体和改进，均显示出强大的特征学习能力和满意的诊断结果。基于深度学习的智能故障辨识和诊断技术已经成为国内外的研究热点之一，具有重要的研究意义和非常广阔的应用前景。

2.2.3 风电机组机械故障辨识与诊断技术的发展趋势

当前无论基于信号处理方法人工构建特征并利用机器学习模型分类，还是利用深度学习方法同时实现特征自动学习和故障模式分类，都已经受到了广泛关注和研究，大量成熟的模型和方法都已经被用于轴承故障诊断这一领域并取得了丰硕的研究成果。然而随着研究的进一步深入，更多的问题也逐渐显现出来，例如，诊断模型的稳健性和可迁移性、多源信号的融合处理、故障趋势分析等问题亟待进一步研究和解决。结合前面分析可以预测，未来基于人工智能的故障诊断研究趋势主要包括以下几个方面。

1. 动态变工况条件下的适应性问题

由于训练模型所用的历史数据样本与应用模型检测故障时所处理的实时数据可能来源于不同的运行工况，包括转速不同和负载不同，而不同工况下的数据在特征映射空间中分布有所不同，直接应用模型诊断可能会出现准确率下降的问题。因此，不同工况间的领域适应是提升模型稳健性的重要方面，而已有的方法大多采用迁移学习方法[36, 37]。

2. 多类型复合机械故障诊断问题

复合故障诊断是故障诊断领域极具挑战性而又非常重要的研究方向，通常从信号分解和故障特征解耦等方面着手，对信号处理技术有非常高的要求，往往需要丰富的专家知识和工作经验，难以实现在线自动诊断。而在数据驱动方法下，模型训练对复合故障样本的依赖度非常高，因此如何在少量甚至无复合故障样本的条件下实现单一故障和复合故障的全面预警越来越成为研究趋势。

（1）机械部件全生命周期管理与剩余寿命预测问题。

以轴承齿轮为代表的机械设备部件在运行中不可避免地会发生退化和失效，状态监测的根本目的不仅是诊断故障，更是需要在故障出现之前实现部件退化失效趋势的预测，从而及时给出运维建议，及时有效地维护有利于延长部件的使用寿命和避免由部件故障导致的经济损失。基于人工智能的剩余使用寿命预测研究目前还正处于起步和探索阶段，未来将会受到更多关注。

（2）多传感器融合感知和智能联合诊断问题。

从目前的研究和应用中可以发现绝大多数研究都是基于单传感器信号进行故障分析，而在物联网和大数据时代，越来越多的传感器和强大的数据处理能力将有助于推动融合多维数据的综合故障诊断方法，融合应用多种类型和多个位置的测量信号，使监测控制系统实现对数据的全面分析并做出最合理准确的决策。而如何在大量数据中去除冗余提取最有效的信息并加以高效利用，需要投入更多的理论研究和应用实践。

2.3　风电机组轴承故障机理特性分析

风力发电机组齿轮箱中的轴承是故障频发部件，事实上除了齿轮箱还有很多传动结构中包含轴承部件。轴承的振动信号是用于故障诊断最原始的数据，由轴承工作时滚动体与内外圈滚道之间载荷激励产生。而轴承工作中产生的损耗和退化等故障形式也会造成振动信号的变化，因此深入了解轴承常见的故障形式和故障信号特征有助于研究故障诊断方法。

2.3.1 轴承部件分布与结构特征

风力发电机组中有很多旋转部件都用到轴承，图 2.3 显示了典型的风电机组结构示意图及其轴承分布情况，其中最重要的是主轴轴承、齿轮箱轴承、发电机轴承、偏航轴承与变桨轴承等。主轴轴承是最重要的轴承部件，承载着轮毂和叶片的重量以及主轴自重等，受力状况复杂，且更换极为不便，因此轴承寿命和可靠性要求极高。齿轮箱轴承用于传动变速，是风电机组中必不可少的部件。而齿轮箱轴承也承受着主轴和齿轮所传递的各种复杂载荷和冲击，非常容易出现故障。发电机轴承是发电机的重要组成部件，由于发电机的维护困难且轴承处于连续高速运行状态，其状态监测和工作可靠性不容忽视。偏航轴承和变桨轴承的重要功能是调整风力发电机和叶片的迎风角度以实时追踪风向变化[38]。

不同的轴承在结构和制造工艺上有所区别，安装位置和工作状态也各有特点，因此状态监测需要进行大量的传感器布置并针对不同部位进行有针对性的监测分析。不过由于轴承都可以抽象为旋转类设备，其故障信号都将会呈现一定的周期性特点，因此不同轴承的故障诊断和分析方法也将具有相似性。本节将以单个轴承部件的数据为例，进行基于振动信号的故障诊断方法研究，其方法将具有可推广性。

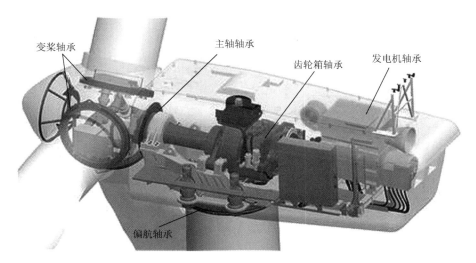

图 2.3   风力发电机组主要轴承部件分布

2.3.2   轴承部件失效原因分析

本节重点分析风力发电机组中的滚动轴承部件，其主要由内圈、外圈、滚动体以及保持架构成，其中滚动体分为球形、圆柱形、锥柱形等，是轴承的核心元件。内圈通常与轴紧密配合，并与轴一起旋转；外圈通常与轴承座孔或机械部件壳体配合，起支承作用。但是在某些应用场合，也有外圈旋转，内圈固定，或者内圈、外圈都旋转的。滚动体就是在内外圈之间的滚道中进行滚动。保持架用于保持滚动体等距均匀隔开，有利于改善载荷分配和引导滚动体在正确的轨道上运动。图 2.4 展示了滚动轴承的基本结构示意图。由于滚动体与内外圈之间的滚动摩擦，这三个元件最容易发生损坏失效，因此轴承故障往往发生在内圈、外圈和滚动体上，保持架发生故障的可能性相对较小。

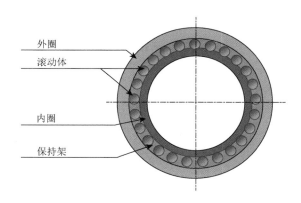

图 2.4   滚动轴承结构示意图

引起轴承故障失效的原因有很多，除去制造和安装过程中的偏差等因素，恶劣的工作环境和复杂多变的运行工况都会引起轴承不同形式和不同程度的损伤。同时由于轴承有自身的使用寿命限制，长期工作本身也会导致轴承的退化。常见的轴承元件失效形式主要包括以下几种[39-41]。

1. 机械疲劳

由于滚动体和内外圈表面相互滚动摩擦，同时在运行时会受到载荷的反复作用，接触面在长时间的挤压和摩擦作用下会疲劳产生裂纹，导致金属表层产生片状或点坑状剥落。如果轴承出现疲劳失效后不采取措施解决，持续运转工作，损坏将逐步增大。疲劳剥落是轴承故障的重要原因。

2．机械磨损

由于摩擦的存在，只要轴承长时间处在工作状态，磨损将是不可避免的，是轴承最常见的失效形式之一。特别是金属杂质等混入滚道后会加强滚动体与内外圈之间的摩擦，很容易造成轴承的磨损和擦伤，使游隙增大、振动加剧，影响轴承的正常使用，缩短使用寿命。此外过大的载荷和润滑不良也会加速磨损。

3．机械断裂

在极端运行条件下，受到载荷过大、润滑不良、温度过高等影响，滚动体和内外圈容易产生裂纹使轴承发生断裂失效，此外疲劳剥落也非常容易进一步发展成开裂。这是比较严重的故障形式，可能直接导致轴承无法继续使用。发生断裂故障时会产生较大的振动和噪声，故障特征较明显。

4．机械锈蚀

锈蚀是金属设备中容易发生的问题，大多数轴承也是金属材料制造的。由于水分、湿气和酸性物质等的进入，特别是海上风电机组工作在高湿度的环境中，锈蚀问题是普遍存在的。轴承生锈会影响精度等级，锈斑的脱落也会造成磨损，严重影响使用寿命。

5．机械变形

当轴承承受过大的冲击载荷或热应力时可能会发生塑性变形，以及高硬度的物体进入滚道也会使其表面产生压痕或划痕。变形会导致轴承在运转的过程中产生剧烈的振动和噪声，严重时也可能导致轴承不能运转使系统停机。

2.3.3　轴承部件故障信号特征

以上各种失效形式均有可能发生在滚动体、内圈与外圈或保持架上，不同位置的故障反映在振动信号中的特性也有所不同。值得注意的是，各种轴承故障在真实系统中可能会同时存在，使得故障诊断问题更为复杂化和具有挑战性。

尽管轴承失效形式和原因非常复杂，但根据故障产生的位置不同，轴承故障可以概括为内圈故障、外圈故障、滚动体故障、保持架故障。由于生产加工与安装的误差以及受到载荷作用弹性变形等因素的影响，这些振动源会使轴承在工作中不可避免地产生小幅振动，与是否发生故障无关。而当轴承发生故障时，损伤点与其他元件表面反复碰撞将产生较为明显的周期性故障冲击，这些振动冲击为低频振动信号，其特定的故障特征频率则表现为明显的部位特性，且故障程度越大冲击幅度也越大。滚动轴承各部位的故障特征频率的计算公式如下所示。

内圈故障频率（Ball Pass Frequency on Inner race，BPFI）：

$$f_i = \frac{N}{2}\left(1 + \frac{d_b}{D}\cos\alpha\right)f_r \tag{2-1}$$

外圈故障频率（Ball Pass Frequency on Outer race，BPFO）：

$$f_o = \frac{N}{2}\left(1 - \frac{d_b}{D}\cos\alpha\right)f_r \tag{2-2}$$

滚动体故障频率（Ball Spin Frequency，BSF）：

$$f_b = \frac{D}{d_b}\left[1-\left(\frac{d_b}{D}\cos\alpha\right)^2\right]f_r \tag{2-3}$$

保持架故障频率（Fundamental Train Frequency，TTF）：

$$f_t = \frac{1}{2}\left(1-\frac{d_b}{D}\cos\alpha\right)f_r \tag{2-4}$$

以上各式中，N 为滚动体数量；D 为轴承直径；d_b 为滚动体直径；α 为接触角；f_r 为轴的转动频率。当某类故障发生时，相应的故障频率的谱峰就会出现在轴承振动频谱中。考虑到生产加工与安装的误差、受到载荷作用产生的弹性变形以及信号噪声的干扰等因素，实际观测到的故障频率成分可能与公式计算所得并不完全吻合，但基本在理论计算值附近，理想情况下可以据此进行故障类型的初步判断。

此外，当受到故障冲击后，冲击脉冲还会引起轴承的高频振动，其振动频率为轴承的固有振动频率，通常轴承内外圈固有频率可达数千赫兹，而滚动体固有频率可达数百赫兹。

固有振动中内外圈的振动表现最为明显，内外圈的固有频率如下所示：

$$f_n = \frac{n(n^2-1)}{2\pi\left(\dfrac{D}{2}\right)^2\sqrt{n^2+1}}\sqrt{\frac{EI}{M}} \tag{2-5}$$

其中，n 为振动阶数（变形系数）；E 为材料的弹性模量，kg/m^2；I 为套圈横截面的惯性矩；D 为中性轴的直径；M 为单位长度的质量。对于钢质滚珠，其固有频率可由式（2-6）表示，d 代表滚珠直径，ρ 为材料密度：

$$f_{bn} = \frac{0.848}{d}\sqrt{\frac{E}{2\rho}} \tag{2-6}$$

由轴承局部故障撞击时发出的短时脉冲冲击所引起的固有频率振动，可由传感器测量得到并且表现为按指数衰减的正弦振动，固有频率和衰减指数越大，振动存在的时间也越短。而每一次故障所产生的冲击，都会引起这样的高频振荡。若不考虑不同频率成分及其谐波的互相调制效应，轴承故障反映在时域振动信号上就是以故障特征频率出现的连续低频脉冲，而每个脉冲则以高频振荡的形式衰减。具体到内圈、外圈和滚动体发生故障时，由于存在不同的调制情况，振动信号特征也有所区别。而当轴承上同时存在多个故障时，可以认为是一些不同相位的局部故障的叠加，叠加后有的频率成分会加强有的会减弱，甚至不同故障频率成分之间还会出现调制和周期性，因此增加了机械故障信号分析和诊断的复杂度。

2.4　基于卷积神经网络的风电机组轴承故障诊断

卷积神经网络（CNN）作为高效的深度学习方法可以在轴承故障诊断与状态监测中发挥优势，关键在于模型的设计和信号处理方式。本节中设计了一个基于最常用的振动信号和卷积神经网络的完整故障诊断流程，并结合仿真和试验平台数据进行算例分析。

2.4.1　基于 CNN 的故障辨识和诊断流程

风力发电机组轴承故障的智能诊断通常由数据获取、特征提取、特征分类等步骤组成，其中特征提取是关键。基于卷积神经网络的故障诊断方法可以借助深度学习模型在特征自动提取方面的强大功能，将故障诊断问题转换为类似图像识别分类任务进行处理。由于原始振动信号数据是一维的，在送入二维卷积神经网络之前需要经过特殊的处理转换为二维数据。实验中将预处理好的数据集划分为训练集和测试集，训练集用于模型训练，测试集用于评估模型的泛化能力。此外，模型结构和超参数的设置也是需要经过实验调试优化的。图 2.5 给出了从样本获取到数据预处理、再到模型训练的诊断流程。模型一旦经过训练优化后就可以用于未知状态样本的分类识别，从而判断轴承运行状态是否正常。

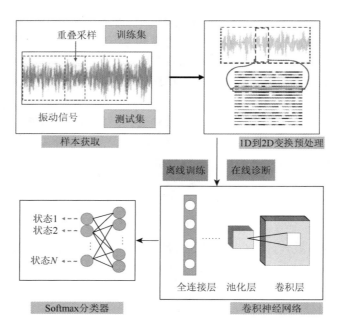

图 2.5　基于 CNN 的风电机组齿轮箱轴承故障诊断流程

1. 数据预处理

由于原始振动数据是一维信号，无法直接用于二维图像识别，需要进行数据转换，比较自然的是利用短时傅里叶变换（STFT）或小波变换将一维时域信号转换为二维时频图，然后送入卷积神经网络进行训练。然而这增加了信号分析和数据处理的复杂度，假如在保证诊断效果的同时能够简化数据处理过程，将会有助于保留原始信号所含的特征信息，充分发挥神经网络的特征学习能力，更加端到端（End to End）地实现故障诊断。考虑到振动信号的周期性，将一维信号的采样值按顺序重新排布成二维矩阵，可以视作振动灰度图（Vibration Image，VI）。同时，考虑到原始测量数据的有限性，在构造样本过程中将按照一定的长度进行重叠采样来增加振动样本数量。

在本系统中默认采用这种方式进行信号采样和样本构造，实际可根据采样频率和系统旋转频率等调整单个信号样本的长度（即单个样本所包含的采样点数），为了方便卷积神经网络的处理，输入图像的边长往往为偶数，特别是边长为以 2 为底的指数幂时有助于简化网络结构参数设计，常用的样本长度有 400=20×20，1024=32×32，4096=64×64 等。本节对短时傅里叶变换和连续小波变换（CWT）进行简要介绍并在后续实验中作为信号处理方式的对比，用以综合评估算法系统的可行性和高效性。

短时傅里叶变换是最常用的时频分析方法之一，它通过时间窗内的一段信号来表示某一时刻的信号特征。在短时傅里叶变换过程中，窗的长度决定频谱图的时间分辨率和频率分辨率，窗长越长，截取的信号越长，变换后频率分辨率越高，时间分辨率越差；相反，窗长越短，截取的信号就越短，频率分辨率越差，时间分辨率越好，也就是说短时傅里叶变换中，时间分辨率和频率分辨率之间不能兼得。对于非平稳信号，当信号变化剧烈时，要求窗函数有较高的时间分辨率，而波形变化比较平缓的时刻，则要求窗函数有较高的频率分辨率，由于两者不能兼得故应该根据具体需求进行取舍，常用的窗函数有矩形窗和汉明窗等。简单来说，短时傅里叶变换就是先把一个函数和窗函数进行相乘，然后进行一维的傅里叶变换。并通过窗函数的滑动得到一系列的傅里叶变换结果，将这些结果进行排列便得到一个二维的时频 op 图，相关数学表达式如式（2-7）所示[42]。其中，$x(t)$ 代表信号，$w(t-\tau)$ 代表窗函数，可知短时傅里叶频谱既是关于频率 ω 的函数也是关于时间 τ 的函数。

$$X(\omega,\tau) = \left\langle x(t), w(t-\tau)\mathrm{e}^{\mathrm{j}\omega t} \right\rangle = \int x(t) \cdot w(t-\tau)\mathrm{e}^{-\mathrm{j}\omega t}\mathrm{d}t \tag{2-7}$$

由于短时傅里叶变换的窗口大小是固定的，只适用于频率波动小的平稳信号，不适用于频率波动大的非平稳信号，新的信号分析方法应运而生。小波变换可以根据频率的高低自动调节窗口大小，是一种自适应的时频分析方法，可以进行多分辨率分析。跟短时傅里叶变换类似，连续小波变换的定义如式（2-8）所示[42]，也是一种积分变换。其中式（2-9）所示的小波基函数有两个参数 s 和 τ，称为尺度因子和平移因子，它们分别控制小波变换的中心频率与其在时间轴上沿着信号的平移。由于这两个参数因子均取连续变化的值，又称连续小波基函数，是由同一个母函数 $\varphi(t)$ 经过伸缩平移得到的一组函数系列，连续小波变换也因此得名。也正是由于小波具有尺度和平移两个变量，才能够将时间信号投影到二维时间-尺度相平面上，有利于提取某些时间函数的特征。

$$\varphi_{s,\tau}(t) = \frac{1}{\sqrt{s}}\varphi\left(\frac{t-\tau}{s}\right) \tag{2-8}$$

$$W(s,\tau) = \left\langle x(t), \varphi_{s,\tau}(t) \right\rangle = \frac{1}{\sqrt{s}}\int x(t) \cdot \varphi^*\left(\frac{t-\tau}{s}\right)\mathrm{d}t \tag{2-9}$$

由以上分析可知，相比于简单的振动信号灰度图，短时傅里叶变换和连续小波变换都较为复杂，但在解决某些问题时可能具有优势，因此在具体信号分析与故障诊断中，需要进行对比研究并对结果进行分析讨论，从而尽可能挑选既满足任务需求而同时减少信号分析处理复杂度的方法。

2. 故障诊断模型设计

模型结构的设计一般应遵循尽可能简单的原则，有利于减少训练成本，但为了加强特征学习能力，也需要加大卷积神经网络的深度。借鉴于类似 LeNet-5 卷积神经网络的结构，本节中初步设计了一个有 3 个卷积-池化对和 2 个全连接层的网络结构如图 2.6 所示。

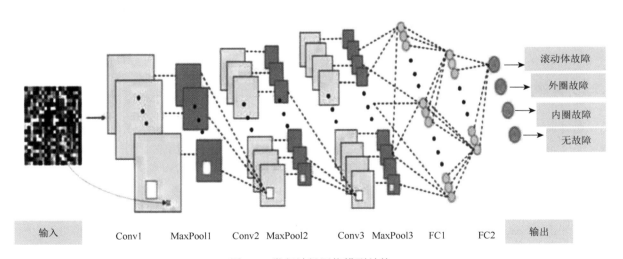

图 2.6　卷积神经网络模型结构

值得一提的是，当故障诊断任务变化时，如故障种类增加，可以直接增加输出层的神经元个数而保持前面特征提取层的结构不变,使得该网络结构具有一定的适用性。本章中卷积层采用 Same 填充方式保持输入输出尺寸不变,池化层采用 Valid 填充方式即不填充,实现降采样。表 2.1 所示为所设计的卷积神经网络结构和参数表,其中 32×32@16 的意思是指有 16 个通道而每个通道的尺寸大小为 32×32,其他各项意思类似。除了表格所示以外,还有一些实验中用于训练的细节和技巧,主要有前面分析提到的批量归一化(Batch Normalization)和随机失活(Dropout),其中批量归一化用在卷积层和全连接层中用以加速训练,而随机失活用于全连接层中用于防止模型过拟合,提高模型的泛化能力,随机失活的比率采用 0.5 作为实验参数。

表 2.1 卷积神经网络结构和参数表

层数	名称	核大小	数量	输出大小	激活函数
1	输入层	—	1	32×32@1	—
2	卷积层 1	5×5@1	16	32×32@16	ReLU
3	池化层 1	2×2@16	—	16×16@16	—
4	卷积层 2	3×3@16	32	16×16@32	ReLU
5	池化层 2	2×2@32	—	8×8@32	—
6	卷积层 3	3×3@32	64	8×8@64	ReLU
7	池化层 3	2×2@64	—	4×4@64	—
8	全连接层 1	512	1	512×1	ReLU
9	全连接层 2	128	1	128×1	ReLU
10	输出层	10	1	10×1	Softmax

3. 模型训练与测试

获取样本并进行预处理之后,二维图像和与之对应的健康状态标签作为一个样本对,将全部样本集合按给定比例随机选取一部分作为训练集,剩下的样本作为测试集。其中训练集用于模型训练,带有健康状态类别标签进行监督学习。待模型训练完成之后,将不带标签的测试集数据送入模型进行测试,得到分类预测结果,与真实结果进行比较之后可以评估模型的泛化能力。为了减少实验结果的偶然性,下面各实验均尝试 5 次并取平均值。本节采用 Google 公司开发的 TensorFlow 框架[43]进行深度学习编程开发,实验均在配置为 Intel Core i5 CPU 和 GEFORCE GTX 940M GPU 的 PC 上完成。

2.4.2 算例应用与结果分析

通过轴承测试台信号验证基于 CNN 的故障诊断方法的有效性。选取凯斯西储大学(Case Western Reserve University)滚动轴承试验台的真实数据[44]进行验证分析。该试验台左侧是一台 2 马力(hp)[①]电机用来提供动力源,中间部位是一个扭矩传动装置,右侧则是一台负载电机同时作为测功装置。实验中加速度传感器分别安装在风扇端和驱动端附近的电机外壳上方,部分实验中也在基座上安装了传感器,采样频率为 12kHz 或 48kHz。故障轴承安装在驱动端或风扇端分别进行测试,故障缺陷由电火花加工(Electro-discharge Machining)法制造,且根据故障位置分为内圈、外圈和滚动体故障。本实验中选取采样频率为 12kHz 所测得的驱动端故障轴承数据与正常轴承数据进行分析。实验所用 SKF 轴承设置了三种故障直径,分别为 0.007 英寸、0.014 英寸和 0.021 英寸,代表了不同的故障程

---

① 1 马力=745.7W。

度。同时，上述各种故障类型和故障尺寸的轴承分别在四种负载大小（0hp、1hp、2hp、3hp）下进行了测试和数据收集。这些机械故障均是实际应用中非常常见和需要重点解决的问题。

实验所用的驱动端轴承的具体参数如表 2.2 所示，其中故障频率给出的是电机轴承转速频率的倍数，其计算方式也是根据前面给出的故障频率公式。每次实验中均使用同一型号轴承安装在驱动端，区别在于故障点位置和大小，且每次只设置一种故障类型。

表 2.2　轴承参数

型号		6205-2RS JEM SKF	
尺寸（英寸，in）①	内径	0.9843
	外径	2.0472
	厚度	0.5906
	滚珠直径	0.3126
	节径	1.537
故障频率（转频的倍数）	内圈	5.4152
	外圈	3.5848
	保持架	0.39828
	滚动体	4.7135

了解了基本的测试数据信息之后，下面将从数据集准备、模型设计、信号处理方法、实验结果对比等多个方面进行实验分析和结果讨论。这和前面所提出的基于 CNN 的风电机组轴承故障诊断流程所涉及的环节是一致的。信号收集之后要进行预处理，然后划分为合适比例的训练集和测试集，如有需要还可以设置验证集用以选择最优的模型超参数设置。待模型线下训练完成并且测试结果满足要求之后，则可以进一步将模型进行部署并实现在线实时状态监测和故障诊断。

1. 振动信号数据集准备

本实验中选取三种故障位置和三种故障尺寸以及健康无故障状态，共计 10 种状态的振动信号进行分析，相同故障位置和故障尺寸在不同负载下所测得的数据视为同一类别。本实验中所使用的数据集信息如表 2.3 所示，分别从 4 种负载状态下的原始振动数据中进行重叠采样，不同故障位置和故障程度共计 10 种状态，每种状态下训练样本和测试样本分别为 400 个和 200 个，总计 6000 个样本。每种类型在每种负载条件下获取的样本数为 150 个，这是考虑到单个样本长度和重叠率以及原始振动信号数据的总长度之后，可以获取得到的比较合适的数据集大小。

表 2.3　轴承故障诊断数据集

负载	故障位置	故障尺寸	训练样本	测试样本	标签
0～3hp	滚动体	0.007in	400	200	0
		0.014in	400	200	1
		0.021in	400	200	2
	外圈	0.007in	400	200	3
		0.014in	400	200	4
		0.021in	400	200	5
	内圈	0.007in	400	200	6
		0.014in	400	200	7
		0.021in	400	200	8
	无故障	—	400	200	9

① 1 英寸=2.54 厘米。

2. 振动信号处理方式比较

由于本章所用卷积神经网络的输入是二维的，因此原始一维时域信号无法直接使用，需要经过特殊的 1D-2D 转换，以实现信号的二维输入。一旦振动信号转换成了二维图像，就可以利用卷积神经网络的图像识别能力进行分类诊断。根据前面所介绍的方法，此处对原始时域振动信号分别进行了三种变换方式：振动灰度图（VI）、短时傅里叶变换、连续小波变换。其中，振动灰度图只需对传感器采样得到的信号点进行重新排列即可实现，几乎不额外消耗计算力和运算时间。此外由于没有进行额外的数据运算，很好地保留了数据的原始特征，可供神经网络进行后续特征提取。图 2.7 展示了不同故障位置和不同故障程度的 9 种故障类型的振动灰度图，其中字母缩写代表了故障类型，小数代表了故障尺寸，和前面的表示方法是一致的。可以观察到，不同类型的振动信号在转换为振动灰度图之后具有明显不同的纹理特征，这可以从不同故障的信号特征角度来进行解释和理解。由于故障信号存在周期性出现的故障冲击，比正常的振动信号幅值大，因此若以振幅的相对大小进行灰度表示的话，出现故障的位置点颜色更接近白色，且沿着某些方向反复出现，因此振动灰度图所反映出的结果和故障冲击的高幅值与周期性出现的特点是一致的。据此进行信号处理也是非常合理的，省去了时频分析的复杂性和知识依赖性。样本信号长度为 1024 点，因此转换后的振动灰度图大小为 32×32。

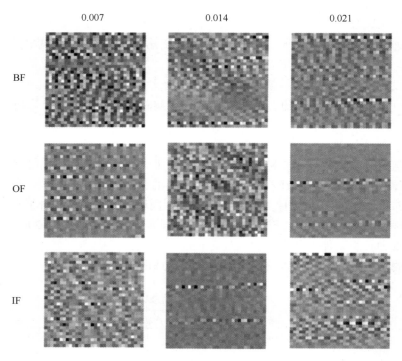

图 2.7　测试台轴承故障信号的二维灰度图

本节所采用的短时傅里叶变换采用汉明窗口函数，窗口大小设为 64，重叠率设为 34，则 1024 长度的振动信号经过变换之后便可以得到 33×32 的时频图，经过简单处理后就可以从中得到同样 32×32 大小的时频图送入卷积神经网络。图 2.8 显示了 0hp 负载下所获取的 0.007in 故障大小下的三种故障类型的时频图，以及正常状态下的振动信号时频图，它们之间的区别也是非常明显的。时频图的横轴代表时间，纵轴代表频率，由于信号采样频率为 12kHz，短时傅里叶变换直接得到的时频图覆盖了 0~6kHz 的频率范围，图中省略了坐标值。应当注意的是，为了视觉效果时频图通常可以采用彩色图实现可视化，但实际上也是分布在时间-频率二维平面上的功率谱数值，严格来说也是一种单通道灰度图，可以同前述振动灰度图一样直接送入建立的卷积神经网络模型。

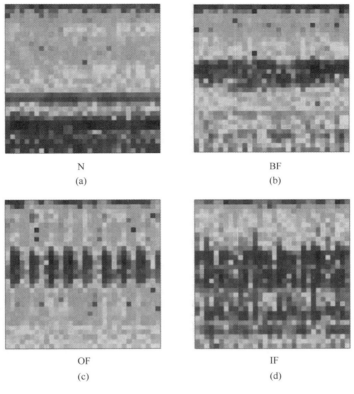

N
(a)

BF
(b)

OF
(c)

IF
(d)

图 2.8　短时傅里叶变换得到的时频图（彩图见二维码）

扫一扫，看彩图

最后，对于连续小波变换方法进行分析。利用 MATLAB 2014a 软件进行连续小波变换，并采用 cmor1-3 小波基函数[45]。类似地，图 2.9 也展示了部分轴承故障状态下的小波时频图，通过观察可以发现小波变换后的时频图与短时傅里叶变换有所不同，具有更多的时间和频率细节。此外由于连续小波变换得到的时频图在时间轴上的分辨率较高，不能直接送入卷积神经网络模型。因此，对原始小波时频图基于三次样条插值进行了压缩，压缩成适于模型输入的 32×32 大小。图 2.10 展示了压缩前后的滚动体故障下的振动信号时频图，可以看出仍然保留了大部分重要图像特征。

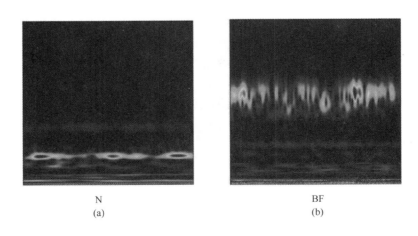

N
(a)

BF
(b)

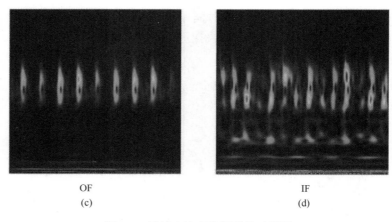

OF   IF

(c)   (d)

图 2.9 连续小波变换得到的时频图

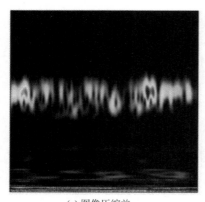 

(a) 图像压缩前   (b) 图像压缩后

图 2.10 时频图压缩效果

类似于仿真信号分析，本实验中采用前面分析设计的卷积神经网络进行轴承故障诊断的 10 分类测试。根据一维振动信号的处理方式不同，设置了三组对照实验。表 2.4 展示了三组实验的结果，从表中可以看出，三种数据处理方式得到的振动信号图像在卷积神经网络的特征提取与分类下，均取得了非常高的故障识别准确率，接近 100%，证明了本章所采用的数据处理方法的合理性和有效性。值得注意的是，从实验结果中也可以看出信号处理方式越复杂，模型训练所需要的时间越短，证明复杂的信号处理方法已经初步提取出了振动信号中的故障特征，使信号时频图具有较好的可区别性，显著减少了卷积神经网络特征提取的难度，因此模型可以在较短时间内训练至收敛并取得非常高的测试准确率。而基于振动灰度图的方法，准确率也非常高甚至可以接近和媲美基于连续小波变换的方法，但训练时间相对较长，特别是在大样本容量的情况下存在较大的算力消耗，但不需要专家知识经验和复杂的信号处理是其不可忽视的优点。此外，虽然基于连续小波变换的信号处理方法能够减少模型的训练难度，但由于小波变换本身需要根据实际信号分析任务的需求，人为地设置非常多的参数，显著增加了信号分析的难度，且小波变换操作本身也是比较耗时的运算，在大样本容量情况下其所消耗的时间不容忽视，也不易于实现在线实时诊断。即使小波变换后模型训练变得容易了，但这些存在的缺点和不足也在一定程度上限制了它在实际工业生产当中的应用。值得提出的是，上述方法所取得的高准确率结果，也跟所用数据集的质量有关系，凯斯西储大学轴承故障数据集是研究中应用非常广泛的数据集之一，其数据质量较高且没有明显噪声干扰，因此也一定程度上使得模型展现出了极高的故障诊断能力。训练模型所用的数据集质量也是不可忽视的重要因素。

　　基于上述讨论可以得出的初步结论是，基于卷积神经网络的轴承故障诊断方法能够在数据质量有保证的任务中取得较好的效果，即使没有复杂的信号处理和缺少专家知识经验也能够采用振动灰度图的方法实现高效的轴承故障诊断，减少了状态监测和故障诊断的实现难度。而高级的信号处理方法则有助于减少模型特征学习的难度，但并不总是必要的。

表 2.4　基于 CNN 的诊断结果

诊断方法	准确率/%	训练时间/s
VI+CNN	99.78	258.30
STFT+CNN	99.55	141.41
CWT+CNN	99.85	78.58

3. 方法比较分析和讨论

　　除了基于卷积神经网络的故障识别，作为传统机器学习方法与深度学习方法的对比，选取如表 2.5 所示 15 种时域统计值作为特征[17]，利用支持向量机、k-NN 分类器和浅层人工神经网络等机器学习模型进行测试。

表 2.5　时域统计特征

特征指标	表达式	特征指标	表达式
均值	$\dfrac{1}{N}\sum\limits_{i=1}^{N}x_i$	峰峰值	$\max x_i - \min x_i$
均方根值	$\sqrt{\dfrac{1}{N}\sum\limits_{i=1}^{N}(x_i)^2}$	峭度指标	$\dfrac{N\sum\limits_{i=1}^{N}(x_i-\bar{x})^4}{\left(\sum\limits_{i=1}^{N}(x_i-\bar{x})^2\right)^2}$
方差	$\sqrt{\dfrac{1}{N-1}\sum\limits_{i=1}^{N}(x_i-\bar{x})^2}$	偏度指标	$\dfrac{\dfrac{1}{N}\sum\limits_{i=1}^{N}(x_i-\bar{x})^3}{\left(\sqrt{\dfrac{1}{N}\sum\limits_{i=1}^{N}(x_i-\bar{x})^2}\right)^3}$
方根幅值	$\left(\dfrac{1}{N}\sum\limits_{i=1}^{N}\sqrt{|x_i|}\right)^2$	形状指标	$\dfrac{\sqrt{\dfrac{1}{N}\sum\limits_{i=1}^{N}(x_i)^2}}{\dfrac{1}{N}\sum\limits_{i=1}^{N}|x_i|}$
绝对均值	$\dfrac{1}{N}\sum\limits_{i=1}^{N}|x_i|$	峰值指标	$\dfrac{\max(|x_i|)}{\sqrt{\dfrac{1}{N}\sum\limits_{i=1}^{N}(x_i)^2}}$
裕度指标	$\dfrac{\max(|x_i|)}{\left(\dfrac{1}{N}\sum\limits_{i=1}^{N}\sqrt{|x_i|}\right)^2}$	脉冲指标	$\dfrac{\max(|x_i|)}{\dfrac{1}{N}\sum\limits_{i=1}^{N}|x_i|}$
最大值	$\max x_i$	峰值	$\max(|x_i|)$
最小值	$\min x_i$	—	—

　　经过测试发现，在故障类型较多的诊断任务中，基于时域统计特征的机器学习方法所能达到的识别准确率低于卷积神经网络方法。其原因可能是不同状态下振动信号的故障特征较难全面充分地分析和提取，限制了机器学习模型区分故障类型的能力。值得注意的是，在特征构造方法相同的情

况下，三种不同的机器学习模型所能达到的测试准确率也是非常接近的，这进一步证明了限制机器学习模型识别能力的因素是特征构造环节，模型本身的选择和调优反而是相对次要的。特征的构造则成为故障诊断和分析的主要任务和难点所在，可能需要高级的信号分析处理知识和丰富的工作经验与专家知识，而针对不同诊断任务都需要重新进行信号分析和特征构造，显著增加了故障诊断的难度以及时间人力物力的成本，这是限制机器学习方法应用的重要因素。这也从侧面表明了基于深度学习方法进行自动特征学习和故障分类的方法所具有的独特优越性和应用前景。

同时，传统的机器学习方法也具有一定的实用价值，例如，支持向量机就是在多个领域和不同任务中均能取得较好效果的经典方法之一，由于不需要特别大的数据和计算力资源依赖，在简单的分类任务中仍旧能发挥重要的作用，而且模型也具有较好的鲁棒性和可靠性。在轴承故障诊断或者相关任务中，应该积极寻求深度学习和机器学习的有机结合，充分考虑数据量与计算力资源、部署难度等条件限制下如何进行最优的故障诊断解决方案设计。

2.5 基于多标签分类的风电机组轴承复合故障诊断

2.5.1 轴承部件复合故障与诊断

复合故障（Compound Fault）又称混合故障（Mixed Fault）、多重故障（Multiple Fault）等，是指系统中同时在一个位置或多个位置发生两个或多个故障。在生产实践中齿轮箱系统可能会在同一部件或不同部件上产生混合故障，包括齿轮和轴承上的故障。多重并发的故障使得故障检测尤其是对故障类型和严重性的检查更加困难和具有挑战性，因而这个研究方向也受到工业界与学术界越来越多的关注，是故障诊断领域中非常重要的研究热点。对于轴承而言，内圈、外圈故障与滚动体故障可能同时存在，或者当系统中邻近的多个轴承同时存在故障，从而构成了轴承复合机械故障，因此振动传感器测量得到的振动信号中包含了复合故障特征信息。

复合故障与单一故障关系密切，是系统中同时存在多个单一独立故障的表现，然而不同故障源所产生的故障冲击之间可能存在复杂的非线性和强耦合关系，因此复合故障的特征是单一故障特征的融合结果却又不是简单的线性组合关系。不同故障对总体故障模式特征的贡献程度和影响方式也有所不同，不同故障特征之间可能存在互相混杂或互相掩盖等复杂关系，因此复合故障与单一故障之间的关系机理较难解释和描述[46]。正是因为复合故障条件下的信号特征具有以上特点，复合故障的有效诊断面临巨大的挑战，尽管国内外已经有众多学者进行了大量研究和实践，但仍尚未形成完备的理论方法和技术体系。

复合故障的诊断方法也可分为基于模型的方法和基于数据的方法，其中基于数据驱动的智能诊断方法是当前主流的研究方向，这也是由于复杂的系统难以建立精确有效的机理模型。实践中由于复合故障样本的严重缺失导致基于数据驱动的方法难以进行有效的学习，另一主流研究思想是对未知故障的采样信号进行解耦，并将解耦出的信号特征与已知单一故障类型进行对照从而判别出所有可能的故障失效模式。目前已有的解耦方法有小波分解、经验模态分解、阶比跟踪分析、稀疏分解与独立成分分析等方法，支持向量机与人工神经网络模型也常用于对解耦特征进行模式识别。此外，模糊数学、D-S证据理论、盲源分离等高级信号处理和模式分析方法也被应用于复合故障的诊断[46]。

2.5.2 基于多标签分类的诊断方法

对于复合故障的分类，实践中可以将它单独归为一类，也可同时归为多种单一故障的类别，不同的处理方法适用于不同的模型训练方法和故障预警指示手段。如果将复合故障视为单独一类独立的故障，则需要大量复合故障下的数据样本对人工智能模型进行有效训练，模型本身并不关心是单一故障还是复合故障，对模型而言此时复合故障只是一个新的可识别模式。而如果将复合故障视作同属于多个单一故障，即需要同时被识别为多种故障模式，此时模型成为单输入多输出模型，需要将既定复合故障分别识别为相应的单一故障模式，在模式识别问题中可将此种问题称为多标签分类（Multi-label Classification）[47]。

　　例如，对轴承故障诊断而言，除了健康状态之外已知的单一故障有内圈、外圈故障和滚动体故障 3 种，复合故障为内外圈同时存在故障，对于单标签分类而言共有 5 个独立的类别，对于多标签分类而言则共有 3 个故障类别，复合故障同属内圈、外圈故障这两个类别，正常状态不属于其中任一类别。相关的故障诊断流程如图 2.11 所示。对于多标签分类，样本构造的时候需要特别注意标签的设置方法，即不同于普通的 one-hot 编码，对于多标签样本的标签而言标签向量中有多个元素为 1，而正常状态的标签所有元素均为 0，即任意单故障都不存在，此外损失函数的设置和准确率的评估方法也将有所不同。本章中使用多个二分类器实现多标签分类，类似于多分类支持向量机中的 one-vs-rest 分类策略，为方便起见对每个标签类别都采用 Sigmoid 激活函数的逻辑回归二分类器，理论上也可以采用支持向量机等其他机器学习分类器。经过 CNN 模型提取出的特征经过逻辑回归分类器的 Sigmoid 函数激活后，可以映射到 0-1 的概率输出，实践中常用阈值 $\theta = 0.5$ 作为输出正负类别的判断标准。相应的交叉熵代价函数调整为式（2-10）所示，其中 $\hat{y}_c^{(i)}$ 为第 i 个样本在第 c 个分类器的激活函数输出值，代表该标签类别预测类别为正的概率，k 为二分类器总数，即单故障类别总数。而准确率既可以定义为各个标签的平均准确率，即复合故障被识别出单一故障也可认为对总体准确率有贡献，也可定义为各个类别的平均准确率，即只有当复合故障的各个标签类别都被完全准确识别的时候才认为对总体准确率有贡献，本章使用后者作为评价指标，作为绝对准确率。

$$L = -\frac{1}{m}\sum_{i=1}^{m}\sum_{c=1}^{k}\left(y_c^{(i)} \cdot \log(\hat{y}_c^{(i)}) + (1 - y_c^{(i)}) \cdot \log(1 - \hat{y}_c^{(i)})\right) \tag{2-10}$$

　　在带标签的复合故障样本可大量获取的条件下，无论基于常规分类方法还是基于多标签分类方法，理论上都能取得较为理想的结果。然而，由于实际中完备的复合故障样本获取异常困难，对于需要大量样本数据进行模型训练的深度学习方法而言是非常不利的。因此，研究利用单一故障样本实现复合故障的有效诊断非常有实际意义和应用价值。本节采用基于单故障样本构造"伪复合故障"样本的方法，进而基于多标签分类学习 CNN 特征提取器和多个二分类器，实现复合故障的有效识别。

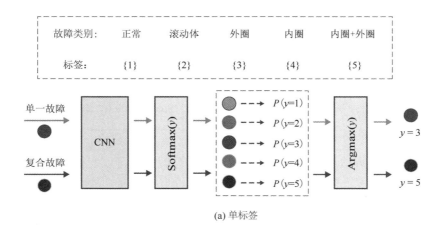

(a) 单标签

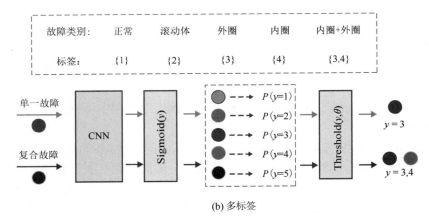

(b) 多标签

图 2.11 故障分类示意图

由前面分析可知，复合机械故障与单一机械故障之间紧密相关，可认为是多个单一故障的非线性耦合。即使生成机理复杂难以解释，但不妨认为构成单一故障的故障频率成分在复合故障中仍然存在，传统基于信号解耦和故障频率成分分析的诊断方法也是从这个原理出发的。因此，可以认为构造包含多个单一故障频率成分的"伪复合故障"数据加入训练样本当中，将有助于帮助模型获得更强大的信号解耦分析能力。本章主要从时域信号叠加进行了尝试。其中时域信号的叠加方法为，对多个单一故障信号进行经验模态分解，并将挑选后的本征模函数（IMF）进行线性叠加，此外考虑到不同单一故障在时域中的发生顺序和故障冲击间隔是不确定的，因此按照样本长度进行了多种采样点交错比例的线性叠加，表 2.6 是 EMD 算法流程，图 2.12 显示了伪复合故障信号构造过程。

表 2.6 经验模态分解算法流程

（1）	初始化：$r_0 = x(t)$，$i = 1$
（2）	得到第 i 个 IMF
①	初始化：$h_0 = r_{i-1}(t)$，$j = 1$
②	找出 $h_{j-1}(t)$ 的局部极值点
③	对 $h_{j-1}(t)$ 的极大和极小值点分别进行三次样条函数插值，形成上下包络线
④	计算上下包络线的平均值 $m_{j-1}(t)$
⑤	$h_j(t) = h_{j-1}(t) - m_{j-1}(t)$
⑥	若 $h_j(t)$ 是 IMF 函数，则 $\mathrm{imf}_i(t) = h_j(t)$；否则，$j = j+1$，转到②
（3）	$r_i(t) = r_{i-1}(t) - \mathrm{imf}_i(t)$
（4）	如果 $r_i(t)$ 极值点仍多于 2 个，则转到（2），否则分解结束，$r_i(t)$ 是残余分量。算法最后可得 $x(t) = \sum_{i=1}^{n} \mathrm{imf}_i(t) + r_n(t)$

通过以上 EMD 分解方法可以从单一故障的信号中分解得到可以表征故障信息的本征模函数，将不同故障类型的信号的本征模函数进行叠加，则可以近似描述复合故障的信号特性，因此本章中将以此获得的近似信号称为伪复合故障信号，用于辅助深度学习模型对单一故障和复合故障的特征学习和模式识别能力。且这种方法无须设置参数，不仅可以用于两种故障共存的分析，还能扩展到更多种故障同时存在的情形，具有一定的通用性。

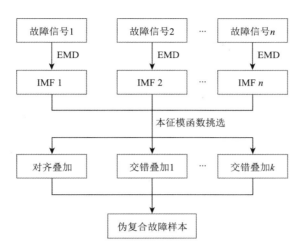

图 2.12　伪复合故障信号构造过程

2.5.3　算例应用与结果分析

为了验证本章所提出的方法，数据集中应当包含复合故障信号，而考虑到仿真信号数据可信度相对较低，因此需要实际复合故障的数据进行验证。由于凯斯西储大学轴承数据集仅含有单故障数据信号，本章将使用来自 Shao 所开源的 20Hz-0V 工况下的齿轮箱轴承故障数据集[48]来进行算法验证，该数据集中涵盖了轴承的三种单故障和内外圈复合故障条件下的测试数据。在本实验中依然按照每个样本 1024 个采样点长度和 30%重叠率的方式为每个状态类别分别构造了 1000 个训练样本和 500 个测试样本。

首先，利用实际复合故障数据构造样本，利用前面提到的两种分类方法进行测试，即将复合故障单独作为一类进行常规卷积神经网络模型和 Softmax 分类器训练，以及利用多个逻辑回归二分类器进行多标签分类。此时训练集包含 5000 个样本，测试集包含 2500 个样本。

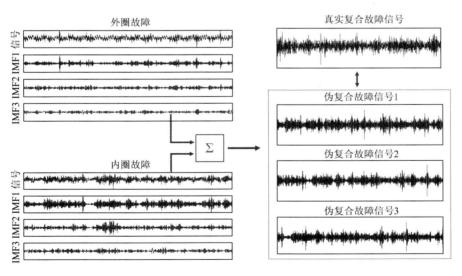

图 2.13　单故障信号 EMD 分解结果与伪复合故障信号

在此基础上，按照本节所提方法选用第一阶本征模函数构造了 1500 个伪复合故障样本，图 2.13 展示了内圈故障信号与外圈故障信号的 EMD 分解结果及其叠加生成的伪复合故障信号波形。将伪复合故障状态与正常状态样本和单故障样本合计 5500 个训练样本，共同用于多标签分类模型训练，待模型训练完成之后，同样用前面实验中的 2500 个样本做测试，相关预测结果如图 2.14（a）所示。图中横轴代表测试样本种类，纵轴从上至下代表三个单一故障分类器给出的故障判别结果（BF 表示滚动体故障，ORF 表示外圈故障，IRF 表示内圈故障），假如三个单故障分类器都判断为无故障，则认为该样本是正常状态（Health）。从图中可以看出正常状态和单故障类别都能被很好地诊断，而76.20%的内外圈复合故障也能被同时诊断为发生了外圈故障和内圈故障，实际综合绝对准确率达到94.96%，证明本章方法可在不使用真实复合故障样本的前提下实现复合故障的有效诊断。

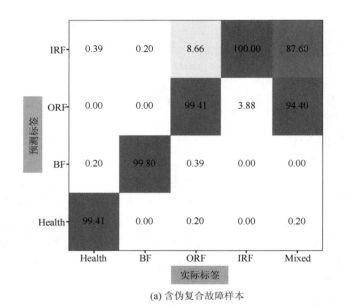

(a) 含伪复合故障样本

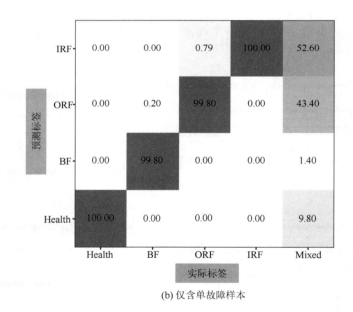

(b) 仅含单故障样本

图 2.14　多标签分类结果

作为对比，不使用伪故障样本仅使用正常状态信号和单故障信号进行多标签分类模型训练，并用相同的测试数据得到对应的测试结果。图 2.14（b）展示了相关结果，从图中可以看出，只从单故障样本中进行特征学习的模型对于正常状态和单故障状态都能准确识别，但难以有效区分复合故障所包含的故障成分。所有复合故障测试样本中分别只有一半被诊断为内圈或外圈故障，而复合故障的绝对准确率仅有 6.40%，所有测试样本的综合绝对准确率为 81.20%。对比以上结果可知，添加了伪复合故障样本到训练集之后，使模型对复合故障诊断能力有了一定的增强，但相比实际复合故障样本参与训练所得模型的测试结果而言，基于伪复合故障样本训练的方法也有待继续研究和改进。

在本节中，提出了利用单故障数据 EMD 分解结果构造伪复合故障样本的方法，并利用多标签分类方法训练得到卷积神经网络特征提取器和多个二分类器，并由此初步实现了真实复合故障样本的正确诊断，证明了本章所提出的方法具有实践可行性。在没有提高信号处理和模型构造的复杂度和困难性的前提下，使卷积神经网络模型能够在缺乏复合故障样本的条件下实现多种单一故障共存时的有效诊断。

2.6　本章小结

本章主要研究了基于数据驱动的深度卷积神经网络作为智能模型来进行风力发电机组轴承机械故障的智能辨识和诊断。针对轴承故障诊断的切实需求，从对不同故障类型和不同故障程度的识别，到噪声干扰下的故障信号检测，以及复合故障的有效识别等方面进行了较为全面的探索研究，并通过大量对比实验充分验证了本章所提方法在故障诊断方面的可行性和优越性，为风电机组的智能远程运维提供了一定的方法借鉴。

近年来，通过对卷积神经网络结构的合理设计和代价函数的改进，以及对机械振动信号的处理与训练样本的扩增，风电机组轴承故障智能诊断的研究取得了富有成效的研究成果，但实际风电机组运维应用方面还有许多问题有待进一步深入研究和突破，具体包括但不限于如下几个方面。

首先，在模型设计与参数选择方面：由于当前的深度卷积神经网络结构的设计主要还是依赖于经验以及多次实验尝试，尚未有统一可行的方法，特别是在故障诊断领域，多种深度学习模型都已被广泛应用研究，但研究者大多也都是借鉴经典网络结构或者自行反复多次实验尝试后得出一个较优的设计方案，包括网络层数、训练超参数与输入尺寸等方面。此外，样本长度的选取也需要根据采样频率和模型输入尺寸进行综合考虑，不同系统和任务之间难以兼容。因此未来如何构建一个故障诊断领域较为可靠的模型设计准则，能够兼容不同时间尺度和信号长度的输入，自动优化模型训练超参数等，是非常值得关注和进一步研究探索的。

其次，在变工况条件下的诊断问题方面：由于历史故障数据往往是在特定工况下获取的，而实际用于风电机组状态监测和故障诊断的模型需要面临变转速、变负载等多种工况和非平稳条件下的故障信号检测任务，因此如何从振动信号中学习工况不敏感特征是提升模型泛化能力的关键。小波变换等信号分析方法有助于解决变工况问题，但存在知识技术要求高、难以实现自动化智能诊断等缺点。因此研究变工况条件下的故障诊断方法具有现实意义，可尝试的研究方法有多维数据融合挖掘、迁移特征学习、多模态学习、生成对抗学习与模型集成等。

最后，在未知故障的智能识别和诊断方面：当前基于深度学习的故障识别方法通常只能识别训练集中已经出现的已知故障，而对于未经学习的故障类型可能会误判为正常状态，在实际工业运行中这是非常危险的。因此研究未知故障的识别和预警也是非常具有实际价值同时又具有挑战性的任务，可供研究的方法包括增量学习[49]、多阶段诊断、零样本学习[50]等。

参 考 文 献

[1]　张所续，马伯永. 世界能源发展趋势与中国能源未来发展方向[J]. 中国国土资源经济，2019, 32（10）：20-27.

[2]　Global Wind Report 2018[R]. Global Wind Energy Council，Brussels，2019.

[3] 2021-2027 年中国风电行业市场竞争格局及未来发展趋势报告[R]. 北京：中国智研咨询集团.

[4] 2018 年国民经济和社会发展统计公报[R]. 国家统计局，2019.

[5] 张文秀，武新芳. 风电机组状态监测与故障诊断相关技术研究[J]. 电机与控制应用，2014，41（2）：50-56.

[6] Qiao W，Lu D. A survey on wind turbine condition monitoring and fault diagnosis-part I：Components and subsystems[J]. IEEE Transactions on Industrial Electronics，2015，62（10）：6536-6545.

[7] Ribrant J，Bertling L M. Survey of failures in wind power systems with focus on Swedish wind power plants during 1997-2005[J]. IEEE Transactions on Energy Conversion，2007，22（1）：167-173.

[8] National Renewable Energy Laboratory（NREL）. Department of energy [EB/OL]. Available：http://energy.gov/eere/wind/articles/statistics-show-bearing-problems-cause-majority-wind-turbine-gearbox-failures[2015].

[9] 雷亚国，贾峰，周昕，等. 基于深度学习理论的机械装备大数据健康监测方法[J]. 机械工程学报，2015，51（2）：49-56.

[10] Yin S，Kaynak O. Big data for modern industry：Challenges and trends[J]. Proceedings of the IEEE，2015，103（2）：143-146.

[11] 封新建.风力发电机组齿轮箱振动监测与故障诊断方法研究[D]. 吉林：东北电力大学，2017.

[12] 崔彦平，傅其凤，葛杏卫，等. 机械设备故障诊断发展历程及展望[J]. 河北工业科技，2005，21（4）：59-62.

[13] Qiao W，Lu D. A survey on wind turbine condition monitoring and fault diagnosis-part II：Signals and signal processing methods[J]. IEEE Transactions on Industrial Electronics，2015，62（10）：6546-6557.

[14] Zarei J，Tajeddini M A，Karimi H R. Vibration analysis for bearing fault detection and classification using an intelligent filter[J]. Mechatronics，2014，24（2）：151-157.

[15] 刘方，沈长青，何清波，等. 基于时域多普勒校正和 EEMD 的列车轴承道旁声音监测故障诊断方法研究[J]. 振动与冲击，2013，32（24）：104-109.

[16] Jardine A K S，Lin D，Banjevic D. A review on machinery diagnostics and prognostics implementing condition-based maintenance[J]. Mechanical Systems and Signal Processing，2006，20（7）：1483-1510.

[17] Chen Z，Li W. Multisensor feature fusion for bearing fault diagnosis using sparse autoencoder and deep belief network[J]. IEEE Transactions on Instrumentation and Measurement，2017，66（7）：1693-1702.

[18] 杨国安. 齿轮故障诊断实用技术[M]. 北京：中国石化出版社，2012.

[19] 孙鹏. 基于频谱分析和包络谱分析的滚动轴承故障诊断[J]. 振动与冲击，2012，31（S）：189-192.

[20] 张磊. 滚动轴承故障程度和工况不敏感智能诊断方法研究[D]. 南昌：华东交通大学，2016.

[21] 何田，林意洲，郜普刚，等. 局部均值分解在齿轮故障诊断中的应用研究[J]. 振动与冲击，2011，30（6）：196-201.

[22] 郭艳平，颜文俊，包哲静，等. 基于经验模态分解和散度指标的风力发电机滚动轴承故障诊断方法[J]. 电力系统保护与控制，2012，40（17）：83-87.

[23] Hoang D T，Kang H J. A survey on deep learning based bearing fault diagnosis[J]. Neurocomputing，2019，335：327-335.

[24] 周志华. 机器学习[M]. 北京：清华大学出版社，2016.

[25] Hu Z，Duan L，Zhang L. Application of improved KNNC method in fault pattern recognition of rolling bearings[J]. Journal of Vibration and Shock，2013，32（22）：84-87.

[26] Cabrera D，Sancho F，Sanchez R，et al.Fault diagnosis of spur gearbox based on random forest and wavelet packet decomposition[J]. Frontiers Mechanical Engineering，2015，10（3）：277-286.

[27] Widodo，Achmad，Yang B. Support vector machine in machine condition monitoring and fault diagnosis[J]. Mechanical Systems and Signal Processing，2007，21（6）：2560-2574.

[28] Yu Y，Yu D，Cheng J. A roller bearing fault diagnosis method based on EMD energy entropy and ANN[J]. Journal of Vibration and Shock，2006，294（1）：269-277.

[29] Zhao R，Yan R，Chen Z，et al. Deep learning and its applications to machine health monitoring[J]. Mechanical Systems and Signal Processing，2019，115（7）：213-237.

[30] Krizhevsky A，Sutskever I，Hinton G E. ImageNet Classification with Deep Convolutional Neural Networks[C]. NIPS 2012.

[31] Shao H，Jiang H，Zhang X，et al. Rolling bearing fault diagnosis using an optimization deep belief network[J]. Measurement Science and Technology，2015，26（11）：115002.

[32] Sun W，Shao S，Zhao R，et al. A sparse auto-encoder-based deep neural network approach for induction motor faults classification[J]. Measurement，2016，89：171-178.

[33] Lei Y，Jia F，Lin J，et al. An intelligent fault diagnosis method using unsupervised feature learning towards mechanical big data[J]. IEEE Transactions on Industrial Electronics，2016，63（5）：3137-3147.

[34] Hoang D T，Kang H J. Rolling element bearing fault diagnosis using convolutional neural network and vibration image[J]. Cognitive Systems

Research，2019，53：42-50.

[35]　Bruin T，Verbert K，Babuska R. Railway track circuit fault diagnosis using recurrent neural networks[J]. IEEE Transactions on Neural Networks and Learning Systems，2017，28（3）：523-533.

[36]　Chen C，Li Z，Yang J，et al. A cross domain feature extraction method based on transfer component analysis for rolling bearing fault diagnosis[C]. 29th Chinese Control and Decision Conference（CCDC），Chong qing，2017.

[37]　Han T，Liu C，et al. Deep transfer network with joint distribution adaptation：A new intelligent fault diagnosis framework for industry application[J]. ISA Transactions，2020，97：269-281.

[38]　陈龙，杜宏斌，武建柯，等. 风力发电机用轴承简述[J]. 轴承，2008，12：45-50.

[39]　马金斗. 风电机组传动系统故障诊断的技术研究[D]. 兰州：兰州理工大学，2019.

[40]　林超. 结合异常检测算法的轴承故障检测研究[D]. 杭州：浙江大学，2017.

[41]　胡纯直. 风机齿轮箱多故障诊断问题研究[D]. 杭州：浙江大学，2017.

[42]　唐向宏，李齐良. 时频分析与小波变换[M]. 2 版. 北京：科学出版社，2016.

[43]　Abadi M，Agarwal A，Barham P，et al. TensorFlow：Large-scale machine learning on heterogeneous distributed systems[EB/OL]. https://arxiv.xilesou.top/abs/1603.04467[2020-03-01].

[44]　Case Western Reserve University. Cleveland，Ohio，America [EB/OL]. Available：http://csegroups.case.edu/bearingdatacenter/pages/bearing-information[2020-03-01].

[45]　张德丰. MATLAB 小波分析[M]. 2 版. 北京：机械工业出版社，2012.

[46]　张可，周东华，柴毅. 复合故障诊断技术综述[J]. 控制理论与应用，2015，32（9）：1143-1157.

[47]　Tsoumakas G，Katakis I. Multi-Label classification：An overview[J]. International Journal of Data Warehousing and Mining，2007，3（3）：1-13.

[48]　Shao S，McAleer S，Yan R，et al. Highly accurate machine fault diagnosis using deep transfer learning[J]. IEEE Transactions on Industrial Informatics，2018，15（4）：2446-2455.

[49]　Polikar R，Udpa L，Udpa S，et al. Learn++：An incremental learning algorithm for supervised neural networks[J]. IEEE Transactions on Systems Man and Cybernetics Part C（Applications and Reviews），2001，31（4）：497-508.

[50]　Socher R，Ganjoo M，Manning C，et al. Zero-shot learning through cross-modal transfer[C]. NIPS 2013，Lake Tahoe，2013.

第3章 基于深度学习的柔直线路故障测距

高压输电线路一直是电力系统中故障概率最高的元件之一，在线路故障后迅速准确地把故障点找到，不仅对及时修复线路和保证可靠供电有帮助，而且对电力系统的安全稳定和经济运行都有举足轻重的作用。因此，输电线路测距具有十分重要的研究意义。与高压交流输电相比，高压直流输电有许多优势，例如，线损小，传输容量大，绝缘要求低，因此高压直流输电更适合于远距离大容量输电[1]。而绝缘栅双极晶体管和脉冲宽度调制技术的广泛使用促进了电压源换流器的发展，电压源换流器可靠性高，可以灵活地调节功率[2]。基于电压源换流器的高压直流输电被称为柔性直流输电技术，它能够独立调节有功功率和无功功率，可以向无源电网送电，弥补了传统高压直流输电易换相失败的缺陷[3-5]，所以近些年柔性直流输电一直是研究人员关注的焦点，本节便讨论了柔性直流输电线路（柔直线路）的故障测距问题。

目前，现有的故障定位方法主要分为行波法和故障分析法[6]。行波法测距精度高，但存在波头检测失败的风险，而且需要计算波速[7-9]；故障分析法具有稳定性好的优势，但是受制于模型的准确度使其测距精度有限，并且计算量很大[10]。

得益于现代输电系统中广泛使用的故障录波器和先进的仿真平台，我们可以考虑利用人工智能技术实现故障测距[11]。基于人工智能的测距方法利用大量故障信号组成的样本对人工神经网络进行训练，使网络自主学习故障信号与距离之间的映射关系，从而实现故障测距。这种方法避免了传统故障测距方法中波速计算不准和精确线路参数缺乏对测距精度造成的不利影响。同时，通过增加样本集中来自不同系统的故障信号数量，可以提升网络的泛化性能，使网络能够实现多系统下的故障测距。但传统上基于机器学习的测距方法都需要人为提取特征，如小波系数、频谱、固有模态函数分量等，不同的特征提取方式会产生不同的效果[12-14]。合理的特征提取对精确故障定位起到十分关键的作用，如果特征不能充分显示出不同位置处故障信号的差异，那么定位结果可能并不准确。因此，这需要研究人员拥有丰富的技术经验。

近些年来，随着大数据的出现和现代计算机计算能力的提高，基于无监督学习算法的神经网络已经用于完成诸如计算机视觉、自然语言处理等任务[15,16]。无监督学习算法利用各种网络模型，如自编码器、卷积神经网络、信念网络等，来学习原始数据的特征表示[17-19]，避免了无效的人为特征提取带来的不利影响，为传统的机器学习方法提供了理想的改进方案。

自编码器是用于提取特征的最为流行的工具之一。自编码器可以通过无监督学习的形式来学习数据的特征表示，降低特征序列的维度[20-22]。堆叠式自编码器的网络结构相对来讲比其他深层次网络，如卷积神经网络要浅。这种结构适合于分析高压直流输电系统故障后的电气暂态量。堆叠式自编码器的使用可以很好地处理高位输入，并且避免复杂的故障测距计算。

基于以上分析，本章提出了一种基于堆叠式（降噪）自编码器的柔直线路故障测距方法。本章首先进行了高压直流输电线路上行波的故障特性分析，包括行波的产生、传播和折反射现象。然后，调试堆叠式（降噪）自编码器的结构和参数，并对调试后的网络进行训练。最后，利用模拟的行波信号检验故障测距效果，结果表明堆叠式（降噪）自编码器具有较高的实际应用潜力。

3.1　高压直流输电线路行波分析

3.1.1　行波的产生和传播

　　输电线路中的接地故障可以等效于当故障发生时在故障点施加的一个阶跃电压激励[23]。由于输电线路阻抗的存在，行波波头的幅值会在传播过程中逐渐衰减，波头也会被拉长，而且行波传播的距离越长，波头越平缓。另外，行波的幅值和相应的传播速度会随频率变化而变化。经过长距离传播后，行波由于速度不同将于不同的时刻到达线路的端点。因此，在输电线路端点检测到的波头在传播过程中会发生衰减畸变。图 3.1 描述了行波在传播不同距离之后波头的衰减程度。

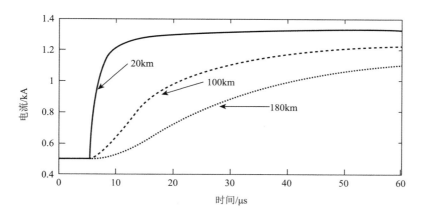

图 3.1　传播不同距离后的波头衰减

　　我们模拟了不同距离下的接地故障来说明行波在传播不同距离后的衰减现象。如图 3.1 所示，传播距离越长，波头变得越平缓，而由线路端点较近的故障产生的行波波头陡度越大。

3.1.2　行波的折反射

　　与所有电磁波一样，输电线路上的行波会在波阻抗不连续的位置处发生折反射。如图 3.2 所示，来自故障点的两个入射波 I_1 和 I_2 向相反的方向传播，由于换流站可以视为输电线路的波阻抗边界，

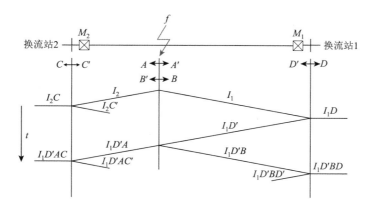

图 3.2　行波的连续折反射

所以当 I_1 和 I_2 到达两端的换流站时会发生全反射,反射波分别为 I_1D' 和 I_2C'。之后,I_1D' 和 I_2C' 沿线路继续传播并到达故障点,由于故障点处接地电阻的原因,I_1D' 会发生折反射,I_2C' 同理。I_1D' 的反射波为 $I_1D'B$,而折射波 $I_1D'A$ 会传播至对端换流站后再发生反射,如 $I_1D'AC'$ 所示。因此,在仅仅几毫秒的时间内,整条输电线路上的行波便在向不同方向移动,它们到达端点的时间不同,幅值和极性也不同,并且发生了不同程度的衰减、畸变。

由于行波的连续反射,线路端点的测量装置可以检测到类似于阶梯状的行波。每个"台阶"的宽度为 2τ,τ 为行波从故障点传播到线路端点的持续时间。在电力系统监测中,数据序列中的某一个数据段通常用于研究分析信号。如果数据窗长度小于 2τ,数据窗只能捕捉到初始行波的波头,否则将记录下两个及以上的波头。图 3.3 显示了来自三个不同故障位置的行波,所有的行波均显示在一个固定的数据窗内。

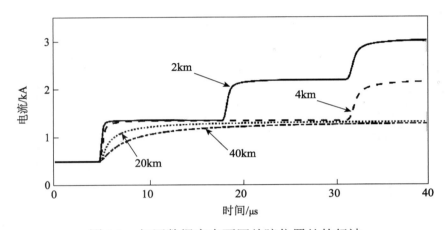

图 3.3   相同数据窗内不同故障位置处的行波

对于某些故障点产生的行波,图 3.3 中长度为 40μs 的数据窗可以记录到不止一个波头,而且故障距离越短,波头的数量越多。例如,对于 2km 和 4km 故障点处产生的行波,该数据窗可以记录下多个波头,而对于 20km 和 40km 处的故障,该数据窗只捕捉到了一个波头。因为行波一般以接近光速(3×10^8m/s)的速度传播,所以如果该数据窗内检测到多个波头,则最小故障距离为 $20\mu s\times3\times10^8$m/s=6km。

根据以上分析,行波的波形随故障距离的变化而变化。然而,由于波形的衰减、畸变与折反射现象,使用线性数学模型很难建立起波形与故障距离之间的函数关系。因此,一个能够处理复杂学习任务的工具对于精确故障定位很有必要。

3.2   基于堆叠式自编码器的柔直线路故障测距

3.2.1   堆叠式自编码器

堆叠式自编码器(Stacked Autoencoder,SAE)实际上是一种包含深度学习算法的神经网络。SAE 的功能是为原始数据编码,即学习高维数据的特征表示。SAE 在预训练阶段使用自编码器,在微调阶段使用反向传播算法。SAE 采取逐层训练的方式,即每一层都以上一层提取到的特征为基础进行训练。SAE 的层数越多,意味着越为复杂的特征提取体系。SAE 的结构如图 3.4 所示,图中,x 表示输入数据,h 表示不同层提取到的特征。

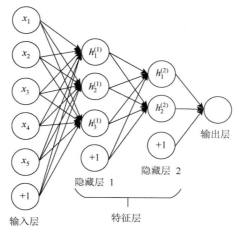

图 3.4　SAE 的结构

图 3.4 所示的特征提取结构可以帮助 SAE 处理大型的高维数据集，并自动从中进行特征提取，无须人工干预。这一优势在训练样本的数量有限时，如电气暂态信号，用处很大。SAE 具有很大的潜力来寻找行波与故障距离之间的关系。因此，本节选择 SAE 网络处理故障测距问题。通过反复调试网络结构和参数，SAE 可以有效地识别来自不同位置处的行波。

3.2.2　基于 SAE 的故障测距

因为 SAE 能够直接处理原始数据，所以高压直流输电线路上的行波信号可以直接作为 SAE 的输入。基于 SAE 的故障测距方法一共包含三个步骤：原始数据预处理、SAE 训练和故障距离计算。

1. 原始数据预处理

采集高分辨率的行波信号需要较高的采样频率，通常行波信号的采样频率高于 1MHz。为了获得更加精细的行波特征，本节采用 5MHz 采样频率。不同于传统的基于电流源换流器的高压直流系统，柔性直流系统控制电压而非电流，电流比电压变化迅速，含有更多的暂态信息，所以该研究选择采集电流行波来进行故障测距。同时，采用数据窗来记录电流行波，数据窗的长度为 2τ，τ 是行波从故障点传播至线路端点的时间。

相较于不同故障下行波的幅值，SAE 对于波形的差异更加敏感。原始输入信号的幅值差异可能会导致较大的误差或降低训练速度，所以需要采取归一化操作。我们将每一个数据序列除以序列中的最大值以确保输入数据分布在 0 和 1 之间。训练集的标签表示故障距离，同样需要将实际故障距离除以输电线路的总长度以实现标签的归一化。

2. SAE 训练

故障测距模型采用具有多个自编码器的反向传播网络，可以建立任一输入与输出之间的非线性映射关系。为了使 SAE 的性能尽可能好，网络结构和参数需要结合特定的应用场景通过反复调试合理选取。SAE 的性能通过测距误差得以反映。SAE 的结构与参数确定下来后，用不同情况下的故障样本训练 SAE，样本集包括不同故障距离，不同接地电阻下的故障暂态信号。

3. 故障距离计算

训练后的网络可以将时域暂态信号作为输入，只需经过前馈网络便可得到故障距离，实现了快速、简易的故障测距。当故障发生时，线路端点的故障录波器记录行波信号，在对原始的时域信号进行预处理时，需保证其采样频率，数据窗长度和归一化方式与训练样本完全一致。

3.2.3　SAE 参数选取

对于一个特定的应用场景，需要选取合适的 SAE 参数使网络达到其最佳性能。以下便根据基于行波的高压直流输电线路故障测距的需求，来对 SAE 的参数进行选取。

1. SAE 结构

SAE 的输入是原始行波信号，输出是故障距离。由于我们只利用初始行波波头部分的特性进行故障测距，所以最好选择一个短数据窗以避免数据窗内包含多个波头。然而，过短的数据窗无法充分显示远距离传播而来的行波信号之间的差异，因为传播过程中的衰减使这些波头变得平缓且相似。在此，采用长度为 20μs 的数据窗。当采样频率为 5MHz 时，SAE 输入层的节点数为 100。又因为 SAE 输出层表示故障距离，所以输出层节点数为 1。

当输入数据的维度很高时，增加神经网络的深度可以提高其提取特征的能力。然而，过多的隐藏层会减慢训练速度，甚至降低拟合或识别的精度。训练误差是一个用于反映网络训练效果的常用指标。为了减小网络权重随机初始化对测距结果造成的不确定性，我们多次训练网络，提取每次训练后所有训练样本中的最大测距误差，并对这些误差求取平均值。最大误差的平均值（Mean Maximum Error，MME）的定义如式（3-1）所示：

$$\text{MME} = \frac{1}{N}\sum_{i=1}^{N} \max\left(\left|y_j - d_j\right|\right), \quad j = 1, 2, \cdots, M \tag{3-1}$$

其中，N 表示对网络的训练次数；i 表示第 i 次训练；y_j 表示第 j 个样本对应的故障距离计算值；d_j 表示第 j 个样本对应的实际故障距离（即标签）；M 表示训练样本的数量。

表 3.1 列出了不同隐藏层数量下网络的 MME。在该研究中，训练样本数 M 等于 72，网络训练次数 N 等于 10。

表 3.1　不同隐藏层数量下网络的 MME

隐藏层数量	MME
2	0.002151
3	0.065535
4	0.40
5	0.49

如表 3.1 所示，对于含有 100 个样本点的输入向量，含两个隐藏层的网络足以实现故障测距，所以 SAE 的隐藏层数量选定为 2。

我们用同样的方法寻求每个隐藏层合适的节点数量。因为 SAE 的目的是从原始数据中逐层提取特征，学习数据降维后的特征表示，所以每一层的节点数不会大于上一层。输入层和输出层的节点数分别为 100 和 1，假设两个隐藏层的节点数分别为 S_1 和 S_2，那么 SAE 的网络结构满足不等式：$100 \geq S_1 \geq S_2 \geq 1$。我们对所有满足不等式的 S_1 和 S_2 进行遍历，得到 MME 的分布情况如图 3.5 所示。

如图 3.5 所示，隐藏层节点数过多可能会产生较大的误差。根据 MME 分布，当第一隐藏层和第二隐藏层各含有 12 个节点时，网络的 MME 最小。因此，SAE 的结构为 100-12-12-1。

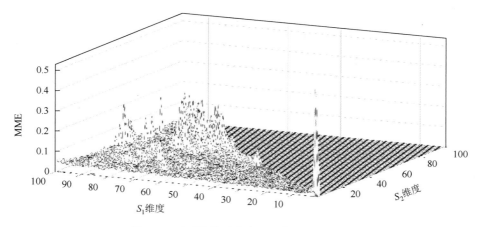

图 3.5　不同隐藏层节点下网络 MME 分布

2. SAE 函数

为了有效地提取非线性特征,可以使用激活函数将非线性引入 SAE 模型。Logistic 函数和 Rectifier 函数是最为常见的函数形式。函数的连续可微性是基于梯度优化（如反向传播算法）的必要条件, Rectifier 函数不具有连续可微性,Logistic 函数是连续可微的,并且可以增加模型的非线性拟合能力。在此,在无监督训练阶段选取 Sigmoid 函数以激活隐藏层神经元,由于故障测距属于回归问题,所以在监督学习阶段同样采用 Sigmoid 函数。

损失函数用来量化网络的损失,并利用损失函数对网络权重的导数进行误差的反向传播以不断更新权重。最常见的损失函数是均方误差（Mean Squared Error,MSE）和交叉熵函数（Cross-Entropy Function,CEF）。MSE 给出了计算结果与标签之间的均方差值,它更能突显误差较大的输出;而 CEF 更注重预测值与真实值的接近程度,是一种更为精细的误差计算方法。用 MME 评估使用不同损失函数后网络的性能,如表 3.2 所示。从表中可以看出当损失函数选为交叉熵函数时,网络的误差最小。

表 3.2　用不同损失函数时网络的 MME

损失函数	MSE	CEF
MME	0.0188	0.0138

3.2.4　仿真结果

1. 测距结果

利用模拟的行波来验证基于 SAE 的故障测距方法的有效性。在 PSCAD/EMTDC 平台上搭建点对点的柔性直流输电系统,系统采用两电平换流器,输电线路总长度为 200km,直流母线电压为 500kV,支撑电容的中性点接地。在 PSCAD/EMTDC 中选择频域模型模拟输电线路。杆塔结构如图 3.6 所示。模拟单极接地故障,并将故障以不同的接地电阻施加在不同位置处。我们用 72 个样本训练 SAE,用 18 个与训练集相似的样本测试网络训练的效果。考虑到实际工程中故障的发生是随机的,测距网络接收到实际的故障信号很有可能与训练集大不相同,因此再用 30 个样本来模拟真实情况下的故障测距,这 30 个样本的故障距离与接地电阻与训练集相差较大。综上,一共通过仿真产生 120 个样本,样本的详细分布情况如表 3.3 所示。

表 3.3　样本分布情况

用途	故障距离/km	接地电阻/Ω	样本数量
网络训练	2，4，20，40，80，100，120，160，180，196，198	0，10，50，75，100	72
网络测试	2，4，20，40，80，100，120，160，180，196，198	0，10，50，75，100	18
故障测距	5，65，95，105，135，195	5，30，80，100	30

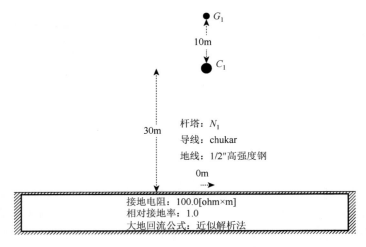

图 3.6　输电线路的杆塔结构

SAE 的结构为 100-12-12-1，激活函数是 Sigmoid 函数，损失函数是交叉熵函数。每次训练的最大迭代次数为 1000。使用式（3-2）定义的测距误差来反映网络的性能。

$$E_{err} = \left| L_{cal} - L_{sim} \right| / L_{total} \times 100\% \tag{3-2}$$

其中，L_{total} 是输电线路总长度，200km；L_{cal} 表示计算得到的故障距离；L_{sim} 表示实际故障距离。

另外，我们使用一个样本集的平均误差和最大误差两个指标来表示误差的大致分布范围。平均误差和最大误差的定义如式（3-3）和式（3-4）所示：

$$E_{err.mean} = \frac{1}{N} \sum_{i=1}^{N} E_{err.i}, \quad i \in I_N \tag{3-3}$$

$$E_{err.max} = \max \left(E_{err.i} \right), \quad i \in I_N \tag{3-4}$$

其中，I_N 表示样本集；N 是样本集中的样本个数。

训练后网络在测试集上的测距结果如表 3.4 所示。从表中可以看出所有测试样本的误差均小于 0.5%，最大的也只有 0.47%，这表明训练后的网络可以有效地利用原始行波信号测定故障距离。

表 3.4　测试样本的故障测距结果

故障位置	样本数量	平均误差	最大误差
$l < 6km$	2	0.08%	0.10%
$6km < l < 100km$	8	0.14%	0.31%
$l > 100km$	8	0.16%	0.47%

最后利用 30 个与训练集差别较大的故障样本，来测试网络定位线路上任意故障的能力，其测距结果如表 3.5 所示。

表 3.5 随机故障的测距结果

故障位置	样本数量	平均误差	最大误差
5km	6	0.31%	0.37%
65km	6	1.06%	1.13%
95km	3	0.76%	0.95%
105km	3	0.75%	0.68%
135km	6	0.94%	1.23%
195km	6	0.51%	0.87%

在模拟实际故障测距中,大多数的平均误差小于 1%,所有的最大误差小于 2%。对于 5km、95km、105km 和 195km 处的故障,它们的误差较小,这是因为这些故障分别与训练集中 4km、100km 和 196km 处的故障相距较近,行波的波形自然也比较相似。而对于 65km 和 135km 处的故障,与训练集中设置的故障相距较远,因而测距误差较大,最大误差都超过了 1%。

高阻接地故障的测距问题一直以来是一个难点。较大的接地电阻使行波幅值减小,衰减程度增加。表 3.5 中故障的接地电阻从 5Ω 到 100Ω 不等,而基于 SAE 的测距方法可以在接地电阻高达 100Ω 的情况下实现精确测距。对于与训练集差别较大的原始数据,SAE 网络的性能依然出色。随着训练样本的不断补充,SAE 可以从中学习到更加完善的拟合关系,从而给出更为精确的测距结果。

2. 噪声影响

在实际应用中,检测到的行波通常含有噪声。噪声可能是脉冲暂态干扰,背景高斯噪声,或者来自附近电磁设备的干扰信号。大多数干扰信号可通过降噪算法消除,例如,雷电干扰可通过有效的识别来消除,谐波可以通过硬件过滤。然而,高斯白噪声通常包含在场测试中。同样,这里测试了基于 SAE 的测距方法的抗噪能力,我们将不同信噪比(Signal-to-Noise Ratio,SNR)的噪声加入表 3.5 中的 30 个样本中,SNR 越低,代表添加的噪声越多。测距结果如表 3.6 所示。

表 3.6 不同噪声水平下的测距结果

信噪比	平均误差	最大误差
无噪声	0.71%	1.23%
60dB	0.72%	1.36%
50dB	0.83%	1.78%
40dB	1.01%	1.97%
30dB	2.02%	3.84%
20dB	4.48%	13.63%

根据表 3.6,测距误差随着 SNR 的降低而增加。当 SNR 降低至 20dB 时,最大误差达到 13.63%。当信噪比不低于 40dB 时,基于 SAE 的测距方法表现良好。如果使用诸如阈值之类的去噪算法,测距精度可以进一步提高。

3. 线路参数影响

行波的衰减不仅取决于传播距离,还取决于输电线路的参数。虽然可以通过精确模拟输电线路生成大量的训练样本,但是仿真模型与实际系统之间的差异还是不可避免的。为了测试 SAE 的泛化性能,我们设置了三组系统参数。测试系统的详细信息如下:系统 A:实心导线,外径为 0.0203454m,

单位电阻值是 0.03206Ω/km；系统 B：绞合导线，外径为 0.0203454m，股数为 19，每股半径为 0.003m，单位电阻值是 0.03206Ω/km；系统 C：绞合导线，外径为 0.01438637m，股数为 7，每股半径为 0.0054m，单位电阻值是 0.06412Ω/km。以上三个系统均是双端柔性直流输电系统，线路总长为 200km，并在 PSCAD/EMTDC 上使用频域模型对系统建模，将 10 个故障等同的施加在三条线路上。每个系统的平均及最大测距结果如表 3.7 所示。

表 3.7　不同线路参数下的测距结果

系统	平均误差	最大误差
系统 A	0.71%	1.23%
系统 B	1.28%	2.12%
系统 C	2.29%	5.86%

根据表 3.7，测距误差随系统参数的变化而改变。本节中 SAE 是用系统 A 的样本进行训练的，线路参数的变化可能导致测距误差增大。当新的线路与训练样本所在线路相似的时候，如系统 B，测距效果仍然较好。但是当线路参数变化较大时，测距误差会明显增大，如系统 C 的最大误差为 5.86%。由于实际的输电系统与仿真模型之间的差别不大，所以基于 SAE 的测距方法是可行的。

3.2.5　对比分析

基于 SAE 的故障测距方法利用的是行波信号，同样利用行波来测距的方法有单端行波法和基于人工神经网络（ANN）的方法。因此，我们对基于 SAE 的测距方法与这两种方法进行了对比分析。

单端行波法利用入射波与反射波到达线路端点的时间差实现故障测距。如图 3.2 所示，入射波 I_1D 与反射波 $I_1D'BD$ 之间的时间差等于行波从故障点传播到端点所用时间的二倍。在已知输电线参数的情况下可以计算出波速度，进而计算出故障距离。然而，行波波头在某些情况下很难被精确识别，例如，当行波受到噪声污染或衰减严重时。在单端行波法中，小波模极大值用于识别波头，波速约为 3×10^8m/s。

传统基于 ANN 的方法通常采用人工特征提取和浅层 ANN 相结合的方式。而特征提取方式对于从故障信号中学习有效的特征表示至关重要。目前已经有多种特征提取形式，如小波系数、均方根等。ANN 的结构和参数同样需要根据人工提取到的特征和特定的应用而调整。在此，我们将 312.5～625kHz 频带上的小波置信度作为 ANN 的输入。因为小波系数的数量为 15，所以 ANN 结构为 15-8-1。传递函数为 Sigmoid，训练函数为 Levenberg-Marquardt 优化。

三种方法的测距误差如表 3.8 所示。结果表明，单端行波法和基于 ANN 方法的平均误差和最大误差都比基于 SAE 的测距方法要大。

表 3.8　基于 SAE 的方法与常用方法的测距误差

测距方法	平均误差	最大误差
单端行波法	2.03%	5.31%
基于 ANN 的方法	1.59%	2.36%
基于 SAE 的方法	0.71%	1.23%

3.3　基于堆叠式降噪自编码器的柔直线路故障测距

3.3.1　堆叠式降噪自编码器

降噪自编码器（Denoising Autoencoder，DAE）是 AE 的扩展版本，旨在从残缺的输入中学习更为有效的特征表示，而非像 AE 那样直接从原始输入中进行学习。因为 DAE 可以恢复残缺的输入数据，所以 DAE 比 AE 鲁棒性更强，提取到的特征也更具代表性。数据残缺可以通过在每轮训练中对一小部分随机元素强行设置为零来实现。由于随机导致的不确定性，被设置为零的元素在每轮训练中并不固定。DAE 通过式（3-5）对残缺的输入进行编码：

$$h = s(W\tilde{x} + b) \tag{3-5}$$

其中，$\tilde{x}$ 是将部分数据置零后的输入数据；s 是激活函数；W 是权重矩阵；b 是偏置矢量；h 是隐藏层的输出。

之后通过解码过程将 h 映射到 x 的重构版本 $\hat{x}$，如式（3-6）所示：

$$\hat{x} = s(W'h + b') \tag{3-6}$$

其中，W' 是重构权重矩阵；b' 是重构偏置矢量。

DAE 的结构如图 3.7 所示，尽管 DAE 的输入是残缺的数据集，但仍有望缩小 x 和 $\hat{x}$ 之间的差距。

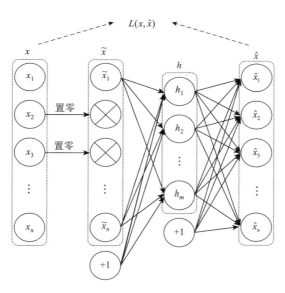

图 3.7　DAE 的结构

叠加多个 DAE 可以构成堆叠式降噪自编码器（Stacked Denoising Autoencoder，SDAE）。第一个 DAE 经过训练后，一定比例的隐藏层神经元的输出被随机设置为零，之后这些元素被传递到第二个 DAE 的输入层。重复此过程，直到所有 DAE 训练完毕。因为每一个 DAE 的隐藏层输出都将作为下一个 DAE 的输入（除最后一个 DAE），所以这种多个 DAE 叠加的结构被称为堆叠式降噪自编码器。

3.3.2　基于 SDAE 的故障测距

将输出层添加到 SDAE 的顶层以形成完整的定位网络，并选择 Sigmoid 函数来激活输出层神经元。因为故障定位属于回归问题，所以输出层只含一个神经元。SDAE 采用无监督学习算法进行预训练，之后使用随机梯度下降（Stochastic Gradient Descent，SGD）算法进行微调。SDAE 的结构和参数初始化过程如图 3.8 所示。

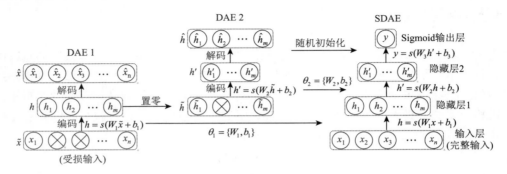

图 3.8　SDAE 的结构与初始化过程

如果合理设置网络结构和超参数，那么训练过程将快速收敛，从而成功建立起输入与输出之间的关系。基于 SDAE 的故障定位方法同样包括三个步骤：原始数据预处理、SDAE 训练和故障定位。在原始数据预处理环节中，本节采用 10kHz 的采样频率，数据窗长度为 5ms，采集的信号仍为单端电流行波，数据处理方法、故障距离计算方式均与 3.2 节中一致。SDAE 训练方法与 SAE 相同。

3.3.3　SDAE 参数选取

网络输入层的节点数与输入样本的样本点数相同（5ms×10kHz=50），输出层代表故障距离，因此输出层节点数为 1。为了降低网络权重随机初始化的影响，在此使用 10 个训练网络的测试集误差平均值来评价网络的性能。不同隐藏层层数的网络在测试集上的平均误差如表 3.9 所示。结果表明，隐藏层层数为 2 时，SDAE 网络的平均误差最小。因此，定位网络采用四层的网络结构，包括一个输入层，两个隐藏层和一个输出层。

表 3.9　不同隐藏层层数下网络的平均误差

隐藏层层数	平均误差/%
1	2.20
2	2.14
3	7.12
4	20.75

之后利用遍历法选取每个隐藏层合适的节点数。第一隐藏层的节点数 S_1 应该小于输入层节点数，并且应该大于第二隐藏层节点数 S_2。输入层和输出层节点数分别为 50 和 1，因此 S_1 和 S_2 满足不等式 $50 \geqslant S_1 \geqslant S_2 \geqslant 1$。遍历所有满足关系的隐藏层节点数以找到最合适的网络结构，不同隐藏层节点数下的平均定位误差如图 3.9 所示。遍历结果表明当 $S_1=48$，$S_2=36$ 时，网络平均误差最小，所以网络结构确定为 50-48-36-1。网络的激活函数采用 Sigmoid 函数。

3.3.4　仿真结果

1. 测距结果

为了证明基于 SDAE 的故障定位方法的有效性，在 PSCAD/EMTDC 平台上建立了双端点对点

VSC-HVDC 输电线路，如图 3.10 所示。VSC 换流站采用两级 AC/DC 换流器，直流母线电压为 ±200kV，支撑电容的中性点直接接地，输电线路的总长度为 210km。

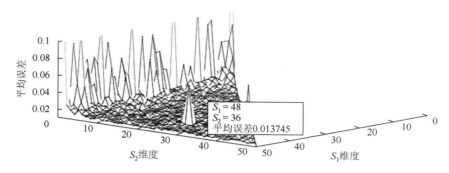

图 3.9　不同隐藏层节点数下的平均误差

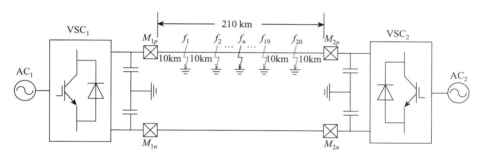

图 3.10　双端点对点高压直流输电线路

　　架空线和电缆中行波的传播特性有所不同，因此对两种输电系统均进行了建模，以此来提高 SDAE 网络的泛化性能。本章选择频域相关模型来模拟输电线路，架空线和电缆的参数如表 3.10 和图 3.11 所示。

表 3.10　架空线参数

线型	导体类型	股数	外径/m	单位阻抗/（Ω/km）
架空线 1	绞合线	37	0.0126	0.11195
架空线 2	绞合线	19	0.0091	0.27966
架空线 3	绞合线	61	0.01382	0.0854
架空线 4	绞合线	37	0.0098	0.1889

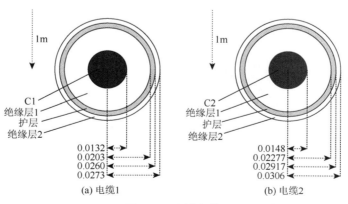

图 3.11　电缆参数

单位：m

　　为了获取大量样本，在仿真平台上沿输电线路每隔 10km 模拟一次正极接地短路故障，如图 3.10 所示。因为线路总长 210km，所以在接地电阻确定的情况下，每条线路共有 20 处故障位置。对于每个故障点，架空线设置有 5 个不同的接地电阻：1Ω，10Ω，20Ω，50Ω 和 80Ω，电缆设有 6 个不同的接地电阻：1Ω，10Ω，20Ω，50Ω，80Ω 和 100Ω。综上，通过仿真总共产生 640 个样本，样本集分布情况如表 3.11 所示。之后将样本集按一定比例随机分为两组：其中的 80%（512 个样本）用于训练，剩余的 20%（128 个样本）用于测试。

表 3.11　样本集分布

线型	接地电阻/Ω	故障位置/km	样本数
架空线 1～4	1，10，20，50，80	10，20，30，…，190，200	4×5×20=400
电缆 1～2	1，10，20，50，80，100		2×6×20=240

　　SDAE 的结构为 50-48-36-1，激活函数是 Sigmoid 函数，每次训练的迭代次数为 1000 次。本节仍采用如式（3-2）所示的定位误差百分数形式来评估基于 SDAE 的故障定位方法的精度。另外，为了分析不同接地电阻，不同线路参数等因素对本节定位方法的影响，采用平均误差来反映测试集中某一类样本的定位效果。平均误差定义如式（3-7）所示。

$$\mathrm{mean\_er} = \frac{1}{N}\sum_{i=1}^{N}\mathrm{er}_i \tag{3-7}$$

　　其中，N 是某一类样本的数量；er_i 是第 i 个样本的定位误差。

　　测试集的定位误差如图 3.12 所示。图 3.12（a）是描述定位误差分布的箱形图，直线代表故障距离相同的样本的平均误差。从图中可以看出几乎所有位置处的故障的平均误差都小于 2%。仅在 190km

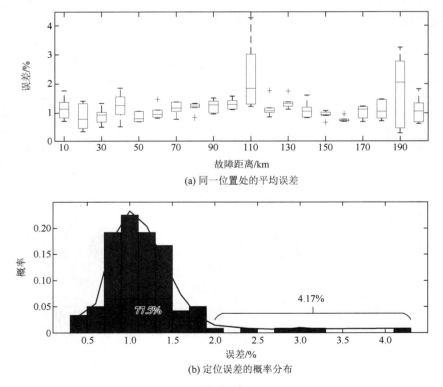

(a) 同一位置处的平均误差

(b) 定位误差的概率分布

图 3.12　测试样本的定位误差

处的故障平均误差略高于 2%。经过计算，所有测试样本的平均定位误差为 1.22%。图 3.12（b）是定位误差的概率分布图。77.5% 的误差值集中在 0.7%～1.5%。只有 4.17% 的误差大于 2%。表 3.12 列出了定位误差大于 2% 的测试样本的详细信息。由于用于训练的电缆样本（192 个样本）的数量远远少于架空线（320 个样本）的数量，因此电缆的定位误差比架空线大。

表 3.12　误差大于 2% 的样本信息

线型	接地电阻/Ω	故障距离/km	误差/%
架空线 1	1	190	2.46
电缆 1	20	190	2.76
电缆 2	20	110	3.02
电缆 2	50	190	3.26
电缆 2	100	110	4.27

2. 接地电阻影响

为了测试所提出的定位方法耐受不同接地电阻的能力，收集接地电阻相同的样本，可以忽略故障位置和线路参数的差异。计算这些样本的平均误差，如表 3.13 所示。对于每种电阻，架空线的测试样本数为 16，电缆的测试样本数为 8。根据表 3.13 中的数据，平均误差随接地电阻的增加而变化的幅度不大。当接地电阻达到 80Ω 或 100Ω 时，定位结果仍然准确。结果表明该方法可以耐受一定大小的接地电阻。

表 3.13　不同接地电阻下的平均误差

接地电阻/Ω	mean_er/%	
	架空线	电缆
1	1.29	1.36
10	1.26	1.13
20	1.04	1.48
50	1.07	1.32
80	1.15	1.14
100	—	1.49

3. 线路参数影响

统计各种线路的定位误差，以分析不同线路参数对定位的影响。由于本章共涉及六种线型，即四种架空线和两种电缆，每种线型的平均定位误差如图 3.13 所示。平均误差是相同线型的样本的误差平均值，这些样本故障距离和接地电阻不同。架空线的测试样本数量为 80（每种类型 20 个样本×4 种类型），电缆的样本数量为 48（每种类型 24 个样本×2 类型）。如图 3.13 所示，每种线型的平均误差在 1%～1.5% 的范围内。通过原始数据的归一化和定位网络的正确训练，可以避免线型对定位结果的影响。

4. 特征向量影响

对于 VSC-HVDC 输电系统，用于故障定位的在线测量量包括电压和电流。本节采用线模电流作为特征向量进行故障定位，同时在这部分将其他三个解耦后的特征向量、零模电流、线模电压和零模电压分别作为输入数据，并对各自的定位效果进行对比分析。使用四种输入数据分别参与训练 SDAE 网络。除特征向量不同外，原始数据、制作样本的步骤，以及训练和测试集的属性均与前面分析相同。平均误差如表 3.14 所示。

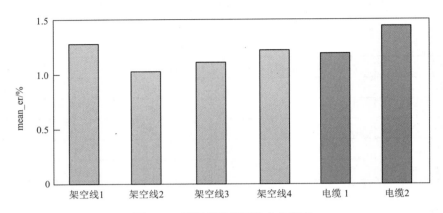

图 3.13　不同线路的平均定位误差

表 3.14　不同特征向量下的平均误差

特征向量	mean_er/%	
	线模	零模
电流	1.22	2.81
电压	5.38	9.45

从表 3.14 中可以看出线模分量的误差低于零模分量，并且使用电流时的误差低于电压。这是因为线模分量更强调故障极与法向极之间的差异，适用于处理单极接地故障。VSC-HVDC 系统控制电压而非电流，因而电流含有更多的暂态特性，例如，电流行波呈现明显的阶梯状波形。SDAE 网络更容易对故障距离和电流波形之间的关系进行建模。所以，采用线模电流的定位效果最佳。

5. 时间窗长度影响

在采样频率确定的情况下，时间窗的长短意味着特征向量的维度大小。由于保护装置的响应速度不同，时间窗的长度也会有所不同。较高维度的输入向量通常包含更为丰富的暂态信息。因此，为了表明时间窗长度对定位精度的影响，时间窗长度从 2ms 增加到 7ms，每个时间窗下的定位误差如图 3.14 所示。使用的数据集与前面相同。

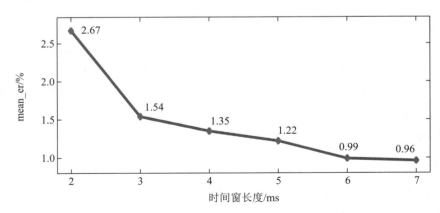

图 3.14　不同时间窗下的定位误差

如图 3.14 所示，定位误差随着时间窗长度的增加而减小。特别当时间窗长度从 2ms 增加到 3ms 时，误差的减小幅度最明显。当长度大于 5ms 时，误差降至 1%以下。当长度进一步从 6ms 延长至 7ms 时，误差减小的幅度很小。较长的时间窗对应于更长的保护装置响应时间，因此在本章中，当采样频率为 10kHz 时，选择 5～6ms 的时间窗进行故障定位。

6. 采样频率影响

采样频率也是暂态分析中的重要因素。如果时间窗长度固定，较高的采样频率可以为故障定位提供更为精细的暂态信息。但是采样频率越高，对设备和通信的要求也越高，而且特征向量维度越高，网络训练会更加耗时。在此讨论了采样频率对定位精度的影响，采样频率从 10kHz 增至 250kHz。每个采样频率下的平均定位误差如表 3.15 所示。

表 3.15　不同采样频率下的平均定位误差

采样频率/kHz	mean_er/%
10	1.22
20	1.03
50	0.92
100	0.7
250	0.62

从表 3.15 中可以看出，平均定位误差随着采样频率的增加而减小。采样频率为 250kHz 时的误差几乎是 10kHz 时的一半。因此，提高采样频率可以帮助提高基于 SDAE 的故障定位方法的准确性。

7. 噪声影响

为了测试本章定位方法的抗噪性能，将不同程度的高斯白噪声添加到原始暂态信号中。此处，SNR 从 60dB 降低到 30dB。不同 SNR 下的平均定位误差如图 3.15 所示。

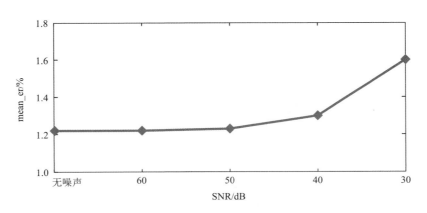

图 3.15　不同 SNR 下的平均定位误差

从图 3.15 可以看出，平均定位误差随 SNR 的降低而略有增加。当 SNR 等于 60dB 或 50dB 时，误差与无噪声添加时几乎相同。当 SNR 由 40dB 降至 30dB 时，误差增加较为明显。但即便 SNR 低至 30dB 时，误差也仅为 1.6%，比无噪声时高约 0.4 个百分点，定位精度受噪声的影响较小。因此基于 SDAE 的定位方法有较强的抗噪声能力。

3.3.5　对比分析

本小节将本章方法与传统基于行波的定位方法的性能进行比较，包括单端行波法和基于人工神经网络的方法。

1. 单端行波法

由于本章仅使用局域电气量，因此考虑使用基于 SDAE 网络和单端行波的定位方法。在实际工程中，单端行波法作为一种广泛使用的定位方法，同样不需要通信设备使双端信号保持同步。对于单端行波法，高采样率对于准确标定入射波头和反射波头到达端点的时刻至关重要。在此，用四个不同的采样频率来记录电流行波。并利用小波变换后的模极大值来标定波头，小波变换采用 Daubechies 小波 db4。行波的传播速度为 3×10^8m/s。用于对比的数据集为本节的测试集，采用单端行波法时测试集的平均定位误差如表 3.16 所示。

表 3.16　不同采样频率下单端行波法的平均定位误差

采样频率/kHz	mean_er/%
10	13.68
50	2.45
100	0.96
500	0.22

表 3.16 说明单端行波法的定位误差在很大程度上取决于采样频率。采样频率为 10kHz 时，定位误差为 13.68%，远大于基于 SDAE 的定位方法。即使采样频率增加到 100kHz，单端行波法的平均误差仍为 0.96%，这与本节方法在使用 7ms 的时间窗和 10kHz 的采样频率的情况下误差相等。因此，在采样频率较低时，本节所论述的方法相比于传统的单端行波法具有更高的精度。

为了测试单端行波法的抗噪能力，向作为测试的数据集中添加了 60dB 至 30dB 不等的高斯白噪声。采样频率分别为 10kHz 和 100kHz。单端行波法在不同噪声水平下的平均定位误差如表 3.17 所示。

表 3.17　单端行波法在不同噪声水平下的平均定位误差

采样频率	mean_er/%				
	无噪声	SNR = 60dB	SNR = 50dB	SNR = 40dB	SNR = 30dB
$f = 10$kHz	13.68	13.68	13.81	14.24	19.46
$f = 100$kHz	0.96	0.96	0.98	1.04	1.85

根据表 3.17 分析，单端行波法的定位误差随噪声的增加而增加。当采样频率为 10kHz 时，行波法在 30dB 噪声干扰下的定位误差是 19.46%，比无噪声时的误差（13.68%）增加了 5.78 个百分点；而当采样频率增加到 100kHz 时，单端行波法的定位误差由无噪声干扰时的 0.96%上升到 30dB 噪声下的 1.85%，只增加了 0.89 个百分点，误差上升趋势比 10kHz 采样率时减缓。这说明单端行波法在高采样频率下更耐受噪声干扰。但对于基于 SDAE 的定位方法，30dB 噪声下的定位误差仅仅比无噪声时增加了 0.4%。这说明本章所提出的定位方法比传统单端行波法具有更强的抗噪能力。

2. 基于 ANN 的方法

传统基于人工神经网络的方法通常采用人工特征提取和浅层 ANN 相结合的方式。而特征提取方式对于从故障信号中学习有效的特征表示至关重要。ANN 的结构和参数同样需要根据人工提取到的特征和特定的应用而调整。在此，利用小波变换来提取相同测试集样本的频域特征，为了提取到精细的小波特征，采样频率提高至 100kHz。采用 Daubechies db4 小波对信号进行 6 层分解，并将小波能量向量作为 ANN 的输入。经过调试，ANN 结构选定为 6-15-1，ANN 的激活函数为 Sigmoid 函数，学习率为 0.01，迭代次数为 500 次。

通过训练网络，得到测试样本的平均误差为 2.36%，大于基于 SDAE 定位方法的误差（1.22%）。由此可见，采用人为提取特征与机器学习相结合的方式不如通过无监督学习进行特征自提取的定位精度高。原因是基于 ANN 的方法将特征提取与故障定位分离开来，特征相对固定和单一，而本章所提方法将特征提取与非线性拟合相结合，使提取到的特征在训练过程中不断调整，灵活性更强。

3.4　本 章 小 结

本章提出了一种基于自编码器的 VSC-HVDC 故障定位方法，该方法可以建立起时域电流暂态信号和故障距离之间的映射关系。该方法首先通过对无标签数据进行预训练，以提取隐藏在时域信息内具有代表性的特征；之后借助有标签数据对网络进行微调。训练后的网络本质上是行波波形——距离的回归模型。传统故障定位方法往往需要计算波速，从故障信号中人为提取特征，或需要精确的线路参数。而本章方法可以直接面向时域信息，提供了一种端到端的故障距离计算方案，而且不受波速计算带来的定位误差影响。仿真结果表明，基于 SAE 或 SDAE 的定位方法能够承受不同系统参数，以及一定范围的接地电阻和噪声的影响。通过适当增加时间窗的长度或采样频率，可以进一步提高其测距精度。在相同情况下，基于 SAE 或 SDAE 的定位方法比传统单端行波法具有更高的精度和更强的鲁棒性。因此，本章所提出的方法有望为现有的故障定位方法提供新的解决思路。

参 考 文 献

[1]　梁旭明，张平，常勇. 高压直流输电技术现状及发展前景[J]. 电网技术，2012，36（4）：1-9.

[2]　Ooi B，Wang X. Boost-type PWM HVDC transmission system[J]. IEEE Transactions on Power Delivery，1991，6（4）：1557-1563.

[3]　白雪松，袁绍军，王轶，等. 柔性直流输电技术综述[J]. 电气应用，2015，34（21）：78-83.

[4]　Flourentzou N，Agelidis V G，Demetriades G D. VSC-based HVDC power transmission systems：An overview[J]. IEEE Transactions on Power Electronics，2009，24（3）：592-602.

[5]　徐政，肖晃庆，张哲任. 柔性直流输电系统[M]. 北京：机械工业出版社，2017.

[6]　杨林，王宾，董新洲. 高压直流输电线路故障测距研究综述[J]. 电力系统自动化，2018，42（8）：185-191.

[7]　Livani H，Evrenosoglu C Y. A single-ended fault location method for segmented HVDC transmission line[J]. Electric Power Systems Research，2014，107：190-198.

[8]　Wang L，Liu H，Dai V L，et al. Novel method for identifying fault location of mixed lines[J]. Energies，2018，11（6）：1529.

[9]　黄雄，王志华，尹项根，等. 高压输电线路行波测距的行波波速确定方法[J]. 电网技术，2004，（19）：34-37.

[10]　高淑萍，索南加乐，宋国兵，等. 基于分布参数模型的直流输电线路故障测距方法[J]. 中国电机工程学报，2010，30（13）：75-80.

[11]　Jiang W，Chen J，Tang H，et al. A physical probabilistic network model for distribution network topology recognition using smart meter data[J]. IEEE Transactions on Smart Grid，2019，10（6）：6965-6973.

[12]　Livani H，Evrenosoglu C Y. A machine learning and wavelet-based fault location method for hybrid transmission lines[J]. IEEE Transactions on Smart Grid，2014，5（1）：51-59.

[13]　束洪春，田鑫萃，张广斌，等. ±800kV 直流输电线路故障定位的单端电压自然频率方法[J]. 中国电机工程学报，2011，31（25）：104-111.

[14]　Lan S，Chen M，Chen D. A novel HVDC double-terminal non-synchronous fault location method based on convolutional neural network[J].

IEEE Transactions on Power Delivery，2019，34（3）：848-857.

[15]　Ciregan D，Meier U，Schmidhuber J. Multi-column deep neural networks for image classification[C]. 2012 IEEE Conference on Computer Vision and Pattern Recognition，Providence，2012：3642-3649.

[16]　Deng L，Hinton G，Kingsbury B. New types of deep neural network learning for speech recognition and related applications：an overview[C]. 2013 IEEE International Conference on Acoustics，Speech and Signal Processing，Vancouver，2013：8599-8603.

[17]　Bengio Y. Learning deep architectures for AI[J]. Foundations and Trends® in Machine Learning，2009，2（1）：1-127.

[18]　Hinton G E，Salakhutdinov R R. Reducing the dimensionality of data with neural networks[J]. Science，2006，313（5786）：504.

[19]　Wu T，Bajwa W U. Learning the nonlinear geometry of high-dimensional data：Models and algorithms[J]. IEEE Transactions on Signal Processing，2015，63（23）：6229-6244.

[20]　Xia M，Li T，Liu L，et al. Intelligent fault diagnosis approach with unsupervised feature learning by stacked denoising autoencoder[J]. IET Science，Measurement & Technology，2017，11（6）：687-695.

[21]　Dai J，Song H，Sheng G，et al. Cleaning method for status monitoring data of power equipment based on stacked denoising autoencoders[J]. IEEE Access，2017，5：22863-22870.

[22]　Wang L，Zhang Z，Chen J. Short-term electricity price forecasting with stacked denoising autoencoders[J]. IEEE Transactions on Power Systems，2017，32（4）：2673-2681.

[23]　Chang B，Cwikowski O，Barnes M，et al. Point-to-point two-level converter system faults analysis[C]. 7th IET International Conference on Power Electronics，Machines and Drives（PEMD 2014），Bristol，2014：1-6.

第4章 基于脉冲神经膜计算模型的电网故障诊断

随着我国经济飞速发展，各行各业对电力系统依赖程度日益增加，电力系统稳定安全运行已成为关系到国计民生的重要任务。然而当规模日益扩大和高度互联的电网发生故障时，大量故障多源信息会在短时间内涌入调度中心。在这种情况下，调度人员面对大量没有经过任何处理的故障警报信息，要想准确快速地定位故障是十分困难的。因此，电网故障诊断方法研究对及时处理故障，保障电力系统的安全和稳定运行具有重要实际意义。

电网故障诊断是指利用故障发生后所产生的警报信息快速有效地识别故障元件和故障类型等，依据识别结果快速切除故障区域并立即恢复供电。其中，故障元件识别是故障诊断过程中尤为关键的一步。到目前为止，国内外众多学者对电网故障诊断方法开展了广泛的研究并取得了显著成果。这些方法主要包括专家系统[1-5]、优化技术[6,7]、脉冲神经膜系统[8,9]、人工神经网络[10]、Petri 网[11,12]、粗糙集理论[13,14]、贝叶斯理论[15,16]、基于故障录波器信息[17]等方法。其中，脉冲神经膜系统作为膜系统的重要组成部分，能够图形化表示建模过程，具有并行的运算过程，能很好地处理动态性及不确定性问题，因此很适合描述继电保护装置和故障之间的动态离散关系，从而使其非常适合求解电网故障问题。虽然近年来在电力系统故障诊断领域有较好的应用前景，但是整个建模、推理诊断过程以往全是基于手工推导，费时低效且无法推广至大规模的复杂电网进行故障诊断。

脉冲神经膜系统是膜计算与脉冲神经网络相结合的产物，自 2006 年被提出以来就备受关注，目前已有许多相关研究工作。但是目前绝大多数工作仍然集中在计算效率和计算能力方面，关于其实际应用方面还依然很少。因此，在膜计算领域，如何将脉冲神经膜系统用于解决实际问题就成为一个紧迫的任务和重要研究课题。

脉冲神经膜系统不同于细胞型和组织型膜系统采用"符号"对信息进行编码，其采用"时间"对信息进行编码。所以脉冲神经膜系统不仅具有膜系统内在的并行性、不确定性、动态性和非线性等特点，而且具有神经网络的自适应性等特点，适合于求解多种实际问题。目前针对电网故障诊断而言，主要有模糊推理脉冲神经膜系统（Fuzzy Reasoning Spiking Neural P System，FRSNPS）和优化脉冲神经膜系统（Optimization Spiking Neural P System，OSNPS）两类电网故障诊断方法。

本章围绕脉冲神经膜系统及其在电网故障诊断中的应用展开，首先介绍脉冲神经膜系统的基础知识，包括脉冲神经膜系统的定义和模糊推理实数脉冲神经膜系统（Fuzzy Reasoning Spiking Neural P Systems with Real Numbers，rFRSNPS）的定义，其次介绍如何用 rFRSNPS 解决电网故障诊断，最后以实例表明其在电网故障诊断中的可行性和有效性。

4.1 脉冲神经膜计算基础

4.1.1 脉冲神经膜系统模型

定义 4.1 一个度为 m 的脉冲神经膜系统形式化定义为[18]

$$\Pi = (O, \sigma_1, \cdots, \sigma_m, \mathrm{syn}, \mathrm{in}, \mathrm{out}) \tag{4-1}$$

（1）$O = \{a\}$ 表示为一个单字母 a 的集合，a 表示脉冲。

（2）σ_i 是系统 $\varPi$ 的第 i 个神经元，每个神经元均可以采用 $\sigma_i = (n_i, R_i)$，$1 \leqslant i \leqslant m$ 来表示，其中，$n_i \geqslant 0$ 是神经元 σ_i 中所含的脉冲数；R_i 是神经元 σ_i 中的规则集合，分别包含点火规则和遗忘规则两种类型。点火规则的一般形式表示为 $E / a^c \rightarrow a; d$，$E = \{a^n\}$ 表示点火条件，$c \geqslant 1$，$d \geqslant 0$ 均为整数，当神经元中含有 n 个脉冲时，执行点火规则 $E / a^c \rightarrow a; d$，规则执行后消耗自身 c 个脉冲，经过 d 个时间单位后，向与其相连的下一个神经元传递 1 个脉冲；遗忘规则的一般形式表示为 $a^s \rightarrow \lambda$，$s \geqslant 1$，当遗忘规则执行条件满足时，即此时神经元内所含脉冲数刚好为 s 个时，执行 $a^s \rightarrow \lambda$，此过程消耗 s 个脉冲，并不传递任何脉冲。对于任意点火规则，均要求 $a^s \notin L(E)$（即在同一个神经元内，不能同时执行点火规则和遗忘规则）。

（3）$\mathrm{syn} \subseteq \{1, 2, \cdots, m\} \times \{1, 2, \cdots, m\}$，其中对于每个 $1 \leqslant i \leqslant m$ 有 $(i, i) \notin \mathrm{syn}$，表示各个神经元之间有向连接关系；

（4）in 和 out 分别表示 $\varPi$ 中输入、输出神经元的集合。

4.1.2　模糊推理实数脉冲神经膜系统

1. 模糊推理实数脉冲神经膜系统的定义

rFRSNPS 是将模糊理论引入 SNPS 中所形成的一种新型的计算模型，用于处理信息和知识表达不准确等问题。同时，由于 rFRSNPS 具有 SNPS 的直观图形表示，以及并行性运算过程等特点，能很好地模拟离散系统状态的演变过程，而电网故障时的演变过程即是一个离散动态过程，因此非常适合应用于电力系统的故障诊断。其中，rFRSNPS 的定义如下。

定义 4.2　一个度为 m 的 rFRSNPS 的形式化定义为[19]

$$\varPi = (O, \sigma_1, \cdots, \sigma_m, \mathrm{syn}, \mathrm{in}, \mathrm{out}) \tag{4-2}$$

（1）$O = \{a\}$，表示为一个单字母 a 的集合，a 表示一个脉冲。

（2）$\sigma_1, \sigma_2, \cdots, \sigma_m$ 表示为系统 $\varPi$ 中的 m 个命题神经元和规则神经元。命题神经元 σ_i 可表示为 $\sigma_i = (\theta_i, r_i)$，$1 \leqslant i \leqslant m$，规则神经元 σ_i 可表示为 $\sigma_i = (\delta_i, c_i, r_i)$，$1 \leqslant i \leqslant m$，其中：

① θ_i 取值于区间 $[0,1]$ 的实数，表示命题神经元 σ_i 中所含的脉冲值；

② δ_i 取值于区间 $[0,1]$ 的实数，表示规则神经元 σ_i 中所含脉冲值；

③ c_i 取值于区间 $[0,1]$ 的实数，表示规则神经元 σ_i 的模糊产生式规则的确定性因子；

④ r_i 为神经元 σ_i 的点火规则，该规则形式为 $E / a^\alpha \rightarrow a^\beta$，其中 α 和 β 的取值为位于区间 $[0,1]$ 的实数。神经元的点火条件为 $E = \{a^n\}$，表示为当神经元 σ_i 接收的脉冲数总和大于等于 n 时，该神经元才能执行点火规则，否则，不执行该点火规则。

（3）$\mathrm{syn} \subseteq \{1, 2, \cdots, m\} \times \{1, 2, \cdots, m\}$，其中 $i \neq j$，$(i, j) \in \mathrm{syn}, 1 \leqslant i, j \leqslant m$，表示神经元之间有向连接关系。

（4）$\mathrm{in}, \mathrm{out} \subseteq \{1, 2, \cdots, m\}$ 分别表示系统 $\varPi$ 中输入、输出神经元的集合。

另外，rFRSNPS 在 SNPS 的基础上做了如下改进。

（1）rFRSNPS 中各神经元中的脉冲值是取值于区间 $[0,1]$ 的实数，而 SNPS 中各神经元的脉冲值的取值是任意自然数。

（2）rFRSNPS 中每个规则神经元表示一条模糊产生式规则，相应地该条规则的确定性因子 c_i 也是一个位于区间 $[0,1]$ 之间的实数。

（3）rFRSNPS 中每个命题神经元表示模糊产生式规则中的一个命题，相应地该命题的模糊真值 θ_i 采用区间 $[0,1]$ 之间的一个实数表示。

（4）rFRSNPS 中每个神经元仅有一条点火规则，其表示形式为 $E / a^{\alpha} \rightarrow a^{\beta}$，规则执行时，消耗脉冲值为 α 的脉冲并向与其相连接的突触后神经元传递脉冲值为 β 的脉冲。

（5）rFRSNPS 中每条规则的执行不考虑延时问题，即系统中所有的神经元一直处于开放状态。

（6）rFRSNPS 中的神经元可划分为命题神经元和规则神经元两类。其中，rFRSNPS 中的规则神经元又可以分为简单规则神经元、"与"规则神经元和"或"规则神经元。下面分别介绍 rFRSNPS 中的各类神经元。

定义 4.3[20] 命题神经元（Proposition Neurons），如图 4.1（a）所示，其简化模型如图 4.1（b）所示，可用字母 P 表示。命题神经元用以表示模糊知识库中的命题，其一般形式为可表示为 $\sigma_i = (\theta_i, r_i)$，其中，$\theta_i$ 表示该命题神经元所包含脉冲的脉冲值，r_i 为其点火规则，一般形式为 $E / a^{\theta_i} \rightarrow a^{\theta_i}$。若命题神经元 σ_i 为 rFRSNPS 的输入神经元，则该神经元的脉冲值 θ_i 的取值等于其所表示命题的模糊真值；否则，θ_i 的取值等于其所接收到的所有脉冲值进行逻辑"与"操作后的结果。当满足点火规则执行条件时，执行点火消耗该神经元所含的脉冲值 θ_i，并产生一个脉冲值为 θ_i 的脉冲传向与其相连接的突触后神经元。

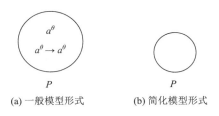

(a) 一般模型形式　　　　　　(b) 简化模型形式

图 4.1　命题神经元模型

定义 4.4[20] 简单规则神经元（General Neurons），如图 4.2（a）所示，其简化模型如图 4.2（b）所示，可用 $R(c, \text{general})$ 表示。当模糊知识库中规则前件仅含有一个命题时，可以使用该规则神经元来表示其模糊产生式规则，一般形式可表示为 $\sigma_i = (\delta_i, c_i, r_i)$，其中，$\delta_i$ 表示该规则神经元的脉冲值，c_i 表示其模糊产生式规则的确定性因子，r_i 为其点火规则，该规则一般形式为 $E / a^{\alpha} \rightarrow a^{\beta}$，$\alpha$ 表示该规则神经元所接收到的脉冲值，当执行点火规则时，原有的脉冲值 α 被消耗，并产生一个脉冲值为 $\beta = \alpha \times c_i$ 的脉冲传向与其相连接的突触后神经元。

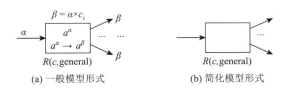

(a) 一般模型形式　　　　　　(b) 简化模型形式

图 4.2　简单规则神经元模型

定义 4.5[20] "与"规则神经元（And Neurons），如图 4.3（a）所示，其简化模型如图 4.3（b）所示，可用 $R(c, \text{and})$ 表示。当模糊知识库中具有"与"类型规则前件时，可以使用该规则神经元来表示其模糊产生式规则，其一般形式可表示为 $\sigma_i = (\delta_i, c_i, r_i)$，其中，$\delta_i$ 表示该规则神经元的脉冲值，c_i 表示其模糊产生式规则的确定性因子，r_i 为其点火规则，该规则一般形式为 $E / a^{\alpha_i} \rightarrow a^{\beta}$，当该规则神经元有 $\alpha_1, \cdots, \alpha_n$ 个"与"类型的规则前件时，通过对这些前件的脉冲值 $\theta_1, \cdots, \theta_n$ 进行逻辑"与"运算从而更新该规则神经元的脉冲值，即 $\alpha_i = \min(\theta_1, \cdots, \theta_n)$。当执行点火规则时，原有的脉冲值 α_i 被消耗，并产生一个脉冲值为 $\beta = \min(\theta_1, \cdots, \theta_n) \times c_i$ 的脉冲传向与其相连接的突触后神经元。

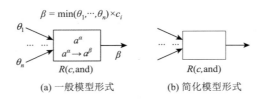

(a) 一般模型形式　　　　　　(b) 简化模型形式

图 4.3　"与"规则神经元模型

定义 4.6[20]　"或"规则神经元（Or Neurons），如图 4.4（a）所示，其简化模型如图 4.4（b）所示，可用 $R(c,\text{or})$ 表示。当模糊知识库中具有"或"类型规则前件时，可以使用该规则神经元来表示其模糊产生式规则，其一般形式可表示为 $\sigma_i = (\delta_i, c_i, r_i)$，其中，$\delta_i$ 表示该规则神经元的脉冲值，c_i 表示其模糊产生式规则的确定性因子，r_i 为其点火规则，该规则一般形式为 $E / a^{\alpha_i} \rightarrow a^\beta$，当该规则神经元有 $\alpha_1, \cdots, \alpha_n$ 个"或"类型的规则前件时，通过对这些前件的脉冲值 $\theta_1, \cdots, \theta_n$ 进行逻辑"或"运算从而更新该规则神经元的脉冲值，即 $\alpha_i = \max(\theta_1, \cdots, \theta_n)$。当执行点火规则时，原有的脉冲值 α_i 被消耗，并产生一个脉冲值为 $\beta = \max(\theta_1, \cdots, \theta_n) \times c_i$ 的脉冲传向与其相连接的突触后神经元。

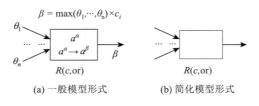

(a) 一般模型形式　　　　　　(b) 简化模型形式

图 4.4　"或"规则神经元模型

2. 含模糊产生式规则的模糊推理实数脉冲神经膜系统表示

模糊产生式规则采用语言描述可以表述为："如果满足这个条件，就应该采取某些操作"。因此，它的基本形式可表示为 IF P THEN Q，其中，P 是产生式规则的前项，称为前件模糊命题，若包含多个前项条件，各前件模糊命题之间的关系可以通过逻辑连接词 and 或 or 来进行组合表述；Q 是产生式规则的后项，通常用以表示结论或操作，称为后件模糊命题。依据 rFRSNPS 规则神经元的不同，可得到以下三种类型的模糊产生式规则，具体表述如下。

（1）简单规则 R_i（$CF = c_i$）：IF $p_j(\theta_j)$ THEN $p_k(\theta_k)$，其中 p_j 和 p_k 均表示命题神经元，c_i 为规则 R_i 的确定性因子。

（2）"与"规则 R_i（$CF = c_i$）：IF $p_1(\theta_1)$ and $\cdots$ and $p_{k-1}(\theta_{k-1})$ THEN $p_k(\theta_k)$，其中 $p_1, \cdots, p_{k-1}$ 均表示命题神经元，c_i 为规则 R_i 的确定性因子。

（3）"或"规则 R_i（$CF = c_i$）：IF $p_1(\theta_1)$ and $\cdots$ and $p_{k-1}(\theta_{k-1})$ THEN $p_k(\theta_k)$，其中 $p_1, \cdots, p_{k-1}$ 均表示命题神经元，c_i 为规则 R_i 的确定性因子。

采用 rFRSNPS 模型描述如下，其中，以下各模型中的规则神经元表示一条模糊产生式规则，模型中的命题神经元表示规则中的命题；且假设模型在初始状态时，各神经元都满足点火条件，且所含脉冲值等于其表述命题的模糊真值。

简单规则的 rFRSNPS 表示形式 Π_1 如下，其模型表示如图 4.5 所示。

$$\Pi_1 = (O, \sigma_i, \sigma_j, \sigma_k, \text{syn}, \text{in}, \text{out}) \tag{4-3}$$

（1）$O = \{a\}$，表示为字母 a 的集合，a 表示一个脉冲。

（2）σ_i 和 σ_k 为系统 Π_1 中命题神经元，$\sigma_i = (\theta_i, r_i)$，$\sigma_k = (\theta_k, r_k)$，分别对应命题 p_i 和 p_k，σ_i 的点火规则形式为 $E / a^\theta \rightarrow a^\theta$。

（3）σ_j 为系统 Π_1 中简单规则神经元，$\sigma_i = (\delta_i, c_i, r_i)$，点火规则形式为 $E / a^\alpha \to a^\beta$，其中 $\beta = \alpha \times c_i$。

（4）$\text{syn} \subseteq \{(j, i), (i, k)\}$。

（5）$\text{in} = \{\sigma_i\}$，$\text{out} = \{\sigma_k\}$。

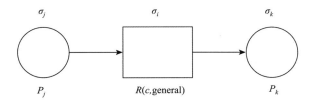

图 4.5　简单规则的 rFRSNPS 模型

"与"规则的 rFRSNPS 表示形式 Π_2 如下，其模型表示如图 4.6 所示。

$$\Pi_2 = (O, \sigma_1, \cdots, \sigma_{k+1}, \text{syn}, \text{in}, \text{out}) \tag{4-4}$$

（1）$O = \{a\}$，表示为字母 a 的集合，a 表示一个脉冲。

（2）$\sigma_1, \cdots, \sigma_k$ 为系统 Π_2 中命题神经元，$\sigma_i = (\theta_i, r_i), 1 \leqslant i \leqslant k$，点火规则为 $E / a^{\theta_i} \to a^{\theta_i}$。

（3）σ_{k+1} 为系统 Π_1 中"与"规则神经元，$\sigma_{k+1} = (\delta_{k+1}, c_{k+1}, r_{k+1})$，点火规则形式为 $E / a^{\alpha_{k+1}} \to a^\beta$，其中 $\beta = \alpha_{k+1} \times c_{k+1} = \min(\theta_1, \cdots, \theta_k) \times c_{k+1}$。

（4）$\text{syn} \subseteq \{(1, k+1), (2, k+1), \cdots, (k-1, k+1), (k+1, k)\}$。

（5）$\text{in} = \{\sigma_1, \sigma_2, ..., \sigma_{k-1}\}$，$\text{out} = \{\sigma_k\}$。

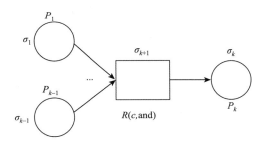

图 4.6　"与"规则的 rFRSNPS 模型

"或"规则的 rFRSNPS 表示形式 Π_3 如下，其模型表示如图 4.7 所示。

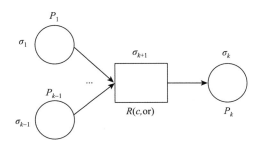

图 4.7　"或"规则的 rFRSNPS 模型

$$\Pi_3 = (O, \sigma_1, \cdots, \sigma_{k+1}, \text{syn}, \text{in}, \text{out}) \tag{4-5}$$

（1） $O = \{a\}$ ，表示为字母 a 的集合， a 表示一个脉冲。

（2） $\sigma_1, \cdots, \sigma_k$ 为系统 $\prod_2$ 中命题神经元， $\sigma_i = (\theta_i, r_i), 1 \leqslant i \leqslant k$ ，点火规则为 $E / a^{\theta_i} \rightarrow a^{\theta_i}$ 。

（3） σ_{k+1} 为系统 $\prod_1$ 中"或"规则神经元， $\sigma_{k+1} = (\delta_{k+1}, c_{k+1}, r_{k+1})$ ，点火规则形式为 $E / a^{\alpha_{k+1}} \rightarrow a^{\beta}$ ，其中 $\beta = \alpha_{k+1} \times c_{k+1} = \max(\theta_1, \cdots, \theta_k) \times c_{k+1}$ 。

（4） $\text{syn} \subseteq \{(1, k+1), (2, k+1), \cdots, (k-1, k+1), (k+1, k)\}$ 。

（5） $\text{in} = \{\sigma_1, \sigma_2, \ldots, \sigma_{k-1}\}$ ， $\text{out} = \{\sigma_k\}$ 。

4.2　脉冲神经膜系统电网故障诊断

4.2.1　基于脉冲神经膜系统的电网故障诊断框架

基于脉冲神经膜系统的电网故障诊断方法属于基于模型的故障诊断方法。基于脉冲神经膜系统故障诊断框架如图 4.8 所示。

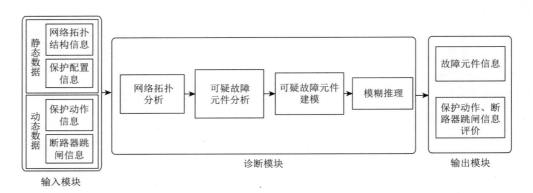

图 4.8　脉冲神经膜系统故障诊断框架

其主要包含输入模块、诊断模块和输出模块三大部分。

（1）输入模块：其包含静态数据和动态数据两类，静态数据包含待诊断电网的网络拓扑连接信息和各元件节点的模型数据，以及各元件节点所配置的保护数据。动态数据是发生故障后的保护动作报告和断路器跳闸信息。

（2）诊断模块：诊断模块包括网络拓扑分析、可疑故障元件分析、可疑故障元件建模以及模糊推理。

（3）输出模块：输出模块分别输出已经诊断出为故障状态的故障元件信息、故障可信度值以及保护和断路器动作评价的结果，从而实现整个诊断过程的自动化完成。

4.2.2　网络拓扑分析

当电力系统输电网络发生故障时，先根据从 SCADA 系统得到的信息对断路器节点的开合状态进行标记，然后采用网络拓扑结构分析方法即可找出可疑的故障元件。具体的网络拓扑结构分析方法流程[21]如下。

（1）建立集合 M ， M 中存放所有元件和开关编号。

（2）建立子集合 N ，从集合 M 中任取一个元件放入子集合 N ，找出与该元件相连接的所有闭合断路器。若所连接的断路器已跳闸断开，则执行步骤（5）。

（3）在步骤（2）的基础上分别搜索出与闭合断路器相连的元件设备，并将搜索到的元件设备加入子集合 N 中。

（4）继续搜索与步骤（3）得到的元件相连接的闭合断路器（步骤（3）已用到的断路器除外）。如果有闭合断路器，则转至步骤（3）。

（5）将已经加入到子网集合 N 中的元件从集合 M 中去除，若 M 集合非空，则转至步骤（2）。

（6）列出所有子网集合 N，从中找出不包含编号为 105 的元件子网，即无源子网，然后对照元件编号，获得疑似故障元件集合结束。

4.2.3　可疑故障元件分析

由网络拓扑分析得到无源子网之后，就可对无源子网中的元件分别建立其 rFRSNPS 诊断模型进行推理诊断。但由于电网系统庞大且复杂，且元件故障具有局部性，为了提高诊断方法的效率和准确度，在建立元件的 rFRSNPS 诊断模型之前，将元件故障时动作的断路器和保护从整个电网中隔离而关联起来，从而提出可疑故障元件逻辑连接图的概念。

在可疑故障元件逻辑连接图中，我们采用节点标识前面章节所定义的元件设备和开关设备，而元件设备之间或元件与开关设备之间的连接关系采用逻辑连接图中各节点之间的边来表示。由于元件所配置的保护具有方向性，且与其出线方向有关，故采用有向边来提供一维方向信息。因此，可以通过以下基本思路来生成其逻辑连接图，首先，以故障元件设备作为图的起点，按照广度优先搜索算法，向其外围系统进行搜索，然后通过检索每一个元件节点模型的动态的关联保护属性及每个保护配置的保护元件属性来确定是否将该元件或开关设备添加到逻辑连接图之中，直到确定每个出线方向的搜索树枝为止。每条路径搜索终止条件设定如下。

（1）搜索路径上与可疑故障关联保护搜索完毕，则搜索正常结束。搜索路径上如果由于正常的操作（如刀闸操作等）与外围设备断开，则此方向的路径搜索正常结束。

（2）搜索路径上如果出现搜索方向与规定的正方向相反，则搜索正常结束。

（3）可疑故障元件逻辑连接图描述的是可疑故障元件与其关联保护在电网中的拓扑关联范围，称为保护-故障关联域。下面将举例说明可疑故障元件逻辑连接图的生成方法。

图 4.9 所示为局部电网拓扑图，通过网络拓扑分析得到可疑故障元件为 B_3，则母线 B_3 分别从以下三条路径 $B_3 \rightarrow CB_5 \rightarrow L_3 \rightarrow CB_2$，$B_3 \rightarrow CB_6 \rightarrow L_4 \rightarrow CB_7$，$B_3 \rightarrow CB_9 \rightarrow L_5 \rightarrow CB_{10}$ 形成图 4.10 所示的可疑故障元件逻辑连接图，同时由元件的保护与关联断路器之间的相互配合，使得故障元件与正常运行电网隔离开来。

4.2.4　可疑故障元件模糊推理实数脉冲神经膜系统建模

1. 母线的模糊推理实数脉冲神经膜系统诊断模型

以母线 B_3 为例，它与线路 L_3、L_4、L_5 相连接，故有 L_3、L_4、L_5 三个出线方向，因此母线 B_3 的 rFRSNPS 诊断模型具有三个分支，当 B_3 母线发生故障时，其主保护 B_{3m} 动作，致使三个出线方向的断路器 CB_5，CB_6，CB_9 动作跳闸，对于线路 L_3 出线方向，若 CB_5 发生拒动，则继电保护装置启动远后备保护，最终由 L_3 线路上的远后备保护动作，致使断路器 CB_2 动作跳闸，使其与正常电网隔离开来。同理，对于线路 L_4 出线方向，若 CB_6 发生拒动，则继电保护装置启动远后备保护，最终由 L_4 线路上的远后备保护动作，致使断路器 CB_7 动作跳闸，使其与正常电网隔离开来。对于 L_5 出线方向，母线主保护动作致使其关联的断路器 CB_9 跳闸，如若 CB_9 发生拒动，则会导致故障沿着 L_5 出线方向

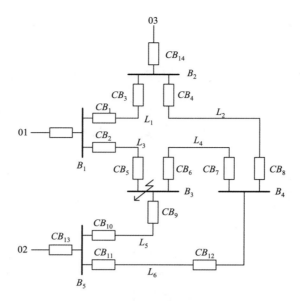

图 4.9　局部电网拓扑图

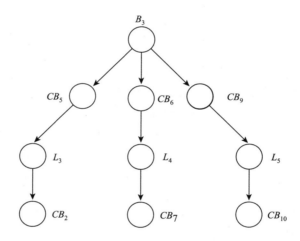

图 4.10　母线 B_3 的逻辑连接图

蔓延，最终由 L_5 线路的远后备保护动作致使 CB_{10} 动作跳闸，使其与正常电网隔离开来。因此，母线 B_3 的三个出线方向的分支其对应的模糊产生式规则如下。

　　R_1：IF（B_{3m} 动作 and CB_5 跳闸）or（L_{3Ss} 动作 and CB_2 跳闸）THEN B_3 故障（CF=c_i）。

　　R_2：IF（B_{3m} 动作 and CB_6 跳闸）or（L_{4Ss} 动作 and CB_7 跳闸）THEN B_3 故障（CF=c_i）。

　　R_3：IF（B_{3m} 动作 and CB_9 跳闸）or（L_{5Ss} 动作 and CB_{10} 跳闸）THEN B_3 故障（CF=c_i）。

　　根据上述的模糊产生式规则，建立的母线 B_3 诊断模型如图 4.11 所示。

　　母线诊断模型所对应的 rFRSNPS 为

$$\Pi = （O, \sigma_{p1}, \cdots, \sigma_{p22}, \sigma_{r1}, \cdots, \sigma_{r10}, \mathrm{syn}, \mathrm{in}, \mathrm{out}）\tag{4-6}$$

　　（1）$O = \{a\}$，表示为一个单字母 a 的集合，a 表示一个脉冲。

　　（2）$\sigma_{p1}, \sigma_{p2}, \cdots, \sigma_{p22}$ 表示为系统 Π 中的命题神经元，其脉冲值取值等于所表示命题的模糊真值 $\theta_1, \theta_2, \cdots, \theta_{22}$。

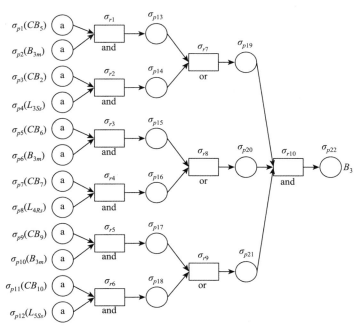

图 4.11　B_3 线路 rFRSNPS 诊断模型

（3）$\sigma_{r1}, \sigma_{r2}, \cdots, \sigma_{r10}$ 表示为系统 Π 中的规则神经元，其中，$\sigma_{r1}, \cdots, \sigma_{r6}$ 以及 σ_{r10} 为 "与" 规则神经元，σ_{r7}，σ_{r8}，σ_{r9} 为 "或" 规则神经元。

（4）$\text{syn} \subseteq \{1, 2, \cdots, 22\} \times \{1, 2, \cdots, 10\}$ 表示命题神经元与规则神经元之间的连接关系；

（5）$\text{in} = \{\sigma_{p1}, \cdots, \sigma_{p12}\}$，$\text{out} = \{\sigma_{p22}\}$。

2. 线路的模糊推理实数脉冲神经膜系统诊断模型

以线路 L_4 为例，当线路 L_4 发生故障时，对于 L_4 送端（S 端），主保护 L_{4Sm} 动作，使其关联的断路器 CB_6 动作跳闸。如若 S 端主保护未动作，继电保护装置启动近后备保护，保护 L_{4Sp} 动作，致使断路器 CB_6 动作跳闸切断故障。如若断路器 CB_6 发生拒动而未动作，继电保护装置继而启动远后备保护，阻止故障继续向其相邻线路 L_3 及 L_5 蔓延，保护 L_{3Ss} 及 L_{5Rs} 启动，致使断路器 CB_2 和 CB_{10} 动作跳闸，从而切断故障线路和正常电网之间的连接关系。同理，对于 L_4 受端（R 端），主保护 L_{4Rm} 动作，使其关联的断路器 CB_7 动作跳闸。如若 R 端主保护未动作，继电保护装置启动近后备保护，保护 L_{4Sp} 动作，致使断路器 CB_7 动作跳闸。如若断路器 CB_7 发生拒动而未动作，继电保护装置继而启动远后备保护，阻止故障继续向其相邻线路 L_6 及 L_2 蔓延，保护 L_{6Rs} 及 L_{2Ss} 启动，致使断路器 CB_{11} 和 CB_4 动作跳闸，从而切断故障线路和正常电网之间的连接关系。在本章中，对于线路两端所有远后备保护及其断路器分别采用一个命题神经元表示，若存在多个远后备保护，则在命题神经元可信度前乘上一个因子 μ，对于线路两端（S 端和 R 端）分别有

$$\mu_1 = \frac{S \text{端已动作的保护（断路器）数}}{S \text{端所有的保护（断路器）数}} \tag{4-7}$$

$$\mu_2 = \frac{R \text{端已动作的保护（断路器）数}}{R \text{端所有的保护（断路器）数}} \tag{4-8}$$

因此，对于线路 L_4 的模糊产生式规则如下，分别与两个出线方向的分支相对应。

R_1：IF（L_{4Sm} 动作 and CB_6 跳闸）or（L_{4Sp} 动作 and CB_6 跳闸）or（远后备保护动作 and 关联断路器跳闸）THEN L_4 故障（CF=c_i）。

R_2：IF（L_{4Rm} 动作 and CB_7 跳闸）or（L_{4Rp} 动作 and CB_7 跳闸）or（远后备保护动作 and 关联断路器跳闸）THEN L_4 故障（CF=c_i）。

根据上述的模糊产生式规则，建立的线路 L_4 诊断模型如图 4.12 所示，母线诊断模型所对应的 rFRSNPS 为

$$\Pi = (O, \sigma_{p1}, \cdots, \sigma_{p21}, \sigma_{r1}, \cdots, \sigma_{r9}, \text{syn}, \text{in}, \text{out}) \tag{4-9}$$

（1）$O = \{a\}$，表示为一个单字母 a 的集合，a 表示一个脉冲。

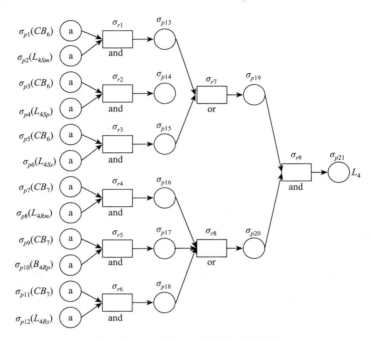

图 4.12　L_4 线路 rFRSNPS 诊断模型

（2）$\sigma_{p1}, \sigma_{p2}, \cdots, \sigma_{p21}$ 表示为系统 Π 中的命题神经元，其脉冲值取值等于所表示命题的模糊真值 $\theta_1, \theta_2, \cdots, \theta_{21}$。

（3）$\sigma_{r1}, \sigma_{r2}, \cdots, \sigma_{r9}$ 表示为系统 Π 中的规则神经元，其中，$\sigma_{r1}, \cdots, \sigma_{r6}$ 以及 σ_{r9} 为 "与" 规则神经元，σ_{r7}，σ_{r8} 为 "或" 规则神经元。

（4）$\text{syn} \subseteq \{1, 2, \cdots, 21\} \times \{1, 2, \cdots, 9\}$ 表示命题神经元与规则神经元之间的连接关系。

（5）$\text{in} = \{\sigma_{p1}, \cdots, \sigma_{p12}\}$，$\text{out} = \{\sigma_{p21}\}$。

4.2.5　模糊推理

通过 4.2.4 节的方法自动获取了 rFRSNPS 中输入命题神经元所表示命题的模糊真值以及各规则神经元的确定性因子后，本节将介绍具体的推理诊断过程，通过执行模糊推理算法即能获取输出命题神经元的脉冲值，依据模糊真值，从而得到可疑故障元件的故障可信度。具体的算法步骤[22] 如下。

（1）设定诊断模型初始状态。由获取的故障信息分别初始化命题神经元模糊真值向量 $\theta_g = (\theta_{1g}, \theta_{2g}, \cdots, \theta_{sg})$ 和规则神经元模糊真值向量 $\delta_g = (\delta_{1g}, \delta_{2g}, \cdots, \delta_{tg})$，其中，字母 s 表示命题神经元的数目，字母 t 表示规则神经元的数目，令推理步骤 $g = 0$，设定推理算法终止条件 $0_1 = \{0, \cdots, 0\}_t^\text{T}$。

（2）令推理步骤数增加 1，$g = g + 1$。

（3）同时对每个命题神经元执行点火规则，若满足点火条件且存在突触后神经元，那么该神经元点火并向其所有突触后规则神经元各传递一个脉冲，各规则神经元的脉冲向量则依据式（4-10）进行更新：

$$\delta_g = \left(D_1^{\mathrm{T}} \otimes \theta_g \right) + \left(D_2^{\mathrm{T}} \oplus \theta_g \right) + \left(D_3^{\mathrm{T}} * \theta_g \right) \tag{4-10}$$

（4）如果 $\delta_g = 0_1$，那么推理算法停止执行并输出推理结果；否则，规则神经元执行点火规则，并向其所有突触后命题神经元各传递一个脉冲，各命题神经元的脉冲向量则依据式（4-11）进行更新：

$$\theta_g = E^{\mathrm{T}} * \left(C \otimes \delta_g \right) \tag{4-11}$$

各推理算法中所涉及的向量和矩阵含义描述如下。

（1）$\theta = (\theta_1, \theta_2, \cdots, \theta_s)^{\mathrm{T}}$ 向量表示 s 个命题神经元的脉冲值，其中 $\theta_i (1 \leqslant i \leqslant s)$ 代表第 i 个命题神经元脉冲值，为一个位于区间 $[0,1]$ 之间的实数，当 $\theta_i = 0$ 时，表示脉冲积累。

（2）$\delta = (\delta_1, \delta_2, \cdots, \delta_t)^{\mathrm{T}}$ 向量表示 t 个规则神经元的脉冲值，其中 $\delta_j (1 \leqslant j \leqslant t)$ 代表第 j 个命题神经元脉冲值，为一个位于区间 $[0,1]$ 之间的实数，当 $\delta_j = 0$ 时，表示该神经元内部没有脉冲。

（3）$C = \mathrm{diag}(c_1, \cdots, c_t)$ 为一个 $t \times t$ 对角矩阵，由各规则的确定性因子构成，其中元素 $c_j (1 \leqslant j \leqslant t)$ 为第 j 条模糊产生式规则的确定性因子，为一个位于区间 $[0,1]$ 之间的实数。

（4）$D_1 = (d_{ij})_{s \times t}$ 为一个 $s \times t$ 矩阵，表示命题神经元与简单规则神经元之间有的向连接关系，其中，元素 $d_{ij} = 1$ 表示命题神经元 σ_i 与简单规则神经元 σ_j 之间存在有向连接关系，元素 $d_{ij} = 0$ 表示两者无连接关系；。

（5）$D_2 = (d_{ij})_{s \times t}$ 为一个 $s \times t$ 矩阵，表示命题神经元与"与"规则神经元之间的有向连接关系，其中，元素 $d_{ij} = 1$ 表示命题神经元 σ_i 与"与"规则神经元 σ_j 之间存在有向连接关系，元素 $d_{ij} = 0$ 表示两者无连接关系。

（6）$D_3 = (d_{ij})_{s \times t}$ 为一个 $s \times t$ 矩阵，表示命题神经元与"或"规则神经元之间的有向连接关系，其中，元素 $d_{ij} = 1$ 表示命题神经元 σ_i 与"或"规则神经元 σ_j 之间存在有向连接关系，元素 $d_{ij} = 0$ 表示两者无连接关系。

（7）$E = (e_{ji})_{t \times s}$ 为一个 $t \times s$ 矩阵，表示规则神经元与命题神经元之间的有向连接关系，其中，元素 $e_{ji} = 1$ 表示规则神经元 σ_j 与命题神经元 σ_i 之间存在有向连接关系，元素 $e_{ji} = 0$ 表示两者无连接关系。

其次，本章推理算法中各乘法算子的含义如下：

（1）$\otimes : D^{\mathrm{T}} \otimes \theta = \left(\bar{d}_1, \bar{d}_2, \cdots, \bar{d}_t \right)^{\mathrm{T}}$，其中 $\bar{d}_j = d_{1j} \times \theta_1 + d_{2j} \times \theta_2 + \cdots + d_{sj} \times \theta_s$，$j = 1, 2, \cdots, t$；

（2）$\oplus : D^{\mathrm{T}} \oplus \theta = \left(\bar{d}_1, \bar{d}_2, \cdots, \bar{d}_t \right)^{\mathrm{T}}$，其中 $\bar{d}_j = \min \left\{ d_{1j} \times \theta_1, \cdots, d_{sj} \times \theta_s \right\}$，$j = 1, 2, \cdots, t$；

（3）$* : E^{\mathrm{T}} * \theta = \left(\bar{e}_1, \bar{e}_2, \cdots, \bar{e}_s \right)^{\mathrm{T}}$，其中 $\bar{e}_i = \max \left\{ e_{1i} \times \delta_1, \cdots, e_{ti} \times \delta_t \right\}$，$i = 1, 2, \cdots, s$。

若给出 rFRSNPS 中输入命题神经元所表示命题的模糊真值，以及各规则神经元的确定性因子值，通过矩阵运算即可得到诊断模型中输出神经元所表示的命题的模糊真值，依据模糊真值最终就可以确定元件是否发生故障。

4.2.6　电网故障诊断案例分析

以图 4.13 所示的 IEEE14 节点电力系统网络模型为研究对象，进行阐述其实现过程。该模型包含了 $B_{01} \sim B_{14}$ 共 14 条母线，$L_{0102} \sim L_{1314}$ 共 20 条输电线路和 $CB_{0102} \sim CB_{1413}$ 共 33 个断路器。同时，母线元件和输电线路元件共配置了 74 个保护，其中：母线元件主保护设置为 $B_{01m},\cdots,B_{14m}$；线路元件主保护设置为 L_{XSm}，L_{XRm}；线路元件近后备保护设置为 L_{XSp}，L_{XRp}；线路元件远后备保护设置为 L_{XSs}，L_{XRs}[22]（其中，X 表示线路元件的具体标号，S 和 R 分别表示线路送端和线路受端，m、p 和 s 分别表示线路的主保护、近后备保护和远后备保护）。

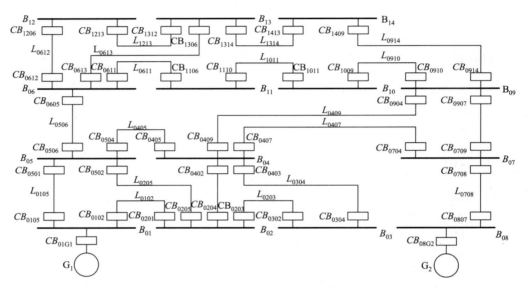

图 4.13　IEEE14 节点电力系统网络模型

案例：母线主保护 B_{13m} 动作，断路器 CB_{1306}、CB_{1312}、CB_{1314} 动作跳闸[22]。具体实现过程如下。

（1）首先输入故障信息，在界面的右边分别键入保护的动作信息和断路器跳闸信息。故障信息录入完成后点击"开始诊断"按钮，将按照以下步骤逐步确定故障元件。

（2）调用网络拓扑结构分析算法，得到无源子网区域 {10113}，此时，只含有一个可疑故障元件，并将可疑故障元件的信息显示在诊断主界面。

（3）如果所得到的无源子网只含有一个可疑故障元件，则以该元件作为起点，调用可疑故障元件分析算法，形成该元件的逻辑连接图。若无源子网中含有多个可疑故障元件，则依次调用此子系统的算法程序分别形成各自的逻辑连接图，由此可得到该案例的可疑故障元件逻辑连接图如图 4.14 所示。

（4）调用可疑故障元件 rFRSNPS 建模子系统的算法程序，将步骤（2）中的可疑故障元件逻辑连接图转化为其 rFRSNPS 故障诊断模型，如图 4.15 所示。逻辑连接图中各开关节点和关联的保护通过查询数据库中其节点模型属性，设定该 rFRSNPS 诊断模型中各个命题神经元和规则神经元的初值。

调用模糊推理算法，通过执行以下简单的矩阵运算，最终得到输出命题神经元的模糊真值，从而得到其所表示命题的置信度，即可最终确定故障元件。

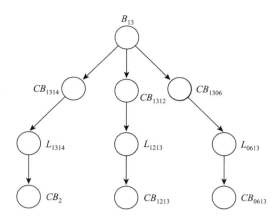

图 4.14　母线 B_{13} 逻辑连接图

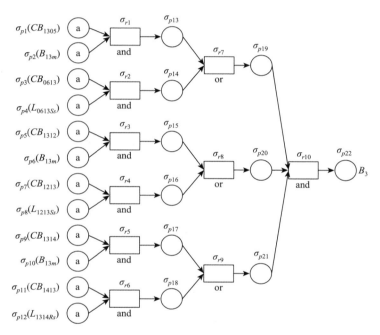

图 4.15　母线 B_{13} rFRSNPS 诊断模型

其推理过程如下。

（1）$g=0$，由各神经元中所包含的脉冲值，设 $\delta_0=(0,0,0,0,0,0,0,0,0,0)$，$\theta_0=(0.9833,0.8564,0.2,$ $0.2,0.9833,0.8564,0.2,0.2,0.9833,0.8564,0.2,0.2,0,\cdots,0)$。

（2）$g=1$，神经元包含的脉冲值得 $\delta_1=(0.8564,0.2,0.8564,0.2,0.8564,0.2,0,0,0,0)$　$\theta_1=(0,\cdots,0,$ $0.8136,0.19,0.8136,0.19,0.8136,0.19,0,0,0,0)$。

（3）$g=2$，神经元包含的脉冲值得 $\delta_2=(0,0,0,0,0,0,0.8136,0.8136,0.8136,0)$　$\theta_2=(0,\cdots,0,0.7729,$ $0.7729,0.7729)$。

（4）$g=3$ 时，$\theta_3=(0,\cdots,0,0.7343)$，$\delta_3=(0,0,0,0,0,0,0,0,0,0,0.7729)$。

（5）$g=4$ 时，$\delta_4=(0,0,0,0,0,0,0,0,0,0,0)$，满足结束条件，结束推理并输出结果。

最终可得到母线 B_{13} 的故障置信度为 0.73426，依据判定规则，母线 B_{13} 即为故障元件。诊断结果最终以图形用户界面的形式显示，如图 4.16 所示。

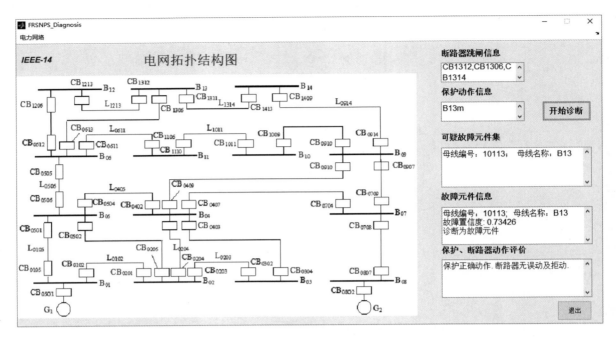

图 4.16　故障诊断界面图

4.3　本章小结

本章介绍了脉冲神经膜系统的电网故障诊断。脉冲神经膜系统结合了神经网络和膜计算的优点，可有效解决电网故障问题。本章首先介绍了脉冲神经膜系统的定义和模糊推理实数脉冲神经膜系统，其次介绍了应用模糊推理实数脉冲神经膜系统来解决电网故障诊断问题的基本流程，最后将模糊推理实数脉冲神经膜系统用于解决电网故障诊断问题。

脉冲神经膜系统在电网故障诊断中的应用是将脉冲神经膜系统用来解决实际问题的一个典型案例。在此方向上，进一步研究方向是模型、算法及应用的拓展。可发展针对电网故障分类和故障类型识别的具有学习能力的脉冲神经膜系统。同时也可将脉冲神经膜系统推广到其他更多领域当中，如机械故障诊断、城市轨道交通故障诊断等。

参 考 文 献

[1] 韩祯祥，文福拴. 电力系统中专家系统的应用综述[J]. 电力系统自动化，1993，17（03）：51-56.

[2] 赵磊磊. 基于专家系统的船舶电力系统故障诊断研究[J]. 舰船电子工程，2018，38（9）：132-134，146.

[3] Minakawa T，Ichikawa Y，Kunugi M，et al. Development and implementation of a power system fault diagnosis expert system [J]. IEEE Transactions on Power Systems，1995，10（2）：932-940.

[4] Lee H. J，Ahn B. S，Park Y. M. A fault diagnosis expert system for distribution substations [J]. IEEE Transactions on Power Delivery，2000，15（1）：92-97.

[5] Miao H J，Sforna M，Liu C C. A new logic-based alarm analyzer for on-line operational environment [J]. IEEE Transactions on Power Systems，1996，11（3）：1600-1606.

[6] Guo W X，Wen F S，Guo L W，et al. An analytic model for fault diagnosis in power systems considering malfunctions of protective relays and circuit breakers [J]. IEEE Transactions on Power Delivery，2010，25（3）：1393-1401.

[7] Guo W X，Wen F S，Liu Z W，et al. A temporal constraint network based approach for alarm processing in power systems[J]. IEEE Transactions on Power Delivery，2010，25（4）：2435-2447.

[8] Xiong G J，Shi D Y，Zhu L，et al. A new approach to fault diagnosis of power systems using fuzzy reasoning spiking neural p systems[J]. Mathematical Problems in Engineering，2013，2013：1-13.

[9]　Yang H T，Chang W Y，Huang C L. A new neural networks approach to on-line fault section estimation using information of protective relays and circuit breakers[J]. IEEE Transactions on on Power Delivery，1994，9（1）：220-230.

[10]　Sun J，Qin S Y，Song Y H. Fault diagnosis of electric power systems based on fuzzy Petri nets[J]. IEEE Transactions on Power Systems，2004，19（4）：2053-2059.

[11]　Luo X，Kezunovic M. Implementing fuzzy reasoning Petri-nets for fault section estimation[J]. IEEE Transactions on Power Delivery，2008，23（2）：676-685.

[12]　Zhang Z Y，Yuan R X，Yang T Z，et al. Rule extraction for power system fault diagnosis based on the combination of cough sets and niche genetic algorithm[J]. Transactions of China Electrotechnical Society，2009，24（1）：158-163.

[13]　Sun Y M，Liao Z W. Assessment of data mining model based on the different combination rough set with neural network for fault section diagnosis of distribution networks[J]. Automation of Electric Power Systems，2003，27（6）：31-35.

[14]　Wu X，Guo C X，Cao J. A new fault diagnosis approach of power system based on Bayesian network and temporal order information[J]. Proceedings of the CSEE，2005，25（13）：14-16.

[15]　Wu X，Guo C G. Power system fault diagnosis approach based on Bayesian network [J]. Proceedings of CUS-EPSA，2405，17（4）：11-13.

[16]　Du Y，Zhang P C，Yong W Y. A distributed power system fault diagnosis system based on recorded fault data[J]. Protection and Control. Power System Protection and Control，2003，31（1）：26-29.

[17]　He Z F，Zhao D M，Gao S，et al. A power system fault diagnosis method based on recorded fault data [J]. Power System Technology，2002，26（5）：39-43.

[18]　Ionescu M，Păun G H，Yokomori T. Spiking neural P systems [J]. Fundamenta Informaticae，2006，71（2/3）：279-308.

[19]　张葛祥，程吉祥，王涛，等. 膜计算：理论与应用 [M]. 北京：科学出版社，2015.

[20]　Peng H，Wang J，Pérez-Jiménez M J，et al. Fuzzy reasoning spiking neural P system for fault diagnosis[J]. Information Science，2013，235（106）：106-116.

[21]　文福拴，张勇，张岩，等. 电力系统故障诊断与不可观测保护状态识别的解析模型[J]. 华南理工大学学报（自然科学版），2012，40（11）：19-28.

[22]　易康. 基于膜计算的电网故障诊断高效实现方法[D]. 成都：西南交通大学，2019.

第5章　基于深度学习的电力设备图像识别

5.1　引　　言

图像识别是人工智能的一个重要研究领域，它是对图像进行对象识别和定位，以识别各种不同模式的目标和对象的技术。在电力行业中，该技术在输电线路巡检、变电站巡检、设备运行监测等电力专用业务场景下针对电力设备图像中表征的缺陷进行智能识别及故障诊断，包括图像增强与分割、特征提取、识别模型构建等关键技术。目前，基于图像数据的电力设备状态监测方法，主要是通过设备巡检等手段获取设备的海量图像，再将图像数据传输到监控端或分析平台，最后仍需依赖经验丰富的电力工程师进行图像的分析及诊断，从而消耗了大量的人力和时间成本，降低了电力设备状态检测的效率，严重制约了电力设备智能运检水平的提升。随着深度学习在计算机视觉领域的不断发展，基于深度学习的图像识别技术可显著缩短电力设备图像特征识别的时间，并有效提高设备状态检测的准确率和效率。因此，利用深度学习方法实现电力设备海量图像的快速、准确识别，解决电力设备图像数据的智能分析及识别难题，成为当前电力设备视觉检测的研究重点。通常，利用深度学习方法识别电力设备图像的流程如图 5.1 所示，主要包括电力设备图像采集、图像预处理、特征选择和提取、图像分类或目标检测等步骤。

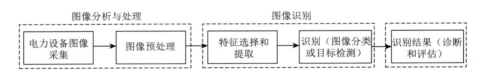

图 5.1　基于深度学习的电力设备图像识别

5.2　电力设备图像分析与处理

对图像分析与处理的主要目的是：去除图像中干扰信息、增强其中有用信息、将原始图像转换成适于存储和处理的格式、为后续识别算法或模型扩充图像数据等，以及为下一步的图像识别做好数据准备。

5.2.1　图像采集

电力设备图像数据主要来自电网中的无人机巡检（图 5.2（a））、巡检机器人（图 5.2（b））、监控摄像（图 5.2（c））及人工拍摄（图 5.2（d））等手段所采集的图像，然后经过数字化采样转换为适合计算机传输的格式传送到服务器端。

5.2.2　图像处理

通常，受电力设备及数据采集设备所处环境等诸多因素的影响，获取的设备图像与原始设备之间会存在一定的差异。例如，采用无人机巡检时，飞行器本身的震动会导致图像拍摄的抖动；当飞行器飞行速度较快时，会造成拍摄图像模糊；在雨、雾、冰、雪、霾等特殊天气状况下，所获得的图像质量也会明显下降。图像质量不佳会增加图像处理过程的无用信息，从而减少有效信息，甚至影响图像的识别结果。因此，在对原始图像进行后续的特征提取和识别前，有必要对图像数据进行预处理，从而改善原始图像质量和增强图像的识别能力。另外，基于深度学习的图像识别方法通常需大量图像数据作为训练模型的支撑，当存在某类设备数据不足情况时，需利用图像分割等技术进行数据扩充，也是一种重要的图像处理方法。常用的电力设备图像处理方法为图像增强和图像分割[1]。

(a)　　　　　　　　　　　　　　　　　　(b)

(c)　　　　　　　　　　　　　　　　　　(d)

图 5.2　电力设备图像采集方式

1. 图像增强

电力设备的图像增强是指有目的地强调设备整体或局部特性，将原来不清晰的设备图像变得清晰或强调设备的某些关键特征，扩大图像中不同设备或部件之间的差别，从而改善图像质量、丰富图像信息量。图像增强不考虑图像的质量下降问题，主要强化图像中的感兴趣区域，因此，增强后的图像更易于识别分析。具体来说，借助图像增强方法可以对图像的亮度、对比度、饱和度和色调等进行优化调节，还可以增强图像清晰度、减少图像的噪点等。图像增强方法按照实现方式的不同可分为空间域增强和频率域增强，常用的图像增强方法如图 5.3 所示。

1）空间域增强

空间域增强是直接对图像的像素进行处理，分为点运算和空域滤波。点运算是一种灰度级变换增强操作，主要包括灰度变换和直方图均衡化，其目的为使图像成像均匀、扩大图像动态范围以及扩展其对比度。空域滤波包括空间域平滑和空间域锐化，它通过滤波器对图像滤波，来去除图像噪声或增强图像细节。

（1）灰度变换。

灰度变换是根据某种目标条件按一定变换关系逐点改变源图像中每一个像素灰度值的方法，它是图像处理技术中最基础的技术之一。通过对图像进行灰度变换：①可以改善图像的质量，使图像能够显示更多的细节，提高图像的对比度；②可以有选择地突出图像感兴趣的特征或者抑制图像中不需要的特征。

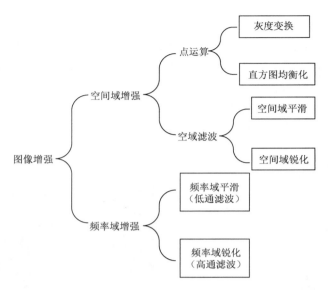

图 5.3　图像增强方法

灰度变换函数描述了输入灰度值和输出灰度值之间的变换关系，它决定了灰度变换所能达到的效果，一旦灰度变换函数确定，其输出的灰度值也就确定。灰度变换函数的通用变换形式为[2]

$$s = T(r) \tag{5-1}$$

其中，T 是灰度变换函数；r 是变换前的像素值；s 是变换后的像素值。用于图像灰度变换的函数主要有三种，如图 5.4 所示（L 为最大灰度）。

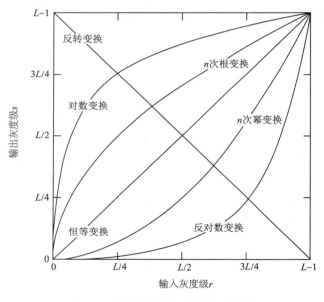

图 5.4　常见灰度变换函数的曲线图

①线性函数，包括反转变换和恒等变换，该变换可得到等效的图片底片，适用于增强嵌入图像暗色区域中的白色或灰色细节。其函数表达式为

$$s = L - 1 - r \tag{5-2}$$

②对数函数，包括对数变换和反对数变换，对数变换可以扩展暗像素值，压缩更高灰度级的值，能够对图像中低灰度细节进行增强，反对数变换作用与此相反。其函数表达为

$$s = C \log(1 + r) \tag{5-3}$$

其中，C 为常数，并假设 $r \geqslant 0$。

③幂律函数（又称伽马变换），包括 n 次幂变换和 n 次根变换，伽马变换可以对漂白（相机曝光过度）的图片或者过暗（曝光不足）的图片进行修正。其函数表达为

$$s = Cr^{\gamma} \tag{5-4}$$

其中，C 和 γ 为正常数。

（2）直方图均衡化。

直方图反映了图像的明暗分布规律，可以通过图像变换进行直方图调整，获得较好的视觉效果。直方图均衡化主要用于增强动态范围偏小的图像反差，其基本思想是把原始的直方图变换为均匀分布的形状，增加像素灰度值的动态范围，从而达到增强图像整体对比度的效果。其变换的函数表达为

$$s_k = T(r_k) = \sum_{i=1}^{k} p_r(r_j) \tag{5-5}$$

其中，$s_k(k = 1, 2, \cdots, L)$ 表示输出图像中的亮度值；$p(r)$ 表示给定图像中灰度级的概率密度函数。

（3）空间域平滑。

一般情况下，图像在获取和传输等过程中，会受到不同程度的噪声干扰，这些图像噪声会使原本均匀和连续变化的图像灰度突然变大或变小，形成一些虚假的物体边缘或轮廓，对图像分析不利。空间域的平滑增强是利用平滑滤波来降低或消除噪声，又不使图像边缘轮廓和线条变模糊。空间域的图像平滑方法主要包括：邻域平均法、空间域低通滤波法、中值滤波法和多图像平均法。

（4）空间域锐化。

图像锐化可以补偿图像的轮廓，增强图像的边缘及灰度跳变的部分，使图像变得清晰。空间域的锐化增强是利用锐化滤波方法将图像的低频部分减弱或去除，保留图像的高频部分，即图像的边缘信息。空间域的图像锐化方法主要包括：一阶微分锐化增强和二阶微分锐化增强。一阶微分变换是利用梯度算子进行图像锐化，常见的梯度算子为 Roberts 交叉梯度算子、Prewitt 梯度算子及 Sobel 梯度算子。二阶微分变换是利用拉普拉斯算子进行图像锐化。

2）频率域增强。

频率域增强是一种间接图像增强算法，它通过对图像进行傅里叶变换，将图像从空间域变换到频域，并对图像的部分频率成分进行剔除（滤波），从而实现图像增强的功能，其实现流程如图 5.5 所示。常见的频率域增强方法为频率域平滑和频率域锐化。

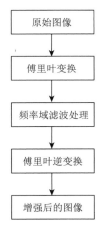

图 5.5　频率域图像增强的基本处理过程

（1）频率域平滑。

由于图像噪声主要集中在高频部分，为去除噪声改善图像质量，利用低通滤波器抑制高频成分，然后进行傅里叶逆变换获得滤波图像，就可达到平滑图像的目的。常用的频率域平滑滤波器有三种：理想低通滤波器、巴特沃思低通滤波器和高斯低通滤波器。

（2）频率域锐化。

频率域锐化是为了消除图像模糊、突出边缘信息。采用高通滤波器增强边缘高频信号，削弱低频成分，再经傅里叶逆变换得到边缘锐化的图像，使模糊的图片变得清晰。常用的频率域锐化滤波器有：理想高通滤波器、巴特沃思滤波器、指数高通滤波器和梯形高通滤波器。

2. 图像分割

在一幅电力设备图像中，我们往往会对图像中的某些关键部分感兴趣，这些部分称为目标或前景，一般对应于图像中特定的、具有独特性质的区域，而其他部分称为背景。为了识别和分析目标，常常需要将与目标有关的区域分离出来。电力设备的图像分割是把图像中的特定设备或部件提取出来，将图像分成若干个特定的、具有独特性质的区域。通常，图像分割是根据灰度、颜色、纹理和形状等特征把图像划分成若干互不交叠的区域，并使这些特征在同一区域内呈现出相似性，而在不同区域间呈现出明显的差异性[3]。在基于深度学习的电力设备图像处理技术中，图像分割可作为一种扩充数据集的手段。下面介绍几种常用的图像分割方法。

（1）基于阈值的分割方法。

阈值分割法是一种广泛应用的分割技术，它根据图像中要提取的目标区域与其背景在灰度特性上的差异，从中选取一个比较合理的阈值将目标区域从背景中分割出来。常用的阈值分割法为灰度阈值分割法，其运算效率较高、计算速度快，广泛应用于重视运算效率的场景中。阈值分割的步骤可以分成三步：①确定阈值；②将阈值和像素比较；③把像素归类（前景或背景）。常用的阈值分割方法有：自适应阈值、全局阈值和最佳阈值。对于给定的图像，可以通过分析直方图的方法确定最适合的阈值方法，例如，当直方图呈现双峰情况时，可以选择两个峰值的中点作为最佳阈值。

（2）基于区域的分割方法。

一幅电力设备图像可能包含有多种设备的类别分布，且不同类别占据图像中某一位置，为了将我们感兴趣的一部分或几部分从一幅图像中区别出来，通常需要把一幅图像按设备的不同类别划分成若干个不同区域，这种方法称为图像的区域分割。图像区域分割的目的是从图像中划分出某个物体的区域，即找出那些对应于物体或物体表面的像元集合。常见的区域分割方法为区域生长法和区域分裂合并法。

（3）基于边缘的分割方法。

边缘分割是一种基于边缘检测的图像分割方法，通过搜索不同区域之间的边界，完成图像的分割。其具体做法是：首先利用合适的边缘检测算子提取待分割场景不同区域的边界，然后对分割边界内的像素进行连通和标注，进而构成分割区域。基于边缘的分割方法包括孤立点检测、线检测以及边缘检测方法。

（4）基于特定理论的分割方法。

图像分割至今尚无通用的自身理论。随着对电力视觉技术的不断研究，提出了融合特定理论的电力图像分割方法。文献[4]将所定义的新的凸能量函数加入主动轮廓模型，从航拍绝缘子图像中分割出纹理不均匀的绝缘子。文献[5]利用 U-Net[6]分割输电线路缺陷绝缘子，扩充绝缘子缺陷数据，为进一步基于深度学习的缺陷定位方法做准备。文献[7]提出一种基于多信息融合的模糊聚类方法来分割电力设备的红外图像。

5.3　电力设备的图像识别技术研究

图像识别主要包括特征提取和识别两部分，其核心在于针对不同的识别目标，如何选择或改进特征提取网络。本节首先介绍常见的卷积神经网络（CNN）方法，再对当前深度学习在电力设备识别方法上的应用进行介绍。

5.3.1　基于卷积神经网络的图像分类与检测研究

图像识别方法主要有传统机器学习和深度学习两种。传统机器学习的特征提取主要依赖人工设置的提取器，需要有专业知识及复杂的调参过程，且泛化能力及鲁棒性较差。深度学习主要是数据驱动进行特征提取，根据大量样本的学习能够得到深层的、数据集特定的特征表示，其对数据集的表达更高效、更准确，所提取的抽象特征鲁棒性更强、泛化能力更好。就具体研究内容而言，深度学习主要包括三类方法：卷积神经网络、自编码神经网络和深度信念网络，其中卷积神经网络在图像识别领域应用最为广泛。

卷积神经网络由输入层、卷积层、池化层、全连接层和激活函数叠加而成，其中卷积层和池化层是特征提取的关键步骤，其他层起到连接和分类作用。网络通过卷积层和池化层的叠加，对图像进行遍历，提取出抽象的高维特征。自 2012 年 AlexNet[8]在视觉领域取得巨大成功后，卷积神经网络广泛应用于各个领域。AlexNet、VGG[9]、GoogleNet 系列[10-13]、残差网络（Residual Network，ResNet）[14]等卷积网络模型以及它们的变体在图像分类领域取得了显著成果，基于深度卷积网络的区域卷积神经网络（Region-Convolutional Neural Network，R-CNN）系列[15-21]、YOLO（You Only Look Once）系列（V1、V2、V3）[22-24]、单步骤多框检测器（Single Shot MultiBox Detector，SSD）[25]等目标检测方法在公共数据集上得到了验证并取得了很好的效果。本节主要从图像分类和目标检测两方面对深度学习进行介绍。

1. 经典卷积神经网络的图像分类模型

现代卷积网络以 LeNet[26]为雏形，在经过 AlexNet 的历史突破之后，演化生成了很多不同的网络模型，下面介绍不同时期具有代表性的主流分类模型。

1）LeNet

LeNet 诞生于 1998 年，是最早的卷积神经网络之一，曾被广泛应用于美国银行支票的数字识别中，其结构如图 5.6 所示。网络模型共有 7 层，包括 2 个卷积层、2 个下采样层和 3 个全连接层。

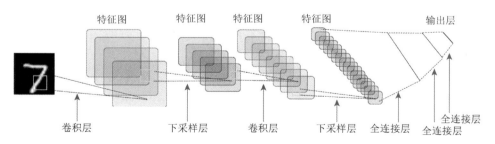

图 5.6　LeNet 网络结构

从卷积层和下采样层来看，第 1 个卷积层通过卷积核（卷积滤波器）提取输入图像的图像边缘、梯度等包含图像细节的低级特征。第 1 个下采样层通过平均池化，将前一层提取到的图像细节信息进行汇合转化为局部信息。第 2 个卷积层对下采样层输出的局部全局信息进行更深层的特征捕捉，将包含局部全局信息的低级特征映射为更抽象的中级形状特征。第 2 个下采样层将前一层提取到的中级形状特征进一步抽象。从全连接层和输出层来看，第 1 个全连接层用来捕捉图像中的高级语义表示；第 2 个全连接层与第 1 个全连接层进行内积运算，并经过尺度化双曲正切函数进行前向传播；第 3 个全连接层与输入节点做内积，并通过 Softmax 函数将输出向量映射为物体概率。

2）AlexNet

AlexNet 是 LeNet 的继承和进化。在 2012 年 ImageNet 比赛中，AlexNet 以超越第二名 10.9 个百分点的优异成绩夺冠，从而引发了卷积神经网络在图像识别领域"井喷"式研究。AlexNet 网络由多伦多大学的 Krizhevsky、Sutskever 和 Hinton 提出，其网络结构如图 5.7 所示。该网络共含 5 层卷积层和 3 层全连接层，最后通过 Softmax 函数进行分类。AlexNet 作为深度卷积神经网络的开拓者，包含了如下创新：首次使用线性整流函数（Rectified Linear Unit，ReLU）作为 CNN 的激活函数，解决了 Sigmoid 的梯度弥散问题；首次使用 Dropout 层，防止过拟合情况发生；在 CNN 中使用重叠的最大池化，提升了特征的丰富性；提出了 LRN 层，增强了模型的泛化能力；最重要的是，AlexNet 首次使用了图形处理器运算训练，显著缩短了深度网络开发研究的周期和降低了时间成本。但是 AlexNet 选用的卷积核过大，导致计算量暴增，不利于模型深度的增加，计算性能也会降低。

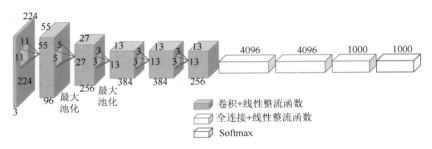

图 5.7　AlexNet 网络结构

3）VGGNet

VGGNet 是牛津大学的视觉几何组（Visual Geometry Group，VGG）在针对网络深度的研究中所提出的网络模型。该网络分别取得了 2014 年 ImageNet 竞赛定位任务的冠军和分类任务的亚军。VGGNet 核心思想是利用较小的卷积核来增加网络深度，进而提升网络性能。网络全部使用 3×3 的卷积核和 2×2 的池化核。由于 VGGNet 具备良好的泛化性能，它在 ImageNet 数据集上的预训练模型被广泛应用于特征提取、物体候选框生成等任务中。但是，VGGNet 在全连接层会产生大量参数，导致更多的内存占用。目前普遍使用的 VGGNet 有两种结构，分别是 VGG16 和 VGG19，其中 VGG16 结构如图 5.8 所示。

4）GoogLeNet 系列

GoogLeNet 是 2014 年 ImageNet 竞赛中的分类冠军模型，由 Google 公司提出。相比于 VGGNet 和 AlexNet，GoogLeNet 系列通过 Inception 机制对图像进行多尺度处理，大幅度减少了网络的参数和计算量，解决了因网络深度增加和参数增加导致的过拟合问题以及计算成本问题，进一步提高了网络的特征提取能力。该系列包括 GoogleNet Inception-V1～V4 的众多网络及变形。其中，经典的 GoogLeNet Inception-V3 网络结构如图 5.9 所示，图中带有罗马数字的方块为 Inception 模块，箭头表示数据流向。

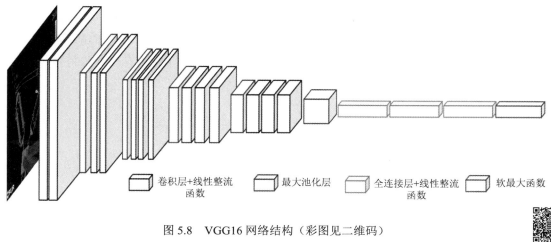

卷积层+线性整流函数　　最大池化层　　全连接层+线性整流函数　　软最大函数

图 5.8　VGG16 网络结构（彩图见二维码）

扫一扫，看彩图

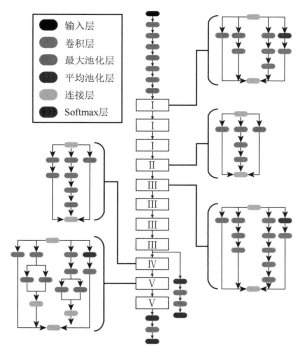

图 5.9　GoogLeNet Inception-V3 网络结构（彩图见二维码）

扫一扫，看彩图

GoogLeNet Inception-V3 网络深度为 47 层，总体由卷积层、池化层和 Inception 模块堆叠而成。其中，Inception 模块的结构如图 5.10 所示，该模块由摄入层、并行处理层和拼接层组成。并行处理层包括四个分支：1×1 卷积分支、1×1-3×3 双卷积串联分支、1×1-5×5 双卷积串联分支以及 3×3-1×1 池化卷积分支。并行处理层接收来自摄入层的输入图像，然后通过拼接层将输出结果按照通道拼接起来。Inception-V3 模块综合了分割、降维以及合并的思想，通过降维增加了网络的深度，同时通过将一个较大的二维卷积拆成两个较小的卷积，加速了网络的前向传播并减轻了过拟合，提高了网络的非线性表达能力，通过分割和合并允许网络在不同的空间尺度上提取图像的局部和全局特征，进一步提高了分类器的性能，实现了在 ImageNet 图像分类比赛中 top-5 错误率仅为 3.35% 的非凡成就。

5）ResNet

ResNet 又称残差网络，由微软研究院的何凯明等提出，在 ImageNet 大规模视觉识别挑战 ILSVRC

2015 比赛中获得了冠军，取得 3.57%的 top-5 错误率。与之前的冠军网络不同，ResNet 引入了跨层连接的思想，构建了残差模块，极快地加速超深神经网络的训练，提升了模型的准确率。其核心组件残差模块如图 5.11 所示，模块有两个卷积层和一个激活函数层组成，x 表示残差模块的输入数据，W 表示残差单元中各层的参数，$f(x_{输入})$ 表示需要学习的残差映射。

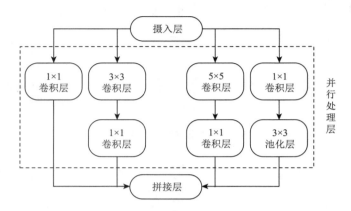

图 5.10　Inception-V3 模块结构

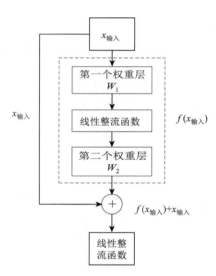

图 5.11　残差模块组成结构

2. 基于卷积神经网络的目标检测模型

在 2014 年 AlexNet 网络大幅提升图像分类准确率后，便有学者尝试将深度学习技术应用到图像目标检测中，并以主流分类模型为骨架，设计出 R-CNN 系列、YOLO 系列、SSD 系列等经典目标检测模型。根据检测思路的不同可以将目标检测方法分为基于候选区域的目标检测方法和基于回归的目标检测方法。

1）基于候选区域的目标检测方法（R-CNN 系列）

R-CNN 是一种两阶段的目标检测框架，它将卷积神经网络应用于目标检测问题上，实现了里程碑式的飞跃。R-CNN 将检测任务分为 3 个步骤：①使用选择搜索算法获取候选区域（约 2000 个），通过图像处理方法对候选区域的图像大小进行归一化处理，并将作为卷积神经网络的标准输入；②利用卷积神经网络对每个候选区域提取固定长度特征；③通过线性支持向量机分类器和边界框回归对目标进行分类和定位。尽管 R-CNN 实现了较高的目标检测性能，但该方法仍存在不少缺陷：①卷积神经网络输出的特征向量占用巨大的硬盘空间；②网络训练方法特别复杂，每个阶段必须单独训练，时间成本较高；③每一个候选区域都需要使用卷积神经网络进行特征提取，导致测试阶段耗时较长。

针对 R-CNN 的检测缺点，空间金字塔池化网络（Spatial Pyramid Pooling-Net，SPP-Net）通过引入空间金字塔池化层，使得检测网络可以输入任意大小的图片，提升了检测速度。快速的区域卷积神经网络（Fast Region-Convolutional Neural Network，Fast R-CNN）通过感兴趣区域池化（Region of Interest-Pooling，ROI-Pooling）层对 SPP-Net 进行了简化，并将分类损失和边框回归损失进行统一学习。更快的区域卷积神经网络（Faster Region-Convolutional Neural Network，Faster R-CNN）在 Fast R-CNN 的基础上使用区域提议网络代替传统的选择性搜索方法生成候选区域，提高了检测速度，实现了端对端的近实时检测，目前已经成为应用最广泛的目标检测算法之一。

然而，Faster R-CNN 仍存在一些不足：①ROI-Pooling 层特征不能共享，测试时间较长，现阶段仍无法达到实时检测要求；②ROI-Pooling 层采用的最近邻插值法量化粗糙，导致定位精度下降。针对 Faster R-CNN 框架检测速度慢的问题，基于区域的全卷积网络（Region-Based Fully Convolutional Networks，R-FCN）框架在卷积层使用了包含目标空间位置信息的位置敏感分布图，提高了检测精度和速度。针对 Faster R-CNN 框架定位精度的问题，掩码区域卷积神经网络（Mask Region-Convolutional Neural Network，Mask R-CNN）框架提出了 ROI-Align 算法，采用双线性插值替代原有的最近邻插值，并在原有检测分支的基础上增加一个掩模分支，能够同时完成目标检测和像素级分割。图 5.12～图 5.16 分别展示了 R-CNN 系列的主流网络结构。

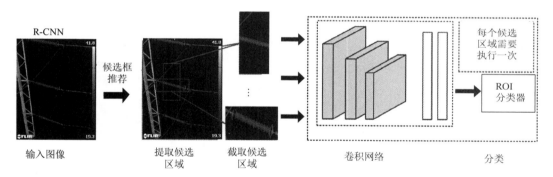

图 5.12　R-CNN 框架网络结构

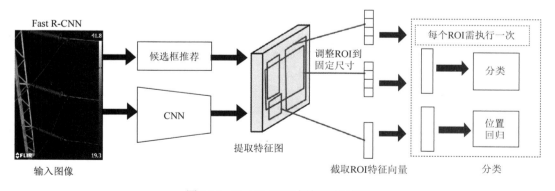

图 5.13　Fast R-CNN 框架网络结构

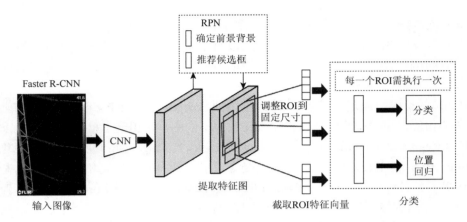

图 5.14　Faster R-CNN 系列网络结构

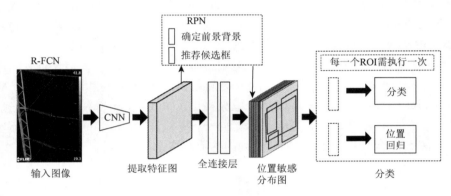

图 5.15　R-FCN 网络结构

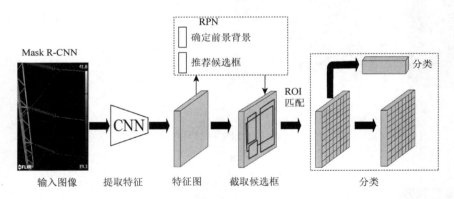

图 5.16　Mask R-CNN 框架网络结构

2）基于回归的目标检测方法

（1）YOLO 系列。

不同于 R-CNN 系列的两阶段检测方式，YOLO 系列将目标检测看成回归问题，从一幅图像中直接预测类别置信度和边界框偏移量，其原始版本 YOLO V1 网络结构如图 5.17 所示。

YOLO V1 将图像直接划分成 $S \times S$ 个方格，每个方格只负责检测中心落在该方格的目标，同时计算目标类别的概率值、边缘框位置和边缘框的置信度。YOLO 仅用一步就实现了所有区域内含有目标类别概率、边界框、置信度的预测，并且其识别速度达到 45 帧/秒，可以满足实时检测的需求。但由于使用的特征提取网络以及网格划分策略过于简单，YOLO V1 也暴露了许多缺点：①无法分辨

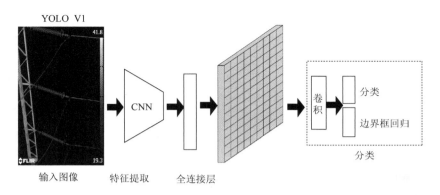

图 5.17　YOLO V1 框架网络结构

多个中心点处于同一网格内的不同类别目标；②对小目标的检测精度较低。针对 YOLO V1 的缺点，YOLO V2 改进了 YOLO V1 的特征提取网络，提出了计算复杂度更小、准确率更高的 Darknet-19 网络。同时引入先验框机制，利用 K-means 聚类方法在训练集中聚类计算出更好的先验框，提高了召回率。除此之外，YOLO V2 还将浅层特征与深层特征相关联，一定程度上提升小尺寸目标的检测性能，其检测速度可达 30 帧/秒。进一步，YOLO V3 在 YOLO V2 提出的 Darknet-19 基础上引入了残差模块并设计了加深后的 Darknet-53 网络，同时 YOLO V3 借鉴了多层特征融合思想，将深层特征图进行上采样，与浅层特征图堆叠在一起进行特征融合，有效提升了小目标的检测精度。然而，YOLO V3 仍然存在位置精确度较差、召回率较低等缺点。

（2）SSD 系列。

针对 YOLO V1 漏检率高的问题，SSD 框架在 YOLO V1 回归思想的基础上，提出了和 Faster R-CNN 中的先验框机制相似的机制。该框架巧妙地利用了特征金字塔网络思想，通过增加多层特征图预测模块来提高多尺度目标的检测能力。SSD 在确保了检测速度的前提下，检测精度较 YOLO V1 有所提高，并且在整体性能上位居通用目标检测方法的前列，其网络结构如图 5.18 所示。

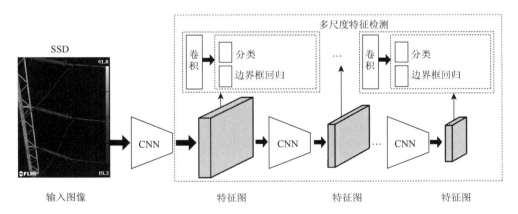

图 5.18　SSD 框架网络结构

3）主流检测方法的性能比较

表 5.1 给出了不同主流检测方法在 PASCAL VOC2007 数据集上的速度和准确性的比较结果[15, 17, 19, 21, 25, 27, 28]。从表 5.1 可以看出：①从 R-CNN 到 Faster R-CNN，目标检测的准确率和速度不断提升；②采用了特征金字塔网络结构的 SSD 在 PASCAL VOC2007 数据集的表现优于没有集成特征金字塔网络的 Faster R-CNN。

表 5.1　不同主流检测方法在 PASCAL VOC2007 数据集上的速度和准确性的比较

方法	骨架网络	FPS	mAP	优点	缺点
R-CNN	AlexNet	0.03	66.0%	首次将 CNN 与候选框推荐方法相结合,较传统方法的性能有了显著改善	特征图不能共享,速度慢、计算量大
Fast R-CNN	VGG16	3	70.0%	定位和分类任务一步完成,较 R-CNN 框架的时间、空间花费更少	选择性搜索算法生成候选框太复杂,检测速度过慢
Faster R-CNN	VGG16	7	73.2%	首次实现了端到端检测,使用 RPN 生成候选区域,在同时期的目标检测框架中速度最快、精度最高	检测流程较复杂,检测速度不能满足实时性要求
	ResNet101	9.4	76.4%		
R-FCN	ResNet101	6	80.5%	定位精度较 Faster RCNN 更高	流程较复杂,参数量较 Faster R-CNN 更多
Mask R-CNN	ResNet101	5	—	在实现定位任务的同时还能实现分割任务	检测速度较慢
YOLO V1	VGG16	45	63.4%	完全放弃了候选框生成策略,检测速度超越了同时期框架	提升了速度的同时牺牲了检测精度
YOLO V2	DarkNet19	171	73.7%	检测速度快,精度较 YOLO V1 有小幅度提升	未使用特征融合,对小目标的检测效果差
YOLO V3	DarkNet53	54	—	检测速度快,精度较 YOLO V2 有大幅度提升	与同时期的两阶段检测器相比,检测精度偏低
SSD300	VGG 16	43	74.3%	检测速度快,精度较同时期的单阶段检测器有大幅度提升,且检测精度较高	简单的特征融合结构对小目标的检测效果提升不明显
SSD512	VGG 16	22	76.8%		

5.3.2　基于深度学习的电力设备图像识别技术应用

近年来,国内外学者围绕深度学习在电力设备图像识别中的应用开展了积极的研究,并取得了一些有效成果,其中主要聚焦在目标检测方法的应用,对电力设备图像分类方法研究较少。本小节针对几种关键电力设备的分类方法和目标检测方法进行介绍。

1. 电力设备图像的分类方法研究

电力设备种类较多,为了实现对海量电气设备图像数据的智能化分析,解决复杂背景下电力设备图像目标不能有效识别的难题,文献[29]提出了将深度学习与随机森林融合的方法实现对电力设备图像的分析和识别,研究选取了绝缘子、变压器、断路器等 5 类目标进行测试,其识别流程如图 5.19 所示,由训练阶段和测试阶段两部分组成。在训练阶段,先从电力设备图像数据集中随

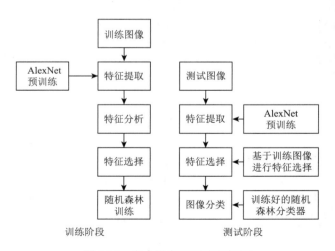

图 5.19　电力设备识别流程框图

机选取图像并基于 AlexNet 模型来提取图像的深度特征；然后对提取的特征进行分析，并选择合适的特征子集作为最终的特征向量。在测试阶段，使用 AlexNet 模型提取测试图像的特征，选择在训练阶段中所选择的特征子集来表示图像特征，最后用训练好的随机森林算法对测试图像进行分类。实验结果表明，该方法相比于常规卷积神经网络分类器和传统随机森林分类器，平均识别准确率分别提高了 6.8% 和 12.6%，为后续电力设备图像的智能分析提供了一种新的思路。

　　针对变电站形状相似的电气设备图像识别难题，图 5.20 给出了利用 GoogLeNet Inception-V3 模型[12]，对断路器、电流互感器、绝缘子、避雷器和电压互感器 5 类电力设备进行分类识别的结果。表 5.2 展示了与传统方法及几种深度学习模型对该五类设备识别准确率的对比结果。结果表明，GoogLeNet Inception-v3 较其他方法显著提高了设备图像分类的准确率，具有较高的应用可行性和实用价值。

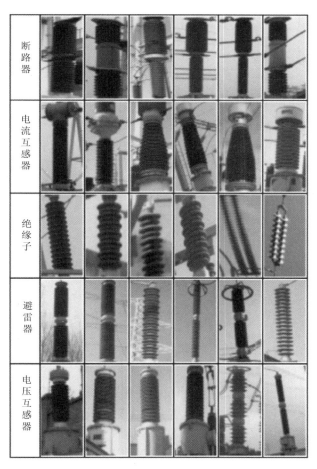

图 5.20   几种电力设备的分类识别结果

表 5.2   电力设备图像识别算法的识别准确率比较

测试方法	准确率
k-NN	68.0%
浅层 CNN	80.5%
VGG 16	85.5%
GoogLeNet Inception-V1	88.0%
GoogLeNet Inception-V3	92.0%

2. 电力设备图像的目标检测方法研究

1）变压器图像检测方法研究

变压器作为电网中的关键电力设备，其运行状态直接关系到电网的安全可靠运行。因此，基于变压器图像的状态检测具有重要的实用价值。通常借助多种图像采集手段对变压器的关键部件进行视觉检测和判断，如本体及储油柜漏油、呼吸器硅胶变色、散热器等附属部件产生裂纹等。文献[30]提出了一种用于检测变压器部件的改进 Faster R-CNN 模型，其模型结构如图 5.21 所示。

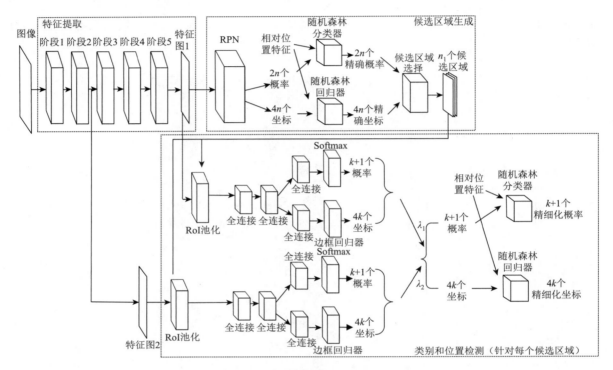

图 5.21　改进后的 Faster R-CNN 模型

提出方法对变压器的 6 类部件进行了检测，包括：储油柜、#1～#9 散热器组、#10～#18 散热器组、气体继电器、主体呼吸器、有载分接开关呼吸器。一般地，直接利用通用的目标检测模型如经典 Faster R-CNN 对变压器部件检测时，其部件识别率和故障检测效果不太理想。这是因为，一方面由于变压器部件间的尺寸相差较大，对识别精度会产生影响；另一方面，与普通的目标检测物不同，变压器部件间的位置关系相对固定，而通用的目标检测模型不能充分利用相对位置信息。因此，该研究对 Faster R-CNN 模型进行了两处改进：第一是采用双特征图检测，将特征提取网络中第 2 阶段的特征图加到模型的类别位置检测模块中，与第 5 阶段的特征图协同使用，从而动态适应部件尺寸的变化；第二，在候选区域生成模块和类别位置检测模块中引入部件之间的相对位置特征，并采用随机森林模型对分类概率和位置坐标进行细化，其检测结果如图 5.22 所示。实验结果表明，改进后的 Faster R-CNN 模型，相比其他通用检测方法检测精度更高，提出的双特征图检测方法比传统单特征图检测更适合设备部件等小目标的检测，加入相对位置特征的模型检测精度比原模型精度更高，尤其针对外观相似的部件（即两类散热器组和两类呼吸器）。

2）绝缘子图像检测方法研究

目前基于深度学习的电力设备目标检测中，针对绝缘子图像的检测研究最多。绝缘子被广泛应用于输变电系统中，具有支撑带电设备和电气绝缘等重要功能，是电网中不可或缺的一次设备元件。

因此，对绝缘子进行定期巡检并对其状态进行快速诊断关系到输变电系统的运行稳定。随着深度学习在计算机视觉领域的不断突破，国内外研究学者将深度学习算法应用于绝缘子（串）的定位与分割等计算机视觉任务中，取得了良好的效果。下面介绍几种绝缘子图像检测的实例。

图 5.22　改进后模型的检测效果

横纵坐标表示图像尺寸大小

　　　针对绝缘子图像的目标定位问题，文献[31]首先将通用的 Faster R-CNN 目标检测模型直接用于绝缘子图像的缺陷检测，分析了真实绝缘子串的轮廓和宽高比，论述了复杂现场拍摄场景下检测不同长宽比和相互遮挡绝缘子时产生的问题，然后提出了一种考虑绝缘子串宽高比和像素尺度的目标检测方法。该方法通过改进 Faster R-CNN 的先验框生成策略以及非极大值抑制方法，提高了绝缘子图像目标检测的精度和检测效率。文献[32]提出了一种针对绝缘子串图像检测的卷积神经网络，该网络与旋转归一化和椭圆检测方法相结合，能够检测多达 17 种不同类别的绝缘子串，召回率和准确率分别高达 93%和 92%；另外，该方法还能适应具有遮挡、光照、视角等多变化复杂现场环境的情况，具有较强的鲁棒性。文献[33]提出了一种用于绝缘子串检测的单阶段多盒模型，同时为了解决训练数据不足和领域差距造成的迁移效果不佳的问题，设计了一种两阶段的微调过程：在第一阶段，将包含有各种背景和各种类型的绝缘子航拍图像输入 COCO 数据集预训练模型中进行微调；在第二阶段，将包含特定场景和特定类型的绝缘子图像输入已经微调好的一阶段预模型中进行训练。实验结果表明，设计的两阶段微调策略可以显著提高检测模型的检测精度和鲁棒性。文献[34]提出了一种基于 YOLO V3 的单阶段绝缘子自动位置识别与诊断方法（图 5.23 是 YOLO V3 进行目标检测时利用的三种尺度的感受野），该检测方法可以显著提高模型的对小目标的检测精度。该研究通过对收集的数据进行训练和学习，实现了绝缘子可见光图像的快速定位；同时，还将绝缘子可见光定位与紫外图像进行图像配准，实现了绝缘子图像的故障区域诊断。检测结果显示，该方法的定位精度为 88.7%，检测时间仅为 0.0182s，具备实时检测性能，为其他电力设备的智能诊断和定位提供了新的思路。

　　　然而，传统目标检测方法属于非定向检测，这种方法采用的水平矩形框通常无法表达绝缘子图像的真实轮廓，难以分离诸如双联绝缘子串绝缘子目标的检测缺陷。针对此问题，采用图像的定向检测方法会大幅提高算法的检测效果。首先通过旋转提议网络产生可能存在绝缘子目标的旋转候选区域，然后使用旋转感兴趣区域池化层提取候选区域的全局特征信息，最后将特征向量降维送入全连接神经网络中实现绝缘子的定位和识别。图 5.24 展示了定向检测方法与传统水平矩形框方法的实际检测结果,其中,图 5.24(a)使用的传统水平矩形框方法难以分离双联绝缘子串中的绝缘子目标,导致绝缘子出现一定数量的漏检。图 5.24(b)的定向检测方法能有效表达绝缘子串的真实轮廓,可以有效分离双联绝缘子串的绝缘子目标,绝缘子的漏检数量显著减少,而且目标置信度也得到了提高,能更精准地实现绝缘子串图像的定位。

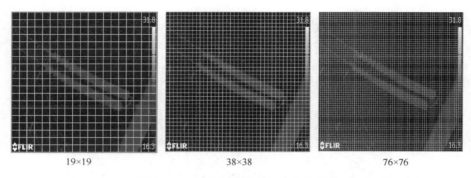

19×19　　　　　　　38×38　　　　　　　76×76

图 5.23　YOLO V3 模型的三种感受野

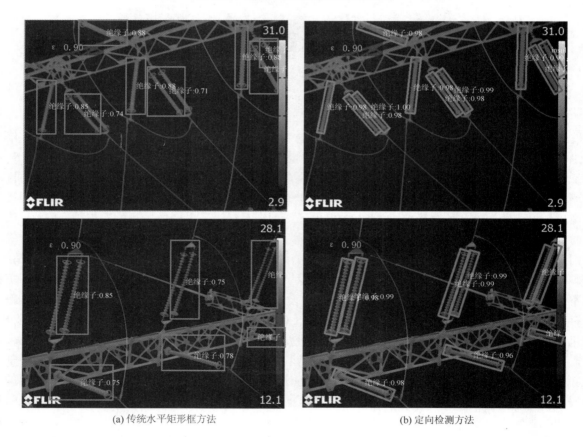

(a) 传统水平矩形框方法　　　　　　　　　(b) 定向检测方法

图 5.24　传统水平矩形框方法与定向检测方法的检测结果比较

　　针对绝缘子图像轮廓的分割问题,文献[35]提出了一种用于绝缘子串分割的两阶段条件生成对抗网络,该方法将输入图像映射到视觉显著图,通过显著性差异过滤与目标无关的背景,从而实现各种场景中绝缘子串的分割。与传统的多阶段分割方法相比,该方法分割速度快、精度高。文献[36]提出了一种基于改进生成对抗网络的绝缘子两阶段像素级分割方法,在第一阶段,首先采用带有非对称卷积核的轻量级端到端生成器,以原始 RGB 图像作为输入来生成绝缘子的像素级粗分割；在第二阶段，采用一种全卷积网络的鉴别器来训练生成器，将生成器的粗分割结果作为鉴别器输入，最终实现绝缘子的精细化分割。实验表明，与其他基于深度学习的图像分割方法相比，该方法在平均交并比和计算效率上具有更好的性能。

　　3）其他电力设备图像检测方法研究

　　红外热像技术通过检测电力设备向外辐射的红外能量，可直观反映出设备表面的温度及温度场分布，因此通过对电力设备红外图像的检测识别可判断运行设备的发热状态。文献[37]选取了电流互感器、电压互感器、避雷器和断路器四种电力设备上的六类主要部件（包括套管、波纹管、均压环、套管接头、法兰和灭弧室）开展了基于深度学习的设备红外图像检测方法研究。针对变电站复杂场景下获取的电力设备图像可能存在的主要问题（图 5.25），提出了改进后的深度学习模型检测框架（图 5.26），同时在算法的原损失函数基础上加入了方向一致性损失来约束部件角度。

(a) 对比度低

(b) 设备倾斜

(c) 背景杂乱

图 5.25　电力设备红外图像存在的问题

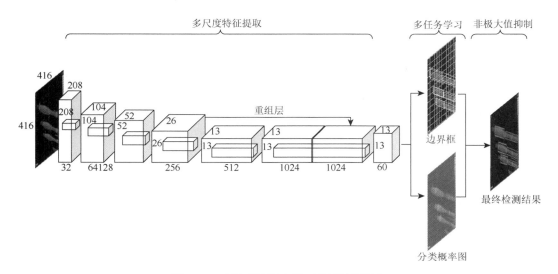

图 5.26　改进后的深度学习模型检测框架

结果表明，与现有的垂直边界框目标检测方法对比，提出模型由于考虑了部件之间的方向约束可减少图像背景噪声和不必要的重叠干扰，且改进模型的检测速度较快，平均精度均值高达 93.7%，高于通用的检测模型。

5.4　本 章 小 结

电力设备的正常工作是保障电网安全稳定运行的基础，而这就需要对电力设备进行定期巡检，确保其工作状态良好。随着电力巡检技术的快速发展，传统的人工巡检方式耗时耗力，效率较低，已不能满足海量电力设备的快速巡检要求。针对这一问题，近年许多学者将深度学习与计算机视觉技术应用到电力设备状态检测领域，弥补了传统识别方法在识别速度和精度上的不足，具有良好的应用前景。

本章主要介绍了基于深度学习技术的电力设备图像识别方法及应用。首先阐述了电力设备的图像分析与处理技术，主要包括电力设备图像的采集方法、图像增强技术与图像分割技术，为下一步的图像识别奠定了前期基础。然后系统总结了近年主流的图像识别技术，主要包括五种经典神经网络的图像分类模型及基于卷积神经网络的目标检测模型。最后介绍了深度学习方法在不同电力设备图像识别中的应用。

参 考 文 献

[1] 李军锋. 基于深度学习的电力设备图像识别及应用研究[D]. 广州：广东工业大学，2018.

[2] Charbit M，Blanchet G. Digital Signal and Image Processing Using MATLAB[M]. London：John Wiley & Sons，2010.

[3] 何俊，葛红，王玉峰. 图像分割算法研究综述[J]. 计算机工程与科学，2009，31（12）：58-61.

[4] Wu Q，An J. An active contour model based on texture distribution for extracting inhomogeneous insulators from aerial images[J]. IEEE Transactions on Geoscience & Remote Sensing，2014，52（6）：3613-3626.

[5] Tao X，Zhang D，Wang Z，et al. Detection of power line insulator defects using aerial images analyzed with convolutional neural networks[J]. IEEE Transactions on Systems，Man，and Cybernetics，2020，50（4）：1486-1498.

[6] Ronneberger O，Fischer P，Brox T，et al. U-Net：Convolutional networks for biomedical image segmentation[EB/OL]. https://arxiv.org/abs/1505.04597v1[2015-05-18].

[7] Yu X，Zhou Z，Gao Q，et al. Infrared image segmentation using growing immune field and clone threshold[J]. Infrared Physics & Technology，2018，88：184-193.

[8] Krizhevsky A，Sutskever I，Hinton G E. Imagenet classification with deep convolutional neural networks[C]. Proceedings of the 25th International Conference on Neural Information Processing Systems，Lake Tahoe，2012：1097-1105.

[9] Simonyan K，Zisserman A. Very deep convolutional networks for large-scale image recognition[EB/OL]. https://arxiv.org/abs/1409.1556v4 [2014-12-19].

[10] Szegedy C，Liu W，Jia Y，et al. Going deeper with convolutions[EB/OL]. https://arxiv.org/abs/1409.4842?source=post_page [2014-09-17].

[11] Ioffe S，Szegedy C. Batch normalization：Accelerating deep network training by reducing internal covariate shift[EB/OL]. https://arxiv.org/abs/1502.03167[2015-2-11].

[12] Szegedy C，Vanhoucke V，Ioffe S，et al. Rethinking the inception architecture for computer vision[EB/OL]. https://arxiv.org/abs/1512.00567v3[2015-12-02].

[13] Szegedy C，Ioffe S，Vanhoucke V，et al. Inception-v4，inception-resnet and the impact of residual connections on learning[EB/OL]. https://arxiv.org/abs/1602.07261[2016-02-23].

[14] He K，Zhang X，Ren S，et al. Deep Residual Learning for Image Recognition[EB/OL]. https://arxiv.org/abs/1512.03385?source=post_page [2015-12-10].

[15] Girshick R，Donahue J，Darrell T，et al. Region-based convolutional networks for accurate object detection and segmentation[J]. IEEE Transactions on Pattern Analysis and Machine Intelligence，2015，38（1）：142-158.

[16] He K，Zhang X，Ren S，et al. Spatial pyramid pooling in deep convolutional networks for visual recognition[J]. IEEE Transactions on Pattern Analysis and Machine Intelligence，2015，37（9）：1904-1916.

[17]　Girshick R. Fast R-CNN[EB/OL]. https://arxiv.org/abs/1504.08083v1[2015-04-30].

[18]　Ren S，He K，Girshick R，et al. Faster R-CNN：Towards real-time object detection with region proposal networks[EB/OL]. https://arxiv. org/abs/1506.01497v2[2015-06-04].

[19]　Dai J，Li Y，He K，et al. R-FCN：Object detection via region-based fully convolutional networks[EB/OL]. https://arxiv.org/abs/ 1605.06409v2[2016-05-20].

[20]　Li Z，Peng C，Yu G，et al. Light-Head R-CNN：In defense of two-stage object detector[EB/OL]. https://arxiv.org/abs/1711.07264[2017-11-20].

[21]　He K，Gkioxari G，Dollar P，et al. Mask R-CNN[EB/OL]. https://arxiv.org/abs/1703.06870v1[2017-03-20].

[22]　Redmon J，Divvala S K，Girshick R，et al. You only look once：Unified，real-time object detection[EB/OL]. https://arxiv.org/abs/ 1506.02640v1[2015-06-08].

[23]　Redmon J，Farhadi A. YOLO9000：Better，Faster，Stronger[EB/OL]. https://arxiv.org/abs/1612.08242v1[2016-12-25].

[24]　Redmon J，Farhadi A. YOLOv3：An incremental improvement[EB/OL]. https://arxiv.org/abs/1804.02767[2018-04-08].

[25]　Liu W，Anguelov D，Erhan D，et al. SSD：Single shot multiBox detector[EB/OL]. https://arxiv.org/abs/1512.02325[2015-12-08].

[26]　LeCun Y，Bottou L，Bengio Y，et al. Gradient-based learning applied to document recognition[J]. Proceedings of the IEEE，1998，86（11）：2278-2324.

[27]　Li Z，Zhou F. FSSD：Feature fusion single shot multibox detector[EB/OL]. https://arxiv.org/abs/1712.00960[2017-12-4].

[28]　Fu C，Liu W，Ranga A，et al. DSSD：Deconvolutional single shot detector[EB/OL]. https://arxiv.org/abs/1701.06659[2017-1-23].

[29]　李军锋，王钦若，李敏. 结合深度学习和随机森林的电力设备图像识别[J]. 高电压技术，2017，43（11）：3705-3711.

[30]　Liu Z，Wang H. Automatic detection of transformer components in inspection images based on improved faster R-CNN[J]. Energies，2018，11（12）：3496.

[31]　Zhao Z，Zhen Z，Zhang L，et al. Insulator detection method in inspection image based on improved Faster R-CNN[J]. Energies，2019，12（7）：1204.

[32]　Siddiqui Z A，Park U，Lee S W，et al. Robust powerline equipment inspection system based on a convolutional neural network[J]. Sensors，2018，18（11）：3837.

[33]　Miao X，Liu X，Chen J，et al. Insulator detection in aerial images for transmission line inspection using single shot multibox detector[J]. IEEE Access，2019，7：9945-9956.

[34]　Liu Y，Ji X，Pei S，et al. Research on automatic location and recognition of insulators in substation based on YOLOv3[J]. High Voltage，2020，5（1）：62-68.

[35]　Chang W，Yang G，Yu J，et al. Real-time segmentation of various insulators using generative adversarial networks[J]. IET Computer Vision，2018，12（5）：596-602.

[36]　Gao Z，Yang G，Li E，et al. Insulator segmentation for power line inspection based on modified conditional generative adversarial network[J]. Journal of Sensors，2019：1-8.

[37]　Gong X，Yao Q，Wang M，et al. A deep learning approach for oriented electrical equipment detection in thermal images[J]. IEEE Access，2018，6：41590-41597.

第 6 章　基于深度学习的输电线路部件视觉检测

输电线路是电力系统重要的生命线路，由于其距离长，且通常直接暴露在风雪雨电等自然环境中，非常容易受到外界环境的影响从而产生一系列故障，因此定期巡检输电线路的可靠性及运行情况，对维护电力系统安全起着至关重要的作用。传统人工巡检模式需要承担较大风险，工作效率较低，检修难度较大，所以传统模式已经不能完全适应国家现代化电网建设的需要。随着智能电网和能源互联网的发展，使用计算机和智能设备，利用计算机视觉技术对输电线路进行视觉处理和分析已经逐渐成为主流。本章主要介绍基于深度学习的绝缘子、导地线、金具和螺栓等部件的视觉检测方法。

6.1　绝缘子视觉检测

绝缘子在输电线路中用量庞大，由于长期运行在户外，其表面极易发生破损等缺陷，从而对整条线路造成严重的运行安全问题。利用智能化的目标检测方法，可以快速、准确地检测出图像中的绝缘子，显著节省人力物力。利用绝缘子缺陷检测的方法，可以提高检修效率，对保障电网安全、有效运行具有重大意义。

就目前研究方法来看，绝缘子目标和缺陷检测方法通常分为传统检测方法和基于深度学习的检测方法，目前传统检测方法已经实现的有基于图像分割的方法、基于图像匹配的方法和基于机器学习的方法等，但是实际数据存在光线、角度、背景的多样性，因此很难找到一个合适的阈值或者模板去准确地分割或匹配出每一个绝缘子，人工提取特征的方法适用条件比较苛刻。而近几年，深度学习算法发展迅猛，其与传统机器学习方法的不同之处在于，整个算法不依赖人工实现特征提取，而是由网络自主学习获得。现有研究结果表明，深度学习算法比传统图像算法具有更强的表达能力和检测性能。

6.1.1　基于深度特征表达的绝缘子红外图像定位方法

面向红外图像中绝缘子的自动定位，利用二进制局部不变描述子与新颖的特征聚合策略构建了鲁棒、具有区分度的目标特征表达，拥有了鲁棒的特征表达。本节将其嵌入绝缘子的定位任务中。在目标搜索策略方面，本节采用基于目标性（Objectness）的 Object proposal 方式生成预选区域[1, 2]。因为 Object proposal 类的方式速度远远快于滑动窗类方法，并且利用目前新颖的 Edge Boxes 方法在红外图像中进行带判别区域生成，待选区域由 10 万余个窗口减少到 100～200 个的数量。接着对 Edge Boxes 所生成的待选窗进行深度特征图聚合向量生成，利用已训练得到的 SVM 分类器进行目标区域二分类判别。接着对判别区域通过非极大值抑制从而确定最终的绝缘子目标，定位流程如图 6.1 所示。

在使用 Edge Boxes 方法时，本节对算法参数进行微调，由于原始算法生成近 2000 个待选框，而有效绝缘子目标仅为少数。所以本节对待选框数量进行限制，通过设置目标置信度阈值，该方法简单有效，可将待选框由 2000 个减少为 100～200 个的数量。

定位结果如图 6.2 所示，测试图像中绝缘子具有多种角度与尺度。本节将基于 SURF 局部描述子的方法与本节所提方法在定位框架中进行了比较。对于基于 SURF 局部描述子的方法仍不能避免绝缘子的遗漏，如图 6.2（d）所示。本节所提方法成功对红外图像中的绝缘子进行了定位。实验结果验证了本节所提出的深度特征构建方法的鲁棒性与有效性。

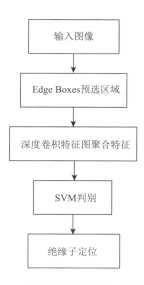

图 6.1　红外图像绝缘子定位流程图

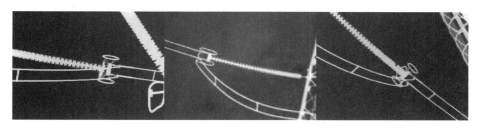

(a) 原始输入图像

(b) Edge Boxes方法定位的边缘结果图

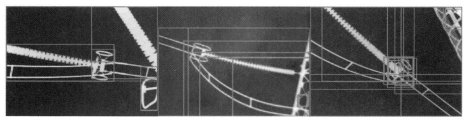

(c) 基于边缘生成的矩形框

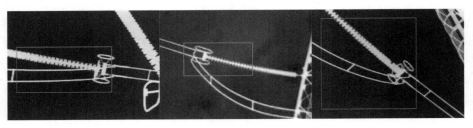

(d) 基于SURF的定位结果

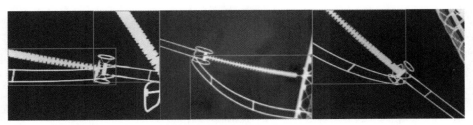

(e) 基于卷积特征图的定位结果

图 6.2 红外图像绝缘子定位结果

本节方法引入了深度卷积神经网络，利用基于深度卷积特征的鲁棒绝缘子表达，与目标建议理论结合实现了红外图像中绝缘子的定位。

6.1.2 基于 R-FCN 的航拍巡线绝缘子检测方法

针对目前已有的对绝缘子目标检测方法不能满足大规模航拍输电线路绝缘子图像检测任务中所需要的高准确率和高速度的检测需求，提出了一种基于改进的 R-FCN（Region-Based Fully Convolution Network）航拍巡线图像中绝缘子目标检测方法[3]。其技术路线图如图 6.3 所示。

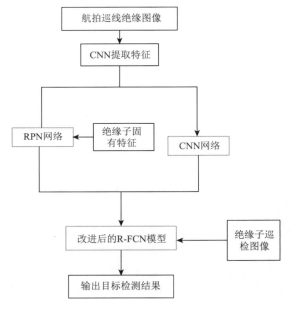

图 6.3 技术路线图

首先，根据绝缘子目标的长宽比知识，将 R-FCN 模型中 RPN（Region Proposal Network）的建议框生成机制的长宽比修改为 1∶4、1∶2、1∶1、2∶1、4∶1，生成机制的尺度修改为 64、128、256、512；然后，针对遮挡问题，在 R-FCN 模型中引入对抗空间丢弃网络层，模型如图 6.4 所示。本节中通过将所提取的特征图进行 3×3 分区随机生成掩码，所得到的结果与引入 ASDN（Adversarial Spatial Dropout Network）层[4]之前的网络结果形成对抗，并将这些生成掩码的特征图输送至下一步的损失函数的计算，当 Loss 值较大时，将此特征图继续在网络中重新训练，从而提高模型对目标特征较差的样本检测性能。

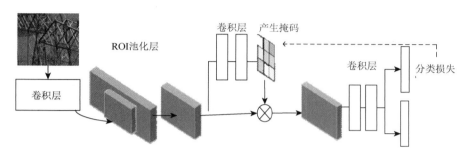

图 6.4　引入 ASDN 网络层的 R-FCN 模型结构图

首先进行不同长宽比实验，经所构建的输电线路绝缘子图像微调 R-FCN 模型之后，所得到的平均准确率（mean Average Precision，mAP）如表 6.1 所示。通过不同生成机制下的检测的准确率以及检测结果可知，本节最合适的 RPN 的建议框的生成比例为 1∶4、1∶2、1∶1、2∶1、4∶1。

表 6.1　不同建议框比例下的检测结果对比表

RPN 产生建议框比例	mAP/%
1∶2，1∶1，2∶1	77.27
1∶3，1∶2，1∶1，2∶1，3∶1	77.01
1∶4，1∶2，1∶1，2∶1，4∶1	82.01
1∶5，1∶2，1∶1，2∶1，5∶1	77.81
1∶4，1∶3，1∶2，1∶1，2∶1，3∶1，4∶1	77.56
1∶5，1∶3，1∶2，1∶1，2∶1，3∶1，5∶1	78.53
1∶5，1∶4，1∶2，1∶1，2∶1，4∶1，5∶1	80.12
1∶5，1∶4，1∶3，1∶2，1∶1，2∶1，3∶1，4∶1，5∶1	81.04

图 6.5 给出了在适应绝缘子不同长宽比方面，改进 RPN 网络前后航拍输电线路绝缘子图像的绝缘子目标检测结果对比图。

(a) 修改RPN建议框生成比例前的实验结果图

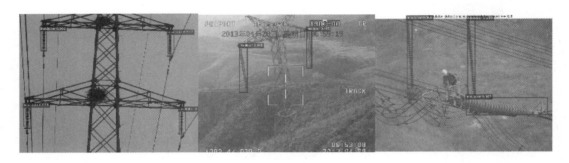

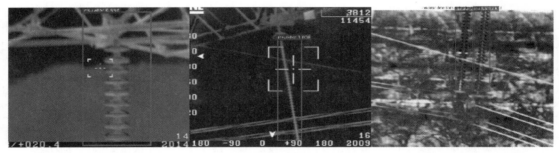

(b) 修改RPN建议框生成比例后的实验结果图

图 6.5　修改建议框生成比例前后的检测结果对比图

从图 6.5 可以看出，进行建议框不同长宽比修改后，绝缘子检测结果明显优于修改前的检测器的检测结果，更加契合图像中的绝缘子目标。然后进行建议框不同尺度修改实验：以 64、128、256 为基础，任意增加 32 和 512 两种尺度。表 6.2 给出了经过修改后的模型所得到的 mAP。由表可知，我们决定采用最适合的建议框的生成尺度为 64、128、256、512。

表 6.2　不同建议框尺度下的检测结果对比表

RPN 产生建议框尺度	mAP/%
64，128，256	82.01
32，64，128，256	79.91
64，128，256，512	84.29
32，64，128，256，512	80.83

图 6.6 给出了在适应绝缘子不同尺度方面，改进 RPN 网络前后航拍输电线路绝缘子图像的绝缘子目标检测结果对比。实验结果说明绝缘子检测结果明显优于修改建议框之前的检测器的检测结果，在一定程度上降低了模型的误检率。

　　沿用 R-FCN 中端到端的训练方式，引入 ASDN 层，对原有的数据集进行训练，所得到检测结果如图 6.7 所示，检测结果说明通过在 R-FCN 中引入 ASDN 网络层，一定程度上降低了模型的误检率，并且提升了模型检测的准确率，具有较强的推广意义。

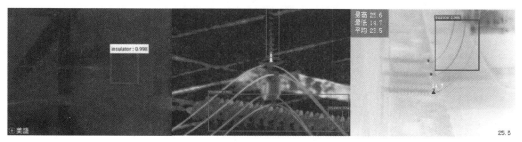

(a) 修改RPN网络前的模型检测结果

(b) 修改RPN网络后的模型检测结果

图 6.6　修改 RPN 网络中建议框的生成尺度前后的模型检测结果对比图

(a) 未引入ASDN层模型的检测结果

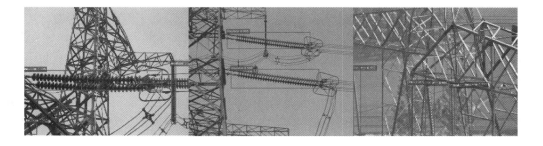

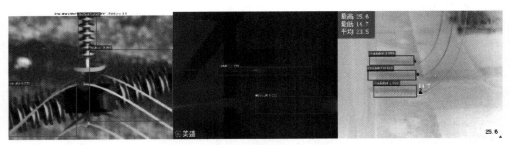

(b) 引入ASDN层后模型的检测结果

图 6.7　引入 ASDN 层前后的 R-FCN 模型检测结果

6.1.3　基于候选目标区域生成的绝缘子检测方法

候选目标区域的生成是目标检测的基础。通过 Edge Boxes 方法能产生高精度的候选目标区域，但该过程对被检测目标形状、大小等参数的假设并不适合绝缘子目标。为了解决 Edge Boxes 方法不针对绝缘子特征的问题，本节对 Edge Boxes 进行改进，提出了一种基于 Edge Boxes 的绝缘子候选目标区域生成方法[5]。首先对输入的待检测的巡检图像进行预处理。然后提取其边缘，在生成的边缘图像上提取曲率尺度空间角点[6]，并对提取出的曲率尺度空间角点通过基于不同聚类数的 K-means 聚类方法进行聚类。根据绝缘子上曲率尺度空间角点的分布规律，按照一定规则找出疑似绝缘子类上的那一类曲率尺度空间角点，并以这些点为圆心画圆，以使绝缘子类处的候选框内完全包含的轮廓个数大量增加。此时，再将图像重新输入到 Edge Boxes 打分系统中，就会使得包含绝缘子的候选框得分提高，从而使得输出的候选目标区域中有更大的可能包含绝缘子类。整个生成方法框架图如图 6.8 所示。

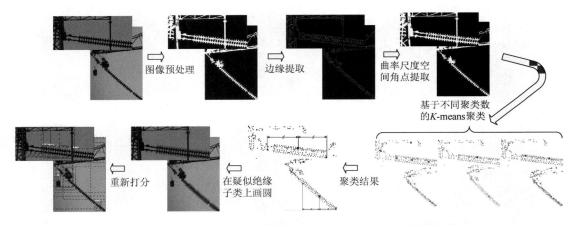

图 6.8　基于 Edge Boxes 的绝缘子候选目标区域生成方法框架图

本节首先对实验结果进行定性观察，图 6.9 展示了此方法生成的部分候选目标区域，图 6.10 给出了通过不同方法生成的候选目标区域的对比图，其中，图（a）、图（d）为选择性搜索方法，图（b）、图（e）为传统的 Edge Boxes 方法，图（c）、图（f）为本节改进的 Edge Boxes 方法。实验结果表明改进 Edge Boxes 方法的效果最好，可以有效地将生成的候选目标区域集中在绝缘子目标上，在获得高质量候选目标区域的同时，也保证了较快的计算速度。

针对微调后 Faster R-CNN 模型对部分复杂背景和低分辨率情况下输变电巡检图像中的绝缘子定位效果不佳的问题，本节提出基于 Faster R-CNN 的绝缘子图像定位方法，考虑绝缘子的固有特征对 RPN 进行改进，并与微调后的 Fast R-CNN 部分共同组合成为改进后的 Faster R-CNN 模型，此时再用输变电巡检图像作为测试图片进行绝缘子的定位，便可以得到较改进前更加精准的定位效果。图 6.11 给出了基于 Faster R-CNN 模型的绝缘子图像定位方法框架图。

图 6.9　本节方法生成的部分候选目标区域

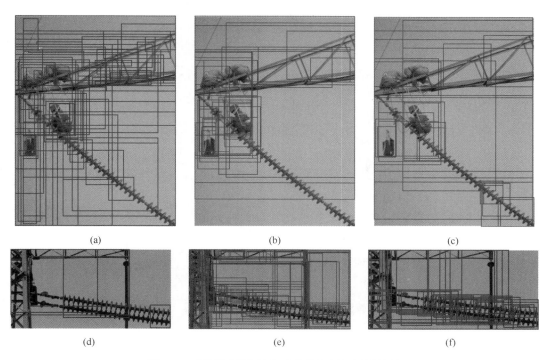

图 6.10　通过不同方法生成的候选目标区域结果

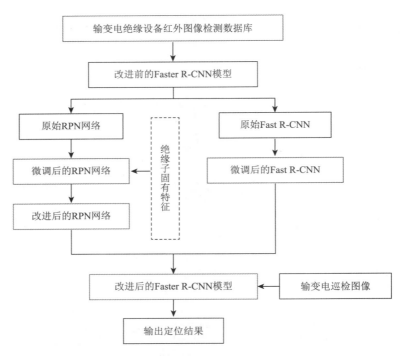

图 6.11   基于 Faster R-CNN 模型的绝缘子图像定位方法框架图

改进 anchor 的生成策略后，我们利用数据库对 VGG-16 Net 模型重新进行了训练，并用重新训练后得到的新 VGG-16 Net 嵌入 Faster R-CNN 模型中，基于此模型进行测试并观察实验结果。图 6.12

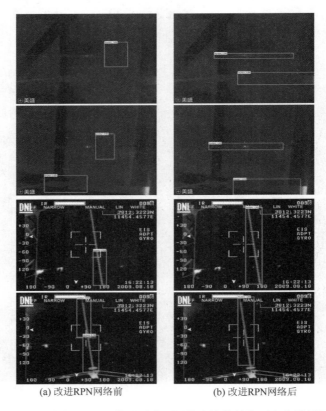

(a) 改进RPN网络前   (b) 改进RPN网络后

图 6.12   改进 RPN 网络以适应不同长宽比的绝缘子定位结果图

给出了在适应绝缘子不同长宽比方面，绝缘子的定位结果对比图。实验结果表明，该方法定位结果几乎完全贴合了图中狭长的绝缘子部件，均克服了摄像机取景框的遮挡，定位准确度明显提高。

6.1.4　基于 Mask R-CNN 的输电线路绝缘子掉片检测方法

基于语义的深度学习算法，已经成为目前图像分割和检测成果较多和研究的主要方向。Mask R-CNN 模型[7]针对图像分割任务增加了一个分割掩码层 Mask，使网络能够更加准确地做到像素级的预测，并且该方法主要关注生成的目标的方向问题和边界框的精度问题，因此本节提出了基于 Mask R-CNN 的绝缘子故障检测方法。Mask R-CNN 流程简图如图 6.13 所示。实现步骤如下，首先使用 FPN 网络提取多尺度的特征图。其次利用 RPN 网络提取候选 ROI（Region of Interest）区域。然后利用 ROI Align 操作进行精细化 ROI 特征图归一化。最后，将最终获得的 ROI 的特征图输入检测分支，实现目标检测、识别和语义分割。

图 6.13　Mask R-CNN 流程简图

如图 6.14 所示，对于绝缘子掉片故障，如果是使用常规的目标检测的标记方式，则标记的如图中虚线方框所示。但是使用语义分割的标记方式则标记的是轮廓线。对于电力小部件，由于背景复杂多变，当背景与目标颜色比较接近的时候会对识别造成很大的干扰。而语义分割的这种方法，更多考虑的是绝缘子掉片部分的轮廓信息，而不会受到颜色的干扰。

图 6.14　绝缘子掉片的方框标记和轮廓标记

由于缺陷部件数量非常少，因此在这里以绝缘子掉片故障进行实验分析。实验分别采用 Mask R-CNN 和 FPN-SSD 进行对比实验，实验结果如表 6.3 所示。

表 6.3　绝缘子掉片故障的实验结果

方法	mAP/%
Mask R-CNN	84.9
FPN-SSD	83.1

从实验结果可以看到，Mask R-CNN 精度比 FPN-SSD 高出 1.8 个百分点。这可能是因为缺陷部分在图像中占比很小，而且很多存在遮挡和背景颜色重合等问题，这种情况下采用语义分割的方法更能够获取缺陷部分的轮廓信息。

图 6.15 所示为绝缘子掉片故障语义分割结果，由于该图中背景色与绝缘子颜色比较接近，而且两串绝缘子交织在一起，因此使用 FPN-SSD 算法的结果是产生了漏检，但是利用 Mask R-CNN 能够检测出来。

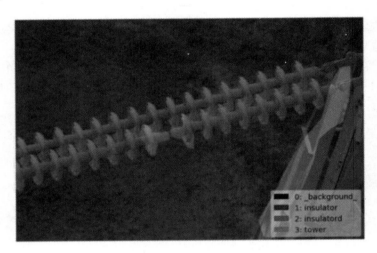

图 6.15　Mask R-CNN 对绝缘子掉片故障识别结果

6.1.5　基于深度特征表达的绝缘子表面缺陷分类方法

文献[8]研究了正常、破损、裂纹及污秽等多种绝缘子的分类方法，针对绝缘子表面缺陷的特性，提出了利用多区块深度卷积特征的绝缘子表面缺陷检测方法。该方法对绝缘子图像通过预训练完成的深度卷积神经网络提取多区块深度特征，并对 RBF 核 SVM 分类器进行训练。整个方法的流程如图 6.16 所示。

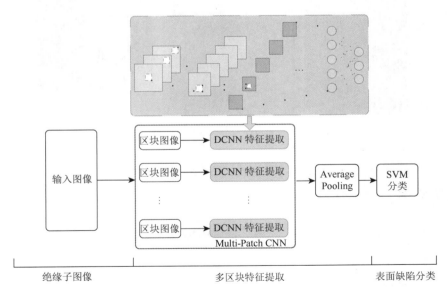

图 6.16　绝缘子表面缺陷分类流程

　　由于绝缘子具有极大变化的视角与角度，与一般物体的图像数据不同，绝缘子目标具有不同的长宽比、外形与方向，为了提高准确率，将网络的输入进行了改进，将输入图像进行随机区块划分，并通过镜像操作进行扩增。得到若干个区块图像后，将这些区块图像尺寸调整至网络输入的大小，进行前向运算抽取特征。假设输入图像为 I，该图像被划分为区块图像集 $P = \{p_1, \cdots, p_i, \cdots\}$，$i = 1, 2, \cdots, N$，其中 p_i 代表 N 个区块中的第 i 个区块图像。以 $\Phi(\cdot)$ 表示深度特征提取，其对应的输出为 4096 维度的 $\Phi(p_i)$，特征集为 Features $= \{\Phi(p_1), \cdots, \Phi(p_i), \cdots\} \in R_d$，接着利用 Average Pooling $\Psi(I) = \sum \Phi(p_i)/N \in R_d$，从而得到图像的最终表达。

　　在数据库中每一类随机抽取 30%作为训练样本，剩余 70%作为测试样本。特征提取自全连接层，图 6.17 显示了正常与缺陷绝缘子的 fc6 和 fc7 特征。

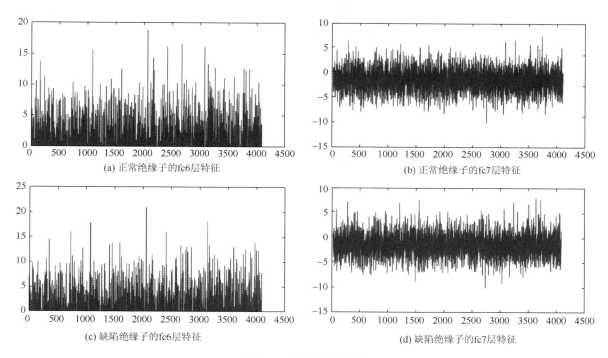

(a) 正常绝缘子的fc6层特征　　　　　　　　(b) 正常绝缘子的fc7层特征

(c) 缺陷绝缘子的fc6层特征　　　　　　　　(d) 缺陷绝缘子的fc7层特征

图 6.17　全连接层特征

横轴表示特征维数；纵轴表示特征数值的大小

　　首先对分类准确率进行分析，分类结果如表 6.4 所示，混淆矩阵如图 6.18 所示。利用 ImageNet 预训练模型的 fc6 层特征准确率将近达到 98.71%，准确率远超过其他方法。同时也与手工特征 Bag-of-Features 进行了比较，Bag-of-Features 的混淆矩阵如图（a）所示，从表中可以看出，本节所提方法超过了 Bag-of-Features 的准确率 6.87 个百分点，采用相同的条件下基于多区块卷积神经网络 fc7 层特征准确率达到了 97.8333%，相比 fc6 略低了 0.8762 个百分点。相比于直接使用 CNN 深度特征，利用多区块的方法可以提高 0.64 个百分点的准确率。通过对比图（b）与图（c）的混淆矩阵可以直观地看出明显的改进，结果说明多区块的方法能够提高深度卷积特征的区分度。

表 6.4　绝缘子表面缺陷分类结果

方法	分类准确率/%
Bag-of-Features	91.8333
Pre-trained CNN-fc6	98.0687
Pre-trained CNN-fc7	97.1667

续表

方法	分类准确率/%
Non Pre-trained CNN-fc6	91.3737
Non Pre-trained CNN-fc7	89.8810
本节方法 Multi-Patch CNN-fc6	98.7095
本节方法 Multi-Patch CNN-fc7	97.8333

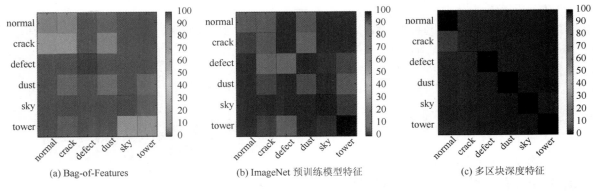

(a) Bag-of-Features　　　(b) ImageNet 预训练模型特征　　　(c) 多区块深度特征

图 6.18　图像分类混淆矩阵比较

normal、crack、defect、dust、sky、tower 分别是正常、裂纹、破损、污秽、天空、杆塔；0-100 表示灰度值大小

　　利用绝缘子数据随机初始化训练的模型的准确率明显低于 ImageNet 预训练的模型结果，之间的差距达到 6.95 个百分点。实验说明大规模的图像数据库可以更好地优化网络的权值参数，因此在小数据样本下，可以考虑通过大规模图像数据库进行预训练，在预训练模型的基础上直接进行特征抽取或者微调的方法。实验结果同时验证了深度卷积特征强大的泛化能力。

6.2　导地线视觉检测

　　导地线是输电线路中的重要元件，可以输送用户所需的电力，同时依靠它形成电力网络，有助于平衡各地电力供应。导地线一般可以分成四类：圆线同心绞架空导线、型线同心绞架空导线、镀锌钢绞线和光纤复合架空地线等。由于长期处在复杂恶劣的野外环境中，导地线表面会出现一些异常表象，常见的有断线、损伤（断股、散股、磨损等）、腐蚀、有异物等，这些异常表象会影响导地线的线路载流量、引发电晕、降低线路的机械性能，因此对导地线缺陷进行检测，是保证输电线路正常运行必不可少的任务。

　　依据目前本课题组所掌握的航拍输电线路导地线缺陷图像，将导地线缺陷分成断股、涨股、散股和跳股四种缺陷，由于输电线路导地线缺陷图片较少，在输电线路导地线缺陷图片标注过程中，将上述四种缺陷统一起来，标记为"bjsb strands"。

　　由于导地线缺陷传统检测方法面临检测难度大、人工耗时耗力、缺陷图片不易采集的问题，本节研究了基于 Faster R-CNN 模型[9]的输电线路导地线缺陷检测方法，检测流程如图 6.19 所示。

　　首先简单介绍导地线缺陷检测流程，输入输电线路数据集中的原始图片，通过 CNN 层提取得到图片的特征映射图，并将其输入区域策略建议网络 RPN。然后利用 Softmax 激活函数计算特征映射图中每一个特征点属于线夹目标的概率，并在原始输入图像中映射出若干尺寸不一的候选区域；将候选区域以及特征映射图输入感兴趣区域 ROI 池化层，在池化层中将候选区域映射为固定维度的特征向量，并再次利用 Softmax 激活函数判断候选区域中的物体类别，同时利用特征映射图作为位置索引，识别各个候选区域在原图中的位置，当图中的某个物体的候选区域发生重合时，特征映射图可以用来辅助调整候选区域的尺寸和位置从而标记巡检图像中出现的输电线路导地线，并使标记框尽量准确。

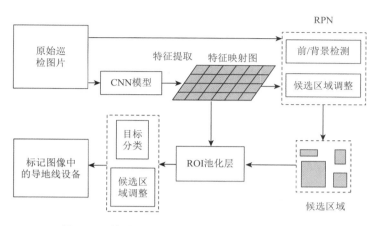

图 6.19　基于 Faster R-CNN 导地线缺陷检测流程

本节采用经过 VOC 公共数据集训练参数后的 Faster R-CNN 模型，首先，在该模型的基础上进行微调适用于导地线缺陷检测的超参数；然后，进行基于微调后的 Faster R-CNN 导地线缺陷检测实验，实验结果如图 6.20 所示。

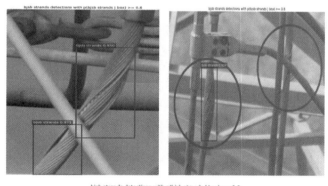

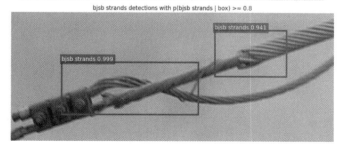

图 6.20　基于微调后的 Faster R-CNN 导地线缺陷检测实验结果

通过上述实验结果可以看出，该微调模型能够检测出导地线中所包含的缺陷且准确率较高，说明本节所提方法能够实现对导地线缺陷的检测，但针对有遮挡的导地线缺陷，易出现漏检，所以如何准确检测出遮挡情况下的导地线缺陷是接下来需要重点研究的工作。

6.3　金具视觉检测

金具[10]作为输电线路的重要组成部分，与其他关键部件一起对智能电网的建成起着十分关键的作用。因此，利用深度学习模型进行金具视觉检测[11]，以及提高深度学习模型在实际应用中检测的精度和准度等性能，均为目前迫切需要解决的问题。本节主要介绍了防震锤、间隔棒和线夹的视觉检测研究。

6.3.1　防震锤检测

防震锤[12]是输电线路上重要的金具之一，其两头为锤形，中间由长条形铁块相连接，如图 6.21 所示，可以用来维持输电线路上导线的稳定性，有效地延长其使用期限。但输电线路长期处于复杂的野外环境之中，防震锤很容易发生缺陷问题，从而影响整个输电线路的安全，因此对防震锤进行目标检测是保证其正常运行必不可少的环节。由于传统的目标检测方法存在多种不足，本节将深度学习和输电线路防震锤部件的识别结合在一起，研究了基于 YOLO V3 模型的防震锤检测方法。

图 6.21　输电线上的防震锤

1）方法概述及原理框图

YOLO V3[13]是 one-stage 的目标检测方法，它在同一个预测框中完成目标边界和目标类别的判断，分别运用均方差和二值交叉熵的方法作为损失函数。在精确度方面 YOLO V3 通过改善特征提取网络，加入更多的提取层和 shortcut 层，并利用多尺度的检测方法对原始图像进行上采样，从而有效地提高了对小目标的检测能力，在保持极快的速率的同时，显著提高了精确度。

2）具体步骤描述

首先使用 labelImg 软件对航拍图像进行标注，将防震锤类别取名为 shockproof hammer，以此构建防震锤数据集。然后使用该数据集进行训练 YOLO V3 模型，对于不同的激活函数分别进行模型训练，直到损失函数达到收敛。最后使用训练好的 YOLO V3 模型进行防震锤图片的测试，得到最终的检测结果。

3）实验结果及分析

本节分别采用线性整流函数（ReLU）的两个变种 Leaky ReLU 和 ELU 函数以及 tanh 函数的变种 Hardtan 函数作为激活函数，对防震锤的检测结果如图 6.22 所示。

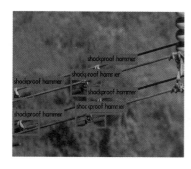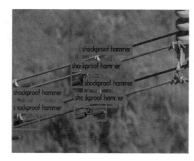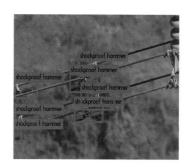

图 6.22　防震锤的检测结果

左图使用 Leaky ReLU，中图使用 ELU，右图使用 Hardtan

通过使用三个激活函数改进 YOLO V3 模型对防震锤数据集进行训练与测试，可以发现：由于防震锤本身形状简单，特征明显，使用 Leaky ReLU 函数进行特征提取的效果表现更加优异，但在处理有遮挡的物体时，Hardtan 函数表现得更加优异。

6.3.2　间隔棒检测

间隔棒可以保持传输线分线的间距，防止线间的鞭梢，抑制微风振动，进行二次跨距振荡。它是输电线路重要金具，是保证电力正常运输的重要环节。因此对输电线路上的间隔棒检测具有重要的价值。传统的人工检测方法劳动强度大、效率低，将基于深度特征的目标检测方法应用于间隔棒检测具有重要价值。

1）方法概述及原理框架

本节研究了基于深度特征的间隔棒检测，设计了一种基于 R-FCN 模型[14]的间隔棒检测方法。本节使用 50 层和 101 层残差网络作为主干网络，并且多层卷积网络并存的卷积神经网络。间隔棒的检测流程图如图 6.23 所示。

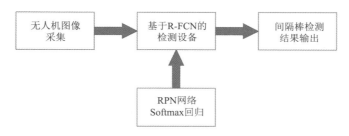

图 6.23　间隔棒检测流程图

2）具体步骤描述

首先构建所需要的间隔棒数据集，从典型金具数据集上，提取出 203 张含有所要检测的间隔棒的图片，并对图片中的间隔棒进行标注，从而构建数据集用于模型训练。本节使用标注软件 labelImg 进行间隔棒数据集的标注。

然后构建间隔棒训练测试网络，主要分成三部分：主干网络 R-FCN、残差网络和 ReLU 激活函数。针对检测而言，主干网络 R-FCN 是一个精度高、检测速率快的高效检测模型，如图 6.24 所示；残差网络选取 ResNet 网络，如图 6.25 所示，将网络建立成输入、shortcut connection、输出的模型，可以解决加深网络深度使梯度消失的问题；激活函数选取 ReLU 函数，可以很好地解决梯度消失问题，得到一个稳定的收敛速度状态。

最后使用构建好的间隔棒数据集对网络进行训练与测试，从而完成间隔棒检测。

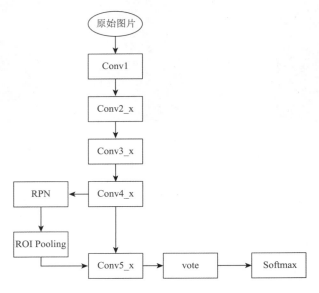

图 6.24　R-FCN 网络流程图

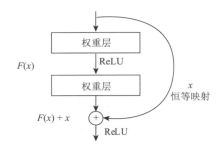

图 6.25　残差网络设计图

3）实验结果及分析

基于 R-FCN 的间隔棒检测训练，主要针对 ResNet 50 和 ResNet 101 两种残差网络，检测结果如图 6.26 所示。

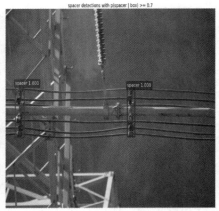

图 6.26　基于不同骨干网络的检测结果

左图 ResNet50 网络；右图 ResNet101 网络

接着进行训练方式为有无 OHEM（Online Hard Example Mining）的对比检测实验，OHEM 是针对艰难的小样本，以及复杂参数进行检测的。对不同残差网络受到 OHEM 的影响进行实验比对，结果如图 6.27 所示。

图 6.27　基于不同训练方式的检测结果

左图无 OHEM 情况；右图有 OHEM 情况

4）实验结果说明

基于 R-FCN 模型的间隔棒检测方法可以实现对间隔棒比较准确的检测，ResNet 101 网络对目标间隔棒的检测效果最好；训练数据集图片数量的增加可以适当地提升检测能力；但在端到端的训练模式中加入 OHEM 会影响检测结果，并未起到增益效果。

6.3.3　线夹检测

1）方法概述

本节分别利用 Faster R-CNN[9]、SSD[15]和 YOLO 模型[16]实现了线夹目标的自动检测。Faster R-CNN 检测的核心思路是通过区域建议策略在待检测的输电线路图像中提取含有目标概率更高的区域，进而检测目标。而 SSD 和 YOLO 都是基于回归思想，在给定输入图像后，直接在图像的多个位置上回归出这个位置的目标边框以及目标类别。

2）具体步骤描述

与前面所述间隔棒的视觉检测步骤类似，首先构建输电线路线夹数据集，然后分别基于上述三种模型，使用该线夹数据集对模型进行训练，待训练结束后，对线夹数据集进行测试，从而完成最终的线夹检测。

3）实验结果及分析

实验采用的输电线路线夹图像数据集包括四类线夹：并沟线夹、预绞式悬垂线夹、压缩型耐张线夹以及提包式悬垂线夹。然后分别通过上述三个模型对该数据集进行训练与测试，结果分别如图 6.28～图 6.30 所示。

图 6.28　基于 Faster R-CNN 模型的输电线路线夹检测结果

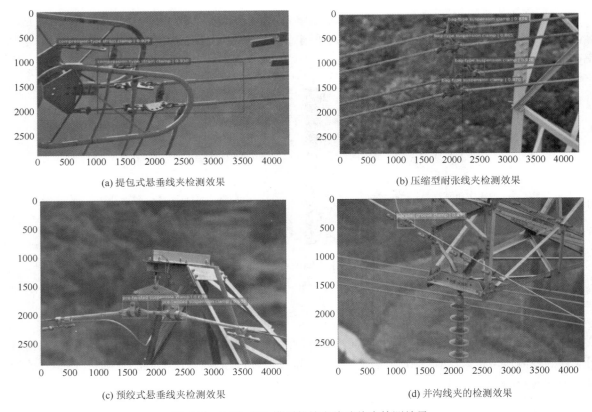

(a) 提包式悬垂线夹检测效果　　　　　　　　　(b) 压缩型耐张线夹检测效果

(c) 预绞式悬垂线夹检测效果　　　　　　　　　(d) 并沟线夹的检测效果

图 6.29　基于 SSD 模型的输电线路线夹检测结果

横轴表示图像的列数；纵轴表示图像的行数

(a) 提包式悬垂线夹检测效果　　　　　　　　　(b) 压缩型耐张线夹检测效果

(c) 预绞式悬垂线夹检测效果　　　　　　　　　(d) 并沟线夹的检测效果

图 6.30　基于 YOLO 模型的输电线路线夹检测结果

　　实验表明，Faster R-CNN 基本可以检测到线夹，但是相对速度较慢。SSD 和 YOLO 模型的准确率基本能达到 Faster R-CNN 的检测效果，同时检测速度得到了极大的提升，然而 YOLO 对小目标的识别效果不够好，泛化能力偏弱，定位易出现误差；而 SSD 在 YOLO 的基础上，增加了不同尺度的卷积层，提高了模型检测精度。

6.4　螺栓视觉检测

　　螺栓作为输电线路中的故障高发紧固件，能够起到紧密连接输电线路各个部件以及维持整个线路稳定的作用，但由于其庞大的数量与所处环境复杂等情况容易造成螺栓缺陷，从而影响输电线路的正常运行[17]。因此，需要定期对输电线路中的螺栓进行检修以保证整个线路的正常运行。

　　传统的螺栓巡检主要通过人工对输电线路上的螺栓状态进行逐一排查，由于螺栓分布分散且规格多种多样，显著增加了检修难度，不仅耗时费力而且效率也不高。目前电力系统大力推动直升机、无人机等安全度极高的输电线路巡检应用研究，而且在后期处理过程中，结合主流的目标检测技术，能够很大程度地提高输电线路巡检的效率。针对上述情况，本节研究一种基于 Faster R-CNN[9]的螺栓缺陷检测方法，实验结果证明该方法能够区分检测出正常螺栓与缺陷螺栓。

　　首先对 Faster R-CNN 模型进行训练，使用所构建的螺栓缺陷数据集对模型进行微调，待训练出最优权重。而测试过程的 anchor 机制参数、阈值参数与训练时设置一致，IOU 阈值设为 0.5，因为螺栓目标对于所处理的航拍图像而言相对较小，模型检测目标容易丢失，这样可以尽量避免螺栓漏检情况。基于微调后的 Faster R-CNN 模型的螺栓测试结果如图 6.31 所示。

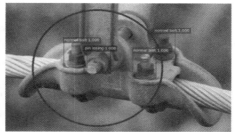

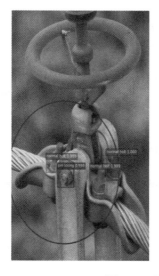
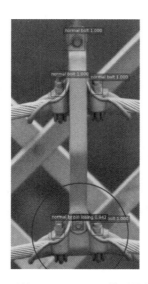

图 6.31　微调后的 Faster R-CNN 模型的螺栓测试结果

实验结果显示，对于正常螺栓而言，该微调模型检测的准确率高达 96%，而缺陷螺栓的检测率也能达到 94%以上，这充分说明经过微调后的 Faster R-CNN 模型能够有效地检测出输电线路中正常螺栓和缺陷螺栓。但实际情况中输电线路螺栓存在遮挡情况，该方法存在漏检情况，所以螺栓缺陷检测仍需深入研究。

6.5　本章小结

利用基于深度学习的计算机视觉技术实现对输电线路部件图像智能分析，对于保障输电线路运行安全十分必要。本章重点研究了绝缘子目标及其缺陷检测方法，然后简述了金具目标检测和导地线、螺栓的缺陷检测方法等。电力行业一直在推进直升机/无人机等在输电线路运维中的应用，获取的图像数量日益增多。因此，随着国家电网"数字新基建"建设的开展，基于深度学习的计算机视觉技术将逐渐发挥其重要推动作用。

参 考 文 献

[1] 徐国智. 基于深度特征表达的绝缘子红外图像定位方法研究[D]. 保定：华北电力大学，2017.

[2] Zhao Z B，Xu G Z，Qi Y C. Multi-scale hierarchy deep feature aggregation for compact image representations[C]. ACCV 2016 Workshop on Interpretation and Visualization of Deep Neural Nets，Taipei，2017：557-571.

[3] 赵振兵，崔雅萍，戚银城，等. 基于改进的 R-FCN 航拍巡线图像中的绝缘子检测方法[J]. 计算机科学，2019，46（3）：159-163.

[4] Wang X，Shrivastava A，Gupta A. A-Fast-RCNN：Hard positive generation via adversary for object detection[C]. IEEE Conference on Computer Vision and Pattern Recognition（CVPR），Hawaii，2017：3039-3048.

[5] Zhao Z B，Zhang L，Qi Y C，et al. A generation method of insulator region proposals based on edge boxes[J]. Optoelectronics Letters，2017，13（6）：466-470.

[6] Mokhtarian F，Suomela R. Robust image corner detection through curvature scale space[J]. IEEE Transactions on Pattern Analysis and Machine Intelligence，1998，20（12）：1376-1381.

[7] He K，Gkioxari G，Dollár P，et al. Mask R-CNN[C]. Proceedings of the IEEE International Conference on Computer Vision，Venice，2017：2961-2969.

[8] Zhao Z B，Xu G R，Qi Y C，et al. Multi-patch deep features for power line insulator status classification from aerial images[C]. IEEE International Joint Conference on Neural Networks（IJCNN），Vancouver，2016：3187-3194.

[9] Ren S，He K，Girshick R，et al. Faster R-CNN：Towards real-time object detection with region proposal networks[C]. Advances in Neural Information Processing Systems，Montreal，2015：91-99.

[10] 赵强，左石. 输电线路金具理论与应用[M]. 北京：中国电力出版社，2013.

[11] 戚银城，江爱雪，赵振兵，等. 基于改进 SSD 模型的输电线路巡检图像金具检测方法[J]. 电测与仪表，2019，56（22）：7-12，43.

[12] 王森. 输电线路图像上防震锤检测算法研究[D]. 北京：北京交通大学，2017.

[13] Redmon J，Farhadi A. YOLOv3：An Incremental Improvement[J]. arXiv preprint arXiv：1804.02767，2018.

[14] Dai J F，Li Y，He K M，et al. R-FCN：Object detection via region-based fully convolutional networks[C]. Proceedings of the30th Conference on Neural Information Processing Systems，Barcelona，2016：379-387.

[15] Liu W，Anguelov D，Erhan D，et al. SSD：Single shot multiBox detector[C]. European Conference on Computer Vision（ECCV），Amsterdam，2016：21-37.

[16] Redmon J，Divvala S，Girshick R，et al. You only look once：Unified，real-time object detection[C]. IEEE Conference on Computer Vision and Pattern Recognition（CVPR），Las Vegas，2016：779-788.

[17] Nguyen V N，Jenssen R，Roverso D. Automatic autonomous vision-based power line inspection：A review of current status and the potential role of deep learning[J]. International Journal of Electrical Power & Energy Systems，2018，99：107-120.

第三部分　基于人工智能的模式识别和预测技术

第1章 基于机器学习的电力指纹负荷识别技术

电力指纹技术是一种广义的负荷识别技术，通过电力指纹技术，结合各类能源互联网接入装置监测的数据，能够对设备的类型、参数、健康水平、用电行为甚至身份进行识别。本章将会围绕电力指纹技术的背景与定义、涉及的关键技术、技术的应用对象和场景来展开介绍。

1.1 技术产生背景

从电力系统角度来看，电网包含发电厂、输变电线路、变配电所和用电等环节，自然界的一次能源通过动力装置转化成电能后，再经电网传输到各个用户。为保障电能稳定传输，电网在每个环节都部署了信息与控制系统，对电能的传输过程进行测量、调节、控制、保护、通信和调度，保证电网稳定运行且用户获得安全、优质的电能。

从物理的角度来看，电网是世界上最大的网络。任何电气设备，从最早的电灯、电报到现在的互联网、物联网设备，从家庭的电磁炉、风扇到工业的流水线、大型电机，都直接或间接地接入了电网，成为电网上的一个节点。这些设备与电网进行电能交换时，会无意中将自身的信息透露给电网，如设备运行时的电压、电流、有功功率、无功功率、谐波等，甚至通过深度挖掘数据得到设备的健康状况和用户的使用习惯。相对地，电网的运行状态也会在用电设备上有所体现，如电力供需平衡波动导致设备端电压和频率发生变化，电网发生故障导致电能质量下降等。这是因为电网的节点之间都是相互联系的，如开启空调会造成附近设备电压降低，而两个距离很远的节点之间的信息则会被电网的线路、变压器等电网设备过滤掉。但如果有了电网的神经系统和神经中枢，距离再远的设备也是可以相互联系的。这种联系与我们传统所说的通信联系不同，这种联系不是为了实现信息交换，而是实现相互感知。由于电网技术和信息技术尚未发展到一定程度，这种联系长期以来没有被利用，如果我们能够利用这些联系，便能够真正实现万物感知。

当下，互联网和物联网能够实现万物互联和信息交换，却不能实现万物感知。因此，以电网为核心的能源互联网将会是继互联网和物联网之后的另一个宝藏来源，因为能源互联网不仅掌握了能量传输资料，还实际掌握了用户和设备信息资源。在过去，这些信息资源挖掘程度低，还存在信息的监测手段不足、不知如何识别、不知如何感知、不知如何应用的问题，相关的基础理论尚没有建立。但随着能源互联网技术、人工智能和大数据技术的发展，部分技术手段已经具备，当前已经到了开启这个领域大门的关键时刻。能源互联网将会发展成具备能量交换、信息交换、万物感知能力的网络，成为万物感知的最佳载体。

1.1.1 电网感知的内涵

前面提到了电网的神经系统和神经中枢是实现万物联系的基础。如把电力系统类比成一个完整的生物体，这个生物体的神经系统应该包括信息通信系统、传感器等结构。为了说明什么是完备的神经系统，下面介绍神经系统中刺激、感觉和感知三者的概念。

在生理学中把细胞或机体感受到的内外环境变化称为刺激。刺激的种类很多，可分为化学刺激、电流刺激、机械刺激和生物刺激等。感觉是刺激物作用于感觉器官经过神经系统的信息加工所产生的，对该刺激物个别属性的反应。知觉是人脑对于直接作用于感觉器官的事物整体属性的反应，是对感觉信息的组织和解释过程。感知则是感觉与知觉的综合，感知即意识对内外界信息的觉察、感觉、注意、知觉的一系列过程。

从定义来看，刺激是感觉的基础，但刺激不是感觉。用触觉的例子来说明，触觉是指分布于全身皮肤上的神经细胞接收外界的温度、湿度、疼痛、压力和振动等的感觉。当神经细胞感受到触摸带来的压迫，就会马上发出一个微小的电流信号，这个电流信号就是刺激。仅有这些刺激并不能感知我们触碰的物体的大小、形状、硬度和温度，只有这些电流信号传输到神经中枢进行综合分析，才可以判别出我们触碰的物体的大小、形状、硬度和温度等信息，从而形成了触觉这种感觉。

不仅刺激和感觉有着很大的差别，感觉和知觉也有着很大的差别。从定义上来看，感觉是对事物个别属性的具体的认识，即看得到，摸得到，包括视觉、听觉、味觉、触觉等。知觉则是对某一事物的各种属性以及它们相互关系的整体的反映。感觉反映的是事物个别属性，知觉反映的是事物整体；感觉的生理机制是单一分析器的活动，知觉是多种分析器协同活动的结果；感觉是知觉的基础，知觉是感觉的进一步发展。

回到电网本身，前面提出电网是万物感知的网络，感知的是物体以及接入网络的主体本身，而不是这个物体表现的电信号。传统意义上的电网神经系统更多地停留在感觉层面，虽然接收到大量节点的电流电压等信息变化，但控制中心达不到对电网各个主体的整体认识，没有将计算处理能力深入到对设备和用户的各项辨识。因此，未来电网的神经系统必然从当前这种简单的系统结构，演化成刺激、感觉、知觉等相关层次。目前电网的各类传感器提供了各类设备、事件、状态的刺激来源。但刺激尚没有上升到感知层面，这一方面是技术条件的限制，另一方面是对能源互联网的认识不够深入。随着信息通信技术、特别是人工智能技术、边缘计算技术等的发展，为将刺激层面上升到感知层面带来了可能。电网中感知在未来必将被大量学者所研究，具体内涵也得到了延展，包括感知电网的接入设备类型、设备参数、设备健康状况、电网相关事件等。

1.1.2　识别是能源互联网的基础

当前是电力体制改革和能源技术四大革命的重要时刻，能源互联网、综合能源管理在蓬勃发展，电力需求响应逐步推广。在能源四大革命、能源互联网发展、能源综合利用、电力需求响应推广中，以及为能源互联网用户提供定制化的增值服务中，均存在着重要的共性问题。

问题一，如何了解识别能源互联网中接入的所有源网荷储设备，从而使得各个设备协同发挥作用？

能源互联网是以电力系统为核心与纽带，构建多种类型能源的互联网络，利用互联网思维与技术改造能源行业，实现横向多源互补，能源与信息高度融合的新型能源体系。在能源互联网发展背景下，"源网荷储"各类设备在统一的能源互联网平台上互联互通，协同发挥作用，电网侧和用户侧的信息交互应越发重要和频繁。

"源网荷储"各类设备协同发挥作用的前提是各类设备必须相互了解对方。为了有效形成实时供需互动，必须要对源网荷储等所有设备实现实时识别，实现设备的可观，为设备可控，并最终为整个能源互联网的可控创造条件，甚至实现设备的唯一身份识别和跨越地域的精准定位和控制。因此"源网荷储"设备的识别技术显得尤为重要。

问题二，如何了解用户所拥有的综合能源设备参数和能力，了解用户的行为习惯，实施综合能源管理？

综合能源服务是一种新型的、为满足终端客户多元化能源生产与消费的能源服务方式，涵盖能源规划设计、工程投资建设、多能源运营服务及投融资服务等方面。简单来说，就是不仅销售能源商品，还销售能源服务，包括能源规划设计、工程投资建设、多能源运营服务以及投融资服务等方面，当然这种服务主要是附着于能源商品之上的。对售电企业来说就是由单一售电模式转化为电、气、冷、热等多元化能源供应和多样化服务模式。

推行综合能源服务，前提是了解用户的用能需求、用能习惯、用能负荷等诸多要素。为了更好地综合能源服务，必须实时掌握各个用能设备的运行状态和可调节能力等。因此，如何识别用户设备参数和能力，如何识别用户行为习惯显得尤为重要。

问题三，如何了解用户的负荷调节能力以及分布式发电能力，从而实现精准需求响应？

电力需求响应是电力市场中的用户针对市场价格信号或者激励机制而做出的反应，参与电力系统的调控，并改变传统电力消费模式的市场参与行为。需求响应作为一种促进供电和用电系统互动的策略，通过对电能用户的主动负荷调整来有效提高整体系统资源的使用效率，保证电力系统的供需平衡，是实现能源系统开放协同的重要途径。

需求响应的出发点是非常好的，然而在需求响应的过程中，总发现需求响应的目标达不到，响应的效果大打折扣。这往往是因为需求响应一般采用弹性模型、聚合模型等模型来对用户进行模拟计算，需求响应方不能了解用户具体拥有哪些设备，每台设备的调节能力和运行状况，分布式发电设备的特性和参数等等，从而无法制定良好的需求响应的政策和措施。因此，如何对用户的负荷的调节能力和用能习惯等做到精准的识别，显得尤为重要。

问题四，如何探测电网中的事件和用电中的安全隐患，实现电网的安全稳定和用户的安全用电？

无论如何注意安全，电能始终是一个充满危险性的能量。据不完全统计，我们日常火灾中，30%的火灾是由用电设备使用不当引起的。电器火灾可分为漏电火灾、短路火灾、过负荷火灾和接触电阻过大火灾等。同时，用电还会出现人身触电等各种不安全情况，电网运行中也存在电力的安全稳定运行问题。这些问题都是困扰着我们电网运行和日常生活的问题。

如果我们有一种识别手段，来探测生活中电线和用电设备中发生的漏电、短路、过负荷和接触不良等事件隐患，那么就能够识别生活中购买了不安全的用电设备，能够识别运行长久的设备存在着安全隐患，能够识别以及在公共场合中使用的违规电器等违规用电行为，用电安全性将显著提高。

1.1.3　当前识别技术存在的问题

目前能源互联网识别手段有两种，一种是基于设备在运行或操作过程表现出的稳态特征和暂态特征等电信号来识别电气负荷类型的。这种方式一般有侵入式负荷识别和非侵入式负荷识别，但这些手段识别的内容极为有限，目前一般停留在类型识别层面；另一种是读取设备内部芯片获得设备信息。随着信息通信技术和能源互联网的发展，负荷等设备都自身携带有处理芯片，并存储着设备类型、设备参数等信息[1, 2]，在接入能源互联网时主动将类型参数等信息通过信息通信网络直接告知能源互联网的神经中枢。这种识别方式在某些情况下更加准确及时，但也存在一些问题。首先，不能对无芯片设备进行识别，对于当前电网中的大量存量设备无能为力。其次，这些识别只能获取出厂时设置的类型信息、基本参数，无法感知设备运行过程中的参数变化，也就无法对设备的寿命和健康状况进行识别。最后，这种识别往往是独立的，设备间无法实现相互识别和感知，也不能识别电网多个设备协同运行造成的相关事件。

目前学术界研究最多的是非侵入式负荷识别，指的是通过分析用户总线上的用能变化来对负荷类型进行识别。非侵入式负荷识别最早源于 Hart 提出的非侵入式电器负荷监测[3]，即在不侵入用户家庭的前提下，通过监测总线上的功率变化情况分析出用户家庭里各个用电器的用电情况。虽然当前的负荷识别领域已有许多成果，但是大多数研究集中在非侵入式分解中，对于负荷本身的特性研究少，主要体现在下面两个方面。

一是识别的内容很少。目前研究主流的识别内容主要为设备的运行状态，如在非侵入式分解研究领域，研究通过监测楼宇或者家庭总线处的电信号（电流、功率）变化情况来分解得到里面各个设备的运行情况以及对应的功率曲线，具体包括设备的开关状态、运行状态变化、功率变化等[4-6]。后续研究多数集中在此，更多的是提高分解的准确率以及进行一些泛化尝试。非侵入式算法在分解前必须知道房屋里面存在哪些设备，甚至需要提前获取部分设备的运行曲线，以获得一个较高准确率结果。因此，若要实现非侵入式算法的应用，首先必须解决"未知的房屋里有什么设备"这个问题，即通过研究每个设备本身的运行特性，包括电气特征以及行为特性，来对设备本身类型进行识别。

二是识别的算法有限。当前的识别研究集中在非侵入式识别领域，因此识别的算法也是集中在家庭负荷分解相关算法研究。许多学者研究出了不同的方法，总结来说主要集中在数学组合[7-9]、人工智能[10-12]等方面。而关于设备本身的特性识别如柔性负荷可调潜力识别则较少研究，有采用黑箱法分析空气源热泵和地源热泵负荷特点和热容特性，分析了绝对值法与相对指标法评价用户响应性能的方法。还有研究了基于室内外温差的变频空调基线计算方法，量化空调用户参与需求响应的效果。这些方法在不同的研究对象上面有着不同的适用性，在进行实用性推广建模时面对海量的设备往往会出现泛化问题，因此需要建立一套以数学建模为主、数据驱动为辅的识别体系以适应不同的环境和设备。

综上所述，现有的负荷识别技术从识别内容到识别方法都已经无法满足能源物联网的感知需求，必须提出一个更具有完备性、适用性和先进性的技术以实现识别负荷、识别设备、识别行为习惯、识别事件等，即电力指纹技术。

1.2　电力指纹定义与内涵

本节将介绍电力指纹的定义与内涵，以及电力指纹的优势。电力指纹这一概念最早源于贵州电网有限责任公司电力科学研究院与华南理工大学共同合作开展的南网重点科技项目"面向能源互联网的配网需求侧综合能源管理技术研究与示范"。该项目致力于建立以能源技术和信息技术深度结合的能源互联网体系[13]，实现分布式可再生能源的大规模接入和共享，并利用互联网实现与终端用户的有效交互，以及海量分布式设备的协调控制。其中研制开发了一套用于统一各类分布式设备的能源 USB 接口[14]，采集家庭用户用电的海量数据，实现分布式设备的即插即用。在开展综合能源管理系统的示范工程建设中，贵州电科院发现合作方华南理工大学有一种人工智能技术可以用于负荷识别，于是与华南理工大学合作研究并最终形成了一种新型负荷识别技术，经过共同研讨，最终将这种技术命名为电力指纹技术（Power Fingerprint Technology），并首先在贵州大学落地。

电力指纹技术一经提出，得到了学术界、电力界和社会的高度认可。华南理工大学教授余涛受邀参加中国能源产业发展会介绍电力指纹技术与智能电网的应用；贵州电网电力科学研究院院长受邀主持召开电力指纹技术交流会，吸引了贵州省电机工程学会、贵州大数据流通交易专委会、贵州电网电力调度控制中心，贵州黔能企业有限责任公司和贵州电网电力科学研究院各个专业所人员参与。与此同时，一大批相似的技术概念相继被提出，如电流指纹、电能指纹等，共同推动电力指纹技术的发展。

1.2.1　电力指纹技术的定义

电力指纹技术，通过监测电网设备的电气数据，利用人工智能技术和大数据技术挖掘出能够表征设备某种特性的特征点，多个维度特征点聚合起来就是该设备的"电力指纹"。利用电力指纹能够对设备的类型、状态、参数、用户行为习惯、能效和健康水平以及身份进行识别，利用电力指纹技术可实现对用电设备的监测、控制、管理和友好交互。整体层次如图 1.1 所示。

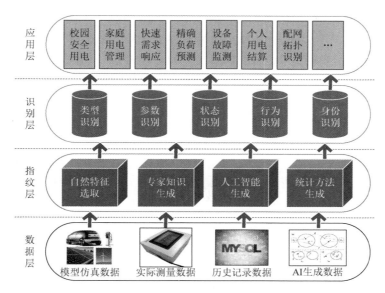

图 1.1　电力指纹层次图

　　电力指纹技术研究主要分为特征研究和识别算法研究两部分，其中特征研究主要集中在如何从原始电气数据中提取出有效、独特、易于提取的特征；识别算法主要集中在如何利用提取出来的特征对设备某个属性进行识别。研究电力指纹技术就是在探索如何从众多特征和算法中找到一个合适的结合点。

　　（1）针对特征研究部分，一般来说，各个监测系统的原始数据库记录了设备详细的电气数据[15]，但是这些原始数据中并不是所有元素都是有用的，这些未经处理过的原始数据不能很好地表示出设备的特点，因此需要通过一定的处理手段从原始数据提炼出电力指纹。提炼电力指纹可以有很多种方法，其中最常用的两种方法，一种是结合设备已有的知识和模型来选择特征点，另一种是利用深度学习的方法提取出具有高表达能力的特征。

　　①利用专家知识生成特征。即按照学术界的共识来提取特征值，如设备稳定运行时的电压电流幅值、有功功率、无功功率、视在功率、功率因数、相位差、各次谐波分量幅值和相角；设备开启暂态的暂态时间、暂态电流波形、有功无功增量、电流峰值、有功无功最大值；时间维度的设备开启时间点、持续时间、开启频次等。

　　②利用表示学习的方法提取出具有高表达能力的特征，如利用自动编码器将原始数据编码成更加能够适合机器学习方法处理的形式；利用图表示学习方法将数据转化为图的形式，并利用图神经网络方法进行训练和识别。

　　（2）针对电力指纹识别部分，通常有两大类方法，一类是用机器学习算法，通过已有数据训练好模型，然后用模型对实际的输入进行预测，机器学习算法又可以分为回归算法和分类算法两大部分，主要在类型识别、行为识别里使用。另一类是用启发式算法，通过不断迭代来求得所需要的参数，直至拟合给定的输入，通常在参数识别、非侵入式识别里使用。

　　①常规机器学习方法主要有神经网络、k-近邻算法、决策树算法，而且多为监督学习方法，即根据历史法的负荷特征作为训练集进行训练，然后根据训练结果对未知负荷进行监测识别。例如，

上述提取出来设备的特征作为神经网络的输入，给定已知的设备标签便可以对神经网络进行训练，最后将未知的设备特征输入至该模型中便可得到识别结果。

②启发式算法指人在解决问题时所采取的一种根据经验规则进行发现的算法。其特点是在解决问题时，利用过去的经验，选择已经行之有效的方法。常用的启发式算法有局部搜索法、模拟退火算法、遗传算法、贪婪算法等，群体智能算法包括粒子群优化算法、蚁群算法、人工蜂群算法等。例如，在求解非侵入式识别的时候，因各特征如功率、电流各次谐波等满足叠加原理，可通过输入总的特征结合设备集合中每个设备的特征即可找到最佳的匹配组合。这类算法的优点是模型简单，在参数不多的情况下可快速迭代求得准确解，缺点是特征维数不够导致多解，或者容易陷入局部最优。

1.2.2　基于电力指纹的五大识别

在 1.2.1 节里描述了电力指纹能够参与各类识别的过程，我们将电力指纹识别分为五个部分，依次为类型识别、参数识别、状态识别、行为识别、身份识别，这五个识别并不是串联或者并联的关系，是相互交叉、互为因果，共同构成完整的电力指纹识别体系。如图 1.2 所示。

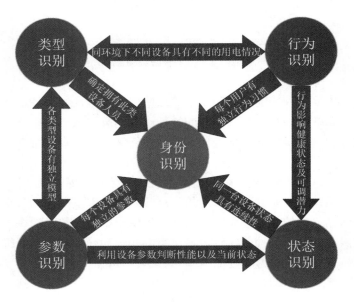

图 1.2　电力指纹识别层次图

（1）类型识别，即对设备的类别进行识别，主要应用于商业、居民环境，识别的对象主要为生活电器。类型识别在安全管理和综合能源管理领域具有非常好的应用前景，通过识别出接入设备的类型，判断设备是否为黑名单或白名单电器，进而对该设备进行控制。识别的方法多为机器学习方法，例如，使用决策树+神经网络的多层级结构构建识别模型，适用于常见的设备。对于那些电气特征比较相近的或者特征不明显的小电器等，则可以考虑结合行为识别进行协同识别。

（2）参数识别，即对设备的铭牌参数以及设备的数学模型参数进行识别。参数识别主要体现在设备的运维和监控上面，如电力设备参数识别、分布式电源的参数识别、用电负荷的等效模型参数识别等。根据电力指纹技术识别当前设备的参数并实时监测，能够做到设备产生故障时精确判断故障位置和故障类型，分析出需要处理的问题。

（3）状态识别，即对设备特性、能效水平、健康水平、运行状态进行识别和预测。通过生成设备模型的在不同工况以及状态下的运行数据，利用启发式算法对实测数据进行寻优判断出设备的当前状态，或者结合该设备历史运行数据以及过去的用电行为，通过人工智能模型来预测当前的状态值，制定合理的设备运行控制策略等。

（4）行为识别，即对用户的用电行为进行识别。用户的用电行为，还可以再细化划分为长期行为与短期行为。短期行为是一个随机性问题，可以通过两方面来描述，一方面是分析环境对用电行为的影响，另一方面是利用不同的设备之间使用的关联性来判断。长期行为可以通过聚合方式获得，通过用电习惯分析即通过记录和分析用户长时间内各个负荷的启停、调节情况。根据用户每个负荷的用电习惯，可以提供一套智能用电方案，显著提升用户的用电舒适度，而且在已知用户的用电行为和电器运行情况下可以显著提高负荷预测的精度，实现精准的负荷预测，为未来电力市场开放后用户侧参与电力市场打下基础。

（5）身份识别，即对电力设备的使用者身份进行识别。身份识别是各类识别的综合结果，如单独依靠人的外貌、声音或行为习惯都不足以确定某人身份，但这些信息组合起来可以大概率判断是某人。类比到电力指纹，单独拿一个设备的类型特征、行为特征、参数特征、状态特征进行识别无法判断设备的使用者，但将这些识别结果组合起来，就有可能得到唯一的设备指向，实现身份识别。这项技术未来可用于一些信息安全领域、居民财产领域，实行设备的用电认证和保护。

1.2.3　电力指纹的优势

与传统的负荷识别相比，电力指纹有着更为丰富的内涵和优势，具体体现在以下几点。

（1）电力指纹技术有更广的应用场景。不同于传统的负荷识别仅仅局限在负荷设备，电力指纹的应用对象扩展至整个电力设备领域，不仅能对用户侧的设备进行电力指纹识别，还能对一些分布式电源、储能设备进行电力指纹识别。

（2）电力指纹技术有更丰富的内涵。传统的负荷识别通过侵入式或非侵入式方法对用户的用电器类型进行识别。而电力指纹识别不仅仅包含了类型识别，还包含了设备的参数识别、状态识别、行为识别、身份识别。

（3）电力指纹技术更具备实用化。传统的负荷识别目前还停留在理论研究阶段，实用化和泛化能力差。基于电力指纹可以构建出包含大量电类设备的电力指纹信息库，结合信息库每一个识别环节都可催生出相应的商业模式，在实用化上有着广阔的应用前景和商业场景。

（4）电力指纹技术发展可以推动基础性科学发展。电力指纹技术由人工智能学科和电气工程学科交叉而成，包括信息与通信工程学科、计算机科学与技术学科、电力系统运行与控制学科、电机与电器学科等，在研究电力指纹技术过程中会关联到以下研究内容：物联网通信、机器学习、数据库与云计算、电力系统运行与控制、电力需求侧管理、电力设备状态评价，发展电力指纹技术的同时也在推动和丰富其他技术。

1.3　电力指纹关键技术

1.2 节所提电力指纹的定义提到了特征研究和识别算法研究，本节重点围绕着两个研究展开介绍目前常见的一些技术，包括信号特征分析、数据特征分析、识别算法等。

1.3.1　信号特征分析技术

电力监测是由电力设备在线监测系统以及海量设备级的电力监测仪所构成的监测网络。通过这些设备的传感器来监测电力设备各种运行状态，获得包括电压、电流、功率等电气数据，温度、湿度、空气质量等环境数据，设备开关、用能变化等行为数据。信号处理就是对各种信号，尤其是电信号进行提取、变换、分析等处理来获取我们所需要的信息和信号形态。

在工业领域，时域分析法通常用于对设备的健康状态进行评估以及运行故障监测，时域特征能够反映设备的总体状态。目前时域分析法主要是通过构建有量纲特征值和无量纲特征值两大类来进行分析。

有量纲特征值是指数据经过复杂计算之后仍有单位的结果，一般具有特定的物理意义，如平均值、最大值、最小值、峰-峰值、方差等，不同的特征值具有不同的联系和含义。在实际中信号通过一定的采样频率获得，因此各种计算过程都是基于离散值的。有量纲特征值大多数都有明显的物理意义与之对应，因此对信号的特征反应比较敏感，但同时由于量纲的存在，其与信号本身工作环境有关（如高负载下的电流与低负载下的电流），而且容易受到干扰，因此学术界提出了一系列无量纲特征值来排除干扰。其中典型的有峰值指标、脉冲指标、裕度指标、波形指标、峭度指标、偏度指标等。

与时域特征分析法对应的即为频域分析。频域分析顾名思义就是通过对信号进行变换得到其在频域上的特征，进而利用频域特征来分析信号。在实际生活中，大多数原始信号都是以时域来测量和记录，信号可以看作以时间为自变量的函数。信号通常用时间-幅值表示法，即以时间作为自变量轴，幅值作为因变量轴。对于许多与信号分析相关的应用来说，这种表示法并不是一个最好的方法，因为多数时候最具表达力的信息往往隐藏在信号的频谱中，即信号由哪些频率组成。一个信号在给定了时间范围和幅值之后，可以通过傅里叶变换来计算出频谱，即频率-幅值表示法。除此之外还有能量谱、功率谱和倒频谱等方法来提出去频域的相关特征。图 1.3 所示为电动自行车充电时的时域图与频谱图。

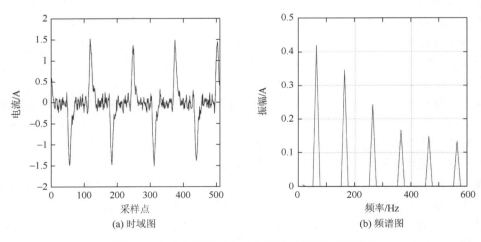

(a) 时域图　　　　　　　　　　　　　　(b) 频谱图

图 1.3　电动自行车充电时电流的时域图与频谱图

前面介绍了信号领域常见的时域分析和频域分析，这两个分析是站在两个不同的角度来观察信号的，相互独立。但是在工程上经常会遇到许多非平稳的信号，各个含量的谐波在不同的时刻出现，用频域分析仅能得到全局的频率信息，而无法得知该频率出现的时间。因此需要其他手段来解决这种问题，即时频域分析法。时频域分析常用的方法有短时傅里叶变换、小波变换。

除此之外还有一些信号分解技术，如经验模态分解、盲源分离等。其中的经验模态分解是1998年由华人科学家黄锷博士提出的[16]，是时频域分析中的重要工具，基于经验模态分解的时频分析方法既适合于非线性、非平稳信号的分析，也适合于线性、平稳信号的分析。前面分析提到的时频域分析工具，即短时傅里叶变换和小波变换，都需要事先人为选取基函数，一旦确定了基函数那么在整个变换的过程中都无法更换。而经验模态分解不需要事先选定基函数，依据自身的时间尺度特征来进行信号分解，简单来说就是不需要借助任何工具就能将任意原始信号分开成一个个"满足条件的信号"。

1.3.2　数据特征分析技术

数据特征分析技术主要是从收集到的各类数据中分析和提取特征值，通常有数据清洗技术、降维相关技术等。

数据清洗技术就是在真实采集的数据中，拿到的数据往往会有异常值、缺失值、噪声、人工输入错误、数据之间不一致等问题，这对挖掘数据的信息会造成影响，因此需要通过数据清洗来提高数据的质量。具体步骤包括分析数据、缺失值处理、异常值处理、重复值处理、矛盾值处理、噪声处理和升降维处理。

分析数据最主要的目的就是找出数据中哪些数据是相对不合理或是存在问题，常用的有画图法和统计法。画图法包括频次图、散点图、Q-Q 图、箱型图、直方图，通过一个或者多个图可以观测到数据中异常值的存在以及噪声的情况。统计法主要依靠各种统计学指标来表征，如平均数、方差、标准差、相关系数矩阵、协方差矩阵等。

由于实际中采集到的数据往往是具有较高维度的，这些维度之间存在着信息相关和冗余，有的是线性相关，如在一个相对恒定的电压环境下，电流幅值与视在功率之间呈线性关系；有的是非线性相关，如通过电压、电流和功率因数可以计算出有功功率、无功功率等。如果直接利用原始数据进行算法训练和判断，将会造成算法模型训练时间长、准确率不高、需要存储空间高等问题。因此为了使得后续处理的模型更加简单有效，需要对高维度、含冗余的数据进行降维处理，提取出更为有效的维度特征。

常见的降维方法有主成分分析（Principal Components Analysis，PCA）、核主成分分析、线性判别分析等，其中主成分分析主要用于无监督下的线性变换，核主成分分析用于无监督下的非线性变换，线性判别分析用于有监督的线性变换。主成分分析的定义为旨在利用降维的思想，把多指标转化为少数几个综合指标。从图形上来看就是将数据线性变换到一个新的坐标系，使得其在某几个坐标轴上具有更大的方差，每个轴包含更多的信息，进而可以舍去那些方差更小的轴，实现数据的降维。PCA 只能对数据进行线性变化，如果数据本身在空间上不可线性划分，那么使用 PCA 是不可能达到一个好的效果的，这时候就要考虑非线性变换，使得变换之后的数据可以线性可分，再来使用 PCA 降维，这个就是核主成分分析。

1.3.3　相关识别算法

识别算法主要分为回归算法以及分类算法。回归算法包括线性回归、回归树、神经网络等，分类算法包括 k-近邻、决策树、支持向量机等。下面简单介绍几种算法。

（1）线性回归。线性回归指的是拟合一个以 n 个属性组合为输入的线性函数 y，即

$$y = f(x \mid \theta) = w_1 x_1 + w_2 x_2 + \cdots + w_n x_n + b \tag{1-1}$$

向量形式可表示为

$$y = f(x \mid \theta) = w^{\mathrm{T}} x + b \tag{1-2}$$

其中，$w = (w_1, w_2, \cdots, w_n)$，$w$ 和 b 即为函数 f 中的 θ，为模型需要学习的参数。线性回归就是试图学习一个以连续值为输出的线性模型，通常的解法有最小二乘法和梯度下降法。

（2）k-近邻算法。该算法是一种常用而且简单的监督学习分类算法，它的主要思想是"近朱者赤，近墨者黑"，k-近邻算法的输入为实例的特征向量，输出为实例的类别，回归任务则输出预测值。k-近邻算法假设给定训练样本数据集，并且每个样本数据都携带着自身的类别标签，即每一组样本数据与其所属分类的对应关系是已知的。然后给出没有分类标记的测试数据集，将测试数据的每个特征与训练集中数据的对应特征进行比较，然后提取训练集中 k 个特征最相似数据的分类标签，根据这 k 个数据出现次数最多的类别标签来定义测试集数据的分类。

（3）决策树。决策树是机器学习中最为常用的一种算法，它的模型可以简单地理解为规则树结构，数据从起始模块开始，一步步通过判断模块，最终到达终止模块，决策树的学习是从实例的许多特征值中推出相应树的规则。目前决策树有很多实现算法，如 ID3 算法、C4.5 算法等。

（4）支持向量机。支持向量机是一类按监督学习方式对数据进行二元分类的广义线性分类器，其决策边界是对学习样本求解的最大边距超平面。可形式化为一个求解凸二次规划的问题，也等价于正则化的合页损失函数的最小化问题，支持向量机的学习算法是求解凸二次规划的最优化算法。

1.4　家用电器电力指纹研究

基于电力指纹的相关技术，本节选取了部分家用电器进行类型识别相关研究，主要从电器的模型与数据、电器的指纹提取和识别进行完整的研究。

1.4.1　家用电器的主要分类

随着居民用电负荷逐渐多样化，目前居民用电负荷的分类方法主要有以下几种：按照部件类型分类、按照使用状态分类、按照电气外特性分类。

1. 按照部件类型分类

电阻类负载：主要有热水器、电水壶、电热炉等，这类用电器的功率因数几乎接近 1，无功功率几乎为零，呈现出纯阻性的电气特性。

电机类负载：主要有洗衣机、风扇、空调、冰箱等，这类用电器内部都会存在电机用于旋转、压缩等，因为电机的工作需要建立磁场，故这类用电器往往带有一定的无功功率。

电子类负载：主要有计算机、电视机等，这类用电器含大量电子电路如整流模块等，故这类用电器往往谐波含量较大。

2. 按照使用状态分类

开/关型负荷：该类用电器仅有两种状态即开启和关闭。该类型用电器在家用电器中所占的比例较大，家用电器如电灯、热水壶、热得快等电器均属于此类。

有限状态型负荷：此类用电器具有多种工作状态，各个状态之间能任意切换或者按照一定顺序切换。该类型用电器在家用电器中所占的比例也较大，家用电器如洗碗机、吹风机等属于此类。

连续可变状态型负荷：该类用电器在稳态运行过程中的功率没有恒定均值。该类型负荷在家用电器中所占的比例越来越大，家用电器如洗衣机、冰箱、笔记本等属于此类，其中笔记本充电时会随已充电量和笔记本使用状态改变而改变。

永久开启型负荷：该类用电器在运行时一般功率较小，例如，电话机和烟雾探测器等小型电器。

3. 按照电气外特性分类

实验发现，不同环境下的电源会影响负荷，而我国电压标准范围为 198～235V[17]，则设备的功率变化范围则将接近 20%，可见由电源的差异带来的数据变化是不可忽略的，因此需要一套合适的规范化方法来处理不同电压环境下的数据。我们选择 220V 作为规范化后的电压标准，选用规范化后的电气特征或与电压无关的设备本身的特性作为设备的典型特征。通过对已有电器的研究，根据不同设备规范化方法的不同我们将电器分为三大类：恒功率类、恒阻抗类和其他类型，具体规范化方法会在后面内容详细介绍。

1.4.2　不同电器建模与数据分析

单纯依靠功率特性是无法区分开用电器的，尤其是在用电器的型号多且杂的情况下，所以必须挖掘一些同种类用电器自身特有的、依靠用电器内部结构的特性，如用电器的谐波分析。可以看到有一些用电器的谐波特征较为明显，如电视机的偶次谐波较大，甚至达到基频的 90 多倍，计算机待机时的三次谐波也远远大于其他的谐波，可以把用电器的二到七次谐波作为一类特征值参与到识别当中。

从上述电气量中选取有代表性的特征是识别电器的关键，对此，我们按照前面电气外特性分类：恒功率、恒阻抗和其他类型这三大类进行特征分析。

1. 恒功率电器

该类电器最明显的特点是其功率以及各次谐波功率是恒定的，不受外界环境的影响。因此使用功率作为恒功率电器的识别特征。图 1.4 所示为手机充电器在不同电压下的功率值，可知手机充电器在电压变化时功率维持不变。

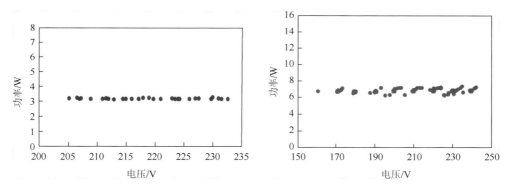

图 1.4　两台不同的手机充电器电压-功率散点图

2. 恒阻抗电器

恒阻抗电器的特点是恒阻抗，即电器的阻抗作为电器的特性不受外界环境影响，因此，使用阻抗以及各次谐波阻抗作为该类电器的识别特征。同时，功率长期以来作为人们对各类电器最为熟悉的电气特征，其作为识别特征是有重要意义的，但由于外界环境的影响，功率需要被规范化预处理再作为特征输入。

恒阻抗电器这类线性电器可使用线性变化作为规范化方法：

$$P_{\mathrm{Norm}}(t) = 220^2 Y(t) = \left(\frac{220}{V(t)}\right)^2 P(t) \tag{1-3}$$

图1.5（a）所示为电暖器的电压-电流曲线，由图可知该曲线明显为直线，即阻抗值不随外界电压变化而变化。图1.5（b）所示为电暖器的电压-功率曲线，由图可知该范围内的数据也能拟合成二次函数，符合阻抗值不变的特点。

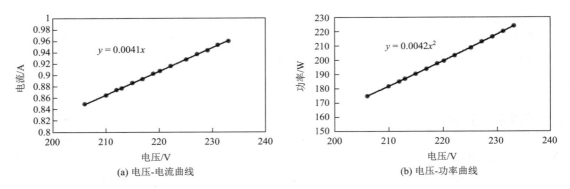

(a) 电压-电流曲线　　　　　　　　(b) 电压-功率曲线

图 1.5　电暖器的电压-电流曲线与电压-功率曲线

3. 其他电器

测量表明较多设备不是恒阻抗设备。更通用的模型为

$$P_{\text{Norm}}(t) = V(t)^{\beta} Y = \left(\frac{220}{V(t)}\right)^{\beta} P(t) \tag{1-4}$$

当 β 为 2 时可简化为线性模型。

图1.6所示为风扇在不同电压下功率的变化。通过实验得出非线性电器规范化的值小于2（例如，所测风扇的 β 一挡为1.9187，二挡为1.8493，三挡为1.7687），通过选取一略小于2的数（如1.8）对规范化进行近似表示。

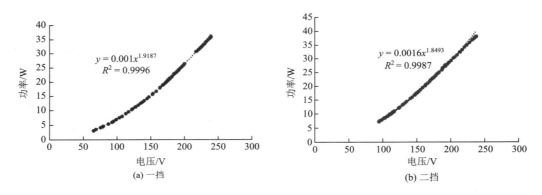

(a) 一挡　　　　　　　　　　　(b) 二挡

图 1.6　风扇各挡位电压-电流曲线

1.4.3　家用电器的类型识别研究

本小节将会介绍一个电器识别实例。通过采样频率为 6.4kHz 的采集器采集了 19 种电器的稳态数据，包括电压有效值、电流有效值、功率因数、有功功率、无功功率以及 1~32 次谐波。首先按照电压规范化方法进行预分类，再对每种分类单独构建神经网络进行训练，如图1.7所示。

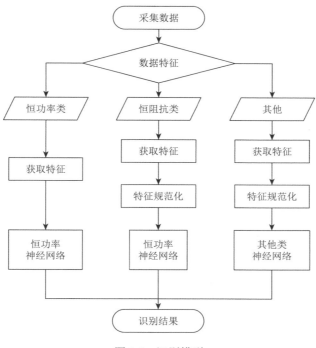

图 1.7　识别模型

选取的 19 种电器类型每种稳定状态采集 20 条左右的数据总共采集 1776 条稳态数据，训练后模型识别结果的如表 1.1 所示。

表 1.1　模型识别结果

类型	训练样本（70%）错误个数	验证样本（15%）错误个数	测试样本（15%）错误个数
恒功率（386）	0	0	0
恒阻抗（592）	1	0	2
其他（798）	0	1	1

训练结果显示识别准确率高达 99.7%，其中除由极少数采样异常造成的异常数据外，错误数据主要出现在其他类电器设备中。

1.5　电力指纹应用场景

本节围绕着电力指纹技术的应用层展开，介绍电力指纹相关技术的应用情况、电力指纹在安全用电领域的应用及工程案例。

1.5.1　相关应用技术

与电力指纹相似的概念主要有电力用户画像[18-20]和非侵入式识别[21-23]，由于非侵入式识别前面已经介绍过，这里便不再赘述。

在电力行业领域，电力用户画像主要包含电力用户两类重要信息：静态属性信息和动态行为信息。其中，静态属性信息为电力用户较为稳定的信息，如电压等级、用电规模和行业等。动态行为信息即用户不断变化的行为信息，如增容行为、违约行为及缴费行为等，这些行为的发生时间和行为变化量是不断改变的。通过这些信息构建出电力用户的用户画像。能够为电力行业提供精准的用户群体的反馈信息。

具体而言，基于用户用电标签形成的用户画像，能够直观、快速地展现电力客户的用电行为特征，构建电力用户画像有如下的作用。

（1）支撑客户负荷预测。随着电力市场的推进，售电侧逐步向用户放开，从而让单个的用户的电力负荷和电量预测变得更加重要。通过采用电力用户画像对用户的用电行为建模，能够高效、精准实现客户用电模式分群。并且基于客户用电模式分群结果建立的同类客户预测模型池，能够解决单个客户负荷、电量样本数据不足的问题，有效提高客户负荷和电量预测的精确度。

（2）辅助制定用户的用电建议。结合客户用电行为模式画像，对用户的用户行为进行分析，识别出具体的用电特性，从而能够针对不同用电模式群体量身定制合理用电建议，例如，大型工业客户合理适时申请增减容、适当调整生产时间以避开高峰电价时段等。

（3）辅助制定电价政策。售电市场环境下，优质用电客户可能大量流失，而根据客户用电模式的不同，制定合理的电价政策和售电套餐，能够吸引优质客户，提高客户黏性和忠诚度，使售电主体在复杂多变的新售电环境下更具竞争力。例如，建立个性化收费服务策略库，结合客户画像，实施"一户一策"的收费策略，使定价更加灵活与有效。

（4）电力用户风险评级。针对电力企业部分客户的电费回收难等共性问题，运用客户标签管理方法设计电费风险防控业务架构和电费风险客户标签目录。通过识别可能影响电力企业客户交费的潜在事项，提炼成风险原因类标签。再次利用数据挖掘等技术手段，基于风险原因、客户基础信息、交费行为等评估电费回收风险概率，评定电费风险等级，构成客户风险等级标签。最后根据风险原因、风险等级，结合业务流程及现状，制定风险处理措施，提炼形成电费风险处理措施。

1.5.2　安全用电实例

安全用电是个关系到千家万户的重要问题，而在校园和旅游景区等人员密集、易发火灾的地方这个话题尤为敏感。如学生宿舍使用违规电器导致火灾时有发生，而学校的管理手段有限，只能通过突击检查或限制功率的手段来预防，无法及时、精准地察觉到电气隐患，旅游区也同样面临着这样的情况。因此，需要依靠更为先进的用电感知手段来解决这类问题，如利用电力指纹的精准负荷识别技术构建安全用电系统。

基于电力指纹的安全用电系统，包含电力指纹安全识别技术、安全智慧用电软件系统和电力指纹硬件终端几部分。安全用电系统通过用户内电力指纹硬件终端实时设备监测用电情况，并利用电力指纹技术识别电器类型，一旦发现违规电器或危险电气事件就快速警报并远程精准管控，既不影响其他用户的正常用电，又能实现快速切断违规用电，是更高效、更智能、更符合现代化的安全用电管理方案。系统的总体架构如图 1.8 所示。

1. 电力指纹硬件终端

从上述框架可以看到，整个系统的载体是电力指纹硬件终端，具体还分为插座终端以及集中器终端。电力指纹插座终端是安全用电工程实施的关键设备，集用电数据采集、处理、传输功能于一体，同时具备控制功能，能够在发现用电隐患时快速切断供电，防止事故的发生。电力指纹集中器是一种安装在用户电力总线处的电力指纹智能装置，电力指纹集中器监控用户总的用电信息，并且与电力指纹智能插座相互通信，获得用户内各处的细节用电信息，并具有较强的计算能力，可以搭载更为复杂的算法，如非侵入式识别算法等。

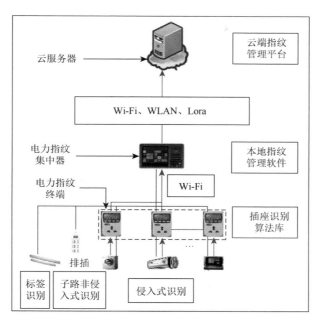

图 1.8 工程系统架构

2. 电力指纹识别技术

除了硬件载体，整个系统的核心为电力指纹安全识别技术，包括高危电器常态运行下的电力指纹库、设备投切增量提取技术、基于机器学习的电力指纹识别技术，具体技术路线如下。

（1）高危电器常态运行下的电力指纹库。利用上述高功率、高发热量、高危工作环境的判断指标，制定典型高危电器种类列表，使用项目研发的电力指纹测控终端，对列表内的电器在正常运行条件下进行重复多次的电气信息采集，采集信息一般包括稳态特征、暂态特征。对采集到的数据样本进行处理提取特征序列，研究不同类型电器、同类型不同电器之间的各种电气量特征参数，分析其中的规律并找出具有高辨识度的负荷特征作为该高危电器的电力指纹，构建高危电器常态运行的电力指纹数据库。

（2）设备投切增量提取技术。利用电力指纹集中器进行用电监测，实时判断用户功率变化情况，并针对功率序列设计基于滑动窗的事件探测算法，初次检测判断功率突变与否及投切过程原始点与终点位置，二次检测辨识投切事件与其他电器稳态工作时的功率波动。提取出突变参量并对比电力指纹本地库，区分已训练电器及新加入电器，已训练电器通过欧氏距离判断类型，若为新加入电器则利用电力指纹识别模型进行判断。

（3）基于机器学习的电力指纹识别技术。提取出突变参量以后可以转化为单个侵入式设备识别，所以考虑在侵入式负荷监测架构内融合图神经网络、决策树算法、随机森林算法、深度神经网络等各类先进机器学习算法，研究基于多维度特征融合分析的高危电器类型及状态辨识方法，选取综合性能较好的算法根据不同高危电器的特征序列建立电力指纹识别模型，为区域内安全用电技术及示范应用提供理论支撑。

3. 电力指纹软件系统

电力指纹软件系统功能设计主要围绕着智慧安全用电需求，分别开发云端平台、集中器端交互软件以及手机 App，对电力指纹识别技术进行集成。系统的部分界面如图 1.9 和图 1.10 所示。

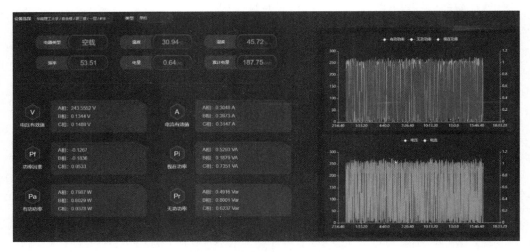

图 1.9　设备运行数据实时监测界面展示

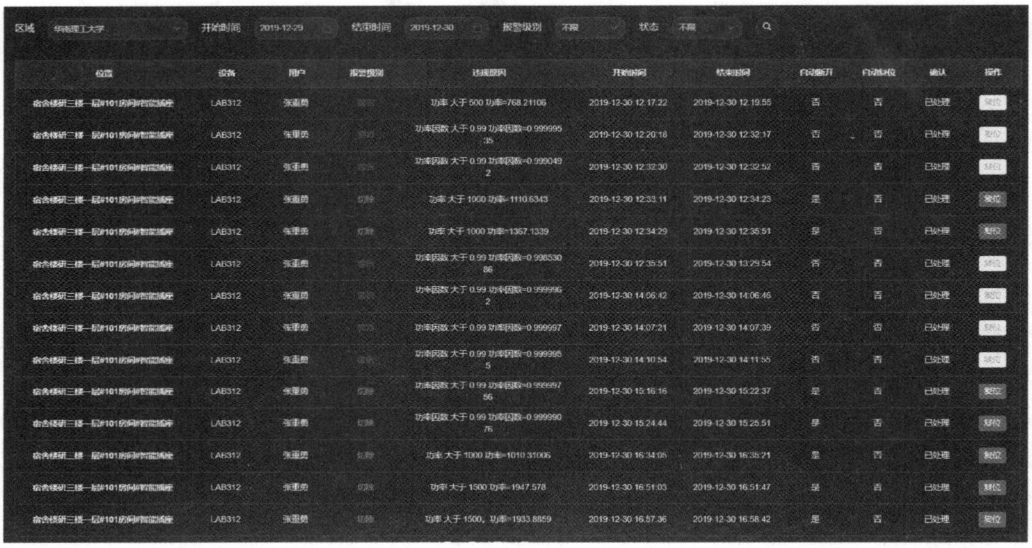

图 1.10　违规电器处理界面展示

1.6　本 章 小 结

　　伴随着大数据、云计算等信息技术的发展，能源体系变革开始转向智能化道路。为了解决能源互联网设备的可感知性问题，本章结合现有技术提出了电力指纹技术，通过监测电网设备的电气数据，利用人工智能技术和大数据技术挖掘出能够表征设备某种特性的特征点，并基于专家知识构建人工智能模型，实现对设备的类型、特性、参数、用户行为习惯、能效和健康水平以及身份进行识别。相比于传统负荷识别技术，电力指纹技术涵盖了类型识别、参数识别、状态识别、行为识别、身份识别，有着更广的应用场景、更丰富的内涵、更具备实用化。

　　为了进一步说明电力指纹技术，本章介绍了电力指纹涉及的一些关键技术，包括特征分析技术和相关识别算法，并以家用电器识别为例详细描述电力指纹识别的过程。最后以电器识别为内核介绍了电力指纹技术在安全用电领域的应用工程实例。

参 考 文 献

[1]　张鋆，张明皓，仝杰，等. 用于电力资产在线感知的 eRFID 标签设计[J]. 电工技术学报，2020，35（11）：2296-2305.

[2]　宋欢. 电力调度自动化系统中 RFID 接入技术及应用[D]. 北京：北京邮电大学，2018.

[3]　Hart G W. Nonintrusive appliance load monitoring[J]. Proceedings of the IEEE，1992，80（12）：1870-1891.

[4]　Held P，Mauch S，Saleh A，et al. Frequency invariant transformation of periodic signals（FIT-PS）for classification in NILM[J]. IEEE Transactions on Smart Grid，2019，10（5）：5556-5563.

[5]　曲朝阳，于华涛，郭晓利. 基于开启瞬时负荷特征的家电负荷识别[J]. 电工技术学报，2015，30（S1）：358-364.

[6]　祁兵，韩璐. 基于遗传优化的非侵入式居民负荷辨识算法[J]. 电测与仪表，2017，54（17）：11-17.

[7]　王成建. 基于矩阵稀疏性的非侵入式负荷分解[D]. 北京：华北电力大学，2019.

[8]　黎鹏. 非侵入式电力负荷分解与监测[D]. 天津：天津大学，2009.

[9]　韩璐. 非侵入式居民负荷智能辨识算法研究[D]. 北京：华北电力大学，2018.

[10]　王守相，郭陆阳，陈海文，等. 基于特征融合与深度学习的非侵入式负荷辨识算法[J]. 电力系统自动化，2020，44（9）：103-111.

[11]　刘恒勇，史帅彬，徐旭辉，等. 一种关联 RNN 模型的非侵入式负荷辨识方法[J]. 电力系统保护与控制，2019，47（13）：162-170.

[12]　刘恒勇，刘永礼，邓世聪，等. 一种基于 LSTM 模型的电力负荷辨识方法[J]. 电测与仪表，2019，56（23）：62-69.

[13]　余涛，谈竹奎，程乐峰，等. 适合多元用户互动的信息—物理融合能源 USB 系统[J]. 电力系统自动化，2019，43（7）：97-113.

[14]　江浩荣. 面向需求侧响应的统一接口装置研发与应用[D]. 广州：华南理工大学，2018.

[15]　郭碧红，杨晓洪. 我国电力设备在线监测技术的开发应用状况分析[J]. 电网技术，1999，（8）：65-68.

[16]　Huang N E，Shen Z，Long S R，et al. The empirical mode decomposition and the Hilbert spectrum for nonlinear and non-stationary time series analysis[J]. Proceedings of the Royal Society of London. Series A：Mathematical，Physical and Engineering Sciences，1998，454（1971）：903-995.

[17]　GB/T 156—2017. 标准电压[S]. 中华人民共和国国家质量监督检验检疫总局;中国国家标准化管理委员会，2017.

[18]　费鹏. 用户画像构建技术研究[D]. 大连：大连理工大学，2017.

[19]　余向前，王林信，李云冰，等. 电力营销信息化客户画像的应用研究[J]. 计算技术与自动化，2017，36（4）：122-126.

[20]　王成亮，郑海雁. 基于模糊聚类的电力客户用电行为模式画像[J]. 电测与仪表，2018，55（18）：77-81.

[21]　程祥，李林芝，吴浩，等. 非侵入式负荷监测与分解研究综述[J]. 电网技术，2016，40（10）：3108-3117.

[22]　王丹. 非侵入式负荷分解算法研究[D]. 成都：西华大学，2019.

[23]　高浩瀚. 非侵入式负荷辨识的特征分析研究[D]. 济南：山东大学，2019.

第2章 基于用电行为特征重要度聚类的居民负荷预测

配电网内居民负荷预测在电力系统安全运行、经济优化调度、清洁能源消耗等方面发挥着重要作用[1-3]。随着智能电表的大规模普及[4]，智能电表记录的高分辨率用户电力负荷数据可以突破传统电力系统测量物理结构的限制，提高负荷预测的准确性。准确的配电网日前综合负荷预测对配电系统的经济安全运行具有重要意义[5]。与传统的负荷预测不同，综合负荷预测是一种基于智能电表的自下而上的预测方法，其规模一般较小[6]。

常用的配网负荷预测方法有时间序列法和机器学习法。时间序列法（如自回归滑动平均法）只考虑时间因素对预测的影响，当其他特征发生变化时，往往表现出很大的偏差[7-11]。机器学习在负荷预测中得到了广泛的应用，人工神经网络、支持向量回归、决策树、随机森林、深度神经网络等方法已经广泛应用于负荷预测并取得了良好效果。近年来，集成学习[12]和深度学习[13, 14]方法在负荷预测领域取得了良好的应用效果。在集成学习预测方面，文献[15]提出了一个集成框架来预测日前家庭平均能耗。同时也证实了集成学习可以在较小的聚集水平上解决预测能源消耗的难题。文献[16]证明集成学习方法可以显著提高高波动电力负荷的预测精度。在深度学习预测方面，文献[5]提出了不同深度神经网络模型融合方法。此外，不同深度神经网络的融合可以相互配合，有效提高预测精度[17]。

传统负荷预测方法一般只建立单一模型预测特定区域负荷，不适用于含有海量用户的配网区域负荷预测。相关研究表明，对于配网负荷预测，应用聚类方法识别出具有相似负荷特性客户群[6]。而智能电表收集的负荷数据为分析大量用户的负荷特性提供了基础[18]。根据智能电表用电信息开展聚类，并通过减少类内差异并针对性建模开展预测，可提高预测精度[19]。聚类效果直接影响负荷预测精度。现有研究中，Chen 等根据用电量特征指标对高维数据进行聚类[20]。Stephen 等提出了一种基于智能电表数据的总负荷预测方法[9]。Wang 等提出了用集合方法来预测具有子剖面的总负荷[12]。Quilumba 等通过使用 K-means 聚类方法根据负载曲线实现用户聚类 [21]。Teeraratkul 等提出基于负荷曲线形状方法来分类家庭消费者能源消费行为[22]。Haben 等提出基于聚类的有限混合模型，利用 4 个关键时间段数据刻画聚类属性[23]。Al-Otaibi 使用 M 形模型对日电力负荷曲线进行聚类[24]。以上研究均取得了较好的聚类效果，但收到不同特征波动性与用户用电量差异影响，其聚类效果仍然存在不足。

高分辨率智能电表数据可提高负荷预测精度，高特征维度对预测模型效果影响仍然不可忽视。文献[5]提出基于深度神经网络和两端稀疏编码的综合负荷预测方法，通过两端稀疏编码实现特征提取和降维。文献[25]提出基于堆叠卷积稀疏自动编码器的智能电表数据压缩方法，在保持原始数据特征信息前提下，显著提高模型规模、计算效率和减少重建误差。随机森林在决策树生成和节点分裂时自动筛选重要特征，可有效降低冗余特征对预测精度的影响[26]，对于构建基于高维特征集的负荷预测模型具有显著优势[27-29]。

本章提出了一种基于负荷波动和居民特征重要度聚类的配电网日前综合负荷预测方法。首先基于历史智能电表数据，确定居民各个用电特征重要度，并根据居民特征重要度刻画其用电特性、开展聚类。然后，利用乌鸦算法对初始聚类中心进行优化，防止聚类结果陷入局部最优。并利用簇平均散射和簇间密度之和来评价聚类质量。通过统计实验，确定不同波动周期下聚合负荷的最优聚类结果。最后，采用随机森林预测器根据不同波动周期下最优聚类结果，建立滚动预测模型，实现配网居民负荷日前预测。

2.1 居民负荷时域波动性分析

2.1.1 居民智能电表数据集

以爱尔兰能源监管委员会提供的 2009 年 8 月~2010 年 12 月居民用户智能电表数据为数据基础，开展负荷时域波动性分析。数据集合中，包含不同类型用户 30 分钟时间精度用电量数据[21, 30]。经过数据清洗，最后选取 3790 名居民进行实验分析。

2.1.2 居民负荷时域波动特性分析

不同配电网范围内，居民用户用电行为差异大。因此，在建立预测模型之前，对目标配电区域居民负荷模式进行分析，具有重要意义[21]。

不同居民用户用电在用电量和用电时间时段上存在差异。不同时段用电差异显著影响用户聚类结论。在本节中，使用标准差分析日内不同时段智能电表数据集负荷波动。

$$\sigma(t) = \sqrt{\frac{1}{N}\sum_{n=1}^{N}\left(L_n(t) - \frac{\sum_{n=1}^{N}L_n(t)}{N}\right)} \tag{2-1}$$

其中，t 为时间；σ 为标准差；n 为智能电表的数量，$n = 1, 2, \cdots, N$；L_n 为第 n 个智能电表记录的负荷。

图 2.1 显示了一年住宅总负荷预测的分析和波动情况。其中，图 2.1（a）展示智能电表用户年电力负荷日内各个时刻标准差，即年内反映 t 时负荷波动程度。标准差越大，则代表 t 时刻的负荷波动越大。图 2.1（b）为 t 时所有用户总用电量分布框图。

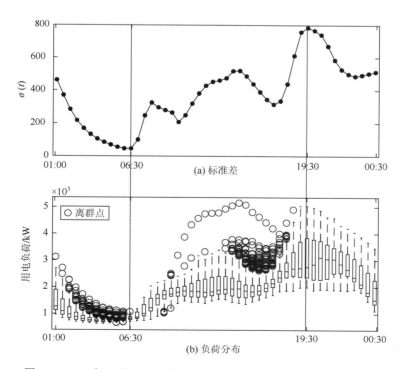

图 2.1 2009 年 8 月~2010 年 12 月各时间点标准差及用电负荷分布

　　如图 2.1（a）所示，夜间负荷波动呈下降趋势。早上 6∶30 出现第一个低谷，此后波动加剧。其中，波动最大时间是 19∶30，此后波动下降。如图 2.1（b）所示，01∶00 到 06∶30，负荷波动范围小，但异常值多且取值范围相对集中；06∶30 到 19∶30，异常值多且分散；19∶30 到 00∶30 之间，无异常值。

　　根据负荷波动特性分析，可将爱尔兰智能电表数据集日负荷分为三个时段：

　　（1）时段 1 为 01∶00—06∶30，波动小，异常值多且集中；

　　（2）时段 2 为 07∶00—19∶30，波动中等，离群值多但分散；

　　（3）时段 3 为 20∶00—00∶30，波动较大，无异常值。

　　显然，不同时期的负荷波动不同，聚类结果也将存在差异，因此，将不同时段分别对智能电表用户进行聚类。

2.1.3　负荷波动对聚类结果的影响

　　现有研究，通常以消费者的消费行为模式（Consumption Behavior Patterns，CBP），采用 K-means 聚类分类智能电表用户。CBP-K-means 聚类是本章采用的基线聚类方法（Baseline Method）。本节分析过程中，将预测值的平均绝对百分比误差（Mean Absolute Percentage Error，MAPE）作为确定最优聚类数（k_{opt}）指标，即更小的 MAPE 表示更精确的预测结果。MAPE 的定义如下：

$$\text{MAPE} = \frac{1}{N_t} \sum_{n_t=1}^{N_t} \frac{1}{L_r} \left| L_r - L_p \right| \times 100\% \tag{2-2}$$

其中，L_r 为实际负荷；L_p 为预测负荷；n_t 为聚类数（$n_t = 1, 2, \cdots, N_t$）。

　　选取测试集中每天同一时刻的 MAPE 之和，这些平均值代表这个时间点的误差，即 MAPE（t）。用于确定 k_{opt} 的 MAPE 为不同聚类数下随机森林预测器预测精度。

　　图 2.2 示出了使用 CBP-K-means-Predictor 获得的 $k_{opt}^{period1}$、$k_{opt}^{period2}$ 和 $k_{opt}^{period3}$。在柱状图中，红色代表 k_{opt}，黑色代表无聚类环节预测精度。由实验可知，不同时段居民负荷总负荷波动性不同，k_{opt} 也随之改变。因此，根据居民负荷波动性，在不同时段分别聚类，有助于提高预测精度。

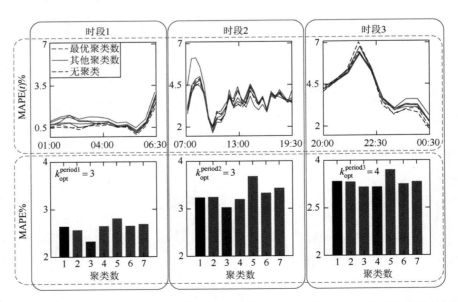

图 2.2　CBP-K-means-Predictor 不同 k 值时三个时段的 MAPE 和 MAPE（t）（彩图见二维码）

2.2　最优特征重要度聚类

2.2.1　基于 RReliefF 的特征重要度分析

本节采用特征重要度（Feature Importance，FI）而非特征值对智能电表用户刻画用户用电特性。即由 FI 集反映不同智能电表用户对预测输入特征不同响应程度。与采用 CBP 聚类相比，FI 聚类不受特征类型的限制，可用于分析多种特征类型与预测对象之间的关系。首先，选择具有强鲁棒性的特征权重计算方法 RReliefF[31]分析智能电表用户特征 FI。之后，根据 FI 对智能电表用户进行聚类，避免了数据类型和功耗差异对聚类结果的影响。

采用基于 CBP 的聚类作为对比实验的基线方法。随机抽取 4 名用户进行分析。如果集群数为 2，那么 CBP 集群结果显示用户 1 和用户 2 是同一个类，用户 3 和用户 4 在另一个类中。但是，在 FI 集群结果中，用户 1、用户 2、用户 3 和用户 4 在同一个类中。

图 2.3 给出了用户 1～用户 4 的 CBP 和 FI 曲线。在 CBP 曲线图中，用户 1 和用户 2 的负荷曲线相似，并且负荷值很大。用户 3 和用户 4 的负荷曲线相似，并且负荷值很小。但是由 FI 曲线可知，虽然四个用户的负荷值不同，但 FI 曲线形状相似。如图 2.3 所示，FI 方法在聚类过程避免了用户负荷值差异对聚类结果的影响。与基于 CBP 的聚类方法相比，该方法提高了簇内用户对预测特征响应程度的相似性，有利于提高预测精度。

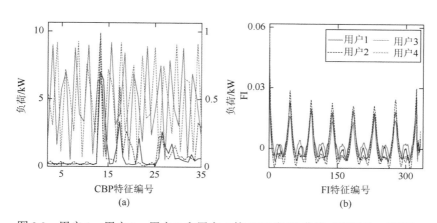

图 2.3　用户 1、用户 2、用户 3 和用户 4 的 CBP 和 FI 曲线（彩图见二维码）

扫一扫，看彩图

2.2.2　FI 聚类实现

K-means 聚类方法在聚类中有着广泛的应用。然而，该方法应用存在两个难点：①相似性度量标准；②初始聚类中心的选择。为了提高聚类质量，提出基于 S-Dbw 指标与乌鸦算法的 K-means 聚类方法（S_Dbw-based Crow Optimization K-means，SDCKM）。

聚类算法通过分析挖掘整个数据集，提取数据之间的相似性和差异性。假设数据集为 $X = \{x_q\}$，$q = 1, 2, \cdots, Q$ 表示数据集中需要进行聚类的 Q 个对象。K-means 聚类方法将数据集 X 进行划分，使所有类的平方误差和 J 最小，J 的计算公式如下：

$$J = \sum_{k=1}^{K} \sum_{x_q \in c_k} \left| x_q - \overline{x_k} \right|^2 \tag{2-3}$$

其中，c_k 为第 k 类中数据的集合；$\overline{x_k}$ 为 c_k 的平均值。

K-means 聚类方法首先初始化 K 个聚类中心；之后，计算集合中每一个样本到 K 个指定聚类中心的欧氏距离[21, 24]，并将样本划分到距离指标最小类中；然后，重新计算每类平均值，并将这个平均值作为新聚类中心。重复以上步骤直至达到最大迭代次数或 J 收敛。欧氏距离计算公式如下：

$$\text{Euc}(x_q, v_k) = \sqrt{\sum_{x_q \in c_k} (x_q - v_k)^2} \tag{2-4}$$

其中，v_k 为 c_k 的聚类中心。

在聚类完成后，一般仍然以欧氏距离为指标评估聚类结果。聚类结果应尽量保证簇内距离最小，而簇间距离最大。但欧氏距离只分析簇内相似性，忽略了各簇之间离散性。为改进此不足，引入 S-Dbw 距离作为聚类评判指标[32, 33]，通过计算各簇的平均分散值与簇内密度之和确定，如式（2-5）所示：

$$\text{S\_Dbw}(k) = \text{Scat}(k) + \text{Dens\_bw}(k) \tag{2-5}$$

其中，$\text{Scat}(k)$ 为平均分散值，$\text{Scat}(k) = \dfrac{1}{K} \sum_{k=1}^{K} \|\sigma(s_k)\| \big/ \|\sigma(s)\|$；$s$ 为数据集；$\sigma(s_k)$ 与 $\sigma(s)$ 分别为第 k 簇内数据的标准差与整体数据 s 的标准差；$\text{Dens\_bw}(k)$ 为簇内密度，计算公式如式（2-6）所示：

$$\text{Dens\_bw}(k) = \frac{1}{K \cdot (K-1)} \sum_{k=1}^{K} \left(\sum_{k'=1, k' \neq k}^{K} \frac{\text{dens}(u_{kk'})}{\max\{\text{dens}(v_k), \text{dens}(v_{k'})\}} \right) \tag{2-6}$$

其中，$\text{dens}(\cdot)$ 为簇间区域的平均密度函数；v_k 与 $v_{k'}$ 分别为第 k 簇与第 k' 簇的聚类中心点；$u_{kk'}$ 为 k、k' 这两个聚类中心点连线的中点。

为避免随机选取聚类初始中心对聚类结果的影响，采用一种新的人工智能算法——乌鸦算法[34]求解最优初始聚类中心。以乌鸦算法对聚类中心初始点寻优，M 只乌鸦会为搜索到更好的食物位置在待解决问题决策变量维度中移动，所以该决策变量的维度是聚类中心初始点的维度，即聚类数 k。其中第 $i(i = 1, 2, \cdots, M)$ 只乌鸦在第 $m(m = 1, 2, \cdots, \text{MCN})$ 次迭代中的位置为 $l^{i,m}$，$l^{i,m} = [l_1^{i,m}, l_2^{i,m}, \cdots, l_k^{i,m}]$，并且每只乌鸦将自己隐藏食物的位置保存在记忆向量 $\text{me}^{i,m}$ 中，$\text{me}^{i,m}$ 与前面同理。每只乌鸦的位置与记忆用矩阵 LOC、MEM 表示如下：

$$\text{LOC} = \begin{bmatrix} l_1^1 & l_2^1 & \cdots & l_k^1 \\ l_1^2 & l_2^2 & \cdots & l_k^2 \\ \vdots & \vdots & & \vdots \\ l_1^M & l_2^M & \cdots & l_k^M \end{bmatrix} \tag{2-7}$$

$$\text{MEM} = \begin{bmatrix} \text{me}_1^1 & \text{me}_2^1 & \cdots & \text{me}_k^1 \\ \text{me}_1^2 & \text{me}_2^2 & \cdots & \text{me}_k^2 \\ \vdots & \vdots & & \vdots \\ \text{me}_1^M & \text{me}_2^M & \cdots & \text{me}_k^M \end{bmatrix} \tag{2-8}$$

假设在第 m 次迭代中，乌鸦 j 返回食物地点 $\text{me}^{j,m}$ 时，乌鸦 i 跟随乌鸦 j 并发现位置，这时，乌鸦 j 发现并更换食物地点的概率为 P。乌鸦 i 的位置更新情况如下：

$$l^{i,m+1} = \begin{cases} l^{i,m} + \lambda_i \times \text{fl}^{i,m} \times (\text{me}^{j,t} - l^{i,t}), & \lambda_j \geqslant P^{j,m} \\ \text{random} \end{cases} \tag{2-9}$$

其中，λ_i 与 λ_j 为[0, 1]服从均匀分布的随机数；fl 为飞行距离。

如果新位置的适应度函数数值优于原位置数值代表方案可行需更新位置，反之不进行位置更新，具体如下：

$$\text{me}^{i,m+1} = \begin{cases} l^{i,m+1}, & \text{Fitness}(l^{i,m+1}) \text{ 优于Fitness}(\text{me}^{i,m}) \\ \text{me}^{i,m}, & \text{其他} \end{cases} \tag{2-10}$$

其中，Fitness(·)代表适应度函数。

SDCKM 将乌鸦算法的全局搜索能力与 K-means 聚类方法的局部搜索能力相结合，经过更换乌鸦的位置与记忆，同时，以 S-Dbw 距离为适应度函数，综合考虑簇内密度与簇间平均散射度评估每次的聚类质量，最终得到最优的聚类初始中心。以下为 SDCKM 聚类过程。

（1）初始化参数。乌鸦种群规模 M；乌鸦位置 LOC 与记忆 MEM；决策变量维度，即 k 个初始聚类中心；最大迭代次数 MCN；飞行距离 fl；意识概率 P。

（2）将每只乌鸦记忆代表的聚类中心初始点代入 K-means 聚类方法中，得到基于该组聚类中心初始点的聚类结果。

（3）计算适应度函数 Fitness 数值。并基于步骤（2）的聚类结果计算其适应度函数。

$$\text{Fitness} = \sum_{k=1}^{K} \text{S\_Dbw}(k) \qquad (2\text{-}11)$$

（4）按式（2-11）进行位置更新。

根据每只乌鸦更新后的位置，计算适应度函数。按照式（2-11）与记忆所代表的解向量的适应度函数对比，保留两者适应度函数值小的位置向量来更新记忆。

（5）重复步骤（2）、（3）与（4），直至达到循环次数 MCN，选择适应度数值最小的记忆位置为最优聚类初始中心。

以上步骤运行完成后，使用步骤（5）中寻优后得到的聚类初始中心作为 K-means 聚类方法的初始聚类中心，并生成最终聚类方案。

2.2.3　FI-SDCKM 实用性

根据图 2.4 中的预测误差，比较不进行时间分割的不同 k 值的聚类质量。

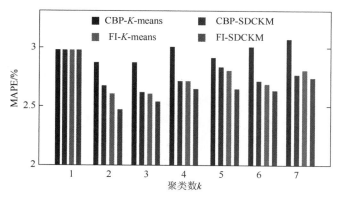
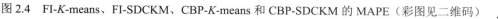

图 2.4　FI-K-means、FI-SDCKM、CBP-K-means 和 CBP-SDCKM 的 MAPE（彩图见二维码）

扫一扫，看彩图

图 2.4 给出了 k 为 1～7、FI-K-means、FI-SDCKM、CBP-K-means 和 CBP-SDCKM 方法的基于家庭的配电网的日前负荷预测的 MAPE。对于 K-means 聚类，对于每个 k，基于 FI 聚类的预测器的 MAPE 小于基于 CBP 聚类的预测器的 MAPE。此外，基于 FI 的 SDCKM 比基于 CBP 的 SDCKM 更精确。SDCKM 预测的 MAPE 小于基于 K-means 聚类方法的预测器的 MAPE。以 CBP-K-means 作为基线方法，FI-SDCKM 是本节使用聚类方法。当聚类数为 2 时，与基线方法相比，该方法提高最大。MAPE 由 2.814% 下降到 2.431%，预测误差降低了 13.61%。因此，FI-SDCKM 可以显著降低负荷预测中的 MAPE，对提高预测精度是有效的。

对于不同负荷波动时段，图 2.5 中 FI-SDCKM 的聚类结果根据前面提到的波动周期而不同。显然，所提出的 FI-SDCKM 聚类方法在时间分段和非时间分段的情况下都是有效的。

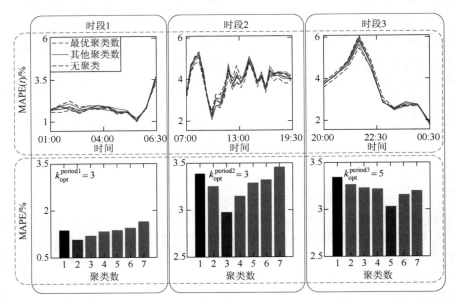

图 2.5　FI-SDCKM-预测器在不同 k 值下的 MAPE 和 MAPE(t)

2.3　负荷预测模型

2.3.1　基于随机森林的负荷预测

为了提高居民日前负荷预测精度，提出了一种基于负荷波动和 FI 聚类的配电网负荷预测模型。首先，使用 RReliefF 分析每个特征的重要性。其次，根据负荷波动情况，将全天 24 小时划分为 3 个时段。然后，采用基于 FI 的 SDCKM 聚类方法在不同时段内对用户进行聚类，通过统计实验确定了每个周期的最优簇数 k_{opt}。之后，根据随机森林的滚动预测精度确定各时段内 k_{opt}。最后，将每个聚类的预测结果进行汇总，得到最终的预测结果。

由于随机森林（Random Forest，RF）由多分类回归树组成，避免了预测结果的不稳定和过度拟合。此外，RF 是基于集成学习理论的数据驱动方法；因此，它对于分析高维智能电表数据是有效的[29]。随机森林应用具有随机性的 Bootstrap 采样方式，由多个基分类器树构成的预测器。其描述如下：

$$\{h(x,\Theta_d), d = 1,2,\cdots,D\} \tag{2-12}$$

其中，$h(x,\Theta_d)$ 为构成随机森林的第 d 棵决策树；x 为决策树的输入向量；每个 Θ 是独立分布的，代表抽取随机森林中第 d 棵树样本数据和决策树生长的随机过程。

RF 的 Bootstrap 采样方式随机性体现在两个方面：训练样本的抽取和决策树的非叶子节点的分割特征候选集合的选择。具体流程如下。

首先，在构建 RF 模型的过程中，采用 Bootstrap 重采样技术随机为每一棵决策树生成各自训练集合。每一棵决策树的训练集合约覆盖整个样本空间中 2/3 的样本，其余样本则构成该决策树的袋外数据集。

其次，在分割决策树非叶子节点时，不再从整个原始特征空间中寻找分割效果最好特征，而是从原始特征空间中随机选择出 m_f 个特征构成分割特征候选集合（$m_f \ll M_f$，M_f 为总特征数），选择出分割效果最好的特征来划分该非叶子节点[27]。

RF 结合了决策树简单高效与集成学习适用于高维度建模的优点，避免了单棵决策树预测结果不稳定且易出现过拟合现象的缺点。由于在生成大量决策树时，输入的特征变量是随机的，且变量数远小于总变量数，降低了单个预测器结构的复杂度与计算量，且受噪声、离群点以及维度灾害影响较小，适用于构建含复杂多类高维度输入特征的预测器。

2.3.2　构建特征集合

由现有研究可知，待预测负荷与历史负荷、温度、月份等特征具有相关性[21,35]。为了体现配电网整体负荷的周期性变化，引入两种循环变量对日期特征进行刻画[36]，其计算公式如式（2-13）和式（2-14）所示。引入循环变量是为了便于分析负荷周期性。负荷预测中，以日、周、年为主要负荷周期。

$$c_1(t) = \cos(2\pi t/T) \tag{2-13}$$
$$c_2(t) = \sin(2\pi t/T) \tag{2-14}$$

其中，t 为预测时刻在一年中对应的点；T 为循环周期，共有 3 种取值。日循环时，$T = 48$（对应特征 F_{339} 和 F_{342}）；周循环时，$T = 336$（对应特征 F_{340} 和 F_{343}）；年循环时 $T = 17520$（对应特征 F_{341} 和 F_{345}）。此外，工作日与非工作日也是影响负荷的重要特征，其中，工作日特征值为 0，非工作日特征值为 1。

结合上述内容构建特征集合。

首先，从智能电表负荷数据集中提取相应的历史负荷特征。假设从时刻 t 开始进行预测，从 t 时刻前一个采样点的负荷值（L_{t-1}）开始，考虑 t 时刻之前的 336 个点（共 7 天）的历史负荷值，构成特征 F_1 至 F_{336}。

其次，提取预测日的工作日类型和所在月份，构成特征 F_{337} 和 F_{338}。

然后，构建循环变量特征 $F_{339} \sim F_{344}$。

最后，日趋预测时刻温度，构建温度特征 F_{345}。

完整日前配电网负荷预测特征集如表 2.1 所示。

表 2.1　特征集构建说明

变量种类	标签	变量
负荷	$F_1 \sim F_{336}$	$L_{t-1} \sim L_{t-336}$（1 周）
工作日类型	F_{337}	D_t（工作日为 0，非工作日为 1）
月变量	F_{338}	M_t
循环变量	$F_{339} \sim F_{341}$	$\cos(2\pi t/48)$，$\cos(2\pi t/336)$，$\cos(2\pi t/17520)$
	$F_{342} \sim F_{344}$	$\sin(2\pi t/48)$，$\sin(2\pi t/336)$，$\sin(2\pi t/17520)$
温度	F_{344}	TEM_t

需要说明的是，该特征集合中历史负荷维度相对较高，是为了降低由于滚动预测模型所产生的预测误差。

2.3.3　滚动预测模型中 RF 的预测精度

为了验证 RF 预测器精度，并分析累积误差对不同预测器影响，利用 RF 和人工神经网络设计了两种滚动预测模型。

滚动预测的预测误差主要受两个因素的影响：①模型预测性能；②预测值作为后续预测的特征值导致的累积误差。为了分析累积误差的影响，设计了 4 种不同的特征集，见表 2.2。特征集 1 是根据文献[21]构建的特征集；特征集 4 是本章构建的特征集。特征集 2 和特征集 3 是通过减少特征集 4 的部分历史负荷而构建的特征集。采用 Levenberg-Marquardt 方法选择神经网络的参数[37]。

表 2.2　构建的 4 种特征集合

特征集合编号	特征维度	特征组成
1	22	$L_{t-1}\sim L_{t-6}$，$L_{t-48}\sim L_{t-54}$，$L_{t-366}\sim L_{t-342}$，TEM_t，M_t，H_t，D_t
2	63	$L_{t-1}\sim L_{t-48}$，L_{t-96}，L_{t-144}，L_{t-192}，L_{t-240}，L_{t-288}，L_{t-336}，TEM_t，c_1，c_2，M_t，D_t
3	157	$L_{t-1}\sim L_{t-144}$，L_{t-192}，L_{t-240}，L_{t-288}，L_{t-336}，T_t，c_1，c_2，M_t，D_t
4	345	$L_{t-1}\sim L_{t-336}$，T_t，c_1，c_2，M_t，D_t

图 2.6 展示 RF 和 ANN 的 MAPE(t)和 RMSE(t)。分析结论如下。

（1）与 ANN 相比，RF 的精度不随特征数目的增加而降低，且不受特征维数的影响。

（2）与 ANN 相比，累积误差对 RF 的影响较小，特别是在特征维数较高的情况下。

输入特征中预测特征的比例越高，累积误差的影响就越大。根据图 2.6 得出的结论，基于集成学习的 RF 模型适合于所提出的方法。因此，可以增加输入特征的历史负荷特征维数，减少累积误差。

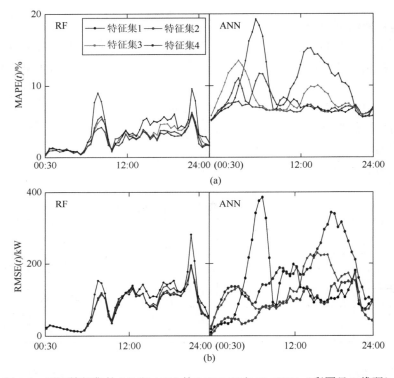

图 2.6　不同特征集的 RF 和 ANN 的 MAPE(t)和 RMSE(t)（彩图见二维码）

2.4　负荷预测结果

2.4.1　预测模型比较

为了提高居民负荷预测精度，提出基于分时段智能电表用户 FI 聚类的居民负荷预测新方法。在确定 RF 预测器有效性后，构建了 84 个针对不同聚类簇的预测模型，k 值从 1 到 7 不等。根据波动性统计实验结论，得到各时段的测试集中总负荷的统计值，如表 2.3 所示。

表 2.3　不同时间段的测试集总负荷统计值

时段	负荷均值/kW	峰值负荷/kW
时段 1	822.6	1524.1
时段 2	1812.3	2716.5
时段 3	2109.6	3027.6
无时域分段	1626.8	3027.6

为了突出本节方法的优点，采用三种不同的方法开展配电居民负荷预测。包括 RRF-SDCKM-RF、CBP-K-means-RF 及无聚类 RF 方法。同时，为了显示预测结果的提升效果，引入了两个指标：平均绝对百分率误差提升百分率（P_{MAPE}）和均方根误差提升百分率（P_{RMSE}）。表 2.4 给出了 3 个时段的各预测模型预测效果，以及采用不同时间段聚类和整体聚类的负荷预测结果。各时段预测提升效果见表 2.5。

表 2.4　不同时间段不同模型的误差

时段	指标	RF（无聚类）		CBP-K-means-RF		RRF-SDCKM-RF	
		无分段	分段	无分段	分段	无分段	分段
时段 1	MAPE/%	2.337	2.041	2.185	2.025	1.874	1.633
	RMSE/kW	31.046	26.129	25.49	23.25	23.47	20.08
时段 2	MAPE/%	3.137	3.145	3.276	3.012	2.935	2.801
	RMSE/kW	92.493	89.553	90.84	86.35	84.17	80.54
时段 3	MAPE/%	3.738	3.494	3.721	3.408	3.347	3.043
	RMSE/kW	108.76	97.365	100.9	90.36	91.83	86.12
总体	MAPE/%	2.907	2.864	2.814	2.725	2.431	2.303
	RMSE/kW	79.362	78.348	77.37	74.45	71.84	69.02

总的来说，本节方法的 P_{MAPE} 比传统方法低 20.78%（MAPE 从 2.907% 下降到 2.303%），P_{RMSE} 为 13.03%。充分考虑负荷波动，提高了各时段的预测效果，对配电网调度具有重要意义。

表 2.5　不同时段下的 P_{MAPE} 和 P_{RMSE}

指标	时段 1	时段 2	时段 3	总时段
P_{MAPE}	30.12%	10.71%	18.59%	20.78%
P_{RMSE}	35.33%	12.93%	20.82%	13.03%

2.4.2　工作日和非工作日预测结果

工作日和非工作日的用电量差异可能会影响负荷预测。

图 2.7 显示了 2010 年 8 月工作日和非工作日的预测误差分布。结果表明，居民工作日用电量的多样性大于非工作日用电量的多样性，工作日用电量预测具有较大的挑战性。

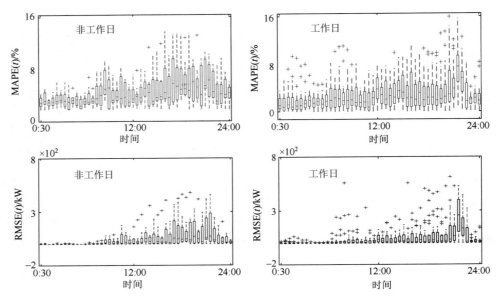

图 2.7　2010 年 8 月工作日和非工作日预测误差分布

2.5　本 章 小 结

本章利用智能电表负荷数据，根据负荷波动的差异，构建了配网居民负荷预测模型。提出的日前配电网居民负荷预测模型具有以下优点。

（1）发现了不同住宅负荷的时段波动特性，并在此基础上对整体方法进行了改进。实验结果表明，不同时段内居民用电波动直接影响负荷预测结果。

（2）优化了智能电表用户聚类各个环节，同时改变了传统聚类中基于特征值相似性开展聚类的研究思路，采用 FI 集合描述用户用电行为特性。此外，SDCKM 可以优化聚类中心的选择，并在聚类过程中兼顾簇内距离和簇间离散度评估聚类质量。

（3）采用随机森林预测模型进行滚动预测，通过扩展历史负荷特征，降低预测值作为后续预测特征在总输入中的比例，以减少滚动预测模型累积误差。

参 考 文 献

[1]　Imani M，Ghassemian H. Electrical load forecasting using customers clustering and smart meters in internet of things[C]. 2018 9th International Symposium on Telecommunications（IST），Tehran，2018：113-117.

[2]　Hong T，Pinson P，Fan S. Global energy forecasting competition 2012[J]. Internationa Jonrnal of Forecasting，2014，30（2）：357-363.

[3]　Chen C，Wang J，Kishore S. A distributed direct load control approach for large-scale residential demand response[J]. IEEE Transactions on Poner System，2014，29（5）：2219-2228.

[4]　Wang Y，Chen Q，Hong T，et al. Review of smart meter data analytics：Applications，methodologies，and challenges[J]. Transactions on Smart Grid，2019，10（3）：3125-3148.

[5]　Chen H，Wang S，Wang S，et al. Day-ahead aggregated load forecasting based on two-terminal sparse coding and deep neural network fusion[J]. Electrical Power and Energy Systems，2019，177：105987.

[6]　Park K，Yoon S，Hwang E. Hybrid load forecasting for mixed-use complex based on the characteristic load decomposition by pilot signals[J]. IEEE Access，2019，7：12297-12306.

[7]　Huang N，Wang D，Lin L，et al. Power quality disturbances classification using rotation forest and multi-resolution fast S-transform with data compression in time domain[J]. IET Generation，Transmission & Distribution，2019，13（22）：5091-5101.

[8]　Chaouch M. Clustering-based improvement of nonparametric functional time series forecasting：Application to intra-day household-level load curves[J]. IEEE Transactions on Smart Grid，2014，5（1）：411-419.

[9]　Stephen B，Tang X，Harvey P R，et al. Incorporating practice theory in sub-profile models for short term aggregated residential Load Forecasting[J]. IEEE Transactions on Smart Grid，2017，8（4）：1591-1598.

[10]　Chiang H，Chen L，Liu R，et al. Group-based chaos genetic algorithm and non-linear ensemble of neural networks for short-term load forecasting[J]. IET Generation Transmission & Distribution，2016，10（6）：1440-1447.

[11]　Ghelardoni L，Ghio A，Anguita D. Energy load forecasting using empirical mode decomposition and support vector regression[J]. IEEE Transactions on Smart Grid，2013，4（1）：549-556.

[12]　Wang Y，Chen Q，Sun M，et al. An ensemble forecasting method for the aggregated load with subprofiles[J]. IEEE Transactions on Smart Grid，2018，9（4）：3906-3908.

[13]　Kong W，Dong Z Y，Jia Y，et al. Short-term residential load forecasting based on LSTM recurrent neural network[J]. IEEE Transactions on Smart Grid，2019，10（1）：841-851.

[14]　Wang Y，Gan D，Sun M，et al. Probabilistic individual load forecasting using pinball loss guided LSTM[J]. Applycation Energy，2019，235：10-20.

[15]　Alobaidi M H，Chebana F，Meguid M A. Robust ensemble learning framework for day-ahead forecasting of household based energy consumption[J]. Applycation Energy，2018，212：997-1012.

[16]　Laurinec P，Loderer M，Lucka M，et al. Density-based unsupervised ensemble learning methods for time series forecasting of aggregated or clustered electricity consumption[J]. Journal of Intelligent Information Systems，2019，53（2）：219-239.

[17]　Sideratos G，Ikonomopoulos A，Hatziargyriou N D. A novel fuzzy-based ensemble model for load forecasting using hybrid deep neural networks[J]. Electric Power Systems Research，2020，178：106025.

[18]　Sajjad I A，Chicco G，Napoli R. Definitions of demand flexibility for aggregate residential loads[J]. IEEE Transactions on Smart Grid，2016，7（6）：2633-2643.

[19]　Chaouch M. Clustering-based improvement of nonparametric functional time series forecasting：Application to intra-day household-level load curves[J]. IEEE Transactions on Smart Grid，2014，5（1）：411-419.

[20]　Chen H，Wang S，Tian Y. A new approach for power-saving analysis in consumer side based on big data mining[C]. 2018 IEEE Power & Energy Society General Meeting（PESGM），Portland，2018：1-5.

[21]　Quilumba F L，Lee W J，Huang H，et al. Using smart meter data to improve the accuracy of intraday load forecasting considering customer behavior similarities[J]. IEEE Transactions on Smart Grid，2015，6（2）：911-918.

[22]　Teeraratkul T，O'Neill D，Lall S. Shape-based approach to household electric load curve clustering and prediction[J]. IEEE Transactions on Smart Grid. DOI：10.1109/TSG.2017.2683461.

[23]　Haben S，Singleton C，Grindrod P. Analysis and clustering of residential customers energy behavioral demand using smart meter data[J]. IEEE Transactions on Smart Grid，2016，7（1）：136-144.

[24]　Al-Otaibi R，Jin N，Wilcox T，et al. Feature construction and calibration for clustering daily load curves from smart-meter data[J]. IEEE Transactions on Industrial Informatics，2017，12（2）：645-654.

[25]　Wang S，Chen H，Wu L，et al. A novel smart meter data compression method via stacked convolutional sparse auto-encoder[J]. Electrical Power and Energy Systems，2020，118：105761.

[26]　Huang Y N，Wu Y，Lu G，et al. Combined probability prediction of wind power considering the conflict of evaluation indicators[J]. IEEE Access，2019，7：174709-174724.

[27]　Dudek G. short-term load forecasting using random forests[J]. IEEE International Conference. Intelligent Systems IS'2014，2015，323：821-828.

[28]　Breiman L. Random forests[J]. Machine Learning，2001，45（1）：5-32.

[29]　Huang N，Wu Y，Cai G，et al. Short-term wind speed forecast with low loss of information based on feature generation of OSVD[J]. IEEE Access，2019，7：81027-81046.

[30]　Data from the Commission for Energy Regulation [EB/OL]. Available：http://www.ucd.ie/issda/data/commissionforenergyregulationcer/ [2013-9-20].

[31]　Robnik M，Kononenko I. Theoretical and empirical analysis of ReliefF and RreliefF[J]. Machine Learning，2003，53（1/2）：23-69.

[32]　Halkidi M，Vazirgiannis M. Clustering validity assessment：Finding the optimal partitioning of a data set[C]. IEEE International Conference

Data Mining，2001：187-194.

[33] Liu Y，Li Z，Xiong H，et al. Understanding and enhancement of internal clustering validation measures[J]. IEEE Transactions on Cybernetics，2013，43（3）：982-994.

[34] Askarzadeh A. A novel metaheuristic method for solving constrained engineering optimization problems：Crow search algorithm[J]. Computers & Structures，2016，169：1-12.

[35] Hong T，Fan S. Guest editorial：Special section on analytics for energy forecasting with applications to smart grid[J]. IEEE Transactions on Smart Grid，2014，5（1）：399-401.

[36] Ding N，Benoit C，Foggia G，et al. Neural network-based model design for short-term load forecast in distribution systems[J]. IEEE Transactions on Power System，2015，31（1）：72-81.

[37] Fan S，Chen L，Lee W J. Short-term load forecasting using comprehensive combination based on multi-meteorological information[J]. IEEE Transactions on Industrial Applycation，2009，45（4）：1460-1466.

第3章 基于机器学习的配电网可靠性评估技术

配电系统可靠性是对供电点到用户，包括配电变电所、高低压配电线路及接户线在内的整个配电系统及设备按可接受标准及期望数量满足用户电力及电能需求之能力的度量[1]。在配电系统的规划、设计、运行的全过程中，坚持系统全面的可靠性定量评估制度，是提高配电系统效能的有效方法。随着能源互联网、电力物联网等技术的发展，配电网的形态与结构变得更加复杂，传统的模型驱动的可靠性评估技术在评估准确度和评估效率等方面面临新的挑战。与此同时，能源大数据中蕴含着不可估量的价值已成为学术界和工业界的共识。在这一背景下，研究基于机器学习的数据驱动的配电网可靠性评估新技术具有重要意义。本章主要介绍基于机器学习的配电网可靠性评估技术，其中，3.1 节介绍可靠性评估的基本概念、必要性、一般流程，并分析和归纳目前配电网可靠性评估所面临的挑战和机遇；3.2 节～3.5 节针对配电网可靠性评估中的关键技术提出相应的数据驱动思路、方法及应用；3.6 节对本章进行总结。

3.1 概　　述

3.1.1 基本概念和必要性

随着电网规模的日益扩大、复杂程度的不断提高，电力系统的安全可靠运行面临新的挑战。表 3.1 对 2015 年以来的国内外主要大停电事故进行了归纳，近年来世界各地频繁发生的大停电事故对事故所在国家/地区的经济、社会造成了巨大损失，甚至影响其国际形象。研究电力系统的安全可靠运行问题具有重大价值。

表 3.1　2015 年以来国内外主要大停电事故

时间	国家/地区	事故原因	事故后果
2019.08.09	英国	小巴德福燃气电站突然停机，霍恩海上风电出力突降，低频减载动作，切除部分负荷导致停电事故	英格兰与威尔士部分地区停电，损失负荷约 3.2%，约有 100 万人受到停电影响
2019.03.07	委内瑞拉	委内瑞拉最大的古里水电站因遭到网络攻击而发生重大事故	委内瑞拉首都加拉加斯在内的全国 23 个州中的 18 个州遭遇大停电
2018.03.21	巴西	换流站交流母线失压，美丽山水电站切机拒动，直流线路双极闭锁	巴西北部和东北部电力系统与主网解列，切除负荷 19760MW，约占电网总负荷的 25%，85% 的州受到影响，造成巨大的经济损失
2017.08.15	中国台湾	因中油公司的燃气供应无预警中断，台湾电力公司运营的天然气发电厂桃园大潭电厂 1～6 号机组全部跳闸	停电时间约 3h，影响约 700 万户，失去电源 4200MW，占全台装机总容量 10%
2016.09.28	澳大利亚南部	台风和暴雨等极端天气诱发新能源大规模脱网	南澳大利亚州全州停电，停电 7.5h 后恢复 80%～90% 负荷供电，50h 后全部负荷恢复供电
2015.12.23	乌克兰	电脑病毒攻击引发停电事故	停电数小时，影响居民 22.5 万户，约 140 万人
2015.11.07	中国辽宁	严重的大风和雨雪冰冻天气导致多条输配电线路发生多次连锁跳闸，多个变电站全停	损失负荷 255.2MW，损失电量约 650MW·h。大连电网近似孤岛运行 46.5h，营口电网重要联络线一半停电约 46h
2015.03.31	土耳其	1 条 400kV 线路重载跳闸，引发长距离平行线路接连跳闸导致电网解列	全国 51 个省份出现停电事故，停电时间约 9h，影响人口约 4290 万，占全国人口 65%
2015.03.27	荷兰	变电站技术故障	荷兰北部大面积停电约 5.5h，约 100 万户居民受到停电影响

电力系统可靠性是对电力系统按可接受的质量标准和所需数量不间断地向电力用户供应电力和电能能力的度量，包含充裕度和安全性两个方面。充裕度是指电力系统维持连续供给用户总的电力需求和总的电量的能力，同时考虑到系统内元件的计划停运和非计划强迫停运，又称静态可靠性；安全性是指电力系统承受突发扰动，例如，突然短路或失去系统元件现象的能力，又称动态可靠性。电力系统可靠性是通过定量的可靠性指标来度量的，一般由故障对电力用户造成的不良影响的概率、频率、持续时间、故障引起的期望电力损失及期望电能损失等指标描述。在电力系统的规划、设计、运行的全过程中，坚持系统全面的可靠性定量评估制度，是提高电力系统效能的有效方法。在可靠性评估中，除了对可能出现的故障进行故障分析，采取相应措施，以减少故障造成的影响外，还可以对可靠性投资与相应带来的经济效益进行综合分析，以确定合理的可靠性水平，并使电力系统的综合效益达到最佳。

由于电力系统规模庞大，可靠性评估研究中通常将其划分为多个子系统分别进行研究，子系统一般包括发电系统、发输电系统、输电系统、配电系统和发电厂及变电所的电气主接线等。本章主要讨论配电系统的可靠性评估，配电系统可靠性是对供电点到用户，包括配电变电所、高低压配电线路及接户线在内的整个配电系统及设备按可接受标准及期望数量满足用户电力及电能需求之能力的度量[1]。

3.1.2　配电网可靠性评估的基本原理

配电系统可靠性评估基于定性或定量的可靠性指标反映系统的供电能力或者停电的风险水平，进而指导配电系统的规划、设计、运行等生产实践活动。配电系统可靠性评估的基本框架如图 3.1 所示，配电系统可靠性评估主要包括可靠性建模、系统状态选取与评估、指标计算三个方面的内容，以下将分别予以介绍。

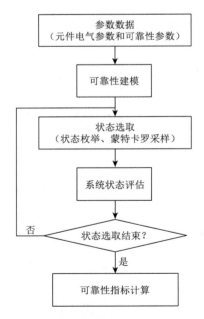

图 3.1　配电系统可靠性评估的基本框架

1. 可靠性建模

配电系统包括变压器、架空线路、电缆、开关等多种电力元件，这些元件受到系统随机扰动时可能发生随机故障，且大部分元件的故障是可修复的。在可靠性评估中，可修复元件常采用如图 3.2 所示的两状态模型去模拟，可靠性建模就是建立元件的状态模型，并分析状态之间的转移过程。

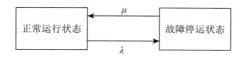

图 3.2　电力元件的两状态模型

元件的可靠性参数有：①故障率 λ；②修复率 μ；③强迫停运率（Forced Outage Rate，FOR）；④平均无故障工作时间（Mean Time to Failure，MTTF）；⑤平均修复时间（Mean Time to Repair，MTTR）。这些可靠性参数间存在以下的关系式：

$$MTTF = \frac{1}{\lambda} \tag{3-1}$$

$$MTTR = \frac{1}{\mu} \tag{3-2}$$

$$FOR = \frac{MTTR}{MTTF + MTTR} \tag{3-3}$$

基于上述参数，通常采用如图 3.3 所示的"运行-故障-运行"的循环过程来表示可修复元件的状态变化过程，并基于马尔可夫（Markov）过程建模。

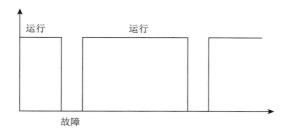

图 3.3　可修复元件状态变化过程

除了元件的可靠性模型，配电系统可靠性评估还需要考虑负荷的可靠性模型。负荷的模型通常分为定值模型和时变模型。所谓定值模型即在可靠性评估中，各节点的负荷取定值，一般是平均负荷或峰值负荷。时变负荷模型以年峰值负荷 $L_{\max}$ 为基准，在仿真的年限内，若不考虑峰值负荷的变化，可以由以下公式计算 t 时刻的负荷 $L(t)$：

$$L(t) = L_w(t) \times L_d(t) \times L_h(t) \times L_{\max}(t) \tag{3-4}$$

其中，$L_w(t)$ 是 t 时刻周负荷峰值占年负荷峰值的百分比；$L_d(t)$ 是 t 时刻日峰值负荷占周峰值负荷的百分比；$L_h(t)$ 是 t 时刻小时峰值负荷占日峰值负荷的百分比。

考虑负荷预测的不确定性，使用一个标准正态分布随机变量 $L \sim N(0, \delta^2)$ 进行修正，则修正后 t 时刻的负荷值 $\hat{L}(t)$ 如下所示：

$$\hat{L}(t) = L(t) + N(0, \delta^2) \tag{3-5}$$

2. 系统状态选取与评估

系统状态选取与评估是配电系统可靠性评估的核心内容。目前，配电系统可靠性评估中的系统状态选取与评估方法主要有解析法和模拟法两大类。

1）解析法

解析法通常根据电力系统元件的随机可靠性参数，建立元件的概率模型。然后采用故障枚举的方式进行系统状态选取，根据系统的结构、系统和元件的功能以及两者之间的逻辑关系等进行故障后果分析，从而获得系统的各项可靠性指标。解析法的优点是模型精度高，物理概念清晰；缺点是其计算量随系统规模的增大而急剧增加，因此解析法只能适用于网络规模不大的系统，同时不宜处理相关事件。目前，基于解析法进行配电系统可靠性评估的方法有很多种，常用的主要有故障方式后果分析（Failure Mode and Effects Analysis，FMEA）法、网络等值法、最小路法、最小割集法等。

（1）故障方式后果分析法。故障方式后果分析法是以每个线路元件为对象，根据可靠性参数和网络结构，分析各个基本故障事件及其后果列成 FMEA 法表格的形式，然后综合形成可靠性指标。FMEA 法原理简单、清晰，模型准确，已广泛用于辐射型配电网的可靠性评估。在一个包含多条子馈线的复杂配网中，有大量各种各样的元件和不同的基本操作，很难直接从上千个基本故障事件的组合中进行可靠性评估。

（2）网络等值法。网络等值法也是一种重要的配电系统可靠性评估方法。它利用网络等值对复杂的网络进行等效简化，使其成为简单的辐射型配电网，从而简化计算。其基本思想如下：首先按照系统的馈线数对其进行分层处理，某条馈线及其所连接的各种设备同属一层，每一层都可以等效为一条相应的等效分支线，按此方法从最末层向上逐层等值，最后将复杂的配电网络等效为一个简单的辐射状配电网。该方法存在一些不足，例如：①需要对子系统进行连续多次的等效；②得到的指标只能反映等效负荷和系统的可靠性水平，如果要得到每个负荷点的可靠性指标，还需要从等效负荷出发逐步向下分解，计算过程复杂。

（3）最小路法。最小路法评估配电系统可靠性的基本思想是：对系统中的每个负荷节点求取其最小路，并将非最小路上的元件故障对其可靠性的影响折算到相应的最小路节点上。对于每个负荷点，仅需对其最小路上的元件与节点进行计算即可得到它相应的可靠性指标，然后就可以得到整个配电系统的可靠性指标。

（4）最小割集法。配电系统的故障方式直接与系统的最小割集相关联。割集是一些设备的集合，当它们失效时会导致从起点到终点的有效路径失效。最小割集是设备集合中的最小子集合，当它们失效时必然会导致系统失效。最小割集法就是通过形成网络的最小割集，然后通过最小割集的状态评估获得网络的可靠性指标。该方法将需评估的状态限制在最小割集内，避免评估系统的全部状态，从而节省了计算量。

2）模拟法

当研究的网络很复杂，研究状态数也很多时，采用解析法很难给出一个准确的数学模型，或者即使给出也难以计算出准确的结果，在这种情况下，模拟的方法更加适合。模拟法一般是指蒙特卡罗模拟法（Monte Carlo Simulation Method，MCSM），其本质上是一种概率模拟方法，用计算机产生的随机数对系统元件的失效事件随机抽样构成系统失效事件集，并通过概率统计的方法建立系统可靠性指标计算公式。模拟法的优点是其收敛速度与问题状态空间的维数无关，不足之处是计算精度与抽样次数有关，计算精度与计算时间紧密联系，为了获得较高的计算精度必然要耗费大量的计算时间。因而结果不可避免地存在一定误差。减小误差的途径通常有两种：一是增加样本容量，二是减少每次抽样的方差，提高抽样效率。

采用蒙特卡罗模拟法对电力系统进行可靠性评估时，根据是否考虑系统状态的时序性，将其分为时序仿真法、非时序仿真法和伪时序仿真法。时序仿真法是根据系统元件的故障率和修复率数据，对每个元件的"运行-故障-运行"的寿命过程进行抽样，组合各元件的寿命过程最终形成系统的一个随机状态序列。非时序仿真法是根据每个元件的强迫停运率，直接抽取元件的随机状态，并组合得到系统的随机状态。伪时序仿真法则是综合了非时序和时序仿真技术的一类算法的统称。

（1）时序仿真法。时序仿真法各次抽样之间是按时间顺序排列的，便于考虑时变因素，可以得到系统运行状态的时序信息，能够精确地模拟系统处于各状态的持续时间及状态间的转移频率，因此基于时序仿真的可靠性评估算法不仅可以提供概率指标、期望值指标，还能提供频率和持续时间类指标。当系统中含有风力发电、太阳能发电及水力发电等受气象条件影响大的时变电源以及峰谷差异较大的时变负荷时，基于时序仿真法的可靠性评估结果的可信度较高。

（2）非时序仿真法。非时序仿真法根据系统元件的强迫停运率，直接对每个元件的随机状态抽样，每次抽样间没有关联，抽样过程简单，不考虑元件状态转移和时序信息，它按抽样次数对可靠性进行统计。非时序仿真法的模型较简单、计算速度较快、算法实现也较为简单，但由于该方法不考虑系统时序性，难以计算电力系统可靠性的频率和持续时间指标，因此获得的数据信息不够丰富。

（3）伪时序仿真法。伪时序仿真法是非时序仿真法和时序仿真法的结合。该算法形成元件和系统运行状态的方法与时序仿真相同，然后用非时序仿真来抽样系统的随机状态，经过状态分析之后，对故障状态采用时序仿真进行前向顺序仿真和后向顺序仿真，以考察该故障状态所从属的故障状态子序列并得到故障的完整时序信息，从而计算可靠性的频率与持续时间指标，否则任意抽取另一状态来检验。它综合了时序仿真和非时序仿真两者的长处，例如，不需要存储元件的状态序列和持续时间信息，对内存的占用很少；同时以非时序仿真法为基础来获取系统随机状态，抽样效率较高，收敛特性与非时序仿真算法接近。伪时序仿真法的准确性和计算效率都有待进一步讨论，但从目前的研究成果来看，它具有良好的应用前景。

综上所述，解析法和模拟法是配电系统可靠性评估中常用的两种算法。解析法物理概念清晰，评估结果精确，但是计算量随着系统规模的增加急剧增加，无法适用于大型、复杂的配电系统。而模拟法的原理和应用简单，且收敛速度与系统规模无关，目前已广泛应用到配电系统的可靠性评估中。

3. 指标计算

可靠性指标用来衡量系统的可靠性水平，单一的可靠性指标只反映系统某一方面的性能，因此通常采用多个不同的可靠性指标组成指标体系以全面地反映系统的可靠性。按照评估对象的不同，配电系统的可靠性指标可分为负荷节点可靠性指标和系统可靠性指标。负荷节点可靠性指标描述的是单个负荷点的可靠程度，用于分析系统中用户的可靠性；系统可靠性指标则用来描述整个系统的可靠程度。系统可靠性指标一般可由负荷节点可靠性指标计算得到。

1）负荷节点可靠性指标

对负荷节点进行故障分析一般采用以下 3 类指标：①负荷节点故障率 λ（次/年）；②负荷节点每次故障平均停电持续时间 r（h/次）；③负荷节点年平均停电持续时间 U（h/年）。

2）系统可靠性指标

系统可靠性指标可以由上述三个负荷节点的可靠性指标计算得到，常用的系统可靠性指标包括如下。

（1）系统平均停电频率指标（System Average Interruption Frequency Index，SAIFI）。系统平均停电频率指标是指每个由系统供电的用户在每单位时间内的平均停电次数。

$$\text{SAIFI} = \frac{\text{用户停电总次数}}{\text{用户总数}} = \frac{\sum \lambda_i N_i}{\sum N_i} \tag{3-6}$$

其中，SAIFI 是系统平均停电频率指标，次/（用户·年）；λ_i 是负荷点 i 的故障率；N_i 是负荷点 i 的用户数。

（2）系统平均停电持续时间指标（System Average Interruption Duration Index，SAIDI）。系统平均停电持续时间指标是指每个由系统供电的用户在一年中经受的平均停电持续时间。

$$SAIDI = \frac{用户停电持续时间总和}{用户总数} = \frac{\sum U_i N_i}{\sum N_i} \tag{3-7}$$

其中，SAIDI 是系统平均停电持续时间指标，h/（用户·年）；U_i 是负荷点 i 的等值年平均停电时间。

（3）用户平均停电频率指标（Customer Average Interruption Frequency Index，CAIFI）。用户平均停电频率指标是指一年中每个受停电影响的用户在单位时间内经受的平均停电次数。

$$CAIFI = \frac{用户停电总次数}{受影响的用户总数} = \frac{\sum_i \lambda_i N_i}{\sum_{EFF} N_j} \tag{3-8}$$

其中，CAIFI 是用户平均停电频率指标，次/（停电用户·年）；EFF 是受停电影响的负荷点的集合，每户无论停电几次均按一次计算。

（4）用户平均停电持续时间指标（Customer Average Interruption Duration Index，CAIDI）。用户平均停电持续时间指标是指一年中停电的用户经受的平均停电持续时间。

$$CAIDI = \frac{用户停电持续时间总和}{用户停电总次数} = \frac{\sum U_i N_i}{\sum \lambda_i N_i} \tag{3-9}$$

其中，CAIDI 是用户平均停电持续时间指标，h/（停电用户·年）。

（5）平均供电可用率指标（Average Service Availability Index，ASAI）。平均供电可用率指标是指一年中用户经受的不停电小时总数与用户要求的总供电时间之比。

$$ASAI = \frac{用户总用电小时数}{用户总需电小时数} = \frac{\sum N_i \times 8760 - \sum U_i N_i}{\sum N_i \times 8760} \tag{3-10}$$

（6）电量不足期望值指标（Expected Energy not Supplied，EENS）。电量不足期望值指标是指在研究周期内由供电不足造成用户停电所损失电量的期望值。

$$EENS = 系统总的电量不足 = \sum L_{ai} U_i \tag{3-11}$$

其中，EENS 是系统总的电量不足指标，MW·h/年；L_{ai} 是连接在停电负荷点 i 的平均负荷，MW。

3.1.3　挑战与机遇

电力系统正处于重大能源变革之中[2]，以能源互联网、电力物联网为代表的电力新技术正在深刻影响着配电系统的发展。能源互联网视角下，在物理层面配电系统将与热、冷、气、交通等不同能源系统互联，通过能源的综合开发和梯级利用实现能源综合利用效率的提高，同时借助于多能耦合、各类储能、需求响应等技术促进可再生能源的消纳；在信息层面配电网将利用信息通信、互联网等技术进行能量的控制和信息的实时共享，实现能源共享和需求匹配，并进一步推进能源信息化。而在电力物联网视角下，配电网将借助于"大云物移智链"和边缘计算等先进技术实现能源供应链全程电子化、网络化、可视化、便捷化、智慧化，将所有与电网相关的人员、事件和设备互联，拓展服务对象，创新商业模式，促进传统业务数字化转型[3]。能源互联网与电力物联网两者相辅相成，在强调信息物理融合方面具有共性，但能源互联网侧重于基于多能源开放互联实现能源的高效、清洁利用，而电力物联网侧重于电力行业在数字化转型下培育和发展新兴业态。

随着能源互联网和电力物联网的发展，未来的配电系统一方面将具有设备种类繁多、拓扑连接多样、运行方式多变、电网与用户双向互动等特点；另一方面由于分布式能源、电动汽车、用户系统的大量接入，未来配电网将运行于具有更大不确定性的工况之中。在这一背景下，配电系统对于系统的安全可靠运行将提出更高的要求，具体对于可靠性评估技术而言，其需要在评估准确性和评估效率上有所突破。

1. 评估准确性

通过合理的数学模型刻画元件故障概率和系统状态转移概率是可靠性评估的基础，传统可靠性评估中元件通常采用可修复的两状态或多状态模型，状态之间的转移概率通过历史数据统计得到，该模型反映了元件在长时间尺度内发生故障的平均概率，没有充分考虑其时变特性。配电系统中设备种类繁多，各元件的短期停运概率受到服役时间、系统运行工况、外部环境条件等多种因素的共同影响。部分研究采用时间依存的元件状态模型来描述运行时间对元件故障率的影响，运用 Weibull 分布对元件故障率浴盆曲线进行建模，以刻画元件故障率随元件寿命变化的趋势。文献[4]提出了电力系统的运行可靠性模型，基于电力系统的典型特性，分析实时运行条件对元件可靠性模型的影响，考虑了系统不正常运行引起的故障，如基于线路潮流的线路停运概率、基于频率、电压的发电机停运概率等。现有研究一般采用模型驱动的方法刻画元件的故障率与影响因素之间的相关关系，即针对某一类元件（如变压器、架空线路等），首先分析影响其故障率的因素（如运行条件电压、电流等，以及外部条件气温、天气等），然后人为制定元件故障率与影响因素之间的数学模型（如线性、指数等数学模型），再采用拟合的方式确定模型参数。这种模型驱动的建模对提高元件状态模型的准确性具有一定价值，但模型的迁移性较差，难以适用于复杂电网。

随着量测系统的不断完善，配电系统已产生和累积海量有关生产、运行、控制、交易、消费等各环节的能源数据。目前，数据驱动的建模在数据量、数据质量、算法选择、参数调整等方面已经具备良好的条件，且数据驱动的建模在模型的迁移性方面具有优势。因此，基于海量数据，通过筛选特征影响因素，选择有效的算法，研究数据驱动的元件可靠性建模，符合未来技术发展的趋势，有望进一步提升可靠性评估的准确性。

2. 评估效率

随着能源市场化改革的深入，配电系统将以更加高效经济的方式运行，适用于配电系统运行阶段的短期可靠性评估将扮演更为重要的角色。出于时效性的考虑，短期可靠性评估技术对评估效率具有更高的要求。传统的配电网可靠性评估技术在基于状态枚举或模拟生成的方式得到系统状态空间的基础上，要对每一个系统状态进行状态评估以分析其可靠性后果。对于结构复杂、元件繁多的配电网，可靠性评估过程中将重复大量的系统状态评估过程，且每一次状态评估都具有一定的计算量，这导致传统的可靠性评估技术在评估效率方面存在瓶颈[5]。

近年来，以大数据、机器学习为代表的新一代人工智能技术正深刻改变着世界各国的能源产业，能源领域信息物理高度融合的发展趋势，更为人工智能技术的广泛应用奠定了良好的基础，能源大数据中蕴含着不可估量的价值已成为学术界和工业界的共识。以数据驱动的思想为基础，利用机器学习技术，挖掘电力能源数据中的复杂非线性关联关系，解决电力系统规划和运行中面临的一系列难题，已成为电力能源领域的研究热点。与此同时，随着能源互联网和电力物联网的发展，配电系统部署了众多的监控和管理系统，加之用户采集系统的接入，将这些系统所产生的电力数据与外部数据（如天气、经济、环境等数据）相结合，构成了配电系统大数据。如何应用这些数据，在配电网可靠性评估方面形成新的技术解决方案，有效提升配电系统的智能化水平，既是机遇也是挑战。

3.2　基于机器学习的可靠性评估框架

3.2.1　传统的可靠性评估框架

传统的可靠性评估方法一般分为解析法和模拟法两类。解析法通过枚举系统状态并逐一分析系统状态以计算可靠性指标；模拟法基于蒙特卡罗模拟（Monto Carlo Simulation，MCS）技术模拟实际的系统状态转移过程，并进一步计算可靠性指标。受系统状态空间的制约，解析法不适用于大电力系统或运行条件复杂（考虑天气影响、负荷动态行为等因素）的可靠性分析场景；模拟法的适用场景更为广泛，但针对结构简单的电力系统，模拟法的评估效率不如解析法。解析法和模拟法虽然在具体实施过程中有所差别，但两者的评估思路是类似的。本小节介绍基于时序模拟法的可靠性评估框架，其一般步骤归纳如下。

步骤 1：元件状态建模。基于系统在实际运行中累积的数据（故障统计、负荷时序数据等），建立馈线、变压器、开关、负荷、新能源、储能等系统元件的状态概率模型。

步骤 2：系统状态生成。基于所建立的元件状态概率模型，采用 MCS 技术模拟各系统元件在给定时间段内的状态转移过程，综合各元件的状态转移过程得到给定时间段内系统的状态转移过程。

步骤 3：系统状态评估。逐一评估步骤 2 中生成的系统状态，得到在各状态下系统以及负荷节点的切负荷量、切负荷持续时间、受影响用户数目等可靠性后果。

步骤 4：可靠性指标计算。统计所有系统状态的可靠性后果，计算可靠性指标，并对指标进行收敛性判断，若可靠性指标收敛，则输出结果并终止评估，否则返回步骤 2 生成下一时间段的系统状态。

对于配电系统，步骤 3 一般需要对每一个系统状态进行基于连续性的拓扑结构分析，即辨识各状态下负荷与电源的连接关系；而对于发输电系统，步骤 3 需要对每一个系统状态进行潮流分析，如果有需要还需进一步进行系统状态校正，即求解以削负荷最小为目标函数的最优潮流问题。由于每一次的系统状态评估具有较高的计算量，且系统状态评估重复进行，致使步骤 3 成为制约模拟法评估效率的主要环节。

3.2.2　数据驱动的可靠性评估框架

为保证评估结果的精度，传统模型驱动的配电网可靠性评估方法需根据系统的结构、系统和元件的功能以及两者之间的逻辑关系等进行大量的故障后果分析，导致可靠性评估的计算时间长、效率低下，难以满足新形势下配电网对短期可靠性实时评估的需求。另外，传统的基于事件统计的元件状态建模，以 10kV 架空线路为例，其故障率基于区域内所有 10kV 架空线路在某一长时间尺度内的故障事件统计得到，反映了长时间尺度内元件发生故障的平均概率，不具有条件依赖的时变特性，即无法分析元件停运概率与运行工况、外部环境等因素之间的相关关系。

近年来，以机器学习为代表的新一代人工智能技术的兴起，为解决能源领域现有问题提供了新思路。这里首先对模型驱动和数据驱动两个概念进行说明，模型驱动是对少量数据的背景分布做出诸如独立同分布类似的数学假定后，建立一些假定的数学模型并推到一些由这些模型所得结果的性质。模型驱动具有以下主要特性：①数据量小；②以模型构建为中心；③存在大量数学假定或人为决策过程。数据驱动是基于量测系统采集得到的海量数据，将数据进行组织形成信息，之后对相关的信息进行整合和提炼，在数据的基础上经过训练和拟合形成自动化的决策信息。而落到操作层面则是通过对数据的收集、整理、提炼，总结出规律形成一套智能模型，之后通过人工智能的方式做出最终的决策。数据驱动具有以下主要特征：①海量数据；②智能模型；③自动化决策。由于机器学习方法主要用于基于大数据的自动化决策，这里对基于机器学习的建模方法和数据驱动方法不加以区分。

数据驱动方法的应用模式具有"离线建模-在线评估"的特点，即离线完成模型的构建和训练，然后对训练好的模型进行在线评估，此外，模型还可以采用在线或离线的方式进行更新。基于"离线建模-在线评估"的模式，将大量的在线计算任务转移到离线环节，可以有效解决可靠性评估的准确性和快速性之间的矛盾。同时，由于数据驱动方法依赖于大量标签数据，直接用于解决电力系统中的问题有其自身的局限。因此，有必要研究模型-数据混合驱动的运行可靠性评估方法，一方面模型驱动方法可以为训练数据驱动模型提供所需的标签数据，另一方面模型驱动方法可用于校验数据驱动模型的预测结果。

这里提出模型-数据混合驱动的可靠性评估思路，如图 3.4 所示，以模型驱动思想建立并求解系统状态分析与校正模型，保证可靠性评估精度，为数据驱动提供训练标签；以数据驱动思想，构建机器学习模型和参数训练算法，挖掘系统状态与可靠性间复杂非线性关联关系，实现可靠性实时评估。进一步地，将模型-数据混合驱动的思想用于可靠性评估的各个环节，形成配电网可靠性评估的"离线建模-在线评估"新模式，拟解决传统方法评估效率低下等问题。

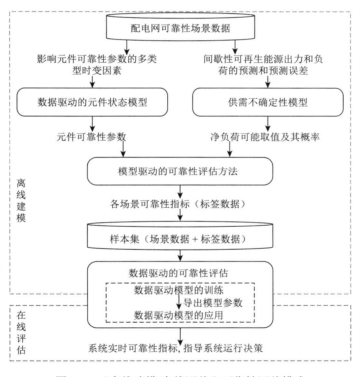

图 3.4　"离线建模-在线评估"可靠性评估模式

1）离线建模环节

在离线建模环节，首先基于历史运行可靠性场景数据（包括影响元件短期状态概率的系统运行状态、环境参数等数据；以及用于分析供需不确定性的可再生能源出力和负荷的预测及预测误差数据），由数据驱动的元件状态模型和供需不确定性模型得到评估期间内各时段的元件可靠性参数和净负荷可能取值及其概率。在此基础上，采用模型驱动的可靠性方法计算可靠性指标，即标签数据，场景数据和标签数据构成训练数据驱动模型的样本集。然后，选取合适的机器学习算法，自主挖掘标签数据和场景数据之间的关联关系，并保存训练好的模型参数。该环节包含大量计算任务，以保证评估的准确性。

2）在线评估环节

在在线评估环节，导出数据驱动模型的模型参数，由系统实时的场景数据作为数据驱动模型的输入，可实时得到系统运行可靠性指标。基于此，可进一步制定系统运行可靠性提升策略，指导系统运行决策。

3.3 数据驱动的元件可靠性建模

基于故障统计的元件状态建模不具备条件依存的时变特性，无法分析元件状态与运行工况、外部环境等因素之间的相关关系，其适用场景受限。针对这一问题，本节内容讨论数据驱动的条件依存元件状态建模。首先，系统元件的随机故障由两状态元件概率模型刻画。进一步地，我们基于集成学习分析元件故障率与多影响因素之间的关系，并通过多目标特征优选模型提取高质量的特征子集。以下对数据驱动的元件可靠性建模按步骤展开介绍。

3.3.1 影响因子选择

为刻画系统元件故障率 λ 的时变特性，首先提取影响元件故障率的特征变量。影响元件故障率的因素主要有天气相关因素、设备相关因素（即系统运行状态相关因素）以及元件运行时间等。表 3.2 总结了元件故障率学习器中使用的天气相关输入数据的类别，共涉及 42 个协变量。

表 3.2 天气相关特征变量总结

变量	注释
风速风向	3 秒阵风速度与绝对风向
树木修剪	自上次修剪元件周围树木以来的长度加权时间
气温	元件所处环境温度的最小值、最大值、平均值及方差
空气湿度	元件所处环境空气湿度的最小值、最大值、平均值及方差
海拔	元件所处环境海拔的最小值、最大值、平均值及方差
坡度	元件所处环境地形坡度的最小值、最大值、平均值及方差
CTI	复合地形指数，衡量地区相对湿度
SPI	标准降水指数，表征 1、2、3、6、12 和 24 个月六种不同滞后时间内正常条件下降水偏差的统计
MAP	平均年降雨量，作为纬度梯度的表征
土壤	土壤类型、不同深度（0～10cm、10～40cm、40cm 以上）的土壤湿度、土壤黏粒含量
土地覆盖	元件所处环境中水域、荒地、森林、灌木、草地、湿地、耕地以及不同开发程度地段的比例

设备相关的影响因素涉及各类元件的工作原理，一般通过知识经验或实验测试得出，下面以电力变压器和质子交换膜燃料电池为例给出这两种元件的设备相关影响因子，见表 3.3。

表 3.3 电力变压器与质子交换膜燃料电池的设备相关影响因子总结

电力变压器	质子交换膜燃料电池
关键气体含量：$f(H_2)$、$f(CH_2)$、$f(C_2H_2)$、$f(C_2H_4)$、$f(C_2H_6)$ 关键气体与氢含量的比值：$f(CH_4/H_2)$、$f(C_2H_2/H_2)$、$f(C_2H_4/H_2)$、$f(C_2H_6/H_2)$ 烃类含量之间的比值：$f(C_2H_2/C_2H_4)$、$f(C_2H_4/CH_4)$、$f(C_2H_6/C_2H_2)$ 烃类与总烃含量的比值：$f(CH_4/S)$、$f(C_2H_2/S)$、$f(C_2H_4/S)$、$f(C_2H_6/S)$ 与氢气和总烃含量的比值：$f(H_2/T)$、$f(CH_4/T)$、$f(C_2H_2/T)$、$f(C_2H_4/T)$	电堆电压、电堆电流、冷却液入口压力、空气入口压力、模块入口氢气压力、电堆入口氢气压力、空压机入口空气温度、空气出口温度、电堆冷却液出口温度、模块冷却液入口温度、电堆冷却液入口温度

3.3.2　特征优选与集成学习模型

将提取出的元件故障率的影响因素作为学习器的预测因子（即特征），元件状态作为样本数据的标签，即元件正常运行（正类）或元件故障停运（负类）。通过集成朴素贝叶斯分类器训练得到描述影响因素与元件状态间复杂非线性关系的学习器，以此给出未标签情况下元件正常运行或故障停运的后验概率。

由于此处训练机器的目标是通过其泛化能力给出系统元件正常运行或故障停运的概率，故此处拟选取以极大后验概率假设为基础的贝叶斯分类器作基学习器，通过 Adaboost 集成算法对其性能进行提升，构建集成朴素贝叶斯分类器。

由于训练模型中输入的元件故障率影响因素较多，在实际预测时会带来诸多不便。为在特征集中提取高质量的特征子集，拟采用基于遗传算法的多目标故障特征优选方法。选定 3 个目标准则——最小冗余准则、特征维数最少准则和分类准确率最高准则，建立基于多目标规划和集成朴素贝叶斯分类器的特征优选与集成学习模型，然后采用遗传算法求解模型得到最优特征子集和决策函数。

对于数据集 $D_{N\times(M+1)}=\{(x_1,y_1),(x_2,y_2),\cdots,(x_M,y_M)\}=(\dot{x}_1,\cdots,\dot{x}_M,y)$，其中 $x_i=(x_{i1},x_{i2},\cdots,x_{iM})$ 为特征向量，N 为样本个数，M 为特征维数，$\dot{x}_j=(x_{1j},x_{2j},\cdots,x_{Nj})^{\mathrm{T}}$ 为第 j 个特征的 N 个样本取值。设 $S_{N\times(K+1)}$ 为数据集 $D_{N\times(M+1)}$ 在特征选择中得到的一个候选子集，则从中提取出 K（$0<K<M$）个特征的多目标特征优选的数学模型可描述为

$$\min F(S)=\lambda_1 f_1(S)+\lambda_2 f_2(S)+\lambda_3 f_3(S) \tag{3-12}$$

其中，$\lambda_1+\lambda_2+\lambda_3=1$，$0<\lambda_i<1$，$i=1,2,3$。

最小冗余准则：$f_1(S)$衡量所选择的特征子集中各特征间冗余度，即

$$f_1(S)=\sum_{1\leqslant k<k'\leqslant K}\frac{2I(\dot{x}_k,\dot{x}_{k'})}{H(\dot{x}_k)+H(\dot{x}_{k'})} \tag{3-13}$$

其中，$H(\dot{x}_k)$ 和 $H(\dot{x}_{k'})$ 为特征子集中第 k 维特征和第 k' 维特征的信息熵，两者间的互信息熵为 $I(\dot{x}_k,\dot{x}_{k'})$，分别通过以下两式计算：

$$H(x)=\sum_{i=1}^{N}p(x_i)\log p(x_i) \tag{3-14}$$

$$I(x_1,x_2)=H(x_1)+H(x_2)-\sum_{i=1}^{N}\sum_{j=1}^{N}p(x_{1i},x_{2j})\log p(x_{1i},x_{2j}) \tag{3-15}$$

特征维数最少准则：在保证故障分类性能情况下，优选的故障特征维数要最小，$f_2(S)$ 表示特征子集中包含的特征维数，即

$$f_2(S)=|S|,\quad 0<f_2(S)<M \tag{3-16}$$

分类准确率最高准则：$f_3(S)$衡量分类性能，为学习器的测试错误率，即

$$f_3(S)=e/N,\quad 0<f_3(S)<1 \tag{3-17}$$

其中，e 为学习器在测试集上错误分类的样本个数。

针对分类准确率最高目标 $f_3(S)$，其函数值须通过训练和测试学习机才能得到，此处拟采用的学习器为集成朴素贝叶斯分类器（Adaboost-NB）。

对于决策集 $Y = (G_1, G_2)$，可得类别 $G_i(i = 1, 2)$ 的先验概率为 $P(G_i)$，表示训练样本中分类属性是类型 G_i 的样本数目占比，训练样本特征 $x = (x_1, x_2, \cdots, x_M)$ 的先验概率用 $P(x)$ 表示，该样本实例的后验概率 $P(x|G_i)$ 表示在分类属性为 G_i 的样本中，特征 x 出现或发生的概率，这些数据均可从训练样本中统计获得，由贝叶斯公式可得到计算后验概率的公式为

$$P(G_i \mid x) = \frac{P(x \mid G_i)P(G_i)}{P(x)} \tag{3-18}$$

对于一个未标签样本实例 x，基于极大后验假设，其所属分类的判别为

$$G_{\mathrm{map}} = \arg \max_{G_i \in Y} P(G_i \mid x) = \arg \max_{G_i \in Y} P(x \mid G_i)P(G_i) \tag{3-19}$$

对于朴素贝叶斯分类器，假定 $X = (X_1, X_2, \cdots, X_n)$ 的各变量之间是条件独立的，即得二分类朴素贝叶斯分类器的判别准则为

$$G_{\mathrm{map}} = \arg \max_{G_i \in Y} P(G_i)\prod_{j=1}^{n} P(x_j \mid G_i) \tag{3-20}$$

对于一个样本实例未标签的样本实例 x，其属于 G_i（$i = 1, 2$）的后验概率为

$$P(G_i \mid x) = \frac{P(G_i)\prod\limits_{j=1}^{n} P(x_j \mid G_i)}{P(G_1)\prod\limits_{j=1}^{n} P(x_j \mid G_1) + P(G_2)\prod\limits_{j=1}^{n} P(x_j \mid G_2)} \tag{3-21}$$

Adaboost 算法是一种带有自适应功能，可以自动调整权值的 Boosting 集成算法，其通过对那些容易错误分类的样本个体进行加强学习，最终得到一个复杂的、精确度很高的、多项式时间的预测方法。各样本个体有一权重 w，算法开始时初始化权重值 $w_i = 1 / N, i = 1, 2, \cdots, N$。在第 t 次迭代中，错误率（即伪损）定义为全部分类错误的样本权重之和 $\varepsilon^t = \sum w_i^t \cdot I\left(f_t(x_i) \neq y_i\right)$，其中 f_t 为该轮的预测函数。由伪损可得该轮分类器的权值参数为 $\beta^t = \varepsilon^t / (1 - \varepsilon^t)$，更新样本的权值分布，更新方法为

$$w_i^{t+1} = \frac{w_i^{t+1}}{Z^t} \times \begin{cases} \beta^t, & f_t(x_i) = y_i \\ 1, & \text{其他} \end{cases} \tag{3-22}$$

其中，Z^t 为归一化因子，使 w_i^{t+1} 为一概率分布，即让下一轮的权值之和为 1。最终的决策函数为

$$f(x) = \arg \max_{y \in Y} \sum_{t:h_t(x)=y} \log \frac{1}{\beta^t} \tag{3-23}$$

针对多目标特征优选与集成学习模型，由于其目标函数中嵌套有 Adaboost-NB 集成学习算法且不能用显函数示出，是 NP-hard 组合优化问题。此处拟采用遗传算法对优化问题进行求解，得到最优的综合能源系统元件故障率影响特征子集和集成朴素贝叶斯学习机，求解模型的算法流程概要如图 3.5 所示。

感知机作为一种典型的监督式机器学习算法，常用于二分类问题。本节介绍基于感知机的系统状态评估方法，将传统配电网可靠性评估中基于拓扑分析的系统状态评估问题转变为二分类问题[6]，并进一步利用感知机模型进行求解。在此基础上，结合 MCS 技术，提出相应的可靠性评估流程。

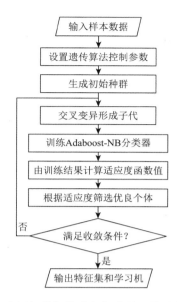

图 3.5　多目标特征优选与集成学习模型求解流程

3.4　基于感知机的系统状态评估

3.4.1　感知机模型

感知机的典型结构为双层神经网络模型，包括输入层和输出层，神经网络中每个神经元采用麦卡洛克-皮茨（McCulloch-Pitts）神经元模型。如图 3.6 所示，数值数据输入到感知机的输入层的神经元，每个输入神经元具有一个权值，输入神经元将输入的数值与权值相乘得到其输出并将输出传递给输出层；每个输出神经元具有一个偏置，输出神经元将输入（即输入神经元的输出）累加并和偏置进行比较，得到其输出并将输出传递给激活函数，最后生成关于类别的预测。

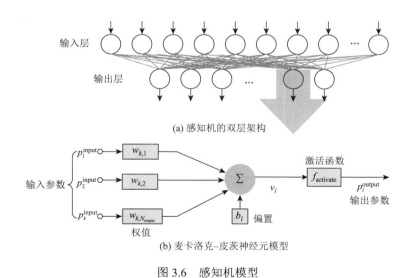

(a) 感知机的双层架构

(b) 麦卡洛克–皮茨神经元模型

图 3.6　感知机模型

如图 3.6（b）所示，麦卡洛克–皮茨神经元的输出可由如下公式表示：

$$p_l^{\text{output}} = f_{\text{activate}}(v_l), \quad l = 1, 2, \cdots, N_{\text{output}} \tag{3-24}$$

$$v_l = \sum_{k=1}^{N_{\text{input}}} w_{k,l} p_k^{\text{input}} + b_l \tag{3-25}$$

其中，p_l^{output} 为感知机的第 l 个输出；v_l 为第 l 个输出神经元的输出；N_{output} 为输出神经元的数目；N_{input} 为输入神经元的数目；$w_{k,l}$ 为第 k 个输入神经元与第 l 个输出神经元之间的连接权值；p_k^{input} 为感知机第 k 个输入；b_l 为第 l 个输出神经元的偏置；f_{activate} 为激活函数，常用的激活函数包括有 Identify 函数、Softplus 函数、ReLU 函数等[7]。

3.4.2　可靠性建模

为建立基于感知机的系统状态评估方法，首先要确定在系统状态评估问题中对应于感知机的输入和输出，系统状态评估问题中所分析的场景为各个系统状态，分析得到的是各个系统状态下各负荷节点的状态，而负荷节点和系统的可靠性指标可以基于各负荷节点的状态推导得到。因此，可以将系统状态、负荷节点状态分别作为感知机的输入和输出进行系统状态评估。以下针对感知机的输入、输出的数据格式要求建立相应的系统状态模型和负荷节点状态标签模型。

1. 系统状态模型

首先基于两状态模型刻画可修复元件的状态转移过程，元件的状态由一个二元变量表示，其中数值"0"表示元件处于正常状态；数值"1"表示元件处于故障状态。通过对每个元件在其当前状态下的持续时间进行采样，可以得到每个元件在给定时间跨度内的时序状态转移过程，其中各元件初始状态均设置为"0"，即所有元件在模拟开始均处于正常状态。假定系统状态仅由元件状态构成，则由各元件的时序状态转移过程组合可得到系统状态的时序转移过程。在给定时间跨度内的系统状态由以下公式表示：

$$X_m = \{x_{i,m} \mid i = 1, 2, \cdots, N_C\}, \quad m = 1, 2, \cdots, N_X \tag{3-26}$$

其中，X_m 为第 m 个系统状态；$x_{i,m}$ 为二元变量，表示第 m 个系统状态下第 i 个元件的状态；N_C 为元件的数目；N_X 为系统状态的数目。此外，每一个系统状态的持续时间由 d_m 表示。

2. 负荷节点状态模型

负荷节点状态模型用以刻画负荷节点在某一系统状态下可能处于的状态，每个负荷节点的状态均可看作系统状态的一个标签。因此，系统状态和负荷节点状态构成了监督式机器学习中模型训练所需的标签数据。负荷节点的状态根据故障对负荷节点的功能连续性的影响来确定。对于辐射状、网状、环状等不同结构的配电网，不失一般性地，负荷节点的状态可分为以下四种类型。

类型 1：负荷节点供能中断，中断持续时间为隔离故障所花费的时间。

类型 2：负荷节点供能中断，中断持续时间为切换供能路径所花费的时间。

类型 3：负荷节点供能中断，中断持续时间等于故障持续时间。

类型 4：负荷节点供能正常，中断持续时间等于零。

在以上分类的基础上，建立负荷节点的四状态模型。为了方便基于二元分类器的系统状态评估，采用由三个二元变量组成的序列来描述负荷节点的状态，如下所示：

$$y_{j,m} = \left\{ y_{j,m,1}, y_{j,m,2} y_{j,m,3} \right\}$$

$$= \begin{cases} \{1,0,0\} & \text{类型 1} \\ \{0,1,0\} & \text{类型 2} \\ \{0,0,1\} & \text{类型 3} \\ \{0,0,0\} & \text{类型 4} \end{cases}, \quad j = 1, 2, \cdots, N_L; m = 1, 2, \cdots, N_X \tag{3-27}$$

其中，$y_{j,m}$ 为负荷节点标签；N_L 为负荷节点的数目。

3.4.3　基于感知机的系统状态评估

1.评估模型

根据所建立的系统状态模型和负荷节点状态模型，我们将系统状态评估转化为一个二元分类问题。基于感知机的系统状态评估思路如图 3.7 所示，首先根据待评估的配电系统的规模建立一个特定尺寸的感知器，其输入层的神经元数目等于系统中具有故障倾向的元件的数目；由于每个负荷节点的状态由三个二元变量表示，所以输出层的神经元数目为负荷节点数目的三倍。

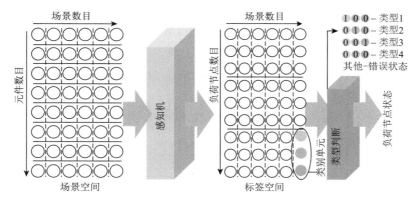

图 3.7　基于感知机的系统状态评估示意图

为方便起见，我们将系统状态定义为可靠性场景，负荷节点状态定义为可靠性场景标签。可靠性场景及其标签的数学表示如下所示：

$$\Omega_m^{\text{scerario}} = \{x_{i,m} \mid i=1,2,\cdots,N_C\}, \quad m=1,2,\cdots,N_X \tag{3-28}$$

$$\Omega_m^{\text{label}} = \{y_{j,m,p} \mid j \in 1,2,\cdots,N_L, p=1,2,3\}, \quad m=1,2,\cdots,N_X \tag{3-29}$$

其中，$\Omega_m^{\text{scerario}}$ 为第 m 个场景的元件状态集合；$x_{i,m}$ 为第 i 个元件在第 m 个场景中的状态；N_C 为可能发生故障的元件的数目；N_X 为场景的数目；Ω_m^{label} 为第 m 个场景的负荷标签集合；$y_{j,m,p}$ 为第 m 个场景下第 j 个负荷点的第 p 个标签的取值；N_L 为负荷点的数目。

场景空间可以依据每个标签的取值（$y_{j,m,p}=0$ 或 $y_{j,m,p}=1$）分为两类，而每个标签表示一个负荷点的状态，例如，$y_{1,7,3}=1$ 表示第 1 个负荷点在第 7 个场景中处于第 3 种中断状态。基于此，系统状态评估转变为如下式所示的二分类问题：

$$y_{j,m,p} = f_{\text{activate}}(v_{j,m,p}), \quad j=1,2,\cdots,N_L; p=1,2,3; m=1,2,\cdots,N_X \tag{3-30}$$

$$v_{j,m,p} = \sum_i^{N_C} w_{i,j,p} x_{i,m} + b_{j,p} \tag{3-31}$$

如图 3.7 所示，感知机的输入为系统状态生成环节所得到的所有可靠性场景，输出为各系统状态标签，即各负荷节点的状态，基于此可进一步计算相应的可靠性指标。

2. 感知机训练算法

感知机作为一种监督式学习算法，其模型参数（输入神经元的权重和输出神经元的偏置）的确定依赖于神经网络的训练过程，而用于训练神经网络的数据集为标签数据。在配电系统的工程实践中，停电故障统计可以被视为一个包含 $N-1$ 和 $N-k$（$k>1$）带有标签的可靠性场景集，可以作为训练数据集。训练集如下所示：

$$\Omega_{\text{sample}} = \left\{ \Omega_m^{\text{scenario}}, \Omega_m^{\text{label}} \mid m = 1, 2, \cdots, N_{\text{sample}} \right\} \tag{3-32}$$

其中，Ω_{sample} 表示训练样本集；N_{sample} 为训练样本的数目。

在训练感知机的过程中，感知机的输出被视为实际场景标签的预测值，将预测标签与实际标签之间的均方误差作为感知器的损失，损失由以下公式表示：

$$f_{\text{loss}}(\hat{y}, y) = \frac{1}{N_{\text{sample}}} \sum_{m=1}^{N_{\text{sample}}} \sum_{l=1}^{N_{\text{anple}}} (\hat{y}_{l,m} - y_{l,m})^2 \tag{3-33}$$

$$\hat{y}_{l,m} = f_{\text{acticate}} \left(\sum_{k=1}^{N_{\text{input}}} w_{k,l} x_{k,m} + b_l \right) \tag{3-34}$$

其中，f_{loss} 为损失函数；$\hat{y}$ 为感知机输出；y 为训练集的标签；$\hat{y}_{l,m}$ 为第 m 个场景中第 l 个标签的预测值；$y_{l,m}$ 为第 m 个场景中第 l 个标签的实际值。

我们采用随机梯度下降（Stochastic Gradient Descent，SGD）算法来训练感知机，优化目标为最小化感知机的损失，如下所示：

$$\text{minimiza} \quad f_{\text{loss}}(\hat{y}, y) \tag{3-35}$$

基于 SGD 算法的感知机训练过程如图 3.8 所示。

算法 1：感知机训练算法

初始化和输入：
确定感知机结构
确定 SGD 算法参数：η, $N_{\text{iteration}}$, N_{batct}；
在[0，1]区间随机初始化神经元参数，w 和 b；
载入训练样本集：输入 x 和目标输出 y
训练过程：
迭代运算：
（1）前向传播：将 N_{batch} 个训练场景输入神经网络并计算输出；
（2）计算损失：基于损失函数计算神经网络的损失；
（3）反向传播：计算输出层的梯度：$g \leftarrow \nabla_{\hat{y}} f_{\text{loss}}(\hat{y}, y)$；
将输出层的梯度转变为非线性激活函数的梯度：$g \leftarrow \nabla_v f_{\text{loss}}(\hat{y}, y) = g \odot f'_{\text{activate}}(v)$；
计算权重和偏置的梯度：$\nabla_w f_{\text{loss}}(\hat{y}, y) = g x^{\mathrm{T}}$，$\nabla_b f_{\text{loss}}(\hat{y}, y) = g$；
（4）参数更新：$w = w + \Delta w = w - \eta g x^{\mathrm{T}}$，$b = b + \Delta b = w - \eta g$；
满足收敛条件时中止
输出：训练完成的感知机

图 3.8　感知机训练算法

我们要认识到负荷节点状态的误分类在基于机器学习的系统状态评估方法中是难以避免的。因此，除了激活函数外，充分的训练数据和精心选择的超参数可以有效地降低误分类的概率。蒙特卡罗方法由于其实验特性而具有自身的误差，但该误差可以通过制定适当的收敛准则使其在可靠性评价中被接受。类似地，只要误分类的概率可以通过上述方法得到控制，基于机器学习的系统状态评估方法中由于误分类造成的误差也可视为是可以接受的。

3.5　基于感知机的配电网可靠性评估

3.5.1　可靠性评估算法

本小节介绍将基于感知机的系统状态评估与时序 MCS 相结合的配电网可靠性评估算法，如

图 3.9 所示，在系统状态评估过程中调用训练好的感知器用于分析系统状态生成环节所生成的每一个系统状态的可靠性后果。可靠性评估算法的步骤如下。

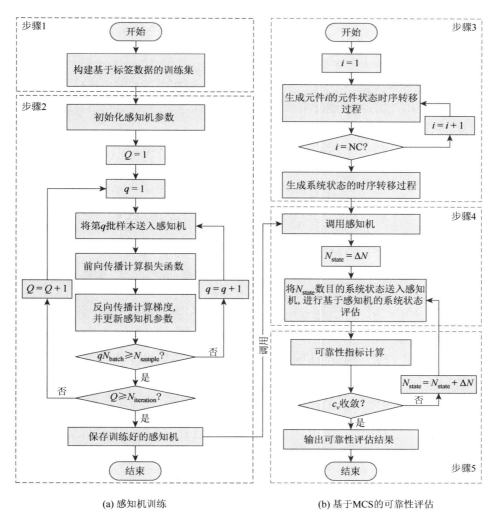

(a) 感知机训练　　　　　　　　　　　　(b) 基于MCS的可靠性评估

图 3.9　可靠性评估算法流程图

步骤 1：建立训练样本集，该样本集由带有标签的可靠性场景构成。

步骤 2：确定感知器的结构，根据算法 1 训练感知器。

步骤 3：基于时序 MCS 生成给定时间段内的系统状态。

步骤 4：将生成的系统状态输入训练好的感知机，作为感知机的输出得到负荷节点状态。

步骤 5：计算可靠性指标，并对指标进行收敛性判断，如果满足收敛准则，则输出评价结果，否则返回步骤 3 生成下一时间段内的系统状态。

在所提出的可靠性评估算法中，传统的系统状态评估方法由基于感知机的系统状态评估方法替代。拓扑分析仅在建立训练样本集时才需要进行，而如果训练样本集可以完全由停电故障统计构成，我们将不再需要对配电网进行拓扑分析。因此，一旦在有限的训练样本集下可以保证感知机的预测精度，则配电网的可靠性评估可以得到有效简化，这对提升可靠性评估理论的实用性具有积极的作用。

虽然停电故障统计可以构成数据驱动的可靠性分析所需要的数据集，但目前停电故障统计的数据量和数据质量还无法支撑数据驱动方法的大规模应用。我们应当注意到数据收集、整理的工作和可靠性评估理论的发展是迭代演进的，考虑到传统可靠性分析方法的局限性以及数据驱动方法的适用性，未来还需要进行更完善的数据收集和整理工作。

3.5.2　可靠性指标建模

如图 3.7 所示，感知机的输入为系统状态生成环节所得到的所有可靠性场景，输出为各系统状态标签，即各负荷节点的状态，通过分析负荷节点的状态可以得到各负荷节点的年平均故障频率和年平均故障时间，如下所示：

$$\lambda_j = \left(\sum_{m=1}^{N_x} y_{j,m,3} + \sum_{m=1}^{N_x} y_{j,m,2} + \sum_{m=1}^{N_x} y_{j,m,1} \right) \frac{8760}{\sum_m d_m} \tag{3-36}$$

$$U_j = \left(\sum_{m=1}^{N_x} d_m y_{j,m,3} + d_{cha} \sum_{m=1}^{N_x} y_{j,m,2} + d_{iso} \sum_{m=1}^{N_x} y_{j,m,1} \right) \frac{8760}{\sum_m d_m} \tag{3-37}$$

其中，λ_j 为负荷节点 j 的年平均故障频率；U_j 为负荷节点 j 的年平均故障时间；N_x 为系统状态的数目；d_m 为系统状态 m 的持续时间；d_{cha} 为切换供能路径所花费的时间；d_{iso} 为隔离故障所花费的时间，d_{cha} 和 d_{iso} 在这里为常数。

基于各负荷节点的年平均故障频率和年平均故障时间这两个参数，进一步的可以计算系统或负荷节点的可靠性指标。这里以可靠性指标系统平均停电频率指标（SAIFI）、系统平均停电持续时间指标（SAIDI）、平均缺供能量（Average Energy not Supplied，AENS）、平均供电可用率指标（ASAI）为例介绍可靠性指标的计算模型，如下所示：

$$SAIFI = \frac{\sum_{j=1}^{N_L} \lambda_j N_j^{cus}}{\sum_{j=1}^{N_L} N_j^{cus}} \tag{3-38}$$

$$SAIDI = \frac{\sum_{j=1}^{N_L} U_j N_j^{cus}}{\sum_{j=1}^{N_L} N_j^{cus}} \tag{3-39}$$

$$AENS = \frac{\sum_{j=1}^{N_L} P_j U_j}{\sum_{j=1}^{N_L} N_j^{cus}} \tag{3-40}$$

$$ASAI = \frac{\left(\sum_{j=1}^{N_L} 8760 N_j^{cus} - \sum_{j=1}^{N_L} U_j N_j^{cus} \right)}{\sum_{j=1}^{N_L} 8760 N_j^{cus}} \tag{3-41}$$

其中，N_j^{cus} 为负荷节点 j 的用户数目；N_L 为负荷节点数目；P_j 为负荷节点 j 的平均功率。

此外，采用可靠性指标的变异系数（Coefficient of Variation，CV）作为 MCS 的收敛准则，变异系数是样本相对变异性的度量，定义为样本标准差与样本均值的比值，在可靠性评价过程中，当可靠性指标的 CV 值小于设定的阈值时，认为该 MCS 收敛。CV 的计算公式如下：

$$\alpha_I = \frac{\sigma(I)}{\mu(I)} \tag{3-42}$$

其中，$\sigma(I)$ 为指标 I 的标准差；$\mu(I)$ 为指标 I 的平均值。

3.5.3　测试算例

以 RBTS（Roy Billinton Test Systems）Bus 2 作为测试系统[8]来验证所提出的方法。RBTS Bus 2 的结构如图 3.10 所示，其中有 22 个负荷节点和 56 个易损元件（20 个变压器和 36 条馈线）。基于 MCS 的可靠性评估所需要的输入数据包括：①元件的故障率；②元件的平均故障持续时间；③馈线长度；④各负荷节点的用户数目；⑤各负荷节点的平均负荷。以上输入数据以及关于可靠性评估的基本假设与文献[8]中的基础案例保持一致。

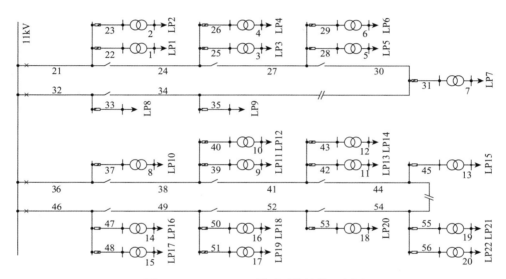

图 3.10　RBTS Bus 2 测试系统结构示意图

RBTS Bus 2 系统总共有 2^{56} 种可能的系统状态。所建立的感知机结构如下：输入层具有 56 个神经元；输出层具有 66 个（3 倍于负荷节点数目）神经元。SGD 算法中超参数设置如下：①学习率 $\eta = 0.001$；②批大小 $N_{batch} = 200$；③迭代数目 $N_{iteration} = 100$。此外，神经网络中的激活函数为 Identify 函数。为了提高感知机的训练效果，我们通过与随机数相乘的方式将基础训练集扩充 1000 倍，基础训练集由 N-1 故障集构成。

在训练过程中，我们将损失最小的感知机保存并用于后续的系统状态评估。此外，我们随机生成 10 个 N-3 可靠性场景构成测试样本集来评估训练得到的感知器的泛化性能。泛化性能由一个分类精度指数来刻画，分类精度指数基于以下公式计算：

$$I_{acc} = \frac{\sum_{m}^{N_{scenario}^{test}} N_{L,m}^{correct}}{N_L N_{scenario}^{test}} \tag{3-43}$$

其中，I_{acc} 为分类精度指数；$N_{scenario}^{test}$ 为测试集的可靠性场景数目；$N_{L,m}^{correct}$ 为在可靠性场景 m 中负荷节点状态预测正确的数目；N_L 为负荷节点的数目。感知机的泛化性能测试结果如图 3.11 所示，其中横坐标每个可靠性场景数目均对应于 10 个具有不同场景构成的基础训练集。

由图 3.11 可以看出，分类精度随场景数的增加而增加，而对于场景数相同但场景组合不同的训练集，由于它们与测试集的相关行不一致，分类精度有所不同。一般而言，包含 N-1 场景比例较高的训练集可以保证较高的分类精度。意味着随着可靠性数据的积累，基于机器学习的可靠性分析的准确性可以不断提高。

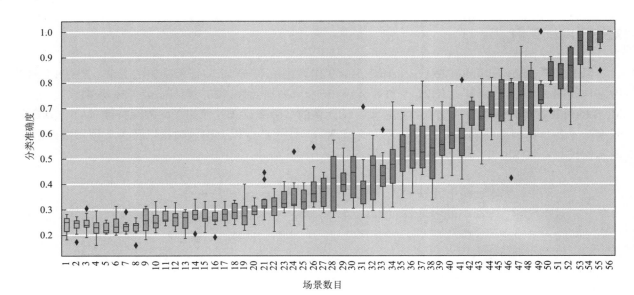

图 3.11　泛化性能测试结果

进一步地，我们将训练好的感知器（基于包括全部 56 个 N-1 可靠性场景的基础训练集训练）用于可靠性评估。以 AENS 的变异系数为收敛准则，其阈值设为 0.05。在 15000 年时间跨度内生成系统状态空间。基于感知机的配电网可靠性评估得到的 RBTS Bus 2 系统的可靠性指标如表 3.4 所示，并将其与参考值[8]比较，其中 CT（Convergence Time）为模拟法收敛时的模拟时长。此外，RBTS Bus 2 各个负荷节点的可靠性指标如表 3.5 所示。

由表 3.4 和表 3.5 可知，基于感知机的系统状态评估的准确度是可以接受的。此外，我们对基于感知机的系统状态评估方法和传统的基于拓扑分析的系统状态评估方法[9]的计算效率进行分析，结果表明评估相同一批系统状态，基于感知机的系统状态评估方法的计算时间约为基于拓扑分析的系统状态评估方法的 20%。

表 3.4　可靠性评估结果：系统可靠性指标

指标	SAIFI/（次/（用户·年））	SAIDI/（h/（用户·年））	AENS/（kW·h/（用户·年））	ASAI	CT/年
所提方法	0.250	3.56	18.91	0.999594	9925
参考值[8]	0.248	3.61	19.78	0.999588	—
差别	0.806%	1.385%	4.398%	0.001%	—

表 3.5　可靠性评估结果：负荷节点可靠性指标

负荷节点	所提方法			参考值[8]		
	λ/（次/年）	R/（h/次）	U/（h/年）	λ/（次/年）	R/（h/次）	U/（h/年）
1	0.251	14.68	3.69	0.240	14.90	3.58
2	0.256	14.41	3.69	0.253	14.10	3.64
3	0.268	16.38	4.39	0.253	14.40	3.64

负荷节点	所提方法			参考值[8]		
	λ/（次/年）	R/（h/次）	U/（h/年）	λ/（次/年）	R/（h/次）	U/（h/年）
4	0.248	16.04	3.97	0.240	14.90	3.58
5	0.262	11.61	3.05	0.253	14.40	3.64
6	0.256	13.55	3.47	0.250	14.51	3.63
7	0.261	12.86	3.36	0.253	14.24	3.60
8	0.139	3.59	0.50	0.140	3.89	0.54
9	0.132	3.03	0.40	0.140	3.60	0.50
10	0.257	12.39	3.18	0.243	14.73	3.58
11	0.274	13.11	3.59	0.253	14.40	3.64
12	0.269	13.36	3.60	0.256	14.29	3.66
13	0.270	12.26	3.31	0.253	14.19	3.59
14	0.269	12.09	3.25	0.256	14.08	3.61
15	0.255	13.97	3.56	0.243	14.73	3.58
16	0.252	13.34	3.36	0.253	14.40	3.64
17	0.238	9.02	2.14	0.243	14.78	3.59
18	0.234	11.09	2.60	0.243	14.73	3.58
19	0.260	13.43	3.50	0.256	14.24	3.65
20	0.252	13.72	3.46	0.256	14.24	3.65
21	0.239	11.88	2.84	0.253	14.19	3.59
22	0.256	15.24	3.91	0.256	14.08	3.61

3.6　结论与展望

3.6.1　结论

基于机器学习的配电网可靠性评估技术是人工智能在电力能源领域应用的关键技术之一。随着电力能源产业数字化转型的不断推进，数据驱动的可靠性评估技术将为保证电力系统安全稳定运行提供新的技术支撑。为此，针对可靠性建模、系统状态评估、可靠性指标建模等各个可靠性评估关键环节，研究相应的数据驱动方法，并在此基础上构建基于机器学习的可靠性评估框架，将对可靠性理论本身的发展以及电力系统可靠性水平的评价方式的进步起到重要的促进作用，并以此推动电力能源系统向更加可靠、高效、清洁、开放、智能的方向发展。

3.6.2　展望

电力大数据背景下，数据驱动思想对可靠性评估的影响更多是在可靠性建模和评估算法方面，而评价指标的制定仍然依赖于研究人员对可靠性本身的理解。配电系统可靠性指标被用于定量度量配电系统的可靠性水平，现有的常用的配电网可靠性指标，无论负荷节点指标还是系统可靠性指标，均是从停电频率和停电持续时间两个基础指标出发和引出的一系列可靠性指标，其实质为切负荷指标，是对系统在某一时间跨度内发生切负荷事件的可能性的定量度量。随着能源互联网和电力物联网等新技术的发展、电力市场化改革的深入，新一代配电网将具有多能耦合、信息物理高度融合、用户参与度高等新的特点。在这一背景下，现有的可靠性指标体系难以全面度量配电系统的可靠性水平，有必要结合配电网的新特点构建更为完善的配电网可靠性评价指标体系，并制定相应的可靠性指标计算公式。

此外，拓扑辨识是基于实时或历史量测数据推导电力设备的连接关系，并最终得到当前系统拓扑结构的一种方法。而可靠性评估用以度量某一给定拓扑结构的系统的可靠性水平，在评估过程中往往不考虑系统拓扑结构的变化（配电网可靠性评估中的配网重构所研究的是系统在发生故障后，如何通过改变系统拓扑来实现切负荷最小等优化目标的问题，其仍是在所给定的拓扑结构的基础上展开的研究）。对于适用于规划、设计阶段的中长期可靠性评估，一般不需要考虑拓扑辨识的问题。但对于适用于运行阶段的短期可靠性评估，若系统的先验拓扑信息与实际拓扑信息存在偏差，这可能导致测算得到的系统可靠性水平与实际不符，使得评估结果失去意义。因此，拓扑辨识可以预先为短期可靠性评估提供一个准确、可靠的待评价网络拓扑，以保障可靠性评估的准确性。研究不依赖于原有拓扑，仅依赖历史测量数据的数据驱动系统拓扑辨识方法，即利用同步向量量测装置（Phasor Measurement Unit，PMU）、智能电表等设备得到的系统潮流与电压等数据推导系统的连接关系，对于基于机器学习的配电网可靠性评估技术具有重要价值[10, 11]。

参 考 文 献

[1]　郭永基. 电力系统可靠性分析[M]. 北京：清华大学出版社，2003.

[2]　马钊，周孝信，尚宇炜，等. 未来配电系统形态及发展趋势[J]. 中国电机工程学报，2015，35（6）：1289-1298.

[3]　杨挺，翟峰，赵英杰，等. 泛在电力物联网释义与研究展望[J]. 电力系统自动化，2019，43（13）：9-20.

[4]　刘海涛，程林，孙元章，等. 基于实时运行条件的元件停运因素分析与停运率建模[J]. 电力系统自动化，2007，31（7）：6-12.

[5]　李更丰，黄玉雄，别朝红，等. 综合能源系统运行可靠性评估综述及展望[J]. 电力自动化设备，2019，39（8）：12-21.

[6]　Li G，Huang Y，Bie Z，et al. Machine-learning-based reliability evaluation framework for power distribution networks[J]. IET Generation, Transmission & Distribution，2020：1-10.

[7]　Nair V，Hinton G E. Rectified linear units improve restricted boltzmann machines[C]. Proceedings of the 27th International Conference on Machine Learning（ICML-10），Haifa，2010：1-8.

[8]　Allan R N，Billinton R，Sjarief I，et al. A reliability test system for educational purposes-basic distribution system data and results[J]. IEEE Transactions on Power Systems，1991，6（2）：813-820.

[9]　Bie Z，Zhang P，Li G，et al. Reliability evaluation of active distribution systems including microgrids[J]. IEEE Transactions on Power Systems，2012，27（4）：2342-2350.

[10]　Liu Y，Zhang N，Kang C. A review on data-driven analysis and optimization of power Grid[J]. Automation of Electric Power Systems，2018，42（6）：157-167.

[11]　Li G，Huang Y，Bie Z. Reliability evaluation of smart distribution systems considering load rebound characteristics[J]. IEEE Transactions on Sustainable Energy，2018，9（4）：1713-1721.

第4章 基于深度学习的微网互动需求响应特性封装与预测

微电网（简称微网，Micro-grid）作为分布式能源（Distribute Generation，DG）、柔性负荷（Flexible Load，FL）和储能系统（Energy Storage System，ESS）的有效集成，通过源荷储多环节的协调优化运行，具备良好的参与能源市场辅助服务的潜力，是一类新型的灵活性需求响应调节资源[1]。为了实现微网参与上层配电网的高效互动及灵活运行，对微网互动响应特性行为的准确预测是关键。然而，近年来，由于微网投资主体的多元化、用户隐私性保护的逐渐增强，上级配电管理中心对微网内部模型和参数的访问和获取受到了巨大限制，这对传统需要全部可观可测信息的模型驱动的需求响应计算方法带来了极大挑战[2]。因此，如何在保护各微电网数据和模型参数隐私的情况下，更好地预测微网参与需求响应的互动特性行为，进而辅助微网更加高效地与电网互动成为亟待解决的重要问题。

目前针对微电网参与需求响应的互动特性分析，研究多聚焦在模型驱动的优化计算方法[3, 4]，主要思路是根据各微网能量管理模型，结合外部电价等激励信息，通过求解最优潮流计算最优互动响应功率。主流计算方法包括启发式智能算法[5, 6]、非线性规划[7, 8]、分布式优化等[9, 10]。但其求解的前提是需要获悉微网内全部的模型和参数等信息，进而才能基于互补约束等方式进行模型统一求解或开展互动博弈迭代。此外，传统模型驱动的方法在应对时变复杂互动环境也存在较大的局限性，主要体现在：①依靠理想的物理模型和经验，或基于固定模型和典型运行模式制定策略，模型的时效性较差，难以适应动态变化的复杂互动环境；②在复杂的互动交互过程下，互动模型的控制变量与约束条件显著增加，导致微电网互动需求响应问题呈现出高维、复杂、非线性特征，是一类具有NP-hard特征的问题，为此又需要对模型进行大量简化近似，难以保证得到最优解；③可再生能源和负荷的随机功率预测误差还将进一步影响模型的准确性和可靠性。

针对以上问题，本章提出数据和深度学习驱动的微网互动需求响应机制代替以模型驱动的传统分析方法，以避免传统基于模型优化无法逾越的障碍。通过对各微网与配电网公共连接点（Point of Common Conpling，PCC）处的互动功率数据以及风速、光照、温度等公开气象数据进行学习训练，建立各微网参与外部互动响应的深度网络封装模型，而不需要全面了解各微网内部系统参数和拓扑信息，有效解决隐私保护下的微网灵活需求响应互动问题。同时，通过不断积累的运行数据的学习，还能不断提高微网互动响应行为的预测精度，增强其在时变复杂环境下可控性，进而更好地辅助其参与电力需求响应和提升整体运行效益。

4.1 微网互动响应特性的深度学习封装与优化运行机制

为克服当前微网运营主体多元化、用户数据隐私性保护增强带来的微网互动需求响应特性难于预测的问题，本节摆脱传统基于模型优化的互动模式，给出一种基于深度学习驱动的不完备信息下微网互动特性封装方法以及互动优化新机制，如图4.1所示。

该机制上层是运行层，配电管理中心（Distributed System Operator，DSO）通过采集各微网与配电网公共点PCC处的功率测量值以及历史公共数据信息（如风速、光照、温度、电价等统计数据），基于深度学习建立起各微网的互动响应深度网络模型，而不需要深入了解各微网内部模型和参数，进而可通过数据驱动的方式对各微网的需求响应电量进行优化，实现配电网与微网群之间的综合协调运行优化。考虑到该方案中用于互动特性行为预测的光照、风速、温度、电价等公共信息与各微

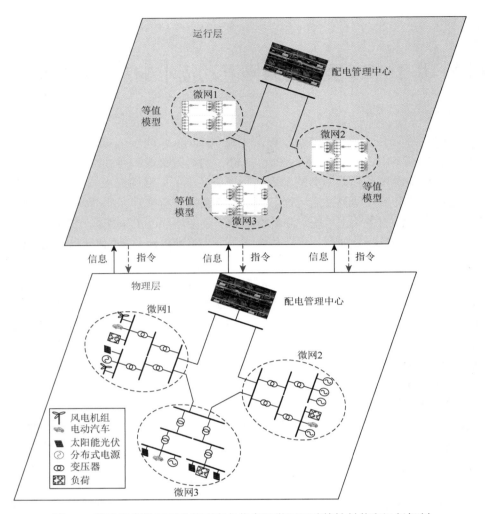

图 4.1 基于深度学习驱动的不完备信息下微网互动特性封装和运行机制

网无关，因此有效实现了内部模型和参数隐私不完备下的微网互动行为预测。此外，该方案不需要深入了解微网内部结构和参数信息，因此对于配电量测不足及微网内部结构不明朗的情形也具有更好的适应性。该机制下层则是含多微网的配电网物理层，各微网从上层 DSO 接收优化后的互动价格信息，然后基于内部能量管理系统（Energy Management System，EMS）进行自身的能流优化，以最大化自身的运行效益。

4.2 微网互动运行数据的特性挖掘与样本增量

考虑到微网参与需求响应互动运行中面临外部资源环境、内部源荷需求等多方面的不确定性，运行场景复杂多样，很难全面覆盖。因此需要结合已有收集的互动运行历史数据，分析并挖掘其隐含特性，并进行适当的场景和样本增量丰富，从而来保障互动特性行为学习的数据完备性。本节主要从互动数据的特性挖掘、互动场景的增量采样、互动场景的典型类型甄别等方面进行介绍。

4.2.1 非参数核密度估计的微网互动数据特性挖掘

微网互动特性学习的外部数据主要涵盖光照、风速、温度、电价等公共历史信息，传统针对这些随机参数的分析，常采用固定参数的概率分布来进行描述，如 Weibull 分布、Beta 分布等，但这些分布均是对实际概率直方图的近似拟合，在边缘及某些点上均存在较大拟合误差，且这些概率分布的参数较难获取[11]。对此，本节提出基于机器学习的非参数核密度估计方法对互动运行数据进行特性挖掘。非参数概率估计直接从数据样本重建总体分布函数，假设少，且不需要加入任何先验知识，可有效解决参数分布获取困难等问题。其主要原理是通过各离散区间的核函数估计分布累加来近似等效直方图分布区间[12]，计算公式如下：

$$\hat{f}_h(x) = \frac{1}{2h} \frac{\#x_i \in [x-h, x+h]}{N} = \frac{1}{2Nh} \sum_{i=1}^{N} 1(x-h \leqslant x_i \leqslant x+h) = \frac{1}{Nh} \sum_{i=1}^{N} \frac{1}{2} \cdot 1\left(\frac{x-x_i}{h} \leqslant 1\right) \quad (4\text{-}1)$$

其中，$\hat{f}_h(x)$ 为变量 x 的密度分布函估计值；h 为窗口大小；N 为总样本数；$\#x_i \in [x-h, x+h]$ 表示落在区间 $[x-h, x+h]$ 上的样本数量。

令 $K\left(\dfrac{x-X_i^D}{h}\right) = 1\left(\dfrac{x-x_i}{h} \leqslant 1\right)$，那么式（4-1）可改写为

$$f_h(x) = \frac{1}{N \cdot h} \sum_{i=1}^{N} K\left(\frac{x-X_i^D}{h}\right) \quad (4\text{-}2)$$

其中，$K(\cdot)$ 为满足累积概率分布小于 1 的核函数，常见的核函数包括高斯核函数、矩形核函数等。

以光照、风速、温度、电价等公共信息的历史数据为例，首先对其进行预处理，按照时间断面对其归类，并基于非参数核密度估计方法分别分析其各时间断面下的概率分布特性，如式（4-3）所示：

$$\begin{bmatrix} \overbrace{A_{s,1}}^{T=1} & \overbrace{A_{s,2}}^{T=2} & \overbrace{A_{s,k}}^{T=k} & \cdots & \overbrace{A_{s,24}}^{T=24} \\ \vdots & \vdots & \vdots & & \vdots \\ A_{s,1+i*24} & A_{s,2+i*24} & A_{s,k+i*24} & \cdots & A_{s,24+i*24} \\ \vdots & \vdots & \vdots & & \vdots \\ A_{s,1+N*24} & A_{s,2+N*24} & A_{s,k+N*24} & \cdots & A_{s,24+N*24} \end{bmatrix}, \quad s \in [P_{si}, P_{ws}, P_T, \lambda_p] \quad (4\text{-}3)$$

其中，$A_{s,k+i*24}$ 代表第 i 天第 k 时刻的互动运行数据（光照、风速、温度或电价）；s 为变量集合，代指光照 P_{si}、风速 P_{ws}、温度 P_T 或者电价 λ_p。

图 4.2 为某地区光照、风速的年统计历史数据，通过采用式（4-3）的预处理方式，结合非参数核密度估计计算，得到其在典型时间断面下的概率密度分布（Probability Density Function，PDF）如图 4.3（a）所示，对应的累积概率分布（Cumulative Distribution Function，CDF）如图 4.3（b）所示。

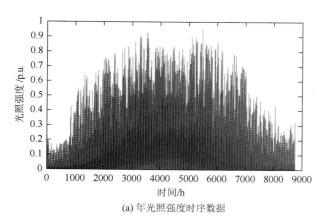

(a) 年光照强度时序数据

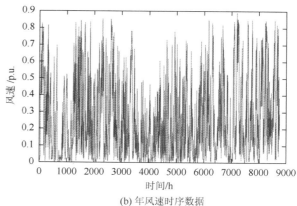

(b) 年风速时序数据

图 4.2 某地区光照强度、风速的年统计历史数据

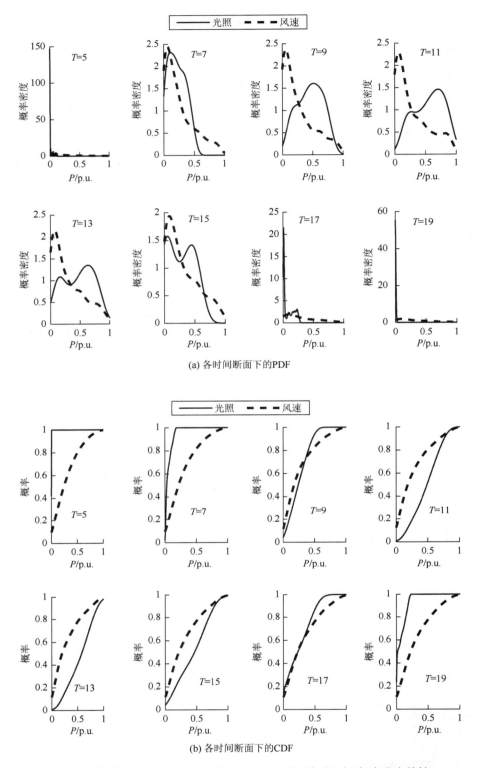

(a) 各时间断面下的PDF

(b) 各时间断面下的CDF

图 4.3　非参数核密度估计得到的光照、风速各时间断面下概率分布特性

　　由图 4.3 可以看出，与传统的正态分布或固定参数 Weibull 分布的近似拟合方法不同，提出的非参数核密度估计方法更好地表征了各时间断面下的光照、风速概率分布特征，计算得到的概率分布函数具有多峰多谷的变化特征，更符合其直方图统计特性，具有更高的拟合精度。

4.2.2　拉丁超立方抽样的数据样本增量

在上述数据特性挖掘分析的基础上，为确保互动数据的场景覆盖度，还需依据其学习的概率特性采用进行适当的样本增量。鉴于传统随机抽样的增量方法存在大量重复抽样，且难以覆盖整个采样空间。提出采用均匀性和正交性均更好的拉丁超立方抽样方法进行样本增量。其基本原理主要是将累积概率分布的变化区间离散为 N 个概率相等的小区间，然后在每个小区间进行分层抽样，保障抽样的完整性和精度[13]，其原理如图 4.4 所示，计算公式如式（4-4）所示。

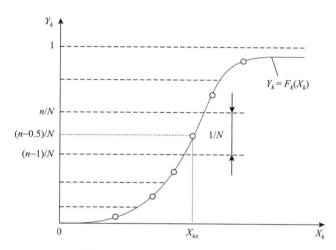

图 4.4　拉丁超立方抽样的原理图

$$X_{kn} = F_k^{-1}\left(\frac{n-0.5}{N}\right), \quad n = 1,2,\cdots,N \tag{4-4}$$

对于 K 个随机变量，经过抽样后，即可形成 $K \times N$ 的采样矩阵。

$$X_{kn} = \begin{bmatrix} X_{11} & X_{12} & \cdots & X_{1N} \\ X_{21} & X_{22} & \cdots & X_{2N} \\ \vdots & \vdots & & \vdots \\ X_{K1} & X_{K2} & \cdots & X_{KN} \end{bmatrix} \tag{4-5}$$

但对于直接采样的矩阵 X_{kn}，其各行之间具有一定的相关性[14]，不便于多样化样本的生成需求，对此，采用楚列斯基（Cholesky）分解法对其相关性处理[15]，以降低样本相关性，提高样本的多样性。如图 4.5 所示，主要步骤描述如下。

（1）初始化生成各行由正整数 $1,\cdots,N$ 随机排列构成的 $K \times N$ 排序矩阵 L_{kn}，用来指示源采样矩阵中各元素的排序位置。

（2）对该排序矩阵 L_{kn} 计算各行之间的相关性，如式（4-6）所示，获得相关性矩阵 D_L：

$$\rho_{ij} = \frac{\sum\limits_{k=1}^{K}\left(V_{ik} - \overline{V_i}\right)\left(V_{jk} - \overline{V_j}\right)}{\sqrt{\sum\limits_{k=1}^{K}\left(V_{ik} - \overline{V_i}\right)^2\left(V_{jk} - \overline{V_j}\right)^2}} \tag{4-6}$$

（3）对相关性矩阵 D_L 采用 Cholesky 分解法计算非奇异下三角矩阵 W，满足 $W \cdot W^{-1} = D_L$。

（4）基于获得的下三角矩阵 W 构造相关性较小的矩阵 $G_{kn} = W^{-1}L_{kn}$。

（5）基于矩阵 G_{kn} 中元素大小位置指示排序矩阵 L_{kn} 的元素排序。

（6）通过式（4-6）和式（4-7）为判断准则，判断排序矩阵 L_{kn} 的相关性是否满足要求：

$$\rho_{\text{rms}} = \frac{\sqrt{\sum_{i=1}^{K}\sum_{j=1}^{K}\rho_{ij}^2 - K}}{\sqrt{K(K-1)}} \tag{4-7}$$

（7）若不满足要求，则返回步骤（2）重新计算。否则通过排序矩阵 L_{kn} 中元素的位置大小来指示原采样矩阵 X_{kn} 的更新。

通过对光照、风速运行数据的概率特性分析和 LHS 抽样，并采用 Cholesky 分解法排序降低样本相关性，得到的光照、风速 500 个场景如图 4.6 所示，Cholesky 分解法降低采样样本相关性的迭代收敛过程如图 4.7 所示。可以看出，Cholesky 分解法降低样本相关性速度较快，大致 4 次左右的迭代即可收敛。同时，采样获得的光照、风速样本多样性足，基本填充整个变化区间，表明了上述样本特性分析和样本增量方法的有效性。

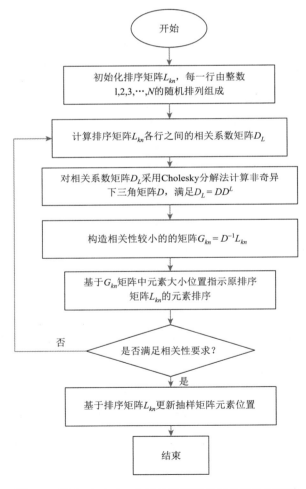

图 4.5　基于 Cholesky 分解的增量样本相关性处理方法

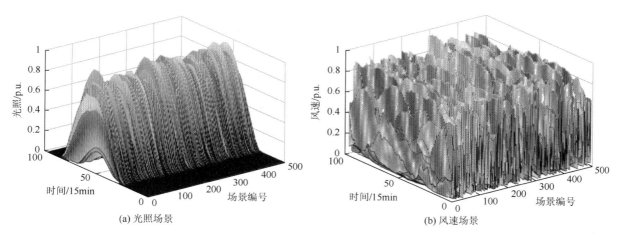

(a) 光照场景　　　　　　　　　　　　(b) 风速场景

图 4.6　LHS 抽样和 Cholesky 分解后的增量光照、风速场景

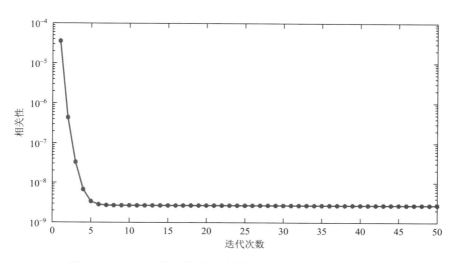

图 4.7　Cholesky 分解法降低采样样本相关性的迭代收敛过程

4.2.3　互动数据场景的聚类识别与分类

　　直接采用上述增量样本与已有样本结合进行训练学习，可能会存在大量相似场景的重复无意义学习，为了规避这一现象，并提高学习训练的效率，本节进一步采用场景聚类的方式对大量样本数据进行预分类。常见的分类方法包括模糊聚类、K-means 聚类等[16]，但其难点在于聚类个数的确定。对此，本小节提出采用粒子群优化（Particle Swarm Optimization，PSO）算法进行聚类数的辅助优化，以快速搜索确定最佳聚类个数，粒子群辅助优化的 K-means 聚类算法流程图如图 4.8 所示。

　　基于上述粒子群辅助优化的 K-means 聚类算法对生成的光照、风速场景进行聚类，计算得到的最优聚类数为 8 个，聚类效果图如图 4.9 所示。从图中可以看出，提出的新型算法对场景分类效果理想，且均能有效甄别聚类簇中心，为提高学习训练效率提供了保障。

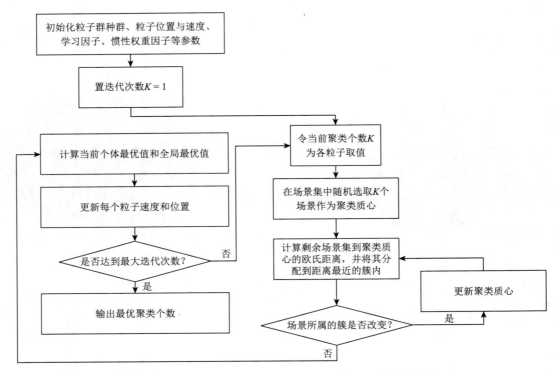

图 4.8　粒子群辅助优化的 K-means 聚类算法确定聚类个数

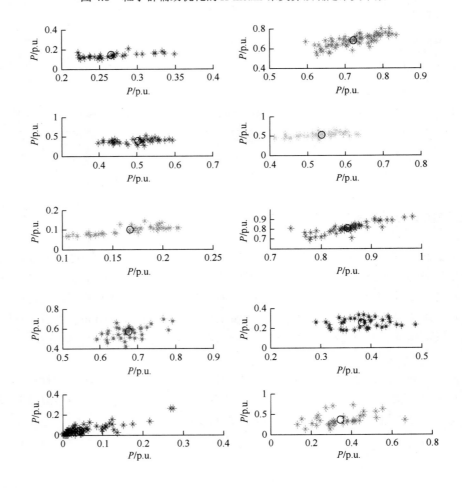

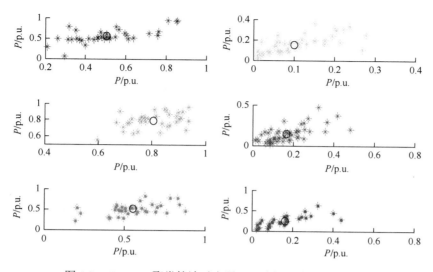

图 4.9　K-means 聚类算法对光照、风速场景聚类的效果图

4.3　微网互动响应行为的深度学习封装方法

在上述历史收集样本和增量生成样本的基础上，本节主要介绍深度学习方法，以及其对微网互动响应行为的封装建模过程，并同时给出了几种新颖的数据驱动元模型方法作为对比算法来验证所提出的深度学习方法有效性。

4.3.1　深度学习的微网互动特性封装

由图 4.10 中深度学习驱动的微网互动需求响应机制可知，各微网参与需求响应的互动功率受天气因素（光照、温度、风速）、微网内部运行约束、微网优化目标以及外部实时电价等多方面的影响，其中微网内部运行约束条件、优化目标是其内部隐含信息，也是待学习的内容，不作为训练的输入。故最终微网互动响应特性学习的输入为光照、温度、风速、实时价格，输出为微网与外部电网的互动功率，如式（4-8）所示：

$$\text{input} = \prod_{k=1}^{M} \begin{bmatrix} P_{si}^k \\ P_{ws}^k \\ P_T^k \\ \lambda_p^k \end{bmatrix} = \prod_{k=1}^{M} \begin{bmatrix} P_{si,1}^k \cdots P_{si,d}^k \cdots P_{si,N}^k \\ P_{ws,1}^k \cdots P_{ws,d}^k \cdots P_{ws,N}^k \\ P_{T,1}^k \cdots P_{T,d}^k \cdots P_{T,N}^k \\ \lambda_{p,1}^k \cdots \lambda_{p,d}^k \cdots \lambda_{p,N}^k \end{bmatrix} \tag{4-8}$$

考虑到微网参与需求响应受多方面因素影响、互动过程复杂，且由于储能单元的存在，各时间断面的互动过程间还具有强时间耦合性，使得微网整体互动模型呈现出高维、复杂、非线性特征，很难用简单的浅层网络表达和近似。采用时序能力处理强的循环神经网络（RNN）深度学习方法进行封装建模将是一种有效的学习方案，RNN 是一类以序列数据为输入，在序列的演进方向进行递归且所有节点（循环单元）按链式连接的递归神经网络[17]，循环神经网络具有记忆性、参数共享，因此在对序列的非线性特征进行学习时具有一定的优势。但是传统循环神经网络在训练过程中，在误差反向传播阶段极易产生梯度爆炸或梯度消失问题。对此，进一步引入包含记忆和遗忘机制的长短期记忆（LSTM）网络对其进行改进，从而来应对微网中高维时序样本的长期学习需求，基于 LSTM 神经网络的微网互动需求响应特性学习示意图如图 4.10 所示。

长短期记忆的深度 LSTM 网络相比传统 RNN 神经网络，通过引入'遗忘门'来对上一节点传进来的输入进行选择性忘记和记忆，如式（4-9）所示，当'遗忘门'输出越接近 0 时，意味着对历史信息的丢失；而当'遗忘门'输出越接近 1 时，意味着对历史信息更多保留，通过该机制从而可以避免单一的重复记忆叠加，同时也能有效解决梯度爆炸或消失的问题。在此基础上，结合输入门、Cell 门以及输出门状态的循环更新来不断逼近原始问题，如式（4-10）～式（4-12）所示。

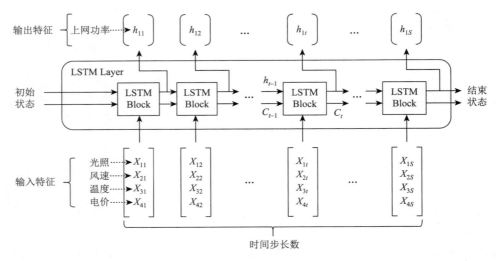

图 4.10 微网互动响应特性的 LSTM 封装示意图

（1）更新遗忘门输出：

$$f_t = \sigma\left(w_f \cdot [h_{t-1}, x_t] + b_f\right) \tag{4-9}$$

（2）更新输入门两部分输出：

$$\begin{cases} i_t = \sigma\left(w_i \cdot [h_{t-1}, x_t] + b_i\right) \\ \widetilde{c_t} = \tanh\left(w_c \cdot [h_{t-1}, x_t] + b_c\right) \end{cases} \tag{4-10}$$

（3）更新 Cell 状态：

$$c_t = f_t \cdot c_{t-1} + i_t \cdot \widetilde{c_t}\sigma \tag{4-11}$$

（4）更新输出门输出：

$$\begin{cases} o_t = \sigma\left(w_o \cdot [h_{t-1}, x_t] + b_o\right) \\ h_t = o_t \cdot \tanh\left(c_t\right) \end{cases} \tag{4-12}$$

其中，x_t 为输入数据，代指光照、温度、风速、实时价格等信息数据；f_t 代表遗忘门输出；w 和 b 为每层神经元的权值系数；i_t 代表输入层输出；c_t 代表卷积层输出；o_t 代表输出层输出；h_t 代表最终输出的实际功率数据。

4.3.2 对比算法

除了上述深度学习封装建模方法外，Meta-model 也是近年来广泛应用的基于数据的代理封装建模方法，Meta-model 代理模型又称元模型，通常指利用实验设计产生的大量采样点，通过插值或拟合来构造近似的简化模型，以代替复杂的仿真模型，用于完成对难以建模或模型参数难以获取问题的封装。常用的元模型方法有曲面响应法（Response Surface Methodology，RSM）、径向基函数（RBF）

元模型法、Kriging 元模型法等，每类元模型方法都有自己的适用范围，这里分别介绍其原理，并将其作为深度学习的对比验证算法。

1. 曲面响应法

曲面响应法主要原理是通过在设计变量空间上利用一系列采样点基于最小二乘法来逼近源函数。其中，一阶和二阶多项式是广泛用作曲面近似的响应函数[18]，如下所示：

$$\widehat{y}(x) = \beta_0 + \sum_{i=1}^{k} \beta_i x_i + \sum_{i=1}^{k} \beta_{ii} x_i^2 + \sum_{i=1}^{k} \sum_{j=1}^{k} \beta_{ij} x_i x_j \tag{4-13}$$

其中，β_0、β_i、β_{ii}、β_{ij} 是采用最小二乘算法优化预测误差所得的参数；$\widehat{y}(x)$ 是函数预测值。曲面响应法易于构造，其平滑能力能使优化过程中噪声函数快速收敛。然而，对于高度非线性或不规则行为的建模，这种过度简化可能会导致较大误差。

2. Kriging 元模型法

Kriging 元模型法是从变量相关性和变异性出发，在有限区域内对区域化变量的取值进行无偏、最优估计的一种方法[19]，从插值角度讲，Kriging 元模型法属于对空间分布的数据求线性最优、无偏内插估计，因此 Kriging 插值效果通常要优于距离加权法和最小二乘法，近些年来被广泛应用于复杂黑箱问题的优化设计，其基本的回归方程表示如下：

$$\widehat{y}(x) = f(x)^{\mathrm{T}} \beta + z(x) \tag{4-14}$$

其中，$f(x)$ 为回归模型基函数；β 为对应基函数的系数；p 为基函数的个数；$z(x)$ 为随机过程，且具有如下性质：

$$\begin{cases} E[z(x)] = 0 \\ E[z(w)z(x)] = \sigma^2 R(\theta, w, x) \end{cases} \tag{4-15}$$

其中，σ^2 为该随机过程的方差；$R(\theta, w, x)$ 为点 x 和点 w 之间的相关函数；θ 为关联模型的参数。由于相关函数的范围很广，因此 Kriging 元模型法可以提供高度非线性或不规则行为的较精确的预测。

3. RBF 元模型法

RBF 元模型是基于采样数据点与预测点之间的欧氏距离，由径向对称基函数线性组合而成[20]。RBF 也是描述不规则黑箱曲面的一种有效的分析方法，其模型可表示为

$$\begin{cases} f(x) = c_0 + c_1 x + \sum_{i=1}^{n} \lambda_i \varphi(|x - x_i|) \\ \varphi(r) = \exp\left(-\dfrac{r^2}{2\sigma^2}\right) \end{cases} \tag{4-16}$$

其中，$\varphi(\cdot)$ 为径向基函数；c_0、c_1、λ_i 为对应径向基函数系数。由于径向基函数组合多样，因此 RBF 元模型法对确定性过程和随机过程都有很好的拟合效果。目前，RBF 元模型法已成功地应用于海洋深度测量、测绘、地理地质、图像校正、医学成像等众多领域。

4.3.3　数据驱动的微网互动响应特性封装和预测流程

在上述数据预处理和微网特性行为封装预测算法的基础上，最终的微网互动特性行为预测的总体流程可描述如下。

（1）利用非参数核密度估计法分析微网所处区域的光照（P_{si}）、风速（P_{ws}）、温度（P_T）和电价（λ_p）等公共输入数据的概率特性。

（2）使用拉丁超立方抽样和 Cholesky 分解法生成增量样本输入数据。

（3）利用 PSO 算法辅助的 K-means 聚类算法对所有样本数据进行聚类，找出典型的场景类别。

（4）按顺序从每个类别中选取一个场景，对所有场景重新排序预处理。

（5）以场景数据中的前 $N–1$ 天数据作为深度 LSTM 网络及元模型的训练数据：输入数据：$S_i \rightarrow S_i + (N-1)^{th}\left[P_{si}, P_{ws}, P_T, \lambda_p\right]$；输出数据：$S_o \rightarrow S_o + (N-1)^{th}\left[P_{PCC}\right]$。

（6）利用训练数据建立深度 LSTM 网络模型或者元模型。

（7）利用建立的深度 LSTM 网络及元模型算法对下一个输入场景的联络线功率进行预测。

（8）使用基于模型驱动的优化算法计算下一个输入场景下的实际联络线功率。

（9）计算深度 LSTM 网络及元模型预测值与实际值之间的均方误差 β_E。

（10）确定 β_E 是否小于预设值 ε，如果满足，计算结束并输出相应的预测功率。否则，转到步骤（5）并进入下一次迭代。

4.4　算例分析与验证

本节主要针对微网时序断面不耦合以及时序断面耦合等多种算例场景，分别采用上述提出的深度学习方法进行封装训练，并与传统模型驱动方法进行对比验证其有效性，同时对影响深度学习精度和收敛性的训练参数开展敏感性测试。

4.4.1　不含储能装置的微网互动特性行为封装与结果分析

首先以不含储能系统的微网为例，对其参与需求响应的特性行为进行分析测试，所采用的微网算例系统单线图如图 4.11 所示，其内部主要包括光伏、风力发电和微型燃气轮机三种分布式电源，采用微网与外部电网联络线（Point of Common Conpling，PCC）处的有功功率历史测量和独立于微网之外的光照、风速、温度、电价等公共历史数据信息来训练微网的互动行为模型。假设电价数据取自美国电价[21]，选取前 $N–1$ 天当地的光照、风速、温度和电价作为训练集的输入，前 $N–1$ 天微网的联络线功率作为训练集期望输出。通过数据驱动的 DNN 深度学习方法进行训练，并以之后的第 N 天的数据作为输入进行测试，以验证所提出方法的准确性和适用性。

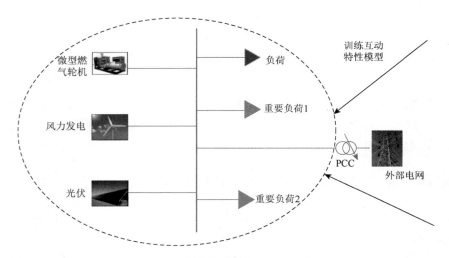

图 4.11　不含储能系统的微网测试算例

对于不含储能的微网系统，微网各调度时间断面之间彼此解耦，从而可以针对微网各时间断面独立调控。据此，微网互动响应特性训练的输入为各时间断面下的光照、风速、温度和电价；训练的输出为各断面下的联络线互动功率，即为输入维度和输出维度分别为 4 和 1，其他的训练参数如表 4.1 所示。

表 4.1　微网互动响应特性的深度学习训练参数

参数	值
隐藏层数	2
各隐藏层中神经元个数	[20, 5]
激活函数	双曲正切函数
损失函数	均方误差
学习率	0.01
训练样本数量	前 N 天×24 小时
测试样本数量	第 $N+1$ 天的 24 小时
数据预处理方法	Min max scaler
优化器	最优梯度下降

首先，将 DNN 深度学习的预测结果与元模型法以及传统模型驱动方法的预测结果（视为理论结果）进行比较。其中，元模型法的预测值是通过三种元模型 RSM、RBF 和 Kriging 加权求和得到，计算公式如下：

$$
\begin{cases}
P_{\text{Meta}}^k = w_P^k \cdot M_{\text{RSM}}^k + w_R^k \cdot M_{\text{RBF}}^k + w_K^k \cdot M_{\text{Kriging}}^k \\[2mm]
w_P^k = \dfrac{M_{\text{RSM}}^k}{M_{\text{RSM}}^k + M_{\text{RBF}}^k + M_{\text{Kriging}}^k} \\[4mm]
w_R^k = \dfrac{M_{\text{RBF}}^k}{M_{\text{RSM}}^k + M_{\text{RBF}}^k + M_{\text{Kriging}}^k} \\[4mm]
w_K^k = \dfrac{M_{\text{Kriging}}^k}{M_{\text{RSM}}^k + M_{\text{RBF}}^k + M_{\text{Kriging}}^k}
\end{cases}
\tag{4-17}
$$

深度学习、元模型法以及传统模型驱动方法对测试样本的预测结果如图 4.12 所示。由于空间限制，这里只给出了 2 维输入，1 维输出的情形，其中输入变量分别为电价和光照，输出变量为 PCC 点互动功率。将深度 DNN 学习得到的联络线时序互动功率预测值与模型驱动的理论结果进行比较，如图 4.13 所示。

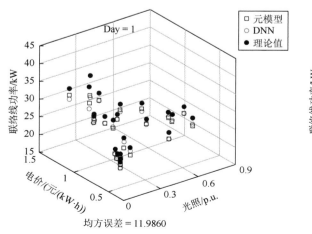

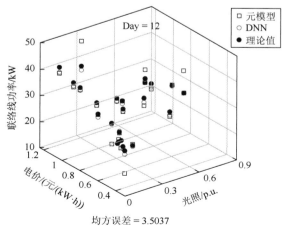

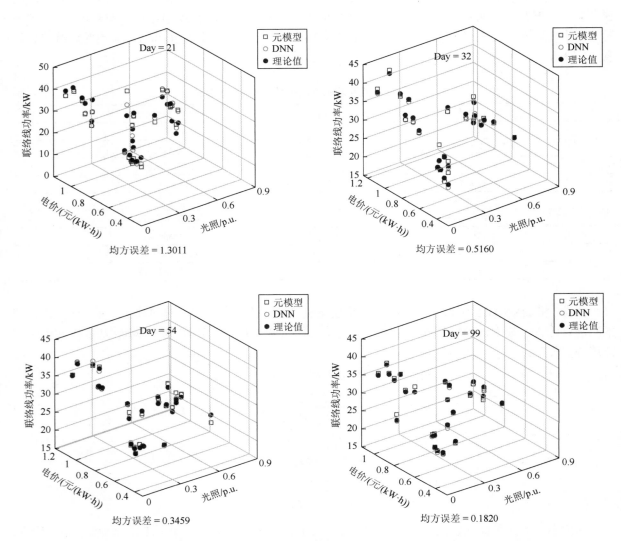

图 4.12　深度学习、元模型法以及传统模型驱动方法对联络线功率预测的三维示意图

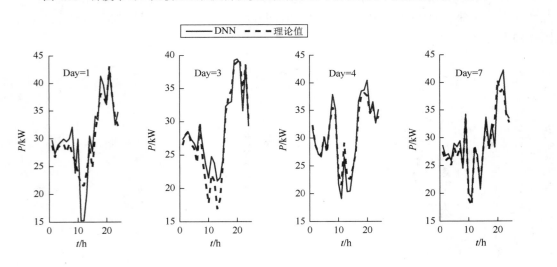

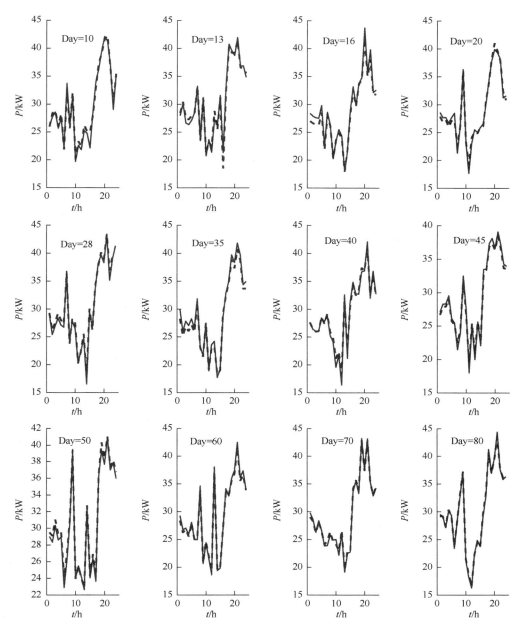

图 4.13　深度学习与传统模型驱动方法的联络线日运行时序功率预测值对比

由图 4.12 可以看出，随着训练数据的逐渐丰富，DNN 深度学习的联络线功率预测值与模型驱动的理论计算值基本吻合，表明了深度学习 DNN 极强的拟合能力。元模型法虽然综合了 RSM、RBF 和 Kriging 三种代理建模方法的优点，但总体预测效果仍不如深度学习 DNN。从图 4.13 也可以看出，随着训练样本的丰富，深度学习 DNN 的预测精度越来越高。经过 80 天的数据学习后，PCC 功率预测结果与基于模型的理论值基本吻合，体现了良好的学习和预测能力。进一步采用式（4-18）中所示的均方根误差（RMSE）作为评估准则，测试各种方法的功率预测误差。RSM、RBF 和 Kriging 模型及其组合模型的 RMSE 比较如图 4.14 所示，元模型中表现最好的 RSM 与深度学习 DNN 的 RMSE 比较如图 4.15 所示，几种算法的性能比较如表 4.2 所示。

$$\text{RMSE} = \sqrt{\frac{1}{M}\sum_{i=1}^{M}\left(P_{\text{PCC},i} - \widehat{P}_{\text{PCC},i}\right)^2} \tag{4-18}$$

表 4.2　深度 DNN 学习算法及各种元模型法的预测性能对比

方法	RMSE	训练时间/s	测试时间/s	精度/%
Kriging	2.258	34.93	0.266	71.58
RBF	1.135	2.20	0.067	75.21
RSM	0.554	4.27	0.124	80.23
DNN	0.219	15.19	0.147	86.38

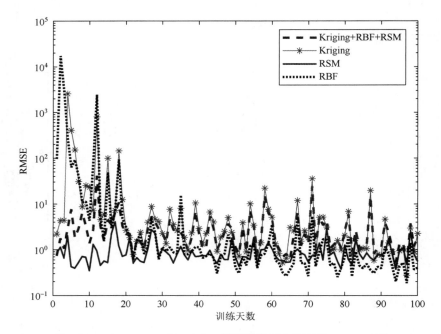

图 4.14　RSM、RBF 和 Kriging 模型及其组合模型的 RMSE 对比

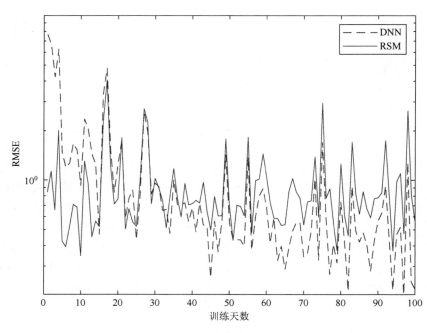

图 4.15　RSM 和深度学习 DNN 方法的 RMSE 对比

从图 4.14 可以看出，随着天数和训练数据的增加，RSM、RBF 和 Kriging 三种元模型技术的预测误差都呈下降趋势。在前期样本不足的情况下，对于 Kriging 来说，由少量样本拟合得到的协方差函数误差较大，因此 Kriging 整体拟合效果不好，预测误差较大。但随着样本的积累，协方差函数与实际模型的拟合误差逐渐减小，Kriging 预测误差迅速减小。对于 RBF 存在同样的现象，由于 RBF 的参数在样本不足时难以精确匹配，因此早期 RMSE 较大，随着样本量的增加，基函数参数不断修改，拟合精度逐渐提高。对于 RSM，采用曲面响应函数对样本空间进行拟合，由于其具有高度适应性，其在早期也表现出较好的拟合效果。但由于其基函数的阶数在训练过程中固定，即使在后期高维样本中，其拟合精度也很难提高，因此 RSM 的预测误差保持一定的水平，这也说明低阶基函数和曲面拟合法具有相对稳定性，但其不适合于精确的复杂行为预测。

从图 4.15 中 DNN 和 RSM 的均方根误差比较可以看出，DNN 在早期样本不足时的预测误差较大，这是因为在训练初期学习到的场景很难涵盖风速、光照、温度和电价等各种场景，但随着样本的丰富和学习场景的增多，DNN 覆盖的场景数量逐渐增加，DNN 的准确率不断提高，DNN 的准确率远远高于 RSM。从表 4.2 中各种方法的训练时间和精度的统计结果可以进一步看出，DNN 具有较好的预测精度，其预测结果和预测性能均要优于元模型法。综上所述，DNN 深度学习对复杂的微网互动能量管理模型具有较好的拟合能力，更适合于微网的互动特性行为学习。

4.4.2　含储能装置的微网互动特性行为封装与结果分析

进一步对含储能系统的微网互动行为进行算例分析和预测，算例系统图如图 4.16 所示。考虑储能系统后，微网的各时间断面间相互强耦合，因此不能再以断面数据为输入进行训练学习，此时的输入数据和输出数据分别为 4×24 序列样本和 1×24 序列样本。为此，采用能有效处理序列数据的长短期记忆深度学习网络[17]对含储能微网系统互动特性行为进行学习，其中，LSTM 的训练参数如表 4.3 所示。

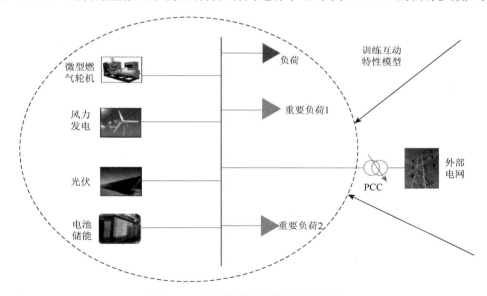

图 4.16　含储能系统的微网测试算例

表 4.3　LSTM 深度学习算法的参数设置

参数	值
LSTM 层数	100
最大 Epochs 数	100

续表

参数	值
最小 Batch	200
损失函数	均方根误差
初始学习率	0.005
梯度阈值	1
训练样本数	前 9000 天的时序数据
测试样本数	后 1000 天的时序数据
学习率衰减周期	50
学习率衰减比例	0.2
优化器	Adam

　　基于模型优化的 10000 天时序样本数据，分别选取前 9000 组时序样本为训练数据，后 1000 组时序样本为测试数据，综合比较了 LSTM 和元模型法的特性行为学习结果，统计结果如表 4.4 所示。

表 4.4　LSTM 深度学习算法与各种元模型法的预测性能对比

方法	RMSE	训练时间/s	测试时间/s	精度/%
Kriging	2.3626	326.87	1.0897	70.18
RBF	0.4218	276.72	0.1393	81.86
RSM	2.4380	274.48.	0.0543	65.77
LSTM	0.0501	371.11	0.4052	96.20

　　从表 4.4 可以看出，元模型法对于时间耦合和高维序列数据的预测存在较大的拟合误差，性能最好的 RBF 元模型的精度也只有 81.86%左右，这表明基于低阶曲面响应函数的 RSM 和基于基函数的 RBF 在拟合高维和时变耦合空间变量方面无能为力，拟合误差较大。而 LSTM 方法通过引入遗忘门机制，在时间序列功率数据的处理上显示出较好的预测效果，预测精度达到 96.20%，更适合于含储能微网系统中时序耦合下的联络线功率预测。进一步也比较了 LSTM 预测的联络线时序功率与模型驱动得到的理论结果，如图 4.17 所示，LSTM 训练中的 RMSE 收敛过程如图 4.18 所示。

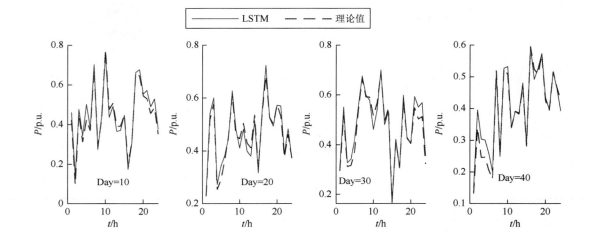

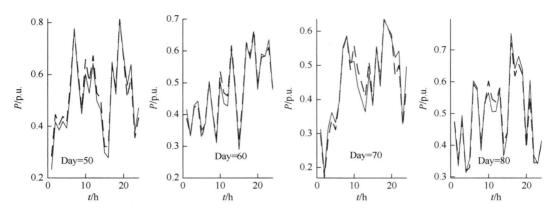

图 4.17　LSTM 预测联络线时序功率与模型驱动理论结果的对比

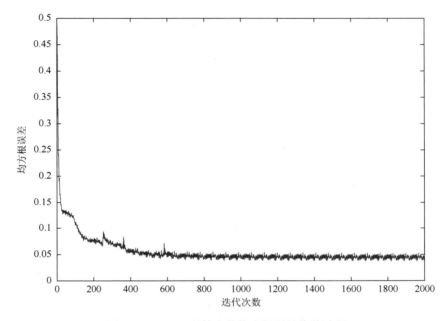

图 4.18　LSTM 训练中的均方根误差收敛过程

从图 4.18 中可以发现，LSTM 的收敛速度很快，经过大约 300 次迭代后就基本收敛。同时，LSTM 的预测精度也较高，随着样本的丰富，LSTM 的功率预测值与理论结果基本一致，表明 LSTM 深度学习在含储能微网互动行为学习中的有效性。

4.4.3　深度学习的微网互动特性学习收敛性和敏感性分析

进一步对 4.4.1 节算例 1 中深度学习 DNN 方法预测微网互动特性的敏感性和收敛性进行分析，分别选取三组不同的隐藏层数：{20, 10}、{30, 20}、{30, 10}，分析三种不同隐藏层数下的训练过程，其收敛曲线如图 4.19～图 4.21 所示。

从图 4.19～图 4.21 中可以看出，隐藏层数对深度 DNN 网络的训练收敛性有很大的影响。隐藏层数太少或太多都不能达到满意的学习拟合效果，容易出现过拟合或欠拟合。在实际应用中，需要综合考虑输入变量的维数、计算时间要求、拟合效果等多种因素来确定隐藏层数。

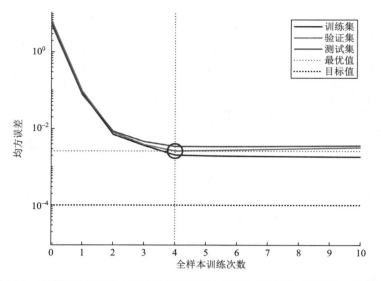

扫一扫，看彩图

图 4.19　隐藏层数取{20, 10}时的深度 DNN 学习收敛过程（彩图见二维码）

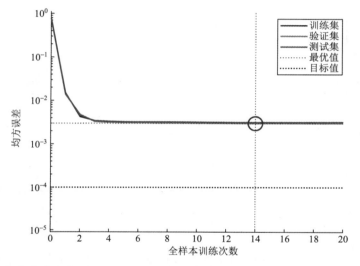

扫一扫，看彩图

图 4.20　隐藏层数取{30, 20}时的深度 DNN 学习收敛过程（彩图见二维码）

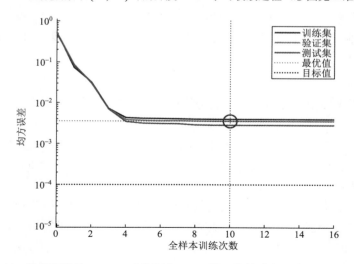

扫一扫，看彩图

图 4.21　隐藏层数取{30, 10}时的深度 DNN 学习收敛过程（彩图见二维码）

4.5　本 章 小 结

　　微电网的互动特性行为分析是电力市场中多微电网合作运行以及能源定价的重要基础。随着用户隐私需求的不断增加，传统基于全部观测和测量信息的模型驱动方法变得越来越难以适用，针对这一问题，本章介绍了一种新的基于深度学习的无模型数据驱动方法，仅需通过采集各微网与配电网公共点 PCC 处的功率测量值以及历史公共数据信息（如风速、光照、温度、电价等统计数据），即可建立起各微网的互动响应深度网络模型，而不需要深入了解各微网内部模型和参数，通过与传统模型驱动的方法进行算例对比分析，结果表明了深度学习方法的可行性及实用性，对于量测信息不完备，数据隐私保护等场景下的微网互动运行和需求响应服务具有一定的参考意义。

参 考 文 献

[1] Pei W，Du Y，Xiao H，et al. Optimal operation of microgrid with photovoltaics and gas turbines in demand response[C]. 2014 International Conference on Power System Technology，Chengdu，2014：3058-3063.

[2] Chang H H，Chiu W Y，Sun H，et al. User-centric multiobjective approach to privacy preservation and energy cost minimization in smart home[J]. IEEE Systems Journal，2018，13：1030-1041.

[3] Zia M F，Elbouchikhi E，Benbouzid M. Microgrids energy management systems：A critical review on methods，solutions，and prospects[J]. Applied Energy，2018，222：1033-1055.

[4] Gamarra C，Guerrero J M. Computational optimization techniques applied to microgrids planning：A review[J]. Renewable and Sustainable Energy Reviews，2015，48：413-424.

[5] Liu N，Chen Q，Liu J，et al. A heuristic operation strategy for commercial building microgrids containing EVs and PV system[J]. IEEE Transactions on Industrial Electronics，2014，62：2560-2570.

[6] Chen C，Duan S，Cai T，et al. Smart energy management system for optimal microgrid economic operation[J]. IET Renewable Power Generation，2011，5：258-267.

[7] Parisio A，Glielmo L. A mixed integer linear formulation for microgrid economic scheduling[J]. 2011 IEEE International Conference on Smart Grid Communications（SmartGridComm），Brussels，2011：505-510.

[8] Fu L，Meng K，Liu B，et al. Mixed-integer second-order cone programming framework for optimal scheduling of microgrids considering power flow constraints[J]. IET Renewable Power Generation，2019，13：2673-2683.

[9] Zheng Y，Li S，Tan R. Distributed model predictive control for on-connected microgrid power management[J]. IEEE Transactions on Control Systems Technology，2017，26：1028-1039.

[10] Shi W，Xie X，Chu C C，et al. Distributed optimal energy management in microgrids[J]. IEEE Transactions on Smart Grid，2014，6：1137-1146.

[11] Rocha P A C，de Sousa R C，de Andrade C F，et al. Comparison of seven numerical methods for determining Weibull parameters for wind energy generation in the northeast region of Brazil[J]. Applied Energy，2012，89：395-400.

[12] Scott D W. On optimal and data-based histograms[J]. Biometrika，1979，66：605-610.

[13] Iman R L. Latin Hypercube Sampling[M]. Wiley StatsRef：Statistics Reference Online，2014.

[14] Owen A B. Controlling correlations in latin hypercube samples[J]. Journal of the American Statistical Association，1994，89：1517-1522.

[15] Yu H，Chung C，Wong K，et al. Probabilistic load flow evaluation with hybrid latin hypercube sampling and cholesky decomposition[J]. IEEE Transactions on Power Systems，2009，24：661-667.

[16] Ayed A B，Halima M B，Alimi A M. Survey on clustering methods：Towards fuzzy clustering for big data[C]. 2014 6th International Conference of Soft Computing and Pattern Recognition（SoCPaR），Tunisia，2014：331-336.

[17] Chemali E，Kollmeyer P J，Preindl M，et al. Long short-term memory networks for accurate state-of-charge estimation of Li-ion batteries[J]. IEEE Transactions on Industrial Electronics，2017，65：6730-6739.

[18] Xiao H，Pei W，Dong Z，et al. Application and comparison of metaheuristic and new metamodel based global optimization methods to the optimal operation of active distribution networks[J]. Energies，2018，11：85.

[19] Pan I，Das S. Kriging based surrogate modeling for fractional order control of microgrids[J]. IEEE Transactions on Smart Grid，2014，6：36-44.

[20] Baghaee H R，Mirsalim M，Gharehpetian G B. Power calculation using RBF neural networks to improve power sharing of hierarchical control scheme in multi-DER microgrids[J]. IEEE Journal of Emerging and Selected Topics in Power Electronics，2016，4：1217-1225.

[21] Pei W，Du Y，Deng W，et al. Optimal bidding strategy and intramarket mechanism of microgrid aggregator in real-time balancing market[J]. IEEE Transactions on Industrial Informatics，2016，12：587-596.

第5章 基于人工智能的电力点功率预测和区间预测技术

电力预测是电力系统安全运行和优化调度的基础。例如，电力负荷预测为制定日前发电计划提供基础数据，风电和光伏发电功率预测为确定含新能源电力系统的备用容量提供重要依据。由于电力预测的重要性，各类电力预测技术不断被提出，以期获得更准确的预测结果。基于人工智能的预测技术具有自主学习、知识推理和优化计算的特点，还有很强的计算能力、复杂映射能力、容错能力及各种智能处理能力，在电力预测中得到广泛应用。

本章围绕负荷、风电、光伏功率的点预测和区间预测问题，提出几类基于人工智能的电力预测技术，具体包括：基于深度学习方法的光伏点功率预测技术，基于混沌理论和支持向量机（Support Vector Machine，SVM）的风电区间预测技术，基于改进 RBF 神经网络的光伏功率区间预测技术，以及基于强化学习和神经网络的负荷点功率预测技术。

5.1 基于 S-BGD 和梯度累积策略的改进深度学习光伏出力预测方法

5.1.1 引言

近年来，全球光伏发电规模不断扩大。光伏发电大规模并网，其不确定特性给电力系统的安全经济运行带来显著影响。准确地进行光伏出力预测是应对大规模光伏并网带来挑战的有效手段，是当前高比例可再生能源电力系统的研究热点之一。

为提高光伏预测的精度，近年来已有不少预测方法的文献报道，主要可分为物理方法、统计方法和人工智能方法。物理方法根据光电能量转换的机理进行建模预测，机理模型主要包括太阳辐照方程和光电转化方程。统计方法基于历史数据，应用概率统计、聚类和小波分析等方法进行预测。当前光伏功率预测的主要方法是人工智能方法，包括人工神经网络（ANN）和支持向量机等。ANN 和 SVM 在电力预测领域发挥了重要的作用，但其仅是对数据进行浅层训练，限制了对复杂问题的泛化能力，对复杂问题特征的表示能力有限，从而降低了预测精度。

为弥补浅层训练的不足，2006 年，Hinton、LeCun、Bengio 等分别提出了基于深度信念网络（Deep Belief Network，DBN）和自编码器（Auto-Encoder，AE）的深度学习算法，揭开了新一轮人工智能算法研究的序幕。2016 年 3 月，使用深度学习算法的人工智能代表 AlphaGo 击败了韩国围棋冠军李世石，更掀起了深度学习算法的研究和应用的高潮。目前，深度学习算法已在图像分析、语音识别领域中得到了广泛应用，取得了显著的成果。在电力预测领域，深度学习算法已得到了初步的应用。然而，尽管目前深度学习算法在预测领域中有一定的应用，但是其在实现过程中仍有一些问题。其中，参数的训练效率低、容易陷入局部最优点和鞍点的问题是深度学习算法面临的挑战[1]。

为了提高训练效率，改善预测精度，本节提出一种改进的深度学习算法，并将其应用到光伏出力预测中。在参数训练过程中，采用改进的随机批量梯度下降搜索（Stochastic-Batch Gradient Descent，S-BGD）算法提高训练效率的同时，采用梯度累积（Gradient Pile，GP）算法避免优化参数陷入局部点和鞍点，进而提高预测精度。

5.1.2　传统深度学习算法

　　深度学习是一种分布式特征学习方法，其主要思想是采用多个递进的训练层提取数据的本质特征，克服浅层训练结构难以有效反映出数据的复杂特征的不足。深度学习算法结构中，每个训练层是对上一层的深化，逐步挖掘出输入数据的特征，用于分类或回归分析，如图 5.1（a）所示。深度学习算法采用多层结构，可以对原始的混沌信息进行多次训练，逐步提取信息，最终获得数据的本质特征。

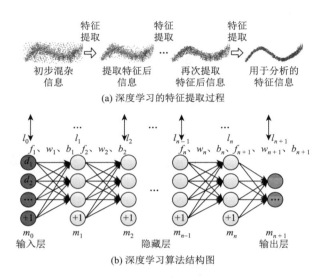

图 5.1　深度学习算法特征提取分析及结构图

　　图 5.1（b）为深度学习算法的基本结构，与人工神经网络算法结构相比，深度学习结构包含了更多的隐藏层。图 5.1（b）中，n 为隐藏层数量；f_i、m_i、w_i、b_i 分别是第 i 层神经元的激活函数、神经元数量、权重系数矩阵和偏置向量；l_i 表示第 i 层神经元的输出。相邻 2 层神经元信息传输关系为

$$l_i = f_i(w_i l_{i-1} + b_i) \tag{5-1}$$

　　确定结构之后，对结构参数进行优化训练是深度学习算法的关键步骤。传统深度学习算法主要采用梯度下降（Gradient Descent，GD）算法训练结构参数。然而，GD 算法在训练过程中存在训练速度慢和容易陷入局部最优点和鞍点的问题。为了提高训练效率和拟合精度，进而提高预测精度，本节针对传统 GD 算法进行了改进。

5.1.3　改进的深度学习算法

1. 传统 GD 算法的不足分析

　　GD 算法的基本思想是以迭代的方式进行计算，每次迭代寻找最速下降方向（即负梯度方向）前进，最终逐步逼近极小值点。根据每次迭代训练中样本选择方式的不同，GD 算法可分为批量梯度下降（Batch Gradient Descent，BGD）法、小批量梯度下降（Mini-Batch Gradient Descent，MBGD）法和随机梯度下降（Stochastic Gradient Descent，SGD）法三种不同形式。其中，BGD 法针对的是整个数据集，具有搜索全局最优解的能力，但其计算量大，训练速度慢。MBGD 法把大样本集分为若干

个小样本集，并在每次迭代计算仅针对某个小样本集，从而有效地减少了每次迭代的计算量，提高计算效率。SGD 法以每一个样本作为一个小样本集，可视为 MBGD 法的一个特例。SGD 法可以高效率地搜索到最优参数区域，但是无法搜索全局最优解。

为了克服 BGD 法训练速度慢的不足，并充分利用 SGD 法快速搜索最优参数区域的优点，本节提出了一种改进的随机-批量梯度下降（Stochastic-Batch Gradient Descent，S-BGD）法。同时，针对传统 GD 算法在训练中容易陷入局部最优点和鞍点区，提出了梯度累积策略（Gradient Pile，GP）。下面分别对改进方法进行介绍。

2. S-BGD 法

S-BGD 法的基本思想是：在迭代计算前期，采用 SGD 法进行优化计算，发挥其计算效率高的优点，快速搜索到全局最优解所在的区域。当搜索点抵达全局最优解所在区域之后，采用 BGD 法以较大步长在参数区域内快速搜索到全局最优解，提高拟合精度。以含二维变量的优化模型为例，S-BGD 法的优化示意图如图 5.2 所示。

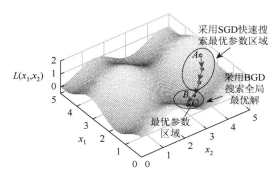

图 5.2　S-BGD 法的示意图

图 5.2 中，$L(x_1, x_2)$ 表示模型的优化目标，x_1、x_2 表示模型的优化变量。设初始点位于 A 点，全局最优点为 C 点。参数训练在优化计算前期采用 SGD 法快速搜索到最优参数区域 B 点，之后，采用 BGD 法在最优参数区域以较大步长搜索全局最优解 C 点。可见，S-BGD 法既能发挥 SGD 法快速搜索到最优参数区域的优点，又保持了 BGD 法搜索到全局最优解的能力，提高训练速度的同时保证了拟合精度。

3. GP 法

传统 GD 算法以优化变量的负梯度作为每一次迭代计算中优化变量的修正量。针对式（5-2）的无约束优化模型，传统 GD 算法第 k 次迭代按式（5-3）进行修正。

$$\min H(x) \tag{5-2}$$

$$x_{k+1} = x_k + \lambda_1(-\nabla_{x_k} H) \tag{5-3}$$

其中，H 和 x 分别是优化模型的目标函数和变量；x_k 表示第 k 次迭代 x 的取值；$-\nabla_{x_k} H$ 为 x_k 的负梯度；λ_1 为迭代步长。

传统 GD 算法在迭代过程中引导优化变量找到梯度为 0 的点，并以梯度等于 0 作为判定收敛条件。然而，在参数训练时，解空间中存在大量梯度为 0 的局部最优点和鞍点，若仅以梯度为 0 作为收敛判据，则可能导致 GD 算法在训练过程中陷入局部最优点和鞍点区，降低了训练精度。针对此问题，本节提出一种基于梯度累积量作为修正量的改进方法，第 k 步迭代时修正量的计算公式为

$$a_k = -\nabla_{x_k} H \tag{5-4}$$

$$v_k = \lambda_2 v_{k-1} + \lambda_3 a_k \tag{5-5}$$

$$x_{k+1} = x_k + \lambda_4 v_k \tag{5-6}$$

其中，a、v 分别表示 x 的负梯度和它的累积量；λ_2、λ_3 为权重参数；λ_4 为迭代步长。为保证迭代计算的收敛性，梯度的累积量在迭代计算过程中应具有衰减的趋势，因此规定 $\lambda_2 < 1$。

可见，与式（5-3）相比，以梯度累积量作为修正量，并且以梯度累积量为 0 作为收敛判据，不仅具有负梯度的下降速率，还可以有效避免陷入鞍点区和局部最优点，搜索全局最优解，进而提高 GD 算法的优化能力。

基于梯度累积量的搜索过程如图 5.3 所示。图 5.3 中，设小球在山坡顶端开始滚落，梯度累积量为 v，负梯度为 a。a 相当于加速度，引导小球运动，在极值点 A 点和鞍点 B 点取值为 0，按照传统的 GD 算法，计算将在 A 点或 B 点结束。然而，从图 5.3 可以看出，最优点是 C 点而不是 A 点或 B 点。因此，传统的 GD 算法陷入了局部最优解或鞍点。而采用本节所提的基于梯度累积量搜索方法，当小球到达 A 点和 B 点时，仍继续前进到 C 点，从而有效地避免了搜索过程中陷入局部点或鞍点的问题。

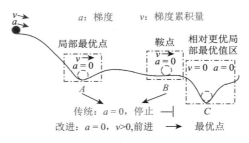

图 5.3　基于梯度累积方法的搜索过程

综上，本节综合采用 S-BGD 法和 GP 法对参数训练策略进行改进，在提高训练效率的同时，有效避免了陷入局部点和鞍点。以下称此改进方法为随机–批量梯度累积（Stochastic-Batch Gradient Pile Descent，S-BGPD）法。S-BGPD 法在训练的前期，采用 SGD 法与 GP 法相结合，快速到达到最优参数所在区域之后，再采用 BGD 法与 GP 法相结合，搜索到全局最优点。

5.1.4　基于深度学习的光伏出力预测方法

本小节介绍将改进深度学习算法应用于光伏出力预测的实现过程。

1. 基于深度学习算法的光伏出力预测模型结构

在深度学习算法结构设置方面，本节设置 6 层隐藏层结构，每层隐藏层神经元数分别为 100、80、60、40、30、20，并选用 Sigmoid 函数作为隐藏层的激活函数，以线性函数为输出层激活函数。Sigmoid 函数是神经网络隐藏层典型的激活函数，具有良好的应用效果，计算公式为

$$\text{Sigmoid}(z) = \frac{1}{1 + e^{-z}} \tag{5-7}$$

基于深度学习算法的光伏出力预测结构如图 5.4 所示。

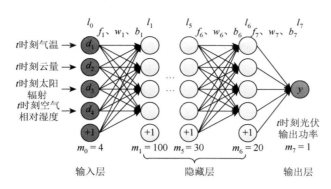

图 5.4 基于深度学习算法的光伏出力预测结构

图 5.4 中，$\{d, y\}$ 表示输入变量和输出变量，其中 $d = [d_1, d_2, d_3, d_4]$，$d_1, \cdots, d_4$ 分别表示气温、云量、太阳辐射和空气相对湿度等影响参数；y 为光伏输出功率。m_i、f_i、w_i 和 b_i 分别表示第 i 层神经元的数量、激活函数、权重和偏置；l_i 表示第 i 层神经元的输出，也是 $i+1$ 层神经元的输入；l_0 表示预测模型的输入 $l_0 = [d_1, \cdots, d_4]$，预测模型的输出是末层神经元的输出 $l_7 = y$。每一层的输出 l_i 与输入 l_{i-1}、f_i、w_i 和 b_i 的关系与式（5-1）相同。

2. 光伏出力预测模型的参数训练

基于深度学习的光伏出力预测模型的参数训练主要分为两步：①按前馈顺序逐层预训练每层隐藏层的参数，得到各个隐藏层参数的初始值；②在预训练的基础上，应用 BP 神经网络算法对所有参数进行统一训练，以调整隐藏层参数并最终获得输出层参数。

逐层预训练的方式有非监督学习、监督学习两种。研究表明，监督学习的逐层训练方式的拟合效果更好。因此，本节采用监督学习训练方式逐层进行预训练。下面以图 5.4 中光伏出力预测模型第 1 层隐藏层神经元参数（w_1、b_1）为例，对第一步预训练的过程进行说明。第 1 和第 2 层的训练结构如图 5.5 所示。

首先构建图 5.5（a）所示的 3 层神经网络，w_1' 和 b_1' 为该输出层的权重矩阵参数和偏置。该神经网络的训练优化模型为

$$l_1^j = \text{sigmoid}(w_1 d^j + b_1), \quad j = 1, \cdots, S \tag{5-8}$$

$$L_{\text{oss}\,j}(w_1, w_1', b_1, b_1') = (w_1' l_1^j + b_1' - y^j)^2 \tag{5-9}$$

$$\min L_{\text{oss}}(w_1, w_1', b_1, b_1') = \sum_{j=1}^{S} L_{\text{oss}\,j} \tag{5-10}$$

其中，d^j 和 y^j 分别表示第 j 个样本的输入变量和输出变量；S 是训练样本总量；L_{oss} 表示训练误差。

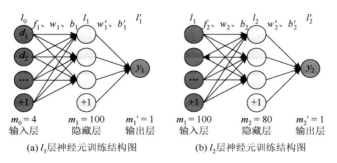

(a) l_1 层神经元训练结构图　　　　(b) l_2 层神经元训练结构图

图 5.5 第 1、2 隐藏层预训练结构图

采用 S-BGPD 法进行训练，可得到满足目标（5-10）的参数 w_1、b_1、w_1' 和 b_1'。再根据式（5-8）进行计算，即可得到第 1 层隐藏层神经元输出 l_1。具体实现步骤如下.

（1）首先随机生成参数变量 w_1、b_1、w_1' 和 b_1' 的初始值，采用 SGD 法和 GP 法相结合进行迭代计算。在第 j 个样本的第 k 次迭代计算中，w_1 迭代更新如下。

$$a_k^{w_1} = -\frac{\partial L_{oss\,j}}{\partial w_1}\Big|_{w_1=w_{1k}} \tag{5-11}$$

$$v_k^{w_1} = \lambda_2 v_{k-1}^{w_1} + \lambda_3 a_k^{w_1} \tag{5-12}$$

$$w_{1(k+1)} = w_{1k} + \lambda_4 v_k^{w_1} \tag{5-13}$$

其中，w_{1k}、$a_k^{w_1}$ 和 $v_k^{w_1}$ 分别是第 k 次迭代时的 w_1 和 w_1 的负梯度、梯度累积量；b_1、w_1' 和 b_1' 的迭代更新计算见本章附录，参数变量的梯度计算方法可参见文献[2]和[3]。

（2）随后将步骤（1）中计算得到的 w_1、b_1、w_1' 和 b_1' 作为初始值，采用 BGD 法和 GP 法相结合进行迭代计算。第 t 次迭代计算中，w_1 迭代更新如下。

$$a_t^{w_1} = -\frac{1}{S}\sum_{j=1}^{S}\frac{\partial L_{oss\,j}}{\partial w_1}\Big|_{w_1=w_{1t}} \tag{5-14}$$

$$v_t^{w_1} = \lambda_2 v_{t-1}^{w_1} + \lambda_3 a_t^{w_1} \tag{5-15}$$

$$w_{1(t+1)} = w_{1t} + \lambda_4 v_t^{w_1} \tag{5-16}$$

迭代计算完成后，最终得到 w_1、b_1 的预训练值和样本在第 1 层隐藏层神经元的输出数值 l_1。

完成 w_1、b_1 的预训练之后，构建图 5.5（b）所示的 3 层神经网络，将 l_1 作为第 2 层隐藏层的输入，采用与第 1 层相同的训练方式，对第 2 层隐藏层神经元参数进行训练。依次类推，直至完成第 6 层隐藏层神经元参数的预训练。

在完成第 1 至第 6 层隐藏层神经元的预训练之后，运用 BP 神经网络算法对所有参数进行统一训练，即完成第二步的训练。最终获得光伏预测模型中所有神经元的权重矩阵参数变量和偏置变量 w 和 b。

3. 光伏出力的预测

完成 w 和 b 训练之后，将待预测样本的输入变量作为图 5.4 中光伏出力预测模型的输入数据，然后根据式（5-1）依次计算样本的每一层神经元的输出，最终获得输出层神经元的输出，即为待预测样本的光伏出力预测值。通过对比测试样本的光伏出力预测值和实际出力值，可检测和分析光伏出力预测模型的预测精度和误差分布。

5.1.5　基于深度学习的光伏出力预测方法实例

1. 算例说明

以澳大利亚艾丽斯斯普林光伏电站 2014 年 5 月 1 日至 6 月 9 日（40 天）早上 7 点至下午 5 点的时间段数据（时间分辨率为 5min，每天 120 个数据点）为样本，测试采用不同训练方法的深度学习算法的光伏出力预测效果，并与 BP 神经网络算法进行对比分析。样本总计 4800 个，其中训练样本 3960 个（33 天数据），测试样本 840 个（7 天，6 月 3 日至 6 月 9 日）。算例中，采用累积相对误差（Accumulating Relative Error，ARE）、平均累积相对误差（Mean Accumulating Relative Error，MARE）衡量预测精度，其分别为

$$\mathrm{ARE}(y_i) = \frac{|(y_i - y_i')|}{\bar{y}'} \times 100\%, \quad i \in Q \tag{5-17}$$

$$\text{MARE}(y) = \sum_{i \in Q} \text{ARE}(y_i) / r \qquad\qquad (5\text{-}18)$$

其中，y、y'、$\bar{y}'$ 分别为预测值、实际值和实际值的平均值；Q 和 r 分别是样本集合和样本数量。

为了简化表示，本书分别以 S、B、S-B、P 表示 SGD 法、BGD 法、S-BGD 法和 GP 法，以深(S)、深(B)、深(S-B)和深(S-B-P)分别表示参数训练中采用 SGD 法、BGD 法、S-BGD 法和 S-BGPD 法的深度学习算法。

2. 不同训练方法的结果对比分析

为了验证所提改进训练方法的效果，本节分别对深(S)、深(B)、深(S-B)和深(S-B-P)进行测试。不同训练方法的收敛曲线和训练效果分别如图 5.6 和表 5.1 所示。

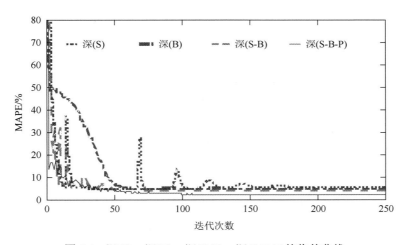

图 5.6　深(S)、深(B)、深(S-B)、深(S-B-P)的收敛曲线

表 5.1　采用不同训练方法的结果

算法	ARE/%		训练时间/s
	平均值	最大值	
深(S)	4.58	29.17	213.97
深(B)	4.33	25.97	572.56
深(S-B)	3.34	20.44	312.42
深(S-B-P)	2.83	14.19	376.59

从图 5.6 可看出，以上 4 种方法均能收敛。深(B)收敛速度较慢，原因在于深(B)为了保证稳定性选用了较小的步长。深(S)每次仅采用单样本迭代计算，不能搜索所有样本的全局最优解，导致收敛曲线不时有振荡波动。与深(B)和深(S)相比，深(S-B)和深(S-B-P)的收敛性显然更好。

由表 5.1 可见，深(S-B)的拟合误差低于深(S)和深(B)，说明结合了 SGD 法和 BGD 法的 S-BGD 法的优化能力比单独采用 SGD 法和单独 BGD 法更好。深(S-B-P)比深(S-B)的拟合效果更好，说明采用梯度累积策略 GP 之后，S-BGPD 法获得了相对更优的解，因此提高了拟合精度。此外，从训练时间上分析，深(B)和深(S-B)的训练时间分别为 572.56s 和 312.42s，可见，深(S-B)的训练时间比深(B)大约减少了 45%，由此可见，与 BGD 法相比，S-BGD 法的计算效率明显提高。深(S-B-P)的训练时间为 376.59s，比深(S-B)增加了大约 20%，主要原因是引入 GP 法之后，为了避免陷入局部解或鞍点，延长了搜索的路径，增加了计算量。

3. 采用 S-BGD 法的改进效果分析

为了说明 S-BGD 法的效果，本节分别采用深(S)、深(B)、深(S-B)对 6 月 9 日光伏出力进行预测。三种方法的平均累积相对误差分别为 4.31%、4.49%和 3.91%，预测结果如图 5.7 所示。从图 5.7 可见，以上三种方法均能较准确地预测光伏出力变化，说明了本节所采用的预测方法是有效可行的。

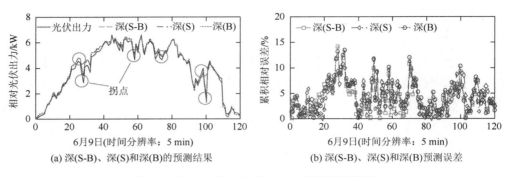

图 5.7　深(S)、深(B)和深(S-B)方法的预测结果

在误差方面的分析，结合图 5.7（a）和（b）来看，三种方法均在波动的拐点处预测误差偏高，由此可见光伏出力波动的剧烈程度对预测效果有较大的影响。从预测结果来看，深(S-B)的预测误差比深(S)、深(B)的预测误差稍低，说明了采用所提 S-BGD 训练方法比采用 SGD 和 BGD 训练方法在光伏出力预测中的预测效果更好。但是，从图 5.7（b）来看，仅使用 S-BGD 的优势并不是十分明显。

4. 采用 GP 法的改进效果分析

为了说明 GP 法的效果，同时对比分析深度学习算法的预测效果，本节分别运用了深(S-B)、深(S-B-P)和传统 BP 神经网络算法预测 6 月 9 日光伏出力，三种方法的平均累积相对误差分别为 3.91%、3.01%和 4.59%，预测结果对比如图 5.8 所示。

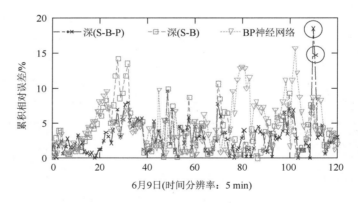

图 5.8　深(S-B)、深(S-B-P)和 BP 神经网络算法的预测误差

从图 5.8 来看，除了个别点（圆圈所圈的点）之外，深(S-B-P)的预测误差曲线上大部分点的预测误差比深(S-B)低。通过统计可知，与 BP 神经网络算法相比，深(S-B-P)算法的累积相对误差降低了 53%。可见，深(S-B-P)比 BP 神经网络算法具有更高的预测精度，表明深度学习算法对数据内在规律的挖掘能力更好，可提高预测精度。同时，与深(S-B)相比，深(S-B-P)的累积相对误差降低了 30%，说明采用 GP 法可以明显提高光伏出力预测精度。

5. 不同训练方法的预测误差对比分析

为了更进一步验证所提方法，本节采用不同的方法对 6 月 3 日至 6 月 9 日光伏出力进行预测，统计了不同方法的预测误差，结果如表 5.2 所示。

表 5.2 不同方法的光伏出力预测的预测结果

预测日期	误差类型	累积相对误差/%			
		深(S)	深(B)	深(S-B)	深(S-B-P)
6 月 3 日	平均值	3.67	4.57	3.67	2.83
	最大值	14.24	14.75	14.24	8.40
6 月 4 日	平均值	4.95	5.70	4.95	4.69
	最大值	32.28	34.17	32.28	31.70
6 月 5 日	平均值	7.33	5.88	7.33	2.44
	最大值	19.86	15.02	19.86	13.46
6 月 6 日	平均值	2.91	7.20	2.91	3.46
	最大值	52.92	55.30	52.92	55.32
6 月 7 日	平均值	2.91	5.17	2.91	1.45
	最大值	11.53	22.84	11.35	13.00
6 月 8 日	平均值	3.62	5.46	3.62	3.18
	最大值	33.56	40.54	33.55	36.08
6 月 9 日	平均值	4.31	4.49	3.91	3.11
	最大值	11.48	13.39	14.17	18.50
平均	平均值	4.24	5.50	4.18	3.02
	最大值	25.10	28.00	25.48	25.20

从表 5.2 可见，按照预测精度由高到低的次序为：深(S-B-P)、深(S-B)、深(S)和深(B)。一方面，与深(S)、深(B)相比，深(S-B)的平均累积相对误差分别减少了 1.4%和 31.6%，表明了所提 S-BGD 法可以较为明显地提高预测精度。另一方面，深(S-B-P)比深(S-B)的平均累积相对误差下降了 27.7%，验证了所提 GP 法的有效性。

为了更进一步对比说明不同算法的预测效果，对 6 月 3 日至 6 月 9 日共 840 个测试样本的误差分布进行统计，给出了不同方法预测误差的分布，如图 5.9 所示。其中，纵坐标的统计次数为落入对应误差区间的测试样本的总数量。图 5.9（a）～（d）为不同方法的累积相对误差分布。从图 5.9 可看出，深(S-B-P)的误差分布图像明显比其他方法的更尖锐，并且均值接近于 0，说明深(S-B-P)的预测误差主要分布在近 0 区域，进一步说明了所提改进的深度学习算法在光伏出力预测应用上的优越性。

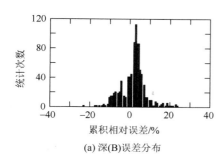

(a) 深(B)误差分布

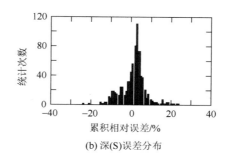

(b) 深(S)误差分布

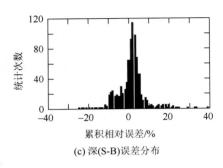 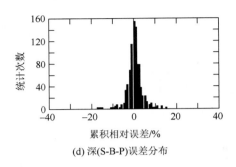

(c) 深(S-B)误差分布　　　　　　　　　　　　(d) 深(S-B-P)误差分布

图 5.9　不同方法的累积相对误差分布

5.1.6　结论

本节提出了两种参数优化训练的改进策略，并将改进策略的深度学习算法应用于光伏出力预测中。根据算例测试结果，得到以下结论。

（1）基于深度学习的光伏出力预测模型中，采用 SGD 法和 BGD 法相结合的方法对参数进行训练，可以有效地提高训练效率和效果。

（2）在采用 SGD 法和 BGD 法方法训练参数过程中，使用梯度累积策略，可以改善训练容易陷入局部最优解和鞍点的问题，提高光伏出力的预测精度。

（3）与传统浅层训练 BP 神经网络算法相比，在本节的测试算例中，所提的深度学习算法的累积相对误差显著减少，说明所提的方法在光伏出力预测中具有良好的应用效果。

5.2　基于改进混沌时间序列的风电功率区间预测方法

5.2.1　引言

随着风电的广泛应用，准确预测风电功率对维持电网的安全运行、降低发电成本、提高风电市场的竞争力具有重要的意义。目前，关于风电功率的点预测方法已有大量的研究成果，预测方法主要可以分为物理预测方法和统计预测方法[4, 5]。

然而，目前风电功率点预测的预测精度仍不是十分理想，仅依赖点预测结果还难以辅助调度进行准确的决策。为了进一步丰富调度的辅助信息，相关学者开始对风电功率的区间预测进行研究。根据不同的区间形成方法，风电功率的区间预测方法主要分为两类[6]：第一类是采用神经网络、极限学习机等方法训练历史数据，构建风电功率的双输出模型，预测风电功率可能发生的上界和下界；第二类是事先假设或估计风电功率的概率分布函数，通过对概率分布函数进行逆运算，可以得到给定置信度水平下风电功率的区间。

目前，已有文献已经证明了风电功率时间序列具有混沌特性，并运用混沌理论对风电功率进行了点预测。混沌理论通过对原始序列进行重构将原系统拓展到高维的空间中，从而以高维的方式直观地表现出非线性系统中隐含的信息特征。基于此，有学者提出了基于混沌时间序列的电力负荷区间预测方法[7, 8]（本节将其称为传统方法）。但是，风电功率具有较强的间歇性和波动性，传统方法中的系统聚类算法和加权一阶局域法难以获得好的聚类效果和高的预测精度，从而很难得到好的区间预测结果。因此，本节改进了传统方法，提出了基于蚁群聚类算法和支持向量机的风电功率区间预测方法。

5.2.2　基于传统混沌时间序列的风电功率区间预测方法

1. 传统方法的基本原理

假设长度为 N 的风电功率时间序列为 $P = [P(1), P(2), \cdots, P(N)]^T$，预测目标为 h 时刻后的功率，将其记为 $P(N+h)$，即由 P 预测 $P(N+h)$ 的区间。基于传统混沌时间序列的风电功率区间预测方法的基本过程包括相空间重构、系统聚类、加权一阶局域法预测和区间形成 4 个步骤。下面将分别对每个步骤进行阐述。

1）相空间重构

对于风电功率序列 P，相空间重构后形成如下矩阵：

$$
\begin{aligned}
P_W &= [P_W(1), P_W(2), \cdots, P_W(M)]^T \\
&= \begin{bmatrix}
P(1) & P(1+\tau) & \cdots & P(1+(m-1)\tau) \\
P(2) & P(2+\tau) & \cdots & P(2+(m-1)\tau) \\
\vdots & \vdots & & \vdots \\
P(M) & P(M+\tau) & \cdots & P(M+(m-1)\tau)
\end{bmatrix}
\end{aligned}
\tag{5-19}
$$

其中，P_W 为 $M \times m$ 的重构相空间矩阵，其每一行称为一个相点；τ 和 m 分别为延迟时间和嵌入维数，是相空间重构的参数；$M = N - (m-1)\tau$ 为重构相空间中相点的个数。相空间重构的关键是确定延迟时间 τ 和嵌入维数 m。本节采用互信息法确定最佳延迟时间，采用关联维数法[9]确定最佳嵌入维数。

2）系统聚类

采用系统聚类算法[8]对 P_W 中的相点进行聚类，找到 $P_W(M)$ 的相似相点，即聚类结果中与 $P_W(M)$ 是同一类的相点，形成 $P_W(M)$ 的相似相点集 P_S：

$$
\begin{aligned}
P_S &= [P_S(1), P_S(2), \cdots, P_S(n)]^T \\
&= \begin{bmatrix}
P(e) & P(e+\tau) & \cdots & P(e+(m-1)\tau) \\
P(f) & P(f+\tau) & \cdots & P(f+(m-1)\tau) \\
\vdots & \vdots & & \vdots \\
P(g) & P(g+\tau) & \cdots & P(g+(m-1)\tau)
\end{bmatrix}
\end{aligned}
\tag{5-20}
$$

其中，$e, f, g \in [1, M-1]$，并且 $e \neq f \neq g$；n 为相似相点的个数。寻找 $P_W(M)$ 的相似相点是因为 $P_W(M)$ 是最新的相点，其与待预测量的时间间隔最短，相关性较强。

3）加权一阶局域法预测

以 P_S 中的相点 $P_S(1)$ 为例说明此预测过程。首先，计算 $P_S(1)$ 与 P_W 中除 $P_S(1)$ 外的其余相点之间的空间欧氏距离，基于计算结果选出与 $P_S(1)$ 之间距离较小的 K 个相点，将其记为

$$
\begin{aligned}
P_{J,1} &= [P_{J,1}(1), P_{J,1}(2), \cdots, P_{J,1}(K)]^T \\
&= \begin{bmatrix}
P(o) & P(o+\tau) & \cdots & P(o+(m-1)\tau) \\
P(p) & P(p+\tau) & \cdots & P(p+(m-1)\tau) \\
\vdots & \vdots & & \vdots \\
P(q) & P(q+\tau) & \cdots & P(q+(m-1)\tau)
\end{bmatrix}
\end{aligned}
\tag{5-21}
$$

其中，$o, p, q \in [1, M-h]$，并且 $o \neq p \neq q$。则这 K 个相点对应的 h 时刻后的相点为

$$P_{J,1}^h = [P_{J,1}^h(1), P_{J,1}^h(2), \cdots, P_{J,1}^h(K)]^{\mathrm{T}}$$

$$= \begin{bmatrix} P(o+h) & P(o+h+\tau) & \cdots & P(o+h+(m-1)\tau) \\ P(p+h) & P(p+h+\tau) & \cdots & P(p+h+(m-1)\tau) \\ \vdots & \vdots & & \vdots \\ P(q+h) & P(q+h+\tau) & \cdots & P(q+h+(m-1)\tau) \end{bmatrix} \qquad (5\text{-}22)$$

然后，利用加权一阶局域法拟合 $P_{J,1}$ 与 $P_{J,1}^h$ 之间的函数关系式。最后，将 $P_S(1)$ 作为函数的自变量代入函数式，可以得到 $P_S(1)$ 在 h 时刻后相点的预测值，记为

$$P_Y(1) = [\tilde{P}(e+h), \tilde{P}(e+h+\tau), \cdots, \tilde{P}(e+h+(m-1)\tau)] \qquad (5\text{-}23)$$

其中，$\tilde{P}(e+h)$ 为 $P(e+h)$ 的预测值。按上述方法对 P_S 中所有相点在 h 时刻后的相点进行预测，形成预测集：

$$P_Y = [P_Y(1), P_Y(2), \cdots, P_Y(n)]^{\mathrm{T}}$$

$$= \begin{bmatrix} \tilde{P}(e+h) & \tilde{P}(e+h+\tau) & \cdots & \tilde{P}(e+h+(m-1)\tau) \\ \tilde{P}(f+h) & \tilde{P}(f+h+\tau) & \cdots & \tilde{P}(f+h+(m-1)\tau) \\ \vdots & \vdots & & \vdots \\ \tilde{P}(g+h) & \tilde{P}(g+h+\tau) & \cdots & \tilde{P}(g+h+(m-1)\tau) \end{bmatrix} \qquad (5\text{-}24)$$

4）区间形成

由于预测目标为 $P(N)$ 在 h 时刻后的功率 $P(N+h)$，故先要提取 P_Y 的最后一列预测值，将其记为 P_{Ym}。由 P_{Ym} 中的最大值 $P_{Ym}^{\max}$ 和最小值 $P_{Ym}^{\min}$ 形成 $P(N+h)$ 的初始预测区间 $[P_{Ym}^{\min}, P_{Ym}^{\max}]$；将初始预测区间分成 D 份，每一份长度为 $I = (P_{Ym}^{\max} - P_{Ym}^{\min}) / D$；计算 P_{Ym} 中预测值落入区间 $[P_{Ym}^{\min} + rI, P_{Ym}^{\max} - rI]$ 中的可靠度 R，其中 r 为 1～$D/2$ 范围内的整数，初始值取为 1，初始值取为前面可靠度 R，即计算落入区间 $[P_{Ym}^{\min} + rI, P_{Ym}^{\max} - rI]$ 中的预测值个数 l 与落入区间 $[P_{Ym}^{\min}, P_{Ym}^{\max}]$ 中的预测值个数 L 的比值；增加 r 直到 R 与预先设定的置信水平 X_{PINC} 相等，此时的区间 $[P_{Ym}^{\min} + rI, P_{Ym}^{\max} - rI]$ 即为满足给定置信水平的区间。

2. 传统方法存在的不足分析

在基于传统混沌时间序列的风电功率区间预测方法中，采用系统聚类算法和加权一阶局域法难以得到好的聚类效果和高的预测精度。本节将对系统聚类算法和加权一阶局域法的不足进行分析。

系统聚类算法[8]将距离最近的样本合并为 1 类，其操作简单，但存在以下不足：每一个新类的生成都是基于之前类合并的结果；已合并的类不能撤销，类与类之间不能再交换样本；某一次合并的效果会影响整个聚类过程，从而影响最终的聚类结果。

加权一阶局域法[8]将输入与输出的关系拟合为线性函数，在风电功率相似相点的预测中，其一阶局域线性拟合为

$$P_{J,1}^h = a\varXi + bP_{J,1} \qquad (5\text{-}25)$$

其中，a 和 b 为拟合的参数；$\varXi$ 为 K 行 m 列的全 1 矩阵。风电功率相点间的关系复杂，不是简单的线性关系，加权一阶局域法的线性模型难以获得高的预测精度。

基于上述不足，本节对传统方法进行了改进，在相空间重构的基础上，采用蚁群聚类算法选择相似相点，采用支持向量机对相似相点进行预测，进而实现风电功率区间预测。

5.2.3　基于蚁群聚类算法和支持向量机的改进风电功率区间预测方法

1. 基于蚁群聚类算法的聚类效果改进

蚁群算法是一种根据大自然中蚁群寻觅食物形成的智能搜索算法。在聚类分析方面，学者们受

蚂蚁堆积尸体和分类幼体的启发，将蚁群算法用于聚类分析，提出了蚁群聚类算法。本节将蚁群聚类算法用于风电功率相点中，首先定义相点 $P_W(v)$（$v=1,2,\cdots,M$）和类 w（$w=1,2,\cdots,A$，A 为类的数目）之间的信息素浓度 $\alpha_{v,w}$，以其大小来表征路径的远近，由此判断相点 $P_W(v)$ 是否归为类 w。聚类的基本思想是将相点归到信息素浓度最大的一类中。

信息素的更新如式（5-26）所示。

$$\alpha_{v,w}(t+1)=(1-\rho)\alpha_{v,w}(t)+\frac{Q}{F_{v,w}} \tag{5-26}$$

其中，$\alpha_{v,w}(t+1)$ 和 $\alpha_{v,w}(t)$ 分别为第 $t+1$ 次和第 t 次迭代中相点 $P_W(v)$ 和类 w 之间的信息素浓度；ρ 为信息素的挥发系数；Q 为常数，表示蚂蚁循环一周所释放的信息素总量；$F_{v,w}$ 为该次迭代中相点 $P_W(v)$ 和类 w 之间的目标函数值。灰色系统理论中的关联度根据曲线间的相似程度来评价关联性[9]，能够在一定程度上反映相点间的变化关系，将其应用于目标函数值中。

以相点 $P_W(v)$ 为参考，类 w 的聚类中心 $P_C(w)$ 与相点 $P_W(v)$ 在第 u（$u=1,2,\cdots,m$）个元素的关联系数 $\xi_{v,w}(u)$ 为

$$\begin{aligned}&\xi_{v,w}(u)\\&=\frac{\min\limits_w\min\limits_u|P_W(v,u)-P_C(w,u)|}{|P_W(v,u)-P_C(w,u)|+\lambda\max\limits_w\max\limits_u|P_W(v,u)-P_C(w,u)|}\\&+\frac{\lambda\max\limits_w\max\limits_u|P_W(v,u)-P_C(w,u)|}{|P_W(v,u)-P_C(w,u)|+\lambda\max\limits_w\max\limits_u|P_W(v,u)-P_C(w,u)|}\end{aligned} \tag{5-27}$$

其中，$\min\limits_w\min\limits_u|P_W(v,u)-P_C(w,u)|$ 为相点 $P_W(v)$ 与不同聚类中心在第 u 个元素上差值绝对值的最小值；$\max\limits_w\max\limits_u|P_W(v,u)-P_C(w,u)|$ 为相点 $P_W(v)$ 与不同聚类中心在第 u 个元素上差值绝对值的最大值；λ 为分辨系数，取值范围为 0～1，通常取为 0.5。聚类中心 $P_C(w)$ 与相点 $P_W(v)$ 的关联度 $\delta_{v,w}$ 为

$$\delta_{v,w}=\frac{1}{m}\sum_{u=1}^m\xi_{v,w}(u) \tag{5-28}$$

相点 $P_W(v)$ 和类 w 之间的目标函数值为

$$F_{v,w}=1-\delta_{v,w} \tag{5-29}$$

该次迭代中总的目标函数值为

$$F=\sum_{w=1}^A\sum_{s=1}^B F_{s,w} \tag{5-30}$$

其中，F 用于表征总的聚类效果；s 表示相点 $P_W(s)$ 为类 w 中的相点；B 为类 w 中的相点数。

采用蚁群聚类算法对风电功率相点进行聚类的具体流程如下。

（1）初始化蚁群聚类算法参数：设置蚂蚁数目、最大迭代次数、聚类数目、信息素挥发系数、蚂蚁循环一周所释放的信息素总量、初始信息素浓度等。

（2）根据信息素浓度，每只蚂蚁将相点归类到具有最大信息素浓度的类中；根据聚类结果计算每一类的聚类中心，取类中各相点对应元素的平均值；计算目标函数值 $F_{v,w}$ 和 F。

（3）在所有蚂蚁的聚类结果中选出具有最小 F 值的结果作为本次循环的最优解，并比较每次循环的最小 F 值，记录所有循环中的最优解。

（4）利用 $F_{v,w}$ 根据式（5-26）更新信息素。

（5）判断迭代次数是否达到最大迭代次数，若达到，则输出最优解，即为最优聚类结果；否则，转步骤（2）。

与系统聚类算法相比，蚁群聚类算法的主要优势为：每次迭代可以根据信息素调整分类，而不是一次性地只根据距离进行分类；中间某次迭代对聚类结果的影响不大。

2. 基于支持向量机的预测精度改进

支持向量机是一种常用的分类和拟合方法，它在解决小样本、非线性问题中表现出许多特有的优势，能推广应用到函数拟合等其他机器学习问题中。

在风电功率相似相点的预测中，支持向量机模型可表示为

$$P_{J,1}^h = \sum_{z=1}^{Z} c(z)H(P_{J,1}, P_E(z)) + d\Xi \qquad (5-31)$$

其中，Z 为支持向量的数目；$P_E(z)$ 为支持向量；$c(z)$ 为权值；d 为偏置量；$H(\cdot)$ 为核函数，通常采用高斯径向基函数：

$$H(P_{J,1}, P_E(z)) = \exp\left(-\frac{\left\|P_{J,1} - P_E(z)\right\|^2}{2\mu^2}\right) \qquad (5-32)$$

其中，μ 为核函数的参数。

与加权一阶局域法相比，支持向量机可以拟合风电功率相点间的非线性关系，训练得到更有效的预测模型，有利于预测精度的提高。

3. 风电功率区间预测具体步骤

（1）对风电功率时间序列数据进行归一化处理。

（2）利用互信息法确定风电功率时间序列的最佳延迟时间，利用关联维数法确定最佳嵌入维数，然后对风电功率时间序列进行相空间重构。

（3）采用蚁群聚类算法对重构后相空间中的风电功率相点进行聚类，找到与 $P_W(M)$ 同属一类的相点作为 $P_W(M)$ 的相似相点，得到相似相点集 P_S。

（4）运用支持向量机对 P_S 中的每个相点在 h 时刻后的相点进行预测，形成预测集 P_Y。

（5）从 P_Y 中提取出 P_{Ym}，由 P_{Ym} 形成初始预测区间 $[P_{Ym}^{\min}, P_{Ym}^{\max}]$，$r$ 的初值取为 1。

（6）计算 P_{Ym} 中预测值落入区间 $[P_{Ym}^{\min} + rI, P_{Ym}^{\max} - rI]$ 中的可靠度 R。

（7）若 $R > X_{PINC}$，则增加 r 并转步骤（2）；若 $R = X_{PINC}$，则转步骤（8）。

（8）输出满足给定置信水平的区间 $[P_{Ym}^{\min} + rI, P_{Ym}^{\max} - rI]$。

5.2.4 风电功率区间预测性能评价指标

目前，评价风电功率区间预测性能的指标通常有预测区间覆盖率（Prediction Interval Coverage Probability，PICP）X_{PICP}、预测区间平均宽度（Prediction Interval Normalized Average Width，PINAW）X_{PINAW}、累积带宽偏差（Accumulated Width Deviation，AWD）X_{AWD}。

预测区间覆盖率计算公式为

$$X_{PICP} = \frac{1}{L_w} \sum_{i=1}^{L_w} \omega_i \qquad (5-33)$$

其中，L_w 为预测风电功率的点数；ω_i 为布尔量，当对应时刻风电功率的实际值落在预测区间内时，$\omega_i = 1$，否则 $\omega_i = 0$。

预测区间平均宽度计算公式为

$$X_{\mathrm{PINAW}} = \frac{1}{L_w G_1} \sum_{i=1}^{L_w} (\overline{U}_i - \underline{U}_i) \tag{5-34}$$

其中，G_1 用于归一化处理；$\overline{U}_i$ 和 $\underline{U}_i$ 分别为预测区间的上界和下界。

第 i 个预测点的带宽偏差为

$$X_{\mathrm{AWD},i}(P(i)) = \begin{cases} \dfrac{\underline{U}_i - P(i)}{\overline{U}_i - \underline{U}_i}, & P(i) < \underline{U}_i \\ 0, & \underline{U}_i \leqslant P(i) \leqslant \overline{U}_i \\ \dfrac{P(i) - \overline{U}_i}{\overline{U}_i - \underline{U}_i}, & P(i) > \overline{U}_i \end{cases} \tag{5-35}$$

其中，$P(i)$ 为要预测的风电功率的实际值。

累积带宽偏差为

$$X_{\mathrm{AWD}} = \frac{1}{L_w G_2} \sum_{i=1}^{L_w} X_{\mathrm{AWD},i}(P(i)) \tag{5-36}$$

其中，G_2 用于归一化处理。

5.2.5　算例分析

算例所用的数据为英国的 1 座风电场在 2012 年的风电功率数据（算例 1）和德国的 1 座风电场在 2016 年的风电功率数据（算例 2），每 15min 进行一次数据采样，每天有 96 个采样点。考虑到不同季节的影响，分别采用基于神经网络的区间预测方法（神经网络方法）、传统混沌时间序列方法（传统方法）和改进混沌时间序列方法（改进方法）对两个算例在 3 月、6 月、9 月和 12 月最后 7 天的风电功率进行区间预测。在每一次的预测中，基于前一个月的数据预测之后 3h 的风电功率区间，即每次预测 12 个点，每天预测 8 次，连续预测 7 天，预测 56 次即可得到 7 天的预测结果。

首先，为了验证本节所提改进方法的有效性，将改进方法与神经网络方法的区间预测结果进行比较。其次，为了比较传统方法和改进方法的预测效果，设置四种仿真方案：方案 1 采用系统聚类算法和加权一阶局域法进行预测；方案 2 采用蚁群聚类算法和加权一阶局域法进行预测；方案 3 采用系统聚类算法和支持向量机进行预测；方案 4 采用蚁群聚类算法和支持向量机进行预测。

1. 预测参数设置

风电功率时间序列的长度 N 为用于预测的一个月的风电功率数据点数。利用互信息法求出算例 1 的 3 月、6 月、9 月和 12 月的最佳延迟时间分别为 16、15、15 和 14，算例 2 的 3 月、6 月、9 月和 12 月的最佳延迟时间分别为 14、14、16 和 18；利用关联维数法求出算例 1 的 4 个月的最佳嵌入维数分别为 4、5、4 和 6，算例 2 的 4 个月的最佳嵌入维数分别为 3、3、4 和 4。在蚁群聚类算法中，蚂蚁数目、最大迭代次数、聚类数目、信息素挥发系数、蚂蚁循环一周所释放的信息素总量分别为 100、100、60、0.1、1，初始信息素浓度为 0.001~0.01 的随机数。在对相似相点进行预测时，K 取为 50。在形成区间时，D 取为 100。

2. 改进方法与神经网络方法的对比

为了验证改进方法的有效性，对改进方法与神经网络方法的区间预测结果进行比较。本节对算例 1 的结果进行分析。表 5.3～表 5.6 给出了算例 1 中改进方法与神经网络方法预测结果的评价指标。

由表 5.3～表 5.6 可知，在不同的置信水平下，神经网络方法和改进方法的 X_{PICP} 与给定的置信水平相差不大，偏差不超过 ±1%，均能满足置信水平的要求；在同一置信水平下，改进方法的 X_{PINAW} 和 X_{AWD} 均小于神经网络方法，说明改进方法既能获得较窄的区间，又能使落在区间外的点偏离区间的程度较小，具有更好的区间预测效果；无论神经网络方法还是改进方法，随着置信水平的上升，预测区间的宽度会增大，而区间能覆盖的点也增多，落在区间外的点与区间的偏差会减小。经计算，表 5.3～表 5.6 中改进方法的 X_{PINAW} 和 X_{AWD} 较神经网络方法分别平均减少了 25.22% 和 13.91%，由此验证了改进方法的有效性。

表 5.3　算例 1 改进方法与神经网络方法的评价指标对比（3 月 25～31 日）

置信水平/%	X_{PICP}/%		X_{PINAW}/%		X_{AWD}/%	
	神经网络方法	改进方法	神经网络方法	改进方法	神经网络方法	改进方法
85	85.42	84.38	14.95	10.00	2.96	2.53
90	90.63	90.33	16.23	11.23	1.78	1.77
95	94.79	95.39	18.59	14.27	0.93	0.89
98	97.92	97.62	19.39	16.10	0.70	0.70

表 5.4　算例 1 改进方法与神经网络方法的评价指标对比（6 月 24～30 日）

置信水平/%	X_{PICP}/%		X_{PINAW}/%		X_{AWD}/%	
	神经网络方法	改进方法	神经网络方法	改进方法	神经网络方法	改进方法
85	84.82	85.57	15.78	12.12	3.00	2.92
90	90.63	89.73	18.87	14.42	1.09	1.04
95	94.79	95.09	20.91	17.04	0.96	0.86
98	97.92	98.51	21.93	18.27	0.60	0.55

表 5.5　算例 1 改进方法与神经网络方法的评价指标对比（9 月 24～30 日）

置信水平/%	X_{PICP}/%		X_{PINAW}/%		X_{AWD}/%	
	神经网络方法	改进方法	神经网络方法	改进方法	神经网络方法	改进方法
85	84.97	85.42	15.45	12.37	2.86	2.67
90	90.03	90.18	17.33	14.41	1.92	1.75
95	94.49	94.79	18.78	16.50	1.05	0.80
98	97.77	97.32	20.34	17.84	0.72	0.51

表 5.6　算例 1 改进方法与神经网络方法的评价指标对比（12 月 25～31 日）

置信水平/%	X_{PICP}/%		X_{PINAW}/%		X_{AWD}/%	
	神经网络方法	改进方法	神经网络方法	改进方法	神经网络方法	改进方法
85	85.12	84.23	14.64	10.84	3.30	3.19
90	89.88	89.73	16.81	13.49	1.50	1.31
95	95.09	95.54	18.67	16.01	0.77	0.64
98	98.07	97.77	20.66	16.93	0.53	0.36

3. 改进方法与传统方法的对比

为了比较改进方法和传统方法的预测效果，对四种仿真方案的预测结果进行分析。考虑到算例

2 中 3 月、6 月、9 月和 12 月最后一天的风电功率曲线在变化范围和变化方向上具有不同的特点，具有较强的可对比性，所以本节重点对这 4 天的结果进行分析。

1）采用蚁群聚类算法的改进效果分析

为了验证蚁群聚类算法的改进效果，对算例 2 中方案 1 和方案 2 的结果进行分析。这两种方案的预测结果和预测结果的评价指标分别如图 5.10 和表 5.7 所示（图 5.10 中的风电功率为标幺值，后同）。

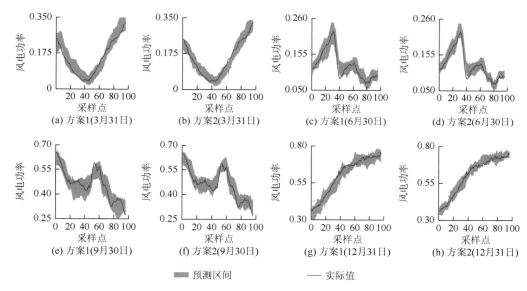

图 5.10　算例 2 中方案 1、2 在 90%置信水平下的预测结果

由图 5.10 可看出，3 月 31 日的风电功率曲线变化范围较小且变化方向相对单一，6 月 30 日的风电功率曲线变化范围较小但变化方向复杂，9 月 30 日的风电功率曲线变化范围较大且变化方向复杂，12 月 31 日的风电功率曲线变化范围较大但变化方向相对单一，无论哪天的风电功率曲线，预测区间都能够较大程度地覆盖，并跟随风电功率曲线的变化而变化，且与方案 1 相比，方案 2 的预测区间跟随风电功率曲线变化的效果更好。由表 5.7 可知，在这 4 天的预测中，两种方案的 X_{PICP} 都很接近给定的置信水平 90%，而方案 2 的 X_{PINAW} 和 X_{AWD} 均小于方案 1，说明方案 2 能获得更好的区间预测结果，验证了蚁群聚类算法的改进效果。

表 5.7　算例 2 中方案 1、2 在 90%置信水平下的评价指标

预测日期	X_{PICP}/%		X_{PINAW}/%		X_{AWD}/%	
	方案 1	方案 2	方案 1	方案 2	方案 1	方案 2
3 月 31 日	89.58	90.63	14.64	13.31	2.21	1.73
6 月 30 日	89.58	89.58	16.73	14.49	2.78	2.12
9 月 30 日	90.63	89.58	16.60	14.72	2.43	1.90
12 月 31 日	90.63	90.63	14.12	13.10	2.08	1.65

2）采用支持向量机的改进效果分析

为了验证支持向量机的改进效果，对算例 2 中方案 1 和方案 3 的结果进行对比分析。图 5.11 和表 5.8 分别给出了这两种方案的预测结果和预测结果的评价指标。

由图 5.11 可以看出，方案 1、3 都能够有效地对风电功率进行区间预测，其预测区间都能较好地覆盖实际值，且方案 3 的预测区间更窄，其变化更符合实际风电功率的变化规律。由表 5.8 可知，在这 4 天的预测中，2 种方案的 X_{PICP} 都与 90% 很接近，但方案 3 的 X_{PINAW} 和 X_{AWD} 均小于方案 1，即方案 3 能获得更好的区间预测结果，验证了支持向量机的改进效果。

表 5.8　算例 2 中方案 1、3 在 90% 置信水平下的评价指标

预测日期	X_{PICP}/%		X_{PINAW}/%		X_{AWD}/%	
	方案 1	方案 3	方案 1	方案 3	方案 1	方案 3
3 月 31 日	89.58	90.63	14.64	13.66	2.21	1.67
6 月 30 日	89.58	90.63	16.73	14.27	2.78	2.03
9 月 30 日	90.63	90.63	16.60	14.54	2.43	1.79
12 月 31 日	90.63	89.58	14.12	12.77	2.08	1.82

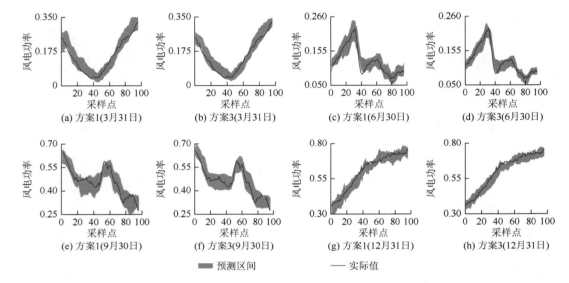

图 5.11　算例 2 中方案 1、3 在 90% 置信水平下的预测结果

3）改进方法的预测效果分析

为了验证改进方法的综合改进效果，对算例 2 中方案 1 和方案 4 的结果进行对比分析。图 5.12 和表 5.9 分别为这两种方案的预测结果和预测结果的评价指标。

由图 5.12 可以看出，方案 1 和方案 4 的预测区间都能较大程度地覆盖实际值，但方案 4 的预测区间更窄，且其跟随实际风电功率变化的能力更强，具有更好的跟随效果。由表 5.9 可知，方案 1 和方案 4 的 X_{PICP} 都在 90% 附近，但方案 4 的 X_{PINAW} 和 X_{AWD} 均小于方案 1。其中，方案 4 的 X_{PINAW} 较方案 1 平均减少了 27.51%，方案 4 的 X_{AWD} 较方案 1 平均减少了 34.11%。因此，与传统方法相比，改进方法具有更好的预测效果。另外，还可以看出，6 月 30 日和 9 月 30 日的预测效果比 3 月 31 日和 12 月 31 日的预测效果差。由此可知，传统方法和改进方法对于像 3 月 31 日和 12 月 31 日的变化方向相对单一的风电功率预测效果较好，而对于像 6 月 30 日和 9 月 30 日的变化方向复杂的风电功率预测效果较差。这是因为当风电功率发生较大变化，即上爬坡或下爬坡时，相比于非爬坡阶段，此时的风电功率变化更加复杂，即使基于相似相点进行预测，也难以及时准确跟踪此时风电功率的变化，且相似相点的变化方向、变化时间和变化大小与此时风电功率的差别较大，从而导致此时的预测效果相对较差，区间预测结果存在上偏或下偏。

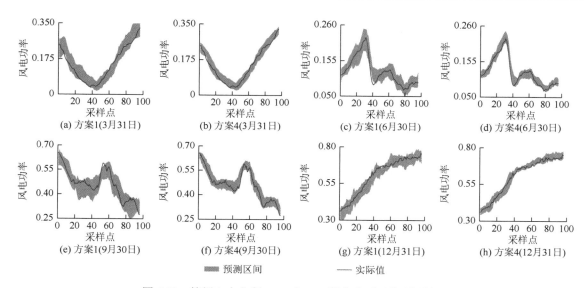

图 5.12　算例 2 中方案 1、4 在 90%置信水平下的预测结果

表 5.9　算例 2 中方案 1、4 在 90%置信水平下的评价指标

预测日期	X_{PICP}/%		X_{PINAW}/%		X_{AWD}/%	
	方案 1	方案 4	方案 1	方案 4	方案 1	方案 4
3 月 31 日	89.58	89.58	14.64	10.69	2.21	1.47
6 月 30 日	89.58	90.63	16.73	11.75	2.78	1.71
9 月 30 日	90.63	89.58	16.60	12.41	2.43	1.60
12 月 31 日	90.63	89.58	14.12	10.16	2.08	1.45

5.2.6　结论

本节考虑风电功率的混沌特性，采用蚁群聚类算法和支持向量机对传统混沌时间序列方法进行改进，提出了基于改进混沌时间序列的风电功率区间预测方法。由算例分析结果可得以下结论：

（1）本节所提改进方法能够有效地实现风电功率区间预测，且与基于神经网络的区间预测方法相比，改进方法具有更好的区间预测效果；

（2）与传统混沌时间序列方法相比，改进方法分别采用蚁群聚类算法和支持向量机进行聚类和预测，能够获得好的聚类效果和高的预测精度，从而得到更好的区间预测结果。

5.3　基于改进权值优化模型的光伏功率区间预测

5.3.1　引言

近年来，全球光伏发电规模增长迅速。对光伏发电功率进行准确预测，可为调度提供必要的辅助信息，对保证电力系统安全稳定经济运行具有重要意义。

目前对于光伏发电预测的研究多集中在点预测方法上，然而，点预测方法仅提供预测时刻确定的光伏发电功率值，无法表示预测结果的不确定性，难以满足电网调度决策和风险评估的需求。针对点预测方法的不足，一些学者提出了光伏功率的区间预测方法。

区间预测研究满足给定置信度水平下光伏发电出力的上、下界[10]，其可以反映光伏发电功率可能的变化范围，为调度提供更丰富的预测信息。文献[11]假设光伏发电点预测的误差分布服从正态分布和拉普拉斯分布，得出一定置信水平下的置信区间作为预测区间。文献[12]采用 Copula 函数对光伏实际出力与点预测结果的联合概率分布进行估计，进而求取不同置信度下的置信区间。文献[13]基于光伏出力的分位数信息，用核密度估计方法估计出光伏功率的概率密度函数，从而得到一定置信水平下的预测区间。然而，实际中光伏发电功率不服从某一典型分布，并且难以准确估计出其概率分布函数，因此上述文献所提方法在实际应用中具有较大的局限性。为了弥补"需要预先获得概率分布"这一不足，文献[14]、[15]基于单层前向神经网络建立上下限区间评估（Lower Upper Bound Estimation，LUBE）方法，提出基于宽度覆盖区间优化准则（Coverage Width-Based Criterion，CWC），采用模拟退火（Simulated Annealing，SA）算法优化预测模型的结构参数，从而获得预测区间上界和下界。该方法无须假设或估计光伏功率的概率分布就能得到区间预测结果。但是，基于 CWC 优化准则的参数训练过程存在惩罚系数难以选取的问题，而且 CWC 优化准则未考虑预测目标值偏离预测区间的情况，一定程度上限制了区间预测精度的提高。

为此，本节基于 RBF 神经网络构建区间预测模型，利用模型的双输出结构直接输出光伏功率区间预测的上、下界。在训练模型参数时，针对 CWC 优化准则的不足，提出一种考虑预测目标值与预测区间偏差程度的改进预测区间优化模型，并将区间预测可信度满足置信水平要求作为模型约束条件，避免了惩罚系数的选择问题。采用 PSO 算法求解该优化模型，对 RBF 神经网络的输出权值进行优化，以提高预测区间的性能。

5.3.2 基于 RBF 神经网络的区间预测模型

本节基于双输出 RBF 神经网络建立光伏功率区间预测模型，直接获得光伏功率预测区间的上、下界，避免了对光伏功率分布估计不准确问题和复杂的概率分布函数计算过程。基于 RBF 神经网络的区间预测模型结构如图 5.13 所示。

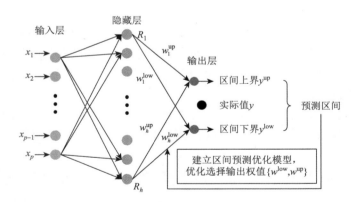

图 5.13　基于 RBF 神经网络的区间预测模型

图 5.13 所示的模型中，包括输入层、隐藏层和输出层。输入层的 $[x_1, x_2, \cdots, x_p]$ 表示用于预测模型的 p 维输入变量，本节取太阳辐照量、温度等气象数据。隐藏层利用激活函数对输入层数据进行非线性变换。假设激活函数为高斯函数时，隐藏层第 i 个神经元的输出为

$$R(\|X_t - c_i\|) = \exp\left(-\frac{1}{2\sigma_i^2}\|X_t - c_i\|^2\right) \tag{5-37}$$

其中，X_t（$t=1,2,\cdots,N$）为第 t 个输入样本，N 为样本总数；c_i 为隐藏层第 i 个神经元的中心，$i=1,2,\cdots,h$，h 为网络隐藏层神经元个数；σ_i 为第 i 个隐藏层神经元高斯函数的分布宽度；$\|X_t-c_i\|$ 为向量 X_t-c_i 的范数。

对于第 t 个输入样本，模型的输出为

$$y^{\mathrm{up}}=\sum_{i=1}^{h}w_i^{\mathrm{up}}R(\|X_t-c_i\|) \tag{5-38}$$

$$y^{\mathrm{low}}=\sum_{i=1}^{h}w_i^{\mathrm{low}}R(\|X_t-c_i\|) \tag{5-39}$$

其中，y^{up} 和 y^{low} 分别是模型输出区间的上界和下界；w_i^{up} 和 w_i^{low} 分别是第 i 个隐藏层神经元与输出层区间上界、下界的连接权值。

要得到预测区间上下界 y^{up} 和 y^{low}，需要知道以下参数：激活函数的中心 c、方差 σ 和输出权值向量 $\{w^{\mathrm{low}},w^{\mathrm{up}}\}$。目前普遍使用的激活函数中心参数学习方法是聚类方法，其思路是：用聚类算法对训练样本的输入进行聚类，将得到的聚类中心作为 RBF 网络的中心 c。然后计算方差：

$$\sigma_i=\frac{c_{\max}}{\sqrt{2h}},\quad i=1,2,\cdots,h \tag{5-40}$$

其中，$c_{\max}$ 为所选取中心之间的最大距离。中心 c 和方差 σ 确定后，利用迭代的最小二乘法（Least Squares Method，LSM）训练隐藏层到输出层的连接权值。以单输出的 RBF 网络为例，LSM 训练隐藏层到输出层连接权值的过程如下：利用训练样本的输入 X_t 和对应的样本实际输出值 $\hat{y}_t(t=1,2,\cdots,N)$ 使能量函数最小：

$$E=\frac{1}{2N}\sum_{t=1}^{N}e_t^2 \tag{5-41}$$

$$e_t=\hat{y}_t-\sum_{i=1}^{h}w_i R(\|X_t-c_i\|) \tag{5-42}$$

其中，w_i 为单输出 RBF 网络隐藏层到输出层的连接权值。由式（5-43）迭代计算出 w_i：

$$\begin{cases}w_i^{b+1}=w_i^b-\tau\dfrac{\partial E}{\partial w_i}\\[2mm]\dfrac{\partial E}{\partial w_i}=-\dfrac{1}{N}\sum_{t=1}^{N}e_t R(\|X_t-c_i\|)\end{cases} \tag{5-43}$$

其中，b 为迭代次数；τ 为学习效率因子。迭代收敛条件为 $\left|E^{b+1}-E^b\right|\leqslant\varepsilon$，$\varepsilon$ 为给定的足够小的允许误差。

在使用 LSM 计算区间预测模型的权值时，通常取训练样本功率值上下浮动一定比例后形成的区间，作为训练样本功率所在区间，即 $[(1-\alpha)\hat{y},(1+\alpha)\hat{y}]$，$\alpha\in[0,1]$，$\hat{y}$ 为训练样本的实际功率值。这种方式下获得的输出权值称为初始权值 $\{w_{\mathrm{int}}^{\mathrm{low}},w_{\mathrm{int}}^{\mathrm{up}}\}$。

经过上述区间预测模型训练过程后，获得中心向量 c、方差 σ 和初始权值 $\{w_{\mathrm{int}}^{\mathrm{low}},w_{\mathrm{int}}^{\mathrm{up}}\}$。进行区间预测时，将预测样本的输入变量输入区间预测模型中，通过式（5-37）～式（5-39）便可计算出预测样本的功率预测区间。

然而，基于初始权值的训练方式不考虑预测误差的反馈和修正，导致区间预测模型对未知数据预测时，精度较差。因此有必要对初始权值进一步优化，使区间预测效果最佳。对此，本节构造以 $\{w^{\mathrm{low}},w^{\mathrm{up}}\}$ 为自变量、以区间预测效果最佳为目标的区间预测优化模型，求解该优化模型就能得到最优的输出权值，从而实现最优区间预测。

5.3.3 区间预测优化模型的建立与求解

1. 区间预测评价指标

区间预测优化模型考虑预测区间的可信度和准确度。可信度由实际值落入预测区间的概率表示，此概率值越大，预测区间可信度越高。准确度用预测区间的宽度衡量，在满足可信度要求的前提下，预测区间的宽度越小，其准确度越高。一般用预测区间覆盖率（PICP）、预测区间平均宽度（PINAW）两个指标分别评价预测区间的可信度、准确度。

1）预测区间覆盖率

预测区间覆盖率反映预测区间的可信度，其定义为预测目标实际值落入预测区间的概率：

$$PICP = \frac{1}{N}\sum_{j=1}^{N}\lambda_j \tag{5-44}$$

其中，λ_j为 0-1 布尔量，如果第 j 个预测目标的实际值落在预测区间内，λ_j 取 1，否则 λ_j 取 0。为保证预测区间的可信度，其 PICP 值不应低于给定置信水平（Prediction Interval Nominal Confidence，PINC）。PINC 越大意味着有越多的实际值落入预测区间内，区间预测效果越好。

2）预测区间平均宽度

预测区间平均宽度反映预测区间的准确度，其定义如下：

$$PINAW = \frac{1}{ND}\sum_{j=1}^{N}\left(U_j(x) - L_j(x)\right) \tag{5-45}$$

其中，$U_j(x)$、$L_j(x)$分别是第 j 个预测目标的区间上、下界；D 为预测目标的最大值和最小值之差，用于归一化处理。PICP 一定时，PINAW 越小说明预测区间携带的信息量越大，预测的准确度越高。

2. CWC 区间优化模型

文献[14]提出了优化模型的宽度覆盖区间优化准则（CWC）：

$$minCWC = PINAW\left(1 + \gamma(PICP)e^{-\eta(PICP-\mu)}\right) \tag{5-46}$$

$$\gamma(PICP) = \begin{cases} 0, & PICP \geqslant \mu \\ 1, & PICP < \mu \end{cases} \tag{5-47}$$

其中，η 为惩罚系数；μ 为给定置信水平；$\gamma(\cdot)$ 为一个阶跃函数。当 PICP$<\mu$ 时，说明当前区间的可信度未能满足要求，此时 $\gamma(PICP) = 1$，CWC 区间优化模型通过对$-\eta(PICP-\mu)$项进行惩罚以缩小 PICP 与 μ 的差距；当 PICP$\geqslant\mu$ 时，预测区间的可信度已经满足要求，此时 $\gamma(PICP) = 0$，CWC = PINAW，优化的目标为使预测区间宽度尽可能小。然而，CWC 区间优化模型尚存在如下缺陷。

（1）CWC 中的惩罚系数 η 难以确定。选取的惩罚系数过大易使参数训练陷入局部最优，过小则可能无法保证系统的可靠性要求。

（2）CWC 无法反映预测区间与实际值的偏差信息。以图 5.14 为例对此进行说明。图 5.14（a）、（b）分别为采用同样的训练数据获得的两种区间预测结果。灰色矩形的高代表区间预测的宽度，这里假设 2 个区间的宽度相等。黑色圆点代表预测目标实际值，总数为 7 个。从图中可以看到，两幅图中落入灰色区间的点数均为 5 个。将该结果代入式（5-44）、式（5-45）中，可知 2 个预测区间的 PICP、PINAW 值相同，CWC 数值也相等。但是，进一步观察此图发现，2 个区间中实际值与预测区间上下界的偏离程度不同，图（a）中未被预测区间覆盖的 2 个点"2"、"4"与区间的距离要小于图（b）中点"3′"、"5′"与区间的距离，故认为图（a）的预测区间比图（b）的预测区间更准确。然而，CWC 无法评判这两种情况的优劣。

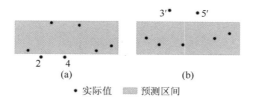

图 5.14　2 种区间预测结果对比示意图

3. 改进的区间优化模型

为反映预测训练目标值与预测区间的偏离程度，本节在目标函数中引入新的评价指标——预测区间累积偏差（Prediction Interval Accumulative Deviation，PIAD）。第 j 个预测点的预测区间累积偏差定义为

$$PIAD_j = \begin{cases} L_j(x) - y_j, & y_j \leqslant L_j(x) \\ 0, & L_j(x) < y_j < U_j(x) \\ y_j - U_j(x), & y_j \geqslant U_j(x) \end{cases} \tag{5-48}$$

其中，y_j 为第 j 个预测目标实际值。PIAD 定义如下：

$$PIAD = \sum_{j=1}^{N} PIAD_j \tag{5-49}$$

PIAD 统计未落入预测区间的目标值与预测区间的平均累积偏差，反映预测区间与实际值的偏差程度，是评价预测区间的重要指标之一。当 PICP、PINAW 一定时，PIAD 越小，区间预测效果越好。

为了在模型参数优化过程中考虑预测区间偏差信息，以及避免 CWC 优化模型下惩罚系数选择问题，本节提出一种改进的区间预测优化模型（Improved Prediction Interval Optimization Model，IPIOM）：

$$\begin{cases} \min(PINAW + PIAD) \\ \mu \leqslant PICP \leqslant 100\% \end{cases} \tag{5-50}$$

该优化模型将 PICP>μ 作为约束条件，避免对惩罚参数的选择。在保证优化结果能够满足可信度要求的前提下，优化模型的目标为使预测区间宽度和预测偏差最小。将相比于 CWC，综合考虑了 PICP、PINAW 和 PIAD 的 IPIOM 能更全面地反映预测区间的性能，有利于选出最佳的输出权值。

4. 基于 PSO 算法的区间优化模型求解过程

本节采用 PSO 算法对所提的 IPIOM 进行求解，寻找最佳输出权值。在 PSO 算法中，一个粒子的位置就代表着搜索空间中一个潜在的解。将区间优化模型中的目标函数作为 PSO 算法的适应度函数。在每次迭代寻优过程中，粒子通过比较适应度函数值来更新自己的个体最优位置 p_l^{best} 和群体最优位置搜索 g^{best}：将粒子所经历位置中计算得到适应度值最小的位置赋给 p_l^{best}，将所有粒子搜索到的适应度最小的位置赋给 g^{best}。接着通过追踪 p_l^{best} 和 g^{best} 来更新自己的速度 v_l^k 和位置 z_l^k：

$$v_l^{k+1} = \beta v_l + c_1 r_1(p_l^{best} - z_l^k) + c_2 r_2(g^{best} - z_l^k) \tag{5-51}$$

$$z_l^{k+1} = z_l^k + v_l^{k+1} \tag{5-52}$$

其中，l 表示各粒子编号，$l=1,2,\cdots,m$，m 为粒子总数；k 为迭代次数；β 为惯性权重；r_1、r_2 是[0, 1]

之间的随机数；c_1、c_2 为学习因子。当适应度值小于给定值或达到最大迭代次数后，迭代结束，将群体最优位置 g^{best} 的数值作为最优输出权值 $\{w^{\text{low}}, w^{\text{up}}\}$。基于 PSO 算法的解算过程参见文献[16]。

5.3.4　光伏功率区间预测的具体步骤

光伏功率区间预测具体步骤如下。

（1）数据准备：将光伏数据划分为训练数据集和预测数据集，并进行归一化：

$$\theta' = \frac{\theta - \theta_{\min}}{\theta_{\max} - \theta_{\min}} \tag{5-53}$$

其中，θ 表示原始数据；$\theta_{\max}$、$\theta_{\min}$ 表示数据中的最大值和最小值；θ' 为归一化后的数值。

（2）参数初始化：用 K-means 聚类方法对训练样本的输入数据聚类，将聚类中心设为网络的中心 c，根据式（5-40）计算方差 σ。预设训练样本输出区间 $[(1-\alpha)\hat{y}, (1+\alpha)\hat{y}]$，根据式（5-41）～式（5-44）计算出初始权值 $\{w_{\text{int}}^{\text{low}}, w_{\text{int}}^{\text{up}}\}$。将初始权值作为粒子群粒子的初始位置，随机产生粒子初始速度 v。

（3）粒子群寻优：根据每个粒子的位置，按式（5-38）、式（5-39）构造区间，按式（5-45）、式（5-46）、式（5-50）、式（5-51）计算粒子的适应度函数值。根据适应度函数值更新粒子的个体最优位置和群体最优位置，按式（5-52）、式（5-53）更新粒子的速度、位置。迭代结束后，获得最优的输出权值 $\{w^{\text{low}}, w^{\text{up}}\}$。

（4）将寻优得到的 $\{w^{\text{low}}, w^{\text{up}}\}$ 作为区间预测模型最终输出权值。将预测样本输入优化好的区间预测模型，计算预测样本的预测区间，由指标 PICP、PINAW、PIAD 评价预测区间的性能。

5.3.5　算例分析

以澳大利亚艾丽斯斯普林光伏电站 2013 年 5 月至 2014 年 4 月每天 07：00～17：00 小时级的光伏数据作为训练样本，2014 年 5 月的数据作为验证样本进行实验，验证所提区间预测方法有效性。

1. 参数设置与仿真方案

RBF 区间预测模型的输入变量为全球水平辐射、漫射水平辐射、温度、相对湿度、风速共 5 个变量。模型隐藏层神经元个数设为 10。计算初始权值时，训练样本输出区间由实际值上下波动 30% 得到，即 $[(1-\alpha)\hat{y}, (1+\alpha)\hat{y}]$ 中 α 取 0.3。粒子群个体数量设置为 30 个，粒子初始速度为[0，1]的随机数，粒子更新式（5-51）中 $r_1 = r_2 = 1$，$c_1 = c_2 = 2$。PSO 算法的惯性权重 β 起着权衡局部优化能力和全局优化能力的作用，其取值对计算结果影响很大。将 β 设置为一个随时间线性减少的函数，可以有效提高 PSO 算法的寻优能力[17]：

$$\beta = \beta_{\max} - \frac{\beta_{\max} - \beta_{\min}}{k_{\max}} \times k \tag{5-54}$$

其中，$\beta_{\max}$ 为初始权重，取 0.9；$\beta_{\min}$ 为最小权重，取 0.1；$k_{\max}$ 为最大迭代次数，取 500；k 为当前迭代次数。

为检验所建立区间预测模型的有效性和所提改进区间优化模型的先进性，本节设计了如下两种对比方案：

（1）对比分析在使用未优化的初始权值和使用本节方法优化后的权值下，RBF 网络区间预测模型的预测效果；

（2）对比分析使用 CWC 优化模型和本节所提优化模型下，RBF 网络区间预测模型的预测效果。

2. 仿真结果和分析

1）权值优化前后的预测结果对比分析

取训练集目标值上下浮动 30%（即 $\alpha = 0.3$）时计算所得的初始权值直接作为 RBF 区间预测模型的输出权值，对 2014 年 5 月 8 日、9 日每天 07：00～17：00 小时级的光伏功率进行预测，结果如图 5.15 所示。

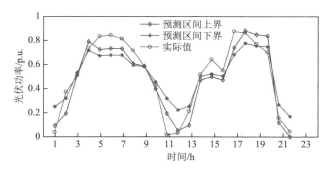

图 5.15　初始权值（$\alpha = 0.3$）下的区间预测结果

图 5.15 中，共有 22 个光伏功率实际发生点，但仅有 5 个实际发生点落入预测区间内，可计算出该预测区间的 PICP 值仅为 0.227。而实际中，电力系统的运行总是需要高 PICP 值的预测区间来获得更为准确的信息，以确保电力运行的安全性。所以，采用未经优化的输出权值进行区间预测，其可信度并不能满足实际运行要求。这是因为初始权值的训练方式没有涉及预测误差的反馈与修正，导致区间预测模型泛化能力弱，对未知数据的预测精度差。

图 5.16 为使用本节所提 IPIOM 优化权值后得到的光伏功率预测区间，其中计算初始权值时 α 取 0.3，给定置信水平 $\mu = 0.9$。图 5.16 中，落入预测区间中的光伏功率实际发生点有 20 个，可计算出 PICP 值为 0.909，满足置信水平的要求。另外，未落入预测区间内的光伏功率实际发生点偏离预测区间的程度不大，这是因为 IPIOM 对 PIAD 项进行了优化使得预测区间偏差较小。

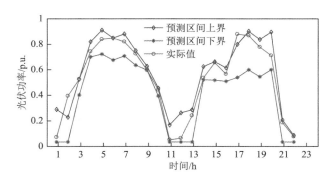

图 5.16　权值优化后的区间预测结果

表 5.10 给出了 3 种初始权值下，权值优化前后区间预测结果指标的对比情况。其中，IPIOM 中给定置信水平 μ 为 0.9。

由表 5.10 可看出，使用初始权值得到预测区间虽然宽度小，但预测区间覆盖率很低、预测偏差大，预测区间的性能差。而使用 IPIOM 优化后得到的预测区间 PICP 值均大于给定置信水平，且 PINAW、PIAD 均较小，预测区间的可靠性和准确度均较高。此外，在 α 分别取 0.2、0.5、0.8 获得初始权值的情况下，应用 IPIOM 优化得到的预测区间的 PICP 值相差不大，说明选择不同的初始权值对 IPIOM 优化预测区间的可信度影响不大。

表 5.10　权值优化前后的预测区间指标（$\mu = 0.9$）

评价指标	$\alpha = 0.2$		$\alpha = 0.5$		$\alpha = 0.8$	
	优化前	优化后	优化前	优化后	优化前	优化后
PICP	0.182	0.909	0.273	0.909	0.273	0.909
PINAW	0.033	0.357	0.070	0.323	0.069	0.430
PIAD	1.990	0.269	1.920	0.297	1.917	0.275

由以上分析可知，本节所提出的 IPIOM 可以提高光伏功率区间预测的可靠性和准确性，验证了权值优化的必要性和 IPIOM 的有效性。

2）CWC 和 IPIOM 的预测结果对比分析

为对比 CWC 和 IPIOM 的性能，分别用这两种区间优化模型优化初始权值（α 取 0.3），计算给定置信度水平分别为 0.85、0.9、0.95 下的预测区间。对 2014 年 5 月 28、29 日每天 07：00～17：00的光伏功率预测结果如图 5.17 所示。图 5.17（a）～（c）分别为给定置信度水平为 0.85、0.9、0.95下的预测区间，CWC 优化模型中的 η 取 50。

从可信度方面来看，由图 5.17 可以看出，在三种给定置信水平下，未落入 CWC 优化模型预测区间和 IPIOM 预测区间的实际值点数分别为 3 个、2 个、1 个和 2 个、2 个、1 个。可知，两类预测区间均能将绝大多数的光伏功率实际发生点包含在内。说明这两种区间优化模型均能实现高可信度的区间预测。

从准确度来看，以给定置信水平为 0.85 时的图 5.17（a）为例可看到，IPIOM 获得的预测区间夹在 CWC 优化模型下预测区间的上下界之间，即 IPIOM 的预测区间宽度小于 CWC 优化模型的预测区间宽度，说明前者的准确度优于后者。同样，对于给定置信水平为 0.9、0.95 的情况下也可得到上述的结论。

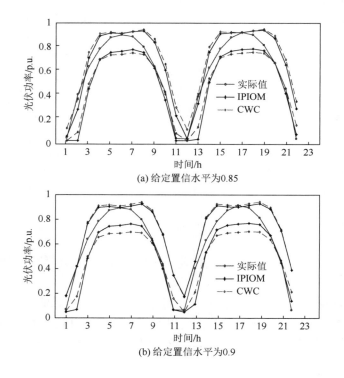

(a) 给定置信水平为0.85

(b) 给定置信水平为0.9

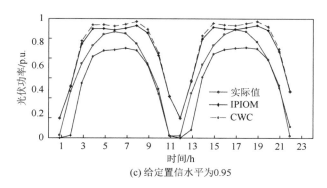

(c) 给定置信水平为0.95

图 5.17　两种区间优化模型的预测结果对比

　　为定量说明 IPIOM 的优越性，分别基于上述 CWC 优化模型和 IPIOM，预测 2014 年 5 月每天的光伏功率，并统计预测区间的 PICP、PINAW、PIAD 三类指标的平均值，如表 5.11 所示。

　　由表 5.11 可看出，在三种置信水平下，基于 IPIOM 和 CWC 优化模型得到的预测区间的 PICP 值均大于给定置信水平，满足可靠性的要求。其中，置信水平为 0.90 和 0.95 下 IPIOM 得到的预测区间 PICP 值比 CWC 的稍大，说明 IPIOM 得到的预测区间可信度更高。对比三种定置信水平两类优化模型预测区间的 PINAW 数值，可看出基于 IPIOM 得到的预测区间 PINAW 值较 CWC 分别减少了 10.68%、7.81%、10.09%，说明 IPIOM 能获得更窄的预测区间。对比三种置信度水平下的 PIAD，发现基于 IPIOM 得到的预测区间 PIAD 较 CWC 优化模型分别减少了 15.5%、38.7%、9.19%，说明在 IPIOM 下未落入预测区间的点偏离预测区间的程度更小。

　　由上述分析可知，相比于 CWC 优化模型，基于本节所提的 IPIOM 获得的预测区间在满足可信度要求的同时，具有更窄的预测区间宽度和更小的区间预测偏差，能为决策者提供更加准确的预测信息。

表 5.11　两种区间预测优化模型的对比

置信水平	IPIOM			CWC		
	PICP	PINAW	PIAD	PICP	PINAW	PIAD
0.85	0.864	0.209	0.196	0.864	0.234	0.232
0.90	0.917	0.248	0.095	0.909	0.269	0.155
0.95	0.965	0.276	0.079	0.954	0.307	0.087

5.3.6　结论

　　区间预测能够有效地描述未来光伏功率可能的波动范围，给出不同置信水平下光伏功率的变化区间，为电网的规划及调度运行提供丰富的信息。本节提出了一种基于 RBF 神经网络的光伏功率区间预测模型，并针对传统 CWC 优化准则的不足，提出了一种改进的区间预测参数优化模型。

　　（1）基于所提 RBF 区间预测模型的区间预测，采用初始权值作为模型参数时，预测结果的可信度很差。而采用所提改进优化模型优化后的权值作为模型参数时，得到的预测区间可信度高。

　　（2）相比于 CWC，本节所提的改进区间优化模型获得的预测区间具有更窄的宽度和更小的预测偏差，体现出更优越的性能。

5.4　基于强化自组织映射和径向基函数神经网络的短期负荷预测

5.4.1　引言

作为电力系统运行与规划的基础课题，短期负荷预测为经济调度、电力系统安全分析、电力市场交易等提供不可或缺的重要依据。因此，精确的负荷预测技术一直受到学术界的广泛关注。

目前，众多方法已被应用到短期负荷预测，主要可分为统计方法和人工智能方法两类。统计方法基于历史数据，应用概率统计、聚类和小波分析等方法进行负荷预测，主要包括时间序列、模糊聚类、分类回归和小波分析等方法。统计方法难以准确模拟多种影响因素和负荷之间的函数关系，制约了预测精度的提高。人工智能方法可从气象、负荷等历史数据中挖掘温度等关键气象因素和负荷的耦合关系，是目前负荷预测的主要方法和研究热点。元启发式学习预测方法的主要代表方法是人工神经网络（ANN）和支持向量机（SVM）。其中，径向基函数（Radial Basis Function，RBF）神经网络因其泛化能力强、收敛速度快的特点，广泛应用于短期负荷预测。

尽管 RBF 神经网络在负荷预测中有着广泛的应用，但传统的 RBF 神经网络仍然存在算法结构难以确定和参数训练中径向基中心容易陷入局部最优解等问题，这些问题制约了该类神经网络预测精度的提高。因此，RBF 神经网络仍在不断地改进当中。文献[18]以样本的聚类结果初始化 RBF 神经网络的节点数和径向基中心，该方法将 RBF 神经网络的结构设计和面向的问题有效结合，为 RBF 神经网络结构的确定提供了重要的参考，但是无法实现在学习过程中优化 RBF 神经网络网络结构。在文献[11]的基础上，文献[19]提出一种依据隐藏层神经元的输出和交互信息判断增减神经元的结构优化方法，实现了 RBF 神经网络网络结构的自主修正。然而在修正过程中径向基中心等参数的调整范围较小，容易陷入局部最优解，制约了 RBF 神经网络的泛化能力。文献[20]和[21]分别采用搜索性能突出的改进粒子群算法和遗传算法对 RBF 神经网络的参数进行优化，在更大范围内搜索最优参数。该方法在改善参数训练陷入局部最优解方面取得较好的成果，但需要付出昂贵的计算代价。文献[22]提出了一种引入近邻传播思想改进 RBF 神经网络的方法，利用近邻传播算法将样本数据进行聚类处理，以较少的计算代价获得优化的 RBF 神经网络径向基中心，以提高预测精度。上述 RBF 神经网络的改进方法有效地提升了预测精度，但是所引入的方法搜索最优径向基中心的能力有限，负荷预测的精度仍有较大的提升空间。

鉴于此，本节提出一种基于强化学习（Reinforcement Learning，RL）改进的 RBF 神经网络短期负荷预测方法。RL 是最先进的人工智能代表 AlphaGo Zero 的核心算法之一，其优越的全局搜索能力得到了学术界和产业界的一致认可。将搜索性能突出的 RL 与传统应用于 RBF 中心训练的自组织映射（Self-Organizing Map，SOM）方法相结合，克服了 SOM 全局搜索能力偏弱的缺点，使其能更精确地搜索到全局最优的径向基中心。在此基础上，再统一训练整体参数，提高 RBF 神经网络的拟合精度，最终有效提高 RBF 神经网络的预测精度。

5.4.2　RBF 神经网络负荷预测方法

1）RBF 神经网络负荷预测概述

RBF 神经网络短期负荷预测方法主要通过 RBF 神经网络拟合历史负荷、气象条件和预测日负荷的关系进行预测。基本流程如图 5.18 所示。首先，分析负荷影响因素，构建以预测日负荷为输出的 RBF 神经网络短期负荷预测模型。其次，运用历史样本训练模型参数，拟合预测信息和待预测负荷

的函数关系，使模型从历史数据中学习经验。其中过程包括根据预测样本确定 RBF 神经网络的径向
基中心和训练预测模型整体参数。最后，构建预测日的输入样本，运用训练好的模型计算预测日的
负荷，获得预测日负荷预测数据。其中，RBF 神经网络短期负荷预测模型的构建及其参数的训练是
实现负荷预测的关键。

图 5.18　RBF 神经网络负荷预测方法流程

2）RBF 神经网络负荷预测模型

　　RBF 神经网络是一种三层前馈神经网络，由输入层、隐藏层、输出层组成。基于 RBF 神经网络
网络构建的负荷预测模型结构如图 5.19 所示。

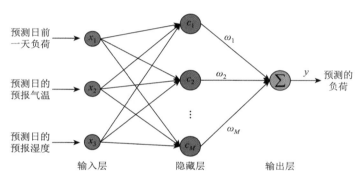

图 5.19　RBF 神经网络负荷预测模型

　　模型中，输入层神经元用于接收样本数据 $x=(x_1,x_2,x_3)^T$，包括预测日前一天的历史负荷、预测
日当天的预报气温、湿度数据。隐藏层每个神经元包含一个径向基中心 $c=(c_1,c_2,c_3)^T$。每个径向基
中心代表样本在某一特性上的参考系。隐藏层神经元通过径向基函数计算样本与径向基中心的距离，
判断样本包含该特性的大小。输出层用于对样本与径向基中心的距离和输出的负荷进行回归分析。
RBF 神经网络负荷预测模型的输入和输出联系为

$$y(x)=\sum_{j=1}^{M}\omega_j \exp\left(\frac{-\|x-c_j\|^2}{2\sigma_j^2}\right) \tag{5-55}$$

其中，x 和 y 分别是样本和预测的负荷；M 为隐藏层神经元数；c_j 为第 j 个径向基中心；$\exp(\cdot)$ 是高
斯函数，并作为径向基函数；σ_j 为第 j 个径向基中心对应的高斯函数的宽度，用于调节样本与径向
基中心的距离的影响程度；ω_j 表示第 j 个隐藏层神经元到输出层的连接权值。

　　RBF 神经网络负荷预测模型的参数训练是实现预测的关键环节，对预测效果有非常显著的影响。
模型中待确定参数包括 RBF 中心 c_j、高斯基函数的宽度 σ_j 和隐藏层到输出层的连接权值 ω_j。其中，
RBF 中心作为样本特性的参考系，很大程度决定了 RBF 神经网络算法对预测样本数据特性的挖掘能
力。因此 RBF 中心的选择十分关键，对预测效果的影响尤为突出。RBF 神经网络负荷预测模型的参
数训练分为两步：①首先根据样本数据训练 RBF 中心，确保获得较好的 RBF 中心作为样本特性的
参考系；②运用梯度下降法统一训练整体模型的参数，并修正 RBF 中心位置，拟合逼近预测目标。

3）传统 RBF 神经网络预测方法的不足

传统 RBF 神经网络负荷预测方法主要运用 *K*-means 聚类算法和 SOM 方法生成历史样本的聚类中心作为 RBF 中心。*K*-means 聚类算法首先将历史样本进行分类，再用均值法生成每类样本的中心作为预测模型的 RBF 中心。*K*-means 聚类算法计算简易、收敛速度快，但对初始值比较敏感。这反映了 *K*-means 聚类算法容易陷入局部最小解，导致聚类结果不稳定，使 RBF 中心难以获得最优解。

SOM 方法一种竞争性的学习网络，具有非常出色的自适应学习能力，能够无监督地运用数据进行自组织学习。其通过从历史样本数据中自主学习，直接生成预测样本的聚类中心作为 RBF 中心。但是 SOM 方法在生成 RBF 中心时，容易对样本过渡学习，导致训练中陷入局部最优解。由此可见，SOM 方法搜索全局最优解的能力偏弱，这也限制了 RBF 神经网络负荷预测模型性能的提高。

为了解决负荷预测模型的 RBF 中心生成过程中容易陷入局部最优解的问题，本节提出了强化自组织映射（Reinforcement Learning-Self-Organizing Map，RL-SOM）方法生成趋向全局最优的 RBF 中心，以改善 RBF 的预测性能。

5.4.3 RL-SOM 方法的 RBF 中心训练方法

1）RL-SOM 方法基本思想

RL-SOM 方法是将 RL 和 SOM 相结合的搜索方法，其通过搜索最佳的历史样本的聚类中心作为

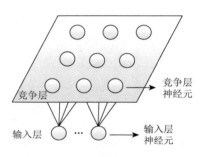

图 5.20 双层竞争神经网络结构

预测模型 RBF 中心。RL-SOM 方法的基本思想借鉴了 SOM，以竞争神经网络中神经元的竞争来搜索最佳样本聚类中心。如图 5.20 所示，竞争神经网络中的每个竞争层神经元代表一个聚类中心。RL-SOM 方法运用 RL 构建了神经元在竞争中的奖励机制。运用随机样本训练聚类中心时，竞争层神经元依据其聚类中心与随机样本的距离并根据奖励机制得到相应的奖励和聚类中心修正量。距离越小，相应神经元的竞争力越大，得到的奖励和修正量越大。通过竞争层神经元在训练中不断地竞争进化，优胜劣汰，最终选择竞争力最强的部分神经元的聚类中心作为预测模型的 RBF 中心。

2）基于 RL 的竞争奖励机制

良好的竞争奖励机制非常有助于提高竞争网络预测模型的搜索能力。RL-SOM 方法以 RL 构建了神经元的竞争奖励机制。RL 是一种智能体根据环境状态制定行为策略的学习方法，目的是使智能体的行为能够在环境中获得最大的累加奖励值。强化学习系统的模型如图 5.21 所示，主要包含四个部分：环境、智能体、奖励、行动。个体根据策略产生一个行动后，其所处环境状态发生了变化，由此提供奖励信号对智能体的动作的好坏作评价，进而影响智能体的行动策略。通过这种方式，智能体在行动-评价的渐进循环探索中获得知识和经验，并且依照知识和经验改进行动方案以适应环境。

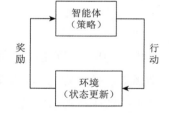

图 5.21 强化学习系统

RL-SOM 方法通过计算预测样本与聚类中心的距离衡量相应神经元的竞争力，并以神经元竞争力的大小体现其聚类中心所处环境的优劣。与此同时，RL-SOM 方法以神经元的聚类中心的修正量作为奖励，依据环境的优劣判定奖励的大小。运用随机样本训练时，竞争力越大的神经元得到的修正量越大，由此增强该神经元的竞争力，激发神经元之间根据环境反馈进行竞争。同时，为了避免神经元在竞争过程中趋向一致，陷入局部最优解，RL-SOM 方法在分配奖励过程中以概率的方式引入了随机性。竞争力越大的神经元，得到正向奖励（趋向样本的修正量）的概率越大，但不绝对获得正向奖励。随

机性的引入增强了算法的全局搜索能力。最终神经元在训练中不断根据环境反馈进行学习和探索，以寻求在竞争中胜出。

整体上，RL-SOM 方法生成 RBF 神经网络负荷预测模型径向基中心的实现主要分为两步：首先运用 RL 改进的 SOM 方法依据竞争奖励机制构造三层竞争神经网络的预测样本聚类模型，然后运用改进的随机梯度强化法[21]来训练模型参数，更新聚类中心，最终以竞争力最大的部分神经元的聚类中心作为径向基中心。

3）RL-SOM 聚类模型

运用 RL 改进 SOM 得到的 RL-SOM 聚类模型的结构如图 5.22 所示。模型的前两层为基于 SOM 聚类方法构建的双层竞争神经网络结构，其中首层为输入层，第二层为竞争层。为了更好地利用 RL 的贪婪机制增强模型全局最优解搜索能力，模型的最后一层利用二值伯努利公式构造输出为 1 或 0 的激活层来实现对竞争层神经元的奖励。

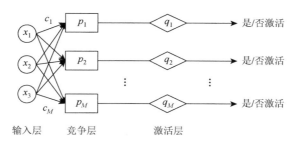

图 5.22　基于 RL-SOM 聚类模型的结构

模型的输入为预测样本 $x = (x_1, x_2, x_3)^{\mathrm{T}}$。输入层与竞争层的连线是竞争层神经元的聚类中心。$c_j = (c_{j1}, c_{j2}, c_{j3})^{\mathrm{T}}$ 表示第 j 个竞争层神经元的聚类中心。同时，竞争层神经元将输入向量与聚类中心的距离映射到一个（0，1）区间的概率值 P_j。其距离越小，P_j 越大，表示相应神经元的竞争力越强。激活层神经元根据竞争层的概率和二值伯努利公式 $p(q_i = k) = p_j^{q_j}(1 - p_j)^{1-q_j}$；$k = 0, 1$ 生成一个 0-1 变量判别竞争层神经元的激活情况。$q_j = 1$ 表示相应竞争层神经元被激活，此时该神经元获得正向奖励，从趋向样本的方向修正神经元的聚类中心，以增强神经元的竞争力。$q_j = 0$ 的情况与 $q_j = 1$ 的情况相反。

完成 RL-SOM 聚类模型构建后，模型参数训练是关键环节。RL-SOM 方法主要通过改进的随机梯度强化法[21]训练模型参数，主要步骤如下。

（1）初始化各个聚类中心，计算随机样本到各个聚类中心的欧氏距离 $d_j = \|c_j - x\|^2$。

（2）计算竞争层每个神经元输出的概率值 $p_j = 2(1 - f(d_j))$，f 为 Sigmoid 函数，即 $f(x) = 1/(1 + \mathrm{e}^{-x})$。然后根据该概率和二值伯努利公式生成竞争层神经元的激活情况。

（3）运用改进的随机梯度强化法根据竞争奖励机制求解竞争层神经元聚类中心的更新量 Δc_j。

（4）以式 $c_j(t+1) = c_j(t) + \Delta c_j$ 更新聚类中心，直至聚类中心的精度满足要求。

其中，Δc_{ij} 的求解是训练计算的关键。传统的随机梯度强化法[21]计算得到 Δc_{ij} 的公式如下：

$$\Delta c_{ij} = \eta(r - b_{ij})\frac{\partial \ln g(q_j, p_j)}{\partial c_{ij}} \qquad (5\text{-}56)$$

其中，η 是学习率；r 是奖励；b_{ij} 是强化基准值，令 $b_{ij} = 0$；$g(q_j, p_j)$ 是二值伯努利公式。

RL-SOM 方法为了增强搜索全局最优解的能力，根据竞争奖励机制对式（5-56）中的奖励 r 进行改进。首先，利用 RL 的奖励机制设定竞争层神经元被激活将获得正的奖励信号，未被激活获得负的奖励信号，以强化神经元之间的竞争，增强 RL-SOM 方法搜索能力。其次，采用 SOM 的竞争机制分配奖励，以与输入样本距离最近的聚类中心的神经元作为获胜神经元。其他神经元与获胜神经元距离越近，获得奖励越大。改进后的奖励值公式如下：

$$r_j = \begin{cases} h_j, & q_j = 1 \\ -h_j, & q_j = 0 \end{cases}, \quad h_j = \exp\left(-\frac{\|c_j - c^*\|^2}{2\sigma^2}\right) \tag{5-57}$$

其中，h_j 为更新邻域；σ 是更新邻域的有效宽度；c^* 为获胜神经元的聚类中心位置。将 r_j 代入式（5-56）可以得出改进后的 Δc_j：

$$\Delta c_j = \begin{cases} \eta h_j(x - c_j)(2 - p_j), & y_j = 1 \\ \eta h_j(x - c_j)p_j\dfrac{(2 - p_j)}{1 - p_j}, & y_j = 0 \end{cases} \tag{5-58}$$

通过运用随机样本不断迭代计算，直至神经元聚类中心满足精度，最终获得历史预测样本的聚类中心，作为 RBF 神经网络负荷预测模型的径向基中心。

5.4.4　RBF 神经网络负荷预测模型的整体参数训练

完成 RBF 神经网络负荷预测模型径向基中心的训练后，可通过梯度下降法来统一训练模型的整体参数，拟合输入信息与预测负荷的关系。其中，整体参数训练包括修正预测模型的径向基中心 c，训练高斯函数的宽度 σ、隐藏层到输出层的连接权值 ω。构建 RBF 负荷预测模型的损失函数为

$$E = \frac{1}{2}\sum_{k=1}^{N} e_k^2, \quad e_k = y^k - y_m^k = y^k - \sum_{j=1}^{N} \omega_j R_j^k \tag{5-59}$$

$$R_j^k = \exp\left(\frac{-\|x_k - c_j\|^2}{2\sigma_j^2}\right) \tag{5-60}$$

其中，E 和 e 分别为总误差和单样本误差；R_j 为第 j 个竞争层神经元的输出；x_k 为第 k 个样本；N 为样本数；y^k 和 y_m^k 分别为第 k 个样本的目标负荷和模型计算的预测负荷。根据梯度下降法求解的 c、σ 和 ω 的迭代公式分别为

$$\begin{cases} \Delta c_{ji} = \dfrac{\partial E}{\partial c_{ji}} = \sum_{k=1}^{N}\left(y^k - y_m^k\right)\omega_j R_j^k \dfrac{\sum_{i=1}^{n} x_i^k - c_{ji}}{\sigma_j^2} \\ c_{ji}(t) = c_{ji}(t-1) + \eta_c \Delta c_{ji} + \alpha_c(c_{ji}(t-1) - c_{ji}(t-2)) \end{cases} \tag{5-61}$$

$$\begin{cases} \Delta c_j = \dfrac{\partial E}{\partial \sigma_j} = \sum_{k=1}^{N}\left(y^k - y_m^k\right)\omega_j R_j^k \dfrac{\|x_k - c_j\|^2}{\sigma_j^3} \\ \sigma_j(t) = \sigma_j(t-1) + \eta_\sigma \Delta \sigma_j + \alpha_\sigma(\sigma_j(t-1) - \sigma_j(t-2)) \end{cases} \tag{5-62}$$

$$\begin{cases} \Delta \omega_j = \dfrac{\partial E}{\partial \omega_j} = \sum_{k=1}^{N}\left(y^k - y_m^k\right)R_j^k \\ \omega_j(t) = \omega_j(t-1) + \eta_\omega \Delta \omega_j + \alpha_\omega(\omega_j(t-1) - \omega_j(t-2)) \end{cases} \tag{5-63}$$

其中，t 表示第 t 次迭代；η、α 分别是不同次迭代量的学习率。完成 RBF 神经网络负荷预测模型参数训练后，将预测日的输入样本代入预测模型可计算得到预测日的预测负荷值。

5.4.5　仿真分析

1）算例说明

本节选取 2016 年英国某地区 6～8 月的负荷、温度和湿度的数据构建训练样本。以 8 月 30～31 日数据构建测试样本。为了将不同量纲的物理量归一化，采用式（5-64）对数据进行预处理。

$$x' = \frac{x - 0.5(x_{max} + x_{min})}{0.5(x_{max} - x_{min})} \quad （5-64）$$

其中，x' 为物理量归一化后的值；x_{max} 为物理量的最大值；x_{min} 为物理量的最小值。

实验仿真对比了分别采用 K-means 聚类算法、SOM 方法和 RL-SOM 方法生成 RBF 神经网络负荷预测模型的径向基中心的效果。实验预测采用的是多输入单输出模型，建立 24 个 RBF 神经网络负荷预测模型用于预测一天 24 时刻的负荷值。采用紧密性误差（Compactness Error，CE）来衡量聚类效果，采用平均相对误差（Mean Absolute Percent Error，MAPE）和最大误差（Maximum Error，ME）来衡量预测效果，其计算方法分别为

$$\overline{CE}_j = \sum_{x_k \in \Omega_j} \left\| x_k - c_j \right\| \quad （5-65）$$

$$\overline{CE} = \frac{1}{M} \sum_{j=1}^{M} \overline{CE}_j \quad （5-66）$$

$$MAPE = \frac{1}{N} \sum_{k=1}^{N} \left| \frac{y_k - \hat{y}_k}{y_k} \right| \quad （5-67）$$

$$ME = \max \left| y - \hat{y} \right| \quad （5-68）$$

其中，$\overline{CE}_j$ 表示各个历史预测样本到第 j 个聚类中心的距离的总和，$\overline{CE}$ 是平均每个聚类中心与预测样本的总距离，反映了聚类中心位置与样本群位置的整体紧密程度。CE 越小，说明聚类中心越接近样本群的中心，因此体现出聚类方法性能越好，同时反映了该方法得到模型径向基中心的位置越好。MAPE 和 ME 用于反映预测精度，其数值越小，预测精度越高，预测效果越好。

2）仿真实验分析

（1）RL-SOM 方法聚类效果分析

采用 K-means 聚类算法、SOM 方法和 RL-SOM 方法生成历史预测样本的聚类中心。不同聚类算法的训练效果如表 5.12 所示。

表 5.12　不同聚类算法的训练结果性能对比

算法	CE
K-means 聚类	6.263
SOM	6.255
RL-SOM	5.753

聚类方法的紧密性误差越低，说明同类的聚合效果越好，因此反映出聚类方法的性能越好。由表 5.12 可见，RL-SOM 方法的紧密性误差明显优于 K-means 聚类算法和 SOM 方法，说明 RL-SOM

方法更有提取输入数据特征的优势，使聚类结果更能逼近全局的最优解，由此可提高 RBF 神经网络短期负荷预测算法的精度。另外，RL-SOM 方法的紧密性误差比传统的 SOM 方法的低，验证了本节改进措施的有效性。

（2）基于 RL-SOM 方法和 RBF 神经网络的负荷预测效果分析

本节分别采用 K-means 聚类算法、SOM 方法和 RL-SOM 方法计算得到径向基中心之后，再利用梯度下降法训练 RBF 神经网络负荷预测模型的整体参数，以获得三个训练好的 RBF 神经网络负荷预测模型（分别简化表示为 K-means-RBF、SOM-RBF 和 RLSOM-RBF）。分别以这三个负荷预测模型对 8 月 30～31 日的负荷值进行预测。图 5.23 展示了三种方法预测结果以及实际值的对比图，图 5.24 展示了三种预测方法的相对误差。

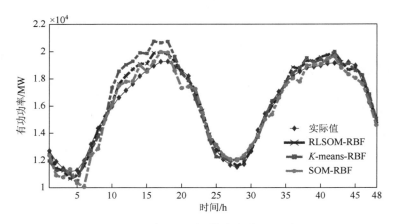

图 5.23　实际和预测的负荷值对比图

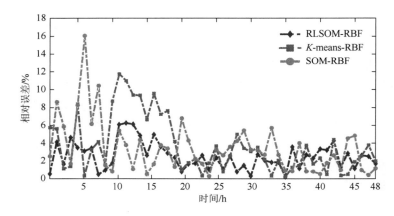

图 5.24　K-means-RBF、SOM-RBF 和 RLSOM-RBF 的预测相对误差图

由图 5.23 可看出，K-means-RBF、SOM-RBF 和 RLSOM-RBF 三种方法均能较精确地预测负荷整体趋势。对比这三种方法的预测误差可看出，RLSOM-RBF 方法的误差明显小于 K-means-RBF 方法和 SOM-RBF 方法。同时，K-means-RBF 方法和 SOM-RBF 方法在 1～21 小时的时间段内的预测误差均出现部分偏大的情况，而 RLSOM-RBF 方法在整体预测时间段内相对预测误差偏大的情况不明显，说明 RLSOM-RBF 方法的性能更稳定。由此可见，得益于径向基中心位置的改善，RLSOM-RBF 方法具有了更强的数据规律挖掘和分析能力。为了更清晰地量化分析这三种方法的预测效果，下面以最大、最小相对误差和平均相对误差统计预测效果，结果如表 5.13 所示。另外，对预测误差的分布进行了统计，结果如表 5.14 所示。

表 5.13　*K*-means-RBF、SOM-RBF 和 RLSOM-RBF 的负荷预测结果比较

误差	SOM-RBF	*K*-means-RBF	RLSOM-RBF
最大相对误差/%	16.07	11.75	6.28
最小相对误差/%	0.28	0.22	0.21
平均相对误差/%	3.43	3.70	2.54

表 5.14　*K*-means-RBF、SOM-RBF 和 RLSOM-RBF 的相对误差分布

相对误差分布	SOM-RBF	*K*-means-RBF	RLSOM-RBF
0~2%/个	19	18	20
2%~4%/个	13	14	20
>4%/个	16	16	8

由表 5.13 数据计算可得，RLSOM-RBF 方法预测的平均相对误差分别比 *K*-means-RBF 方法和 SOM-RBF 方法的下降了 1.16 个百分点和 0.89 个百分点，预测精度分别提高了 35.04% 和 45.67%。针对最大相对误差进行分析，RLSOM-RBF 方法分别为 *K*-means-RBF 方法和 SOM-RBF 方法的 39.08% 和 53.45%。RLSOM-RBF 方法的最大相对误差显著降低。另外，从预测误差的分布来看，*K*-means-RBF 方法、SOM-RBF 方法和 RLSOM-RBF 方法的相对预测误差大于 4% 的比例分别为 33.34%、33.34% 和 16.67%。因此，从统计数据上分析，RLSOM-RBF 方法的各方面指标均显著优于 *K*-means-RBF 方法和 SOM-RBF 方法，与预测结果的图像分析一致。这显示了 RLSOM-RBF 方法更优越的预测性能，也验证了本节所提改进措施的合理性和有效性。

5.4.6　结论

针对传统方法在求解 RBF 神经网络负荷预测模型径向基中心过程中容易陷入局部最优解的问题，本节提出强化学习自组织映射方法，求解最优的径向基中心。强化学习自组织映射方法通过搜索性能突出的强化学习改善了 SOM 方法的全局搜索性能。聚类实验结果表明，基于强化学习自组织映射方法求解的聚类结果的紧密性误差更低，说明了强化学习自组织映射方法相比传统 *K*-means 聚类和 SOM 方法具有更优越的全局搜索能力，因此为 RBF 神经网络预测模型提供了更优的径向基中心。负荷预测仿真实验结果显示，经过本节运用强化学习改进后的 RBF 神经网络负荷预测方法的预测精度与传统 RBF 神经网络负荷预测模型的相比有了显著的提高，说明了改进后的 RBF 神经网络负荷预测方法具有更突出的预测性能。

参 考 文 献

[1]　Goodfellow L，Bengio Y S，Gourville A.Deep Learning[M]. Massachusetts：MIT Press，2016：240-249.

[2]　Rumelhart D E，Hinton G E，Williams R J.Learning representations by back-propagating errors[J].Parallel DistributedProcessing：Explorations in the Microstructure of Cognition，1986（1）：318-362.

[3]　陈凯.深度学习模型的高效训练算法研究[D].合肥：中国科学技术大学，2016：4-6.

[4]　钱政，裴岩，曹利宵，等.风电功率预测方法综述[J].高电压技术，2016，42（4）：1047-1060.

[5]　黎静华，赖昌伟.考虑气象因素的短期光伏出力预测的奇异谱分析方法[J].电力自动化设备，2018，38（5）：50-57，76.

[6]　黎静华，桑川川，甘一夫，等.风电功率预测技术研究综述[J].现代电力，2017，34（3）：1-11.

[7]　方仍存.电力系统负荷区间预测[D].武汉：华中科技大学，2008.

[8]　郭杰昊.基于混沌时间序列的短期负荷预测研究[D].上海：上海交通大学，2015.

[9]　蒋传文，袁智强，侯志俭，等.高嵌入维混沌负荷序列预测方法研究[J].电网技术，2004，28（3）：25-28.

[10]　兰飞，桑川川，梁浚杰，等.基于条件 Copula 函数的风电功率区间预测[J].中国电机工程学报，2016，36（S1）：79-86.

[11] 程泽，刘冲，刘力.基于相似时刻的光伏出力概率分布估计方法[J].电网技术，2017，41（2）：448-455.

[12] 赵维嘉，张宁，康重庆，等.光伏发电出力的条件预测误差概率分布估计方法[J].电力系统自动化，2015，39（16）：8-15.

[13] Quan H，Srinivasan D，Khosravi A.Short-term load and wind power forecasting using neural network-based prediction intervals[J].IEEE Transactions on Neural Networks & Learning Systems，2014，25（2）：303.

[14] Khosravi A，Nahavandi S，Creighton D，et al.Lower upper bound estimation method for construction of neural net-work-based prediction intervals[J].IEEE Transactions on Neural Networks，2011，22（3）：337-346.

[15] Hao Q，Srinivasan D，Khosravi A.Short-term load and wind power forecasting using neural network-based prediction intervals[J].IEEE Transactions on Neural Networks，2014，25（2）：303-315.

[16] 张振宇，葛少云，刘自发.粒子群优化算法及其在机组优化组合中应用[J].电力自动化设备，2006，26（5）：28-31.

[17] 杨锡运，关文渊，刘玉奇，等.基于粒子群优化的核极限学习机模型的风电功率区间预测方法[J].中国电机工程学报，2015，35（S1）：146-153.

[18] 付强，陈特放，朱佼佼.采用自组织 RBF 网络算法的变压器故障诊断[J].高电压技术，2012，38（6）：1368-1375.

[19] 韩红桂，乔俊飞，薄迎春.基于信息强度的 RBF 神经网络结构设计研究[J].自动化学报，2012，38（7）：1083-1090.

[20] 张毅，姜思博，李铮.改进的遗传灰色 RBF 模型的短期电力负荷预测[J].电测与仪表，2014，51（5）：1-4.

[21] 师彪，李郁侠，于新花，等.基于改进粒子群-径向基神经网络模型的短期电力负荷预测[J].电网技术，2009，33（17）：180-184.

[22] 回立川，于淼，梁芷睿.应用近邻传播算法改进 RBF 的短期负荷预测[J].电力系统及其自动化学报，2015，27（1）：69-73.

本章附录：迭代更新公式表

SGD、BGD 训练过程中 w_1、b_1、w_1' 和 b_1' 迭代更新计算如附表 1 所示。

附表 1　迭代更新计算

方法	变量	迭代更新公式
SGD	w_1	$a_k^{w_1} = \dfrac{\partial \text{Loss}_j}{\partial w_1}\big|_{w_1=w_{1k}}$；　$v_k^{w_1} = \lambda_2 v_{k-1}^{w_1} + \lambda_3 a_k^{w_1}$；　$w_{1(k+1)} = w_{1k} + \lambda_4 v_k^{w_1}$
	b_1	$a_k^{b_1} = \dfrac{\partial \text{Loss}_j}{\partial b_1}\big|_{b_1=b_{1k}}$；　$v_k^{b_1} = \lambda_2 v_{k-1}^{b_1} + \lambda_3 a_k^{b_1}$；　$b_{1(k+1)} = b_{1k} + \lambda_4 v_k^{b_1}$
	w_1'	$a_k^{w_1'} = -\dfrac{\partial \text{Loss}_j}{\partial w_1'}\big|_{w_1'=w_{1k}}$；　$v_k^{w_1'} = \lambda_2 v_{k-1}^{w_1'} + \lambda_3 a_k^{w_1'}$；　$b_{1(k+1)} = b_{1k} + \lambda_4 v_k^{b_1}$
	b_1'	$a_k^{b_1'} = -\dfrac{\partial \text{Loss}_j}{\partial b_1'}\big|_{b_1'=b_{1k}'}$；　$v_k^{b_1'} = \lambda_2 v_{k-1}^{b_1'} + \lambda_3 a_k^{b_1'}$；　$b_{1(k+1)}' = b_{1k}' + \lambda_4 v_k^{b_1'}$
BGD	w_1	$a_t^{w_1} = -\dfrac{1}{S}\sum_{j=1}^{S}\dfrac{\partial \text{Loss}_j}{\partial w_1}\big|_{w_1=w_{1t}}$；　$v_t^{w_1} = \lambda_2 v_{t-1}^{w_1} + \lambda_3 a_t^{w_1}$；　$w_{1(t+1)} = w_{1t} + \lambda_4 v_t^{w_1}$
	b_1	$a_t^{b_1} = -\dfrac{1}{S}\sum_{j=1}^{S}\dfrac{\partial \text{Loss}_j}{\partial b_1}\big|_{b_1=b_{1t}}$；　$v_t^{b_1} = \lambda_2 v_{t-1}^{b_1} + \lambda_3 a_t^{b_1}$；　$b_{1(t+1)} = b_{1t} + \lambda_4 v_t^{b_1}$
	w_1'	$a_t^{w_1'} = -\dfrac{1}{S}\sum_{j=1}^{S}\dfrac{\partial \text{Loss}_j}{\partial w_1'}\big|_{w_1'=w_{1t}'}$；　$v_t^{w_1'} = \lambda_2 v_{t-1}^{w_1'} + \lambda_3 a_t^{w_1'}$；　$w_{1(t+1)}' = w_{1t}' + \lambda_4 v_t^{w_1'}$
	b_1'	$a_k^{b_1'} = -\dfrac{1}{S}\sum_{j=1}^{S}\dfrac{\partial \text{Loss}_j}{\partial b_1'}\big|_{b_1'=b_{1t}'}$；　$v_t^{b_1'} = \lambda_2 v_{t-1}^{b_1'} + \lambda_3 a_t^{b_1'}$；　$b_{1(t+1)}' = b_{1t}' + \lambda_4 v_t^{b_1'}$

表中，w_k、$a_k^{w_1}$ 和 $v_k^{w_1}$ 分别是第 k 次迭代时的权重系数矩阵、负梯度、梯度累积量，其他变量以此类推。

第6章 基于人工智能的风电功率预测

6.1 人工智能在新能源发电预测技术中的应用现状

6.1.1 新能源发电现状

随着世界经济快速增长，世界范围内的能源需求也相应大幅增加，传统化石能源过度使用所导致的能源枯竭以及环境污染问题日益尖锐，世界各国政府均陆续布局发展绿色新能源。美国陆续通过《国家能源政策法案—2005》《美国清洁能源安全法案》等一系列法案，通过法律手段为国家新能源产业发展提供政策保障。我国同样面临能源消耗过高，能源结构扭曲状况突出的困境，加快开发可再生能源是我国突破能源困境的关键点。从2006年1月颁布《中华人民共和国可再生能源法》开始，我国风力以及光伏发电发展迈入高速发展阶段，我国可再生能源规划和产业政策体系逐渐完善。科技部"十二五"能源战略重点关注并支持了新能源产业，其中包括风电以及太阳能两类新型清洁能源。2014年，习近平总书记提出"四个革命，一个合作"的能源安全新战略，指出需要在构建清洁低碳、安全高效的能源体系上取得新成效。

自2014年以来，每年全球风电新增装机容量均超过了50GW，2018年全球风电新增装机容量51.3GW，其中中国风电新增装机容量全球占比约为45%。截至2018年末，全球风电累计装机容量达到了591GW，其中陆上风电累计装机容量为568GW，海上风电累计装机容量为23GW；中国风电累计装机容量约占全球总量的35.4%，其中陆上风电装机容量约占全球陆上风电装机容量的36%，海上风电装机容量约占全球海上风电装机容量的19.8%。自2007年以来，全球光伏新增装机容量呈现不断上涨的态势，其中，2018和2019两年的新增装机容量分别为100GW和121GW。截至2019年全球光伏累计装机容量已达到626GW。

随着清洁能源产业快速发展壮大，清洁能源的消纳问题逐渐凸显。2015~2016年弃风、弃光率上升，阻碍了清洁能源发电产业的进一步发展。从2017年开始，弃风、弃光问题得到缓解，弃风、弃光率呈现逐年下降态势。2019年《政府工作报告》中就提到了需壮大绿色环保产业，加快解决风、光、水电消纳问题。国家发展改革委、国家能源局联合印发了《清洁能源消纳行动计划（2018—2020年）》，针对清洁能源消纳问题，从电源开发布局优化、市场改革调控、宏观政策引导、电网基础设施完善、电力系统调节能力提升、电力消费方式变革、考核与监管等7个方面提出了28项具体措施，旨在建立清洁能源消纳长效机制。其中，可再生能源电力配额制度是其中一项宏观政策，旨在推动形成有利于清洁能源消纳的体制机制。具体地，2018年国家能源局发布的第三版《可再生能源电力配额制征求意见稿》，明确了可再生能源电力配额指标确定和配额完成量核算方法，同时公示了各省（区、市）可再生能源电力总量配额指标及各省（区、市）非水电可再生能源电力配额指标，分为约束性指标和激励性指标。

6.1.2 新能源发电预测研究现状

风电以及光伏等新能源发电具有很强的功率不确定性，其大规模并网为电力系统的安全、稳定、经济运行带来了极大挑战。新能源发电功率预测可为电网调度运行提供功率预测等关键决策信息，可辅助实现大规模并网的新能源发电的充分消纳[1, 2]。一方面，在新能源发电大规模并网的背景下，提升新能源发电功率预测准确性及有效性更显重要与关键；另一方面，新能源的高度随机性与不确定性令新能源发电预测发展更具挑战性。

从预测结果可提供的信息的角度，传统点预测可以提供新能源发电未来时刻功率的期望值估计信息，但估计期望值不可避免与实际值存在偏差，在功率存在较强不确定性的背景下，点预测无法保证功率预测的有效性，因此基于预测误差特性统计分析的概率预测受到了专家学者的广泛关注。从预测模型构建方法的角度，时间序列预测是传统的预测模型构建方法；2002 年以来，由于统计学习理论以及机器学习理论的迅速发展，支持向量机（SVM）等统计学习方法以及 BP 神经网络等浅层人工神经网络取代时间序列预测分析方法成为发电功率预测领域相关学者的研究热点；2006 年以后，随着深度学习理论研究的逐渐完善，在发电功率预测中，深度学习以其更强的特征学习能力获得了相比浅层神经网络更为优越的性能表现，引起了领域研究人员的极大兴趣。综合考虑各种神经网络模型优势的混合预测方法[3, 4]在风电功率预测中也表现出明显优势。

基于统计学习或浅层神经网络的预测算法模型普遍较为简单，但也具备一定的特征学习能力，近年来，结合极限学习机[5]与规划方法[6-8]的风电功率概率预测技术得到广泛研究。考虑到点预测的不足，文献[9]将极限学习机模型与分位数回归进行结合，提出了直接分位数回归预测模型，可直接生成不同分位数的风电预测结果。极限学习机与分位数回归可用于构造一个应用于风电预测的自适应双层规划模型，该模型被等价转换为一个具备双线性项的单层非线性规划模型，并基于一个改进的分支定界算法进行求解[10]。文献[11]将加权的可靠性和锐度指标作为目标函数，直接输出风电功率区间预测结果。文献[12]采用经验模式分解与游程检测法对历史风电功率序列进行分解与重构，并采用 Elman 神经网络针对重构所得分量分别进行多步预测建模。结合遗传算法进行反馈因子寻优的 Elman 神经网络被应用于短期光伏出力预测中[13]。Yan 等针对风电的时变特性，基于高斯过程的变种算法实现了风电的迭代区间预测，分析了预测不确定性在多步迭代预测中的传播与积累[14]。

考虑到新能源发电序列复杂的时变特性与随机性，深度学习算法较强的发现并刻画数据内部复杂结构特征的能力使其在新能源发电预测中具有优异的性能表现。边界估值理论基于多层感知器的神经网络结构改进实现上下边界值预测，基于粒子群优化算法优化连接权重的边界估值理论被应用于光伏出力的区间预测[15]。文献[16]先针对温度、光辐射等变量进行分类，再针对每一种分类情况采用结合高斯混合模型的高阶马尔可夫链进行建模，实现光伏出力的概率密度函数预测。Sanjari 等学者同时考虑了风电以及光伏并网的情况，并将高阶多变量马尔可夫链用于风电出力以及光伏出力在不同天气情况下的功率预测[17]。文献[18]结合粗糙集理论与受限玻尔兹曼机实现了风速序列的区间概率分布预测。Chang 等考虑到光伏出力原始时间序列数据的不规则问题，提出采用灰色理论进行预处理，并基于深度信念网络实现日前光伏出力预测[19]。文献[20]采用堆叠自编码器学习风电预测输入变量之间的相互依赖性与相关性，并提出一种多对多映射结构用于增强模型输入以及输出之间的模糊条件映射的解释能力。

6.2　统计学习与浅层神经网络在风电预测中的应用

6.2.1　BP 神经网络在风电预测中的应用

20 世纪 80 年代以来，相关学者对人工神经网络的研究一直保持着较高的热度。人工神经网络是基于对人脑的研究与模拟，而提出的一种能够拟合各种复杂非线性映射关系的人工智能模型。

图 6.1 展示了浅层神经网络中经典的 BP 神经网络，共包含三层结构。

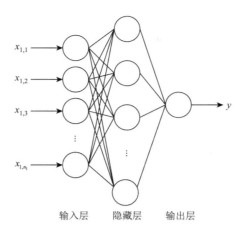

图 6.1　BP 神经网络的典型结构

BP 神经网络是一种典型的前馈神经网络,在已知上一层神经元状态值和层间权值时,即可推出下一层神经元状态值如式(6-1)所示。

$$x_{k,j} = f_{\sigma} \left(\sum_{i=1}^{n_k} \omega_{i,j}^{(k)} x_{k-1,i} + b_j^{(k)} \right) \tag{6-1}$$

其中,f_{σ} 为激活函数,通常选取 Sigmoid 函数或双曲正切函数作为激活函数,Sigmoid 函数用 σ 表示,具体表达式如式(6-2)所示。

$$\sigma(x) = \mathrm{Sigmoid}(x) = \frac{1}{1 + \mathrm{e}^x} \tag{6-2}$$

双曲正切函数用 tanh 表示,具体表达式如式(6-3)所示。

$$\tanh(x) = \frac{\mathrm{e}^x - \mathrm{e}^{-x}}{\mathrm{e}^x + \mathrm{e}^{-x}} \tag{6-3}$$

按此方式即可从输入推出整个神经网络的输出值,并通过拟合输出值与真实值之间的误差来反向校正网络参数,该过程被称为逆向传播过程。当网络训练使得输出误差小于设定值或者达到最大训练次数后,便可得到训练完成的 BP 神经网络预测模型。

风电功率预测对于风电场和电网的安全可靠运行具有重要意义。BP 神经网络预测模型在风力发电预测中也得到了广泛的运用。文献[21]以某风力发电机为研究对象,根据该风机历史天气信息和风电功率数据,使用遗传算法改进 BP 神经网络,构建复合型神经网络的风电功率预测系统。文献[22]提出了一种基于模式划分改进的模糊聚类与 BP 神经网络的风电功率预测算法,克服了模糊聚类的缺点,具有更高的精度,对地区发电计划安排具有较高的价值。文献[23]通过对风电场发电功率的时间序列进行分析,表明该序列具有混沌属性,并在此基础上,利用相空间重构理论建立了关于风力发电功率的 BP 神经网络预测模型,并进行了实际预测。得到较高的短期发电功率预测精度,更好地满足实际现场需要。

6.2.2　支持向量机在风电预测中的应用

SVM 在 1963 年由 ATE-T Bell 实验室首次提出。SVM 是一个线性分类器,其基本想法为求解可正确划分训练数据集且最大化几何间隔的分离超平面,这使其与感知机模型有所区别[24]。对于非线性分类问题,SVM 主要利用核技巧将数据由原低维空间映射至线性可分的高维空间再采用线性 SVM 进行模型学习。SVM 在计算超平面参数时仅依靠于其中小部分"重要的"样本(称为支持向量),其运算复杂度仅取决于支持向量,因此 SVM 具备算法简单,鲁棒性较好的优点。

支持向量同样可用于回归问题，用于回归时该算法称为支持向量回归（Support Vector Regression，SVR）。假设训练样本 $D = \{(x_i, y_i),\ i = 1, 2, \cdots, n\}$，SVR 将从训练样本中学习得到一个回归模型 $f(x) = \omega x + b$，令 $f(x)$尽可能接近 y，其中 ω 与 b 是待求解的模型参数。为了避免过拟合，给定 $f(x)$与 y 之间偏差的可容忍最大值为 ε，即当 $f(x_i)$与 y_i 之间偏差小于 ε 时不对该样本点（x_i, y_i）进行惩罚，即不考虑损失。SVR 示意图如图 6.2 所示。

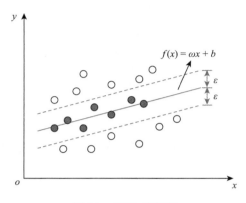

图 6.2　SVR 示意图

SVR 的损失函数一般可采用 ε-不敏感损失函数，简写为 L，其定义如式（6-4）所示。

$$L(d) = \begin{cases} 0, & |d| - \varepsilon < 0 \\ |d| - \varepsilon, & |d| - \varepsilon \geqslant 0 \end{cases} \tag{6-4}$$

SVR 的学习目标为最小化正则化损失函数，即 SVR 问题可表示如式（6-5）所示：

$$\min_{\omega, b} \frac{1}{2} \| \omega \|^2 + R \sum_{i=1}^{n} L(f(x_i) - y_i) \tag{6-5}$$

其中，R 为正则化常数。

由于上面公式中包含绝对值项不可微，因此需要转化成一个约束优化问题进行求解。引入松弛变量 s_i 和 $\hat{s}_i$，可将上面公式重写为一个凸二次优化问题：

$$\begin{cases} \min\limits_{\omega, b, \xi_i, \hat{\xi}_i} \dfrac{1}{2} \| \omega \|^2 + R \sum\limits_{i=1}^{n} (s_i + \hat{s}_i) \\ \text{s.t.}\quad f(x_i) - y_i \leqslant \varepsilon + s_i \\ \qquad y_i - f(x_i) \leqslant \varepsilon + \hat{s}_i \\ \qquad s_i \geqslant 0, \hat{s}_i \geqslant 0,\quad i = 1, 2, \cdots, n \end{cases} \tag{6-6}$$

为式（6-6）中每一个不等式约束引入拉格朗日乘子 α、$\hat{\alpha}$、β、$\hat{\beta}$，可得拉格朗日函数 $\mathrm{La}(\omega, b, s, \hat{s}, \alpha, \hat{\alpha}, \beta, \hat{\beta})$。上述原始问题为极小极大问题，根据拉格朗日对偶性，将其改写为对偶问题，其对偶问题为极大极小问题，如式（6-7）所示：

$$\max_{\alpha, \hat{\alpha}, \beta, \hat{\beta}} \min_{\omega, b, s, \hat{s}} \mathrm{La} \tag{6-7}$$

求拉格朗日函数对模型参数 ω 与 b，以及松弛变量 s_i 和 $\hat{s}_i$ 的偏导，并令偏导等于零，所得关系式代入拉格朗日函数，可以得到模型参数 ω 的表达式，并将 $\min\limits_{\omega, b, s, \hat{s}} \mathrm{La}$ 转化成仅包含拉格朗日乘子 β_i 和 $\hat{\beta}_i$ 的函数。通过求 $\min\limits_{\omega, b, s, \hat{s}} \mathrm{La}$ 对 β_i 和 $\hat{\beta}_i$ 的极大，可将目标函数由极大转换成求极小，得到等价对偶最优化问题。可采用启发式序列最小最优化（Sequential Minimal Optimization，SMO）算法求解上述对偶最优化问题从而实现 SVR 模型的学习。

支持向量机模型在风电预测领域已获得广泛应用。文献[25]将云模型和 SVM 相结合,采用云变换方法提取风速序列的定性特征,并通过 SVM 建立风速特征与风电功率间的关系,提出了一种适合短期风电功率预测的云支持向量机模型。文献[26]提出一种基于粒子群优化支持向量机结合误差修正算法的短期风电功率预测组合算法,有效地提高预测精度。

6.3　深度学习在风电预测中的应用

深度学习方法作为机器学习的前沿分支,依靠其多层深度结构,可深度挖掘数据潜在特征,具有强非线性映射能力和高泛化性能,近年来受到广泛关注。与经典浅层网络相比,深度学习方法可以更好地挖掘数据规律,避免陷入局部最优,具有更高的模型精度。目前,深度学习已经在计算机学科领域有了较多研究与应用。典型的深度学习方法包括深度信念网络(Deep Belief Network,DBN)、以长短期记忆(Long Short-Term Memory,LSTM)神经网络为代表的循环神经网络(Recurrent Neural Network,RNN)、多层感知机(Multi-Layer Perceptron,MLP)等,在图像分类、语音识别等领域得到广泛应用。相比之下,深度学习在风力发电功率预测等场景中的应用仍有待进一步研究,基于深度学习的风电功率预测算法还有待开发。下面将介绍三种典型深度学习方法的基本原理。

6.3.1　深度信念网络在风电预测中的应用

DBN 由若干个受限玻尔兹曼机(Restricted Boltzmann Machine,RBM)串联组成,通过增加特征变换的层数来深度挖掘海量数据中的规律特征。RBM 由可视层(又称输入层)和隐藏层两层组成,二者之间神经元为双向全连接,通过训练隐藏层单元可实现对可视层单元数据的高维特征捕捉。每个 RBM 通过无监督学习实现自身参数寻优,前一个 RBM 的输出作为下一个 RBM 的输入逐层叠加,最后利用反向传播算法对整个预测模型参数进行微调,使模型收敛到全局最优。

RBM 的典型结构如图 6.3 所示。

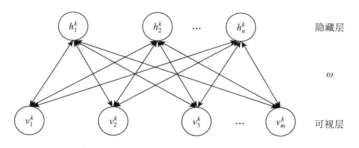

图 6.3　RBM 典型结构

在一个 RBM 中存在数次前向传播和反向传播,通过无监督方式实现数据重建。前向传播过程中,有

$$h_k = \sigma(\omega \cdot v_k + a) \tag{6-8}$$

反向传播过程中,有

$$v_{k+1} = \sigma(\omega \cdot v_k + b) \tag{6-9}$$

其中,$v_k = \left\{ v_1^k, v_2^k, \cdots, v_m^k \right\}$ 是第 k 次传播得到的可视层数据;$h_k = \left\{ h_1^k, h_2^k, \cdots, h_n^k \right\}$ 是第 k 次传播得到的隐藏层数据;ω 是连接权重;a 和 b 分别为隐藏层与可视层的输出偏置;σ 为激活函数。

RBM 的训练采用无监督贪婪优化算法，当一个 RBM 充分训练后再进行下一个 RBM 训练，从而 DBN 的每一层都得到了初始参数 $\{\omega, a, b\}$，这个过程称为 DBN 的预训练阶段。在微调阶段，根据输入数据和重构数据的损失函数，采用反向传播算法调整权值和偏置。在风电功率预测问题中损失函数通常采用式（6-10）。

$$L(x, x') = \|x - x'\|_2^2 \tag{6-10}$$

其中，x 表示原输入数据向量，x' 表示重构得到的数据向量。实际算例表明，与浅层网络相比，基于 DBN 的风电功率预测模型可有效避免收敛到局部最优，提升预测精度较低，且具有更好的模型稳定性。

风力发电作为一种清洁的可再生能源，在世界范围内得到了广泛的应用。然而，由于风电的不确定性和不稳定性，建立准确的风电预测模型是十分必要的。深度信念网络能够有效拟合多特征高波动性数据，被越来越多地应用于风力发电预测领域。例如，文献[27]使用 DBN 从风电场的历史数据中提取风电模式的内在规律，显著了降低预测误差。

6.3.2 长短期记忆神经网络在风电预测中的应用

LSTM 神经网络是 RNN 的一种，通过神经元之间的递归连接，深度挖掘时间序列数据之间的内在联系，在时间序列预测中应用广泛。LSTM 神经网络通过引入门机制控制数据特征的记忆和遗忘，从而有效避免了经典 RNN 中的梯度爆炸和梯度消失问题。

一个 LSTM 神经网络单元的典型结构如图 6.4 所示。

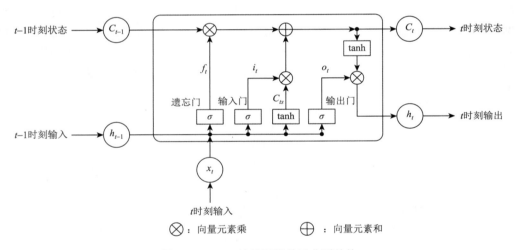

图 6.4 LSTM 神经网络单元典型结构

LSTM 神经网络中引入了输入门、遗忘门、输出门、输入转化门自主地实现对数据特征的选择性记忆和遗忘，实现对数据特征的高效取舍。该过程通过式（6-11）实现。

$$\begin{cases} i_j = \sigma(W_{xi} \cdot x_t + W_{hi} \cdot h_{t-1} + b_i) \\ f_t = \sigma(W_{xf} \cdot x_t + W_{hf} \cdot h_{t-1} + b_f) \\ o_t = \sigma(W_{xo} \cdot x_t + W_{ho} \cdot h_{t-1} + b_o) \\ C_{ts} = \tanh(W_{xc} + W_{hc} + b_c) \\ C_t = f_t \cdot C_{t-1} + i_t \cdot C_{ts} \\ h_t = o_t \cdot \tanh(C_t) \end{cases} \tag{6-11}$$

其中，W 和 b 分别为各个门对应的权重和偏置。多个 LSTM 单元构成一个 LSTM 层，配合输入层、全连接层和回归层可完成对风电功率时间序列数据的深度特征分析，实现风电功率预测模型的准确构建。

风力发电过程具有较强的随机性，导致风力发电功率的预测准确度不高。长短期记忆神经网络针对高不确定性时间序列的预测问题具有一定优势，在风电预测领域获得了越来越多的应用。文献[28]提出了一种基于长短期记忆神经网络的风力发电功率预测方法，在各项指标中获得了比传统方法更小的误差，提升了风力发电功率预测的准确性。文献[29]针对风电时间序列的混沌特性，利用互信息法和 GP 算法计算风电序列的延迟时间和嵌入维数，并基于 Takens 相空间重构定理对风电数据进行重构，提出了一种基于相空间重构和长短期记忆网络的风功率预测方法。

6.3.3　多层感知机在风电预测中的应用

多层感知机（Multilayer Perceptron，MLP）是一种前向人工神经网络模型，与浅层网络相比，其多层特征更适合于提取数据特征，处理复杂的非线性拟合问题能力更强。MLP 的典型结构如图 6.5 所示。

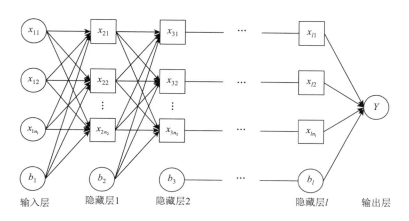

图 6.5　MLP 典型结构

MLP 由一个输入层、一个或多个隐藏层以及一个输出层组成，每一层的神经元都与下一层中的神经元全连接。前馈过程中每个神经元的输出如式（6-12）所示：

$$x_{ij} = \sigma(\omega_{ij} \cdot x_{i-1} + b_{i-1})\tag{6-12}$$

其中，ω_{ij} 表示连接第 $i-1$ 层神经元与第 i 层神经元 x_{ij} 的权值向量；x_{i-1} 表示第 $i-1$ 层神经元的值；b_{i-1} 表示连接第 $i-1$ 层神经元与第 i 层神经元的偏置；激活函数 σ 通常选用 Sigmoid 函数。通过多层神经元的迭代计算，最终输出 MLP 的预测值。

通常，训练 MLP 时所用的损失函数选用均方误差（MSE），根据式（6-13）计算。

$$\text{MSE} = \frac{1}{n}\sum_{i=1}^{n}(T_i - Y_i)^2\tag{6-13}$$

其中，Y_i 和分别 T_i 为第 i 组训练样本的预测结果和真实结果；n 为训练样本容量。在训练过程中采用梯度下降算法来调整 MLP 的参数（包括权重和偏置），从而减小损失函数的数值。直到损失函数达到最小值或者训练迭代次数达到设定阈值时，结束训练过程。

风力发电由于风速的变化而波动。因此，对这类发电机输出功率的评估总是伴随着一定量的不确定性。文献[30]基于 MLP 人工神经网络建立了考虑环境因素（如风速、温度、湿度、地理条件等）的风速预测模型，进而实现了风力发电量的预测，有效地支持配电网运营商提高电网的控制和管理水平。

6.4　基于集成学习的风电预测技术

6.4.1　集成学习方法

1. 集成学习基本原理

在有监督学习算法中，旨在学习出一个稳定的且在各个方面表现都较好的模型，有时只能得到多个有偏好的模型（弱监督模型，在某些方面表现的比较好）。集成学习就是组合多个弱监督模型以期得到一个更好更全面的强监督模型的方法。集成学习是一种通过构建多个个体学习器并采用特定组合策略将各学习器结合起来从而产生一种有更强性能的强学习器的方法。集成学习框架可以支持不同类型模型算法作为子模型，能够实现对数据进行预测效果的提升，能更高效准确地针对稀疏、高维、非线性数据的建模过程，显著简化烦琐的特征工程，使得模型具有更强的容错和抗扰动能力。一般地，组成组合学习器的各个基学习器一般需要满足以下几点要求：①各基学习器本身应具有不弱于弱学习器的预测能力（弱学习器是指性能比随机猜测要好的学习器，如预测正确率稍高于 50% 的学习器等）；②各基学习器彼此之间应相互独立；③各基学习器应该彼此具有差异，性能完全相同的基学习器组合起来是无法实现性能提升的。

集成学习方法的基本思想，可以从如下方面来理解。当面临预测对象包含信息量很大而每种学习器只能处理其中一部分问题时，则多训练一些分别解决不同部分问题的个体学习器能够提高模型效率，并得到更准确的预测结果。此外，单个预测模型可能会出现偏离事实的结果，但其他个体学习器就可以对某个学习器某个预测误差进行纠正，从而使组合模型拥有更强大的泛化能力。另外，单种学习模型较容易陷入糟糕局部极小点，集成学习有效降低了这种风险。集成学习还可以扩大假设空间，可能学得更好的近似。

新能源发电预测模型的选择直接影响着预测结果的精准度，而不同的预测方法往往会有不同的长处与优点。将在不同方面具有优势的多种预测方法以某种合理的方式聚合起来，可以构成具有更加全面优势性能的模型。在风电功率预测模型的建立中，采用集成学习方法能够有效集成各基学习器的优势，互补短板，提高预测模型的泛化性能。一般地，合理使用集成学习方法能获得高于各基学习器的预测精度的组合学习器，并使预测模型对各类数据具有更强的广泛适应性。

使用集成学习方法，主要需要考虑两个问题：一是如何获取多个彼此有差异且相互独立的基学习器；二是如何制定学习器的组合策略。

2. 个体学习器的生成方式

个体学习器的选取是建立具有较强性能组合学习器的重要一步。一般地，按组成集成学习器的各个体学习器的种类是否相同可分为同质集成和异质集成。对于同一训练数据集来说，若集成中的个体学习器都属于同一类型，例如，都为神经网络或者都为决策树，则称为同质集成。若个体学习器类型不同，例如，既有决策树又有神经网络，则称为异质集成。当个体学习器之间存在强依赖关系时，必须串行生成，这样生成个体学习器称为序列化方法，目前研究比较多的主要有 Boosting 方法等；若个体学习器件不存在强依赖关系，可同时生成，则称为并行化方法，比较经典的如 Bagging 方法等。

Bagging 方法通过对测试集数据有放回的抽取，构成若干个新的测试集数据。用抽取得到的这些新的测试集数据分别训练某种或多种学习器，即可获得多个基学习器。一般地，各个基学习器会有自己的优势。将这些基学习器通过加权平均等方式集合起来，即可获得一个预测性能好于单个基学习器的集成学习器。Bagging 方法的本质是以降低基分类器的方差实现提高泛化性能减小误差的算法。Bagging 方法受基分类器稳定性影响较大，若各个基分类器比较稳定，则主要通过预测结果偏离的互相抵消实现提升；若各个基分类器不稳定，则可以通过多个不稳定基分类器的集成来平抑最终的误差，从而实现对模型泛化性能的提升。

Boosting 方法不同于 Bagging 方法，其训练集不变，算法改进的是各基学习器以及抽取训练集时的权重。Boosting 方法通过误差计算不断更改权重，达到对预测困难数据样本较多训练和预测精准度高的模型权重大的目的，从而实现预测精度的提升。

本章采用并行化方法生成个体学习器。通过建立不同的预测模型作为个体学习器，实现基学习器的生成，既能够保证个体学习器的自身性能，也能保证个体学习器彼此之间的差异性和独立性。本章选取已经建立的 DBN、LSTM、MLP 三种基于深度学习方法的预测模型作为组合预测模型的子模型。将采集到的风电功率数据按一定比例分为训练集和测试集，训练集数据分别用来训练三种深度学习预测模型，即可获得训练完成的个体学习器。

3. 习器结合策略的制定

结合策略的选取十分重要，将会显著影响集成学习的效果。一般应对不同的问题采用更具针对性的组合办法。通常，将集成学习的结合策略分为求取平均法、投票决策法和学习法。

求取平均法适用于回归问题学习模型的组合，可以简单求平均，也可以通过加权平均来决定最终的结果。一般个体学习器性能相差较大时使用加权平均，性能相近时使用简单平均法。

投票决策法一般适用于分类问题基学习器的结合，具体地包括绝对多数投票法、相对多数投票法和加权投票法等，最终获得最高票的分类结果即为集成分类器预测结果。

学习法就是再建立一个学习模型，将各个基学习器的预测结果作为输入，训练集成学习模型，典型的如 Stacking 方法等。Stacking 方法通过将各个基学习器的输出值作为输入，再训练一个用于集成的学习器。这样的方法可以让各个基分类器并行训练，通常有效地提取各基学习器的特征，集合各个基学习器的优势，从而提升预测模型的预测性能。

6.4.2　基于简单平均方法的集成风电预测技术

新能源发电预测是一种高维非线性回归问题，通常包含的信息量大，预测模型复杂。集成深度学习模型可以综合各种深度学习算法的优点。三种深度学习模型本身均已经拥有较强的预测效果，预测精度差异不大，故本节选取简单平均的方法组合三种深度学习预测模型。

本章通过 DBN、LSTM、MLP 所得的三种预测结果进行求取平均。将训练所得的三种基于单个深度学习方法的预测模型用于测试集数据的风电功率预测，所得预测值分别记为 y_{DBN}、y_{LSTM} 和 y_{MLP}。因此，集成深度学习（Ensemble Deep Learning，EDL）模型的预测结果可用式（6-14）算出。EDL 算法流程图如图 6.6 所示。

$$y_{\mathrm{EDL}} = \frac{y_{\mathrm{DBN}} + y_{\mathrm{LSTM}} + y_{\mathrm{MLP}}}{3} \tag{6-14}$$

本章提出的简单平均方法可以有效提升风电预测的精度和泛化能力，详见 6.5 节的分析。

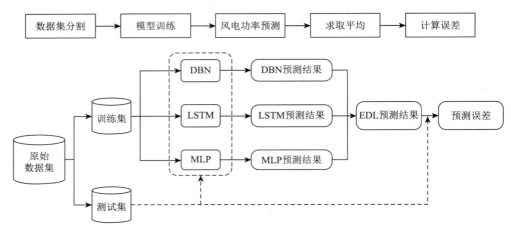

图 6.6　EDL 算法流程图

6.5　算　例　分　析

6.5.1　实验数据及评价指标

1. 实验数据简介

本章选用美国南部某 16MW 风场 2011 年的真实发电出力数据进行算例分析，以验证与比较本章所提各方法的预测精度与泛化能力。风电数据的时间分辨率为 15 分钟/点，全年共 35040 个采样点，其出力曲线如图 6.7 所示。

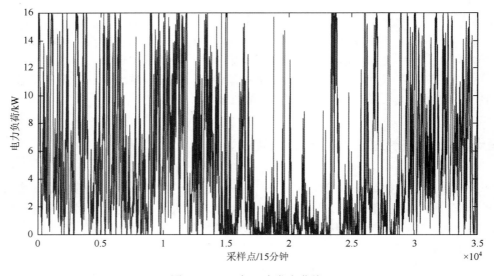

图 6.7　2011 年风力发电曲线

由图 6.7 可见，风力发电具有较强的间歇性与随机性，其变化规律与周期极不明显，给传统的预测方法带来较大挑战。人工智能方法对非线性关系具有极强的拟合能力，能较好地适应风电出力的高不确定性场景。在本章下述各实验中，均在此样本集内进行实验数据的抽取。各实验均取连续的若干风电历史数据预测未来某时刻的风电功率，训练集样本个数均设置为 1000 个，测试集样本个数均设置为 300 个。

2. 预测性能评价方法

为了量化不同预测方法的性能优劣，选取平均绝对百分比误差（Mean Absolute Percent Error，MAPE）和均方根误差（Root Mean Square Error，RMSE）评估预测精度。

1）平均绝对百分比误差

为清晰阐述平均绝对百分比误差的定义与概念，先引入三个描述预测值与实际值偏差的指标，即绝对误差、相对误差、平均绝对误差。

绝对误差的定义如式（6-15）所示：

$$e_{AE} = |y - \hat{y}| \qquad (6\text{-}15)$$

其中，y 为实际风电功率；$\hat{y}$ 为预测所得的风电功率值。该指标可以直观地表现风电功率预测值相对于其实际值的偏离。

相对误差的定义如式（6-16）所示：

$$e_{RE} = \frac{|y - \hat{y}|}{y} \times 100\% \qquad (6\text{-}16)$$

相对误差表征的是风电预测绝对误差与真实风电功率的比例关系，将绝对误差归一化至区间 [0, 1] 内，能实现不同基准下预测性能的比较。

平均绝对误差的定义如式（6-17）所示：

$$e_{MAE} = \frac{1}{N} \sum_{i=1}^{N} |y_i - \hat{y}_i| \qquad (6\text{-}17)$$

其中，y_i 表示第 i 个样本的真实风电功率；$\hat{y}_i$ 表示第 i 个样本的预测风电功率；N 为样本容量。相较于前两种基于单一样本的指标，平均绝对误差实现了对样本集的统计评价，但由于不同样本集数量级可能存在差异，故而该指标无法实现对不同样本集预测精度的比较。

平均相对误差的定义如式（6-18）所示：

$$e_{MAPE} = \frac{1}{N} \sum_{i=1}^{N} \left| \frac{y_i - \hat{y}_i}{y_i} \right| \times 100\% \qquad (6\text{-}18)$$

平均相对误差通过对各个样本的相对误差求取平均，既实现了对整个样本集预测偏离水平的评估，又实现了评价指标的归一化，从而能够对具有不同数量级样本集间的预测精度进行比较。

绝对误差、相对误差、平均绝对误差、平均相对误差本质上是一致的，都是对预测值相对真实值偏离的线性表达。平均相对误差在四种方法中具有更广泛的适应性，因此将其作为本章的第一个预测方法性能评价指标。

2）均方根误差

为清楚阐述均方根的定义与概念，先引入一个描述预测值与实际值偏离二次关系的指标，即均方误差。

均方误差的定义如式（6-19）所示：

$$e_{MSE} = \frac{1}{N} \sum_{i=1}^{N} (y_i - \hat{y}_i)^2 \qquad (6\text{-}19)$$

均方误差总为正值，且避免了不同样本点正负偏离相互抵消的问题，能够较好地反映整个样本集预测值偏离水平。缺点是该指标数值与实际偏离水平之间具有二次关系，预测值与真实值之间的偏离表现方式不够直观。

均方根误差的定义如式（6-20）所示：

$$e_{RMSE} = \sqrt{\frac{1}{N} \sum_{i=1}^{N} (y_i - \hat{y}_i)^2} \qquad (6\text{-}20)$$

均方根误差通过对均方误差开平方，该指标与待预测量具有相同的量纲，本章选取该指标作为第二种预测性能评价指标。

6.5.2　多时间尺度预测分析

电力系统规划、运行、控制、交易等不同业务场景对风电预测的提前时间提出了多样化的需求。本节比较了不同预测方法在 15 分钟～2 小时内多时间尺度下风电功率预测的 MAPE 和 RMSE，从而检验各方法对多时间尺度的有效性。图 6.8 和图 6.9 展示了预测性能指标与多时间尺度的关系曲线，各指标具体数值见表 6.1 和表 6.2。

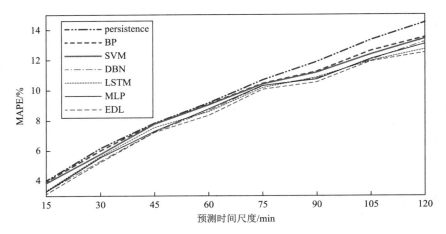

图 6.8　多时间尺度仿真结果 MAPE 指标

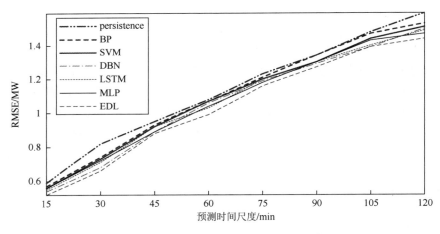

图 6.9　多时间尺度仿真结果 RMSE 指标

表 6.1　多时间尺度预测结果 MAPE 指标

提前时间	persistence	BP	SVM	DBN	LSTM	MLP	EDL
15 分钟	4.02%	3.96%	3.85%	3.32%	3.35%	3.30%	3.14%
30 分钟	6.16%	6.01%	5.77%	5.32%	5.62%	5.55%	5.24%
45 分钟	7.84%	7.80%	7.77%	7.24%	7.54%	7.29%	7.21%
60 分钟	9.17%	9.08%	9.04%	8.68%	8.60%	8.77%	8.35%
75 分钟	10.67%	10.44%	10.40%	10.28%	10.16%	10.30%	10.05%

续表

提前时间	persistence	BP	SVM	DBN	LSTM	MLP	EDL
90 分钟	11.88%	11.23%	11.16%	10.78%	10.84%	10.71%	10.52%
105 分钟	13.31%	12.60%	12.36%	12.00%	11.93%	12.06%	11.90%
120 分钟	14.47%	13.50%	13.40%	13.20%	12.70%	13.05%	12.48%

表 6.2　多时间尺度预测结果 RMSE 指标　　　　　　　　　　单位：MW

提前时间	persistence	BP	SVM	DBN	LSTM	MLP	EDL
15 分钟	0.59	0.57	0.56	0.54	0.55	0.56	0.52
30 分钟	0.82	0.74	0.73	0.68	0.71	0.72	0.66
45 分钟	0.95	0.93	0.92	0.89	0.92	0.89	0.88
60 分钟	1.08	1.07	1.07	1.06	1.03	1.04	0.99
75 分钟	1.23	1.21	1.2	1.19	1.2	1.18	1.16
90 分钟	1.34	1.34	1.3	1.29	1.3	1.3	1.27
105 分钟	1.48	1.47	1.44	1.39	1.4	1.43	1.39
120 分钟	1.59	1.53	1.51	1.5	1.49	1.47	1.44

作为一种易于操作的超短期预测方法，persistence 方法无须拟合风电功率与解释变量间的非线性关系，将最近观测的风电功率作为未来特定时刻的预测值。由表 6.1、表 6.2 以及图 6.8、图 6.9 可见，人工智能方法在各时间尺度上的预测效果都要好于简单的 persistence 方法。总的来说，在各不同的提前时间预测场景中，以 SVM 为代表的统计学习方法略优于以 BP 神经网络为代表的浅层神经网络。由于深度学习对于非线性关系的拟合能力强于 SVM 和 BP 神经网络，在提前时间为 15 分钟时，DBN、LSTM、MLP 的 MAPE 比 SVM 提升了近 13%。不同提前时间下三种深度学习方法的的两种指标上互有优劣，通过对三种深度学习方法进行集成，所得 EDL 集成学习器在两种指标上的表现均好于单种深度学习算法，例如，EDL 在提前时间为 1 小时所得预测的 RMSE 分别比 DBN、LSTM、MLP 低 6.6%、3.9%、4.8%，体现了 EDL 能够更好融合各子学习器的优势，具有更好的泛化能力。尽管随着预测提前时间的拉长，各方法预测精度均有所下降，但集成深度学习预测精度的下降趋势更为平缓，对多时间尺度风电功率预测具有良好的适应性。

图 6.10 和图 6.11 所示展示了各方法对测试集中 96 个采样点（一天）的预测结果。

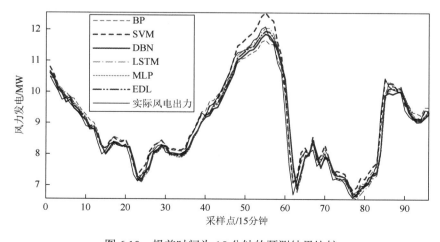

图 6.10　提前时间为 15 分钟的预测结果比较

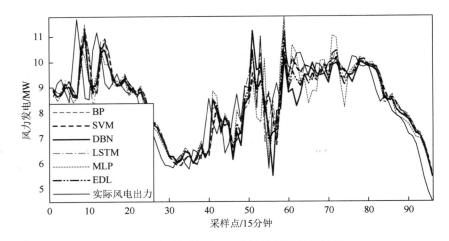

图 6.11　提前时间为 30 分钟的预测结果比较

由图 6.10 和图 6.11 可见，EDL 通过对三种深度学习方法的集成，实现了对子学习器的正负误差的抵消，有效防止了极端误差的出现，整体上提升了预测方法的精度和泛化能力。

6.5.3　多季节场景下预测性能分析

考虑到风力发电受天气影响较大，不同季节的气候差异一般比较明显，分析各方法在不同季节风电预测中的精度表现，可以有效衡量各预测模型对不同预测条件与预测场景的泛化性能。四季的风力发电预测结果评价指标计算汇总如表 6.3 所示。

表 6.3　多季节风电预测指标计算结果汇总

预测模型	春		夏		秋		冬	
	MAPE	RMSE /MW	MAPE	RMSE /MW	MAPE	RMSE /MW	MAPE	RMSE /MW
persistence	4.02%	0.59	15.36%	0.40	60.05%	0.27	12.13%	0.95
BP	3.96%	0.57	12.83%	0.34	29.29%	0.18	10.59%	0.90
SVM	3.85%	0.56	10.27%	0.28	25.76%	0.17	10.41%	0.84
DBN	3.32%	0.54	8.95%	0.23	20.00%	0.15	8.65%	0.82
LSTM	3.35%	0.55	9.89%	0.26	20.68%	0.15	9.44%	0.80
MLP	3.30%	0.56	8.15%	0.21	21.59%	0.16	9.06%	0.80
EDL	3.14%	0.52	6.11%	0.21	17.26%	0.15	8.57%	0.77

由表 6.3 可见，经典 persistence 方法的预测性能在不同季节数据集以及不同指标下呈现显著差异，秋季的 MAPE 指标高达 60.05%，为春季 MAPE 的近 15 倍，而该方法秋季预测结果的 RMSE 指标却低于其他季节，这种差异表明 persistence 方法在风电出力较小时段拥有较大的预测误差，从而拉大了其预测相对误差。各季节中人工神经网络方法的预测结果也均好于 persistence 方法，但随着季节波动仍然比较大。EDL 除秋季外，各季节的 MAPE 指标均在 9% 以下。尽管集成学习器 EDL 在秋季拥有较高的 MAPE，但相比各个子学习器精度有了显著的提升。各方法在冬季数据集下的 RMSE 显著高于其他季节，说明了冬季风电出力波动较为剧烈，存在较高的不确定性，但 EDL 达到的 RMSE 仍比其他方法低至少 3.7%。实例证明，集成深度学习的预测方法对不同季节的数据集具有良好的泛化能力，其预测性能的优势明显。

6.6　本 章 小 结

　　本章介绍了国内外新能源发电的发展现状，分析了新能源发电预测对新能源发电消纳的重要指导意义，并调研了国内外新能源发电预测技术的研究现状。本章进一步分别探讨了基于浅层神经网络、基于统计学习方法、基于深度学习方法和基于集成学习方法的新能源预测模型。最终以风力发电预测为例进行算例分析，验证了深度学习和集成学习方法在新能源发电预测领域的优越性和良好发展前景。

参 考 文 献

[1]　彭小圣，熊磊，文劲宇，等. 风电集群短期及超短期功率预测精度改进方法综述[J]. 中国电机工程学报，2016，36（23）：6315-6326.

[2]　赖昌伟，黎静华，陈博，等. 光伏发电出力预测技术研究综述[J]. 电工技术学报，2019，34（6）：1201-1217.

[3]　Wan C，Song Y，Xu Z，et al. Probabilistic wind power forecasting with hybrid artificial neural networks[J]. Electric Power Components and Systems，2016，44（15）：1656-1668.

[4]　Lin Y，Yang M，Wan C，et al. A multi-model combination approach for probabilistic wind power forecasting[J]. IEEE Transactions on Sustainable Energy，2018，10（1）：226-237.

[5]　Wan C，Xu Z，Pinson P，et al. Probabilistic forecasting of wind power generation using extreme learning machine[J]. IEEE Transactions on Power Systems，2014，29（3）：1033-1044.

[6]　Wan C，Zhao C，Song Y. Chance constrained extreme learning machine for nonparametric prediction intervals of wind power generation[J]. IEEE Transactions on Power Systems，2020，（99）：1.

[7]　Wan C，Xu Z，Pinson P，et al. Optimal prediction intervals of wind power generation[J]. IEEE Transactions on Power Systems，2014，29（3）：1166-1174.

[8]　Wan C，Wang J，Lin J，et al. Nonparametric prediction intervals of wind power via linear programming[J]. IEEE Transactions on Power Systems，2018，33（1）：1074-1076.

[9]　Wan C，Lin J，Wang J H，et al. Direct quantile regression for nonparametric probabilistic forecasting of wind power generation[J]. IEEE Transactions on Power Systems，2017，32（4）：2767-2778.

[10]　Zhao C F，Wan C，Song Y H. An adaptive bilevel programming model for nonparametric prediction intervals of wind power generation[J]. IEEE Transactions on Power Systems，2020，35（1）：424-439.

[11]　Wan C，Xu Z，Pinson P. Direct interval forecasting of wind power[J]. IEEE Transactions on Power Systems，2013，28（4）：4877-4878.

[12]　徐青山，郑维高，卞海红，等. 考虑游程检测法重构的 EMD-Elman 风电功率短时组合预测[J]. 太阳能学报，2015，36（12）：2852-2859.

[13]　胡兵，詹仲强，陈洁，等. 基于 PCA-GA-Elman 的短期光伏出力预测研究[J]. 太阳能学报，2020，41（6）：256-263.

[14]　Yan J，Li K，Bai E W，et al. Analytical iterative multistep interval forecasts of wind generation based on TLGP[J]. IEEE Transactions on Sustainable Energy，2019，10（2）：625-636.

[15]　黎敏，林湘宁，张哲原，等. 超短期光伏出力区间预测算法及其应用[J]. 电力系统自动化，2019，43（3）：10-16.

[16]　Sanjari M J，Gooi H B. Probabilistic forecast of PV power generation based on higher order markov chain[J]. IEEE Transactions on Power Systems，2017，32（4）：2942-2952.

[17]　Sanjari M J，Gooi H B，Nair N K C. Power generation forecast of hybrid PV–wind system[J]. IEEE Transactions on Sustainable Energy，2020，11（2）：703-712.

[18]　Khodayar M，Wang J H，Manthouri M. Interval deep generative neural network for wind speed forecasting[J]. IEEE Transactions on Smart Grid，2019，10（4）：3974-3989.

[19]　Chang G W，Lu H J. Integrating gray data preprocessor and deep belief network for day-ahead PV power output forecast[J]. IEEE Transactions on Sustainable Energy，2020，11（1）：185-194.

[20]　Yan J，Zhang H，Liu Y Q，et al. Forecasting the high penetration of wind power on multiple scales using multi-to-multi mapping[J]. IEEE Transactions on Power Systems，2018，33（3）：3276-3284.

[21]　赖昌伟，黎静华，陈博，等. 光伏发电出力预测技术研究综述[J]. 电工技术学报，2019，34（6）：1201-1217.

[22]　樊国旗，蔺红，程林，等. 基于 K-均值模式划分改进模糊聚类与 BP 神经网络的风力发电预测研究[J]. 智慧电力，2019，47（5）：38-42，83.

[23]　牛晨光，刘丛.基于相空间重构的神经网络短期风电预测模型[J].中国电力，2011，44（11）：73-77.

[24]　李航. 统计学习方法[M]. 北京：清华大学出版社，2012.

[25]　凌武能，杭乃善，李如琦.基于云支持向量机模型的短期风电功率预测[J].电力自动化设备，2013，33（7）：34-38.

[26]　王建辉，匡洪海，张瀚超，等. 基于支持向量机和误差修正算法的风电短期功率预测[J].湖南工业大学学报，2019，33（1）：43-49.

[27]　Tao Y，Chen H，Qiu C. Wind power prediction and pattern feature based on deep learning method[C]. 2014 IEEE PES Asia-Pacific Power and Energy Engineering Conference（APPEEC），Hong Kong，2014：1-4.

[28]　李相俊，许格健.基于长短期记忆神经网络的风力发电功率预测方法[J].发电技术，2019，40（5）：426-433.

[29]　李慧，陈湘萍.基于相空间重构和长短期记忆网络的风电预测[J].新型工业化，2020，10（3）：1-6.

[30]　Ghadi M J，Gilani S H，Sharifiyan A，et al. A new method for short-term wind power forecasting[C]. 2012 Proceedings of 17th Conference on Electrical Power Distribution，Tehran，2012：1-6.

第7章 应用机器学习识别智能电网信息系统的假数据侵入

智能电网是电力工业发展的必然趋势。智能电网集成先进的信息通信系统和电力设施，在提高电网接纳新能源能力的同时，由攻击导致的电网安全问题日益凸显。2011～2014 年，美国能源部收到由攻击导致的停电事件上报 362 次[1]。据 2017 年的一项统计报告，21 个国家的 359 个电力公司报告其在一年中均遭受了攻击，其中 21%的公司遭受的攻击既有对物理系统的攻击也有对信息系统的攻击[2]。

信息系统攻击有多种形式，假数据侵入是网络攻击的一种，重点侵入对象是控制、监测系统。识别信息系统假数据的方法有模型驱动方法和数据驱动方法，目前，机器学习作为数据驱动方法中重要的分支，在假数据识别中有很好的应用前景。

本章介绍机器学习在假数据侵入中的应用。

7.1 信息系统假数据侵入点

假数据可从多个层级侵入，具体情况如下。

（1）物理层：通过攻击监测、控制和保护设备，常见的是通过闪存装置修改相连接的远程终端（Remote Terminal Unit，RTU）的固件实现假数据侵入。这种假数据侵入方法，可攻击的设备不多，但也同样可以造成严重后果。

（2）通信层：通过通信层侵入假数据，比通过物理层难度低一些，因此发生概率略高。总体看来，对物理层和通信层的攻击，均需要接近设备才能实施，所以发生概率相对较低。

（3）网络层：通过网络层的假数据侵入，可从任何一个节点实施，所以发生概率更大。例如，通过操纵 TCP/IP 网络通信协议的特定节点，可以向基于 IEC 61850 以太通信协议的通信系统侵入假数据，从而达到操纵配电变电站的效果。

SCADA 系统是攻击者最主要的攻击对象。SCADA 系统是电力系统调控所依据的主要系统，其结构如图 7.1 所示。SCADA 系统中的状态估计环节，依据的测量数据来自 RTU，包含两个方面的数据：一是状态量，表征设备运行状况、网络结构；二是运行参数，如电压、电流、有功、无功。网络攻击者可从两个方面侵入假数据，一方面是侵入假状态量，直接导致对拓扑的攻击；另一方面可通过侵入假模拟量，导致状态评估错误，间接攻击网络拓扑。

2015 年乌克兰电网停电就是由假数据侵入导致的。攻击者首先窃取了进入 SCADA 系统的凭据，之后用了长达 6 个月的时间研究如何设置攻击。在攻击当天，通过假数据侵入远程操作配电线路的断路器开断从而导致停电数小时，波及 7 个 110kV 和 23kV 变电站，影响 22.5 万人[3]。2016 年，乌克兰电力系统再次被黑客攻入，导致 200MW 发电机退出运行，占当时负荷容量的 20%[4]。

7.2 假数据侵入方式

假数据侵入可分为单点侵入和多点侵入；多点侵入方式中包括多点同时侵入和多点顺序侵入。通常，多点顺序侵入比多点同时侵入造成的后果更严重，对电力系统更具破坏性，以两点为例，顺序攻击相当于 N-1-1 连锁故障（N-1-1 表示系统因故障引起一个设备停运后，再次发生故障导致再次停运），而同时两点侵入则类似于 2 个 N-1 故障。

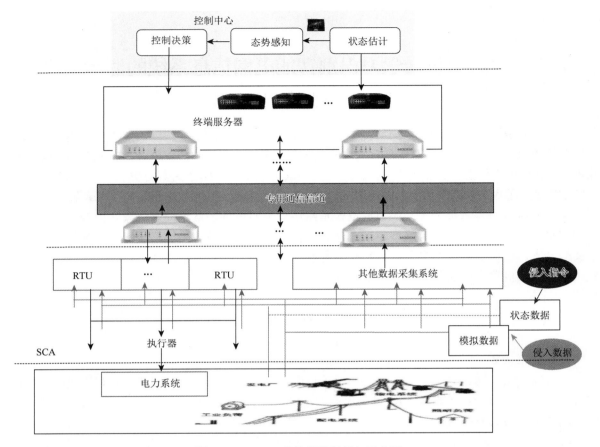

图 7.1　SCADA 系统假数据侵入示意图

就攻击者对电网的了解程度分为两类：一类是攻击者对电网拓扑不了解；另一类是对电网拓扑有一定的了解，更容易构建通过残差检验无法检测出的假数据，关于这一点详见 7.4 节分析；研究者目前更多关注后者，因其识别难度更大。在了解电网拓扑的情况下，攻击者可通过一定的分析和推演，判断系统的薄弱环节，依此设置出假数据顺序侵入方式，达到线路连锁跳闸并导致系统停电的方案。

7.3　假数据侵入后果

假数据的影响后果，主要造成两方面的影响：一是导致经济损失；二是破坏系统稳定性、导致停电。

（1）经济损失。由假数据侵入导致的经济损失来自三个方面：①通过假数据侵入，造成系统拓扑改变，导致系统损耗变化，增加运行成本；②通过假数据侵入 SCADA 中的状态估计值错误，以此为基础的调度方案增加了边际成本，给市场参与者带来经济损失；③通过电表假数据侵入，改变了应付电费，造成电力企业经济损失。

（2）稳定性影响。AGC、SCADA、GPS 和 PMU（Phasor Measurement Unit，相量测量装置）是侵入假数据的薄弱点。在这些量测系统中侵入假数据会造成错误量测，进而导致保护控制系统的错误动作，引发发电机频率调整无效，或导致不该有的切负荷、开断线路等动作，导致系统稳定性变差甚至失去稳定。

7.4　假数据侵入和识别问题的数学描述

针对状态估计问题，假数据侵入以式（7-1）表示：

$$z = Hx + n \tag{7-1}$$

其中，$x \in \mathbb{R}^D$ 表示电力系统状态相量，如母线的电压和相角，基于测量值进行估计；$z \in \mathbb{R}^N$ 是测量值构成的相量；$H \in \mathbb{R}^{N \times D}$ 是雅可比矩阵，是反映从测量值到状态量的函数。

从测量值 z 求得 x 的估计值 $\hat{x}$，采用最小二乘法，就是使式（7-2）表示的损失函数达到最小。

$$J(x) = (z - H\hat{x})^{\mathrm{T}} R^{-1}(-H\hat{x}) \tag{7-2}$$

由此推得式（7-3），求得 $\hat{x}$：

$$\hat{x} = (H^{\mathrm{T}} R^{-1} H)^{-1} H^{\mathrm{T}} R^{-1} z \tag{7-3}$$

假数据侵入就是在测量相量中增加一个相量 $a \in \mathbb{R}^N$，式（7-1）便变成了式（7-4）。

$$z_a = Hx + a + n \tag{7-4}$$

检测假数据的基本方法是采用残差检验法，具体地，就是计算范数 $\rho = \| z_a - H\hat{x} \|_2^2$。如果 $\rho > \tau$（τ 是给定的门槛值），则认为有假数据侵入。

残差检验法存在的问题主要有以下两点：

（1）电力系统雅可比矩阵具有稀疏性，特别是在采用直流潮流法构建时，系统的稀疏性影响了残差检验法的准确性；

（2）攻击者易于设计假数据以便通过残差检验。例如，攻击者了解电网拓扑的情况下，如将假数据设置为 $a = Hc$，式（7-4）将变为式（7-5）：

$$\begin{aligned} z_a &= Hx + Hc + n \\ &= H(x + c) + n \\ &= Hx_a + n \end{aligned} \tag{7-5}$$

残差 r_a 的计算公式则变为式（7-6）：

$$\begin{aligned} r_a &= z_a - H\hat{x}_a = z + a - H(\hat{x} + c) \\ &= z - H\hat{x} + (a - Hc) \\ &= z - H\hat{x} \end{aligned} \tag{7-6}$$

这时残差检验就会失效。这种不能通过残差检验辨识的假数据就称为非可观测假数据。机器学习算法可以用于非可观测假数据识别。

7.5　基于机器学习的假数据识别

从已发表的学术文章看，各种监督学习、非监督学习、半监督学习和强化学习均被用于假数据识别。本章重点介绍具有代表性的支持向量机、深度学习、强化学习、异常识别四种方法。

7.5.1　监督学习方法应用

监督学习依赖于有标签的历史数据，监督学习方法用于假数据识别，可归结为如下数学问题：

给定一个样本集 $S = \{s_i\}_{i=1}^M$ 和一个标签数据集 $Y = \{y_i\}_{i=1}^M$，其中 $(s_i, y_i) \in S \times Y$ 满足独立同分布要求（independent identical distribution，i.i.d），服从联合分布 P。采用监督学习机器学习识别假数据的

问题，可描述为假设一个函数 $f:s \to Y$，用于表征样本集与标签数据集的关系。辨识假数的问题可归结为如式（7-7）的二值分类问题：

$$y_i = \begin{cases} 1, & a_i \neq 0 \\ -1, & a_i \neq 0 \end{cases} \tag{7-7}$$

式（7-7）表示：如果第 i 个测量值含有假数据，则 $y_i = 1$；如果是真实数据，则 $y_i = -1$。

监督学习方法中线性回归法、支持向量机方法等，均可以用于假数据识别。

1. 线性回归法

线性回归模型是最简单的一种监督学习方法，通常采用最小二乘法进行拟合，如式（7-8）所示。

$$\min_{w,b} \sum_i (f(x_i) - (wx_i + b))^2 \tag{7-8}$$

其中，w 代表权重向量；b 表示偏置向量。线性回归法用标签数据训练生成线性模型，如果待检测向量不符合该模型，则判定该向量为假数据。该方法的主要优点是简单和易于实现，但检测正确率相对较低。

2. 支持向量机方法

支持向量机方法是目前较为常用的假数据侵入识别方法，通过求解能够正确划分训练数据集并且几何间隔最大的超平面，实现对数据集的正确分类。

支持向量机是通过构造一个超平面实现分类或回归。给定一个带标签的数据训练集 $S = (X_l, y_l)$，支持向量机可通过求解如下方程求得：

$$\begin{cases} \min\limits_{\omega, e, b} \dfrac{1}{2} \omega^{\mathrm{T}} \omega + C \sum\limits_{i=l}^{L} \theta_l \\ \text{s.t.} \quad y_i(\omega^{\mathrm{T}} \Phi(X_l) + b) \geqslant 1 - \theta_l \\ \theta_l \geqslant 0, \quad l = 1, \cdots, L \end{cases} \tag{7-9}$$

其中，$\Phi(X_l)$ 代表非线性变化，将 X_l 映射到一个更高维度的空间中；松弛变量 θ_l 代表非线性可分离训练集；C 是正则参数。

为了得到分布的支持向量机，式（7-9）可改写为

$$\begin{cases} \min\limits_{\omega_i, \theta_i, b_i} \dfrac{1}{2} \sum\limits_{i=1}^{N} \omega_i^{\mathrm{T}} \omega_i + C \sum\limits_{i=1}^{N} \sum\limits_{l=1}^{L} \theta_{il} \\ \text{s.t.} \quad y_{il}(\omega_i^{\mathrm{T}} \Phi(X_{il}) + b_i) \geqslant 1 - \theta_{il} \\ \theta_{il} \geqslant 0, \quad i = 1, \cdots, N, \quad l = 1, \cdots, L \end{cases} \tag{7-10}$$

其中，N 是训练支持向量机的组数；ω_i 是每一组的本地优化参数。通过引入一个全局性变量 z，式（7-10）被转换为

$$\begin{cases} \min\limits_{z, \omega_i, \theta_i, b_i} \dfrac{1}{2} z_T z + C \sum\limits_{i=1}^{N} \sum\limits_{l=1}^{L} \theta_{il} \\ \text{s.t.} \quad y_{il}(\omega_i^{\mathrm{T}} \Phi(X_{il}) + b_i) \geqslant 1 - \theta_{il} \\ \theta_{il} \geqslant 0, \quad z = \omega_i \\ i = 1, \cdots, N, \quad l = 1, \cdots, L \end{cases} \tag{7-11}$$

为了求解式（7-9），可以将变量 $\{z, \omega_i\}$，$i = 1, \cdots, N$，分成两组 $\{z\}$ 和 $\{\omega_i\}$，采用交替方向乘子法求解。具体地，标度增广拉格朗日函数可以表示为

$$L\{z, \omega_i, \theta_i, \rho, \mu_i\} = \frac{1}{2} z^{\mathrm{T}} z + C \sum_i^N \sum_{l=1}^L \theta_{il} + \frac{\rho}{2} \| \omega_i - z + \mu_i \|_2^2 \tag{7-12}$$

其中，ρ 是步长；μ_i 是标度双变量。在每次迭代 k，$\{\omega_i\}$、$\{z\}$ 和 μ_i 更新如下：

$$\omega_i[k+1] = \underset{\omega_i, \theta_i, b_i}{\mathrm{argmin}} \, C \sum_{l=1}^L \theta_{il} + (\rho/2) \| \omega_i - z[k] + \mu_i[k] \|_2^2 \tag{7-13}$$

$$\text{s.t.} \quad y_{il}(\omega_i^{\mathrm{T}} \Phi(X_{il}) + b_i) \geqslant 1 - \theta_{il} \tag{7-14}$$

$$\theta_{il} \geqslant 0, \quad l = 1, \cdots, L \tag{7-15}$$

ω_i 的更新过程可以在第 i 组内完成。

向量 $\{z\}$ 的求解公式可表示为

$$z[k+1] = \underset{z}{\mathrm{argmin}} \, \frac{1}{2} z^{\mathrm{T}} z \frac{\rho}{2} \| \omega_i[k+1] - z + \mu_i[k] \|_2^2 \tag{7-16}$$

可得到解析解如下：

$$z = \frac{N_\rho}{\dfrac{1}{C} + N_\rho} (\bar{\omega}[k+1] + \bar{\mu}[k]) \tag{7-17}$$

其中，$\bar{\omega} = \left(\dfrac{1}{N} \right) \sum_{i=1}^N \omega_i$；$\bar{\mu} = \left(\dfrac{1}{N} \right) \sum_{i=1}^N \mu_i$

最后，可用式（7-15）更新 μ_i：

$$\mu_i[k+1] = \mu_i[k] + \omega_i[k+1] - z[k+1] \tag{7-18}$$

将支持向量机应用于假数据检测的流程和伪代码如下所示。第一步，为每一分组准备数据。第二步初始化本地和全局优化参数。第三步包含两部分：ω_i 基于式（7-13），考虑式（7-14）和式（7-15）的约束，获得优化结果；全局优化参数应用式（7-17）获得。

---

1. Input：Historical data
2. Initialize：$\{z\}$，$\{\omega_i\}$，μ_i，ρ，$k=0$

3. While not converged do
   $\{\omega_i\}$ – update distributively at each computing node：

   $$\omega_i[k+1] = \underset{\omega_i, \theta_i, b_i}{\mathrm{argmin}} \, C \sum_{l=1}^L \theta_{il} + \frac{\rho}{2} \| \omega_i - z[k] + \mu_i[k] \|_2^2$$

   s.t.constraints（14）and（15）
   $\{z\}$ – update：

   $$z = \left(\frac{N_\rho}{\left(\dfrac{1}{C} \right) + N_\rho} \right) (\bar{\omega}[k+1] + \bar{\mu}[k]) \mu_i[k+1] = \mu_i[k] + \omega_i[k+1] - z[k+1]$$

   Adjust penalty parameter ρ_i is necesary；
   $k=k+1$
   End while
4. Return $\{z\}$，$\{\omega_i\}$
   Output $\{z\}$，$\{\omega_i\}$

---

3. K-近邻算法

K-近邻算法是比较简单的机器学习算法。它采用测量不同特征值之间的距离方法进行分类，即如果某一样本在特征空间中的 K 个最近邻（最相似）的样本中的大多数都属于某一个类别，则该样本也属于这个类别。通常采用欧氏距离衡量样本的相似度，如式（7-19）所示：

$$d_{ij} = \left\| s_i - s_j \right\|_2 \tag{7-19}$$

在假数据识别中设置了两种标签样本，即正常样本和假数据样本，通过计算待识别样本与两种样本的最小距离，可判断待识别样本所属的类型。该方法的主要缺点是标签样本的分布对分类结果的影响较大。

7.5.2　半监督学习

异常检测包含基于距离、基于模型和基于统计。基于统计的方法是常用方法。设置指标 $P(z)$ 和一个阈值 δ。$P(z)$ 代表历史数据的统计特性。如果 $P(z) \leqslant \delta$，那么 z 和其他数据有较低的相似度，被认为是异常数据。δ 是通过从历史数据中学习而获得。由于 δ 是由历史数据学习所得，被认为是半监督学习方法。计算流程和伪代码如下所示。

1. Collect historical data

   $Z_t = \left[z^{(1)}, \cdots z^m \right]_m$ is the number of the samples

2. Fit probability density function $P(z)$ to the historical data Z_t

3. Fit probability density function $P(z)$ to the historical data Z_t

4. Choose the best δ

   $\delta^{\text{best}} = 0$, $F_1^{\text{best}} = 0$

   for $\delta = \min P(z_{\text{val}})$: s.t. max $P(z_{\text{val}})$ do

   $$Y_{\text{pred}} = \begin{cases} Y_{\text{pred}}(i) = 1, & \forall i, \quad P(z_{\text{val}})(i) \leqslant \delta \\ Y_{\text{pred}}(i) = 0, & \forall i, \quad P(z_{\text{val}})(i) > \delta \end{cases}$$

   $F_P = \text{SUM}(Y_{\text{pred}} == 1, Y == 0)$

   $T_P = \text{SUM}(Y_{\text{pred}} == 1, Y == 1)$

   $F_n = \text{SUM}(Y_{\text{pred}} == 0, Y == 0)$

   $T_n = \text{SUM}(Y_{\text{pred}} == 0, Y == 0)$

   $$F_1 = 2\frac{P_r \times R_e}{P_r + R_e} \quad \text{where} \quad \begin{cases} P_r = T_P / (T_P + F_P) \\ R_e = T_P / (T_P + F_n) \end{cases}$$

   f $F_1 > F_1^{\text{best}}$ then

   $F_1^{\text{best}} \leftarrow F_1$ $\delta^{\text{best}} \leftarrow \delta$ exit

   end

5. For the new operating point z^{new}

   if $P(z) = \begin{cases} \leqslant \delta^{\text{best}} \to z^{\text{new}} \text{ is false} \\ > \delta^{\text{best}} \to z^{\text{new}} \text{ is normal} \end{cases}$

7.5.3　非监督学习方法应用

1. 孤立森林

孤立森林（Isolation Forest，iForest）是一种识别异常数据的非监督学习算法。孤立森林由 N 棵决策树构成的，每棵树随机抽取特征和选取分割值，将每一个样本分到一个独立的子节点上。在递归随机分割的过程中，相比于正常数据，异常数据通常具有较短的路径，由此可实现对异常值的识别。采用异常分值来衡量样本的异常程度，异常分值的计算原理是样本 x 在全部决策树（iTree）的平均遍历深度，深度越小，说明平均情况下该样本更早被孤立，则异常分值越大，反之深度越大，则异常分值越小，如图 7.2 所示。

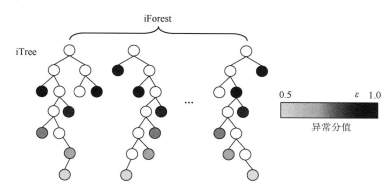

图 7.2　孤立森林异常数据隔离示意图

通常，非监督学习在假数据识别过程中，是给出一个正常样本在特征空间中的区域，对于不在该区域中的样本，则判定为假数据，即识别器只会对正常样本的描述做优化，而不会对异常样本的描述做优化，这样就有可能造成较高的误报率，或者只识别出少量的异常值。而在实际的电网数据中，假数据的占比较小，因此采用 iForest 算法将假数据作为异常数据进行隔离，能够有效提高识别效率。然而，iForest 算法对高维数据异常识别的可靠性较低，其原因是在生成树时选择维度是随机的，因此导致部分维度特征被忽略。

2. 深度信念网络

深度信念网络（DBN）是一种概率生成模型，能够建立样本与分类标签的联合分布。DBN 是由多个受限玻尔兹曼机（RBM）串联构成，每个 RBM 包括两层神经元，显层用于输入样本数据，隐藏层用于特征检测。DBN 的训练过程是针对 RBM 分层进行的，训练目标是通过调整权值 W，使得 RBM 生成训练样本产生概率最大的概率分布，训练过程是通过输入的样本数据向量推断隐藏层，再将充分训练后的隐藏层作为下一层的输入向量，直至最后一层训练完成。

相比于传统的 BP 神经网络的误差反向传播过程，DBN 算法的贪心逐层非监督学习过程的优势在于不需要大量带标签的数据、收敛速度较快和陷入局部最优的可能性较低。由于上述优势，DBN 在数据分类的研究中得到了广泛的应用。已有研究表明，相比于 SVM 算法，应用 DBN 检测电网假数据的识别速度更快，且识别正确率更高。

7.5.4　强化学习

不同于监督学习或非监督学习需要通过样本特征提取实现 FDIA 检测，强化学习是采用不断的

"试错"实现学习过程，智能体（检测器）通过与环境进行交互获得的奖励来改善自身的决策行为。强化学习具有无模型学习的优势，因此在学习过程中不需要预先设定攻击模型，有利于识别出未知的假数据类型。

在应用强化学习识别假数据的过程中，需首先将其描述为一个马尔可夫过程，在某一时刻 τ 获得数据向量，若此时智能体准确判断数据向量是否为假数据，则将获得奖励，反之奖励为零，学习目标通常是识别假数据的速度最快。目前已有的研究采用 SARSA（State-Action-Reword-State-Action）和 Q 学习（Q-learning）两种典型的强化学习方法实现了假数据识别，但总体而言，采用强化学习的方法检测电网中的假数据仍有待进一步研究。

强化学习适合应用于对基于电网拓扑的顺序攻击识别。

顺序攻击是指有计划地多次向 SCADA 系统侵入假数据，最终导致线路、变压器连锁退出运行的恶意行为。

在应用强化学习方法时，顺序攻击被描述为

$$S = \{(a_1, t_1), (a_2, t_2), \cdots, (a_k, t_k)\}, \quad k \leqslant N \tag{7-20}$$

其中，(a_i, t_i) 表示顺序攻击中发生在 t_i 时刻的第 i 环攻击、导致第 i 线路跳闸；N 代表顺序攻击的攻击总数。事实上，攻击的顺序可以有很多组合方式，攻击者会选择一个攻击顺序，目的是攻击数较少时达到最严重的后果。后果表现为线路过载、跳闸；引起频率失稳或电压失稳；电网解列；最终引起连锁反应、导致停电。

1. 遭受顺序攻击后系统静态安全特性仿真

顺序攻击带来的是系统连锁故障。为了分析顺序攻击带来的风险，可根据攻击造成的拓扑改变，进行潮流计算，从而判断系统面临的风险。高风险的顺序动作，恰好可能是攻击者可能采取的攻击方式。为简单起见，通常采用直流潮流计算法，计算步骤如下。

（1）拓扑更新。当攻击发生导致一条线路开断、退出运行，需更新拓扑数据。

（2）重新安排调度方式。拓扑更新后，需对发电和负荷进行调整：当功率不足时，增加发电机出力；当功率过剩时，减少发电机出力。如果连续调整后发电机出力仍不足或过剩，则需要采取切负荷或切机措施，以避免出现系统不稳定现象。

（3）潮流更新。根据发电机和负荷的调整情况，再进行调度，并通过直流潮流计算，得到输电线功率。

（4）过载监测。监测输电线路功率是否越限（超过热稳定极限）。

（5）线路停电风险评估。评估线路过载的持续时间，计算过载风险值。

$$O(l) = \int_t^{t+\tau} (F_l - C_l) \, d\tau \tag{7-21}$$

其中，F_l 是线路潮流；C_l 是线路的热稳定极限；τ 是过载持续时间；$O(l)$ 是过载持续时间带来的风险。

（6）过载保护。当过载风险超过阈值，即 $O(l) > O_T$，过载线路被切除。

（7）潜在的故障风险。考虑到过载程度及时间，潜在的故障概率被定义为 $P(l)$，计算公式如式（7-22）所示。

$$P(l) = \begin{cases} \dfrac{O(l)}{O_T}, & O(l) > 0 \\ 0, & \text{其他} \end{cases} \tag{7-22}$$

以上过程重复多次，直到不再存在过载线路。这是对遭受攻击的系统表现出的动态过程进行仿真的过程。

2. 应用 Q 学习算法识别最具破坏性拓扑顺序攻击

攻击者在了解电网拓扑的情况下，可以采用 Q 学习算法得到动作最少、破坏性最强的顺序攻击方式，如图 7.3 所示。

攻击者就是 Q 学习中的 agent，电网则是对攻击者恶意行为做出反应的"environment"。攻击者的"action"就是导致线路顺序断开、最终导致一个比较严重的停电事故，"state"是攻击前后的电网拓扑。攻击者利用 Q 学习就是要学到一个"行动"，攻击最小数量的线路，导致最严重的后果。其伪代码如下所示。

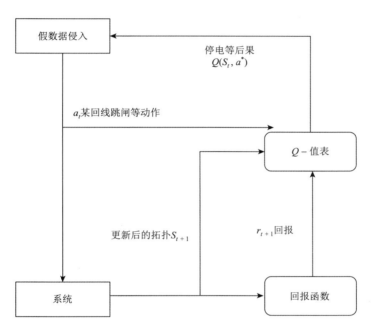

图 7.3　应用 Q 学习算法识别电网假数据顺序侵入

Initialization：Initialize the Q-table and the benchmark system

for current number of trials ≤ maximal trials do

Reset：$N_0 = 0$，$S_0 = 1$；

while　$N_0 \leqslant N_\theta$　do

1. Acquire attack candidates：Obtain all valid line targets　A_t　from the current steady state S_t;

2. Initiate an attack：Choose a line l from A_t and set its status $S_t(l) = 0$. Set $a_t = l$

3. Simulate cascading outages：With the attack updated in S_t. run the CFS until a new post-attack steady-state S_{t+1}；

4. Obtain evaluative feedback：Obtain N_0 from S_{t+1} and generate the reward r_{t+1}

5. Learning from trial：Update the value of $Q(S_t, a_t)$

and while

and for

初始"state"下 $S = 1$，代表攻击发生前的状态。中间"state"表示顺序攻击中一个动作发生后的网络拓扑情况。当 $S = 0$ 时，表示完成了顺序攻击导致系统故障的"state"。

系统的"state"可表示为

$$S_t = \{S_t(1), S_t(2), \cdots, S_t(N)\}$$

其中

$$S_t(l) = \begin{cases} 0, & \text{如果线路} l \text{在} t \text{时刻正常运行} \\ 1, & \text{如果线路} l \text{在} t \text{时刻退出运行} \end{cases}$$

当攻击 a_i 导致线路 l 退出运行时，S_t 的值就是 0

在强化学习中，如何选择回报 r 非常重要。本节选择如下：

$$r_{t+1}(S_t, a_t) = \begin{cases} +1, & N_0 \geqslant N_\theta, k < N_\theta \\ -1, & N_0 \geqslant N_\theta, k \geqslant N_\theta \\ 0, & \text{其他} \end{cases}$$

其中，N_0 用来表征停电造成的后果，如停电线路数；N_θ 是门槛值，即达到了攻击目的停电线路数；k 是顺序攻击数。如果设计的某个顺序攻击达到了目的，则 $r = +1$，即在采取较少的攻击后达到了目的。否则，如果设计的攻击在进行了较多攻击后仍没有达到目的，则 $r = -1$。如果攻击数较少，目的还没达到，则 $r = 0$

7.5.5 假数据识别方法的效果评价

假数据的识别方法的有效性表现为快速和准确。通常采用识别时间、准确率、正报率、负报率、误报率五个指标对其进行评价，除识别时间外，其他四个指标的计算公式如下。

（1）准确率：

$$\text{准确率} = \frac{T_n + T_P}{T_n + F_n + T_P + F_P}$$

（2）误报率：

$$\text{误报率} = \frac{F_n + F_P}{T_n + F_n + T_P + F_P}$$

（3）正报率：

$$\text{正报率} = \frac{T_n}{T_n + T_P}$$

（4）负报率：

$$\text{负报率} = \frac{T_P}{T_n + T_P}$$

其中，T_n 是将正常数据正确地识别成正常数据的数量；F_n 是将正常数据识别成假数据的数量；T_P 是将假数据正确地识别成假数据的数量；F_P 是将假数据识别成正常数据的数量。

针对同一案例，本章对多种机器学习算法的识别性能进行了比较，如表 7.1 表示。

表 7.1　多种机器学习算法的识别性能对比

方法	准确率/%	误报率/%	负报率/%	正报率/%	识别时间/s
深度神经网络	79.86	20.13	89.82	60.62	40.83
支持向量机	75.92	24.07	76.01	73.26	15.69
决策树	71.91	28.08	82.95	68.78	29.99
随机森林	71.67	28.32	69.37	71.68	18.23
朴素贝叶斯	73.27	26.72	73.27	72.74	16.97

7.6　总结和展望

（1）目前的研究工作主要关注假数据识别的准确性，较少考虑发出警告信号的时间问题。具体实施中，必须考虑在线识别效果，需要在线快速识别出假数据，以便在产生严重后果前采取措施。大多数研究针对的都是较小的数据集，识别时间较短，但对于大规模数据集，识别时间是否满足需求，需要进行研究。

（2）目前研究工作主要针对 SCADA 系统，对于其他监测控制系统假数据侵入研究较少。

（3）目前考虑的假数据侵入方式较为简单，随着研究的深入，需要针对难度更高的侵入方式开展研究。

参 考 文 献

[1]　Zeraati M，Aref Z，Latify M A. Vulnerability analysis of power systems under physical deliberate attacks considering geographic-cyber interdependence of the power system and communication network[J]. IEEE System Journal，2018，12（4）：3181-3190.

[2]　Lee R M，Assante S M J. Analysis of the Cyber Attack on the Ukrainian Power Grid[R]. E-ISAC and SAN.2016.

[3]　Yip S C，Wong K，Hew W P，et al. Detection of energy theft and defective smart meters in smart grids using linear regression[J].International Journal of Electrical Power and Energy System，2017，91：230-240.

[4]　Yan J，He H B，Zhong X N，et al. Q-Learning-based vulnerability analysis of smart grid against sequential topology attacks[J]. IEEE Transactions on Information Forensics and Security，2017，12（1）：200-210.

第8章 基于机器学习的台风灾害下架空输电线路损毁预测技术

随着全球变暖趋势增强，台风灾害发生频率越来越高，沿海电网损失惨重，其中损毁尤为严重的是暴露在露天环境下的架空输电线路。由于架空输电线路实际包括线路及杆塔等部分，而线路及杆塔均有损毁可能，后面将架空输电线路及杆塔均简称为输电线路。目前，气象部门已经可以较为准确地预测台风登陆的路径、风速、风向等关键气象信息，那么如何利用台风参数信息来预测台风灾害下输电线路的损毁概率，以及如何来评估输电线路在台风天气下的故障风险，如何利用台风历史数据和预报信息来评估台风对电网的风险水平，已成为亟待解决的问题。

本章构建了台风灾害下输电线路损毁预测评估体系。该体系分为数据层、知识提取层及可视化处理层。首先，基于输电线路运行信息、气象信息以及地理信息等构建空间多源异构信息数据库。再基于参数优化，应用自适应增强（Adaptive Boosting，Adaboost）迭代算法、梯度提升回归树（Gradient Boost Regression Tree，GBRT）、随机森林（Random Forest，RF）、逻辑回归（Logistic Regression，LR）、支持向量回归（Support Vector Regression，SVR）、分类回归树（Classification And Regression Tree，CART）等6种机器学习算法建立了架空输电线路损毁风险预测智能模型，通过指标对比选择相对最优模型。同时，提出基于不等权拟合优度法的组合模型，把6种机器学习算法组合起来。以 1km× 1km 的尺度对台风"彩虹"下中国某沿海城市的杆塔损毁风险进行了评估及可视化，将相对最优模型与组合模型进行了详细的对比，测试结果显示：相对最优模型及组合模型均能够识别损毁最严重的区域，但相同风险阈值下组合模型的预测效果更好，验证了所提方法的可行性与合理性。最后，分析了模型通用性和样本数量级对预测效果的影响

8.1 应用背景

台风作为极端天气之一，对电力系统的影响巨大，不仅会造成电力设备损毁，还会造成大面积停电，使人民生产、生活受到严重影响[1]。为了实现风险预测，优化抢修资源配置和潮流风险调度，有必要对台风灾害下电力系统安全风险进行研究。

目前国内外针对极端天气下电网可靠性评估的研究，主要分为传统模型和统计分析等两种方法。在传统模型方面，文献[2]针对单一灾害评估的局限，建立了复合自然灾害和群发故障下系统故障率计算模型；文献[3]、[4]使用应力强度干涉理论、刚体直杆法等物理模型建立了台风下输电线路风险预测模型；文献[5]使用最优化方法对电网的动态安全性能和韧性进行了评估，但是需要考虑场景划分对结果的影响；文献[6]针对微地形考虑不足问题，使用坡度、地形走势、高程差等对风速进行了修正。但是，传统模型在风险评估方法上存在考虑因素不全面、主观性强、计算复杂等问题。

统计分析方法方面，文献[7]使用公共数据和统计学习方法实现了台风下停电预测和基础设施风险评估；文献[8]～[10]使用负二项回归模型、广义线性模型和主成分分析法等评估了地理网格内的停电风险。统计分析方法较传统模型效率更高、考虑因素更全面，但是需要足够多的历史数据支持。

由于台风灾害下输电线路损毁风险预测与评估涉及空间多源异构信息，较难建立因果关系明确的物理模型，容易导致模型结构复杂、计算耗时；而人工智能算法基于统计分析，能够使用所有信息进行预测。此外，人工智能方法的高效可以为电力应急物资调配、路径规划等模型求解留出宝贵时间。因此，本章针对当前方法的不足，基于丰富的数据和可视化方法建立了人工智能组

合模型。研究结果可为电力部门优化抢修资源配置和潮流风险调度等工作的决策环节提供理论依据与实际指导。

8.2　台风灾害下输电线路损毁智能预测及可视化风险评估框架

本节提出了一种台风灾害下输电线路损毁智能预测及可视化风险评估框架，主要分为数据层、知识提取层及可视化处理层等 3 个层次，如图 8.1 所示。

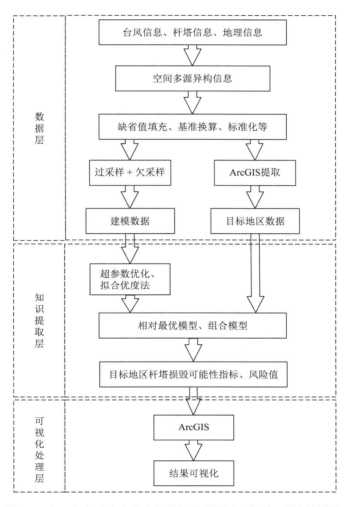

图 8.1　台风灾害下输电线路损毁智能预测及可视化风险评估框架

第 1 层是数据层，首先进行数据的预处理，主要是缺省值填充、基准换算、标准化等。数据包括输电线路运行信息、气象信息以及地理信息等空间多源异构信息。在模型侧采用过采样和欠采样构建建模数据，在目标侧使用地理信息系统 ArcGIS 提取目标地区数据。

第 2 层是知识提取层，分为建模和预测两个阶段。阶段一，利用多种机器学习算法，通过超参数优化，在模型侧建立输电线路损毁预测模型，一方面对比模型评估指标选出相对最优模型，另一方面使用拟合优度法建立组合模型；阶段二，使用上述模型预测目标地区输电线路损毁可能性指标和风险值。

第 3 层是可视化处理层，使用地理信息系统软件 ArcGIS10.4.1 对第 2 层中模型的预测结果进行可视化处理。

8.3　台风灾害下输电线路损毁智能预测及可视化风险评估方法

8.3.1　数据层

设备运行信息 V' 为设计风速，T 为运行时间；气象信息 V 为最大阵风风速；地理信息 H 为海拔，A 为坡向，S 为坡度，P 为坡位，U 为下垫面类型，R 为粗糙度。

1. 数据预处理

首先，按照中位数填充方式处理缺省值，再把 V 及 V' 折算到 10m 高。根据国内现行荷载规范[11]，风速沿高度的变化可采用指数律进行计算，即

$$V_z = V_1 \left(\frac{z}{z_1} \right)^{\alpha} \tag{8-1}$$

其中，V_z 为高度为 z 处的风速；V_1 为 z_1 高度处的风速；α 为地面粗糙度系数。

本节根据有关资料及国内外规范所选数值，按表 8.1 选用 α。

表 8.1　地面粗糙度系数

类别	地面特征	α
A	近海海面、海岛、海岸、湖岸及沙漠地区	0.10～0.13
B	田野、乡村、丛林、丘陵及房屋比较稀疏的中小城镇和大城市郊区	0.13～0.18
C	有密集建筑物的城市市区	0.18～0.28
D	有密集建筑物且房屋较高的大城市市区	0.28～0.44

本节的 V_1 为 V 或 V'，折算后用 V_{10} 和 V'_{10} 表示，分别表示 10m 高最大阵风和设计风速。z_1 为相应的监测高度或杆塔的设计基准高。

然后对数据进行标准化处理，即

$$X^* = \frac{x - x_{\min}}{x_{\max} - x_{\min}} \tag{8-2}$$

其中，X^* 为标准化后的变量；x 为原始变量的值；$x_{\min}$ 和 $x_{\max}$ 分别为原始变量中的最小值和最大值。

2. 模型侧数据处理

在模型侧，由于损毁数据远远少于未损毁数据，因此模型训练面临数据严重不平衡，本节综合过采样和欠采样，一方面将损毁数据进行复制，另一方面随机抽取等量的未损毁数据，类别标签设定为二分变量（$Y = 0$ 代表杆塔未损毁，$Y = 1$ 代表杆塔损毁）。最后，对数据进行预处理。

3. 目标侧数据处理

在目标侧，使用 ArcGIS10.4.1 对目标地区进行网格划分和数据提取。

步骤 1：对目标地区进行地理网格（用经纬线构建的矩形网格，用于地理信息统计，后面简称网格）划分。

步骤 2：利用某次台风下各监测站 10m 高最大阵风，用反距离权重插值法生成阵风分布图，提取 $V_{i,10}$，即网格 i 内 10m 高最大阵风，其中 i（$i = 1, 2, \cdots, n$）代表网格序号，网格总数为 n。

步骤 3：加载目标地区的主网杆塔，并提取 N_i（基）和 V'_{10}，即网格 i 内的杆塔数和 10m 高设计风速中位数。

步骤 4：提取网格 i 内地理信息。

步骤 5：数据预处理。

8.3.2　知识提取层

1. 算法简介

本节选取 6 种常用的机器学习算法建立杆塔损毁预测模型。

自适应增强迭代算法[12, 13]是一种提升算法，可以不断更新训练数据的权重，从弱分类器通过迭代学习、线性加权得到强分类器[14]，具有精度高、不易过拟合的优点。

梯度提升回归树[15]是以提升树为基础分类器、以梯度提升作为手段的集成学习方法，利用损失函数的负梯度作为回归问题提升树算法中残差的近似值，拟合一个回归树[14]，具有非线性表达能力强、不易过拟合的优点。

随机森林[16]是一种基于决策树和并行式集成学习——Bagging 的算法，不仅随机选择数据子集训练基决策树，还进一步在决策树的训练过程中引入属性的随机选择[17]保证了基学习器间的差异性。

逻辑回归[14]是统计学习中的经典方法，可解释性强，简单高效，适用于大数据场景。

支持向量回归[18]是将实际问题通过非线性映射转换到高维特征空间，在高维特征空间中构造线性回归函数来实现原空间中的非线性函数。可有效解决高维特征回归问题，占用内存少，准确率高，泛化能力强。

分类回归树[19, 20]是一种决策树学习方法，回归时用平方误差最小化准则划分输入空间和求解子空间上的输出[14]，规则简洁，计算高效。

2. 智能模型建立

用 6 种算法建立杆塔损毁预测智能模型，主要流程包括原始模型评估、超参数优化、相对最优模型选择、全数据拟合、实际预测等。

步骤 1：原始模型评估。原始模型评估流程如图 8.2 所示。

如图 8.2 所示，在模型侧，首先按照 4∶1 的比例将模型侧数据随机分为训练集和测试集，再使用 Python 的默认超参数[21]在训练集上建立模型，用测试集评估模型的均方误差（Mean Squared Error，MSE）、平均绝对误差（Mean Absolute Error，MAE）、决定系数（R-Squared，R^2）等 3 个指标，本节分别用 σ^2、ς 和 r^2 表示，使用循环指标 K 循环 100 次，取每个指标的平均值作为原始模型的评估结果。

三个指标的表达式如式（8-3）～式（8-5）所示：

$$\sigma^2 = \frac{1}{N}\sum_{j=1}^{N}(y_j - f(x_j))^2 \tag{8-3}$$

$$\varsigma = \frac{1}{N}\sum_{j=1}^{N}\left|y_j - f(x_j)\right| \tag{8-4}$$

$$r^2 = 1 - \frac{\displaystyle\sum_{j=1}^{N}(y_j - f(x_j))^2}{\displaystyle\sum_{j=1}^{N}(y_j - \overline{y})^2} \tag{8-5}$$

其中，j 为测试集数据序号；N 为测试集数据总量；y_j 为第 j 个数据的标签值；$f(x_j)$ 为第 j 个数据的预测值；$\bar{y}$ 为测试集真实标签的均值。

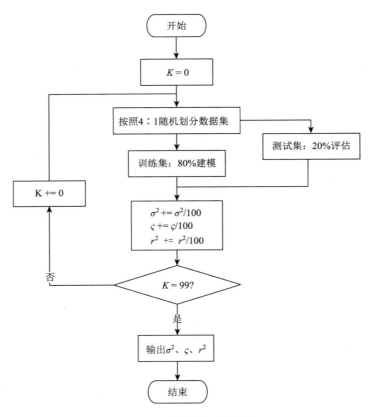

图 8.2　原始模型评估流程

步骤 2：超参数优化。由于 Python 中超参数优化（Hyperparameter Optimization，Hyperopt）模块的目标函数是最小化形式，因此本章以 $-r^2$ 为目标，即以最大化 r^2 为准对部分超参数进行优化，并按照步骤 1 中的方法评估模型。

步骤 3：相对最优模型选择。对比步骤 2 中各模型的 3 个指标，确定相对最优模型。

步骤 4：全数据拟合。用优化后的超参数进行全数据拟合建模，用于目标侧的预测。

步骤 5：实际预测。在目标侧，将目标地区的空间多源异构信息输入模型，得到杆塔损毁可能性指标，根据风险评估理论，利用式（8-6）计算网格 i 的风险值。

$$r_i = P_i N_i \tag{8-6}$$

其中，P_i 为网格 i 的损毁可能性指标；N_i 为网格 i 内的杆塔数量。

3. 组合模型建立

组合预测法是指对同一个问题采用不同的方法进行预测，基本形式有等权组合和不等权组合。本节采用不等权组合中的拟合优度法对 6 种智能模型进行组合，提出相应的组合模型为

$$\hat{Y} = \sum_{k=1}^{L} W_k \hat{Y}_k \tag{8-7}$$

$$\sum_{k=1}^{L} W_k = 1 \tag{8-8}$$

$$W_k = \frac{\sum\limits_{i=1}^{L}\sigma_i - \sigma_k}{\sum\limits_{i=1}^{L}\sigma_i}\frac{1}{L-1} \tag{8-9}$$

其中，W_k 为各模型的权重，满足式（8-8）的约束；$\hat{Y}_k$ 为第 k 个预测模型；L 为模型的总数；σ_k 是第 k 个预测模型标准误差，表达式如式（8-10）所示。

$$\sigma_k = \sqrt{\frac{1}{N}\sum_{j=1}^{N}(y_j - f(x_j))^2} \tag{8-10}$$

当各种预测结果较分散时，该模型能予以预测标准误差最小的模型以最大的权重，使预测结果保证拟合优度。这里使用 ς_k 代替 σ_k，式（8-9）变为

$$W_k = \frac{\sum\limits_{i=1}^{L}\varsigma_i - \varsigma_k}{\sum\limits_{i=1}^{L}\varsigma_i}\frac{1}{L-1} \tag{8-11}$$

其中，ς_k 为第 k 个预测模型的平均绝对误差。

8.3.3　可视化处理层

本节使用 ArcGIS10.4.1 的 z 得分渲染法对预测损毁可能性指标及风险值进行可视化，并采用相等间隔 10 级标注。z 得分为

$$z = \frac{x - \mu}{\sigma} \tag{8-12}$$

其中，x 为原始数据，在本节研究中是损毁可能性指标或风险值；μ 为全部数据的均值；σ 为标准差。

8.4　算　例　分　析

8.4.1　算例背景

近年来，台风对中国沿海地区电网造成了巨大的影响。以 2015 年第 22 号台风"彩虹"为例进行分析。"彩虹"在湛江市坡头区沿海登陆，波及范围远至珠三角，共造成 35kV 及以上线路跳闸 256 次，80 基杆塔受损。

8.4.2　数据层

标准化前，本例各变量取值范围如下：V_{10}' 为 0～50m/s；T 为 0～50 年；V_{10} 为 0～70m/s；H 为 -102～2483m；A 为 -1°～360°，其中 -1° 表示无坡；S 为 0°～90°；P 为 0～3，无单位；U 为 70～79，无单位；R 为 0～30m。

1. 模型侧数据处理

选取台风"天鸽"及"威马逊"的历史数据，正类样本和负类样本分别有 228 组和 227 组数据，

约为 1：1。目标地区的网格数量为 27783 个，则各变量的平行坐标可视化如图 8.3 所示。

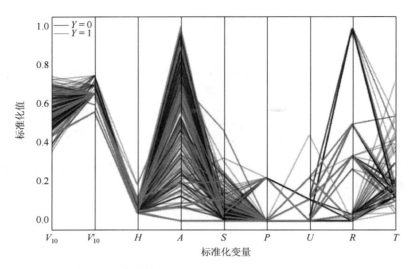

图 8.3　变量的平行坐标可视化（彩图见二维码）

其中，横坐标为各标准化变量，纵坐标为标准化值，$Y=0$ 和 $Y=1$ 分别表示未损毁事件和损毁事件，可初步诊断各变量与 Y 的关系，可见，损毁事件多发生于 V_{10}' 和 R 较小的地区，说明设计风速较小、地表粗糙度较小对杆塔损毁有促进作用。

变量之间的相关性如图 8.4 所示。

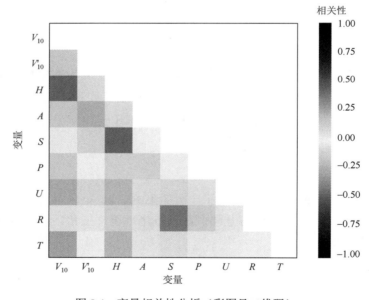

图 8.4　变量相关性分析（彩图见二维码）

可见，某些变量如 H 和 V_{10} 之间、R 和 S 之间、H 和 S 之间存在较强的正相关性，U 和 V_{10} 之间存在较强的负相关性。

2. 目标侧数据处理

台风"彩虹"10m 高最大阵风及该市主网杆塔分布如图 8.5 所示。

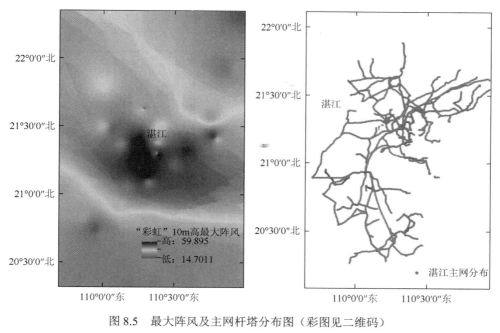

图 8.5　最大阵风及主网杆塔分布图（彩图见二维码）

扫一扫，看彩图

以 1km×1km 的网格提取最大阵风风速、杆塔数量，目标地区的网格数量为 27783 个。需要说明的是，当前电网部门常使用的台风数值预报数据分辨率可达到 1km×1km，且能够达到登陆前 72h 以上预报、间隔 1h 更新一次的水平。但是台风"彩虹"的数据无法达到精细化预测风险的要求。当前广泛使用插值法分析台风风速的空间分布并取得了较好的精度，因此本节使用反距离权重插值法将阵风尺度降到 1km×1km。

8.4.3　知识提取层

本节首先对 6 种机器学习算法的部分超参数进行优化，优化组合见表 8.2。

表 8.2　模型超参数及其优化组合

模型	优化的超参数	参数范围	优化超参数组合
Adaboost	学习率 损失函数 树的数量	0.01～1 线性 平方 指数 1～100	0.176719 线性 58
GBRT	学习率 损失函数 树的数量	0.01～1.0 最小二乘回归，最小绝对偏差，混合偏差，分位数回归 1～200	0.203578 混合偏差 190
RF	误差标准 树的数量	均方差，平均绝对误差 1～100	平均绝对误差 69
LR	正则化参数的倒数 惩罚函数	0～10 l_1 函数，l_2 函数	3.765847 l_1 函数
SVR	惩罚因子 核函数参数 多项式内核函数的阶数 不敏感间隔 伽马 核函数 缩小的启发式方法	0～5 0～10 0～10 0～10 0～10 线性，多项式，径向基函数，S 型函数 0/1	3.894502 7.335600 3 0.076037 5.350016 径向基函数 0

续表

模型	优化的超参数	参数范围	优化超参数组合
CART	误差标准 预先排序 分裂标准	均方差，平均绝对误差，弗里德曼误差 0/1 最优，随机	平均绝对误差 1 最优

表 8.3 和图 8.6 给出了优化前后 3 个指标的对比。

表 8.3　6 种模型优化前后的评估结果

模型	优化前			优化后		
	σ^2	ς	r^2	σ^2	ς	r^2
Adaboost	0.0794	0.2060	0.6780	0.0577	0.1650	0.7660
GBRT	0.0267	0.0843	0.8920	0.0213	0.0580	0.9140
RF	0.0296	0.0529	0.8800	0.0196	0.0503	0.9200
LR	0.2970	0.2970	0.2040	0.1540	0.1540	0.3750
SVR	0.1960	0.3950	0.2060	0.0502	0.1310	0.7960
CART	0.0451	0.0527	0.8170	0.0330	0.0330	0.8660

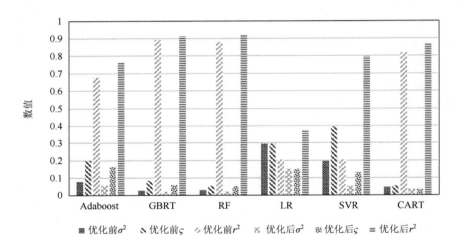

图 8.6　6 种模型优化前后的评估结果

可见，优化超参数后，各模型的指标都得到了较大的改善。除 ς 指标外，RF 的 σ^2 和 r^2 均优于其他模型，因此 RF 是相对最优的预测模型。

用 RF 进行全数据拟合后，预测目标地区网格内杆塔损毁可能性指标和严重性指标。

计算各个模型的权重，Adaboost 为 0.1442，GBRT 为 0.1804，RF 为 0.1830，LR 为 0.1479，SVR 为 0.1557，CART 为 0.1888。使用组合模型计算每个网络的损毁可能性指标及风险值。

8.4.4　可视化处理层

RF 预测结果如图 8.7 所示。

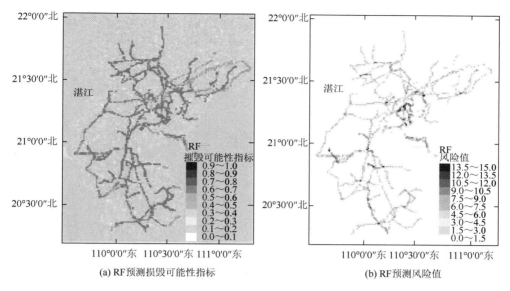

(a) RF预测损毁可能性指标　　　　　　　　　　(b) RF预测风险值

图 8.7　RF 预测结果

可见，预测风险较严重的区域位于图 8.5 风速较大及主网杆塔密度较大的地区。虽然有些网格损毁可能性较大，但是杆塔密度较小，因此风险值并不高，而有些网格损毁可能性较小，但是杆塔密度较大，导致风险值较高。

组合模型的预测结果如图 8.8 所示。

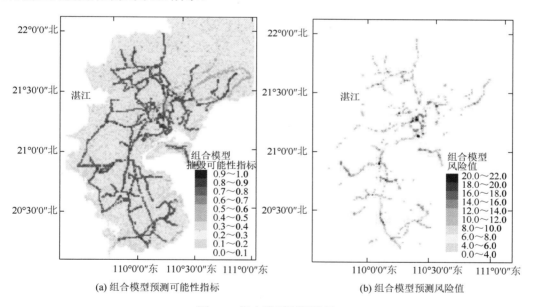

(a) 组合模型预测可能性指标　　　　　　　　　(b) 组合模型预测风险值

图 8.8　组合模型预测结果

可见，组合模型预测风险较严重的区域也位于图 8.5 风速较大及主网杆塔密度较大的地区，同时损毁可能性指标与损毁风险之间也具有不确定关系。

8.4.5　分析比较

由图 8.7（b）和图 8.8（b）可见，仅有少部分网格的风险值较高，因此，图 8.9（a）重点展示了 RF 网格预测风险值最高的 30%，对应的风险阈值为 10.5。在同等风险阈值 10.5 下，图 8.9（b）对组合模型的预测风险进行展示。图 8.10 是台风"彩虹"下实际损毁情况。

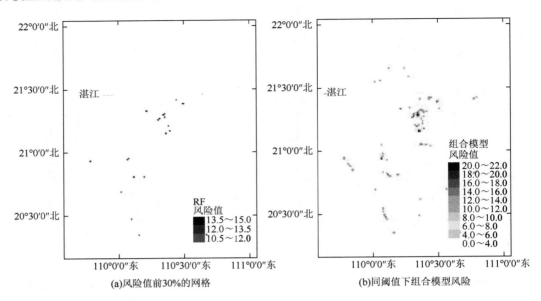

(a)风险值前30%的网格　　　　　　　(b)同阈值下组合模型风险

图 8.9　预测重点区域对比

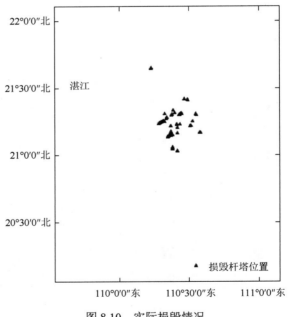

图 8.10　实际损毁情况

对预测结果进行分析可得如下结论。

（1）由图 8.5、图 8.7（b）和图 8.8（b）可见，杆塔损毁事件较为集中地发生在风速较大、杆塔密度较高的区域。

（2）无杆塔的网格运行时间、设计风速为零，因此图 8.7～图 8.8 所示预测结果与图 8.5 主网杆塔分布具有显著的相关性。

（3）对比图 8.7（b）、图 8.8（b）和图 8.10 可见，网格损毁风险与实际损毁情况具有较高的一致性，模型能够识别风险最高的区域，验证了本节所提方法的可行性和科学性。

（4）图 8.7（b）和图 8.8（b）均能识别风险最高的区域，但在相同的风险阈值下，如图 8.9（a）和（b）所示，组合模型的预测分布包含了 RF 的预测分布，提高了预测容错性，而且更加接近实际损毁分布，有利于制定风险等级划分标准，因此组合模型更优。

（5）由图 8.7 和图 8.8 可见，预测结果中出现了一些实际中未出现的高风险区域，说明模型的评估指标和预测精度仍然有待提升。

8.5　泛化能力分析

8.5.1　模型通用性

为了评估模型在台风多发地区的通用性，需要评测模型的泛化能力。根据泛化误差上界理论[14]，当假设空间是有限个函数集合 $F=\{f_1, f_2, \cdots, f_d\}$ 时，d 表示函数总数，对任意一个函数 $f \in F$，至少以概率 $1-\delta$，以下不等式成立：

$$R(f) \leqslant \hat{R}(f) + \varepsilon(d, N, \delta) \tag{8-13}$$

$$\varepsilon(d, N, \delta) = \sqrt{\frac{1}{2N}\left(\log_2 d + \log_2 \frac{1}{\delta}\right)} \tag{8-14}$$

其中，N 为训练样本数量；左端 $R(f)$ 是泛化误差；右端即为泛化误差上界。右端第 1 项是训练误差，训练误差越小泛化误差也越小；第 2 项是 N 的单调递减函数，当 N 趋于无穷时其趋于 0，同时它也是 $\sqrt{\log_2 d}$ 的函数，假设空间包含的函数越多其值越大。

当训练数据集 N 和假设空间的 d 一定时，泛化误差上界由训练误差 $\hat{R}(f)$ 决定，因此需要根据模型评估指标选择模型。如表 8.3 所示，σ^2、ς 和 r^2 可以表征模型的泛化误差。同时，拟合优度法依据各个模型的评估指标赋予权重，能最大限度地保证组合模型的泛化能力。对于缺乏强风过境相关数据记录的地域，只要有台风预测或者监测数据、设备运行信息、地形信息输入模型，即可输出相应的损毁可能性指标值。

8.5.2　样本数量级

从式（8-14）可见，训练样本越多，模型的泛化误差上界越小，因此在实际应用中应根据台风灾损数据不断补充样本数量，但是要考虑样本增加对计算效率的影响。当 N 提升 1 个数量级时，假设模型的训练误差 $\hat{R}(f)$、假设空间 F 不变，则 $\varepsilon(d, N, \delta)$ 变为原来的 31.6%。假设 $N=1$ 对应 $\varepsilon(d, N, \delta)=1$，图 8.11 描述了样本数量级对数 $\lg N$ 与 $\varepsilon(d, N, \delta)$ 变化关系。当 $N=455$ 时，$\varepsilon(d, N, \delta)=0.0474$，当数

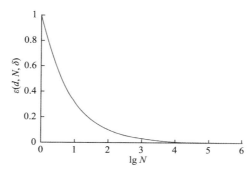

图 8.11　样本数量级对数与 $\varepsilon(d, N, \delta)$ 的关系

量级增大 1 级时，即 $N = 4550$ 时，$\varepsilon(d,N,\delta) = 0.0148$。从表 8.3 和图 8.6 可见，本节所使用的样本数量级保证了训练误差和 $\varepsilon(d,N,\delta)$ 均较小，较为合理。

当样本超过 1000 时，$\varepsilon(d,N,\delta) < 0.001$，再增加样本对该项误差的改善不大，反而会降低计算效率。因此，本章所提方法训练样本数量在 455～1000 为宜。

8.6 本章小结

本章综合考虑输电线路运行信息、气象信息、地理信息等空间多源异构信息，提出了用机器学习算法结合可视化技术对台风灾害下杆塔损毁风险进行评估的方法，使用拟合优度法在 6 种智能模型的基础上建立了组合模型，最后以 1km×1km 的尺度对台风"彩虹"下中国某沿海城市主网杆塔进行了风险评估。

实例表明，相对最优模型和组合模型均能够识别风险最严重的区域，但在相同的风险阈值下组合模型的表现更好，也更有利于指定风险等级划分标准，因此组合模型为最优模型。最后，分析了模型的通用性和适宜的样本数量级。

在实际应用中，可以使用预测风速提前预测高风险区域，优化抢修资源配置和潮流风险调度，帮助灾后巡检人员优先巡检受损风险高的区域。

参 考 文 献

[1] 苏盛，陈金富，段献忠.全球暖化与电力系统的相互影响综述[J].电网技术，2010，34（2）：33-40.

[2] 薛禹胜，吴勇军，谢云云，等.复合自然灾害下的电力系统稳定性分析[J].电力系统自动化，2016，40（4）：10-18.

[3] 黄勇，魏瑞增，周恩泽，等.台风灾害下输电线路损毁预警方法[J].电力系统自动化，2018，42（23）：142-146.

[4] 侯慧，俞菊芳，黄勇，等.台风侵袭下输电线路风偏跳闸风险评估[J].高电压技术，2019，45（12）：3907-3915.

[5] Song X Z，Wang Z，Xin H H，et al. Risk-based dynamic security assessment under typhoon weather for power transmission system[C]. IEEE PES Asia-Pacific Power and Energy Engineering Conference，IEEE PES Asia-Pacific Power and Energy Engineering Conference，Hong Kong，2013.

[6] 吴勇军，薛禹胜，谢云云，等.台风及暴雨对电网故障率的时空影响[J].电力系统自动化，2016，40（2）：20-29.

[7] Guikema S D，Natechi R，Quiring S M，et al. Predicting Hurricane power outages to support storm response planning[J]. IEEE Access，2014，2：1364-1373.

[8] Liu H B，Davidson R A，Roaowsky D V，et al. Negative binomial regression of electric power outages in hurricanes[J]. Journal of Infrastructure Systems，2005，11（4）：258-267.

[9] Han S，Guikema S D，Quiring S M，et al. Estimating the spatial distribution of power outages during hurricanes in the Gulf coast region[J]. Reliability Engineering and System Safety，2009，94：199-210.

[10] Liu H B，Davidson R A，Apanasovich T V. Spatial generalized linear mixed models of electric power outages due to hurricanes and ice storms[J]. Reliability Engineering & System Safety，2008，93（6）：897-912.

[11] 中国南方电网有限责任公司.南方电网公司配电线路防风设计技术规范：Q/CSG 1201012—2016[S].2016.

[12] Freund Y，Schapire R E. A Decision-theoretic generalization of on-line learning and an application to boosting[J]. Journal of Computer and System Sciences，1997，55（1）：119-139.

[13] Freund Y，Schapire R E. Experiments with a new Boosting algorithm[C]. Proceedings of the 13th Conference on Machine Learning，San Francisco，1996：148-156.

[14] 李航.统计学习方法[M].北京：清华大学出版社，2012.

[15] Friedman J H. Greedy function approximation：A gradient boosting machine[J]. Annals of Statistics，2001，29（5）：1189-1232.

[16] Breiman L. Random forests[J]. Machine Learning，2001，45（1）：5-32.

[17] 周志华.机器学习[M].北京：清华大学出版社，2016.

[18] Vapnic V. Statistic Learning Theory[M]. New York：Wiley，1998.

[19] Breiman L，Friedman J H，Olshen R A，et al. Classification and Regression Trees[M]. New York：Chapman & Hall，1984.

[20] 赵志勇.Python 机器学习算法[M].北京：电子工业出版社，2017.

[21] Blondel M，Kastner K，Brucher M，et al. Scikit-learn[EB/OL]. http://scikit-learn.org/stable[2019-10-12].

第9章 基于人工智能算法的电力系统稳定性预测技术

及时、准确地获取并预测电力系统安全稳定信息，是电力系统预测技术的目标。随着先进信息采集和通信设备在电力系统中的投运，以及以人工智能为代表的数据分析处理技术的进步，电力系统对运行状态信息的感知能力得到大幅提升，为实现基于实时信息的电力系统预测技术提供了信息技术支撑。目前电力系统预测技术方面的研究中，按照稳定性物理表征进行分类，可分为电压稳定预测、频率稳定预测和功角稳定预测，按照预测目标的不同，可分为定量分析和定性判断。在功角稳定、电压稳定的预测中，由于其失稳发生速度快、代价大，因此更关注定性判断，以便快速启动相应干预措施避免大停电事故；在频率稳定预测中，由于其动态过程明显，控制措施明确，因此更关注定量分析，从而确定更优的控制措施辅助电网恢复。

现有的电力系统稳定性预测方法主要分为两大类，一类是传统的基于物理机理模型的分析方法，例如，用于电力系统大扰动功角稳定性分析的安全域法[1]、能量函数法[2, 3]以及扩展等面积法则（Extended Equal Area Criterion，EEAC）[4]，用于电力系统电压稳定性分析的潮流雅可比矩阵奇异值法[5]、Hopf 分叉法[6]，用于电力系统频率稳定性分析的系统频率响应（System Frequency Response，SFR）模型法[7]、系统平均频率（Average System Frequency，ASF）分析法[8]等。另一类是以人工智能和机器学习技术为代表的基于数据关联关系挖掘的分析方法，如人工神经网络（Artificial Neural Network，ANN）[9]、极限学习机（Extreme Learning Machine，ELM）[10]、支持向量机（Support Vector Machine，SVM）[11]、深度信念网络（Deep Brief Network，DBN）[12]、卷积神经网络（Conventional Neural Network，CNN）[13]，由于其处理非线性问题独具优势，已经在电力系统功角、频率等各类暂态稳定分析问题中加以应用研究。这类数据处理技术的应用，可以显著缩短预测系统稳定信息所需的时间，弥补时域仿真方法的不足。通常情况下，可以利用代表电力系统动态特征的大规模数据集对这类智能方法进行训练，从而建立电力系统安全稳定分析模型，然后基于实时采集的状态信息，对电力系统的安全稳定状态进行快速预测。

在电力系统稳定性预测方法中，每一类方法均有其固有的特点，能够达到的最好效果可能被预测方法的固有属性所限制，当修正或简化方法达到该方法的极限时，再提高预测速度和预测准确度就存在很大的困难。例如，时域仿真法速度慢，但预测可靠性和准确度高，人工智能法预测速度快，但预测准确度不能完全保证，如果能将各类预测方法相结合，取长补短，则能够显著提高预测方法的实施效果。

在本章中，分别以功角稳定、频率稳定为例，介绍人工智能算法在功角稳定定性判断、频率稳定定量分析预测中的应用，并尝试利用其他方法与人工智能方法融合的方式，提高电力系统稳定性的预测性能。

9.1　极限学习机算法

现有的人工智能和机器学习方法在实际应用中，主要受学习时间和参数调整问题的限制，当学习的样本数据规模很大时，需较长的学习时间。电力系统运行状态的不断变化，使样本数据的规模迅速增长，因此在电力系统中应用时，这些方法应当具有实时应用和在线学习的能力，以保证准确可靠的应用效果。现有的理论研究和工程应用表明，与其他人工智能和机器学习的方法相比，极限学习机（ELM）在训练速度和预测准确度方面均有优势。

极限学习机于 2004 年由南洋理工大学黄广斌教授提出，是一种快速的单隐藏层神经网络（Single-hidden Layer Feedforward Neural Network，SLFN）算法，可用于回归、分类计算。该算法的特点是，在网络参数确定过程中，隐藏层节点参数随机选取，在训练过程中无须调节，只需设置隐藏层神经元的个数，便可以获得唯一的最优解；而网络的输出权值可化归为求解一个矩阵的Moore-Penrose 广义逆问题。因此，网络参数的确定过程中，无须任何迭代步骤，从而显著降低了网络参数的调节时间。与传统的智能方法相比，该方法具有学习速度快、泛化性能好等优点。ELM 的网络结构和工作原理介绍如下。

对于 N 个任意不同的样本，$\aleph_N = \left\{ (x_i, t_i) \mid x_i \in \mathbb{R}^n, t_i \in \mathbb{R}^m \right\}_{i=1}^N$，其中 $x_i = [x_{i1}, x_{i2}, \cdots, x_{in}]$ 是 n 维输入特征向量，$t_i = [t_{i1}, t_{i2}, \cdots, t_{im}]$ 是 m 维目标向量。针对样本数据，具有 $\widetilde{N}$ 个隐藏层节点和激励函数 $\partial(x)$ 的单隐藏层前向神经网络，可以用如下的数学表达式表达：

$$\sum_{i=1}^{\widetilde{N}} \beta_i \vartheta_i(w_i, b_i, x_j) = o_j, \quad j = 1, \cdots, N \tag{9-1}$$

其中，$w_i = [w_{i1}, w_{i2}, \cdots, w_{in}]^{\mathrm{T}}$ 和 b_i 是隐藏层节点参数；是 $\beta_i = [\beta_{i1}, \beta_{i2}, \cdots, \beta_{in}]^{\mathrm{T}}$ 连接第 i 层隐藏层节点和输出节点的权值向量；$\vartheta_i(w_i, b_i, x_j)$ 是第 i 层对应于样本 x_j 的隐藏层节点输出。$w_i \cdot x_j$ 代表 w_i 和 x_j 的内积。单隐藏层神经网络的结构如图 9.1 所示。

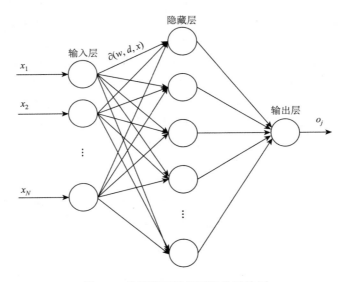

图 9.1　单隐藏层神经网络的结构图

若单隐藏层神经网络的输出结果与 N 个样本输入结果接近，即误差接近为 0，就可得出 $\sum_{j=1}^N \| o_j - t_j \| = 0$，即要求存在 β_i, b_i, w_i 使得 $\sum_{i=1}^{\widetilde{N}} \beta_i \vartheta_i(w_i, b_i, x_j) = t_j, j = 1, \cdots, N$，将该方程组用矩阵的形式表达，可简化为

$$H\beta = T \tag{9-2}$$

其中

$$H(w_1,\cdots,w_{\tilde{N}},b_1,\cdots,b_{\tilde{N}},x_1,\cdots,x_{\tilde{N}})$$

$$=\begin{bmatrix} \vartheta(w_i,b_i,x_1) & \cdots & \vartheta(w_{\tilde{N}},b_{\tilde{N}},x_1) \\ \vdots & & \vdots \\ \vartheta(w_i,b_i,x_N) & \cdots & \vartheta(w_{\tilde{N}},b_{\tilde{N}},x_N) \end{bmatrix}_{N\times\tilde{N}}$$

$$\beta=\begin{bmatrix} \beta_1^{\mathrm{T}} \\ \vdots \\ \beta_{\tilde{N}}^{\mathrm{T}} \end{bmatrix}_{\tilde{N}\times m} \text{和} T=\begin{bmatrix} t_1^{\mathrm{T}} \\ \vdots \\ t_N^{\mathrm{T}} \end{bmatrix}_{N\times m}$$

H 是神经网络隐藏层的输出矩阵，H 的第 i 列即为与 $x_1, x_2, \cdots, x_n$ 对应的第 i 个隐藏层节点输出。输入权值向量 w_i 和隐藏层偏差 b_i 可不作调整，当这些参数值在训练开始时给定，那么矩阵 H 能够保持不变。

（1）当隐藏层神经元节点的数目与训练样本的数目相同时，即 $\tilde{N}=N$，若激励函数 ∂ 无穷次可微，则可以随机分配隐藏层节点的参数（如 w_i 和 b_i），并且通过求 H 的逆，即可得到输出权值 β 的解析解。在此情况下，单隐藏层前馈神经网络方法能够无误差地估计出样本 $\aleph_N$。

（2）通常情况下，$\tilde{N}\ll N$，因此，H 将变为矩形矩阵，β_i,b_i,w_i 的数值也未知。但仍可以找到满足下式的 β_i,b_i,w_i 的参数：

$$\left\| H(\widetilde{w_1},\cdots,\widetilde{w_{\tilde{N}}},\widehat{b_1},\cdots,\widehat{b_{\tilde{N}}})\widehat{\beta}-T \right\|$$
$$=\min_{\beta_i,b_i,w_i}\left\| H(w_1,\cdots,w_{\tilde{N}},b_1,\cdots,b_{\tilde{N}})\beta-T \right\| \tag{9-3}$$

将式（9-3）进行等价转化，推导出如下等式：

$$E=\sum_{j=1}^{N}\left(\sum_{i=1}^{\tilde{N}}\beta_i\vartheta_i(w_i,b_i,x_j)-t_j \right)^2 \tag{9-4}$$

式（9-4）即为偏差最小化函数。因此，在 w_i 和 b_i 修正之后，原表达式成为线性系统，输出权值 β 可以用下式进行计算：

$$\widehat{\beta}=H^{\#}T \tag{9-5}$$

其中，是矩阵 H 的 Moore-Penrose 的广义逆。综上所述，可以首先给隐藏层节点的 w_i 和 b_i 分配一组随机数，然后根据上式，计算输出权值 $\widehat{\beta}$，从而给出一个趋于 0 的训练误差 ε。目前，计算矩阵 Moore-Penrose 广义逆的方法较多，如正射投影法、正交化法、迭代法以及奇异值分解法等。

从 ELM 方法的工作原理可知，该方法通过单步计算代替了传统智能方法训练过程中最耗时的参数给定过程，显著缩短了样本训练时间。相关文献的研究表明，ELM 在缩短训练时间的情况下，仍能够保持较好的预测准确性。

9.2　基于极限学习机的功角稳定性预测技术

为充分利用 ELM 重复训练代价低、学习速度快的优势，建立起一个以 ELM 分类器为核心的电力系统暂态过程稳定评估模型，其具体的框图如图 9.2 所示。该模型中，ELM 的初始样本数据基于离线仿真和历史采集数据产生，然后将对电力系统暂态稳定性影响较大的特征数据筛选出来，并以此作为 ELM 分类器的训练输入，最后，基于样本数据中获得的先验知识和实时采集的系统信息，对系统暂态稳定性进行预判。对电力暂态稳定关键特征信息的筛选，不仅能提高 ELM 方法的学习和处理速度，而且有助于运行人员了解重要的系统参数。

在进行电力系统暂态稳定预测时，基于 ELM 的分析模型将采集的系统信息作为输入，然后经过一个短暂的延时，给出系统的暂态稳定预测结果。若状态不稳定，则可以通过执行预防控制措施来保持稳定，同时，开始量测下一个周期的电力系统状态信息，并继续进行预测分析。采集的电力系统历史信息，作为新的样本加入样本数据库中，另外，也可以通过基于实测信息的时域仿真来获得新的样本数据。样本数据是不断根据电力系统的运行状态产生的，因此，通过对 ELM 分类器不断地重复训练，可以使该模型的先验知识更加丰富，从而与实际电力系统运行状态匹配。

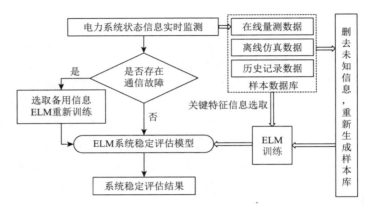

图 9.2 基于 ELM 的暂态稳定评估模型

在对 ELM 模型进行训练和测试时，ELM 对稳定状态的评价通过输出的 T_Y 值表示，T_Y 值较大的代表系统的状态稳定，数学表达式如下：

$$\text{if} \quad T_Y \geqslant 0 \rightarrow T_Y = 1(\text{stable})$$
$$\text{if} \quad T_Y < 0 \rightarrow T_Y = 0(\text{unstable})$$

(9-6)

ELM 模型的输入特征是影响功角稳定性预测模型性能的重要因素之一，因此需要对电力系统中与暂态功角稳定性相关的特征进行选取。电力系统中，与暂态功角稳定性相关的运行参数规模非常巨大，在实际电力系统在线分析和预测中，同时对这些参数进行处理具有较大的难度。因此，有必要对由历史/仿真数据及在线记录数据形成的样本数据库进行提前处理，确定与电力系统暂态过程稳定性强相关的关键信息，从而将这些关键信息作为 ELM 的输入，用于电力系统暂态过程稳定性的快速预测。

首先，对反映电力系统稳定运行和动态过程的电力系统运行参数信息进行收集，汇总如表 9.1 所示。表 9.1 中所列的相关数据都能够通过 PMU 或其他监测设备进行实时量测。基于此运行参数信息，进行筛选后，可形成 ELM 模型输入特征。

表 9.1 暂态功角稳定性相关的电力系统运行参数信息汇总表

符号	描述
P_1, Q_1	稳态下，系统各线路中有功功率、无功功率传输量
ΔP, ΔQ	系统中各节点注入有功功率、无功功率的故障后 4 周波的变化量
Δw	系统中发电机转子角速度的故障后 4 周波的变化量
$\Delta \delta$	系统中各发电机转子功角的故障后 4 周波的变化量
ΔV, $\Delta \theta$	系统中各节点电压赋值、相角的故障后 3 周波的变化量
T	系统发生的故障的类型
Δt	系统发生的故障的持续时间

9.2.1　功角稳定性预测模型的特征选取方法

目前，关键特征分析方法比较多，常见的方法包括主成分分析法、离散分析法、费希尔判别法等。在本节中，主要参考费希尔判别法，该方法基于子集的离散度进行评价，并通过一定的权值体现差异。通过权值上的差异，可以判断出信息的相对重要程度。

费希尔判别法基于费希尔线性区分函数 $F(w)$，即以从 D 维空间中，向一条线做投影的方式，对数据进行区分。假设有 n 个 D 维的训练样本 $x_1, x_2, \cdots, x_n$，其中 n_1 个样本属于 C_1 类，n_2 个样本属于 C_2 类，需要确定线性映射 $y = w^{\mathrm{T}}x$，使式（9-7）最大：

$$F(w) = \frac{|m_1 - m_2|}{\sigma_1^2 + \sigma_2^2} \tag{9-7}$$

其中，m_i 是 C_i 的均值；δ_i 是 C_i 的偏差。对式（9-7）进行转化后，写为 w 的表达式，如下：

$$F(w) = \frac{w^{\mathrm{T}} S_B w}{w^{\mathrm{T}} S_W w} \tag{9-8}$$

其中，S_B 是类间的离差矩阵；S_W 是类内的离差矩阵。基于特征集的类间区分度，可以通过以下公式进行计算：

$$J_F = \mathrm{trace}(S_W^1 S_B) \tag{9-9}$$

J_F 的幅值可以作为特征集合线性区分度的指标，其中，J_F 值越高，数据区分越明显。

为确定最优的特征子集，通常将费希尔判别法与搜索过程相结合，但在对大规模数据进行处理分析时，搜索过程的引入极大地增加了计算代价，使在线辨识与分类相关的关键信息的效率降低。因此，通过以下公式来代替费希尔判别法，以评价一个单独特征信息的区分度，即对于第 k 个特征，区分度可以表示为

$$F_S(k) = \frac{S_B^{(k)}}{S_W^{(k)}} \tag{9-10}$$

其中，$S_B^{(k)}$ 和 $S_W^{(k)}$ 是 S_B 和 S_W 中的第 k 个对角元素；特征信息对应的 F_S 值越大，则相应的区分度指标越大，在分类时越重要。为进行快速特征选取，通过上面公式计算每一个特征信息的 F_S，并按照降序排序，然后选择排名较高的部分信息作为与分类相关的关键信息。

9.2.2　基于极限学习机的功角稳定性预测在线实施方法

基于 ELM 稳定评估模型的暂态过程稳定预测方法，进行在线应用时，主要包括如下步骤，具体流程图如图 9.3 所示。

（1）采集电力系统实时信息，判断系统是否发生故障或人为干预，若有，则启动，进入步骤（2）进行预测，若没有，则继续进行检测。

（2）判断 ELM 稳定评估模型的输入信息是否存在缺失，若有，则进入步骤（3），若输入信息完整则进入步骤（4）。

（3）对样本库进行在线修正，利用费希尔判别法快速重新选取影响电力系统暂态稳定的关键信息，并对 ELM 进行在线重新训练。

（4）利用 ELM 对输入的电力系统状态信息进行处理，输出电力系统稳定预测结果。

（5）结束电力系统稳定预测过程。

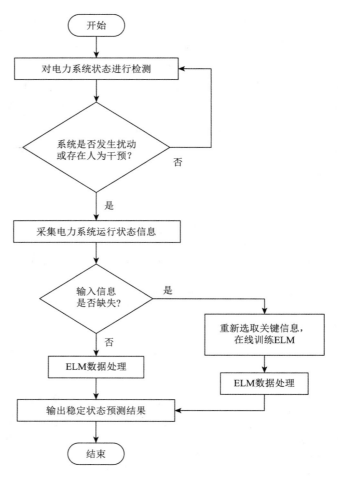

图 9.3 基于 ELM 稳定评估模型的电力系统暂态过程稳定预测方法流程图

9.2.3 基于极限学习机的暂态稳定预测模型应用分析

在本节中，以 IEEE 39 节点标准系统作为测试系统，包括 10 台发电机和 39 条母线。用于学习和测试 ELM 的样本，均基于 Monte-Carlo 原理，一共产生学习样本数据 9000 组，测试样本数据 1000 组。在运行参数设置中，故障类型、负荷水平、故障地点、故障持续时间等参数，均服从一定的概率分布。

为保证 ELM 的训练数据的完备性，选择了反映系统稳态运行和扰动后动态过程的状态参数作为系统运行工况的特征。同时，将系统暂态过程的稳定性状态作为 ELM 的训练目标和输出结果，当系统中任意一台发电机与参考发电机（平衡机）的功角偏差超过 180° 时，则认为电力系统暂态过程不稳定，否则，认为电力系统暂态过程稳定，其 ELM 的输出结果状态分别用 1 和 0 表示，1 代表电力系统暂态过程不稳定，0 代表电力系统暂态过程稳定。图 9.4 分别给出了电力系统暂态过程中系统稳定和不稳定的状态。

另外，根据前述的费希尔判别法，对学习样本数据中各运行参数信息与系统稳定性的关联程度进行评价，并按照重要程度指标从大到小排序。

图 9.5 中给出了各系统运行参数信息按照费希尔判别法求出的指标值，从大到小排列的幅值变化情况。结果表明，不同的系统运行参数信息对于电力系统暂态过程稳定性判别的影响程度存在差异。从图 9.5 中可以看出，系统的动态变化信息比系统的稳态信息，在判定电力系统暂态过程稳定

性时能发挥更大的作用。因此，选择较为关键的前 100 个系统运行参数信息作为关键信息，而剩余的系统运行参数信息作为备选信息。

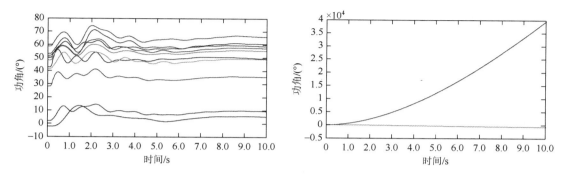

图 9.4　电力系统暂态过程功角稳定与不稳定情况下发电机功角轨迹

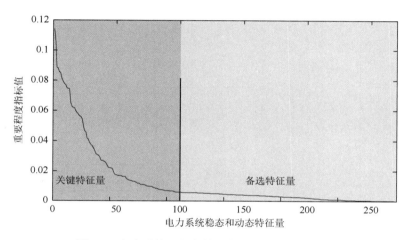

图 9.5　电力系统运行参数信息重要程度指标排序

从图 9.6 中可以看出，与电力系统暂态过程稳定性区分强相关的信息，主要集中在电力系统故障前后运行参数的动态变化信息中，从关键信息的分布上来看，主要包括了系统扰动前后各节点电压幅值、相角的变化信息、系统扰动前后各发电机功角的变化信息以及系统扰动前后各发电机转子角速度的变化信息等。

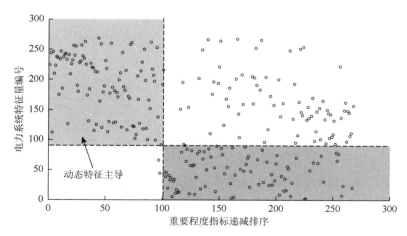

图 9.6　关键运行参数信息分布情况示意图

　　根据对样本数据作用的分类，一类用于训练 ELM 模型，包含 9000 组样本数据，另一类用于测试 ELM 的预测效果，包含 1000 组样本数据。首先考虑隐藏节点数目，对 ELM 预测结果准确度的影响，通过不断增加隐藏节点数目实现，其次，考虑通信故障影响情况下，对关键信息重新选取和 ELM 重新训练的时间代价进行测试，分析此时 ELM 预测结果的准确度。

　　从图 9.7～图 9.9 中可以看出，ELM 方法预测的准确度随着隐藏节点数的变化先是逐渐递增，后趋于平缓，最终发生跌落，在隐藏节点数初始增加的阶段具有 ELM 方法预测准确度逐渐增加，当隐藏节点数目增加到一定程度时，ELM 方法预测准确度不再明显增加，反而略有下降，这是由于隐藏节点数过多，使 ELM 产生过拟合，从而造成了预测准确度的降低。图 9.7～图 9.9 中，三种情况下均存在预测准确度最优的节点数目，在考虑全部信息时，当隐藏节点数为 1960 时，ELM 预测结果准确度能够达到 97.86%，当隐藏节点数超过 3200 时，预测结果准确度开始有下降趋势；在仅考虑 50 种关键信息时，当隐藏节点数为 500 时，ELM 预测结果准确度达到最优，为 96.67%；在仅考虑 100 种关键信息时，当隐藏节点数为 1350 时，ELM 预测结果准确度达到最优，为 97.46%。

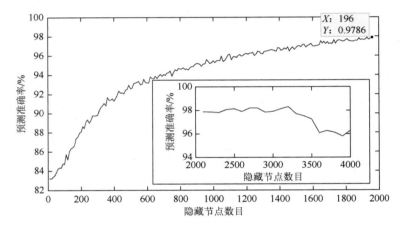

图 9.7　考虑全部信息时，ELM 方法预测准确度随隐藏节点数变化趋势

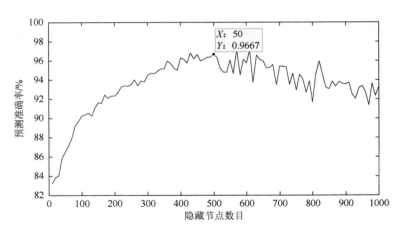

图 9.8　仅考虑 50 组关键信息时，ELM 方法预测准确度随隐藏节点数变化趋势

　　同时，图 9.7～图 9.9 的对比表明，与将所有信息作为 ELM 方法输入的方式相比，仅考虑部分关键信息作为 ELM 方法输入的方式，在最优预测准确度方面略有降低。但表 9.2 中的结果表明，仅考虑部分关键信息的方式有效缩短了训练耗时和预测耗时。因此，经过对系统运行信息进行筛选后，预测准确度虽略有降低，但计算耗时减小，体现出关键信息选取的作用。

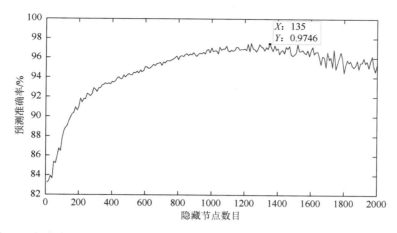

图 9.9　仅考虑 100 组关键信息时，ELM 方法预测准确度随隐藏节点数变化趋势

表 9.2　不同信息选取情况下，ELM 预测实施效果

选取信息数目	隐藏节点数	训练时间/s	训练准确度/%	预测时间/s
全部选取	1960	65.8168	98.32	0.3916
100 组	1350	8.5594	98.49	0.0781
50 组	500	1.2813	98.45	0.0391

　　利用 ELM 对系统状态进行预测时，虽然具有较高的预测准确度，但仍然存在发生预测错误的可能，在该部分中，着重对 ELM 预测发生错误的情况进行分析，以探讨提高 ELM 预测准确度的方法。针对 ELM 预测方法，进行多组测试数据重复测试实验，记录 ELM 的输出结果以及预测结果准确情况。将预测正确与预测错误的情况下，ELM 的输出结果作散点图，其分布情况如图 9.10 所示。

　　从图 9.10 中可以看出，在预测发生错误的情况中，虽然存在部分 ELM 输出结果接近数值 1 的情况，但大部分的 ELM 输出结果集中在区间 0~0.8 内，在区间 0~0.5 内尤为密集；而当 ELM 输出结果超过 0.8 时，几乎没有发生预测错误的情况。因此，通过对 ELM 输出结果的检测，判断 ELM 预测结果的可靠性，也可通过其他方法进行校验、修正，以提高 ELM 电力系统暂态过程稳定评估模型的预测准确度。

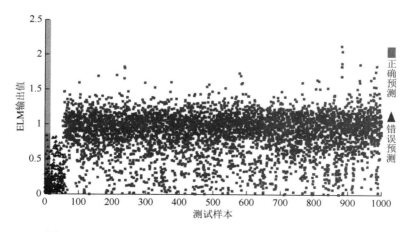

图 9.10　预测正确与错误情况下，ELM 输出结果分布散点图

9.3 频率响应模型与人工智能相结合的频率动态特征预测技术

影响电网受扰后频率动态特性的因素主要有故障类型、故障地点、电网当前运行状态、发电机组/负荷参数、网络拓扑结构等。现有的电网频率动态分析方法主要有全时域仿真法、单机等值模型法和人工智能方法。在全网模型参数精确完善的基础上，全时域仿真法能够准确地再现电网各节点的频率动态变化过程。该类方法的准确性建立在耗费大量计算资源迭代求解高阶非线性微分代数方程组的基础上，因此适用于大型电网频率动态过程的离线分析，而不适用于在线分析或决策。单机等值模型法和人工智能方法通过对系统的简化考虑，适当牺牲分析精度，能够大幅提高计算效率，因此更加适合在线运行。单机等值模型法通过对系统进行简化等值，快速获取系统频率动态特性。影响系统频率响应的主要因素是电网中发电机和负荷相关特性，因此忽略网络拓扑影响；考虑到电力系统频率主要和有功功率相关，因此忽略发电机/负荷的电压动态特性。在上述假设前提下，将全网发电机/负荷模型等值成单机带集中负荷模型，并在此基础上开展频率稳定性分析。常用的单机等值模型有平均系统频率（Average System Frequency，ASF）模型和系统频率响应（System Frequency Response，SFR）模型。

ASF 模型将系统中所有同步发电机的转子运动方程进行聚合，等效成一个等值转子方程，与此同时保留各同步发电机的调速器-原动机模型，并将所有的机械输出功率加和作用于等值转子。ASF 模型基于全时域模型进行简化，并最大程度保留了对系统频率动态影响最大的发电机调速系统。但由于 ASF 模型中发电机组的调速器-原动机模型仍然包含非线性环节，需要进行逐步积分求解，限制了其在线应用范围。因此考虑对该模型进行进一步简化，将调速器-原动机模型进行等值，忽略其中较小的时间常数环节和限幅环节，并忽略非线性环节，以获得频率响应的解析解，即系统频率响应模型。由于 SFR 方法进行了大量简化，计算速度大幅提高的同时，精度相比 ASF 有所降低。从全时域仿真模型到 ASF 模型再到 SFR 模型，是从物理模型层面对系统频率动态响应分析精度和计算效率之间的取舍过程。现有针对物理模型的研究通常都是采用数学降阶方法或广域量测信息模型修正方法等寻找二者之间的平衡，以支持不同类型的应用。

与上述两类模型不同，人工智能方法则是完全脱离了物理模型层面，利用近些年来发展迅速的数据信息科学方法寻找电力系统输入输出的相关性。理论上，若具备充足、精确的样本，人工智能方法可以精确拟合电力系统各种非线性环节的响应特性。但样本选取方式、样本质量以及所采用的人工智能方法将直接影响该方法的有效性。相比较人工智能应用的其他领域，电力系统稳定领域的数据之间往往包含着天然的物理关系（如基尔霍夫定律和欧姆定律），而现有的人工智能方法并没有有效结合数据之间本身的物理规律。

9.3.1 电力系统频率响应模型

通常认为电力系统频率具备全网统一性。这并不指全网各节点频率在任意时刻保持严格一致，而是围绕一个平均频率轻微波动。在电力系统受扰后针对该平均频率进行快速预测能够为在线控制策略赢得时间。系统频率响应模型的出发点即在于将电网中多台发电机组之间的同步振荡频率忽略，只保留系统平均频率响应特征，其简化过程如下。

针对一个主要由再热式火电机组构成的大型电力系统，目标是将系统降阶，用最少方程描述系统平均频率。在该系统中，加速能量经由独立调速器对旋转质量块的动态响应进行独立控制，典型结构如图 9.11 所示。

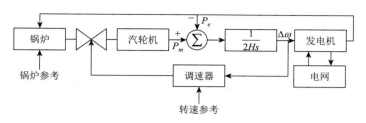

图 9.11　发电系统频率控制框图

SFR 模型只关注引起转子轴转速变化的相关频率，忽略响应速度过慢的锅炉部分的热动力系统以及响应速度过快的发电机电磁动态。简化后的低阶模型包括伺服调速电机、汽轮机和惯性环节，如图 9.12 所示。

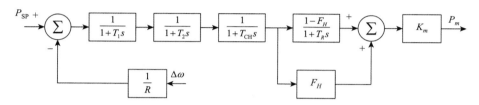

图 9.12　典型再热汽轮发电机模型

当前系统中最大的时间常数是原动机再热时间常数 T_R，其值通常范围在 6～12s，最大限度地决定了原动机功率输出的响应特性。第二大时间常数为系统惯性时间常数 H，通常在 3～6s。第三为调速器调差系数倒数 $1/R$，在控制框图中体现为增益。保留上述时间常数而忽略其他所有较小时间常数，可得图 9.13 所示降阶模型。

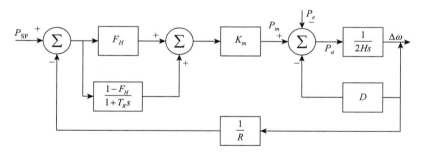

图 9.13　降阶 SFR 模型

其中各变量含义如下。

P_{SP}：负荷增量设定值，标幺值；P_m：原动机机械功率，标幺值；P_e：发电机电磁功率，标幺值；$P_a = P_m - P_e$：加速功率，标幺值；$\Delta\omega$：转速增量，标幺值；F_H：原动机高压缸做功比例，标幺值；T_R：原动机再热时间常数，标幺值；H：惯性时间常数，秒；D：发电机等效阻尼系数；K_m：备用系数。

根据图 9.12，其传递函数表示为

$$\Delta\omega = \left(\frac{R\omega_n^2}{DR+K_m}\right)\left(\frac{K_m(1+F_H T_R s)P_{SP}-(1+T_R s)P_e}{s^2+2\varsigma\omega_n s+\omega_n^2}\right) \tag{9-11}$$

其中

$$\omega_n^2 = \frac{DR + K_m}{2HRT_R} \tag{9-12}$$

$$\varsigma = \left(\frac{2HR + (DR + K_m F_H)T_R}{2(DR + K_m)} \right) \omega_n \tag{9-13}$$

在大部分研究中，通常只对发电机电磁功率突变后系统频率响应感兴趣。因此，采用扰动功率 P_d 表示不平衡功率变化，作为输入量，当 $P_d > 0$ 时表示发电功率突然超出负荷功率，反之亦然。对上述系统进行进一步简化，如图 9.14 所示。

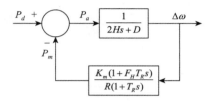

图 9.14　输入量为负荷扰动的简化 SFR 模型

因此频率响应可以进一步表示为

$$\Delta\omega = \left(\frac{R\omega_n^2}{DR + K_m} \right) \left(\frac{(1 + T_R s)P_d}{s^2 + 2\varsigma\omega_n s + \omega_n^2} \right) \tag{9-14}$$

对于突变的扰动功率，通常将其表示为一个阶跃函数：

$$P_d(t) = P_{\text{Step}} u(t) \tag{9-15}$$

其中，P_{Step} 是扰动幅度标幺值；$u(t)$ 是单位阶跃函数。经拉普拉斯变换，式（9-15）可表示为

$$P_d(s) = \frac{P_{\text{Step}}}{s} \tag{9-16}$$

将式（9-16）代入式（9-14）得

$$\Delta\omega = \left(\frac{R\omega_n^2}{DR + K_m} \right) \left(\frac{(1 + T_R s)P_{\text{Step}}}{s(s^2 + 2\varsigma\omega_n s + \omega_n^2)} \right) \tag{9-17}$$

式（9-17）可以解析求解，其时域表达式为

$$\Delta\omega(t) = \left(\frac{RP_{\text{Step}}}{DR + K_m} \right) \left(1 + \alpha e^{-\varsigma\omega_n t} \sin(\omega_r t + \phi) \right) \tag{9-18}$$

其中

$$\alpha = \sqrt{\frac{1 - 2T_R \varsigma\omega_n + T_R^2 \omega_n^2}{1 - \varsigma^2}} \tag{9-19}$$

$$\omega_r = \omega_n \sqrt{1 - \varsigma^2} \tag{9-20}$$

$$\phi = \phi_1 - \phi_2 = \arctan\left(\frac{\omega_r T_R}{1 - \varsigma\omega_n T_R} \right) - \arctan\left(\frac{\sqrt{1 - \varsigma^2}}{-\varsigma} \right) \tag{9-21}$$

9.3.2　基于极限学习机的系统频率响应模型校正方法

极限学习机以其学习速度快、算法简单和精度高的优势，已在电力系统负荷预测研究和新能源

发电功率预测研究等方面得到应用。然而在电力系统暂态稳定态势预测方面应用暂时还较少。这是由于机器学习方法有效应用的前提是具备高质量和高数量的样本，而实际电力系统暂态问题发生频率较低，不足以提供大量样本，因此需要高精度的仿真模拟提供样本数据。这带来的问题是，根据有限数量的样本，单纯利用机器学习方法去挖掘数据内部强非线性联系往往容易产生较大误差，训练结果距离实际应用需求较远。而相比较负荷或发电预测领域研究，电力系统暂态稳定领域的样本数据之间往往包含着天然的物理关系，因此考虑将基于物理模型的处理方法融入机器学习，增加输入数据的信息含量，提高机器学习方法的精度。

极限学习机的性能主要取决于输入特征的选取，当输入特征与输出结果的相关性较高时，性能就更好。在电力系统频率动态特征预测中，极限学习机的输入特征一般为可直接获取的暂态过程前稳态潮流数据（包括各发电机有功无功输出、系统总有功无功功率和负荷功率等）和描述暂态事件特征的数据（如切机故障的系统发电和负荷有功功率缺额）。在实际物理系统中，这些输入数据通过物理模型与输出数据产生联系，决定系统暂态过程态势。SFR 模型方法对中间的物理模型进行简化作为输入和输出之间的联系；而极限学习机方法则是通过神经网络猜测/拟合中间模型而找寻输入和输出之间的联系。考虑通过 SFR 模型方法保留电力系统输入输出数据之间较为明显的物理模型联系，而通过 ELM 方法取猜测/拟合由于 SFR 简化造成的数据联系丢失，从而得到保留了 SFR 快速计算特性但精度大幅提高的态势预测结果。基于极限学习机的系统频率响应模型校正方法流程如图 9.15 所示。

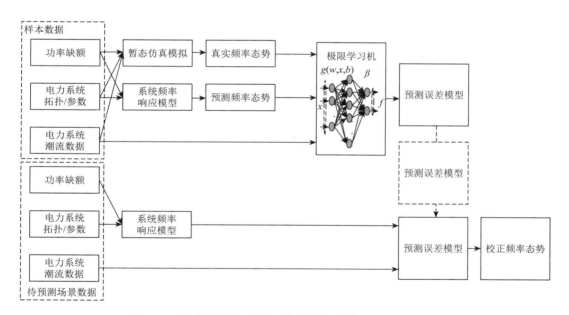

图 9.15　基于极限学习机的系统频率响应模型校正方法流程

通过 SFR 模型将 ELM 方法无法考虑的电力系统网络拓扑结构和机组参数等信息与当前功率缺额进行计算，得到初步的频率态势预测；然后将该态势预测结果与实际数据（即暂态仿真结果）比较得到 SFR 预测误差；该误差是由模型简化、无功-电压问题的忽略等造成的，因此，将其与稳态运行数据（即暂态过程前潮流数据）共同作为极限学习机的输入，利用机器学习的方法寻找二者之间的联系，从而形成预测误差修正模型。将预测误差模型与 SFR 模型共同应用，即可得到校正后的频率态势模型。

需要说明的是，SFR 模型预测结果是频率时域变化的解析表达式，无法直接作为 ELM 方法的输入。对电力系统扰动后频率响应特性而言，最值得关注的三个特征量为：频率变化极值、极值出现时间以及频率稳态值（如果可以恢复）。因此选取这三个量作为频率态势特征值，通过修正 SFR 模型方法对这些变量的预测结果以获得对受扰系统频率态势真实感知。

9.3.3　电力系统受扰频率态势特征计算方法性能分析

采用 IEEE 10 机 39 节点系统标准算例对所提算法的效率及精度进行验证。系统基准频率为 50Hz，基态有功负荷为 6150MW，总旋转备用为 1047MW，平均分布在各台发电机组。

为模拟不同工况下电力系统运行场景，修改系统整体负荷水平，使之满足[0.8，1.07]范围内的均匀随机分布；对所有节点的注入功率乘以[0.9，1.1]区间内正态分布随机数，并由系统平衡节点保持系统功率平衡。设置发电机跳开故障，除 39 号母线平衡节点外，每个样本跳开其余 9 台机组中的一台，循环 120 次。由此，产生 1080 个样本算例。采用 MATLAB PST3.0 软件对样本算例进行时域仿真作为样本真实频率态势。采用所提算法对受扰后频率态势进行预测。采用"10 次 10 折交叉验证"方法对所提算法精度进行计算。

系统频率动态特征预测模型的输入包括：39 条母线注入有功功率和无功功率作为工况特征数据；10 个发电机节点频率变化率和系统发电机参数作为系统频率响应模型输入。极限学习机的输入包含惯量中心频率变化极值、极值出现时间、频率稳态值以及发电机和负荷母线注入有功无功数据共 81 个属性。经过测试，选择的隐藏层节点数量为 375。

采用平均绝对误差（MAE）和平均绝对误差百分比（MAPE）以及回归问题性能度量常用的均方根误差（RMSE）等三个指标对算法精度进行对比：

$$E_{\mathrm{MAE}}(f;D)=\frac{1}{m}\sum_{i=1}^{m}\left|f(x_i)-y_i\right|$$

$$E_{\mathrm{MAPE}}(f;D)=\frac{1}{m}\sum_{i=1}^{m}\frac{\left|f(x_i)-y_i\right|}{\left|f(x_i)\right|}$$

$$E_{\mathrm{RMSE}}(f;D)=\sqrt{\frac{1}{m}\sum_{i=1}^{m}\left(f(x_i)-y_i\right)^2}$$

其中，$D=\{(x_1,y_1),(x_2,y_2),\cdots,(x_m,y_m)\}$ 为给定样本集；y_i 是 x_i 的真实值；f 为预测方法函数。

在随机生成的 1080 个样本仿真结果中：平均频率跌落幅值 0.5651Hz，时间 5.9487s，稳态频率偏差 0.2338Hz。采用 SFR 与 ELM 融合的预测方法，和 SFR 模型方法对系统受扰后频率态势特征进行预测的结果如表 9.3 和表 9.4 所示。

表 9.3　融合方法与 SFR 方法预测结果对比-MAE/MAPE

方法名称	指标名称	最低频率预测误差	最低频率出现时间预测误差	50s 时稳态频率预测误差	计算时间
SFR 模型方法	MAE	0.2438Hz	2.7239s	0.2195Hz	0.0778s
	MAPE	43.1%	45.8%	94.0%	
融合方法	MAE	0.0327Hz	0.2616s	0.0107Hz	0.0056s
	MAPE	5.79%	4.40%	4.58%	

表 9.4　融合方法与 SFR 方法预测结果对比-RMSE

RMSE	最低频率预测误差/Hz	最低频率出现时间预测误差/s	50s 时稳态频率预测误差/Hz
SFR 模型方法	0.3273	3.4467	0.3056
融合方法	0.0518	0.4271	0.0166

　　采用融合方法时平均学习时间为 0.18s。选取"10 次 10 折交叉验证"100 次测试结果其中一次，如图 9.16 所示。

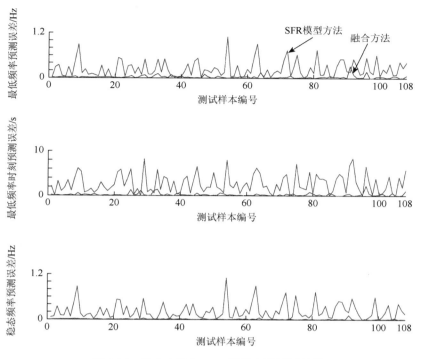

图 9.16　融合方法与 SFR 模型方法测试结果

　　由于该系统备用容量比例较高，系统稳定裕度较大，因此单台发电机组切除后最低频率跌落幅度不大（平均跌落至 49.4349Hz）。融合方法的计算结果误差分别达到 0.0327Hz、0.2616s 和 0.0107Hz，相对误差在 5%左右，但总体比 SFR 模型方法仍有大幅优势。通过 RMSE 指标对比，融合方法误差分布较为稳定，因此具备较高可靠性。在电网结构更为复杂的情况下，融合方法的计算时间并没有显著提高，完全能够满足在线应用处理速度需求。

9.4　本　章　小　结

　　本章在介绍 ELM 算法原理的基础上，分别从电力系统功角稳定性分析、电力系统频率故障特性分析两个角度对 ELM 的应用过程进行了详细介绍。在电力系统功角稳定性分析中，对电力系统运行参数信息进行区分，确定对电力系统暂态稳定性影响较大的信息作为关键信息，并作为 ELM 的输入，对 ELM 进行训练；另外，当进行在线应用时，仅需将量测的关键信息输入 ELM 电力系统暂态过程稳定评估模型，即可获得电力系统暂态稳定预测结果。在电力系统频率故障特性分析中，利用 WAMS 提供的广域量测数据，将电力物理模型融入 ELM 算法，在保留电力系统物理本质的基础上，利用高效的学习算法对简化物理模型计算结果进行修正，从而得到能够同时满足在线计算速度和精度的预测模型。

参 考 文 献

[1]　曾沅，樊纪超，余贻鑫，等. 电力大系统实用动态安全域[J]. 电力系统自动化，2001，（16）：6-10.

[2]　Bhui P，Senroy N. Real-time prediction and control of transient stability using transient energy function[J]. IEEE Transactions on Power

Systems，2016，32（2）：923-934.

[3]　林玉章，蔡泽祥.基于 PEBS 法的交直流输电系统暂态稳定分析[J]. 电力自动化设备，2009，29（1）：24-28.

[4]　薛禹胜. 运动稳定性量化理论[M]. 南京：江苏科学技术出版社，1999.

[5]　李兴源，王秀英.基于静态等值和奇异值分解的快速电压稳定性分析方法[J]. 中国电机工程学报，2003，（4）：5-8，24.

[6]　李宏仲，程浩忠，滕乐天，等. 以简化直接法求解电力系统动态电压稳定 Hopf 分岔点[J]. 中国电机工程学报，2006，（8）：28-32.

[7]　Anderson P M，Mirheydar M. A low-order system frequency response model[J]. IEEE Transactions on Power Systems，1990，5（3）：720-729.

[8]　Chan M L，Dunlop R D，Schweppe F. Dynamic equivalents for average system frequency behavior following major distribances[J]. IEEE Transactions on Power Apparatus and Systems，1972，（4）：1637-1642.

[9]　Mitchell M A，Lopes J A P，Fidalgo J N，et al. Using a neural network to predict the dynamic frequency response of a power system to an under-frequency load shedding scenario[C]. 2000 Power Engineering Society Summer Meeting，Seattle，2000：346-351.

[10]　Xu Y，Dong Z Y，Meng K，et al. Real-time transient stability assessment model using extreme learning machine[J]. IET Generation, Transmission & Distribution，2011，5（3）：314-322.

[11]　胡益，王晓茹，滕予非，等. 基于多层支持向量机的交直流电网频率稳定控制方法[J]. 中国电机工程学报，2019，39（14）：4104-4118.

[12]　朱乔木，党杰，陈金富，等. 基于深度置信网络的电力系统暂态稳定评估方法[J]. 中国电机工程学报，2018，38（3）：735-743.

[13]　田芳，周孝信，史东宇，等. 基于卷积神经网络综合模型和稳态特征量的电力系统暂态稳定评估[J]. 中国电机工程学报，2019，39（14）：4025-4032.

第10章 新能源高渗透下电网断面传输极限精准预测与运行控制

10.1 引　言

近年来，随着互联电网规模的逐渐增加，为了保证大型互联电网间的安全输电，系统调度员需要对输电安全性进行感知并进而采取相应的最优预防策略。极限传输容量（Total Transfer Capability，TTC）因其能有效量化输电通道的安全性的优势，对保证互联电网可靠运行具有重要指导作用。因此，制定能够在线快速感知 TTC 并实现快速 TTC 预防性调度的策略十分重要。

TTC 是一种综合度量指标，需要计及多种稳定校核如暂态稳定性、稳态运行安全性等，计算 TTC 是一个高维非线性的问题，传统方式难以实现含多事故集和多种安全校核的 TTC 在线计算和快速调控。特别是在目前风能渗透率快速增长、利用率逐年提升的情况下，关键断面 TTC 的波动性以及不确定性越来越明显。工程中一些传统的 TTC 整定计算方法，如基于典型方式提前制定固定保守的 TTC 限额、基于灵敏度技术线性化复杂稳定性问题等，已经难以适应风电造成的 TTC 快速变化，其精度不能满足运行要求。

近年来，随着一系列数据挖掘技术成功应用于电力系统在线稳定性分析，已经有研究开始尝试利用数据驱动方法快速计算 TTC。本章旨在利用数据挖掘技术强大的离线规则提取能力和在线规则应用能力，采用数据挖掘技术实现电网关键断面 TTC 的在线精细计算和快速运行调控。

10.2 物理模型驱动的 TTC 计算与控制模型

10.2.1 TTC 计算模型

区域电网间的传输断面 TTC 计算的经典模型可由式（10-1a）表示：

$$\begin{cases} \text{Maximize } \lambda \\ \text{s.t.} \\ H_c\left(X(\tau_0), Y(\tau_0), \lambda\right) = 0, \forall c \in c_0 \bigcup C \\ V_c\left(X(\tau_0), Y(\tau_0), \lambda\right) \leqslant 0, \forall c \in c_0 \bigcup C \\ X(\tau) = G_c\left(X(\tau), Y(\tau), \lambda\right), \forall c \in C, \tau \in \left(\tau_0, \tau_{\text{end}}\right] \\ \psi_c\left(X(\tau), Y(\tau), \lambda\right) \leqslant 0, \forall c \in C, \tau \in \left(\tau_0, \tau_{\text{end}}\right] \end{cases} \tag{10-1a}$$

其中，λ 是一个表示送端发电-受端负荷增长的标量，其通过式（10-1b）控制断面传输潮流：

$$\begin{cases} P_{G_i} = P_{G_i}^0 (1 + \lambda k_{G_i}) \\ P_{D_j} = P_{D_j} (1 + \lambda k_{D_j}), \quad \forall G_i \in \mathbb{G} \bigcap \{\text{Source}\}; D_j \in \mathbb{L} \bigcap \{\text{Sink}\} \\ Q_{D_j} = Q_{D_j} (1 + \lambda k_{D_j}) \end{cases} \tag{10-1b}$$

其中，$\mathbb{G}$ 表示可控的同步发电机集合；$\mathbb{L}$ 表示负荷集合；Source 和 Sink 分别表示发电送端和负荷受端；X 和 Y 分别表示系统的控制变量（如发电机出力等）和状态变量（如电压、相角等）；c 表示当前系统状态；c_0 表示系统初始稳态运行状态；τ_0 对应当前稳态运行时刻；C 为预想事故集；$\left(\tau_0,\tau_{\text{end}}\right]$ 表示稳定性校验的时域；H_c 表示潮流等式约束；V_c 表示稳态约束（如电压上下限约束、发电机出力约束、风场出力限额等）；G_c 表示系统稳定约束，为一组差分代数方程（Differential Algebraic Equation，DAE）；ψ_c 表示稳定性指标，如考虑暂态稳定性，ψ_c 可表示为工程中经典的暂态稳定判据：

$$\left|\delta_i(\tau)-\delta_j(\tau)\right|-180°<0,\quad \forall i,j\in G,\tau\in\left[\tau_0,\tau_{\text{end}}\right]\tag{10-2}$$

其中，δ 表示同步发电机功角。

10.2.2　TTC 计算模型的求解方法

模型（10-1）可通过多种方法进行求解，例如，通过隐式积分法则将 DAE 转化为等式约束，然后使用最优潮流（Optimal Power Flow，OPF）方法优化；又如，采用重复潮流（Repeated Power Flow，RPF）方法，二分式地递增搜索 λ 值，直到搜索到最大满足所有约束的 λ 值。RPF 方法容易实施，且易兼容各种仿真软件，本节主要介绍 RPF 求解 TTC 的方法流程。在 RPF 二分搜索过程中，考虑到风场出力不可控，因此送端发电增长仅考虑可控同步机，同时系统安全按照如下规则进行校核：

（1）通过校核电压越限、线路热稳情况判定系统稳态安全；

（2）基于时域仿真和式（10-2）所示判据，校核系统暂态功角稳定性。

在同一时域仿真窗口内，任一母线电压幅值越限（安全范围为 0.8～1.2p.u.）的累计时间大于 0.5s，即判定系统失稳。

具体算法流程可参考文献[1]。

为了方便叙述，上述算法求解过程在后面将被表示为

$$\lambda^* = \underset{[\text{Bisection}]}{\arg\max}\ \lambda$$
$$\text{TTC}_l = T_l([X(\tau_0),Y(\tau_0)],\lambda^*),\quad \forall l\in K\tag{10-3}$$

其中，T_l 表示计算线路潮流的函数；K 表示断面联络线集合。

10.2.3　TTC 控制模型

为了保证系统安全运行，同时确保电网运行的效益和经济性，TTC 需要被实时监测并控制，使得区域间传输潮流不高于 TTC。结合 TTC 计算模型（10-1），TTC 控制模型可以用式（10-4）表示：

$$\text{Minimize } F(x)\tag{10-4a}$$
$$\text{s.t. } Z(x,y)=0\tag{10-4b}$$
$$H(x,y)\leqslant 0\tag{10-4c}$$
$$\eta_l = PF_l - T_l([x,y],\lambda^*)\leqslant 0,\quad \forall l\in K\tag{10-4d}$$
$$\lambda^* = \underset{[\text{Bisection}]}{\arg\max}\ \lambda\tag{10-4e}$$

其中，x 和 y 分别是控制变量向量和状态变量向量；$F(x)$ 是 TTC 控制成本，本节仅考虑发电机再调度控制，因此控制成本为发电机调节成本；$Z(x,y)$ 和 $H(x,y)$ 分别是潮流等式约束和稳态不等式约束；η_l 为基于 TTC 和传输潮流定义的安全裕度。

可以明显看出，在考虑多预想事故集校核的电网运行控制中，模型驱动方法（10-4e）求解 TTC 需要涉及大量的 DAE 时域仿真计算，这将消耗大量的时间和计算资源，非常不利于在线的 TTC 控制。因此，在 10.3 节中，为了显著减少 TTC 计算时间并改善 TTC 控制效率，数据驱动的 TTC 计算方法将被提出。

10.3　数据驱动的 TTC 计算

基于监督学习的 TTC 计算方法主要包括离线数据库（建立）、样本生成、特征选择、离线训练、在线计算五个步骤，其流程可由图 10.1 直观描述。

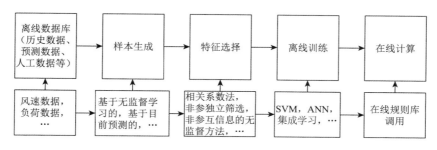

图 10.1　数据驱动的 TTC 在线计算方法流程

10.3.1　样本生成

基于监督学习的 TTC 计算需要分析海量带目标/标签的样本数据。在离线阶段，以 TTC 为目标的样本库将通过历史数据、人工采样数据等方式生成。本小节主要介绍一种全面涵盖所有可能运行场景的样本生成方法，即根据发电机和风场出力限额值、负荷历史数据等，通过蒙特卡罗、拉丁超立方、佳点集等采样方法生成适用于全工况的样本场景。

首先，明确样本的输出特征为 TTC 值，选取可由 SCADA/WAMS 直接或间接量测的系统变量作为输入特征，如式（10-5）所示：

$$U^S = \left\{ P_i^{\mathrm{Inj}}, Q_i^{\mathrm{Inj}}, V_g, P_j^{\mathrm{Load}}, Q_j^{\mathrm{Load}}, V_b \right\} \tag{10-5a}$$

$$Y^S = \left\{ \mathrm{TTC}_l \right\}, \quad \forall i \in G \cup W \cup E, \quad g \in G; j \in B; l \in K \tag{10-5b}$$

然后，在发电机和风场出力限额值、负荷历史数据决定的运行可行域内，进行采样，生成基础工况样本。

最后，使用模型（10-1）和式（10-3）计算各个基础工况对应的 TTC 值，生成最终样本集 $[U^s, Y^s]$。

10.3.2　特征选择

未经处理的样本集往往存在冗余和对目标灵敏度低的特征，若不进行特征筛选处理，将使得 TTC 规则学习效率偏低、精度受到一定程度影响。

特征筛选主要从两方面进行：一是筛选掉输入特征中分布类似、相关性较高的特征；二是提取出对输出特征影响最大的输入特征。

1. 输入特征之间的相关性分析

采用皮尔逊相关系数、最大信息系数[2, 3]等方法对输入特征进行相关性分析，筛选出关联性较强的特征对。然后根据式（10-6）计算特征信息熵，优先保留信息熵较高的特征：

$$\mathrm{Entropy}(x) = -\sum_{i=1}^{h} p_i \log p_i, \quad x \in U^s \tag{10-6}$$

其中，p_i 是某属性 x 内按照区间数 h 均匀分段后每个区间出现的概率。

2. 输入-输出特征的贡献度分析

输入特征对输出特征的贡献度可通过非参独立筛选（Nonparametric Independence Screening，NIS）法计算得到。NIS 法的基本原理是就各个输入特征对输出特征逐一进行一元非参数回归，采用残差平方和指标（Residual Sum of Squares，RSS）来评价各输入对输出的贡献度。多种样条函数（如 B 样条函数等）均可用于实现该过程。一些样条函数的自由度可通过交叉验证进行选取，最终以最小的 RSS 确定最优自由度，并计算输入对输出贡献度。该算法详细过程可参考文献[1]、[4]、[5]。

10.3.3　TTC 规则学习方法

将特征筛选后的样本集输入学习器训练，可获取 TTC 非线性规则。下面介绍几种常用的统计/机器学习方法。

1. 支持向量回归

支持向量回归（SVR）是一种基于统计学习理论的机器学习算法。SVR 能有效地克服"维数灾难"和"过学习"等问题，且具有极强的泛化能力，适合处理含波动性、间歇性和高维数的样本的规则提取问题。

SVR 旨在学习到尽可能与目标集一致的回归模型，其模型可由式（10-7）表示：

$$\begin{cases} \underset{w,b}{\text{Minimize}} \dfrac{1}{2}w^2 + C\sum_{i=1}^{m} l_\epsilon(f^{\text{SVR}}(x_i) - y_i), \quad x \in U^s; y \in Y^S \\ l_\epsilon(z) = \begin{cases} 0, & |z| < \epsilon \\ |z| - \epsilon, \text{其他} \end{cases} \end{cases} \tag{10-7}$$

其中，C 为正则化常数；m 为样本条数。

对式（10-7）引入松弛变量重写后，引入对约束的拉格朗日乘子 $\alpha_i \geqslant 0$ 和 $\overline{\alpha_i} \geqslant 0$ 得到拉格朗日函数，根据 KKT（Karush-Kuhn-Tucker）条件，求解重写后优化问题的对偶问题可以得到 SVR 的决策函数，如式（10-8）所示。以上过程大多数机器学习文献中都有详细讲解，此处不再赘述。

$$f^{\text{SVR}}(x) = \sum_{i=1}^{m} \left(\overline{\alpha_i} - \alpha_i \right) K(x_i \cdot x) + b \tag{10-8}$$

其中，$K(x_i \cdot x)$ 为核函数，用于将输入特征空间 R^m 映射到高维的特征向量空间。

2. 深度信念网络

深度信念网络（DBN）由多层受限玻尔兹曼机（Restricted Boltzmann Machine，RBM）以及单层 BP 层堆叠构成。

RBM 是一种浅层的双层神经网络结构的生成模型，第 1 层为可见层 V，用来接收环境与时间输入变量 x，由随机的 m 个可见（观测）单元 $v_i \in \{0, 1\}$（$i = 1, 2, \cdots, m$）构成，一般为伯努利分布或者高斯分布，第 2 层为隐藏层 H，由随机的隐藏单元 $h_j \in \{0, 1\}$（$j = 1, 2, \cdots, n$）构成，满足伯努利分布。所有的可见单元与隐藏单元全部连接，而可见层与隐藏层自身内部的单元互不连接，即层间全连接，层内无连接。神经元之间的由权重 $W = \{w_{ij}\} \in \mathbb{R}^{m \times n}$ 连接，$A = \{a_i\} \in \mathbb{R}^m$ 和 $B = \{b_j\} \in \mathbb{R}^n$，分别表示第 i 个可见单元和第 j 个隐藏单元的偏置。

对于 V 和 H 均服从伯努利分布的一个 RBM 来说，其能量函数为

$$E(v,h\,|\,\theta) = -\sum_{i=1}^{m} a_i v_i - \sum_{j=1}^{n} b_j h_j - \sum_{i=1}^{m}\sum_{j=1}^{n} v_i w_{ij} h_j \tag{10-9}$$

其中，v_i 和 h_j 表示第 i 个可见单元和第 j 个隐藏单元的二元状态；w_{ij} 表示第 i 个可见单元和第 j 个隐藏单元之间的权值。较低的能量表示网络处于更理想的状态。对能量函数正则化和指数化后可得可见节点与隐藏节点状态的联合概率分布为

$$P(v,h\,|\,\theta) = \mathrm{e}^{-E(v,h|\theta)}\,/\,Z(\theta), Z(\theta) = \sum_{v,h}\mathrm{e}^{-E(v,h|\theta)} \tag{10-10}$$

在逐层无监督训练过程之后，输入特征被表征到更简洁的高维空间中。最终，通过 BP 层反向传播误差对 DBN 进行有监督学习下的参数微调，即可完成对 DBN 整体的训练。基于 DBN 的 TTC 预测器可由式（10-11）表示：

$$f^{\mathrm{DBN}}(x) \triangleq O(S(M_{L-1}(\cdots S(M_1(x))\cdots))) \tag{10-11}$$

其中，S 为非线性激活函数；O 为输出层函数；$M_i(i=1,\cdots,L-1)$ 为仿射函数；L 为 DBN 层数。

3. 基于集成学习的区间预测技术

一个典型的预测区间（Prediction Interval，PI）是指实际目标值会以某个特定的概率（即置信水平）落入的一个预测的区间范围。PI 由一个下限 $\hat{L}^{(c)}(x^t)$、一个上限 $\hat{U}^{(c)}(x^t)$ 和一个特定的概率 $100\times(1-c)\%$ 组成，其中 c 是显著性水平，而 $100\times(1-c)\%$ 是置信水平。

PI 的数学定义如下所示：

$$\hat{I}^{(c)}(x^t) = [\hat{L}^{(c)}(x^t), \hat{U}^{(c)}(x^t)], \quad x^t \in \mu^s \tag{10-12}$$

一般地，三种指标会被用于计算区间预测的质量，分别是预测区间覆盖概率（PICP）、预测区间归一化平均带宽（PINAW）和累积带宽偏差（AWD）。

（1）PICP 指标表明训练样本集的目标被预测区间覆盖的概率：

$$\mathrm{PICP}^{(c)} = \frac{1}{m^t}\sum_{i=1}^{m^t}\kappa_i \tag{10-13}$$

其中，κ_i 是布尔变量，其定义如下式所示。PICP 值越高表明 PI 的质量越高。

$$\kappa_i = \begin{cases} 1, & y_i \in \left[\hat{L}_i^{(c)}(x^t), \hat{U}_i^{(c)}(x^t)\right] \\ 0, & y_i \notin \left[\hat{L}_i^{(c)}(x^t), \hat{U}_i^{(c)}(x^t)\right] \end{cases} \tag{10-14}$$

（2）AWD 用于量化训练目标偏离 PI 的上限或者下限的程度，可通过式（10-15）和式（10-16）计算。AWD 越低表明 PI 的质量越高。

$$\mathrm{AWD}_i^{(c)} = \begin{cases} \dfrac{\hat{L}_i^{(c)}(x_i) - y_i}{\hat{U}_i^{(c)}(x_i) - \hat{L}_i^{(c)}(x_i)}, & y_i < \hat{L}_i^{(c)}(x_i) \\[3mm] 0, & y_i \in \hat{I}^{(c)}(x_i) \\[3mm] \dfrac{y_i - \hat{U}_i^{(c)}(x_i)}{\hat{U}_i^{(c)}(x_i) - \hat{L}_i^{(c)}(x_i)}, & y_i > \hat{U}_i^{(c)}(x_i) \end{cases} \tag{10-15}$$

$$\mathrm{AWD}^{(c)} = \frac{1}{m^t Z}\sum_{i=1}^{m^t}\mathrm{AWD}_i^{(c)} \tag{10-16}$$

（3）PINAW：选择一个上限为正无穷、下限为负无穷的预测区间，PICP 和 AWD 值可以达到最优。然而，这种 PI 无法提供任何有用信息。因此，为了构建一个信息度较高的 PI，需要引入 PINAW，如式（10-17）所示。PINAW 值越小，PI 质量越高。

$$\text{PINAW}^{(c)} = \frac{1}{m^t Z} \sum_{i=1}^{m^t} \left[\hat{U}_i^{(c)}(x_i) - \hat{L}_i^{(c)}(x_i) \right] \tag{10-17}$$

其中，Z 是正则化因子。

　　通过集成学习即可训练 PI，即通过调整大量集成的基学习器的权重得以优化 PI。PI 训练理论上是一个多目标优化问题，其中决策变量是集成学习器的权重，定义为 $\beta, \beta \in \mathbb{R}^{1 \times 2M}$（其中，$2M$ 表示参与 PI 训练的基学习器的总和）。PI 训练的目标是在给定 c 的情况下构建质量最优的 PI，其训练过程可被定义为以式（10-18）为目标的最优化过程：

$$\min_{\beta} \hat{Q} = \sum_c \left[\upsilon_1^c \cdot \left| 1 - c - \text{PICP}^{(c)} \right| + \upsilon_2^c \cdot \text{PINAW}^{(c)} + \upsilon_3^c \cdot \text{AWD}^{(c)} \right] \tag{10-18}$$

其中，$\upsilon_i^c (i = 1, 2, 3)$ 为重要性因子。

　　使用粒子群优化（PSO）算法即可求解上述问题。另外地，集成学习被用于改善鲁棒性和 PI 的质量。伪代码（以 DBN 为例）如下。

算法：基于集成学习和 DBN 的预测区间学习

输入：
数据：训练样本集 $\Psi(x^t)$ 和测试样本集 $\Psi(x^e)$
集成学习设置：{M：基上限（或下限）学习器数量}
预测区间设置：用户定义的显著性水平
粒子群算法设置：{N：群体大小；G：最大进化代数}
输出：
最优集成权重 λ^*；训练好的上区间 DBN 和下区间 DBN，分别命名为 U-DBN 和 L-DBN
开始：
1. 对 $\Psi(x^t)$ 中的目标向量进行小的数值摄动。对于输入 U-DBN 的数据，进行正的数值摄动，表示为：$y_m^{t,U} = y^t + \varrho, \varrho > 0, m = \{1, 2, \cdots, M\}$。
相应地，$y_m^{t,L} = y^t - n$ 表示为输入 L-DBN 的目标集合，其中，n 是一个摄动向量，其元素均从小区间（如（0，0.2]）中随机采样获得
2. 基于 Bootstrap 重采样，分别将从（$x^t, y_m^{t,U}$）中重采样的上区间样本和 $(x^t, y_m^{t,L})$ 中重采样的下区间样本输入 DBN 中，以训练 U-DBN 和 L-DBN
3. 对于每一个 DBN 执行基于 PSO 的 PI 优化程序，进而可以得到 M 个训练好的基 PI（即基 DBN 对：$[L\text{-DBN}, U\text{-DBN}]$）
4. 随机生成初始粒子 $\beta^1 = \{\beta_i^1 | i = 1, 2, \cdots, N\}$，其中 $\beta_i \in \mathbb{R}^{1 \times 2M}$；对每一个粒子，基于正态分布生成初始速度 v^1，其中 $v \in \mathbb{R}^{N \times 2M}$
5. 基于集成学习的 PI 优化程序：
for $g = 1$：G do
通过下面公式计算对应于每个粒子的上区间和下区间：

$$\hat{L}_i^{(c)}(x^t) = \left[\sum_{j=1}^M \beta_{i,j}^g f_{L,j}^{\text{DBN}}(x^t) \right] / \sum_{j=1}^M \beta_{i,j}^g$$

$$\hat{U}_i^{(c)}(x^t) = \left[\sum_{j=1}^M \beta_{i,j}^g f_{U,j}^{\text{DBN}}(x^t) \right] / \sum_{j=1}^M \beta_{i,j+M}^g$$

$$i = \{1, 2, \cdots, N\}, j = \{1, 2, \cdots, M\}$$

其中，$\beta_{i,j}^g$ 表示第 g 代的第 i 个粒子的第 j 个元素；$f_{L,j}^{\text{DBN}}$ 和 $f_{U,j}^{\text{DBN}}$ 分别表示第 j 个 L-DBN 和 U-DBN
使用式（10-11）～式（10-16）计算 PI 的指标
使用式（10-18）计算每个粒子的适应度
基于 PSO 算子更新每个粒子的位置和速度
End for
End：获得最优集成权重 β^*，U-DBN $f_U^{\text{DBN}}(x)$ 和 L-DBN $f_L^{\text{DBN}}(x)$

10.4　数据驱动规则辅助的 TTC 调控方法

　　前面提到，物理模型驱动的 TTC 计算十分耗时，而借由数据驱动方法，TTC 计算可在秒级时间内完成。因此，自然地，在 TTC 调控过程中，将数据驱动的 TTC 规则替换物理驱动的 TTC 模型即可加速 TTC 调控。本节提出两种规则辅助方法：一种是在 TTC 调控模型中嵌入常见的点估计规则；另一种则是使用区间预测规则，可实现无欠控制风险的 TTC 调控。

10.4.1　点估计规则驱动的 TTC 调控

将模型（10-4）中最复杂、计算最困难的约束（10-4d）和（10-4e）用数据驱动规则替代，即可得到点估计规则驱动的 TTC 调控模型：

$$\text{Minimize } F(x) \tag{10-19a}$$
$$\text{s.t. } Z(x,y)=0 \tag{10-19b}$$
$$H(x,y)\leqslant 0 \tag{10-19c}$$
$$\hat{\eta}_l = \text{PF}_l - f_l^{\Lambda}(D[x,y])\leqslant 0, \quad \forall l\in K;\Lambda\in\{\text{SVR},\text{DBN}\} \tag{10-19d}$$

其中，$D[x,y]$ 为特征提取器，表示从当前优化迭代运行点提取学习器的输入特征。

10.4.2　感知数据规则欠控制风险的 TTC 调控

所有的数据驱动学习算法均无法提取完美无误差的 TTC 规则。若直接使用传统点估计的回归模型表征 TTC 安全边界，回归模型误差的存在，有可能使得数据驱动的 TTC 控制出现"欠控制"情况。"欠控制"可由图 10.2 进行说明。

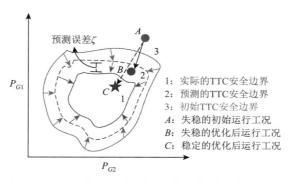

图 10.2　不完美 TTC 规则引起的欠控制风险示意图

如图 10.2 所示，假定系统安全边界由 TTC 安全边界主导，初始运行点 A 位于初始安全边界 3 外；通过数据驱动的 TTC 调控后，运行点移动至 B，TTC 预测器表征的安全边界收缩至 2，此时 TTC 预测结果表明系统已经安全；但由于预测误差 ζ 的存在，此时实际的安全边界为 1，运行点 B 实际位于安全域外部。从运行点 3 至运行点 2 的 TTC 调控过程即为"欠控制"。

通过区间预测技术，欠控制风险可以被感知并加以规避。图 10.3 详细说明了基于区间预测的欠控制风险感知方法。

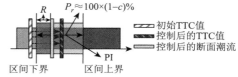

图 10.3　基于 PI 的欠控制风险感知

如图 10.3 所示，控制后的 TTC 预测区间 $\text{PI}=[\hat{L}^{(c)},\hat{U}^{(c)}]$ 已经标出，可见，实际的 TTC 值仍然会以一定概率 R 落入不稳定域中，只要计算出 R 的大小，就能在一定程度上感知预防控制失败的风险概率。通过图 10.3，R 可由式（10-20）计算：

$$
\begin{aligned}
R(x) &= \text{Mean}\left(\sum_c (1-c)\cdot\frac{\text{PF}_l - \hat{L}^{(c)}(x)}{\hat{U}^{(c)}(x)-\hat{L}^{(c)}(x)}\right) \\
&= \text{Mean}\left(\sum_c (1-c)\cdot\frac{\text{PF}_l - \Sigma\beta_L^* f_L^{\text{DBN}}(x)/\Sigma\beta_L^*}{\Sigma\beta_U^* f_U^{\text{DBN}}(x)/\Sigma\beta_U^* - \Sigma\beta_L^* f_L^{\text{DBN}}(x)/\Sigma\beta_L^*}\right)
\end{aligned}
\tag{10-20}
$$

为了计及风险和成本的平衡，将 R 引入模型（10-19）的目标函数中，并取消点估计的 TTC 安全边界约束，则可得到可感知欠控制风险的 TTC 调控模型：

$$\begin{cases} \text{Minimize} \, \alpha R(x) + (1-\alpha)\tilde{F}(x) \\ \text{s.t.} \, \text{式(10-19b)和式(10-19c)} \end{cases} \tag{10-21}$$

其中，α 是一个用户定义的因子，$\alpha \in [0,1]$；$\tilde{F}(x)$ 是归一化调节成本。对于保守的预防控制，该模型倾向于设置一个大于 0.5 的 α 值。理论上，设置 $\alpha = 1$ 能够保证预防控制的成功性，然而，会导致一个较高的成本。

10.4.3　求解方法

模型（10-19）和（10-21）均可采用无梯度的启发式算法进行全局求解。此类启发式算法包括粒子群优化算法、遗传算法、贝叶斯优化[6]等。此类算法非常容易实施，且容易兼容各类高性能计算集群。

10.5　测　试　算　例

10.5.1　测试系统概述

通过改进的 IEEE-39 节点系统验证方法可行性，系统基准功率为 100MW。在初始系统中，区域 1 是受端系统，由区域 2 和区域 3 组成的送端系统向受端系统通过 4 条联络线——1-39、2-3、18-3 和 15-14 输电。节点 17 和节点 21 接入以 DFIG 为主要构成的风场，风场的额定容量均为 600MW。在此系统中设计了两种不同的测试场景：①TC_1：初始系统（暂态失稳工况）；②为了验证所提方法应用在多区域系统中的可行性，初始系统被修改成为新系统，其中线路 16-17 退出，节点 24 和节点 14 连接成为线路 24-14，进而我们可以得到 TC_2 场景，即送端系统包含两个不直接相连的区域 2 和区域 3，通过联络线 1-39，2-3，18-3，15-14 和 24-14 向受端系统输电。如图 10.4 所示。

注意，本节以 DBN 作为基准数据驱动算法，给出了 TTC 精准预测和安全控制的算例验证。

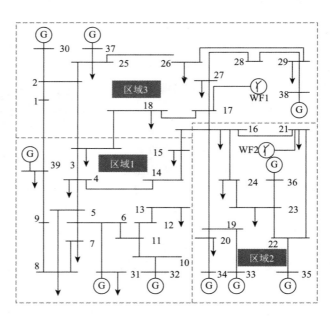

图 10.4　改进 IEEE-39 节点系统

10.5.2　数据驱动的 TTC 估计

在 TC_1 上测试基于数据驱动的 TTC 精准预测方法。

表 10.1 所示为对初始样本特征的筛选结果。

表 10.1　特征筛选结果

属性类别	属性构成
电压类	无
功率类	P_9^{Load}，Q_7^{Load}，$P_{1\sim3}^{\text{Gen}}$，$Q_{1\sim4}^{\text{Gen}}$
统计类	Q_Σ^{Sink}，$Q_\Sigma^{\text{Receive}}$，$P_\Sigma^{\text{Load}}$

图 10.5 所示为基于 DBN 的 TTC 精准预测结果。

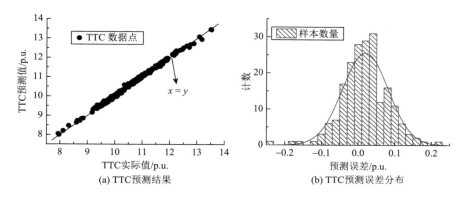

(a) TTC 预测结果　　　　(b) TTC 预测误差分布

图 10.5　TTC 精准预测结果

图 10.5 表明基于 DBN 的 TTC 预测器在测试集上的误差分布均值仅为 0.2MW，标准差仅为 4MW，预测精度满足工程应用需求。

10.5.3　数据驱动规则辅助的 TTC 调控

在 TC_1 和 TC_2 上测试基于数据驱动的 TTC 运行控制方法。

点估计规则辅助的 TTC 控制结果如图 10.6 所示。

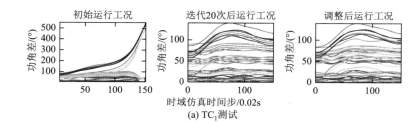

(a) TC_1 测试

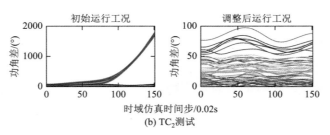

(b) TC$_2$测试

图 10.6　预想事故发生后暂态功角轨迹

区间预测规则辅助的 TTC 控制结果如下。

将基于 DBN、BP 神经网络、多元线性回归（Multiple Linear Regression，MLR）和 DBN 集成的 PI 用于对比试验。每个 PI 训练算法执行 10 次，取 PI 质量指标的平均值评估各个算法的性能；在测试样本集上测试后的结果如图 10.7 所示。DBN 集成的 PI 表现最优。

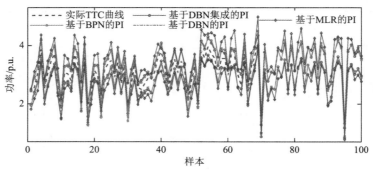

图 10.7　区间预测结果

定义欠控制指标（Insufficient Control Index，ICI）为

$$\mathrm{ICI} = \frac{\displaystyle\sum_{i}^{S^U} S_i^F}{S^U} \times 100\%, \quad S_i^F = \begin{cases} 0, & \widehat{\eta}_l \leq 0, \eta_l \leq 0 \\ 1, & \text{其他} \end{cases}$$

上式为额外生成的 S^U 个失稳场景中，实际成功控制的场景数占比。

作为对比试验的误差补偿（Fixed-ε）的保守性控制模型为

$$\text{Minimize } F(x) \tag{10-22a}$$

$$\text{s.t. } Z(x, y) = 0 \tag{10-22b}$$

$$H(x, y) \leq 0 \tag{10-22c}$$

$$\hat{\eta}_l = \mathrm{PF}_l - f_l^{\varLambda}(D[x, y]) \leq -\varepsilon, \varepsilon > 0, \quad \forall l \in K, \quad \varLambda \in \{\mathrm{SVR}, \mathrm{DBN}\} \tag{10-22d}$$

图 10.8 给出了感知风险方法和误差补偿方法进行保守控制后的控制结果。

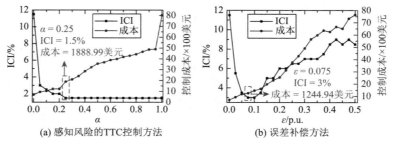

(a) 感知风险的 TTC 控制方法　　　(b) 误差补偿方法

图 10.8　控制成本和 ICI 指标曲线

虚线方框给出的是两种方法第一次达到最低欠控制风险时的成本和 ICI 指标

图 10.8 表明，随着保守控制的权衡逐步提升（方法（a）中增加 α 值，方法（b）中增加 ε 值），方法（a）的控制风险逐步下降。而方法（b）在 ε 值增加至 0.1p.u. 前控制风险下降，0.1p.u. 后控制风险反而上升，这是因为方法（b）直接对 TTC 安全边界约束进行了全面收缩，无法保证模型收敛；而方法（a）将 TTC 边界控制转化至目标函数中，不会影响系统安全约束边界，其模型收敛性更好。同时，注意到在方法（a）能达到的最低风险低于方法（b），这表明方法（a）对风险的控制更好。

10.6　本 章 小 结

现代电网运行方式在风电渗透率升高、负荷特性复杂化等因素影响下不确定性越发增强。传统基于保守方式整定的关键断面极限传输容量限额已经不能满足高不确定性电网的计算精度和效率要求，亟须研究新型的断面稳定极限计算方法。

随着电网数据量规模越来越庞大，数据驱动技术在电力系统中的应用越来越广泛。在大量应用场景下，如稳定性计算等，数据驱动技术已经表明其能够以较高的精度和极快的速度实现需求。本章讨论了基于数据驱动技术的高渗透风电电网的关键断面极限传输容量精准计算和运行控制方法，完整地给出了采用数据挖掘技术计算和控制极限传输容量的框架，创新地提出了一种可感知数据规则欠控制风险的极限传输容量控制技术，并定量地给出了几种典型机器学习算法的应用效果。算例表明，所提方法通过对离线数据的深度挖掘，能够精确提取多耦合因素影响下、稳定性边界条件约束下的 TTC 非线性规则，实现实时的 TTC 计算。进一步地，基于 TTC 精准计算模型建立的控制模型能够可靠地实现 TTC 运行控制，并灵活地权衡控制保守度和控制成本。

参 考 文 献

[1] Liu Y, Zhao J, Xu L, et al. Online TTC estimation using nonparametric analytics considering wind power integration[J]. IEEE Transactions on Power Systems，2019，34（1）：494-505.

[2] Qiu G，Liu J，Liu Y，et al. Ensemble learning for power systems TTC prediction with wind farms[J]. IEEE Access，2019，（7）：16572-16583.

[3] 邱高，刘俊勇，刘友波，等. 风电外送通道极限传输能力的自适应向量机估计[J]. 电工技术学报，2018，33（14）：3342-3352.

[4] 刘挺坚，刘友波，刁塑，等. 连锁故障中负荷损失数值特征的非参关联分析[J]. 电力自动化设备，2018，38（7）：148-154，161.

[5] 尤金，刘俊勇，刘友波，等. 基于非参数估计的无功电压控制响应规则辨识[J]. 电力系统保护与控制，2018，46（13）：1-12.

[6] Liu T，Liu Y，Liu J，et al. A Bayesian learning based scheme for online dynamic security assessment and preventive control[J]. IEEE Transactions on Power Systems，2020，35（5）：4088-4099.

第四部分　基于人工智能的控制和优化技术

第 1 章　基于强化学习的双有源全桥直流变换器效率优化方案

双有源全桥直流变换器于 20 世纪 90 年代初首次被提出，它包含一个隔离变压器、一个电感和两个桥式变换单元。作为目前最为流行的双向拓扑之一，双有源全桥直流变换器被广泛应用于电动汽车、智能电网以及可再生能源系统中[1]。

为了提高双有源全桥直流变换器的效率，本章提出了一种基于强化学习的三重移相（Triple-Phase-Shift，TPS）调制的效率优化方案。Q-learning 算法作为强化学习的一种经典算法，用于对智能体进行离线训练，以得到相应的调制策略。然后由训练好的智能体根据当前运行环境在线提供实时的调制策略。本章中，强化学习的主要目标是获得最低损耗所对应的移相角。在 Q-learning 算法的离线训练过程中，考虑了 TPS 调制的所有可能的运行模式，从而避免了传统方案中需要选择对应运行模式的烦琐过程。基于以上优点，本章所提出的基于强化学习的效率优化方案可以在整个运行范围内提升双有源全桥直流变换器的运行性能。仿真和实验进行验证结果表明，所采用的基于强化学习的效率优化方案可以有效地提高双有源全桥直流变换器的效率和运行性能。

1.1　应用背景

随着全球变暖和化石燃料消耗等问题日益突出，可再生能源研究受到了广泛关注。国际能源署（International Energy Agency，IEA）研究并预测了 2000~2030 年国际电力需求变化，研究发现可再生能源发电的增长速度在所有的发电类型中的增长速度最为迅速[2]。可再生能源可以从水力、地热、木材、生物质、废物、风能和太阳能等来源获取。作为目前最大的可再生能源发电形式，水电受到了可用水库的限制，类似的困难也阻碍了地热发电的发展。与此同时，利用木材、生物质和废物发电会产生温室气体，从而引发环境问题。相比之下，风能和太阳能都属于清洁能源，并具有足够的潜力来满足全球的能源需求。新能源发电过程不会产生污染，它的增长速度相对于其他发电方式而言是最快的。

与线性电源相比，开关直流变换器因为其具有高效率、高功率密度和低生产成本等优势得到了广泛的应用。随着电力电子技术的发展，高频化成为开关电源的主流发展方向；进而使得变换器体积减小、重量减轻、功率密度增加以及获得更为优异的性能。当前，双有源全桥直流变换器作为一个经典的开关直流变换器，因为其结构简单、性能可靠等优势，被广泛应用于电动汽车、智能电网和可再生能源发电系统[3, 4]。

作为一种最简单的调制方式，单移相（Single-Phase-Shift，SPS）调制策略已成为双有源全桥直流变换器中最常用的调制方式之一[5]。然而，SPS 调制策略存在软开关范围窄、电流应力强和环路电流大等问题，严重制约了其性能和效率。为了解决上述问题，近年来各种调制策略相继被研究人员提出。例如，双重移相（Dual-Phase-Shift，DPS）调制策略被提出以扩大软开关的范围、降低电路中的电流应力和无功功率[6]。然而，当电路的运行状态从重载条件切换到轻载条件时，DPS 调制会产生比较大的电流应力进而降低电路的稳定性。为了进一步减小电路中的电流应力和环路电流，扩展移相（Extended-Phase-Shift，EPS）调制策略被提出[7]。但是，当变换器在 Buck 和 Boost 模式切换时，内部移相角的变化需要转移至高压侧，以提升变换器的运行效率。采用三重移相（TPS）调制策略可以获得最小的导通损耗、最大的软开关范围、最小的电流应力和最小的功率损耗[8]。事实上，

SPS、DPS 和 EPS 可以看成 TPS 的一种特殊情况；但由于 TPS 调制策略中包含了三个独立的控制变量，其计算变得十分复杂，以至于在实际应用中难以统一。

近年来，基于 TPS 的效率优化策略的研究也在不断深入。基于损耗模型的优化方法可以通过建立精确的功耗模型来提高变换器的效率[9]。但是这种控制策略需要大量的离线计算，可移植性较差，不利于在线连续优化性能。此外，基于 TPS 的无功功率优化方式可以获得最小的无功功率和回流功率[10-12]。但是这种方式操作比较复杂，在实际应用中需要离线计算。此外，基于 TPS 的软开关优化方案，可以使得变换器中所有的开关均实现零电压开通（Zero-Voltage-Switching，ZVS）[13]。但是这种方式难以获得最大的效率；并且为了实现较低的电感电流有效值，该方法需要离线运算，使其灵活性较低，不利于在线连续控制。为了解决上述问题，许多先进的迭代方法近年来陆续被用来求解双有源全桥直流变换器的优化问题，如拉格朗日乘子法（Lagrange Multiplier Method，LLM）[14]、遗传算法（Genetic Algorithm，GA）[15]和牛顿迭代法[16]。然而，这些方法存在计算量大、依赖初始移相角的设置和变换器模型等局限性。

近年来，人工智能（Artificial Intelligence，AI）技术的快速发展改变了过去几十年传统的控制方式。作为人工智能的一个分支，强化学习方法被广泛应用于各类控制问题的优化[17]。强化学习的基本学习机制表明，在没有环境模型的情况下，它能够接收和处理动态环境中的不完整和不确定信息，产生最佳策略，选择最佳动作，从而最大限度地发挥其动态环境的影响[18]。Q-learning 算法作为强化学习中经典的算法之一，近年来越来越受到人们的关注。Q-Learning 算法是一种使用时序差分求解强化学习控制问题的方法。与此同时，使用 ε-greedy 法和 Bellman 最优方程来选择新的动作[19]。与其他强化学习算法相比，Q-learning 算法具有简单的 Q 函数，当智能体与动态环境交互时可在线使用。

本节提出了一种基于强化学习算法的 TPS 调制效率优化方案。其主要目的是获得双有源全桥直流变换器的最佳移相角，通过降低变换器的损耗来获得最大的运行效率。

1.2 双有源全桥直流变换器的三重移相调制和损耗分析

1.2.1 三重移相调制的基本原理

图 1.1 为双有源全桥直流变换器的电路结构图和等效电路。从图 1.1（a）可以看出，双有源全桥直流变换器是由两个对称的全桥、一个电感和一个隔离变压器组成。其中，每个全桥包含四个开关管，电感 L_k 表示外部串联电感和变压器漏电感的等效电感。变压器的匝数比为 $n:1$，v_{AB} 为变压器初级侧的交流电压，v_{CD} 为变压器次级侧的交流电压，i_{L_k} 为经过等效电感 L_k 的电流。将图 1.1（a）所示的电路结构图等效到变压器的初级侧，可以得到简单的等效电路，如图 1.1（b）所示。由图 1.1（b）可知，v'_{CD} 为变压器次级侧的交流电压 v_{CD} 等效到初级测的值，且 $v'_{CD} = n \times v_{CD}$。

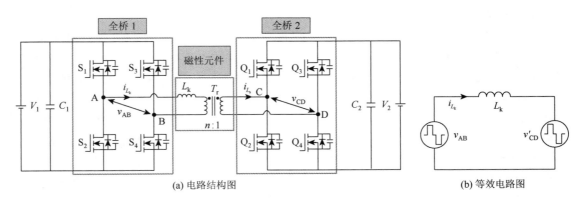

(a) 电路结构图　　　　　　　　　　　　(b) 等效电路图

图 1.1　双有源全桥直流变换器的电路结构图和等效电路

图 1.2 所示为采用 TPS 调制时双有源全桥直流变换器的相关电压和电流波形。图 1.2 包含了三个移相角（D_1，D_2，D_3），其中 D_1 表示开关管 S_1 与开关管 S_4 之间的移相角，D_2 为开关管 Q_1 与开关管 Q_4 之间的移相角，D_3 为开关管 S_1 与开关管 Q_1 之间的移相角。当 $D_1 = D_2 = 1$ 时，可以将 TPS 调制视为 SPS 调制；当 $D_1 = 1$ 或 $D_2 = 1$ 时，可以将 TPS 调制视为 EPS 调制；当 $D_1 = D_2 \neq 1$ 时，可以将 TPS 调制视为 DPS 调制。移相角（D_1，D_2，D_3）重叠、部分重叠和没有重叠的不同组合，使得 TPS 调制存在 6 个不同的工作模式和对应的 6 个互补工作模式[20]。各个工作模式所对应的移相角约束和传输功率范围如表 1.1 所示。双有源全桥直流变换器的 12 种工作模式所对应的波形如图 1.3 所示。

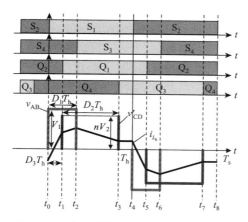

图 1.2　双有源全桥直流变换器的主要波形

双有源全桥直流变换器能够传递的最大功率 P_{omax} 可以表示为

$$P_{\text{omax}} = \frac{nV_1V_2}{8f_sL_k} \tag{1-1}$$

其中，n 表示变压器的匝数比；V_1 表示输入电压；V_2 表示输出电压；f_s 表示变换器的开关频率。

归一化传输功率 P_{pu} 可以定义为

$$P_{\text{pu}} = P_o / P_{\text{omax}} \tag{1-2}$$

其中，P_o 是变换器的传输功率。根据表 1.1 可知，对于一个特定的传输功率，可以采用几种不同的工作模式来满足功率要求。

表 1.1　双有源全桥直流变换器各个工作模式所对应的移相角约束和传输功率范围

工作模式	约束	功率范围/p.u.
1 和 1'	$D_1 \geqslant D_2$，$0 \leqslant D_3 \leqslant (D_1 - D_2)$	$-0.5 \sim 0.5$
2 和 2'	$D_2 \geqslant D_1$，$(1 + D_1 - D_2) \leqslant D_3 \leqslant 1$	$-0.5 \sim 0.5$
3 和 3'	$D_2 \leqslant (1 - D_1)$，$D_1 \leqslant D_3 \leqslant (1 - D_2)$	$-0.5 \sim 0.5$
4 和 4'	$D_1 \leqslant D_3 \leqslant 1$，$(1 - D_3) \leqslant D_2 \leqslant (1 - D_3 + D_1)$	$-0.67 \sim 0.67$
5 和 5'	$(D_1 - D_3) \leqslant D_2 \leqslant (1 - D_3)$，$0 \leqslant D_3 \leqslant D_1$	$-0.67 \sim 0.67$
6 和 6'	$(1 - D_2) \leqslant D_1$，$(1 - D_2) \leqslant D_3 \leqslant D_1$	$-1 \sim 1$

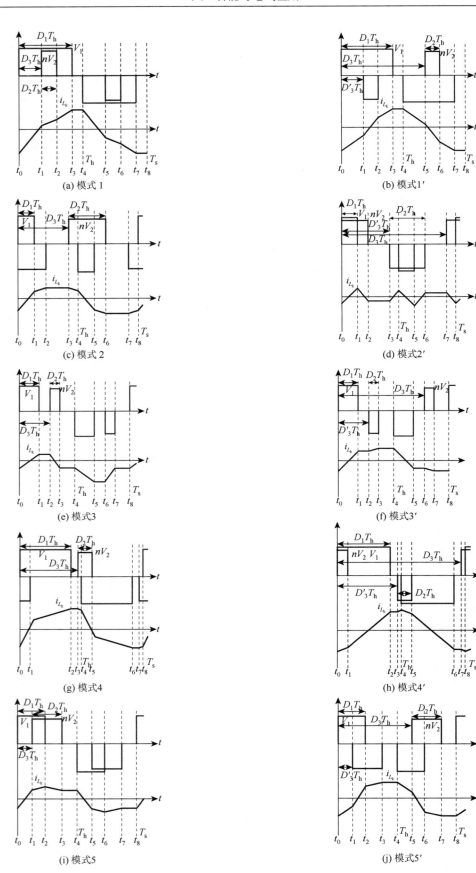

(a) 模式 1

(b) 模式1′

(c) 模式 2

(d) 模式2′

(e) 模式3

(f) 模式3′

(g) 模式4

(h) 模式4′

(i) 模式5

(j) 模式5′

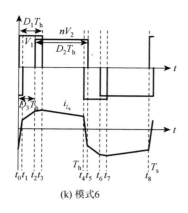
(k) 模式6

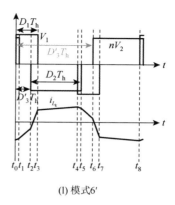
(l) 模式6′

图 1.3　双有源全桥直流变换器的 12 种工作模式：(a) 模式 1：$D_1 \geqslant D_2$，$0 \leqslant D_3 \leqslant (D_1 - D_2)$；(b) 模式 1′：$D_1 \geqslant D_2$，$0 \leqslant D'_3 \leqslant (D_1 - D_2)$；(c) 模式 2：$D_2 \geqslant D_1$，$(1 + D_1 - D_2) \leqslant D_3 \leqslant 1$；(d) 模式 2′：$D_2 \geqslant D_1$，$(1 + D_1 - D_2) \leqslant D'_3 \leqslant 1$；(e) 模式 3：$D_2 \leqslant (1 - D_1)$，$D_1 \leqslant D_3 \leqslant (1 - D_2)$；(f) 模式 3′：$D_2 \leqslant (1 - D_1)$，$D_1 \leqslant D'_3 \leqslant (1 - D_2)$；(g) 模式 4：$D_1 \leqslant D_3 \leqslant 1$，$(1 - D_3) \leqslant D_2 \leqslant (1 - D_3 + D_1)$；(h) 模式 4′：$D_1 \leqslant D'_3 \leqslant 1$，$(1 - D'_3) \leqslant D_2 \leqslant (1 - D'_3 + D_1)$；(i) 模式 5：$(D_1 - D_3) \leqslant D_2 \leqslant (1 - D_3)$，$0 \leqslant D_3 \leqslant D_1$；(j) 模式 5′：$(D_1 - D'_3) \leqslant D_2 \leqslant (1 - D'_3)$，$0 \leqslant D'_3 \leqslant D_1$；(k) 模式 6：$(1 - D_2) \leqslant D_1$，$(1 - D_2) \leqslant D_3 \leqslant D_1$；(l) 模式 6′：$(1 - D_2) \leqslant D_1$，$(1 - D_2) \leqslant D'_3 \leqslant D_1$

1.2.2　损耗分析

本节的主要目的是通过降低双有源全桥直流变换器的损耗来提高其运行效率，因此对功率损耗进行定量的分析是必要的。双有源全桥直流变换通常包含三种功率损耗，即开关管的损耗 P_S、磁性元件损耗 P_M 和未知损耗 P_U[21]。更具体地说，开关的损耗 P_S 可分为导通损耗 P_{C_S}、开关损耗 P_{Sw_S} 和门级驱动损耗 P_{Gat_S}[22]。磁性元件 P_M 可分为隔离变压器和外部串联电感的铜损 P_{Cop_M} 和铁损 P_{Cor_M}。此外，与开关管相关的随温度变化引起的导通损耗在未知损耗中占主要成分。

未知损耗只占总体损耗 P_{A_Loss} 的很小部分，所以在损耗分析中忽略未知损耗，以简化理论分析。因此，具体的损耗计算公式可以总结如表 1.2 所示。根据表 1.2，总体损耗 P_{A_Loss} 可以通过如下公式进行计算：

$$P_{A\_Loss} = \sum_{i=1}^{8} P_{S_i} + P_{M\_Tr} + P_{M\_Lk} \tag{1-3}$$

表 1.2　损耗的计算公式

损耗	损耗类别	损耗计算公式
开关管损耗（P_S）	导通损耗（P_{C_S}）	$R_{DSon} \cdot I_{Drms}^2$
	开关损耗（P_{Sw_S}）	$(E_{onM} + E_{offM}) \cdot f_{Sw}$
	门极驱动损耗（P_{Gat_S}）	$Q_g \cdot V_{gs} \cdot f_s$
磁性元件损耗（P_M）	铜损（P_{Cop_M}）	$I_{Tr\_rms}^2 \cdot [R_{Tr\_pri} + n^2 \cdot R_{Tr\_sec}]$
	铁损（P_{Cor_M}）	$k \cdot f_s^{\alpha} \cdot B_{Tr}^{\beta} \cdot V_e$

式（1-3）中的第一项为八个开关管（$S_1 \sim S_4$，$Q_1 \sim Q_4$）的损耗，P_{M_Tr} 为隔离变压器的损耗，P_{M_Lk} 为外部串联电感的损耗。

在本节中，基于 Q-learning 算法和 TPS 调制方式，求解双有源全桥直流变换器的最优移相角（D_1、

D_2 和 D_3），来降低总体损耗，以获得最大运行效率。其中，（D_1、D_2 和 D_3）作为 Q-learning 算法的训练参数，在表 1.1 所示的 12 个工作模式范围内进行选取。详细的 Q-learning 算法将在 1.3 节给出。

1.3　采用 Q-learning 算法的效率优化方案

1.3.1　Q-learning 算法

Q-learning 是一种典型的强化学习算法，它以 Q 值表的形式对学习到的经验进行记录。根据 Q 值表进行索引来获得最优的动作策略。本节基于 Q-learning 算法求解双有源全桥直流变换器最高效率所对应移相角（D_1、D_2 和 D_3）。为了描述 Q-learning 算法在效率优化控制中的应用，将当前的状态定义为 s，当前动作定义为 a 和对应的奖励值定义为 r，将下一个状态定义为 s'，下一个动作定义为 a'。状态空间 S 以及动作空间 A 分别表示系统的状态和动作的集合，相应的奖励函数和 Q 值的更新方式定义如下。

（1）状态空间 S：在 Q-learing 算法中，双有源全桥直流变换器参考输入量由输入电压 V_1、输出电压 V_2 和传输功率 P_o 组成。对于特定的参考输入量 V_1、V_2、P_o，功率损耗 P_{A_Loss} 由变换器的移相角 D_1、D_2、D_3 决定。本节的主要目的是利用 Q-learning 算法获得损耗最小时所对应的移相角度。因此将状态空间 S 定义为

$$S = [D_1, D_2, D_3] \tag{1-4}$$

（2）动作空间 A：根据马尔可夫决策过程的定义，在强化学习方法中上一时刻的动作决定了当前时刻状态的变化，利用 Q-learning 求解双有源全桥直流变换器的最优控制量的过程实质是从当前状态 s 通过一定的动作策略到达最优控制状态 s^* 的过程。系统状态取决于 D_1、D_2、D_3 的变化，通过改变 D_1、D_2、D_3 的值可以实现状态之间的转移。由于 D_1、D_2、D_3 在表 1.1 所示的区间内是连续变化的，因此，需要根据传输功率与移相角之间的灵敏度来量化状态 s 的值。将变量空间 C_{Di} 定义为

$$C_{Di} = [0, \pm 1] \times \delta, \quad i = 1, 2, 3 \tag{1-5}$$

其中，δ 为状态的变化量。D_1、D_2、D_3 每次的变化量可表示为

$$\Delta D \in C_{Di} \tag{1-6}$$

因此，将系统的动作空间 A 定义为

$$A = \{C_{D1}, C_{D2}, C_{D3}\} \tag{1-7}$$

根据式（1-7）可知，整个系统的动作空间包含 27 种动作。在执行动作 a 后，更新为下一个状态：

$$s' = s + a \tag{1-8}$$

例如，在执行动作 $a = \{0, 0, 0\}$ 后，系统保持原来的状态不变；在执行动作 $a = \{\delta, -\delta, 0\}$ 后，系统从状态 $s = [D_1, D_2, D_3]$ 转移至状态 $s' = [D_1 + \delta, D_2 - \delta, D_3]$。

（3）奖励函数 $r(s, a)$：由于传输功率存在非线性等式约束 $P_o' = P_o$，在 Q-learning 算法中难以直接使用，因此定义功率误差函数 ΔP 为

$$\Delta P(D_1, D_2, D_3) = (P_o' - P_o)^2 \tag{1-9}$$

其中，P_o' 为训练过程中的传输功率；P_o 为期望传输功率。为了得到最小的功率误差和最小的功率损耗，将目标函数 $F(D_1, D_2, D_3)$ 定义为

$$F(D_1, D_2, D_3) = P_{A\_Loss}(D_1, D_2, D_3) + \varphi \cdot \Delta P(D_1, D_2, D_3) \tag{1-10}$$

其中，$P_{A\_Loss}(D_1, D_2, D_3)$ 为式（1-3）中所定义的损耗函数；$\Delta P(D_1, D_2, D_3)$ 为公式（1-9）中定义的功率误差函数；φ 惩罚系数。因此，双有源全桥直流变换器的性能可以通过目标函数 F 来评估，目标

函数 F 的值越小，则表示其性能越好。为了评价所选动作的好坏，定义一个奖励函数 $r(s,a)$：

$$r(s,a)=\begin{cases}1, & \Delta F<0 \\ -|\dfrac{\Delta F}{F_{\text{ref}}}|, & F_{\text{ref}}>\Delta F\geqslant 0 \\ -1, & \text{其他} \\ 120, & F_c\leqslant F_{\min}\end{cases} \tag{1-11}$$

其中，F_{ref} 表示目标函数 F 的参考值，且 $F_{\text{ref}}>0$；$F_{\min}$ 表示目标函数 F 的最小值，$F_{\min}$ 的定义将在后面内容给出；ΔF 表示相邻两个状态的目标函数的差，其表达式为

$$\Delta F=F_c-F_p \tag{1-12}$$

其中，F_c 表示当前状态下的损耗；F_p 表示上一状态的损耗。根据式（1-12）可知，系统的奖励函数取决于损耗的增量。当 $\Delta F>0$ 时，说明当前状态损耗大于上一状态的损耗，此时给该动作一个负的回报值，并且增量越大，回报值越小。当 $\Delta F<0$ 时，说明在执行该动作后，变换器的损耗减小，此时给予该动作一个正的回报值。当系统的损耗小于定义的最小损耗值 $F_{\min}$ 时，给予一个很大的回报值，表明变换器已从初始状态达到最佳的状态。

（4）Q 值表的更新和动作的选取：作为一种增量动态规划算法，Q-learning 的最优策略是逐步选代确定的。对于策略 π，Q 值可以通过如下公式进行计算：

$$Q^{\pi}(s,a)=R_s(a)+\gamma\sum_{s'}P_{ss'}[\pi(s)]V^{\pi}(s') \tag{1-13}$$

其中，$R_s(a)$ 表示在状态 s 获得的平均奖励值；$P_{ss'}[\pi(s)]$ 表示在策略 π 下的状态转移概率；$V^{\pi}(s')$ 表示在状态 s 时经过策略 π 得到的期望值。在强化学习完成以后，$V^{\pi}(s)$ 的值将收敛于 $V^*(s)$，其中 $V^*(s)$ 的表达式为

$$V^*(s_k)\equiv V^{\pi^*}(s_k)=\max_a\{R_s(a)+\gamma\sum_{s'}P_{ss'}[a]V^{\pi^*}(s')\} \tag{1-14}$$

其中，k 代表迭代的次数。

事实上，Q-learning 算法中智能体的状态转移过程通常可以视为马尔可夫决策过程。因此 Q 值表的更新公式可表示为

$$Q^{k+1}(s,a)=Q^k(s,a)+\alpha[r^k+\gamma\max_{a'\in A}Q^k(s',a')-Q^k(s,a)] \tag{1-15}$$

其中，α 为学习率；γ 为折扣因子；$Q^k(s,a)$ 是状态 s 和动作 a 下的 Q 值。

为了使双有源全桥直流变换器获得最优的运行状态。采用 ε-greedy 方法进行动作选择，在选择过程中，尽可能地使用更多的探索策略的同时，尝试探索新的运行策略，并保存每种策略中最优的损耗状态。每一阶段训练的 $F_{\min}$ 为上一阶段训练获得的最低损耗状态。经过 N 次的 ε-greedy 方法学习后，选择 N 次训练中得到最小的 $F_{\min}$ 值作为式（1-8）中的参数，然后利用 Q 值最大的方法进行动作选择以继续进行训练，直到 Q-learning 学习到的策略收敛。基于最大值的动作选择方法由以下公式表示：

$$a'=\arg\max_{a\in A}Q(s,a) \tag{1-16}$$

我们给出 Q-learning 算法终止条件如下：

（1）当算法连续 M 次满足条件 $F_c\leqslant F_{\min}$ 时，认为 Q-learning 算法收敛，训练结束。

（2）当训练次数超过了所设置的最大训练次数 N_T，终止训练。

1.3.2　Q-learning 算法的训练

Q-learning 算法的主要目标是在双有源全桥直流变换器的整个运行范围内求解最小的损耗获得最优控制策略。因此，为 Q-learning 算法选择关键参数是非常重要的，关键参数总结于表 1.3。

Q-learning 算法的训练过程如表 1.4 所示。表中"episode"表示具体运行环境（V_1，V_2，P_o）的各个优化过程，即从初始状态到最终状态的训练过程。

表 1.4 中提到的算法包括两个过程。在第一个过程中，通过 ε-greedy 方法得到 F_{min} 的最小值。第二个过程的主要目的是寻找获得最优状态的动作策略。由于动作 a 最终取决于最大 Q 值，因此选取基于最大 Q 值的动作作为第二个过程的准则，以减轻训练负担，提高学习速度。

在 Q-learning 算法的训练完成后，训练结果会存储在一个表格中。查询该表格时，对应的查询输入值包括输入电压 V_1、输出电压 V_2 和传输功率 P_o。其中输入电压 V_1 从 180V 变化到 240V，输出电压 V_2 保持在 200V，传输功率 P_o 从 0W 变化到 1200W。并将输入电压 V_1 和传输功率 P_o 的间隔设为 0.5，以保证控制精度和减少表格的体积。在实际应用中，当检测到相应的输入量（V_1，V_2，P_o）时，首先对其进行量化，然后直接从该表格中找到相应的行动策略（D_1，D_2，D_3）。值得注意的是，如果在查找表中找不到量化后的输入量（V_1，V_2，P_o），则选择最接近的值，进而找到对应的移相角（D_1，D_2，D_3），用于对变换器进行控制。

表 1.3　Q-learning 算法的关键参数

参数	值
目标函数 F 的惩罚系数（φ）	1.0
学习率（α）	1.0
折扣因子（γ）	0.8
状态量（δ）	10^{-3}
目标函数 F 的参考值（F_{ref}）	20
最大训练次数（N_T）	10^6
每个优化过程的训练次数（N_i）	2500
前一状态目标函数 F 的最小参考值（F_{min}）	120
基于 ε-greedy 法的探索次数（M）	10^3

表 1.4　Q-learning 算法的训练过程

算法：Q-learning 算法的训练过程
1：初始化 Q-learning 算法的相关参数：F_{min}，P，V_1，V_2
2：建立状态空间 S，动作空间 A 和 Q 值表
3：设置参数值：N_T，α，γ，F_{ref}，令 Mcout = 0
4：对于每个优化过程（**episode**），开始循环 1：
5：初始化参数值：D_1，D_2，D_3
6：基于 ε-greedy 方法，初始化状态 s，选择动作 a
7：令 $N_i = 0$
8：如果本次优化过程没有结束，开始循环 2：
9：运用式（1-10）计算 F_c
10：运用式（1-12）计算 ΔF
11：更新 F_p，令 $F_p = F_c$
12：运用式（1-11）计算上状态 s 执行动作 a 后的奖励值 $r(s, a)$
13：运用式（1-8）计算下一个状态 s'
14：运用式（1-15）更新 Q 值表
15：如果 Mcout $<$ M，执行如下语句：
16：基于 ε-greedy 方法，选择动作 a
17：否则，执行如下语句：
18：运用式（1-16）选择动作 a'
19：结束判断
20：更新状态和动作：$s = s'$，$a = a'$
21：令：$N_i = N_i+1$
22：结束循环 2
23：令：Mcout = Mcout+1
24：结束循环 1

综上所述，本节采用 Q-learning 算法来解决双有源全桥直流变换器的效率优化问题。具体来说，在训练过程中，利用奖励函数 $r(s, a)$ 来寻找目标函数 F 的最小值。通过建立相应的算法模型，选择合适的训练参数，可以得到整个运行范围内功率损耗最小的最佳移相角（D_1，D_2，D_3）。从而在训练后快速获得最优控制策略。

1.4　基于强化学习的效率优化方案的性能评价和比较

本节所提出的基于 Q-learning 算法的 TPS 调制（Q-learning Based Triple Phase Shift，QTPS）方法的主要目的是在整个运行范围内，为双有源全桥直流变换器提供最优的移相角（D_1，D_2，D_3），以使得变换器的功率损耗最低最小。通过 MATLAB 仿真对提出的 QTPS 方法进行了评估和比较。其中电感 L_k 设置为 31μH。下面给出详细的性能评价和比较。

如图 1.4 所示为经过强化学习训练后移相角（D_1，D_2，D_3）随不同传输功率 P_o 和输入电压 V_1 变化的曲线。其中，图 1.4（a）为输入电压 $V_1 = 180\text{V}$ 和输出电压 $V_2 = 200\text{V}$ 时，移相角（D_1，D_2，D_3）随传输功率 P_o 变化的曲线，图 1.4（b）为输入电压 $V_1 = 240\text{V}$ 和输出电压 $V_2 = 200\text{V}$ 时，移相角（D_1，D_2，D_3）随传输功率 P_o 变化的曲线，图 1.4（c）为传输功率 $P_o = 0.8\text{kW}$ 和输出电压 $V_2 = 200\text{V}$ 时，移相角（D_1，D_2，D_3）随输入电压 $V_1 = 180\text{V}$ 变化的曲线。如图 1.4 所示，D_1，D_2，D_3 表示本节所提出的 QTPS 所对应的移相角，D_{3_s} 表示传统 SPS 调制方式所对应的移相角。从图 1.4（a）和图 1.4（b）可以看出，本节所提出的 QTPS 方法中所有移相角都随着传输功率 P_o 的增加而增大。并且，在轻负载条件下采用 TPS 调制，在重负载条件下采用 EPS 调制。从图 1.4（c）中可以看出，本节所提出的 QTPS 方法中移相角 D_1 和 D_3 随着输入电压 V_1 的增加而减少，而移相角 D_2 随着输入电压 V_1 的增加而增大。

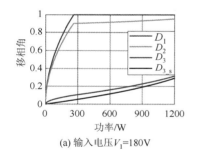
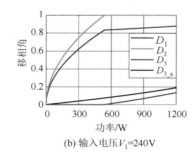
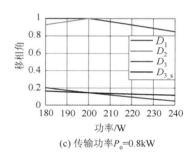

(a) 输入电压V_1=180V　　　　　　　(b) 输入电压V_1=240V　　　　　　　(c) 传输功率P_o=0.8kW

图 1.4　Q-learning 算法训练完成后的不同运行条件下的移相角（D_1，D_2，D_3）曲线（彩图见二维码）

扫一扫，看彩图

在本节中所提出 Q-learning 算法进行优化的优点之一是计算效率高，相对于遗传算法和其他迭代方法而言，不需要依赖于模型和初始移相角的设置。在 Q-learning 算法的训练过程中，$D_1 \sim D_3$ 的初始值都是随机的。如表 1.5 所示为各种优化方法在设置不同初始移相角时的结果对比。由表 1.5 可知，Q-learning 算法和粒子群优化算法能够有效地降低变换器的损耗而不依赖于初始移相角的设置，而牛顿迭代法和遗传算法在初始移相角设置不合适时会导致较高的损耗。

从表 1.5 中的比较结果可以看出，粒子群优化算法和 Q-learning 算法具有相似性能，均能找到比较好的解，并且不依赖于初始移相角的设置。然而，当环境（V_1，V_2，P）发生变化时，粒子群优化算法需要一个新的优化过程。本节中双有源全桥直流变换器的工作范围如表 1.6 所示，其中输入电压 V_1 的变化范围为 180~240V，输出电压 V_2 保持在 200V，传输功率 P_o 的变化范围为 0~1200W。假设训练时输入电压 V_1 和传输功率 P_o 的步长分别设置为 0.5V 和 0.5W，则使用遗传算法需要 28.8 万个优化过程，非常耗时间。而 Q-learning 算法可以接收和处理动态环境中的不完整和不确定信息，在不同的运行环境下（V_1，V_2，P_o）都可以方便地得到相应的优化策略。

图 1.5 所示为输入电压 $V_1 = 180$V 和输出电压 $V_2 = 200$V 时，SPS、DPS、EPS、统一移相（Unified-Phase-Shift，UPS）[14]调制方式和提出的 QTPS 方法在不同负载条件下的均方根电流和损耗对比曲线。其中，图 1.5（a）为流过电感 L_k 的均方根电流 I_{rms} 的曲线，图 1.5（b）开关管的开关损耗 P_{Sw_S} 的曲线，图 1.5（c）为开关管的导通损耗 P_{C_S} 的曲线，图 1.5（d）为磁性元件损耗 P_M 的曲线，图 1.5（e）为总体损耗 P_{A_Loss} 的曲线。如图 1.5（a）所示，UPS 调制方式和本节所提出的 QTPS 方法中流过电感 L_k 的均方根电流 I_{rms} 要略小于其他三种调制方式，尤其是在轻负载条件下。从图 1.5（b）可以看出，本节所提出的 QTPS 方法和 UPS 调制方式中开关管的开关损耗要小于其他三种调制，特别是在轻负载条件下。图 1.5（c）和图 1.5（d）的曲线变化趋势类似于图 1.5（a），这是由于开关管的导通损耗 P_{C_S} 和磁性元件损耗 P_M 与流过电感 L_k 的均方根电流 I_{rms} 的平方成正比。此外，因为变换器的电压转换比接近 1，所以本节所提出的 QTPS 方法中开关管的导通损耗 P_{C_S} 和磁性元件损耗 P_M 与其他四种调制方式非常接近，特别是轻负载条件下。基于上述分析可以看出，本节所提出的 QTPS 方法中总损耗均小于 SPS、DPS 和 EPS 调制，特别是在轻负载条件下，如图 1.5（e）所示。

表 1.5　各种优化方法在设置不同初始移相角时的结果对比

运行条件	初始移相角	方法	损耗/W
$V_1 = 180$V $V_2 = 200$V $P_o = 0.8$kW	$D_1 = 0.5$ $D_2 = 0.5$ $D_3 = 0.5$	牛顿迭代法	39.2
		遗传算法	38.9
		粒子群优化算法	38.1
		Q-learning 算法	37.8
$V_1 = 180$V $V_2 = 200$V $P_o = 0.8$kW	$D_1 = 1$ $D_2 = 0.5$ $D_3 = 0.5$	牛顿迭代法	38.6
		遗传算法	38.4
		粒子群优化算法	38.0
		Q-learning 算法	37.8
$V_1 = 180$V $V_2 = 200$V $P_o = 0.8$kW	$D_1 = 0.5$ $D_2 = 1$ $D_3 = 0.5$	牛顿迭代法	39.5
		遗传算法	38.8
		粒子群优化算法	38.0
		Q-learning 算法	37.8
$V_1 = 240$V $V_2 = 200$V $P_o = 0.8$kW	$D_1 = 0.5$ $D_2 = 0.5$ $D_3 = 0.5$	牛顿迭代法	35.4
		遗传算法	34.7
		粒子群优化算法	33.3
		Q-learning 算法	33.1
$V_1 = 240$V $V_2 = 200$V $P_o = 0.8$kW	$D_1 = 1$ $D_2 = 0.5$ $D_3 = 0.5$	牛顿迭代法	35.8
		遗传算法	34.5
		粒子群优化算法	33.2
		Q-learning 算法	33.1
$V_1 = 240$V $V_2 = 200$V $P_o = 0.8$kW	$D_1 = 0.5$ $D_2 = 1$ $D_3 = 0.5$	牛顿迭代法	34.1
		遗传算法	34.4
		粒子群优化算法	33.2
		Q-learning 算法	33.1

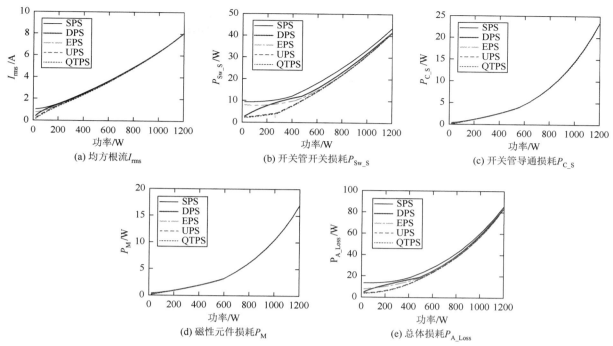

图 1.5　当输入电压 $V_1 = 180V$ 和输出电压 $V_2 = 200V$ 时，SPS、DPS、EPS、UPS 和提出的
QTPS 方法在不同传输功率下的均方根电流和损耗曲线（彩图见二维码）

扫一扫，看彩图

　　图 1.6 所示为输入电压 $V_1 = 240V$ 和输出电压 $V_2 = 200V$ 时，SPS、DPS、EPS、UPS 和提出的 QTPS 方法在不同负载条件下的均方根电流和损耗对比曲线。其中，图 1.6（a）为流过电感 L_k 的均方根电流 I_{rms} 的曲线，图 1.6（b）开关管的开关损耗 P_{Sw_S} 的曲线，图 1.6（c）为开关管的导通损耗 P_{C_S} 的曲线，图 1.6（d）为磁性元件损耗 P_M 的曲线，图 1.6（e）为总体损耗 P_{A_Loss} 的曲线。如图 1.6（a）所示，UPS 和本节所提出的 QTPS 方法中流过电感 L_k 的均方根电流 I_{rms} 要略小于其他三种调制方式，尤其是在轻负载条件下。图 1.6（b）与图 1.5（b）的曲线相似，说明本节提出的 QTPS 方法和 UPS 调制方式中开关管的开关损耗小于其他三个调制。从图 1.6（c）和图 1.6（d）可以看出，在轻负载条件下，本节所提出的 QTPS 方法和 UPS 调制方式中开关管的导通损耗 P_{C_S} 和磁性元件损耗 P_M 小于其他三个调制方式。并且在重负载条件下本节所提出的 QTPS 方法中开关管的导通损耗 P_{C_S} 和磁性元件损耗 P_M 与 SPS 调制方式非常接近。如图 1.6（e）所示，本节所提出的 QTPS 方法中总损耗小于 SPS、DPS 和 EPS 调制方式，尤其是在轻负载条件下。

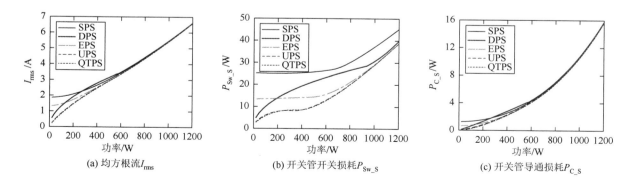

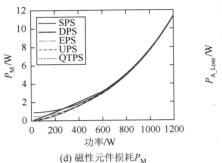
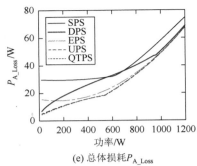

(d) 磁性元件损耗P_M (e) 总体损耗P_{A_Loss}

图 1.6　当输入电压 V_1 = 240V 和输出电压 V_2 = 200V 时，SPS、DPS、EPS、UPS 和提出的 QTPS 方法在不同传输功率下的均方根电流和损耗曲线（彩图见二维码）

　　图 1.7 所示为传输功率 P_o = 0.8kW 和输出电压 V_2 = 200V 时，SPS、DPS、EPS、统一移相控制（UPS）和本节所提出的 QTPS 方法在不同负载条件下的均方根电流和损耗对比曲线。其中，图 1.7（a）为流过电感 L_k 的均方根电流 I_{rms} 的曲线，图 1.7（b）为开关管的开关损耗 P_{Sw_S} 的曲线，图 1.7（c）为开关管的导通损耗 P_{C_S} 的曲线，图 1.7（d）为磁性元件损耗 P_M 的曲线，图 1.7（e）为总体损耗 P_{A_Loss} 的曲线。如图 1.7（a）所示，当输入电压 V_1 与输出电压 V_2 不匹配时，本节所提出的 QTPS 方法、UPS 和 EPS 中流过电感 L_k 的均方根电流 I_{rms} 略小于 SPS 和 DPS 调制方式。从图 1.7（b）可以看出，本节所提出的 QTPS 方法、UPS 和 EPS 中开关管的开关损耗 P_{Sw_S} 小于 SPS 和 DPS 调制方式，特别是在较大电压转换比情况下。此外，从图 1.7（c）和图 1.7（d）可以看出，在输入电压 V_1 与输出电压 V_2 不匹配的情况下，本节所提出的 QTPS 方法、UPS 和 EPS 的开关管的导通损耗 P_{C_S} 和磁性元件损耗 P_M 都略小于 SPS 和 DPS 调制方式。图 1.7（c）和图 1.7（d）的曲线与图 1.7（a）相似，这是由于开关管的导通损耗 P_{C_S} 和磁性元件损耗 P_M 与流过电感 L_k 的均方根电流 I_{rms} 的平方成正比。从图 1.7（e）可以清楚地看出，本节所提出的 QTPS 方法、UPS 和 EPS 的总体损耗 P_{A_Loss} 都小

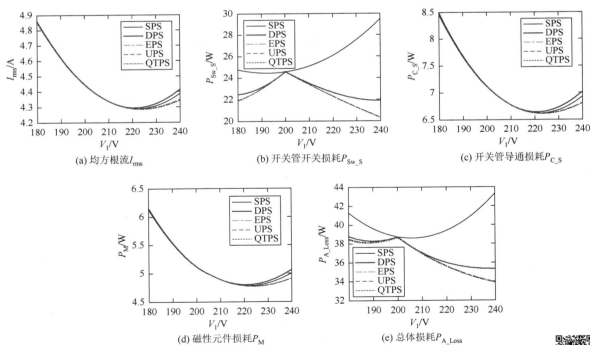

(a) 均方根流I_{rms}　(b) 开关管开关损耗P_{Sw_S}　(c) 开关管导通损耗P_{C_S}

(d) 磁性元件损耗P_M　(e) 总体损耗P_{A_Loss}

图 1.7　当输出电压 V_2 = 200V 和传输功率 P_o = 0.8kW 时，SPS、DPS、EPS、UPS 和提出的 QTPS 方法在不同输入电压下的均方根电流和损耗曲线（彩图见二维码）

于 SPS 和 DPS 调制方式，特别是在大电压转换比情况下，该现象更为突出。由于当输入电压 V_1 与输出电压 V_2 相匹配时，均采用了 SPS 调制方式，所以在这种情况下所有的调制方式均具有相同的损耗。

图 1.8 所示为本节所提出的 QTPS 方法在不同的电压转换比和不同的负载条件下均方根电流和功率损耗的曲面图。其中，其中输入电压 V_1 的变化范围为 $180\sim240$V，输出电压 V_2 保持在 200V，传输功率 P_o 的变化范围为 $0\sim1200$W。图 1.8（a）为流过电感 L_k 的均方根电流 I_{rms} 的曲面图，图 1.8（b）开关管的开关损耗 P_{Sw_S} 的曲面图，图 1.8（c）为开关管的导通损耗 P_{C_S} 的曲面图，图 1.8（d）为磁性元件损耗 P_M 的曲面图，图 1.8（e）为总体损耗 P_{A_Loss} 的曲面图。从图 1.8 可以看出，在相同的负载条件下，随着电压转换比的增加，流过电感 L_k 的均方根电流 I_{rms} 和相应的损耗都会增大。在相同的电压转换比下，随着传输功率 P_o 的增大，流过电感 L_k 的均方根电流 I_{rms} 和相应的损耗也会增大。

综上所述，经过 Q-learning 算法训练以后，可以在变换器的整个运行范围内获得最优移相角（D_1，D_2，D_3），从而可以降低流过电感 L_k 的均方根电流 I_{rms} 和相应的损耗，特别是在大电压转换比和轻负载条件下，该现象更为突出。

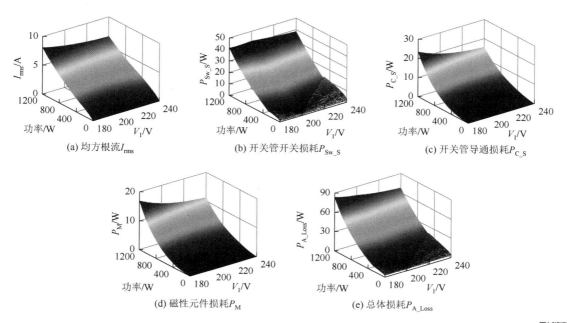

(a) 均方根流 I_{rms}　　　　　(b) 开关管开关损耗 P_{Sw_S}　　　　　(c) 开关管导通损耗 P_{C_S}

(d) 磁性元件损耗 P_M　　　　　(e) 总体损耗 P_{A_Loss}

图 1.8　不同的电压转换比和不同的传输功率条件下，
均方根电流和各种功率损耗的曲面图（彩图见二维码）

扫一扫，看彩图

1.5　实 验 验 证

通过建立一个额定功率为 1.2kW 实验硬件平台，来验证本节所提出的 QTPS 方法的可行性。表 1.6 中给出了双有源全桥直流变换器的关键设计参数。接下来将给出了电感 L_k 的设计步骤和详细的实验结果分析。

表 1.6　双有源全桥直流变换器的关键设计参数

关键参数	参数值
额定功率 P_{base}/kW	1.2
输入电压 V_1/V	$180\sim240$

续表

关键参数	参数值
输出电压 V_2/V	200
变压器匝数比（n : 1）	1 : 1
开关频率 f_s/kHz	100
开关管 S_1～S_4 和 Q_1～Q_4	IPP60R099C6（650VDC，37.9A）

1.5.1　电感 L_k 的设计

由于电感 L_k 应具备能够传递最大传输功率 P_{omax} 的能力，根据式（1-1），电感 L_k 应满足如下不等式：

$$L_k \leqslant \frac{nV_1V_2}{8f_sP_{omax}} \tag{1-17}$$

为了保留 20%的最大传输功率余量，最大传输功率 P_{omax} 应满足如下公式：

$$P_{omax} = 1.2 \cdot P_{base} = 1.44\text{kW} \tag{1-18}$$

因此，根据表 1.6 中所列出的关键设计参数，由式（1-17）、式（1-18）计算电感 L_k 应满足如下不等式：

$$L_k \leqslant 31.25\mu\text{H} \tag{1-19}$$

由于双有源全桥直流变换器的启动电流随着电感 L_k 的减小而增大，所以当满足式（1-19）时，电感 L_k 应尽量选取得足够大。因此，电感 L_k 的值被选为 31μH。

1.5.2　实验结果分析

通过建立一个额定功率为 1.2kW 实验硬件平台，以证明理论分析的正确性。实验硬件平台如图 1.9 所示。详细的实验分析如下。

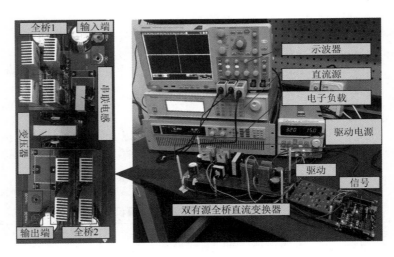

图 1.9　实验硬件平台

图 1.10 为输出电压 $V_2 = 200\text{V}$、传输功率 $P_o = 0.8\text{kW}$ 时，原边交流电压 v_{AB}、副边交流电压 v_{CD} 和流过电感 L_k 的电流 i_{L_k} 在不同输入电压 V_1 下的实验波形。其中，图 1.10（a）为输入电压 $V_1 = 180\text{V}$ 时的实验波形，图 1.10（b）为输入电压 $V_1 = 200\text{V}$ 时的实验波形，图 1.10（c）为输入电压 $V_1 = 240\text{V}$ 时的实验波形。从图 1.10（b）可以看出，输入电压 V_1 与输出电压 V_2 相匹配时，变换器采用传统的 SPS 调制方式。将图 1.10（b）与图 1.10（a）和图 1.10（c）进行比较，可发现当 $V_1 = V_2 = 200\text{V}$ 时，流过电感 L_k 的均方根电流和峰值电流最小。由图 1.10（a）、图 1.10（b）、图 1.10（c）可知，在相同负载条件下，流过电感 L_k 的均方根电流和峰值电流随着电压转换比的增大而增大。

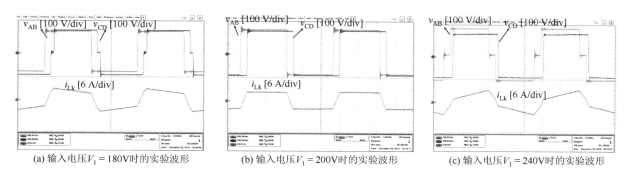

(a) 输入电压 $V_1 = 180\text{V}$ 时的实验波形　　　(b) 输入电压 $V_1 = 200\text{V}$ 时的实验波形　　　(c) 输入电压 $V_1 = 240\text{V}$ 时的实验波形

图 1.10.　输出电压 $V_2 = 200\text{V}$、传输功率 $P_o = 0.8\text{kW}$ 时，原边交流电压 v_{AB}、副边交流电压 v_{CD} 和流过电感 L_k 的电流 i_{L_k} 在不同输入电压 V_1 下的实验波形

图 1.11 为不同传输功率 P_o 和输入电压 V_1 情况下实际测量的效率和理论计算的效率曲线。其中，图 1.11（a）为输入电压 $V_1 = 180\text{V}$ 和输出电压 $V_2 = 200\text{V}$ 时，效率随传输功率 P_o 的变化曲线；图 1.11（b）为输入电压 $V_1 = 240\text{V}$ 和输出电压 $V_2 = 200\text{V}$ 时，效率随传输功率 P_o 的变化曲线；图 1.11（c）为传输功率 $P_o = 0.8\text{kW}$ 和输出电压 $V_2 = 200\text{V}$ 时，效率随输入电压 V_1 的变化曲线。如图 1.11 所示，SPS 表示采用 SPS 调制方式实际测量的效率，SPS′表示采用 SPS 调制方式理论计算得到的效率，QTPS 表示采用本节所提出的 QTPS 方法实际测量的效率，QTPS′表示采用本节所提出的 QTPS 方法理论计算得到的效率。从图 1.11 可以看出，由于损耗分析模型中没有考虑未知的损耗，所以实际测量的功率效率略低于理论计算得到的效率。

如图 1.11（a）所示，本节所提出的 QTPS 方法在整个负载范围内的效率均高于 SPS 调制方式，尤其是当处于轻载条件时。当传输功率 P_o 大于 400W 时，随着传输功率 P_o 的增大，本节所提出的

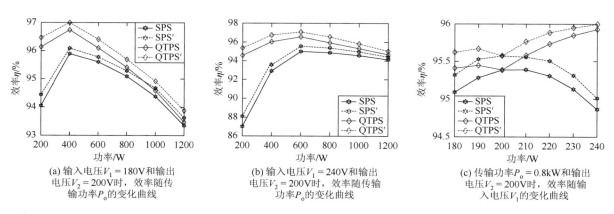

(a) 输入电压 $V_1 = 180\text{V}$ 和输出电压 $V_2 = 200\text{V}$ 时，效率随传输功率 P_o 的变化曲线　　(b) 输入电压 $V_1 = 240\text{V}$ 和输出电压 $V_2 = 200\text{V}$ 时，效率随传输功率 P_o 的变化曲线　　(c) 传输功率 $P_o = 0.8\text{kW}$ 和输出电压 $V_2 = 200\text{V}$ 时，效率随输入电压 V_1 的变化曲线

图 1.11　不同传输功率 P_o 和输入电压 V_1 情况下实际测量的效率和理论计算的效率曲线

QTPS 方法的效率曲线与 SPS 调制方式逐渐接近。此外，当传输功率 $P_o = 400\text{W}$ 左右时，本节所提出的 QTPS 方法达到最大的测量效率，约为 96.7%，与 SPS 调制方式相比，效率约提高了 0.8%。在较低的传输功率 P_o 情况下，本节所提出的 QTPS 方法所测得效率与 SPS 调制方式相比提高了 2.1%。如图 1.11（b）所示，实际测量的效率曲线与图 1.11（a）所示的效率相似。当传输功率 $P_o = 600\text{W}$ 左右时，本节所提出的 QTPS 方法达到最大的测量效率，约为 96.6%，与 SPS 调制方式相比，效率提高了约 1.6%。当在较低的传输功率 P_o 情况下，所测得效率与 SPS 调制方式相比提高了 7.5%。

由图 1.11（a）和图 1.11（b）所示的效率对比曲线可知，在整个负载条件下，本节所提出的 QTPS 方法的效率要高于 SPS 调制方式。当输入电压 V_1 与输出电压 V_2 不匹配时，尤其是在轻负载条件下。在重负载条件下，本节所提出的 QTPS 方法与 SPS 之间的效率曲线随着传输功率 P_o 的增加而逐渐靠近。

从图 1.11（c）可以看出，本节所提出的 QTPS 方法效率高于 SPS 调制方式，特别是在较大的电压转换比条件下。然而，当输入电压 V_1 与输出电压 V_2 相匹配时，本节所提出的 QTPS 方法转化为 SPS 调制方式。因此在 $V_1 = V_2 = 200\text{V}$ 时，两种方式的效率相等。

图 1.12 为输出电压 $V_2 = 200\text{V}$ 时，在不同输入电压 V_1 和不同传输功率条件下 SPS、DPS、EPS、UPS 和本节所提出的 QTPS 方法的详细损耗柱状图。由图 1.12 可知，在不同的传输功率和在输入电压情况下，EPS 调制方式的损耗均小于 DPS 和 SPS 调制方式，而本节所提出的 QTPS 方法和 UPS 调制方式在图 1.12 中的各种工作条件下，损耗最低。此外，本节所提出的 QTPS 方法的损耗与 UPS 调试方式非常接近，但是在轻载条件下本节所提出的 QTPS 方法的功损耗略低于 UPS 调制方式。基于上述分析，与 SPS、DPS 和 EPS 调制相比，本节所提出的 QTPS 方法和 UPS 调制方式可以减少功率损耗以提高效率，尤其是在较大的电压转换比情况下。

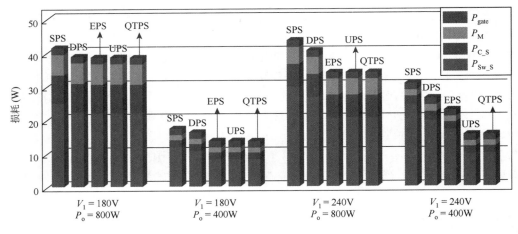

图 1.12　不同传输功率和输入电压条件下的详细损耗柱状图（彩图见二维码）

扫一扫，看彩图

图 1.13 为本节所提出的 QTPS 方法通过 MATLAB 仿真验证输入电压变化和负载转变时的动态性能，输出电压 $V_2 = 200\text{V}$。图 1.13（a）表示本节所提出的 QTPS 方法的动态仿真波形，其中 Load Switch 表示输入电压保持在 240V 时，负载电阻从 60Ω 变为 50Ω，Voltage Switch A 表示负载电阻固定为 50Ω 时输入电压从 240V 变为 220V，Voltage Switch B 表示负载电阻固定为 50Ω 时输入电压从 220V 变为 180V。由图 1.13（a）可知，双有源全桥直流变换器的输出电压可以快速恢复并稳定在 200V，这证明了本节所提出的 QTPS 方法具有快速的动态性能和良好的稳定性。图 1.13（b）～图 1.13（e）所示为图 1.13（a）中 Mode A 到 Mode D 所对应的稳态波形，以证明本节所提出的 QTPS 方法于不同的电压转换比和不同的负载条件下的波形是否正确。

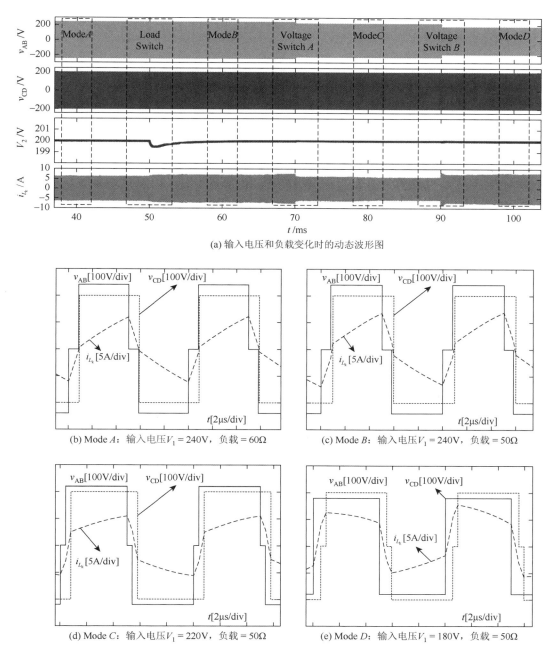

(a) 输入电压和负载变化时的动态波形图

(b) Mode A：输入电压 $V_1 = 240$V，负载 = 60Ω

(c) Mode B：输入电压 $V_1 = 240$V，负载 = 50Ω

(d) Mode C：输入电压 $V_1 = 220$V，负载 = 50Ω

(e) Mode D：输入电压 $V_1 = 180$V，负载 = 50Ω

图 1.13　输入电压变化和负载转变时的动态性能图

　　综上所述，本节所提出的 QTPS 方法可以提高整个运行范围内的功率效率，特别是在大电压转换比和轻负载条件下。当输入电压 V_1 与输出电压 V_2 相匹配时，将转化为 SPS 调制方式。基于上述实验和仿真结果，表明实验结果与理论分析相吻合。

1.6　本章小结

　　为了提高双有源全桥直流变换器的效率，本章提出了一种基于强化学习的三重移相（TPS）调制的效率优化方案。具体来说，作为一种经典的强化学习算法，Q-learning 算法被用于对智能体进行离线训练，以得到相应的调制策略。然后由训练好的智能体根据当前运行环境在线提供实时的控制策略。本节中，强化学习的主要目标是获得损耗最低时所对应的移相角。在 Q-learning 算法的离线训练过程中，考虑了 TPS 调制的所有可能的运行模式，从而成功地避免了传统方案中选择最优运行方式的烦琐过程。通过仿真和实验结果验证了理论分析的正确性和所提出优化方法的有效性。本节所提出的基于 Q-learning 算法的 TPS 调制的效率优化方案在 600W 左右达到最大效率，与传统的 SPS 调制方式相比提高了 1.6%，在轻负载条件下效率提高了约 7.5%。基于上述优点，本章所提出的效率优化方案使得双有源全桥直流变换器能够在整个工作范围内实现较好的性能。

参 考 文 献

[1] Kheraluwala M N，Gascoigne R W，Divan D M，et al. Performance characterization of a high-power dual active bridge DC-to-DC converter[J]. IEEE Transactions on Industry Applications，1992，28（6）：1294-1301.

[2] 汉能控股集团. 全球新能源发展报告 2015 年[R]. 北京，2015.

[3] Zhang Z，Chau K T. Pulse-width-modulation-based electromagnetic interference mitigation of bidirectional grid-connected converters for electric vehicles[J]. IEEE Transactions on Smart Grid，2016，8（6）：2803-2812.

[4] Oggier G G，Ordonez M. High-efficiency DAB converter using switching sequences and burst mode[J]. IEEE Transactions on Power Electronics，2015，31（3）：2069-2082.

[5] Costinett D，Maksimovic D，Zane R. Design and control for high efficiency in high step-down dual active bridge converters operating at high switching frequency[J]. IEEE Transactions on Power Electronics，2012，28（8）：3931-3940.

[6] 王毅，许恺，陈骥群. 双向隔离型 DC-DC 变换器的双移相优化控制[J]. 电机与控制学报，2017，21（8）：53-61，71.

[7] Zheng M，Wen H，Shi H，et al. Open-circuit fault diagnosis of dual active bridge DC-DC converter with extended-phase-shift control[J]. IEEE Access，2019，7：23752-23765.

[8] Huang J，Wang Y，Li Z，et al. Unified triple-phase-shift control to minimize current stress and achieve full soft-switching of isolated bidirectional DC–DC converter[J]. IEEE Transactions on Industrial Electronics，2016，63（7）：4169-4179.

[9] Zhao B，Song Q，Liu W. Efficiency characterization and optimization of isolated bidirectional DC–DC converter based on dual-phase-shift control for DC distribution application[J]. IEEE Transactions on Power Electronics，2012，28（4）：1711-1727.

[10] 张勋，王广柱，商秀娟，等. 双向全桥 DC-DC 变换器回流功率优化的双重移相控制[J]. 中国电机工程学报，2016，36（4）：1090-1097.

[11] 赵彪，于庆广，孙伟欣. 双重移相控制的双向全桥 DC-DC 变换器及其功率回流特性分析[J]. 中国电机工程学报，2012，32（12）：43-50.

[12] 侯聂，宋文胜，王顺亮. 全桥隔离 DC/DC 变换器移相控制归一化及其最小回流功率控制[J]. 中国电机工程学报，2016，36（2）：499-506.

[13] Everts J. Closed-form solution for efficient ZVS modulation of DAB converters[J]. IEEE transactions on Power Electronics，2016，32（10）：7561-7576.

[14] Hou N，Song W，Wu M. Minimum-current-stress scheme of dual active bridge DC–DC converter with unified phase-shift control[J]. IEEE Transactions on Power Electronics，2016，31（12）：8552-8561.

[15] Meng L，Dragicevic T，Vasquez J C，et al. Tertiary and secondary control levels for efficiency optimization and system damping in droop controlled DC–DC converters[J]. IEEE Transactions on Smart Grid，2015，6（6）：2615-2626.

[16] Du Z，Tolbert L M，Chiasson J N，et al. Reduced switching-frequency active harmonic elimination for multilevel converters[J]. IEEE Transactions on Industrial Electronics，2008，55（4）：1761-1770.

[17] Xiong R，Cao J，Yu Q. Reinforcement learning-based real-time power management for hybrid energy storage system in the plug-in hybrid electric vehicle[J]. Applied Energy，2018，211：538-548.

[18] Xiao L，Li Y，Dai C，et al. Reinforcement learning-based NOMA power allocation in the presence of smart jamming[J]. IEEE Transactions on Vehicular Technology，2017，67（4）：3377-3389.

[19] Jiang Y，Fan J，Chai T，et al. Tracking control for linear discrete-time networked control systems with unknown dynamics and dropout[J]. IEEE Transactions on Neural Networks and Learning Systems，2017，29（10）：4607-4620.

[20] Harrye Y A，Ahmed K H，Adam G P，et al. Comprehensive steady state analysis of bidirectional dual active bridge DC/DC converter using triple phase shift control[C]. 2014 IEEE 23rd International Symposium on Industrial Electronics（ISIE），Istanbul，2014：437-442.

[21] Akagi H，Yamagishi T，Tan N M L，et al. Power-loss breakdown of a 750-V 100-kW 20-kHz bidirectional isolated DC–DC converter using SiC-MOSFET/SBD dual modules[J]. IEEE Transactions on Industry Applications，2014，51（1）：420-428.

[22] Graovac D，Purschel M，Kiep A. MOSFET power losses calculation using the data-sheet parameters[J]. Infineon Application Note，2006，1：1-23.

第2章 基于人工智能的两阶段谐振直流-直流变换器效率优化设计方法

2.1 引 言

作为真空电子器件的空间行波管放大器（TWTA）如今在卫星通信、导航、电子对抗和雷达等领域得到了越来越广泛的应用[1, 2]。一般来说，行波管包括两部分：电子功率调节器（EPC）和行波管（TWT）[3]。EPC 的主要功能是为行波管提供所需的电源。

在空间应用中，电力来自太阳能电池板，其效率相对较低（对于单晶单结硅技术，转换效率低于30%）[4]。此外，航天器 80%以上的电力被 TWTA 消耗。因此，为了减小太阳能电池板的体积和重量，TWTA 的效率非常重要[5]。EPC 作为行波管的主要功率转换部件，其效率、功率密度等性能将对整个行波管系统的性能产生很大的影响。因此，EPC 在高效率、高功率密度条件下运行至关重要。

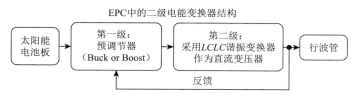

图 2.1 EPC 中的二级电能变换器结构示意图

如图 2.1 所示，两级功率变换器结构通常用于 EPC[6, 7]。第一级是预调节器，通常采用闭环 Buck 或 Boost 变换器，这一点已经得到了充分的研究[8, 9]。对于第二级，通常采用高频高压 LCLC 谐振变换器作为开环直流变压器，其作用是提高输入电压，提供电流隔离，同时保持高效率。因此，预调节器只改变 LCLC 谐振变换器的输入电压，而 LCLC 谐振变换器的开关频率、占空比和电压增益保持不变。但是，需要注意的是，LCLC 谐振变换器的输入电压的变化可以通过直流电源来实现。因此，本章主要研究第二级 LCLC 谐振变换器，而不包括前置调节器。

LCLC 谐振变换器如图 2.2 所示。在空间行波管应用中，为了充分回收变压器寄生体中储存的能量以达到高效率，谐振池中利用了所有变压器寄生体，包括漏感（L_r）、磁化电感（L_m）和寄生电容（C_p）[6, 7, 10]。因此，LCLC 谐振池只需要外部 C_s。

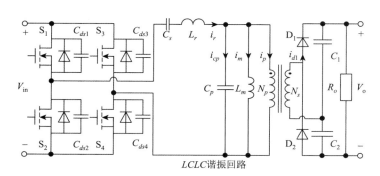

图 2.2 空间行波管应用的 LCLC 谐振变换器

　　与第一阶段相比，针对第二阶段的研究相对较少，更具挑战性[3, 6]。因此，本章将重点介绍 EPC 的第二阶段，即 *LCLC* 谐振变换器在 TWTA 中的应用。

　　以往对 *LCLC* 谐振变换器的研究可归纳为开环[6, 7]和闭环[10-18]。文献[6]中介绍了 ZCS 和 ZVS-*LCLC* 谐振变换器在 TWTA 卫星通信中的应用。文献中分析了开环 *LCLC* 谐振变换器的零电压开关和零电流开关条件。此外，还导出了 *LCLC* 谐振变换器的解析方程。文献[10]提出了一种固定频率移相 *LCLC* 谐振变换器。在文献[11]中，在 *LLC* 谐振腔中引入额外的电容，构成 *LCLC* 谐振腔，并将传统的 *LLC* 控制方法应用于 *LCLC* 谐振变换器。文献[12]提出了一种特殊的闭环控制 *LCLC* 谐振变换器的电压增益。在文献[13]中，针对双输出和考虑高漏感的情况，重新设计了 *LCLC* 谐振变换器控制。对于 *LCLC* 谐振变换器的功率损耗分析，除了文献[6]、[7]、[14]~[16]中研究过的开关损耗外，变压器损耗，包括绕组损耗和铁心损耗，也在文献[7]、[14]、[18]中进行了分析。

　　如上所述，在空间行波管应用中，由于电能来自太阳能电池板，为了减小太阳能电池板的体积和重量，*LCLC* 谐振变换器的效率至关重要。但这些章节主要集中在变压器的状态分析、控制、软开关和功率损耗方面，而总功率损耗优化，包括主开关的导通损耗、铜损耗、铁心损耗和介电损耗以及整流器的导通损耗，未考虑文献[6]、[7]、[14]~[18]。换言之，以往的研究都是以拓扑或控制为导向，而不是以总功率损耗为导向。因此，未对 *LCLC* 谐振变换器的总功率损耗进行优化研究。在 *LCLC* 谐振变换器中，开关损耗只是总功率损耗的一部分。除开关损耗外，总功率损耗还包括主开关的驱动损耗和传导损耗；整流器损耗[19]；铜损耗[20]、铁心损耗[21]，尤其是变压器的介电损耗[22]。换言之，对于 *LCLC* 谐振变换器，ZCS 和 ZVS 表明开关损耗降低了，但并没有降低转换器的总功率损耗。因此，为了实现高效率，需要进一步优化变换器的总功率损耗。不幸的是，据作者所知，由于 *LCLC* 谐振变换器的多变量及其相互耦合，对总功率损耗优化的分析很少有研究。

　　目前，基于群体的元启发式算法，如遗传算法（GA）、粒子群优化（PSO）算法、蚁群算法（ACO）和蜂群算法（BCO），由于其处理复杂问题的能力和并行性[23-31]，具有较好的优势，在优化问题中得到了广泛的应用全局优化性能和处理平稳或瞬态、线性或非线性、连续或不连续目标函数的能力。作为一种通用的基于群体的随机优化方法，蚁群算法已被用于解决组合优化问题，如感应电机的控制[26]、旅行商问题（TSP）[27]。然而，该算法中收敛速度和解的质量对初始参数非常敏感。此外，该算法还需要大量的计算。作为另一种基于群体的搜索算法，BCO 算法已用于 Sheppard-Taylor PFC 转换器[28,29]。然而，BCO 算法是一种局部最优算法。此外，计算时间还很长，特别是在求解大规模优化问题时。在遗传算法或粒子群优化算法中，收敛迭代次数和全局最优值是相互矛盾的：一个较好的全局最优值总是意味着较大的迭代次数，而较低的迭代次数总是意味着更差的全局最优值[30, 31]。另外，初始参数的选择和问题的表示都是基于用户的经验，这意味着迭代次数和目标函数没有得到优化。因此，在基于经验的 PSO 算法中，为了达到期望的精度，牺牲了迭代次数。具体到四个参数——重量.开始、重量.结束、善良和最大值，其中重量.开始以及重量.结束是迭代速度惯性的起始值和结束值，kind 表示权重变化的方式最大值是最大速度，是决定算法效率的主要因素。这四个参数的随机选择会导致 PSO 算法的不足。在本章中，为了减少迭代次数和计算时间，提出了一种混合元启发式算法 GA+PSO，并利用 GA 对 PSO 算法的初始参数进行优化。利用遗传算法优化的初始参数，可以通过减少迭代次数和计算时间来提高粒子群优化算法的性能。

　　因此，本章旨在优化 *LCLC* 谐振变换器的总功率损耗，充分考虑主开关的开关损耗和导通损耗；变压器的铜损耗、铁心损耗，特别是介质损耗；整流器的导通损耗。首先，回顾了 *LCLC* 谐振变换器主要参数的计算，推导了 *LCLC* 谐振变换器的总功率损耗。在此基础上，提出了一种面向效率的 *LCLC* 谐振变换器两级优化设计方法：第一阶段，采用 GA+PSO 算法对 *LCLC* 谐振变换器的总功率损耗进行优化，得到了 L_r、L_m、C_s、C_p 等优化参数，通过混合电磁分析实现了优化参数，提出了单层部分交错变压器结构。利用该变压器，构建了最佳 *LCLC* 谐振变换器。最后，以效率为导向的两阶段优化设计方法及所提出的变压器结构经仿真和实验验证。

　　本章其余部分安排如下。2.2 节回顾了 *LCLC* 谐振变换器的主要参数方程，并在此基础上导出了以效率为导向的两级优化设计方法的目标函数，也就是总功率损耗。2.3 节主要介绍本章提出的面向效率的两阶段优化设计方法。首先，给出了所提出的两阶段优化设计方法的流程图。然后，依次阐述了第一阶段，即基于所提出的 GA+PSO 算法的最优参数提取和第二阶段，即基于所提出的单层部分交错变压器结构的最优参数的实现。2.4 节中，通过仿真和实验验证了所提出的两级优化设计方法和单层部分交错变压器结构。2.5 节总结了整个章节。

2.2　以效率为导向的两级优化设计方法的初步研究：*LCLC* 谐振变换器和总功率损耗的计算

　　本节回顾了 *LCLC* 谐振变换器的主要参数方程，并计算了其总功率损耗。在第一部分中，回顾了用于推导总功率损耗的主要参数方程。第二部分，根据第一部分的方程，计算了总功率损耗，包括主开关的驱动损耗和传导损耗、变压器的铁心损耗、铜损耗和介电损耗以及整流器的传导损耗。

2.2.1　*LCLC* 谐振变换器主要参数计算的回顾

　　在 TWTA 应用中，在 ZCS 和 ZVS 条件下，*LCLC* 谐振变换器的典型波形如图 2.3 所示。相关波形描述如下。

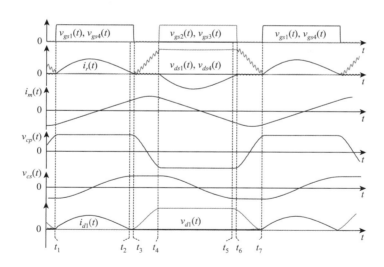

图 2.3　*LCLC* 谐振变换器中的典型波形

（1）S_1、S_2、S_3 和 S_4 的驱动信号：$v_{gs1}(t)$，$v_{gs2}(t)$，$v_{gs3}(t)$ 和 $v_{gs4}(t)$；

（2）谐振电流：$i_r(t)$；

（3）S_1 和 S_4 结电容上的电压，C_{ds1} 和 C_{ds4}，$v_{ds1}(t)$ 和 $v_{ds4}(t)$；

（4）磁化电流，$i_m(t)$；

（5）并联电容器上的电压(C_p)，$v_{cp}(t)$；

（6）串联电容器上的电压(C_s)，$v_{cs}(t)$；

（7）整流二极管 D_1 上的电压，$v_{d1}(t)$；

（8）通过整流二极管 D_1 的电流，$i_{d1}(t)$。

其中 i_{Labc}，v_{oabc}，i_{oabc}，μ_{abc} 表示滤波电感电流$[i_{La}\ \ i_{Lb}\ \ i_{Lc}]^T$、滤波电容器电压$[v_{oa}\ \ v_{ob}\ \ v_{oc}]^T$、负载电流$[i_{oa}\ \ i_{ob}\ \ i_{oc}]^T$ 和占空比$[\mu_a\ \ \mu_b\ \ \mu_c]^T$ 的矢量。

基于图 2.3 所示的 ZCS 和 ZVS 条件下的典型波形，回顾了文献[7]中给出的方程，包括图 2.3 中从 t_3 到 t_4 的死区时间 T_d，开关频率 f_s，谐振电流的均方根值 I_r，峰值磁化电流 I_{mpk}，以及相应的峰值磁通密度 B_{pk}，通过变压器寄生电容的电流的均方根值 I_{cp_rms} 和输出电流 I_o。这些方程将进一步用于推导总损耗。

LCLC 谐振变换器的电压增益可由文献[7]求得：

$$V_o/V_{in} = 2/a \tag{2-1}$$

LCLC 谐振变换器的死区时间按照如下公式计算：

$$T_d = 1/(2\pi f_{rp})\left\{\arccos\left[-\left(\sqrt{(\pi f_{rp})/(2f_{rs})}\right)^{-1}\right] - \arctan[(\pi f_{rp})/(2f_{rs})]\right\} \tag{2-2}$$

其中，f_{rs} 是 L_r 和 C_s 之间的谐振频率；f_{rp} 是 L_m 和 C_p 之间的谐振频率。LCLC 谐振变换器的开关频率可以通过以下表达式计算：

$$f_s = \frac{1}{2}\left(\pi\sqrt{L_rC_s} + \sqrt{L_mC_p} \times \left\{\arccos\left[-\left(\sqrt{1+(\pi^2 L_rC_s)/(4L_mC_p)}\right)^{-1}\right] - \arctan\left[\pi/2\sqrt{(L_rC_s)/(L_mC_p)}\right]\right\}\right) \tag{2-3}$$

谐振电流的有效值为

$$I_{r\_rms} = (\pi V_o)/(aR_o)\sqrt{f_{rs}/(2f_s)} \tag{2-4}$$

其中，R_o 是变换器负载；a 是变压器变比。

励磁电流的峰值计算方式如下：

$$I_{mpk} = V_{in}/(2L_m)\sqrt{1/(4f_{rs}^2)+1/(\pi^2 f_{rp}^2)} \tag{2-5}$$

峰值磁通密度 B_{pk} 将用于计算变压器的铁心损耗，可通过以下公式计算：

$$B_{pk} = V_{in}\sqrt{1/(4f_{rs}^2)+1/(\pi^2 f_{rp}^2)}\big/(2N_pA_e) \tag{2-6}$$

其中，N_p 是一次绕组的匝数；A_e 是磁芯的横截面积。

变压器寄生电容的均方根电流，即用于计算变压器介电损耗的 I_{cp_rms}，如下所示：

$$I_{cp\_rms} = V_{in}/L_m\sqrt{0.5f_s/(4f_{rs}^2+\pi^2 f_{rp}^2)\int_0^{T_d}\sin^2[2\pi f_{rp}(t)+\varphi_m]dt} \tag{2-7}$$

其中，$\tan\varphi_m = \pi f_{rp}/2f_{rs}$。

输出电流计算为

$$I_o = V_o/R_o \tag{2-8}$$

在下面内容中，将计算每个组件的功率损耗。在此基础上，推导了 LCLC 谐振变换器的总功率损耗。

2.2.2　空间行波管应用中 *LCLC* 谐振变换器的功率损耗分析

如前所述，在 LCLC 谐振变换器中，虽然实现了主开关和整流器的 ZVS 和 ZCS，但总功率损耗（P_{tot}）仍然包括整流器的传导损耗（P_D）、主开关驱动损耗（P_{s_dr}）、主开关导通损耗（P_{s_on}）、变压器铜损耗（P_{T_Cu}）、变压器铁心损耗（P_{T_Fe}）和变压器介电损耗（P_{T_Die}）。本节中，在前面回顾的基础上，将计算每个组件的功率损耗和总功率损耗。

1）高压整流器的功率损耗（P_D）

由于碳化硅（SiC）二极管的反向恢复时间可以忽略不计，因此当碳化硅二极管作为 LCLC 谐振变换器的整流器时，整流器的功率损耗为传导损耗，可以通过以下表达式计算，其中 V_D 是 SiC 二极管的正向电压。

$$P_D = 2I_o V_D \tag{2-9}$$

结合式（2-8）和式（2-9），可以得到整流器的功率损耗：

$$P_D = 2V_D V_o / R_o \tag{2-10}$$

2）主开关驱动损耗（P_{s_dr}）

驱动损耗计算如下，其中 V_{gs} 是驱动电压，Q_g 是 mosfet 的栅极电荷。

$$P_{s\_dr} = 4Q_g V_{gs} f_s \tag{2-11}$$

3）主开关导通损耗（P_{s_on}）

传导损耗计算如下，其中 R_{s_on} 是主开关的导通电阻。

$$P_{s\_on} = 2I_{r\_rms}^2 R_{s\_on} \tag{2-12}$$

结合式（2-4）与式（2-12），传导损耗计算如下：

$$P_{s\_on} = 2I_{r\_rms}^2 R_{s\_on} \tag{2-13}$$

4）变压器铜损耗（P_{T_Cu}）

变压器铜损为

$$P_{T\_Cu} = I_{r\_rms}^2 R_{ac} \tag{2-14}$$

其中，R_{ac} 是指一次侧的变压器的交流电阻。

结合式（2-4）和式（2-14），铜损计算方式如下：

$$P_{T\_Cu} = (\pi^2 V_o^2 f_{rs} R_{ac}) / (2a^2 R_o^2 f_s) \tag{2-15}$$

5）变压器铁心损耗（P_{T_Fe}）

铁心损耗可根据 Steinmetz 方程计算，即

$$P_{T\_Fe} = k_c f_s^{\alpha} (B_{pk})^{\beta} V_e \tag{2-16}$$

其中，k_c、α、β 是磁性材料的参数；V_e 是磁芯的体积。

结合式（2-6）和式（2-16），铁心损耗计算如下：

$$P_{T\_Fe} = k_c f_s^{\alpha} \left[V_{in} / (2N_p A_e) \sqrt{1/(4f_{rs}^2) + 1/(\pi^2 f_{rp}^2)} \right]^{\beta} V_e \tag{2-17}$$

6）变压器介电损耗（P_{T_Die}）

在高压应用中，大量电能储存在绝缘体中。电能的充放电过程会引起介电损耗。在 *LCLC* 谐振变换器中，等效寄生电容是指一次侧，即 C_p。C_p 的等效串联电阻 R_s 可以通过功率损耗因数 $\tan\delta$ 的定义来计算：

$$\tan\delta = 2\pi f_s C_p R_s \tag{2-18}$$

介电损耗可通过以下公式计算：

$$P_{T\_Die} = I_{cp\_rms}^2 R_s \tag{2-19}$$

其中，δ 为电介质材料的功率损耗角。

基于以上分析，结合式（2-10）、式（2-11）、式（2-13）、式（2-15）、式（2-17）和式（2-19），*LCLC* 谐振变换器的总功率损耗可由以下表达式计算：

$$
\begin{aligned}
P_{tot} = &\frac{2V_D V_o}{R_o} + 4Q_g V_{gs} f_s + \frac{\pi^2 V_o^2 f_{rs} R_{s\_on}}{a^2 R_o^2 f_s} + k_c f_s^{\alpha} \left(\frac{V_{in}}{2N_p A_e} \sqrt{\frac{1}{4f_{rs}^2} + \frac{1}{\pi^2 f_{rp}^2}} \right)^{\beta} V_e \\
&+ \frac{\pi^2 V_o^2 f_{rs} R_{ac}}{2a^2 R_o^2 f_s} + \frac{4\pi^3 \tan\delta C_p V_{in}^2 f_{rp}^4}{4f_{rs}^2 + \pi^2 f_{rp}^2} \int_0^{T_d} \sin^2[2\pi f_{rp}(t) + \phi] dt
\end{aligned} \tag{2-20}
$$

如式（2-20）所示，推导了 *LCLC* 谐振变换器的总功率损耗。在接下来的章节中，以最小化总功率损耗为目标，提出了一种以效率为导向的 *LCLC* 谐振变换器两级优化设计方法。

2.3　空间行波管应用中 *LCLC* 谐振变换器的两阶段效率优化设计方法

在 *LCLC* 谐振变换器中，由于多变量及其相互耦合，总功率损耗的优化非常具有挑战性。为了解决这一问题，本节提出了一种面向效率的两阶段优化设计方法。第一部分给出了所提出的两阶段优化设计方法的流程图，包括两个阶段：第一阶段，采用 GA+PSO 算法对总功率损耗进行优化，并得出最佳参数；第二阶段，提出了一种基于 GA 和 PSO 算法的优化设计方法，通过所提出的单层部分交错结构实现了最佳参数。第二部分详细阐述了第一阶段，并通过一个实例对所提出的 GA+PSO 算法的有效性进行了评价。第三部分阐述了第二阶段。

2.3.1　一种面向效率的两阶段优化设计方法

所提出的两阶段优化设计方法的流程图如图 2.4 所示，它分为以下两个阶段。

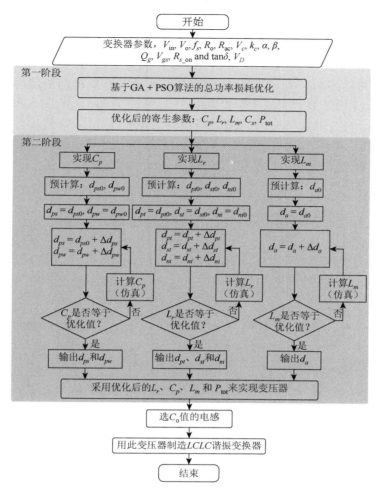

图 2.4　两阶段优化设计方案

第一阶段（基于所提出的 GA+PSO 算法提取最优参数）：提出一种 GA+PSO 算法来优化总功率损耗。在第一阶段结束时，得到了 LCLC 谐振变换器的最佳参数，包括 L_r、C_p、L_m、C_s 和 P_{tot}。

第二阶段（基于所提出的单层部分交错变压器结构实现最佳参数）：由于 L_r、L_m 和 C_p 是变压器的寄生参数，为了实现最佳参数，提出了单层部分交错变压器结构。利用所提出的变压器结构，在混合电磁分析的基础上，对变压器进行仔细的设计，以获得最佳的 L_r、L_m 和 C_p。变压器设计完成后，将构建整个 LCLC 谐振变换器，结束两阶段优化设计方法。

图 2.4 中的两个阶段将在以下各部分中逐一详细阐述。

2.3.2　第一阶段：基于 GA+PSO 的最优参数提取

在第一阶段，利用所提出的 GA+PSO 算法对 LCLC 谐振变换器的总功率损耗进行了优化，得到了最优参数。

1. 基于 GA+PSO 算法的损耗优化的工作原理

所提出的 GA+PSO 算法的流程如图 2.5 所示。图 2.5（a）显示了所提出的 GA+PSO 算法的概况。图 2.5（b）和图 2.5（c）分别显示了 GA 部分和 PSO 算法部分的细节。

如图 2.5（a）所示，所提出的 GA+PSO 算法可以看作一种改进的 PSO 算法，其中用遗传算法对

PSO 的参数进行了优化，提出的 GA+PSO 算法从 GA 开始，首先确定遗传算法中每个个体的基因，这些基因也是 PSO 的参数（Weight.start，Weight.end，kind 和 Vel.max），作为 GA 传递给 PSO 算法的参数。之后，在遗传算法得到的 Weight.start，Weight.end，kind 和 Vel.max 的基础上，采用粒子群优化算法提取迭代次数 N 和总功耗 P_{tot}，并将其返回给遗传算法。利用 N 和 P_{tot}，对遗传算法中每个个体的适应度值进行评价，并对粒子群优化算法的参数进行优化，Weight.start，Weight.end，kind 和 Vel.max，将被优化并再次发送给 PSO 算法。遗传算法和粒子群优化算法之间的循环过程直到遗传算法中的适应值稳定为止。循环过程结束后，将 Weight.start，Weight.end，kind 和 Vel.max，转化至 PSO 算法来计算最优 L_r，C_s，L_m，C_p 和 P_{tot}，这些也是本章提出的 GA+PSO 算法的输出。

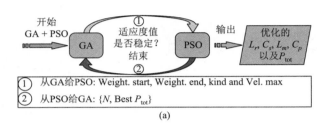

(a)

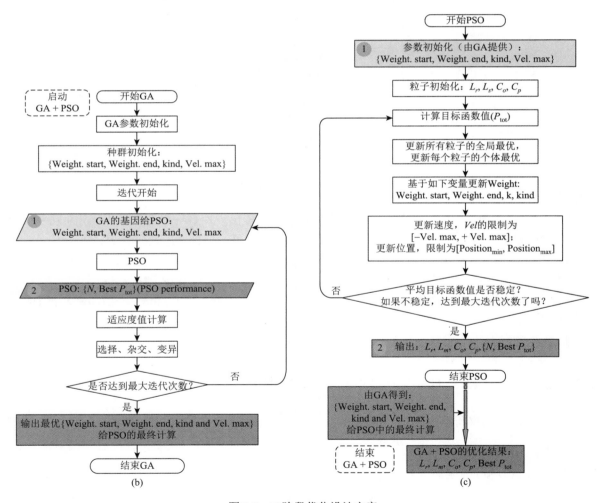

图 2.5　二阶段优化设计方案

提出的 GA+PSO 算法按顺序执行以下任务。

步骤 1：GA 初始化。

初始化遗传算法的参数，包括个体数、交叉率、起始变异率、终止变异率和最大迭代次数。GA 优化器对粒子群优化算法的参数进行编码，Weight.start，Weight.end，kind 和 Vel.max，作为基因，这一系列基因形成染色体，并初始化一个起始的种群。

步骤 2：调用 PSO 算法提取迭代次数和最佳 P_{tot}。

Weight.start，Weight.end，kind 和 Vel.max，将遗传算法转化为 PSO 算法。利用遗传算法中每个个体的参数，通过 PSO 算法提取 N 和 P_{tot}，并以此来评价遗传算法中个体的适应度值。粒子群优化算法的细节可以从图 2.5（c）中找到。

步骤 3：遗传算法中种群的评价与进化。

由 PSO 得到的 N 和 P_{tot}，被用于 GA 中的个体适应度的评估。根据粒子群优化算法得到的适应度值，对遗传算法中的种群进行进化，包括选择、交叉和变异。

步骤 4：重复步骤 2 和步骤 3，获得最优的 Weight.start，Weight.end，kind 和 Vel.max。

重复步骤 2 和步骤 3，直到达到遗传算法的最大迭代次数或目标函数的平均值稳定为止。

步骤 5：用粒子群优化算法计算 $LCLC$ 谐振变换器的优化设计参数。

利用最优的 Weight.start，Weight.end，kind 和 Vel.max，对 $LCLC$ 谐振变换器进行了优化设计，得到了最佳 L_r、C_s、L_m、C_p 和 P_{tot}。

当所有的优化参数都得到后，本章提出的基于 GA+PSO 算法的两阶段优化设计方法的第一阶段就完成了。在接下来的部分中，我们将通过一个实例对所提出的 GA+PSO 算法进行评估。

2. GA+PSO 算法的评估

此部分给出了一个例子，对所提出的 GA+PSO 算法进行了评价。$LCLC$ 谐振变换器的参数如表 2.1 所示，输入电压为 40V，输出电压为 4800V，开关频率为 320kHz，额定输出功率为 288W，额定负载为 80kΩ。

根据额定输出功率选择主开关 KRJ05F。另外，根据开关频率和输出功率，选用 TDK N87 的 FEE 38/16/25 作为磁芯。此外，考虑到输出电压和输出功率，选择 GB01SLT12-214 作为整流器。磁芯、主开关和整流器的参数也列于表 2.1 中。

以总功率损耗为目标函数，计算了最优 L_r、C_s、L_m、C_p 和 P_{tot}。

表 2.1　$LCLC$ 谐振变换器、磁芯和主开关的参数

参数名称	参数值	参数名称	参数值
V_{in}	40.0 V	V_e	10200 mm³
V_o	4800 V	A_e	190 mm²
f_s	320 kHz	k_c	3.716×10^{-24}
R_o	80 kΩ	α	4.823
P_o	288 W	β	5.521
V_{gs}	10.0 V	R_{on}	4.5 mΩ
Q_g	40 nC	R_{ac}	20.0 mΩ
C_{oss}	660 pF		

为了比较所提出的 GA+PSO 算法与 ACO 算法、BCO 算法、单 GA 和单 PSO 算法的优缺点，采用 ACO 算法、BCO 算法、GA、PSO 算法和 GA+PSO 算法进行了优化设计。

使用 GA、PSO 算法和 GA+PSO 算法的总损失随迭代次数的变化如图 2.6 所示。结果表明，三种优化设计方法（GA、PSO 算法和提出的 GA+PSO 算法）收敛到相同的值，即 8.9W，而 GA、PSO 算法和 GA+PSO 算法的迭代次数分别为 115、50、56、44 和 10。结果表明，与其他两种算法相比，所提出的 GA+PSO 算法具有更小的迭代次数。

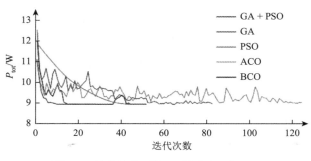

扫一扫，看彩图

图 2.6　迭代次数对比（彩图见二维码）

ACO 算法、BCO 算法、GA、PSO 算法和 GA+PSO 算法的计算时间如图 2.7 所示。可以看出，所提出的 GA+PSO 算法的计算时间为 1.22s，显著缩短了其他算法的计算时间。结果表明，与 ACO 算法、BCO 算法、GA 和 PSO 算法相比，该算法的计算时间显著缩短。

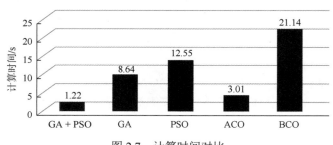

图 2.7　计算时间对比

通过以上迭代次数和计算时间的比较，可以看出，与传统的 GA 或 PSO 算法相比，本章提出的 GA+PSO 算法具有更好的性能。

根据所提出的 GA+PSO 算法的优化结果，可以得到最优的 L_r，C_s，L_m，C_p 和 P_{tot}，具体如下：$L_r = 0.09\mu H$，$C_s = 1.0\mu F$，$L_m = 8.0\mu H$，$C_p = 13.2nF$，$P_{tot} = 8.9W$。

值得注意的是，在 $LCLC$ 谐振变换器中，C_s 是一个独立的电容器，通过选择合适的电容器可以很容易地进行设计。而 L_r、L_m 和 C_p 是变压器的寄生参数，由变压器的结构决定。因此，为了实现优化设计结果，变压器设计应采用混合电磁分析法，这是面向效率的两阶段优化设计方法的第二阶段。

2.3.3　第二阶段：基于所提出的单层部分交错变压器结构实现最佳参数

在这一部分中，为了实现优化设计参数，提出了单层部分交错变压器结构。

所提出的单层部分交错变压器结构如图 2.8 所示，其中 d_{ps} 表示一次绕组和二次绕组之间的距离；d_{pt} 和 d_{st} 分别表示一次绕组和二次绕组的厚度；d_{pw} 和 d_{sw} 分别表示一次绕组和二次绕组的宽度；d_{ni} 和 d_{ti} 分别是正常绝缘和较厚绝缘的厚度；d_a 是气隙的厚度。应注意的是，在高压应用中，d_{ti} 的设计满足高压电绝缘要求，在变压器设计中将被视为常数。

由于 C_p、L_r 和 L_m 是变压器的寄生参数，由绕组配置[32, 33]决定，因此将执行以下步骤，通过选择适当的 d_{ps}，d_{pt}，d_{st}，d_{pw} 和 d_{sw} 来实现最佳值。由于 C_p、L_r 和 L_m 的详细设计流程图已在图 2.4 的第二阶段中给出，因此此处不再重复。

1）步骤 1：基于最优的 C_p 设计 d_{ps}、d_{pw}

提出的变压器结构的电能主要集中在初级绕组和次级绕组之间的介电层中[32]。结果表明，通过选择合适的 d_{ps}、d_{pw} 可以实现最佳的 C_p。

图 2.4（第二阶段部分）显示了确定 d_{ps} 和 d_{pw} 的流程图，其初始值 d_{ps0} 和 d_{pw0} 是根据电场分析计

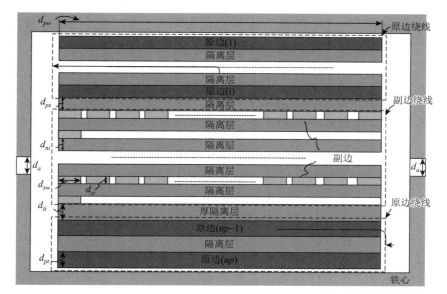

图 2.8　所提出的部分交错，单层结构

算的。之后，为了得到更精确的 C_p，将通过电磁模拟进一步修正初始值 d_{ps0} 和 d_{pw0}。同时，进行了静电模拟，提取了电场分布。根据电场的分布，可以计算出电能：

$$E_e = \frac{1}{2} \iiint_V E \cdot D \mathrm{d}V \qquad (2\text{-}21)$$

其中，E 和 D 是电场的分布。

此外，电能与寄生电容 C_p 之间的关系为

$$E_e = \frac{1}{2} C_p V_p^2 \qquad (2\text{-}22)$$

其中，V_p 是通过 C_p 的电压。

结合式（2-21）和式（2-22），可以根据电场分布计算出 C_p，即

$$C_p = \frac{1}{V_p^2} \iiint_V E \cdot D \mathrm{d}V \qquad (2\text{-}23)$$

利用式（2-23），在 Ansys-Maxwell 中利用电场的分布计算 C_p。如果达到最佳 C_p，则 d_{ps} 和 d_{pw} 的值将被确认；否则，d_{ps} 和 d_{pw} 的值将以固定的间隔 Δd_{ps} 和 Δd_{pw} 更新。

2）步骤 2：基于最优的 L_r 设计 d_{pt}、d_{st} 和 d_{ni}

在分析磁动势的基础上，选择合适的 d_{pt}、d_{st} 和 d_{ni} 可以实现最佳漏感[33]。值得注意的是，由于电能主要储存在一次绕组和二次绕组之间的介质层中，因此可以忽略 d_{pt}、d_{st} 和 d_{ni} 的影响。

图 2.4（第二阶段部分）显示了确定 d_{pt}、d_{st} 和 d_{ni} 的流程图，其初始值 d_{pt0}、d_{st0} 和 d_{ni0} 是通过 MMF 分析计算出来的。之后，为了获得更精确的 L_r，将通过电磁模拟进一步修改初始值 d_{pt0}、d_{st0} 和 d_{ni0}。采用涡流模拟方法提取磁场分布。为了计算漏感，对一次绕组和二次绕组同时施加电流激励。根据磁场的分布，磁场能量，电磁波可以通过如下公式计算：

$$E_m = \frac{1}{2} \iiint_V H \cdot B \mathrm{d}V \qquad (2\text{-}24)$$

其中，H 和 B 是电场的分布。另外，磁场能量与漏感 L_r 的关系为

$$L_r = \frac{1}{2} L_r i_p^2 \tag{2-25}$$

其中，i_p 是施加在一次绕组上的电流。结合式（2-24）和式（2-25），可以根据电场分布计算 L_r，即

$$L_r = \frac{1}{i_p^2} \iiint_V H \cdot B \mathrm{d}V \tag{2-26}$$

利用式（2-26），利用 Ansys-Maxwell 中的电场分布计算 L_r。如果达到最佳 L_r，则将确定已知 d_{pt}、d_{st} 和 d_{ni} 的值；否则，d_{pt}、d_{st} 和 d_{ni} 的值将以固定间隔 Δd_{pt}、Δd_{st} 和 Δd_{ni} 更新。

3）步骤 3：基于最优的 L_m 设计 d_a

根据磁路分析[33]，可通过设置提议的气隙 d_a 来实现最佳 L_m。在这种情况下，L_m 是最后要设计的参数，因为 d_a 的变化对 C_p 和 L_r 的影响可以忽略不计。

图 2.4（第二阶段部分）显示了选择 d_a 的流程图，其初始值根据磁路分析计算。基于电磁模拟的进一步修改将进行调整，以减少计算引起的误差。采用涡流模拟方法提取磁场分布。与 L_r 的计算类似，L_m 是根据磁场分布计算的，唯一的区别是电流激励只作用于初级绕组。根据磁场的分布，L_m 可以通过如下公式计算：

$$L_m = \frac{1}{i_p'^2} \iiint_V H \cdot B \mathrm{d}V \tag{2-27}$$

根据式（2-27），利用 Ansys-Maxwell 中的磁场分布计算 L_m。如果达到最佳 L_m，将确定 d_a 的值；否则，d_a 值将用固定间隔 Δd_a 更新。

根据建议的变压器结构和图 2.4 中的流程图，可以确定平面变压器的尺寸，如表 2.2 所示。

表 2.2　仿真结果与优化参数的比较

参数名称	参数值	参数名称	参数值
d_{ps}	0.13 mm	d_{pt}	0.2 mm
d_{st}	70 μm	d_a	63 μm
d_{pw}	9.6 mm	d_{sw}	0.28 mm
d_{ti}	1.6 mm	d_{ni}	0.3 mm

根据表 2.2 所列参数，在 Ansys-Maxwell 中建立了平面变压器的模型，并进行了混合电磁仿真，验证了平面变压器的寄生参数。

用于计算漏感和磁化电感的磁场强度和用于计算寄生电容的电场强度分别如图 2.9 和图 2.10 所示。

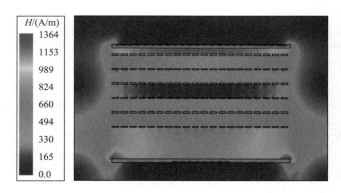

图 2.9　用于计算漏感（L_r）和磁化电感（L_m）的磁场强度（320kHz）（彩图见二维码）

扫一扫，看彩图

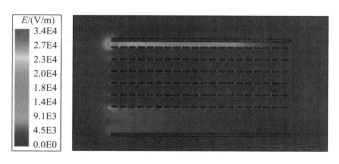

扫一扫,看彩图

图 2.10　计算寄生电容的电场强度（彩图见二维码）

基于图 2.9 和图 2.10 所示的混合电磁仿真结果,计算了模拟的变压器寄生参数,由表 2.3 列出。为了进行比较,表 2.3 还列出了由所提出的 GA+PSO 算法获得的最佳参数。

表 2.3　模拟结果与优化参数的比较

参数名称	优化值	仿真值
L_r	0.09 μH	0.09 μH
L_m	8.0 μH	8.0 μH
C_p	13.2 nF	13.0 nF

从表 2.3 可以看出,所提出的变压器结构的模拟寄生,包括 L_r、L_m 和 C_p,与用 GA+PSO 算法得到的最优参数基本一致,这意味着 $LCLC$ 谐振变换器的最佳参数得以实现。

根据表 2.2 中平面变压器的尺寸,制造平面变压器。平面变压器的三维（3D）模型如图 2.11（a）所示。值得注意的是,与 L_r、L_m 和 C_p 这三个变压器的寄生参数不同,C_s 是一个单独的元件,可以通过选择期望值的电容来实现。在本章中,选择值为 1.0 μF 的电容器作为最佳 C_s。在平面变压器和所选电容器达到期望值的情况下,利用所提出的两阶段优化设计方法,建立了 $LCLC$ 谐振变换器,如图 2.11（b）所示。

表 2.4 总结了图 2.11（b）所示 $LCLC$ 谐振变换器中的组件类型。

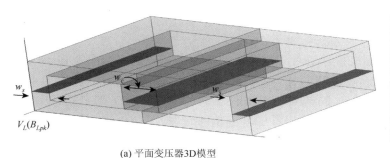

(a) 平面变压器3D模型

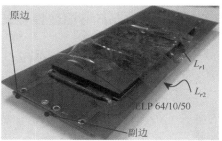

(b) $LCLC$谐振变换器

图 2.11　平面变压器 3D 模型和 $LCLC$ 谐振变换器

表 2.4　$LCLC$ 谐振变换器的元件类型

元件	类型	元件	类型
S_1、S_2、S_3	RJK6505PBF	C_s	Polypropylene
D_1、D_2	GB01SLT12-214	C_1、C_2	Polypropylene
Gate driver	UCC 27210	Core	FEE38/16/25(N87)

在接下来的内容中，我们将对所提出的两阶段优化设计方法和变压器结构进行实验验证。

2.4　实　验　验　证

在本节中，基于图 2.11（b）中的 $LCLC$ 谐振变换器，硬件实验证实了本章提出的面向效率的两级优化设计方法的有效性。应用于空间 TWTA 的两级功率变换器的电路拓扑如图 2.12 所示。第一级是 Boost 变换器，第二级是 $LCLC$ 谐振变换器。两级功率变换器的输出电压由第一级调节，第二级作为直流变压器在开环状态下工作。另外，采用 PI 控制器对两级功率变换器的输出电压进行调节。在本节中，总线电压 V_{bus} 的变化范围为 25.2～30.8V。Boost 变换器的输出以及 $LCLC$ 谐振变换器的输入电压 V_{in} 被调节到 40V。然后经过 $LCLC$ 谐振变换器，V_{in} 将被提升至空间 TWTA 的高压输出 V_o，即 4800V。

主开关和整流器的软开关在如下的第一部分进行了验证。在 C_s 和 L_m 偏离其相应最优值的情况下，在第二部分测试了所提出的两阶段优化设计方法的有效性。第三部分测试了在不同输入电压和负载下 $LCLC$ 谐振变换器的效率，以评估优化后的 $LCLC$ 谐振变换器的性能。

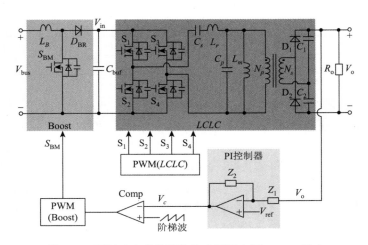

图 2.12　两级功率变换器电路应用于空间 TWTA 场合

2.4.1　优化 $LCLC$ 谐振变换器的 ZVS 和 ZCS 特性验证

在额定功率 288W 下对 $LCLC$ 谐振变换器进行了试验，第一级的实验波形如图 2.13 所示。从图 2.13 可以看出，第一级的输入电压 V_{bus} 为 28V，第一级的输出电压（也是第二级的输入）为 40V。

S_1 的驱动信号 $v_{gs1}(t)$，谐振电流 $i_r(t)$ 和 C_{ds} 的电压 $v_{ds1}(t)$ 如图 2.14（a）所示。D_1 的电流 $i_{d1}(t)$，D_1 的电压 $v_{d1}(t)$ 如图 2.14（b）所示。从图 2.14（a）可以看出，当 S_1 接通时，$v_{ds1}(t)$ 为 0，$i_r(t)$ 也为 0。因此，在导通过程中，可以证明，S_1 在 ZCS 和 ZVS 条件下工作。此外，S_1 关闭时，$v_{ds1}(t)$ 和 $i_r(t)$ 也为 0。因此，在关断过程中，S_1 在 ZCS 和 ZVS 条件下工作，S_1 的导通和关断损耗都降低了.

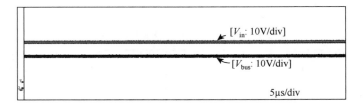

图 2.13　第一阶段的波形

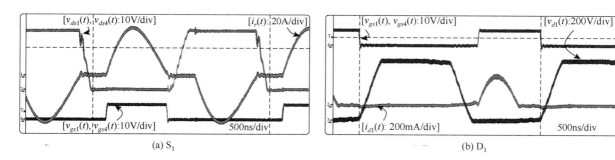

(a) S_1　　　　　　　　　　　　　　　(b) D_1

图 2.14　实验软开关波形

类似地，从图 2.14（b）可以看出，当 D_1 导通时，$v_{d1}(t)$ 为 0，$i_{d1}(t)$ 也为 0。结果表明，在导通过程中，D_1 实现了 ZCS 和 ZVS。此外，当 D_1 关断时，$v_{d1}(t)$ 为 0，$i_{d1}(t)$ 也为 0。结果，在关断过程中，实现了 D_1 的零电流开关和零电压开关。因此，D_1 的导通和关断损耗都降低了。

结果表明，主开关和整流器的软开关可以降低开关损耗。在接下来的部分中，以 C_s 和 L_m 偏离其相应的最优值为例，对所提出的两阶段优化设计方法的有效性进行了评估。

2.4.2　验证所提出的 *LCLC* 谐振变换器面向效率的两阶段优化设计方法

虽然主开关和整流器的软开关已经被实现了，但整个功率变换器的效率仍然具有重要的研究意义。在这一部分，为了验证所提出的面向效率的两阶段优化设计方法的有效性，对 C_s 和 L_m 偏离其相应最优值的情况进行了测试。

1）案例 1：C_s 偏离最优值（1.0μF）

本部分对 C_s 偏离其最优值的情况进行了测试。选择两个 C_s 值，其中一个小于优化设计结果（0.3μF），另一个大于优化设计结果（1.6μF）。

在不同的 C_s 下（0.3μF 和 1.6μF）的波形 $v_{gs1}(t)$、$i_r(t)$ 和 $v_{ds1}(t)$ 分别如图 2.15（a）和（b）所示。图 2.15（c）体现了效率的对比结果。

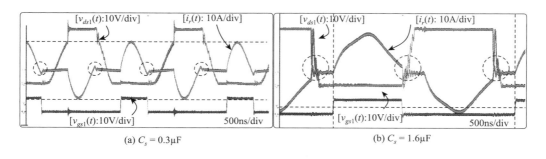

(a) $C_s = 0.3$μF　　　　　　　　　　　　(b) $C_s = 1.6$μF

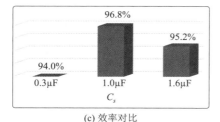

(c) 效率对比

图 2.15　不同 C_s 下的实验结果

从图 2.15（a）和图 2.15（b）可以看出，由于 C_s 偏离最佳值（图 2.15（a）中没有 ZVS，图 2.15（b）中没有 ZCS），软开关的优点可能会丧失。此外，根据图 2.15（c）中的效率比较，与最优 C_s 相比，在 C_s 偏离优化设计结果的情况下，效率最高，这验证了所提出的两阶段优化设计方法的有效性。

2）案例 2：L_m 偏离最优值（8.0μH）

本部分测试了 L_m 偏离其最优值的情况。选择两个 L_m 值，其中一个小于最优值（4.0μH），另一个大于最优值（29.3μH）。

测试了具有不同 L_m（29.3μH 和 4.0μH）的波形 $v_{gs1}(t)$、$i_r(t)$ 和 $v_{ds1}(t)$，分别如图 2.16（a）和图 2.16（b）所示。效率的比较如图 2.16（c）所示。

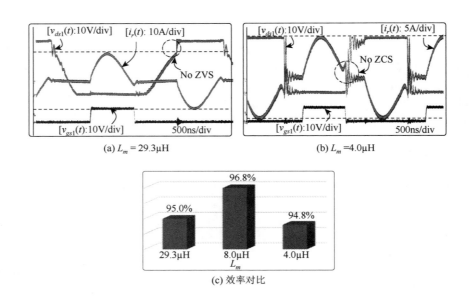

图 2.16　不同 L_m 下的实验结果

从图 2.16（a）和图 2.16（b）可以看出，由于 L_m 偏离最佳值（图 2.16（a）中没有零电压开关，图 2.16（b）中没有零电流开关），软开关的优点可能会丧失。此外，根据图 2.16（c）中的效率比较，在优化 L_m（4.0μH）的情况下，效率高于 L_m 偏离优化设计结果的其他情况，这验证了所提出的两阶段优化设计方法的有效。

本部分对 C_s 偏离其最佳值的情况进行了测试。选择两个 C_s 值，其中一个小于优化设计结果（0.3μF），另一个大于优化设计结果（1.6μF）。

3）不同输入电压和负载下的效率

采用所提出的两级优化设计方法和传统设计方法的 $LCLC$ 谐振变换器在不同输入电压下的效率如图 2.17（a）所示[7]。在额定输入电压（40V）下，采用所提出的两级优化设计方法，测得的总功率损耗为 9.22W，效率为 96.8%。实测总功率损耗（9.22W）与所提出的基于 GA+PSO 算法的两阶段优化设计方法的优化结果（8.9W）高度一致。此外，与传统的设计方法相比，可以得出如下结论：采用该优化设计方法设计的 $LCLC$ 谐振变换器在不同输入电压下具有较高的效率。

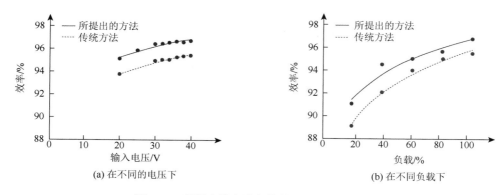

(a) 在不同的电压下　　　　　　(b) 在不同负载下

图 2.17　所提出的方法与传统方法的效率比较

　　采用所提出的两级优化设计方法和传统设计方法的 *LCLC* 谐振变换器在不同负载下的效率如图 2.17（b）所示[7]。从图 2.17（b）可以看出，与传统的设计方法相比，采用该优化设计方法的 *LCLC* 谐振变换器在不同负载下具有更高的效率。

　　在额定输入电压和功率下，采用本章提出的效率导向两级优化设计方法和常规设计方法的 *LCLC* 谐振变换器的损耗击穿如图 2.18 所示。结果表明，传统设计方法的导通损耗、铜损耗、铁心损耗和介电损耗均高于所提出的优化设计方法。

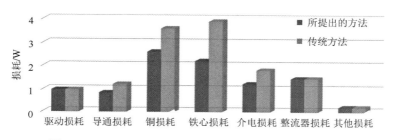

图 2.18　*LCLC* 谐振变换器在额定功率下的损耗击穿分析

2.5　本　章　小　结

　　本章提出了一种面向空间 TWTA 应用的高效率 *LCLC* 谐振变换器两级优化设计方法。所提出的优化设计方法旨在优化 *LCLC* 谐振变换器的总功率损耗和相应的磁设计。

　　在第一阶段，利用所提出的 GA+PSO 算法对 *LCLC* 谐振变换器的总功率损耗，包括驱动损耗、开关导通损耗、铜损耗、铁心损耗和介电损耗进行优化，得到了优化的 L_r、L_m、C_s、C_p 和 P_{tot}。

　　在第二阶段，为了实现第一阶段得到的最优参数，设计了具有最优参数的平面变压器。提出了一种单层部分交错变压器结构，并给出了相应的设计流程。利用所提出的变压器结构，可以实现优化设计结果。混合电磁仿真和实验结果都验证了所提出的变压器结构的有效性。

　　最后，通过实验验证了所提出的 *LCLC* 谐振变换器的两级优化设计方法。

参 考 文 献

[1]　Nicol E F，Robison J M．TWTA on-orbit reliability for satellite industry[J]. IEEE Transactions on Electron Devices，2018，99：1-5.

[2]　Arora A，Thottappan M，Jain P K．Design and stability studies of second-harmonic gyro-TWT amplifier using wedge-shaped lossy ceramic rod-loaded mode selective RF interaction circuit[J]．IEEE Transactions on Plasma Science，2016，44（10）：2340-2347.

[3]　Bijeev N V，Malhotra A，Kumar V，et al. Design and realization challenges of power supplies for space TWT[C]. 2011 IEEE International Vacuum Electronics Conference（IVEC），Bangalore，2011：431-432.

[4]　　Yang D，Yin H．Energy conversion efficiency of a novel hybrid solar system for photovoltaic，thermoelectric，and heat utilization[J]. IEEE Transactions on Energy Conversion，2011，26（2）：662-670．

[5]　　Tabib-Azar M，Fawole O C，Pandey S S，et al. Microplasma traveling wave terahertz amplifier[J]. IEEE Transactions on Electron Devices，2017，64（9）：3877-3884．

[6]　　Barbi I，Gules R．Isolated DC-DC converters with high-output voltage for TWTA telecommunication satellite applications[J]. IEEE Transactions on Power Electronics，2003，18（4）：975-984．

[7]　　Zhao B，Wang G，Hurley W G．Analysis and performance of *LCLC* resonant converters for high-voltage high-frequency applications[J]. IEEE Journal of Emerging and Selected Topics in Power Electronics，2017，5（3）：1272-1286．

[8]　　Zhang X，Zhong Q，Kadirkamanathan V，et al. Source-side series-virtual-impedance control to improve the cascaded system stability and the dynamic performance of its source converter[J]. IEEE Transactions on Power Electronics，2018，doi：10.1109/TPEL.2018.2867272．

[9]　　Zhang X，Zhong Q．Improved adaptive-series-virtual-impedance control incorporating minimum ripple point tracking for load converters in dc systems[J]. IEEE Transactions on Power Electronics，2016，31（12）：8088-8095．

[10]　Shafiei N，Pahlevaninezhad M，Farzanehfard H，et al. Analysis and implementation of a fixed-frequency *LCLC* resonant converter with capacitive output filter[J]. IEEE Transactions on Industrial Electronics，2011，58（10）：4773-4782．

[11]　Lin R L，Huang L H．Efficiency improvement on *LLC* resonant converter using integrated *LCLC* resonant transformer[J]. IEEE Transactions on Industry Applications，2018，54（2）：1756-1764．

[12]　Liu C，Teng F，Hu C，et al. *LCLC* resonant converter for multiple lamp operation ballast[C]. Applied Power Electronics Conference and Exposition，2003. APEC '03. Eighteenth Annual IEEE，Miami Beach，2003：1209-1213 ．

[13]　Bingham C M，Ang Y A，Foster M P，et al. Analysis and control of dual-output *LCLC* resonant converters with significant leakage inductance[J]. IEEE Transactions on Power Electronics，2008，23（4）：1724-1732．

[14]　Liu J，Cheng K W E，Zeng J．A unified phase-shift modulation for optimized synchronization of parallel resonant inverters in high frequency power system[J]. IEEE Transactions on Industrial Electronics，2014，61（7）：3232-3247．

[15]　Ye Z，Jain P K，Sen P C．A two-stage resonant inverter with control of the phase angle and magnitude of the output voltage[J]. IEEE Transactions on Industrial Electronics，2007，54（5）：2797-2812．

[16]　Chen W，Rao Y，Shan C，et al. The design and experiment of ion generator power supply for vacuum sputtering[C]. 2007 Power Conversion Conference-Nagoya，Nagoya，2007：931-935．

[17]　Wang Y，Alonso J M，Ruan X．A review of led drivers and related technologies[J]. IEEE Transactions on Industrial Electronics，2017，64（7）：5754-5765．

[18]　Guo W，Jain P K．A low frequency AC to high frequency AC inverter with build-in power factor correction and soft-switching[J]. IEEE Transactions Power Electronics，2004，19（2）：430-442．

[19]　Park S，Rivas-Davila J．Power loss of GaN transistor reverse diodes in a high frequency high voltage resonant rectifier[C]. 2017 IEEE Applied Power Electronics Conference and Exposition（APEC），Tampa，2017：1942-1945．

[20]　Lopera J M，Prieto M J，Díaz J，et al. A mathematical expression to determine copper losses in switching-mode power supplies transformers including geometry and frequency effects[J]. IEEE Transactions on Power Electronics，2015，30（4）：2219-2231．

[21]　Sibue J R.，Meunier G，Ferrieux J P，et al. Modeling and computation of losses in conductors and magnetic cores of a large air gap transformer dedicated to contactless energy transfer[J]. IEEE Transactions on Magnetics，2013，49（1）：586-590．

[22]　Hao J，Fu J，Ma Z，et al.Condition assessment of main insulation in transformer by dielectric loss data interpolation method and database building[C]. Proceedings of 2014 International Symposium on Electrical Insulating Materials，Niigata，2014：152-155．

[23]　Lai X，Zhang P，Wang Y，et al.Position-posture control of a planar four-link underactuated manipulator based on genetic algorithm[J]. IEEE Transactions on Industrial Electronics，2017，64（6）：4781-4791．

[24]　de León-Aldaco S E，Calleja H，Aguayo A J．Metaheuristic optimization methods applied to power converters: A review[J]. IEEE Transactions on Power Electronics，2015，30（12）：6791-6803．

[25]　Chung S H，Chan H K．A two-level genetic algorithm to determine production frequencies for economic lot scheduling problem[J]. IEEE Transactions on Industrial Electronics，2012，59（1）：611-619．

[26]　Yin Z，Du C，Liu J，et al. Research on auto disturbance-rejection control of induction motors based on an ant colony optimization algorithm[J]. IEEE Transactions on Industrial Electronics，2018，65（4）：3077-3094．

[27]　Zhou Y．Runtime analysis of an ant colony optimization algorithm for tsp instances[J]. IEEE Transactions on Evolutionary Computation，2009，13（5）：1083-1092．

[28]　Karaarslan A．The implementation of bee colony optimization algorithm to sheppard-taylor pfc converter[J]. IEEE Transactions on Industrial

Electronics，2013，60（9）：3711-3719.

[29]　Abu-Mouti F S，El-Hawary M E. Optimal distributed generation allocation and sizing in distribution systems via artificial bee colony algorithm[J]. IEEE Transactions on Power Delivery，2011，26（4）：2090-2101.

[30]　Veerachary M，Saxena A R. Optimized power stage design of low source current ripple fourth-order boost dc-dc converter：A PSO approach[J]. IEEE Transactions on Industrial Electronics，2015，62（3）：1491-1502.

[31]　Shi H，Wen H，Hu Y，et al. Reactive power minimization in bidirectional dc-dc converters using a unified-phasor-based particle swarm optimization[J]. IEEE Transactions on Power Electronics，2018，33（12）：10990-11006.

[32]　Zhao B，Ouyang Z，Duffy M C，et al. An improved partially interleaved transformer structure for high-voltage high-frequency multiple-output applications[J]. IEEE Transactions on Industrial Electronics，2019，66（4）：2691-2702.

[33]　Ouyang Z，Thomsen O C，Andersen M A E. Optimal design and tradeoff analysis of planar transformer in high-power dc-dc converters[J]. IEEE Transactions on Industrial Electronics，2012，59（7）：2800-2810.

第 3 章　神经网络在电力电子变换器实时控制中的应用

3.1　神经网络控制概述

　　电力电子变换器是一类采用大功率半导体开关器件实现电能变换与控制的电路。本章所讨论的"电力电子变换器实时控制"，是指在大功率半导体开关器件的每一个开关周期内均实施的控制，其目的是令变换器的电压（或电流）迅速跟踪期望值。比例-积分-微分（PID）算法代码简洁、实时性好，被广泛应用于电力电子数字实时控制中，但电力电子变换器具有强烈的非线性特性，采用 PID 算法的控制性能有限。为进一步提升实时控制性能，研究者开展了诸如滑模控制、模糊控制、无源性控制、模型预测控制等大量高性能算法研究。

　　在 20 世纪 80 年代末，神经网络技术开始被应用于电力电子实时控制领域。具有里程碑意义的事件是 Harashima 于 1989 年在其论文 *Application of neutral networks to power converter control* 中讨论了神经网络在电力电子变换器控制中的应用思路[1]，掀起了神经网络在电力电子领域的应用研究热潮。在研究早期，复杂的神经网络运算与开关周期实时控制之间存在矛盾，但随着各种数字控制器如数字信号处理器（Digital Signal Processor，DSP）、现场可编程门阵列（Field Programmable Gate Array，FPGA）和神经网络专用芯片的出现，神经网络算法已有可能在一个开关周期内完成，将神经网络应用于高频电力电子变换器的实时控制的条件已经成熟。

　　当前，神经网络在电力电子变换器实时控制中已有大量应用成果。按照神经网络的功能分类，大体上可分为两类。一类是采用神经网络去产生传统控制器所需要的关键参数。例如，采用神经网络生成 PID 控制器所需的比例、积分与微分系数[2]，或是生成模型预测控制中成本函数的权重因子[3]；或是用于估计电机参数以满足高性能控制器的需求[4]。另一类则是直接采用神经网络作为控制器。例如，采用神经网络实现对逆变器的独立控制[5]；采用概率模糊神经网络控制两级式充电器，实现锂电池组的恒流恒压充电[6]；采用自适应模糊神经网络实现直流变换器的电压跟踪控制[7]；采用径向基函数神经网络实现三电平变换器的无功功率跟踪[8]；使用神经网络拟合滑模控制的非线性滑模面表达式，简化实时实施[9]；使用神经网络拟合复杂的显性模型预测控制律，实现高开关频率下的高性能控制[10]等。

　　如本书的基础部分所述，神经网络是一个由相互连接的神经元组成的非线性网络，它非常擅长拟合训练样本中潜在的非线性输入输出关系，本质是从输入 x 到输出 y 的函数拟合工具：

$$y = f_\theta(x) \tag{3-1}$$

其中，θ 为神经网络中可调整的参数，可通过训练进行调整。

　　Hecht-Nielsen 已经证明，具有足够数目神经元的单隐藏层神经网络就能够很好地拟合任意非线性函数。由于任何控制器均可视为一种根据输入 x（通常是反馈量与参考量的误差）产生对应输出 y（通常是占空比、相移等）的函数，因此完全可以采用神经网络来进行等价拟合。神经网络的"智能"源于训练过程（即拟合过程）中采用的反向传播算法，不需要专家知识就可对网络参数进行调整。当神经网络输入 x 时，计算式（3-1）并将其与期望输出 y^* 比较，从而获得神经网络的损失函数 E（损失函数的具体形式因应用而异）：

$$E = \left\| y^* - f_\theta(x) \right\| \tag{3-2}$$

　　基于式（3-2），通过梯度下降法从输入到输出逐层调整神经网络参数 θ，即可减小输出 y 与期

望值 y^* 的误差，依据链式法则：

$$\frac{\partial E}{\partial \theta} = \frac{\partial E}{\partial f_\theta(x)} \cdot \frac{\partial f_\theta(x)}{\partial \theta} \tag{3-3}$$

将式（3-3）中获得的梯度乘以权重 η（权重 η 的选择会影响训练过程的收敛速度和效果，被称为"训练因子"）后，就可以对原有权重进行更新，完成一轮训练：

$$\theta \leftarrow \theta - \eta \frac{\partial E}{\partial \theta} \tag{3-4}$$

反复迭代上述过程，直到响应误差降至可接受的范围内，就可认为神经网络已经很好地拟合了控制器的隐含输入输出关系，训练即告完成。在电力电子变换器的实时控制中，上述训练可在下列三种情况下进行。

（1）参数估计：若要估计控制对象参数，则首先依据控制对象特点构建神经网络，使网络权重与待估参数有关。然后收集大量控制对象的实际运行状态作为样本用于训练。训练结束后即可从网络权重中提取待估参数[4]；若要估计控制器参数，则首先建立系统仿真模型，令其在不同工况下运行以生成训练样本，再用神经网络去拟合不同工况与待估参数的关系。训练结束后该网络即可用于实时生成控制参数[2, 3]。

（2）离线训练：首先从控制器中采集大量输入与输出样本，然后对神经网络进行训练，使神经网络拟合样本中隐含的非线性输入输出关系，达到一定的拟合精度后，神经网络就可用于替代原控制器用于实时控制。这一思路的目的是用神经网络替代相对而言更为复杂的控制算法，但在训练样本未覆盖到的运行范围里，控制性能无法保证。

（3）在线训练：设计好神经网络结构与权重初值后，即可将神经网络用于实时控制。在实时控制的过程中，不断采集反馈量与参考值之间的误差，并对神经网络进行实时训练（即对权重进行在线调整）。这一思路的主要优势是可以在运行的过程中不断提高控制性能，但实时训练也加重了控制器的运算负担。

为进一步说明神经网络在实时控制器中的应用思路，随后的 3.2 节首先以 Buck 变换器为例，简述了电力电子变换器特点与建模方法。由于控制性能高度依赖于电路模型参数的准确性，因此在 3.3 节中将讨论一种"电路参数估计网络"，可同时实现多个电路参数的估计，为后续控制器设计奠定基础；在 3.4 节将讨论一种离线训练的神经网络控制器；在 3.5 节中，将进一步对神经网络控制器进行在线训练，使控制器获得自我学习、自我提升的能力。这一过程可类比于目前神经网络的设计方法，即先收集样本进行标注，再利用标注好的样本对神经网络进行"预训练"，得到一个通用的神经网络，节约二次开发的时间与成本；再将预训练好的神经网络在实际任务环境中进行"微调"（Fine-Tuning），以便在具体的任务上获得最优性能。

3.2　Buck 电路及其模型简述

考虑到易读性，并使示例具有连续性，本节随后的部分均以电力电子变换器中最简单、也最经典的 Buck 电路作为控制对象讲述。但是，本章中的设计思路也可推广至各类电力电子变换器的实时控制中。

Buck 变换器的拓扑结构如图 3.1（a）所示，S 表示开关，占空比定义为 d，D 代表二极管，在分析中忽略它们的导通电阻。r_o 和 v_{dc} 分别表示负载电阻和输入电压。L_o 和 C_o 分别代表额定电感值和额定输出电容值。本章仅讨论在连续电流模式（Continuous Current Mode，CCM）下的工作情况。如图 3.1（b）和（c）所示，在 S 开通，D 截止的模式中，输入电压、电感和负载形成回路，输入电压为电感进行充电，电感电流上升储能，其对应的电路关系为

$$L_o \frac{di_L}{dt} = v_{dc} - v_o \text{ 和 } C_o \frac{dv_o}{dt} = i_L - \frac{v_o}{r_o} \tag{3-5}$$

在 S 关断, D 导通的模态中, 此时输入与负载断开, 电感电流经过二极管形成续流回路, 电感放电为负载提供能量, 电感电流下降, 对应的电路关系为

$$L_o \frac{di_L}{dt} = -v_o \text{ 和 } C_o \frac{dv_o}{dt} = i_L - \frac{v_o}{r_o} \tag{3-6}$$

当 S 高速开关 (即采用脉冲宽度调制, PWM) 时, 就可以控制输入电压 v_{dc} 与输出电压 v_o 的比例关系, 在 CCM 且 Buck 变换器工作于稳态时, 电压关系为 $v_o/v_{dc} = d$ (其中 d 是每个开关周期中导通时间所占的比重)。因为 LC 滤波器的时间常数远大于开关周期 T_s, 故可使用状态空间平均法, 即将式 (3-5) 和式 (3-6) 分别乘以各自的持续时间 dT_s 和 $(1-d)T_s$, 然后求和得到 Buck 变换器的状态空间平均模型。该模型化为矩阵形式得到

$$\frac{d}{dt}\begin{bmatrix} i_L \\ v_o \end{bmatrix} = \underbrace{\begin{bmatrix} 0 & -\dfrac{1}{L_o} \\ \dfrac{1}{C_o} & -\dfrac{1}{r_o C_o} \end{bmatrix}}_{A} \begin{bmatrix} i_L \\ v_o \end{bmatrix} + \underbrace{\begin{bmatrix} \dfrac{v_{dc}}{L_o} \\ 0 \end{bmatrix}}_{B} d \tag{3-7}$$

表 3.1 是后面内容所用的 Buck 变换器的主要参数, 输入电压 v_{dc} 设定为 48V, 开关频率 f_s 设置为 1MHz, 由于开关频率很高, 滤波所需的无源元件电感 L_o 和电容 C_o 很小, 有利于提高变换器的功率密度。

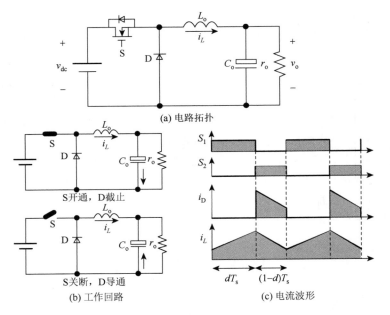

图 3.1 Buck 变换器的电路拓扑, 工作回路和电流波形

表 3.1 Buck 变换器的关键电路参数

符号	对应电路参数	数值
L_o	额定电感	29μH
C_o	额定电容	1.1μF
r_o	负载电阻	5～20Ω

续表

符号	对应电路参数	数值
f_s	开关周期	1MHz
V_{ref}	参考输出电压	24V
I_{Lmax}	最大电感电流	10A
V_{omax}	最大输出电压	30V
v_{dc}	输入电压	48V

由于采用了数字控制，因此需要将式（3-7）转化为离散形式。若采用零阶保持器进行离散，则 Buck 变换器的离散状态空间平均模型为

$$\begin{bmatrix} i_L(k+1) \\ v_o(k+1) \end{bmatrix} = \underbrace{e^{AT_s}}_{A_d} \begin{bmatrix} i_L(k) \\ v_o(k) \end{bmatrix} + \underbrace{\int_0^{T_s} e^{A(T_s-\tau)} d\tau \begin{bmatrix} \dfrac{v_{dc}}{L} \\ 0 \end{bmatrix}}_{B_d} d(k) \tag{3-8}$$

其中，$i_L(k)$、$v_o(k)$ 和 $d(k)$ 分别代表 k 时刻 i_L、v_o 和 d 的值；值得注意的是，矩阵 A_d 和 B_d 里的电路参数 r_o 是变换器的负载，它是有可能变化的（称为工作点变化），因此 A_d 和 B_d 会随着工作点变化而变化，这体现了电力电子变换器的非线性特性，这也正是电力电子变换器控制器的设计难点。

3.3　基于神经网络的参数估计

在电力电子变换器的高性能控制器设计中，使用的模型参数与实际电路参数是否匹配对实时控制性能有较大影响。因此，要确保控制器的高控制性能，首先需获取变换器的准确电路参数。变换器参数估计的方法众多，如最小二乘法、最大似然法、最大后验估计、增广状态估计、卡尔曼滤波等，但是，这些方法无一例外地要融合"专家知识"，且只能估计出部分参数。为此，本节将充分利用神经网络的拟合能力以及反向传播算法的便利性，实现变换器的参数估计。

3.3.1　Buck 变换器的"准神经网络"参数估计模型

仍以 Buck 变换器为例来展示设计过程，首先将式（3-8）改写成

$$\begin{bmatrix} i_L(k+1) \\ v_o(k+1) \end{bmatrix} = \underbrace{\begin{bmatrix} a_{11} & a_{12} \\ a_{21} & a_{22} \end{bmatrix}}_{A_d} \begin{bmatrix} i_L(k) \\ v_o(k) \end{bmatrix} + \underbrace{\begin{bmatrix} b_1 \\ b_2 \end{bmatrix}}_{B_d} d(k) \tag{3-9}$$

进一步展开为式（3-10），并将 $k+1$ 与 k 替换成了 k 与 $k-1$，以便于实际设计。

$$\begin{cases} i_L(k) = a_{11} \cdot i_L(k-1) + a_{12} \cdot v_o(k-1) + b_1 \cdot d(k-1) \\ v_o(k) = a_{12} \cdot i_L(k-1) + a_{22} \cdot v_o(k-1) + b_2 \cdot d(k-1) \end{cases} \tag{3-10}$$

依据式（3-10）的特点，将上一拍的采样值 $i_L(k-1)$，$v_o(k-1)$ 以及占空比 $d(k-1)$ 取为神经网络的输入节点，将电路参数 a_{11}、a_{12}、a_{21}、a_{22}、b_1 和 b_2 定义可训练权重，将当前拍的采样值 $i_L(k)$、$v_o(k)$ 取为神经网络的输出节点，可画出图 3.2 所示的形式。由图可见，该形式与神经网络十分相似，但节点运算仅使用权重，而不使用偏置和激活函数，因此本章将其称为"准神经网络"。该"准神经网络"的优点是可以采用现成的反向传播算法直接进行训练，不需专门设计参数调整法则。当建模的对象更为复杂（如对象为电机[4]）时，该方法的优势更为明显——仅需按对象的数学模型设计网络，再采集样本进行训练即可。

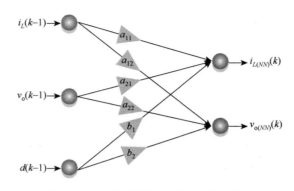

图 3.2　"准神经网络"型参数估计模型

3.3.2　"准神经网络"的训练

在 Buck 变换器的运行过程中，将一系列动态过程中的电感电流 i_L，输出电压 v_o 以及占空比 d 的值存储起来，并按表 3.2 形式组成训练样本。权重 a_{11}、a_{12}、a_{21}、a_{22}、b_1 和 b_2 的初始值可通过随机赋值或依据电路器件标称值计算的方式得到。以第 1 组样本为例，将 $i_L(k-1)$、$v_o(k-1)$ 以及 $d(k-1)$ 送入网络，求解得到网络输出 $i_{L(NN)}(k)$ 与 $v_{o(NN)}(k)$。

表 3.2　"准神经网络"参数估计模型的训练集

	输入			标签	
第 1 组	$v_o(k-1)$	$i_L(k-1)$	$d(k-1)$	$i_L(k)$	$v_o(k)$
第 2 组	$v_o(k-2)$	$i_L(k-2)$	$d(k-2)$	$i_L(k-1)$	$v_o(k-1)$
第 3 组	$v_o(k-3)$	$i_L(k-3)$	$d(k-3)$	$i_L(k-2)$	$v_o(k-2)$
第 4 组	$v_o(k-4)$	$i_L(k-4)$	$d(k-4)$	$i_L(k-3)$	$v_o(k-3)$
⋮	⋮	⋮	⋮	⋮	⋮

由于 a_{11}、a_{12}、a_{21}、a_{22}、b_1 和 b_2 的初值是随机设定的，因此网络输出 $i_{L(NN)}(k)$ 与 $v_{o(NN)}(k)$ 不准确，为对权重进行训练，构建如下误差函数：

$$E_{para} = (i_{L(NN)} - i_L)^2 + (v_{o(NN)} - v_o)^2 \tag{3-11}$$

以上述误差函数为依据，基于图 3.2 的网络结构，可方便地执行反向传播算法，对权重 a_{11}、a_{12}、a_{21}、a_{22}、b_1 和 b_2 进行迭代更新。当表 3.2 中所有样本的训练误差都小于某一定值后，即可认为 a_{11}、a_{12}、a_{21}、a_{22}、b_1 和 b_2 已能在各种工况下均令式（3-10）定义的关系满足，即 a_{11}、a_{12}、a_{21}、a_{22}、b_1 和 b_2 已逼近直实值，此时可停止训练，将 a_{11}、a_{12}、a_{21}、a_{22}、b_1 和 b_2 用于控制器设计中。在 3.4 节的离线训练神经网络控制器设计中，上述估计所得的参数将用于模型预测控制器的设计；在 3.5.1 节的在线训练神经网络设计中，上述估计所得的参数将用于在线训练。

3.3.3　参数估计示例

与神经网络类似，本节设计的"准神经网络"也需要足够样本才能保证训练的准确性。为此，首先启动 Buck 变换器，令输出电压 v_o 与电感电流 i_L 从零上升至稳定值。记录这一动态过程中的 v_o、i_L 与 d，共计 51 个时刻的数据，并按表 3.2 组织成包含 50 组样本的样本集。由于训练之初不知道电路参数的任何信息，因此权重 a_{11}、a_{12}、a_{21}、a_{22}、b_1 和 b_2 的初值均设为零。基于该样本集进行训练，得到训练轮数（以 50 组样本均使用一次为一轮）与权重的关系图，如图 3.3 所示。

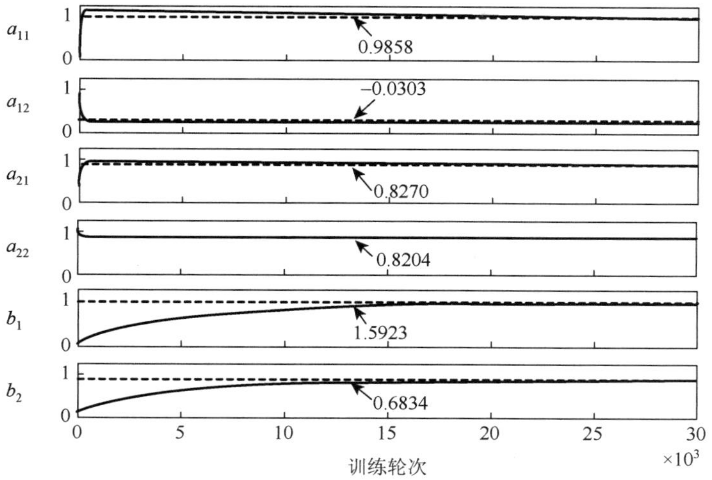

图 3.3　训练过程中的权重变化趋势图

图 3.3 中，虚线代表权重的实际值（以表 3.1 中的电路参数计算得到），实线代表"准神经网络"训练过程中的权重。由图可见，权重 a_{12} 和 a_{22} 在前几轮训练中就可迅速收敛于实际值，其余的权重 a_{11}、a_{21}、b_1 和 b_2 则需要经过约 15×10^3 轮迭代方能收敛于实际值。最终，利用"准神经网络"可准确估计出 Buck 变换器模型的全部六个参数。

3.3.4　参数估计方法小结

尽管上述设计是以 Buck 变换器为例进行说明的，但设计思路可以用于大多数电力电子变换器，其通用设计步骤如下。

步骤 1：对被控对象的模型进行等价变换，使模型可以用部分可测量 X 表达另一部分可测量 Y，即获得 $Y = f(X)$ 的形式；

步骤 2：对函数 f 的各项系数进行分析。将包含待估电路参数的部分定义为权重 θ，构建"准神经网络"，即函数 $Y_{NN} = f_\theta(X)$，其中 θ 是可训练参数，可在训练过程中修改。

步骤 3：从电路中采样 X 作为准神经网络的输入，计算对应的输出 Y_{NN}，采样 Y 作为标签 Y^*，构建误差函数 $E_{para} = \|Y^* - Y_{NN}\|$，利用反向传播算法对 θ 进行更新。

步骤 4：待 θ 训练稳定后，从 θ 中反解出待估参数。

3.4　基于离线训练的神经网络控制器设计

传统的高性能控制方法往往需要进行复杂的在线求解，但在线求解过程不仅对控制器资源要求高，且耗费时间长，难以用于高开关频率的电力电子变换器。在本例中，一个开关周期仅为 $1\mu s$，如何在如此短的开关周期内完成实时控制计算，对设计者而言是极大的挑战。基于离线训练的神经网络控制器可以很好地解决上述问题，其主要思路是先通过离线训练，使神经网络可以对复杂的控制律进行拟合，再将训练好的神经网络中的参数（即权重值和偏置值）提取到 DSP 或 FPGA 等实时高速控制器中。在实时控制时，仅需将电路采样值按神经网络结构进行简单的加权、求和以及限幅等计算，就能得到控制 Buck 变换器所需的占空比。

3.4.1　高性能控制器离线设计

实现上述思路的关键在于如何获取神经网络控制器所需的大量训练样本。显性模型预测控制（Explicit Model Predictive Control，EMPC）是一种高性能的非线性控制器，十分适用于作为训练数据的生成器。EMPC 以变换器模型为基础，将变换器的控制优化问题表示为多参数二次规划问题进行离线求解。对于 Buck 变换器而言，控制目标是将 $v_o(k)$ 调节到参考电压 V_{ref}，成本函数 J 因此被定义为

$$J = \min \sum_{l=0}^{L-1} \left[q_1 \left(V_{ref} - v_o(k+l \,|\, k) \right)^2 + q_2 i_L(k+l \,|\, k)^2 \right] \tag{3-12}$$

其中，L 表示预测周期；$v_o(k+l \,|\, k)$ 和 $i_L(k+l \,|\, k)$ 分别代表 $v_o(k+l)$ 和 $i_L(k+l)$ 在 k 时刻的预测值；q_1 和 q_2 是用来微调动态控制过程的惩罚系数，由试错法获得。由于 EMPC 能够在单个代价函数中管理多个控制目标，因为还可以在式中加入对 $i_L(k)$ 的协调控制项，以实现更平滑的控制过程。此外，在电力电子变换器的控制中，还需要对状态变量（电压和电流）和控制参数（占空比）添加约束，确保它们不超过其物理限制：

$$0 \leqslant i_L(k) \leqslant I_{L\max} \tag{3-13}$$

$$0 \leqslant v_o(k) \leqslant V_{o\max} \tag{3-14}$$

$$0 \leqslant d(k) \leqslant 1 \tag{3-15}$$

其中，$V_{o\max}$ 和 $I_{L\max}$ 分别代表 v_o 和 i_L 的最大设计值。EMPC 算法的目标是在式（3-8）、式（3-13）～式（3-15）的诸多约束下、在当前第 k 个开关周期时，找出未来 L 个开关周期的最优控制量 $d(k|k)$，$d(k+l \,|\, k) \cdots d(k+L-l \,|\, k)$，来确保式（3-12）中的 J 最小。这个过程可以使用现成的软件工具箱进行求解。限于篇幅，具体的求解过程详见文献[11]，在此不再赘述。求解得到的控制规律将状态空间划分为 M 个分段区域，每个区域都对应一个特定的分段仿射函数。例如，当状态变量 $[i_L(k),\ v_o(k)]$ 落入区域 r 时，可根据其对应的分段仿射函数计算出 $d(k+l \,|\, k)$：

$$d(k+l \,|\, k) = C_r \cdot \begin{bmatrix} i_L(k) \\ v_o(k) \end{bmatrix} + D_r, \quad r = 1, 2, \cdots, M \tag{3-16}$$

其中，C_r 和 D_r 分别代表区域 r 的增益和偏置矩阵。EMPC 会将运行空间划分成大量分段区域。图 3.4 给出了预测步长为 15 步的 EMPC 控制律可视化结果。图中的横轴表示 i_L，纵轴表示 v_o，并用不同颜色表示不同的分段区域。以图 3.4（a）为例，EMPC 将运行空间划分成了 100 多个区域，每个区域都对应一组增益和偏置矩阵。假定当前 Buck 变换器的采样值为 $[i_L(k),\ v_o(k)] = [4\text{A}, 18\text{V}]$ 时，查询到对应区域的增益和偏置矩阵为 $C_r = [0.1237\ 0.0203]$，$D_r = [0.1285]$，因此可以计算出其对应的 $d(k+l \,|\, k) = 0.989$，该 $d(k+l \,|\, k)$ 将在下一开关周期作用于 Buck 变换器。

3.4.2　离线训练样本采样

为了使神经网络控制器可以拟合一个特定工作点下的控制律，需要对该控制律进行采样，即输入一组特定的 i_L 和 v_o，判断这一组点被控制律划分到哪一个区域，再取出该区域对应的增益和偏置矩阵，按式（3-16）算出对应的 $d(k+l \,|\, k)$ 值。这样一组 $i_L(k)$、$v_o(k)$ 和 $d(k+l \,|\, k)$ 就构成了一个训练样本。值得注意的是，上述一次离线计算生成的控制规律只适用于一个特定的工作点——电路方程

中一个特定的 r_o 值，以及一个特定的电压参考值 V_{ref}。为了使神经网络控制器可以在大范围内实现高性能控制，需要在不同工作点求解其控制律，再重复上述控制律的采样过程。这一过程可以类比于图像识别中的人工标注过程，最为耗时费力。但是，该过程中仍有一些技巧可以减轻工作量。例如，$i_L(k)$ 和 $v_o(k)$ 的采样分辨率应该适中，不同工作点（即不同 r_o 取值）的取值间隔也应适中，这样既可减少训练样本的数据量，并利用神经网络的拟合能力"预测"出两个训练样本之间的输出。

值得注意的是，不同工作点下生成的离线控制律都是以 $[i_L(k), v_o(k)]$ 为输入的。图 3.4（a）～（c）展示了三个不同的工作点（工作点 1：$r_o=5\Omega$ 和 $V_{ref}=24V$；工作点 2：$r_o=10\Omega$ 和 $V_{ref}=24V$；工作点 3：$r_o=10\Omega$ 和 $V_{ref}=20V$）对应的离线控制律，可以看出，当输入 $[i_L(k), v_o(k)]$ 为[4A, 18V]时，对应的 $d(k+l|k)$ 均不相同（为分别 0.989，0.091，0.024）。因此，仅用二维输入 $[i_L(k), v_o(k)]$ 不能区分不同工作点下对应的 $d(k+l|k)$，需要引入额外的两个维度来区分。因此需将样本组织为 4 维输入 $[i_L(k), v_o(k), r_o(k), V_{ref}(k)]$ 及其对应的标签 $d(k+l|k)$。本例基于此方法得到了 64 个工作点下的 38400 组训练数据，以供神经网络拟合训练，这些训练数据如表 3.3 所示，可见每一组 4 维输入均能与一个唯一的标签相对应。

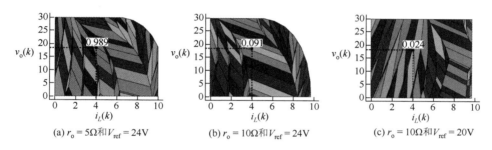

(a) $r_o=5\Omega$和$V_{ref}=24V$　　(b) $r_o=10\Omega$和$V_{ref}=24V$　　(c) $r_o=10\Omega$和$V_{ref}=20V$

图 3.4　不同工作点下的控制规律

表 3.3　4 维输入 1 维输出的训练集

组别	输入				标签
	$i_L(k)$	$v_o(k)$	$i_o(k)$	$V_{ref}(k)$	$d(k+l|k)$
第 1 组	4A	18V	3.6A	24V	0.989
第 2 组	4A	18V	1.8A	24V	0.091
第 3 组	4A	18V	1.8A	20V	0.072
⋮	⋮	⋮	⋮	⋮	⋮

3.4.3　神经网络的离线训练

本节选用最基础的全连接神经网络对上述样本进行拟合。一个全连接神经网络通常包括一个输入层、一个或多个隐藏层和一个输出层。如图 3.5（a）所示的神经网络包括多个隐藏层，可将其称为"深度"神经网络；如图 3.5（b）所示的神经网络只有一个隐藏层，但隐藏层中的神经元较多，可以将其称为"宽度"神经网络。这两种神经网络均具有强大的非线性拟合能力，在其他领域中，通常会采用如图 3.5（a）所示的"深度"神经网络来处理复杂的、大规模的问题，但由于神经网络的层间计算是串行的，因此隐藏层层数越多，所需的串行计算时间也就越长。既然 Hecht-Nielsen 已经证明了足够数目神经元的单隐藏层神经网络就能拟合任意非线性函数，因此选用如图 3.5（b）所示的"宽度"神经网络反而更好——因为在 FPGA 中，同一层的多个神经元的计算可以并行进行，更有利于实时计算。

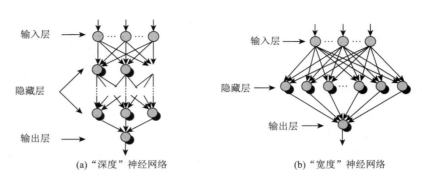

(a) "深度" 神经网络　　　　　　　　　　　(b) "宽度" 神经网络

图 3.5　两种典型结构的神经网络

基于上述考虑，本例设计一个单隐藏层网络来拟合得到的训练数据的非线性输入输出关系。所选单隐藏层神经网络的信号传输过程如下：

输入层：由于训练样本的输入为 $[i_L, v_o, r_o, V_{ref}]$，输入层应对应设计 4 个神经元。为了避免不同输入的尺度差异，输入量在传输到隐藏层之前需要被归一化为 $x_m(m = 1, 2, 3, 4)$：

$$x_n = \frac{2x_n - 2X_{n\min}}{X_{n\max} - X_{n\min}} - 1 \tag{3-17}$$

其中，$X_{n\min}$（$X_{n\max}$）表示 $x_n(k)$ 的极小（大）值。

隐藏层：隐藏层中的神经元首先要对接收到的输入执行加权求和的运算，然后使用激活函数 σ_h 得到 $h_n(n = 1, \cdots, N)$：

$$h_n = \sigma_h \left[\sum_1^4 w_{mn}x_m + b_n \right], \quad m = 1,2,3,4; n = 1,2,\cdots,N \tag{3-18}$$

其中，w_{mn} 表示输入层的第 m 个神经元和隐藏层的第 n 个神经元之间的权重值；b_n 表示隐藏层第 n 个神经元的偏置值；N 表示隐藏层神经元的数目，N 值的选取与神经网络的拟合精度有关。

激活函数是将神经网络层间的线性组合关系转换为非线性关系的关键，也是神经网络具有强大非线性拟合能力的根本原因。在早期的神经网络设计中，通常会采用 Sigmod 或是 tanh 函数来作为激活函数，但这在数字控制器占用大量的计算资源。为此，本章选用了更便于实现的 ReLU 函数作为式（3-18）中的激活函数 σ_h，其表达式为

$$\text{ReLU}(x) = \begin{cases} 0, & x \leq 0 \\ x, & x > 0 \end{cases} \tag{3-19}$$

在实时控制器中，ReLU 只需一个简单的判断即可完成。

输出层：输出层的神经元也是对输入先执行加权求和运算，然后使用输出层激活函数 σ_o 得到输出 d_{NN}：

$$d_{NN} = \sigma_o \left(\sum_1^N w_n h_n + b \right), \quad n = 1,2,\cdots,N \tag{3-20}$$

其中，w_n 表示隐藏层第 n 个神经元和输出层神经元之间的权重值；b 表示输出层神经元的偏置值。为了方便实施，也选择了 ReLU 作为输出层激活函数，ReLU 将输出下限限制为 0 的特性也自然地切合了控制占空比的下限 0 的特点，这使得后期的反向传播训练过程更加稳定，此外，由于控制占空比的范围为 [0, 1]，因此也不需要再进行反归一化，只需对输出限幅为 1 即可。

在训练神经网络时，将训练数据的 4 维输入 $[i_L(k), v_o(k), r_o(k), V_{ref}(k)]$ 送入神经网络中，正向计算出其对应的输出 d_{NN}，然后与表 3.2 对应的标签值 $d(k + l \,|\, k)$ 进行比较得到损失函数。在本例中，损失函数定义为均方误差（Mean Square Error，MSE）：

$$E_{\mathrm{off}} = \left[d_i(k+1\,|\,k) - d_{i\mathrm{NN}}\right]^2 \tag{3-21}$$

　　根据计算出的误差，梯度下降算法将自动调节神经网络的权重和偏置值，直到损失函数值降低到设定的范围内，此时认为神经网络已经很好地拟合了训练数据的输入输出关系。为了保证神经网络的泛化能力，还可以按照上述离线采样方法生成一些样本作为测试集，对训练好的神经网络进行测试。

　　本例选取 8 个隐藏节点的神经网络，即可对 38400 组样本进行良好拟合。训练完成后，将神经网络的权重和偏置值提取出来，在数字控制器里实时进行神经网络的运算。具体来说，就是将采样得到的 $i_L(k)$ 和 $v_o(k)$ 送入数字控制器中，按式（3-17）～式（3-20）计算出对应的控制占空比，最后通过 PWM 单元生成门极控制信号驱动 Buck 电路的开关管 S。实践证明在 FPGA 中仅需要 3 个时钟周期就可完成神经网络所需的计算：其中 1 个时钟周期用于神经网络的输入归一化计算，1 个时钟周期用于隐藏层计算，1 个时钟周期用于输出层计算。假定 FPGA 的时钟频率是 200MHz，即使计入 AD 转换与 PWM 产生的时间，也可以在 5 个时钟周期内完成一次控制，足以实现一个 40MHz 超高频变换器的高性能控制[10]。

3.4.4　控制效果示例

　　图 3.6 给出了基于神经网络控制的系统示意图，由图可见，将 Buck 变换器的电感电流 i_L，输出电压 v_o 和输出电流 i_o（用于计算负载电阻）进行采样，经模数（A/D）转换得到数字量，送入 FPGA。在 FPGA 中执行神经网络运行，得到的控制占空比 d_{NN} 送入 PWM 单元，与三角载波比较得到门极控制信号，然后送入驱动电路产生开关管的驱动信号。在 FPGA 中进行运算的神经网络只有 49 个参数，只需占用 784 个寄存单元，但可完全替代 10000 个离线控制律，30000 个增益和偏差参数，40000 个边界参数的原始控制律，极大地减少了数字控制器的存储和计算负担。

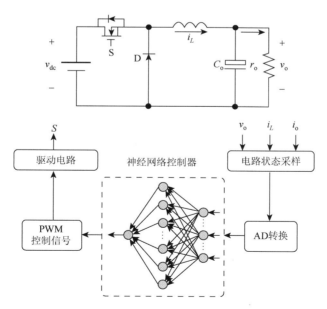

图 3.6　基于神经网络控制的 Buck 变换器

　　图 3.7 给出了参考电压 V_{ref} 在 20V 与 24V 之间跳变的波形，可以看出，输出电压 v_o 总可以在 15 拍（即 15 个开关周期）内跟踪参考值，这说明神经网络拟合了不同参考电压下的控制规律。

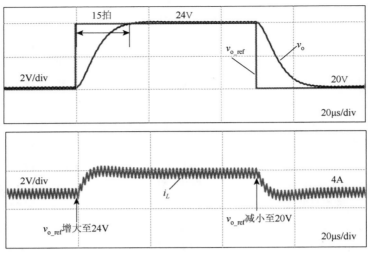

图 3.7　参考输出电压跳变时的电压电流波形

　　图 3.8 展示了 Buck 变换器负载 r_o 在满载与半载之间跳变时的波形。可以看出，输出电压 v_o 同样可在 15 步（即 15 个开关周期）内稳定在 24V，超调量仅为 4V，符合设计预期，这证明了神经网络有效地拟合了不同 r_o 值下的 MPC 的控制规律。

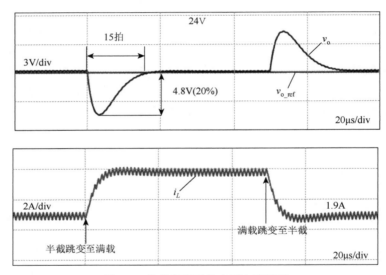

图 3.8　负载突变时的电压电流波形

　　图 3.9 给出了额定负载下的电路启动波形，可以看出启动过程中无电压超调，动态调节时间为 22 个开关周期，电感电流超调量为 1.3A。相比于上述动态突变工况仅需 15 个开关周期达到参考值，启动的动态性能变差了，这是因为启动过程中状态变量 $[i_L, v_o, i_o, V_{ref}]$ 的变化范围比上述工况更大，覆盖了更多的离线控制规律区域，因此电路与模型的偏差、神经网络拟合误差等的累积效应更为显著。

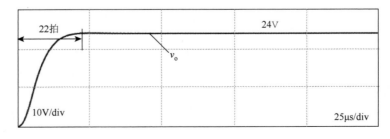

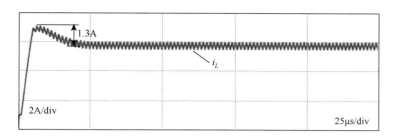

图 3.9　额定负载下的启动电压电流波形

图 3.10 展示了 Buck 变换器在 PID 控制下发生负载突变时的电路波形。图 3.10（a）展示了负载从半载突增至满载时的输出电压波形。为了便于比较，本节将这一工况（称为工作点 1）下 PID 的控制性能设计得与神经网络控制一致。图 3.10（b）展示了负载从满载突减至半载时（称为工作点 2）的输出电压波形，可以看出此时 PID 控制的电压超调大于神经网络的电压超调，系统的动态性能变差，这反映了 PID 控制的局限性——由于它的控制参数是在工作点 1 下进行设计的，因此当工作点变化至 2 时，PID 的控制性能下降；而神经网络由于拟合了不同工作点下的控制规律，所以能够在不同工作点下都保证一致、良好的控制性能。

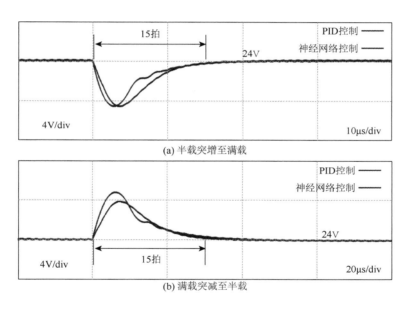

图 3.10　PID 控制下的负载突变电压波形

3.4.5　离线训练设计方法小结

上述离线训练方法同样具有通用性，设计步骤如下。

步骤 1：在不同的工作点下对电力电子变换器进行建模，并选择一种高性能的、基于模型的离线控制律求解方法，得到各种工况下的离线控制律。

步骤 2：对离线控制律进行采样，并使用维度扩展的方法组织训练样本，保证不同工作点下输入与标签的唯一对应关系，构成神经网络的训练集与测试集。

步骤 3：使用单隐藏层神经网络来拟合训练集的输入-标签关系。

步骤 4：提取神经网络的权重值和偏置值，并将其写入数字控制器。

步骤 5：在线控制过程中，将采样的状态变量送入数字控制器中，按神经网络法则计算出对应的控制量，生成控制所需的驱动信号。

3.5　基于在线训练的神经网络控制器设计

3.4 节控制方法的训练样本从离线控制律中采样得来，神经网络参数在实时控制时不再更新。当数学模型与电力电子变换器真实参数存在偏差时，或是当变换器长期运行导致器件老化、参数偏移时，或是将训练好的神经网络用来控制另一台参数不同的变换器时，控制性能将会下降。现试举两例：Buck 变换器的器件均存在导通电阻，但在式（3-4）中并未考虑，因此即使 Buck 变换器的 L_o 和 C_o 与式（3-4）中的参数完全一致，在实际控制中仍会产生稳态误差，如图 3.11（a）所示；又如当 Buck 电路的电感 L_o 增大为额定值的 3 倍时，输出电压的波形如图 3.11（b）所示。与理想状态相比，v_o 动态过程中调节时间从 15 个开关周期延长到 28 个开关周期。

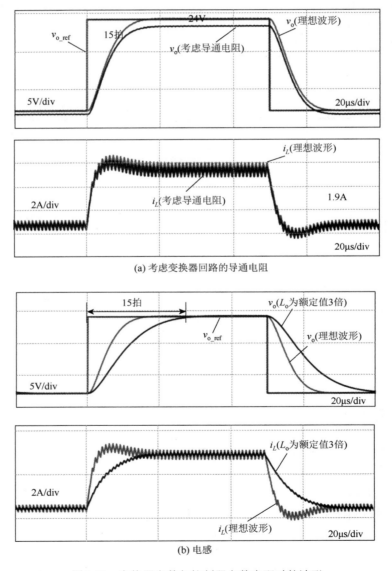

图 3.11　变换器参数与控制器参数失配时的波形

3.5.1　神经网络控制器的在线训练原理

为了确保电力电子变换器的高控制性能，一种有效的方法是在实时控制过程中加入在线训练环节来实现神经网络参数的"微调"。神经网络的在线训练也有诸多研究成果，本节仍以最简单的 Buck 电路为例展示其原理。

图 3.6 中的神经网络控制器和 Buck 变换器可以抽象为图 3.12，其中 $f_\theta(x)$ 即表示神经网络控制器，$g_v(d)$ 及 $g_i(d)$ 分别是 Buck 变换器输出电压 v_o、电感电流 i_L 与占空比之间关系的数学抽象，其输入为占空比 d，输出为 v_o、i_L 及 r_o（在实际系统中，r_o 是由 v_o 和 i_o 计算得到的）。在线训练的目的是让误差 $V_{\mathrm{ref}}-v_o$ 最小，因此，神经网络反向传播的起点在图中的 A 点，而非神经网络的输出 d（即图中的 B 点）处，这是离线训练与在线训练的显著不同。

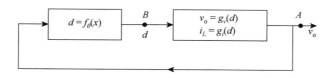

$$d = f_\theta(x) \qquad B \quad \begin{array}{c} v_o = g_v(d) \\ i_L = g_i(d) \end{array} \qquad A$$

图 3.12　基于神经网络控制的 Buck 变换器系统框图

定义 A 点误差为

$$E_{\mathrm{on}} = \left[V_{\mathrm{ref}} - g_v(d) \right]^2 \tag{3-22}$$

在线训练的目的是让 E_{on} 最小。依据链式法则，求取误差 E_{on} 对神经网络参数的偏导 θ 可表示为

$$\frac{\partial E_{\mathrm{on}}}{\partial \theta} = \frac{\partial E_{\mathrm{on}}}{\partial g_v(d)} \frac{\partial g_v(d)}{\partial f_\theta(x)} \frac{\partial f_\theta(x)}{\partial \theta} = \frac{\partial E_{\mathrm{on}}}{\partial g_v(d)} \frac{\partial g_v(d)}{\partial d} \frac{\partial f_\theta(x)}{\partial \theta} \tag{3-23}$$

则神经网络权重 θ 的在线更新公式应表示为

$$\theta \leftarrow \theta - \eta_{\mathrm{on}} \frac{\partial E_{\mathrm{on}}}{\partial \theta} = \theta + 2\eta_{\mathrm{on}} \cdot \left[V_{\mathrm{ref}} - v_o \right] \cdot b_2 \cdot \frac{\partial f_\theta(x)}{\partial \theta} \tag{3-24}$$

其中，η_{on} 为在线学习速率，通过调整 η_{on} 可以实现 θ 的更新步长调整。式（3-24）中包含了 Buck 电路的模型参数 b_2，可利用 3.3.1 节的"类神经网络"参数估计方法事先获得，以确保在线训练能够快速收敛。

神经网络的在线训练有两种实现思路，第一种思路是在每一个开关周期 k 中都执行一次式（3-24），但采用这种方法时要尤为注意，因为电力电子变换器动态调节前期的误差是始终存在的，因此神经网络参数无论如何修改，均不可能令这些时刻的误差为零，因此要设计合理判据来停止训练。另一种思路则是仅在调节过程中的特定时刻取一次误差并进行一次在线训练，经过数次不断重复的调节过程后，神经网络即可将该特定时刻的误差控制至最小。由于我们已经在上节对神经网络进行了离线训练，基本上保证了神经网络的控制性能，因此采用第二种思路进行"微调"效果更好。

3.5.2　在线训练示例

如图 3.11（a）所示，输出电压 v_o 与参考值 V_{ref} 之间始终存在静态误差。为了令 v_o 能无静差跟踪 V_{ref}，需对神经网络控制器进行在线训练。为使神经网络能稳定、有效地学习，还可依据实际情况加入一些训练技巧。

（1）首先令参考值 V_{ref} 在 12V 与 24V 之间周期性跳变，从而创造不同的训练条件，增强学习的鲁棒性。

（2）以 V_{ref} 跳变时刻作为 $k=0$ 时刻，取 $k=35$ 时刻的误差（因为 $k=35$ 时刻 v_{o} 已达到稳态）代入式（3-24）对神经网络进行训练，且在参考值 V_{ref} 的上跳沿与下跳沿后的第 35 个开关周期均进行训练，使训练结果适应性更强。

（3）由于本例选用了单隐藏层的神经网络，在一次反向传播中，该隐藏层所有神经元的参数都会被成比例修改，这导致神经网络在学习新的关系时"遗忘"了以前输入输出关系。为避免这一问题，可以使反向传播算法仅随机地对几个神经元的参数进行更新，从而兼顾新知识的学习与旧知识的记忆。

图 3.13（a）给出了在线训练的过程。从图中可以清晰地看到 v_{o} 与 V_{ref} 之间的稳态误差在每个 V_{ref} 跳变周期都有改善，到第 75 个 V_{ref} 跳变周期，稳态误差几乎已经为零，图 3.13（b）是训练完成后的细节波形，可以看到在 V_{ref} 为 12V 与 24V 两种情况，静态误差已为零。

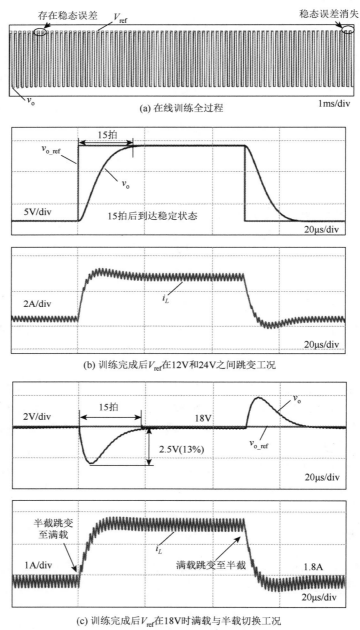

图 3.13　通过在线训练消除稳态误差

　　尽管上述在线训练是 V_{ref} 在 12V 与 24V 跳变时进行的,但训练后的神经网络也能适应其他工况。如图 3.13(c)所示,V_{ref} 设定为 18V 且负载在满载与半载之间跳变,在该工况下,神经网络控制的稳态误差仅为 0.5%,表明学习结果具有很好的泛化能力。

　　对于图 3.11(b)中 Buck 变换器的电感参数比设计时大 3 倍的情况,输出电压 v_o 需要 28 个开关周期才能跟踪参考。为了令 v_o 在 15 个开关周期跟踪给定,也可以对神经网络控制器进行在线训练。

　　(1)令参考值 V_{ref} 在 12V 与 24V 之间周期性跳变,以创造扰动工况。

　　(2)取 $k=15$ 时刻的误差,代入式(3-24)对神经网络进行训练,其目的是令 v_o 可以在 $k=15$ 时跟踪给定,提升动态性能。反向传播训练时只修改 4 个神经元的参数。

　　(3)动态过程的提升有可能会导致 v_o 的超调。为此,在训练过程中加入 v_o 是否超调的动态检测机制。一旦检测到 v_o 有超调,则超调峰值时刻的误差将用于在线训练,且反向传播训练时修改另外 4 个神经元参数,避免学习的"遗忘"。

　　图 3.14 给出了在线训练后的波形,由图可见,经在线训练后,v_o 可在 15 个开关周期内跟踪 V_{ref} 且无超调。

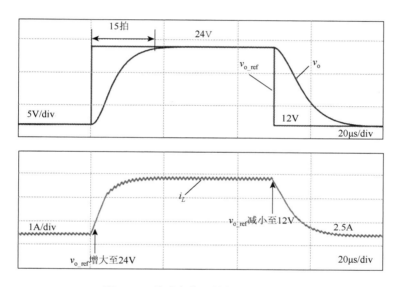

图 3.14　通过在线训练提升动态性能

3.5.3　在线训练设计方法小结

　　在线训练能增强控制的自适应能力,在变换器参数发生变化的情况下,通过在线训练可持续提高控制性能。在线训练方法同样具有通用性,可以方便地扩展到其他应用场景中,其主要步骤如下。

　　步骤 1:运行已经过离线训练的神经网络控制器。

　　步骤 2:在实时控制中产生周期扰动,可以是参考值的周期性跳变,也可以是负载的周期性投切等。

　　步骤 3:观察神经网络控制器在扰动中的响应情况,构造在线训练的误差函数 E_{on}。

　　步骤 4:对神经网络的参数进行在线训练。由于在线训练的链式法则中涉及变换器的数学模型,因此可采用 3.3.1 节中的"类神经网络"参数估计方法首先进行模型参数估计,以保证训练过程的快速收敛。

3.6　展　　望

与图像、文本处理等非实时、拥有海量样本的应用领域不同，电力电子变换器实时控制时的可用数据十分有限，这导致神经网络无法通过学习达到预期的控制目标。因此，解决思路是在设计过程中融入电力电子专家知识，减少样本量，实现高效学习，保证良好控制性能。本章基于变换器数学模型进行参数估计并获得控制律，再对其进行采样并用于训练神经网络，即为上述思路的一种体现。通过这种融合了专家知识的"预训练"方法，可令神经网络获得基本的控制能力，从而减少进行在线训练时对数据量的需求。值得指出的是，用类似思路还可以拓展出众多训练与控制方法，限于篇幅本章不能一一提及。

但从另一个角度来看，利用人类的先验知识进行神经网络预设计，有可能让神经网络掉入和人类思维一致的"陷阱"，反而会阻碍最优解的获取。与此相对，另一种智能化的控制方法——强化学习，则为电力电子变换器的实时控制提供了另一种思路。强化学习是一种完全从零开始、不需要参考人类先验知识的控制架构，通过在试错中积累经验，最终达到优化控制的目的。最近发表的文献[12]从概念上证明了可通过"行动者-评论者"的强化学习框架、无须外部信息即可通过试错学习三相变换器对永磁同步电机的高性能控制。

随着负载特性、运行环境等日趋复杂，智能化的、对复杂环境具有自适应能力的电力电子变换器是未来的重要发展趋势，而神经网络控制是实现智能化、强自适应能力的优选方案。

参 考 文 献

[1] Harashima F，Demizu Y，Kondo S，et al. Application of neutral networks to power converter control[C]. Conference Record of the IEEE Industry Applications Society Annual Meeting，San Diego，1989：1086-1091.

[2] 胡雪峰，谭国俊. 应用神经网络和重复控制的逆变器综合控制策略[J]. 中国电机工程学报，2009，29（6）：43-47.

[3] Dragičević T，Novak M. Weighting factor design in model predictive control of power electronic converters：An artificial neural network approach[J]. IEEE Transactions on Industrial Electronics，2019，66（11）：8870-8880.

[4] Su J，Chen Y，Zhang D，et al. Full parameter identification model based on back propagation algorithm for brushless doubly fed induction generator[J]. IEEE Transactions on Power Electronics，2020，35（10）：9953-9958.

[5] 沈忠亭，严仰光. 基于 DSP 的逆变器神经网络控制[J]. 电力电子技术，2002，5：50-53.

[6] Lin F，Huang M，Yeh P，et al. DSP-based probabilistic fuzzy neural network control for Li-Ion battery charger[J]. IEEE Transactions on Power Electronics，2012，27（8）：3782-3794.

[7] Wai R，Chen M，Liu Y. Design of adaptive control and fuzzy neural network control for single-stage boost inverter[J]. IEEE Transactions on Industrial Electronics，2015，62（9）：5434-5445.

[8] Yin Y，Liu J，Sanchez J A，et al. Observer-based adaptive sliding mode control of NPC converters：An RBF neural network approach[J]. IEEE Transactions on Power Electronics，2019，34（4）：3831-3841.

[9] Carrasco J M，Quero J M，Ridao F P，et al. Sliding mode control of a DC/DC PWM converter with PFC implemented by neural networks[J]. IEEE Transactions on Circuits and Systems I：Fundamental Theory and Applications，1997，44（8）：743-749.

[10] Chen J，Chen Y，Tong L，et al. A back-propagation neutral network based explicit model predictive control for DC-DC converters with high switching frequency[J]. IEEE Journal of Emerging and Selected Topics in Power Electronics，2020，8（3）：2124-2142.

[11] Herceg M，Kvasnica M，Jones C N，et al. Multi-parametric toolbox 3.0[C]. Proceeding of the European Control Conference，Zurich，2013：502-510.

[12] Schenke M，Kirchgssner W，Wallscheid O. Controller design for electrical drives by deep reinforcement learning-a proof of concept[J]. IEEE Transactions on Industrial Informatics，2020，16（7）：4650-4658.

第4章　基于人工智能的新能源最大功率跟踪控制技术

4.1　基于人工智能的风力发电最大功率跟踪控制技术

　　风力发电，从古代的风车发展而来，风车技术主要利用风车叶片的迎风阻力做功，发电效率较低，故引入了飞机机翼的升力机制，逐渐形成了当前高效率的风力机涡轮，将水平风向的风能转化为风力机上的机械能，基于现代的风力发电机和电力电子技术，将风力机上的机械能转化为电能输出，有的形成局域电网，有的接入骨干电网，实现风能的转化利用[1]。

　　在风力发电中，为了尽可能地捕获风能，实现发电功率输出的最大化，逐渐形成了最大功率（点）跟踪（Maximum Power Point Tracking，MPPT）控制技术[2-16]。MPPT 控制技术在各种新能源发电中都有广泛的研究和应用[17, 18]。

4.1.1　风力发电系统的组成

　　主流的风力发电系统包括双馈风力发电系统和永磁同步发电系统，其中双馈风力发电系统包括风力机涡轮（Turbine）、齿轮传动箱（Gearbox）、双馈风力发电机（Doubly Fed Induction Generator，DFIG）及其附属装置，如图 4.1 所示。本章以双馈风力发电系统为研究对象。

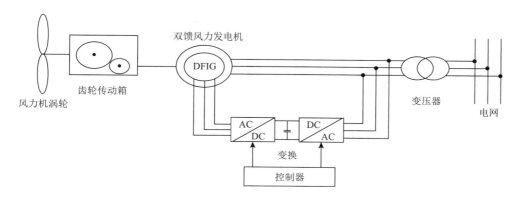

图 4.1　DFIG 风力发电系统组成示意图

　　首先，风力机将流体形式的风能转化为风力机涡轮的动能 P_{mech}，转换效率用风能利用系数 C_P 表示，可表示为

$$P_{mech} = \frac{C_P \rho V^3 S}{2}$$

(4-1)

其中，P_{mech} 为风力机涡轮从风场中获得的机械功率；C_P 为风能利用系数；ρ 为风场空气密度；V 为风场风速；S 为风力机涡轮的扫掠面积。

4.1.2　风力发电的最大功率跟踪问题

风力机涡轮从风场捕获的风能 P_{mech} 与涡轮转速 ω_r 的关系,如图 4.2 所示,其中的风速 $V_1<V_2<V_3$。在每一个特定的风速 V 下,风力机涡轮从风场捕获的风能 P_{mech} 随着风力机涡轮转速 ω_r 变化,在某一特定转速下有一个最大值,如在风速 V_1 下在风力机涡轮转速为 ω_{r1} 时取得最大值 P_1,类似地,在风速 V_2 时有 ω_{r2},在风速 V_3 时有 ω_{r3},且 $\omega_{r1}<\omega_{r2}<\omega_{r3}$。为了实现风能捕获的最大化,就必须使风力机涡轮的转速始终工作在 P_{mech} 取得最大功率时的对应转速下,并随着风速的变化而变化,这就是风电的 MPPT 控制技术。

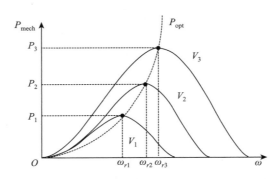

图 4.2　不同风速下风力机获取的风能与风力机转速的关系

叶尖速比法的介绍:风轮叶片尖端线速度与风速之比称为叶尖速比;最佳叶尖速比是获得最大风能时的叶尖速比,最佳叶尖速比法是工程上描述最优转速的一种常用描述方式,是描述最优转速另外一种方法,也是关注获得最大风能时的风力机涡轮的转速。

齿轮传动箱连接风力机涡轮和 DFIG,将风力机涡轮捕获的风能 P_{mech} 传递到 DFIG 转换为电功率 P_e 输出。在 MPPT 中经常采用 P_e 来估计出 P_{mech},作为最大功率跟踪的依据,因为电功率 P_e 易于测量得到。

在风速高于 MPPT 工作区段时,DFIG 进入恒定转速工作模式和恒定功率工作模式,如图 4.3 所示。

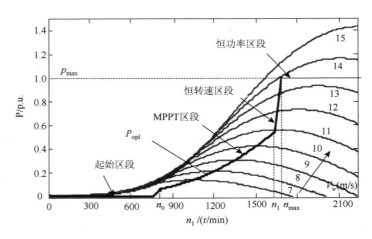

图 4.3　MPPT 工作区段示意图

在仿真模型中,风力机的模型用式(4-1)的数学模型表示,齿轮传动箱采用两质量块的模型,DFIG 的模型采用动态高精度模型,DFIG 风力机涡轮的转速调节,转换为便于测量的 DFIG 转子的转速（与前者是固定的比例关系），采用离散形式的 PI 控制（比例-积分控制），控制输出量为 DFIG 的电磁力矩。风力机涡轮和齿轮传动箱的仿真模型图如图 4.4 所示。

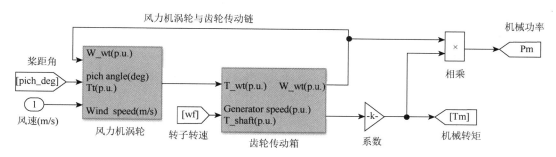

图 4.4　风力机涡轮和齿轮传动箱的仿真模型图

4.1.3　PSO 算法及其在风电 MPPT 中的应用

PSO 算法是一种基于种群的随机优化技术，由 Eberhart 和 Kennedy 于 1995 年提出。PSO 算法模仿昆虫、兽群、鸟群和鱼群等的群集觅食行为，这些群体按照一种合作的方式寻找食物，群体中的每个成员通过学习它自身的经验和其他成员的经验来不断改变其搜索模式，最终获得最优解。

PSO 算法通过设计若干的粒子来模拟鸟群中的鸟，每个粒子具有两个属性：速度和位置。速度代表移动的快慢，位置为粒子代表的当前解。每个粒子在搜索空间中单独的搜寻最优解，并将其记为当前个体极值，并将个体极值与整个粒子群里的其他粒子共享，找到最优的那个个体极值作为整个粒子群的当前全局最优解，粒子群中的所有粒子根据自己找到的当前个体极值和整个粒子群共享的当前全局最优解来调整自己的速度和位置。每个粒子的位置由对应的适应度描述其优劣程度。

PSO 算法可以用于风电 MPPT 控制，实现最大功率跟踪控制。

本节采用的 PSO 算法求解风力发电系统最大功率跟踪求解步骤流程如表 4.1 所示。其中，算法的初始样本粒子个数 n 和最大迭代步数 $k_{\max}$ 分别取为 5。

在 PSO 算法中，为计算方便，将求最大值问题转换为求最小值问题：

$$\max_{\omega_r \in (\omega_{r\min}, \omega_{r\max})} P_e \tag{4-2}$$

$$\min_{\omega_r \in (\omega_{r\min}, \omega_{r\max})} 1/|P_e| \tag{4-3}$$

其中，$\omega_{r\min}$ 是设定的 DFIG 转子转速的最小取值，是搜索空间中的下限；$\omega_{r\max}$ 是设定的 DFIG 转子转速的最大取值，是搜索空间中的上限；P_e 是 DFIG 风力发电机的输出电功率；

表 4.1　基于 PSO 算法的风力发电系统最大功率跟踪求解流程

1：初始化算法参数；
2：均匀分布确定初始样本，对应风力发电机转子的转速数据；
3：初始化迭代步数 $k = 1$；
4：For $i = 1$ to n
5：执行第 i 个粒子对应的风力发电机转子的转速控制；
6：采集风力发电系统的当前输出电功率稳定值；
7：End For
8：While $k \le k_{\max}$
9：找出每个粒子的个体最佳适应度值和粒子的位置，并更新存储；
10：找出粒子群的全局最佳适应度值和最佳粒子的位置，并更新存储；
11：粒子群内每个粒子的速度更新；
12：粒子群内每个粒子的位置更新；
13：增加迭代步数 $k = k+1$；
14：End While
15：输出风力发电系统的最优转速；
16：当输入的风速发生变化时，重新执行步骤 1 到步骤 15。

在风速 8m/s 时，采用 PSO 算法对风电 MPPT 优化，结果如图 4.5 和图 4.6 所示，显示 PSO 算法可以获得良好的 MPPT 追踪效果。该仿真采用 GE 的 DFIG 风电系统仿真模型。

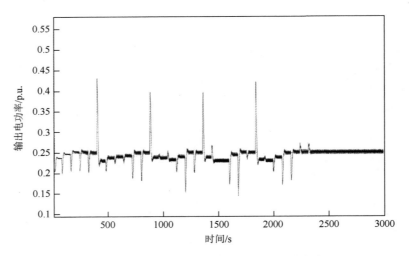

图 4.5　经 PSO 算法获得的风电 MPPT 电功率输出

PSO 算法仿真的结果如图 4.5 和图 4.6 所示，两图分别显示了不同参数的变化情况。图 4.5 显示了输出电功率的变化情况，图 4.6 显示了 DFIG 转子转速的变化情况，都逐渐收敛于最优解。两图中的前段曲线为 PSO 算法优化过程，最后段曲线是 PSO 算法优化的结果。

由图可见，最终的优化输出是 PSO 算法得出的最优解，根据优化终止的条件，也是逼近全局最优解之一。

上述仿真优化表明，PSO 算法优化有助于实现风力发电的最大功率跟踪控制 MPPT。

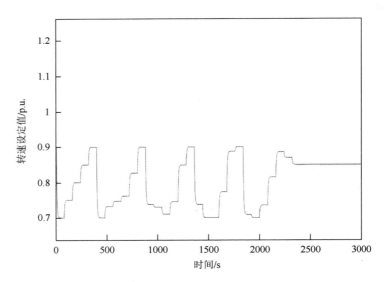

图 4.6　PSO 算法优化的 DFIG 转子转速

4.1.4　中低风速下风电 MPPT 的动态匹配法

在中低风速下，即 MPPT 工作区段的中下段，DFIG 的效率急剧下降，导致该区段的输出电功率急剧减少。这是因为 MPPT 跟踪工作下，在中低风速下风力机涡轮转速较低，经过固定传动比的齿轮箱之后，DFIG 的转子转速较低，从而导致 DFIG 风力发电机的效率下降。本节介绍一种可以提高整体系统效率的动态匹配法 MPPT 原理及其在 PSO 算法优化下获得的效率改进效果。

　　为了提升中低风速下风电系统的效率，可以采用动态匹配法的风电 MPPT 来实现。该方法的本质是调节风力机涡轮的转速在一个特定区段内循环，兼顾捕获风能的最大化和 DFIG 的效率最大化，从而实现 DFIG 的电功率 P_e 最大化。

　　针对 GE 的 DFIG 风电系统仿真，得到效率曲线如图 4.7 所示，可见 7m/s 以下风速区段效率曲线快速下降，表明风速越低效率越低。

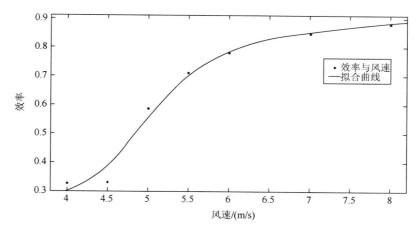

图 4.7　中低风速下 DFIG 风力发电机的效率曲线

　　采用图 4.8 中所示的动态 MPPT 方法，垂直轴是输出功率，水平轴是风力机涡轮转速。从点 A 到点 B 区段，是在风力机涡轮叶片上积累动能，以提高风力机涡轮的转速，属于能量积累和加速阶段。从 C 点到 D 点是风力机涡轮动能的释能工作模式，动能从发电机输出。直线段 DA 和 BC 处代表着两种工作模式的切换。这两种工作方式是往复循环的。本质上该循环实现了风力机涡轮的转动动能的蓄积和释放，在低转速处开始蓄积，对应 AB 线段，在高转速处开始释放，对应 CD 曲线段，构成了一个往复循环。A 点的转速 ω_0 是在某一特定的风速下，由前述 PSO 算法优化方法获取的稳态 MPPT 最优转速，它使风力涡轮机从某一特定的风速中获得最大的机械能。通过仿真来选择和确定点 B、C 和 D 的坐标以及从 C 到 D 的曲线，目标是使电功率输出最大化。

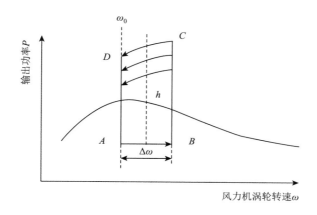

图 4.8　动态匹配法 MPPT 示意图

曲线 CD 是选定的特殊曲线，该曲线 C 点高而 D 点低，有利于实现电能源输出最大化。曲线 CD 可以是二次曲线或多项式曲线[2, 5]，可表示如下：

$$P = (a_n \times \omega^n + a_{n-1} \times \omega^{n-1} + \cdots + a_1 \times \omega + a_0) + h \tag{4-4}$$

其中，P 是输出功率；ω 是 DFIG 转子的转速，与风力机涡轮的转速有固定的比例关系，由齿轮传动箱的传动比确定；a_i 是系数，$i = 0,1,\cdots,n$；h 是常数。

总之，在一定程度下，此方法将传统 MPPT 的效率"峰谷匹配"改进为新 MPPT 动态匹配法的"峰峰匹配"。

在某一特定的风速时，选择适当的曲线 CD，用 PSO 算法优化 $\Delta\omega$，可以获得输出电功率 P_e 最大化，即

$$\max_{\Delta\omega\in(0,\Delta\omega_{max})} P_e \tag{4-5}$$

其中，$\Delta\omega_{max}$ 为预选的常数，是 $\Delta\omega$ 的上限。

通过优化和仿真，图 4.9 显示了在各个中低风速下，MPPT 动态匹配法的效率改进效果幅度，可见从 4m/s 到 7m/s 改进幅度明显，最高可达 40%。风速在 8m/s 以上无改进效果，表明该方法在 8m/s 以下的中低风速区段有较好的适用性。

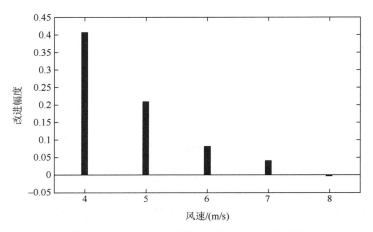

图 4.9　中低风速下动态匹配法 MPPT 的效果

4.2　基于人工智能的光伏及温差发电最大功率跟踪控制技术

在非理想的环境条件下，新能源的输出功率-电压（$P\text{-}V$）特性曲线就容易出现多峰值现象，传统采用固定控制策略的方法（如扰动观察法）就容易陷入局部最优，无法充分发挥新能源的发电效率。为此，本节提出了一种全新的基于动态代理模型（Dynamic Surrogate Model Based Optimization，DSMO）的新能源全局最大功率点跟踪方法，分别用于阴影条件下的光伏系统最大功率跟踪（MPPT）和非均匀温差条件下的温差发电系统最大功率跟踪。

4.2.1　光伏及温差发电系统模型

1. 阴影条件下的光伏发电系统模型

1）光伏电池模型

假设光伏系统中串并联的光伏电池数量分别为 N_s 和 N_p，则系统的输出电流和电压之间关系可描述为[17]

$$I_{pv} = N_p I_g - N_p I_s \left(\exp \left(\frac{q}{AkT_c} \left(\frac{V_{pv}}{N_s} + \frac{R_s I_{pv}}{N_p} \right) - 1 \right) \right) \tag{4-6}$$

其中，I_g 是光伏电池产生的光生电流；I_s 是光伏电池的反向饱和电流；电子电荷 $q = 1.60217733 \times 10^{-19}$Cb；$A$ 为二极管的理想因子；玻尔兹曼常量 $k = 1.380658 \times 10^{-23}$J/K；$T_c$ 为温度；V_{pv} 是光伏输出电压；I_{pv} 是光伏输出电流；R_s 是串联电阻。

光伏电池产生的光生电流 I_g 计算如下[17]：

$$I_g = \left(I_{sc} + k_i \left(T_c - T_{ref} \right) \right) \times \frac{S}{1000} \tag{4-7}$$

其中，I_{sc} 为短路电流；k_i 是光伏电池短路电流温度系数；T_{ref} 是光伏电池的参考温度；S 为光照强度。

随温度变化的光伏电池饱和电流 I_s 计算如下：

$$I_s = I_{RS} \left(\frac{T_c}{T_{ref}} \right)^3 \exp \left(\frac{qE_g}{Ak} \left(\frac{1}{T_{ref}} - \frac{1}{T_c} \right) \right) \tag{4-8}$$

其中，I_{RS} 是在额定光照强度和温度下的光伏电池反向饱和电流；E_g 是光伏电池半导体中带隙能。

2）阴影条件下的发电特性

光伏阵列在实际运行中经常受到树木及云层遮挡、灰层污垢等影响，导致其所受到的光照强度不均匀而产生局部阴影的现象[18]，从而导致光伏系统输出功率降低，影响光伏电池的整体寿命。在实际应用中，由光伏阵列组成的回路中，通常需配置一个或几个旁路二极管以消除功率失配时造成的"热斑效应"[19]。此外，在每一条光伏阵列串末端需串联防逆流二极管，以防止不同光伏阵列串间电流倒流。

图 4.10 和图 4.11 分别给出了均匀光照强度和局部阴影条件下光伏系统输出功率特性曲线图。从图中可以发现，在均匀光照强度下，光伏系统输出功率曲线只含有一个峰值，采用传统扰动观测（Perturb & Observe，P&O）法[20]就可以逐步逼近最大功率带点；在阴影条件下，随着电压的变化，光伏系统会产生多个功率峰值，对于 P&O 法来说，其最终收敛的功率点，完全取决于初始点及其参数的选择，如果初始功率点靠近某个峰值点，计算步长又设置得比较小，就容易陷入某个局部峰值点，无法逼近全局最大功率点。

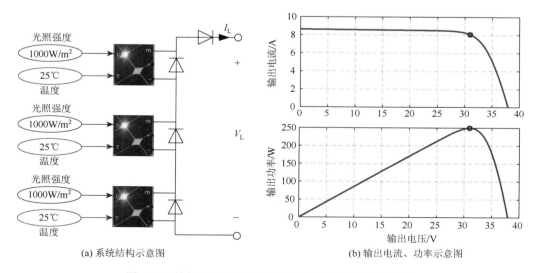

(a) 系统结构示意图　　　　　　　　(b) 输出电流、功率示意图

图 4.10　均匀光照强度下光伏系统输出功率特性示意图

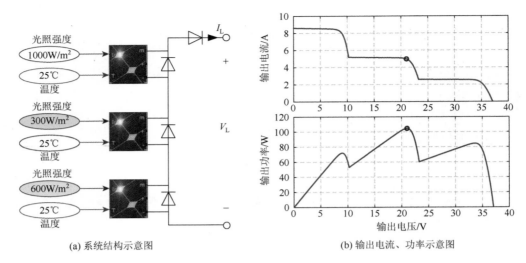

(a) 系统结构示意图　　　　　　　　(b) 输出电流、功率示意图

图 4.11　局部阴影条件下光伏系统输出功率特性示意图

2. 非均匀温差条件下的温差发电系统模型

1）温差发电模型

图 4.12 为温差发电（Thermoelectric Generation，TEG）模块的示意图和等效电路。如图所示，如果将 N 型和 P 型半导体连接起来并将其一端置于热端（温度为 T_h），另一端置于冷端（温度为 T_c），则会产生一个温差电动势 V_{oc}，这种现象称为 Seebeck 效应。其中，V_{oc} 的表达式如下[21]：

$$V_{oc} = \alpha_{pn}(T_h - T_c) = \alpha_{pn}\Delta T \tag{4-9}$$

其中，α_{pn} 是 Seebeck 系数；T_h 和 T_c 分别是热端和冷端的温度；ΔT 为热端和冷端之间的温差。

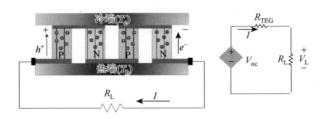

图 4.12　温差发电模块示意图及等效电路

此外，在温度梯度的均匀导体中通有电流时，导体除产生和电阻有关的焦耳热外，还要吸收或放出热量，这一现象称为 Thomson 效应。Thomson 系数 τ 可表示为[21]

$$\tau = T\frac{d\alpha_{pn}}{dT} \tag{4-10}$$

其中，T 表示平均温度。

实际上，对于确定的 TEG 模块，$\tau \neq 0$。因此，Seebeck 系数将随着平均温度的变化而变化，具体数学关系可描述如下[22]：

$$\alpha(T) = \alpha_0 + \alpha_1 \ln(T/T_0) \tag{4-11}$$

其中，α_0 表示 Seebeck 系数的初始变化率；α_1 表示 Seebeck 系数的变化率；T_0 表示参考温度。

最后，根据基本电路理论，TEG 模块的输出功率 P_{TEG} 可表示为

$$P_{\text{TEG}} = (\alpha_{\text{pn}} \cdot \Delta T)^2 \cdot \frac{R_{\text{L}}}{(R_{\text{L}} + R_{\text{TEG}})^2} \tag{4-12}$$

其中，R_{TEG} 和 R_{L} 分别表示 TEG 模块的内阻和负载电阻。

2）非均匀温差条件下的发电特性

在集中式 TEG 系统中，为获得期望的输出电压和功率，通常将若干 TEG 模块通过串、并联方式组合在一起，其输出电流和电压间的关系可表示为[23]

$$I_i = \begin{cases} (V_{oci} - V_{Li}) \cdot \dfrac{I_{sci}}{V_{oci}} = I_{sci} - \dfrac{V_{Li}}{R_{\text{TEG}i}}, & 0 \leqslant V_{Li} \leqslant \dfrac{I_{sci}}{V_{oci}}, \ i = 1, 2, \cdots, N \\ 0, & \text{其他} \end{cases} \tag{4-13}$$

其中，V_{oci} 和 I_{sci} 分别表示第 i 个 TEG 模块的开路电压和短路电流；V_{Li} 和 $R_{\text{TEG}i}$ 分别表示第 i 个 TEG 模块的端电压和内阻。

第 i 个 TEG 模块的输出功率 $P_{\text{TEG}i}$ 可表示为

$$P_{\text{TEG}i} = \begin{cases} V_{Li} I_i = I_{sci} V_{Li} - \dfrac{I_{sci}}{R_{\text{TEG}i}} V_{Li}^2, & 0 \leqslant V_{Li} \leqslant \dfrac{I_{sci}}{V_{oci}} \\ 0, & \text{其他} \end{cases} \tag{4-14}$$

集中式 TEG 系统的总输出功率可表示为

$$P_{\text{TEG}\Sigma} = \sum_{i=1}^{N} P_{\text{TEG}i} \tag{4-15}$$

在非均匀温差条件下，各 TEG 模块的温度不尽相同，因此集中式 TEG 系统的 $P_{\text{TEG}\Sigma}$-V_{L} 的特性曲线是呈多峰特性的非线性曲线，如图 4.13 所示。

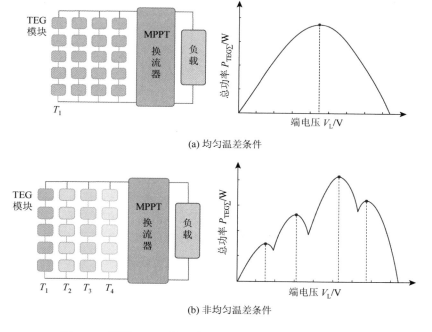

(a) 均匀温差条件

(b) 非均匀温差条件

图 4.13　不同工况下集中式 TEG 系统运行图及其特性曲线

3. DC-DC 升压变换器控制

对于独立的光伏发电和温差发电系统，本质上来讲，MPPT 的控制过程就是通过不断改变端电压的大小，使温差发电系统的运行功率点不断逼近 GMPP。对于一般配置有 DC-DC 升压变换器的新能源发电系统来说，其控制手段就是通过调节占空比来改变端电压，从而使系统逼近全局最大功率运行点，如图 4.14 所示。由图可见，算法通过控制 DC-DC 升压变换器的占空比进行最大功率跟踪，具体占空比指令经脉冲宽度调制（Pulse Width Modulation，PWM）后进入绝缘栅双极型晶体管（Insulated Gate Bipolar Transistor，IGBT），新能源发电系统的输出电压因此动态变化并反馈至算法控制器中。DC-DC 升压变换器的输入电压和输出电压的关系可表示为[24]

$$V_{\mathrm{out}} = V_{\mathrm{in}} / (1 - D_{\mathrm{C}}) \tag{4-16}$$

其中，$D_{\mathrm{C}} \in [0, 1]$ 表示 DC-DC 升压变换器的占空比；V_{in} 和 V_{out} 分别是 DC-DC 升压变换器的输入和输出电压。

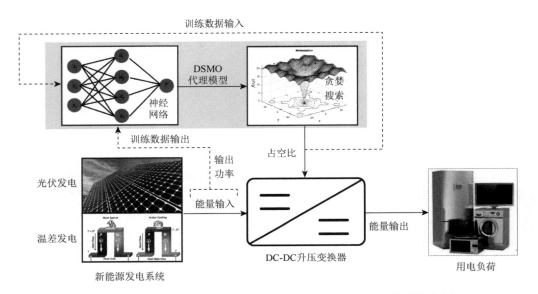

图 4.14　基于动态代理模型的新能源发电系统最大功率跟踪控制框架图

4.2.2　基于动态代理模型的最大功率跟踪算法原理

1. 算法总体控制过程

如图 4.14 所示，跟踪算法的目标即搜索一个最佳占空比，使得系统运行在全局最大功率点，具体步骤如下：①在控制动作空间均匀选取初始样本点，构造基于径向基函数（Radial Basis Function，RBF）的动态代理模型，以建立系统输出功率与占空比信号间的映射关系；②通过贪婪搜索在收缩范围的控制动作空间中获取新增样本点，并动态更新代理模型，直至满足迭代终止条件。这里的样本点指的是占空比与其对应的系统输出功率构成的数据，即（D, P_{out}），其中，D 表示占空比。算法每施加一个占空比信号，即可采集系统对应的输出功率，构成一个样本点。

2. 基于径向基函数的动态代理模型

与一般的神经网络技术相比，径向基函数神经网络[25]具有学习收敛速度快、非线性逼近能力强等优势。因此，RBF 神经网络非常适合用来构建系统功率输出跟占空比控制量之间的单输入-单输出映射关系（图 4.15），利用该动态代理模型便可快速找到最优控制量，满足系统的在线 MPPT 需求。本质上来讲，RBF 神经网络是一个含有单输入层、单隐藏层和单输出层的三层前馈神经网络，其拟合的功率输出可计算如下：

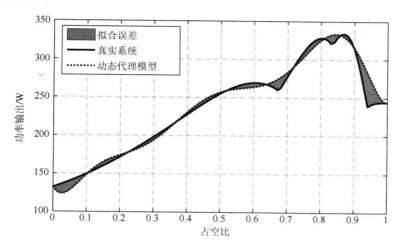

图 4.15　基于动态代理模型的新能源发电系统控制-输出拟合曲线

$$f^{SM}(x) = y(x) = \sum_{i=1}^{m} \omega_i h_i(x) \tag{4-17}$$

其中，f^{SM} 表示动态代理模型；x 为 RBF 网络的输入，即占空比控制量；h_i 表示隐藏层第 i 个神经元的基函数；m 表示隐藏层神经元个数；ω_i 表示隐藏层第 i 个神经元与输出层间的权重。

3. 贪婪搜索

基于式（4-17）给出的动态代理模型，DSMO 算法即可根据期望控制精度逼近全局最大功率运行点。为进一步加速收敛，搜索范围将随着迭代步数增加而逐步压缩，具体搜索过程可描述如下：

$$x_{k+1} = \max_{\mathrm{lb}_k \leqslant x \leqslant \mathrm{ub}_k} f_k^{SM}(x) \tag{4-18}$$

$$\begin{cases} \mathrm{lb}_k = x_k^{best} / (k_{max} + 1 - k) \\ \mathrm{ub}_k = x_k^{best} + \left(1 - x_k^{best}\right)/k \end{cases} \tag{4-19}$$

其中，k 表示第 k 次迭代；x_{k+1} 是第 $k+1$ 次迭代算法通过贪婪搜索获得的占空比控制量；x_k^{best} 是算法到第 k 次截止获得的历史最优解；lb_k、ub_k 分别为动态寻优空间的下限值和上限值；k_{max} 表示最大迭代次数。

4.2.3　基于动态代理模型的 MPPT 设计

1. 动态代理模型设计

DSMO 算法的优化性能主要取决于初始样本的选择和 RBF 网络的设计。为了增加搜索的广度，算法的初始样本点在控制空间中均匀离散选择，具体如下：

$$x_i^0 = \frac{1}{2n} + \frac{i-1}{n}, \quad i = 1, 2, \cdots, n \tag{4-20}$$

其中，x_i^0 是第 i 个初始样本点，即初始占空比；n 是初始样本点总数。

第 i 个样本点（占空比）进入 DC-DC 变换器后，等新能源系统进入稳态之后，即可采集系统的输出电压、电流信号，以获得对应样本点的输出，具体如下：

$$\hat{y}_i = V_{out}(x_i) \cdot I_{out}(x_i) \tag{4-21}$$

其中，$\hat{y}_i$ 是第 i 个样本点的实际输出功率，即期望值；$V_{out}(x_i)$、$I_{out}(x_i)$ 分别为系统采用占空比 x_i 跟踪控制后得到的输出电压和电流。

对于 RBF 神经网络隐藏层的基函数，通常采用高斯函数进行构建，具体如下[26]：

$$h_i = \exp\left(-\frac{\|x - c_i\|^2}{2\sigma_i^2}\right), \quad i = 1, 2, \cdots, n \tag{4-22}$$

其中，c_i 是隐藏层第 i 个神经元的中心，σ_i 是隐藏层第 i 个神经元的高斯函数宽度。

为快速完成 RBF 神经网络的在线训练，这里采用精准设计确定基函数的中心、权重以及隐藏层神经元个数，在给定的训练样本和高斯函数宽度下即可完成训练。

2. 贪婪搜索设计

针对式（4-18）给出的贪婪搜索，算法采用均匀离散点进行贪婪搜索。为满足控制精度，搜索点的个数必须满足以下约束：

$$\frac{ub_k - lb_k}{n_d} \leqslant \delta \tag{4-23}$$

其中，δ 为系统要求的控制精度，仿真算例中设为 0.0001；n_d 为搜索离散控制点个数。

3. 求解步骤

总的来说，本章节采用的 DSMO 算法求解新能源发电系统最大功率跟踪求解步骤流程如表 4.2 所示。其中，经过仿真测试，算法的初始样本个数 n_0 和最大迭代步数 k_{max} 分别设为 10。

表 4.2　基于动态代理模型的新能源发电系统最大功率跟踪求解流程

1：初始化算法参数；
2：根据式（4-20）确定初始样本数据的输入；
3：初始化迭代步数 $k = 1$；
4：For $i = 1$ to n
5：DC-DC 升压变换器执行第 i 个样本点的占空比输入控制量；
6：采集发电系统的当前输出电压和电流稳定值；
7：利用式（4-21）计算第 i 个样本点的实际输出功率；
8：End For
9：While $k \leqslant k_{max}$
10：利用当前数据样本训练 RBF 神经网络，更新动态代理模型；
11：根据式（4-19）更新贪婪搜索空间的上限和下限值；
12：根据式（4-23）确定搜索离散点个数最小值；
13：采用式（4-18）执行贪婪搜索；
14：将新的样本点占空比输入控制量发送给 DC-DC 升压变换器；
15：采集发电系统的当前输出电压和电流稳定值；
16：利用式（4-21）计算当前样本点的实际输出功率；
17：增加动态代理模型的数据训练样本；
18：增加迭代步数 $k = k+1$；
19：End While
20：输出 DC-DC 升压变换器 PWM 信号的最优占空比；
21：当系统输入环境条件信息发生变化时，重新执行步骤 1 到步骤 20。

4.2.4　算例仿真分析

1. 阴影条件下的光伏发电系统 MPPT 仿真分析

本算例所采用的 DC-DC 变换器结构如图 4.16 所示，具体参数参见表 4.3。另外，为模拟阴影环境，本节采用 4 个串联 PV 模块进行不同光照强度仿真分析，其中每个 PV 模块的参数详见表 4.4。为测试 DSMO 算法的 MPPT 性能，算例还引入传统 P&O 方法进行比较，其中 P&O 算法的固定步长设为 0.001。另外，DSMO 算法的控制周期设为 0.05s。

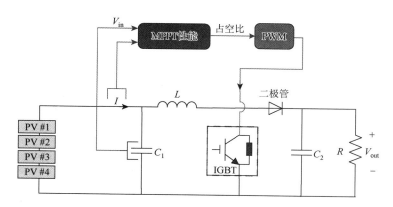

图 4.16　光伏发电系统的 DC-DC 变换器结构示意图

表 4.3　光伏发电系统 DC-DC 变换器参数

电容 C_1	电容 C_2	电感 L	电阻 R	开关频率
10μF	467μF	1.148mH	53Ω	50kHz

表 4.4　光伏发电系统每个 PV 模块参数

峰值功率	峰值功率下电压	峰值功率下电流	开路电压	短路电流
249W	30V	8.3A	36.8V	8.83A

为模拟阴影条件，本节将 4 个 PV 模块的输入光照强度分别设为 500、1000、800 和 1000W/m^2，环境温度均为 25℃。图 4.17 和图 4.18 分别给出了算法的收敛过程和收敛结果比较，从图中可以看出：①P&O 算法收敛速度快，但陷入了局部最优解，无法满足光伏发电系统的能量转换最大效率利用；②DSMO 算法利用动态代理模型可以有效区分局部最大功率点和全局最大功率点，在完成初始 RBF 网络训练后，算法采用贪婪搜索可快速逼近全局最大功率点。

2. 非均匀温差条件下的温差发电系统 MPPT 仿真分析

温差发电系统同样采用图 4.16 所示的 DC-DC 变换器结构，具体参数参见表 4.5。同样，为模拟分均匀温差条件，本节采用 4 个并联 TEG 模块进行不同温度输入仿真分析，其中每个 TEG 模块的参数详见表 4.6。为测试 DSMO 算法的 MPPT 性能，算例除了引入传统 P&O 算法进行比较，还引入 PSO 算法进行比较。其中，P&O 算法的固定步长设为 0.005，PSO 算法的种群规模和最大迭代次数分别设为 5。另外，DSMO 和 PSO 算法的控制周期设为 0.01s。

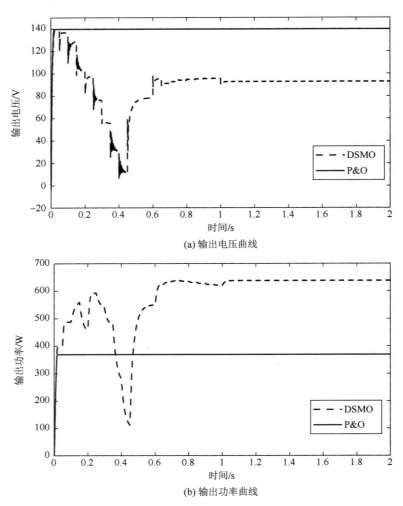

(a) 输出电压曲线

(b) 输出功率曲线

图 4.17　光伏发电系统的最大功率跟踪过程

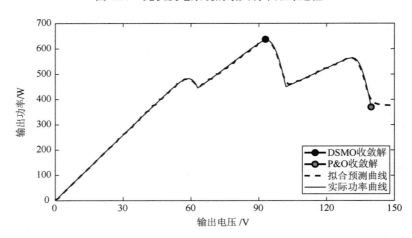

图 4.18　算法收敛结果比较

表 4.5　温差发电系统 DC-DC 变换器参数

电容 C_1	电容 C_2	电感 L	电阻 R	开关频率
66μF	200μF	250mH	3Ω	20kHz

表 4.6　温差发电系统每个 TEG 模块参数

串联个数	Seebeck 系数初始变化率	Seebeck 系数变化率	温度参考值
200	$\alpha_0 = 210\mu V/K$	$\alpha_1 = 120\mu V/K$	$T_0 = 300K$

1）恒定温度输入

为模拟非均匀温差条件，本章节将 4 个 TEG 模块的热端温度分别设为 247℃、123℃、76℃和 41℃；冷端温度分别设为 47℃、31℃、18℃和 13℃。图 4.19 给出了不同算法的收敛过程比较。从图中可以发现：①P&O 算法依然最快收敛到局部最优解；②PSO 算法虽然具有更强的全局搜索能力，能有效逼近全局最大功率运行点，但寻优过程带有一定的随机分量，导致在寻优过程中容易造成功率波动，从而导致能量损失；③DSMO 算法在初始阶段进行均匀离散点数据采集，在采集之后通过输出特性曲线动态代理模型构建，利用贪婪搜索即可快速逼近全局最大功率运行点，在最大化能量输出的同时，还可明显减小功率波动。

2）随机温度输入

为进一步测试 DSMO 算法的 MPPT 性能，本章节模拟温差发电系统的冷端和热端输入温度在一天 24 小时内随机变化，温度变化间隔设置为 15 分钟，如图 4.20 所示。图 4.21 给出了不同算法的运行结果比较。从图 4.21 中可以发现：①在所有的时间段内，P&O 算法均陷入不同温度输入条件下的局部最优解，导致其输出能量比其他两种算法明显低得多；②由于 PSO 算法寻优具有一定的随机性，在部分时间段内收敛到低质量的局部最优解；③由于输入温度的变化会影响系统输出功率曲线峰值分布，在部分时段内，采用 RBF 神经网络进行动态代理模型构建容易出现过拟合，导致 DSMO 算法收敛到较低质量的最优解；④总体来说，DSMO 算法在大部分时段能收敛到最大功率运行点，使系统的输出能量明显比其他两种算法高。

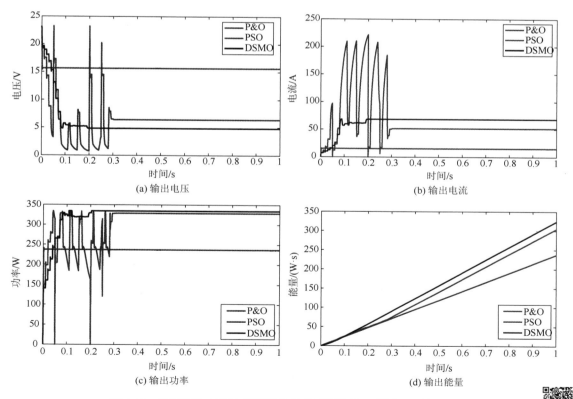

(a) 输出电压　　(b) 输出电流

(c) 输出功率　　(d) 输出能量

图 4.19　不同算法在恒定温度下的收敛过程比较（彩图见二维码）

扫一扫，看彩图

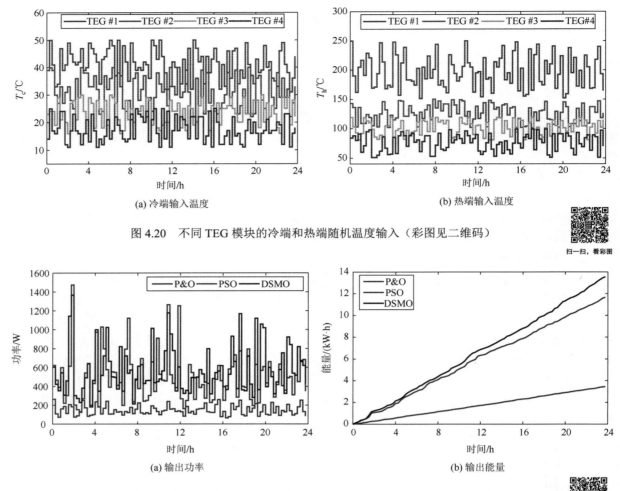

(a) 冷端输入温度　　　　　　　　　　　　　　　　(b) 热端输入温度

图 4.20　不同 TEG 模块的冷端和热端随机温度输入（彩图见二维码）

扫一扫，看彩图

(a) 输出功率　　　　　　　　　　　　　　　　(b) 输出能量

图 4.21　不同算法在随机温度输入下的运行结果比较（彩图见二维码）

扫一扫，看彩图

4.3　本　章　小　结

　　作为风电领域中的一项关键技术，风电 MPPT 是实现风能捕获的最大化，依据的是风能捕获与风力机涡轮的转速之间的对应关系，在 MPPT 风速区段内发挥着关键作用。本章采用 PSO 算法来优化风电 MPPT，实现最大化风能捕获，在不同风速下调节风力机涡轮的转速处于最佳转速值，来获取最大的电功率输出。该方法在风电 MPPT 领域有较好的适用性，针对 DFIG 风电系统，通过计算机仿真，证实了 PSO 算法有助于实现 MPPT，获得优化解，可基于此构建静态和动态 MPPT。随后，本章针对 MPPT 区段内的中低风速下这一特定情况，分析了风力发电的效率低下的原因，指出匹配性不佳是问题的根源；为改善系统的 MPPT 性能，提出了一种动态匹配法 MPPT，并通过 PSO 算法优化其中的关键参数，获得了效率的提升，改善了 MPPT 性能。

　　另外，光伏及温差发电在非理想环境条件下呈现多峰值功率曲线，为快速逼近全局最大功率点，本章分别以 DC-DC 变换器占空比信号和系统输出功率为动态代理模型的输入和输出，基于 RBF 神经网络构建发电系统的动态代理模型；在贪婪搜索过程中采用逐渐收缩的控制动作空间，有效加快算法逼近到全局最大功率点。仿真结果表明：与 P&O、PSO 算法相比，所提 DSMO 算法能以最快的速度和最小的功率波动收敛到系统的全局最大功率点。

参 考 文 献

[1] Owens B N. The Wind Power Story：A Century of Innovation that Reshaped the Global Energy Landscape[M]. Hoboken：Wiley-IEEE Press，2019.

[2] Li Y T，Zheng Y F，Zhu N N，et al. Wind turbine kinetic accumulation and release regulation for wind farm optimization[C]. Proceeding of 2019 4th International Conference on Mechanical，Control and Computer Engineering，ICMCCE 2019，Hohhot，2019：231-235.

[3] Li H M，Zhang X Y，Wang V，et al. Virtual inertia control of DFIG-based wind turbine based on the optimal power tracking[J]. Proceedings of CSEE，2012，32（7）：32-39.

[4] Wu Y K，Shu W H，Hsieh T Y，et al. Review of inertial control methods for DFIG-based wind turbines [J]. International Journal of Electrical Energy，2015，3（3）：174-178.

[5] 李英堂，朱宁宁，李英勇，等. 一种提升中低风速下风力发电效率的动态匹配方法及系统[P]. 中国，ZL201910242268.9，2020.

[6] Miller N W，Price W W，Sanchez J J. Dynamic modeling of GE 1.5 and 3.6 wind turbine-generators（Version 3.0）[R]. GE-Power Systems Energy Consulting，New York，2003.

[7] Qais M H，Hasanien H M，Alghuwainem S. Enhanced whale optimization algorithm for maximum power point tracking of variable-speed wind generators[J]. Applied Soft Computing，2020，86：105937.

[8] Vijayalakshmi S，Ganapathy V，Vijayakumar K，et al. Maximum power point tracking for wind power generation system at variable wind speed using a hybrid technique[J]. International Journal of Control and Automation，2015，8（7）：357-372.

[9] 殷明慧，蒯狄正，李群，等. 风机最大功率点跟踪的失效现象[J]. 中国电机工程学报，2011，31（18）：40-47.

[10] 钟沁宏，阮毅，赵梅花，等. 变步长爬山法在双馈风力发电系统最大风能跟踪控制中的应用[J]. 电力系统保护与控制，2013，41（9）：67-73.

[11] 田兵，赵克，孙东阳，等. 改进型变步长最大功率跟踪算法在风力发电系统中的应用[J]. 电工技术学报，2016，31（6）：226-233，250.

[12] 陈宇航，王刚，侍乔明，等. 一种新型风电场虚拟惯量协同控制策略[J]. 电力系统自动化，2015，39（5）：27-33.

[13] 张波. 分布式发电系统一次调节与惯量控制关键技术研究[D]. 北京：华北电力大学，2018.

[14] 贾锋. 风电机组多目标综合优化控制关键技术研究[D]. 上海：上海交通大学，2018.

[15] 刘巨. 利用储能提升含风电并网电力系统稳定性的研究[D]. 武汉：华中科技大学，2016.

[16] 王思越，李生权，马立亚，等. 基于改进变步长爬山法的永磁同步风力发电机最大功率点跟踪控制[J]. 扬州大学学报（自然科学版），2019，22（4）：37-42.

[17] Ahmed J，Salam Z. A maximum power point tracking（MPPT）for PV system using cuckoo search with partial shading capability[J]. Applied Energy，2014，119：118-130.

[18] Qi J，Zhang Y，Chen Y. Modeling and maximum power point tracking（MPPT）method for PV array under partial shade conditions[J]. Renewable Energy，2014，66：337-345.

[19] 杨博，钟林恩，朱德娜，等. 部分遮蔽下改进槽海鞘群算法的光伏系统最大功率跟踪[J]. 控制理论与应用，2019，36（3）：339-352.

[20] Mohanty S，Subudhi B，Ray P K. A grey wolf-assisted perturb & observe MPPT algorithm for a PV system[J]. IEEE Transactions on Energy Conversion，2017，32（1）：340-347.

[21] Liu Y H，Chiu Y H，Huang J W，et al. A novel maximum power point tracker for thermoelectric generation system[J]. Renewable Energy，2016，97：306-318.

[22] Chakraborty A，Saha B B，Koyama S，et al. Thermodynamic modelling of a solid state thermoelectric cooling device：Temperature–entropy analysis[J]. International Journal of Heat and Mass Transfer，2006，49（19）：3547-3554.

[23] 杨博，王俊婷，钟林恩，等. 基于贪婪神经网络的集中式温差发电系统最大功率跟踪[J]. 电工技术学报，2020，35（11）：2349-2359.

[24] Twaha S，Zhu J，Yan Y，et al. Performance analysis of thermoelectric generator using dc-dc converter with incremental conductance based maximum power point tracking[J]. Energy for Sustainable Development，2017，37：86-98.

[25] 付东学，赵希梅. 基于径向基函数神经网络的永磁直线同步电机反推终端滑模控制[J]. 电工技术学报，2020，35（12）：2545-2553.

[26] Lian J，Lee Y，Sudhoff S D，et al. Self-organizing radial basis function network for real-time approximation of continuous-time dynamical systems[J]. IEEE Transactions on Neural Networks，2008，19（3）：460-474.

第 5 章　基于深度强化学习的风电场控制器参数调节

随着可再生能源发电技术的不断成熟，电网中可再生能源占比不断提升，电力系统的波动特性以及不确定性显著增强，传统的控制策略变得不再适宜，极端情形下甚至可能存在失效风险，这极大地威胁到电力系统的安全稳定运行。为此，本章针对可再生能源接入系统展开稳定控制方法分析，研究使用高度不确定性系统的控制器参数自适应调整策略。这对于阻尼系统振荡以及提升系统的运行安全性均具有重要的价值，而且已经成为目前电网的安全稳定控制领域内亟待解决的问题。

本节中主要研究了适用于不同风速条件下的静止同步补偿器（Static Synchronous Compensator，STATCOM）附加阻尼控制器（Additional Damper Controller，ADC）参数自调整策略。首先采用人工神经网络（ANN）对系统的传递函数进行拟合，得到不同风速条件下的系统等效传递函数，基于此，结合小增益理论将 STATCOM-ADC 参数的自适应整定问题进行建模。随后将所建模型转化成一个马尔可夫决策过程（Markov Decision Process，MDP），将控制器参数自调整问题变成一个获取最优的参数整定策略问题。最后采用深度强化学习算法深度确定性策略梯度（Deep Deterministic Policy Gradient，DDPG）来训练一个智能体求解马尔可夫决策过程以获取最优的 STATCOM-ADC 参数整定策略。通过对比传统的参数设定方法，仿真结果表明在不同风速条件下，所提方法能够更好地提升振荡模式的阻尼，增强系统抑制振荡的能力；此外，相较于传统的参数自适应调整方法，所提方法整定的控制器参数具有更好的鲁棒性，可有效避免控制器参数的频繁调整，控制代价更小。

5.1　应 用 背 景

电力系统的安全稳定运行一直以来都是电网研究人员关注的重点。在电力系统中为确保其稳定性，系统配置了各类型阻尼控制器以增强系统阻尼，以提升系统抑制振荡的能力。然而，近些年来，大量使用一次能源发电所引发的温室效应、雾霾、酸雨等在内的一系列环境问题已经越来越引发人们的关注，人类迫切地需要更加绿色环保的能源来代替传统一次能源，确保发展的可持续性，而可再生能源由于其环境友好型的特点成为最佳的替代能源。此外，可再生能源发电技术也日渐成熟，可再生能源在电力系统中的占比逐年提升[1]。国际可再生能源机构发布的报告显示 2019 年全球可再生能源新增装机容量为 176GW，其中 90%来自太阳能和风力发电，截止到 2019 年底，可再生能源占全球新增装机容量的 34.7%，高于 2018 年的 33.3%。

可再生能源的占比不断提升可优化能源结构，减少对于环境的危害，但另一方面，可再生能源的间歇性以及波动特性，使得系统的不确定性提升，这严重地威胁到电力系统的安全稳定运行。现有的研究表明可再生能源的接入对于系统的电压稳定性、暂态稳定性、小干扰稳定性以及频率稳定性均会造成影响。为提升可再生能源接入后系统的稳定性，大量新型的控制器被投入到电网，其中包括柔性交流输电装置（Flexible Alternating Current Transmission System，FACTS），而通过在 FACTS元件上附加阻尼控制器可有效地提升系统的阻尼。然而，现有电力系统配置的阻尼控制器的参数整定多是基于系统在某一平衡点的线性化模型，而可再生能源的接入会改变系统的特性，可再生能源的间歇性使得系统具有波动特性，基于单一平衡点设计的控制器参数无法确保系统在实际运行过程中的鲁棒性，极端情形下甚至存在失效的风险[2]。

故为了确保控制器的有效性，需要对于控制器的参数进行优化。目前的研究中主要采用包括极点配置法[3]、粒子群优化算法[4]、遗传算法[5]等方法进行控制器参数鲁棒优化，确保整定的控制器参数具备鲁棒性，可使得系统在各种工况下均能发挥其效能。然而依据鲁棒优化方法需要计及系统的极端工况，从而确保优化后的控制器参数在极端工况下的有效性。这也使得鲁棒性方法整定的控制器参数会十分保守，在大多数工况下无法充分发挥控制器的性能，为此采用自适应优化方法进行控制器参数的整定是更好的选择[6]。

特别地，随着人工智能技术的快速发展，人工神经网络由于其强大的非线性逼近能力，被广泛运用于控制器的自适应控制，并取得了较好的控制效果[7]。而机器学习的重要分支之一，深度强化学习更是成为目前的研究热点，其在自适应控制方面取得了巨大的成功，在处理复杂的控制问题时展现出了极高的水准。最为人所知的是在 2016 年，谷歌的人工智能团队所训练的 AlphaGo 打败了围棋世界冠军。事实上，深度强化学习算法目前已经逐渐被探索用于不同的领域，基于深度强化学习训练的智能体已实现各类复杂任务智慧控制。文献[8]中提出一种基于 DDPG 算法自调整策略用于自动发电控制（Automatic Generation Control，AGC）的智慧控制。文献[9]中将 DDPG 算法用于四轴飞行器的控制，取得了较好的控制效果。文献[10]中将 DDPG 算法应用到电力市场的代理商的竞价以确保获得最大的利润。

本节中主要介绍的是基于深度强化学习算法来实现风电接入系统中 STATCOM 的附加阻尼控制器的参数自调整以适应风机出力的波动特性，从而使得控制器能够在不同风速条件下均可充分发挥性能，确保系统的安全稳定运行。

5.2　静止同步补偿器及其附加阻尼控制器

静止同步补偿器是第二代 FACTS 中的代表性器件之一，其相较于传统的无功补偿装置，具有装置占地小，调节范围广以及响应速度快的特点，为目前无功补偿的主流装置之一。其无功补偿的原理是输出与补偿对象具有大小相同但方向相反的电流来实现补偿，可运行在最大容性和感性之间，受电压的影响较小，且能单独实现电流控制。

典型 STATCOM 的构成包括变压器、电容以及可关断型电压源换流器[11]。一般而言，单独的 STATCOM 对于系统的稳定性有限，而为提升其对于系统的稳定性的影响，可对 STATCOM 附加阻尼控制器，详见于图 5.1。

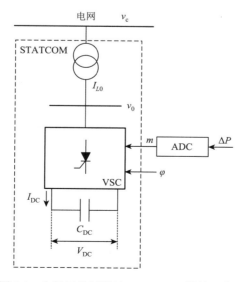

图 5.1　含阻尼控制器的 STATCOM 结构示意图

图中，m 为可关断型电压源换流器的调制比；φ 为电压源换流器的相位角；V_{DC} 为直流电容的电压；C_{DC} 为电容器的电容。

其中，VSC 的电压可表示为

$$v_0(t) = mV_{DC}\sin(\omega t - \varphi) \tag{5-1}$$

分析式（5-1）可得：可以通过控制 m 与 φ 来实现对于 $v_0(t)$ 的控制。事实上，φ 由电容的电压所确定，如图 5.2 所示。

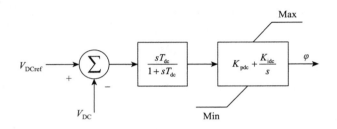

图 5.2　STATCOM 的直流电压调节器

图中，K_{pdc} 和 K_{idc} 分别为直流电压调节器的比例和积分部分；T_{dc} 为直流电压调节器的时间常数。

在 STATCOM 中，直流电压调节器主要是充当 STATCOM 与电网之间有功交换的角色；其典型的表达式如下所示：

$$\varphi = \left(K_{pdc} + \frac{K_{idc}}{s}\right)\left(\frac{sT_{dc}}{1+sT_{dc}}\right)(V_{DCref} - V_{DC}) \tag{5-2}$$

而调制比 m 是由交流电压调节器所确定。一般而言，阻尼控制器被附加到 STATCOM 的交流电压调节器一侧，具体结构如图 5.3 所示。

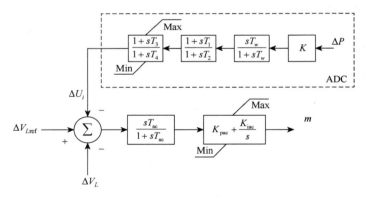

图 5.3　STATCOM 的交流电压调节器及附加阻尼控制器

在 STATCOM 中，交流电压调节器主要是充当 STATCOM 与电网之间无功交换的角色；其典型的表达式如下所示：

$$m = \left(K_{pac} + \frac{K_{iac}}{s}\right)\left(\frac{sT_{ac}}{1+sT_{ac}}\right)(\Delta V_{Lref} - V_L + \Delta U_i) \tag{5-3}$$

其中，K_{pac} 和 K_{iac} 分别为交流电压调节器的比例和积分部分；T_{ac} 为交流电压调节器的时间常数。而 STATCOM-ADC 的结构是由一个滤波器、一个增益模块以及两个超前滞后时间环节构成，其传递函数如下所示[12]：

$$\Delta U_i = K \frac{sT_w}{1+sT_w} \frac{1+sT_1}{1+sT_2} \frac{1+sT_3}{1+sT_4} \Delta P \tag{5-4}$$

其中，K 为 STATCOM-ADC 的增益；T_w 为滤波环节的时间常数；T_1、T_2、T_3、T_4 均为时间常数；ΔP 为电网侧的有功偏差，以此作为 STATCOM-ADC 的输入信号。

5.3　阻尼控制器的鲁棒设计

控制器的参数设计对于控制器的效能起到至关重要的作用，为使得设计的控制器参数具备多种工况下的鲁棒性，对于系统的不确定进行建模，即引入了摄动块来表征系统的不确定性，如图 5.4 所示。

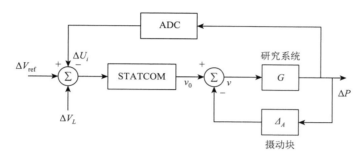

图 5.4　附加摄动块的反馈控制系统

图中，Δ_A 为摄动块。对于图 5.4 所示的系统，基于小增益理论[13]，若式（5-5）成立，则系统为稳定：

$$\left\| \frac{\Delta_A G(s)}{1+G(s)G_{\text{ADC}}(s)G_{\text{STATCOM}}(s)} \right\|_\infty < 1 \tag{5-5}$$

其中，$G(s)$ 为研究系统的传递函数；$G_{\text{STATCOM}}(s)$ 为 STATCOM 的传递函数；$G_{\text{ADC}}(s)$ 为 ADC 的传递函数；式（5-5）中无穷符号表示函数的增益。

式（5-5）可转换为

$$\left\| \Delta_A \right\| < \left\| \frac{1}{G(s)/1+G(s)G_{\text{ADC}}(s)G_{\text{STATCOM}}(s)} \right\|_\infty \tag{5-6}$$

对于式（5-6），可通过最小化 $\left\| 1/G(s)/1+G(s)G_{\text{ADC}}(s)G_{\text{STATCOM}}(s) \right\|_\infty$，使得整定的控制器参数具有最佳的鲁棒性。此外，还应当确保系统的特征值具有足够大的阻尼，而且控制器参数整定过程必须要计及参数的上下界限制。

故 STATCOM-ADC 参数的自整定问题可以被建模为

$$\begin{cases} \text{Minimize} \ \left\| G(s)/1+G(s)G_{\text{ADC}}(s)G_{\text{STATCOM}}(s) \right\|_\infty \\ \text{s.t.} \quad \xi_i \geqslant \xi_{\text{spec}}, \sigma_i \geqslant \sigma_{\text{spec}} \\ \quad K_{\min} \leqslant K \leqslant K_{\max}, T_{j,\min} \leqslant T_j \leqslant T_{j,\max} \end{cases} \tag{5-7}$$

其中，ξ_i 和 σ_i 为第 i 个振荡模式的阻尼以及实部；ξ_{spec} 和 σ_{spec} 振荡模式理想的阻尼以及实部的设定值；$K_{\min}$ 和 $K_{\max}$ 为附加阻尼控制器增益的上下限；$T_{j,\min}$ 和 $T_{j,\max}$ 为附加阻尼控制器时间常数的上下限。

因为，$\xi_i \geqslant \xi_{\text{spec}}, \sigma_i \geqslant \sigma_{\text{spec}}$ 可视为系统的一个稳定域，若特征值位于该区域内，则可认为该振荡模式具有足够的阻尼，系统在扰动下激发该特征模式发生持续振荡的概率较小。

5.4　系统等效传递函数辨识

分析式（5-7）可以看出，针对 STATCOM-ADC 的参数整定，涉及系统的等效传递函数。一般而言，系统的显性的传递函数是未知的，且随着系统工况的变化，传递函数也会相应发生改变，故需要对于系统的传递函数进行动态辨识。为此，本节中引入一种基于人工神经网络（ANN）的系统传递函数动态辨识方法，利用 ANN 强大的非线性逼近能力，结合海量测试数据进行高效训练，得到系统实时工况与传递函数之间的非线性映射。具体的实施效果如图 5.5 所示。

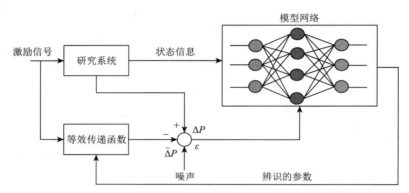

图 5.5　基于人工神经网络的系统等效传递函数辨识

图中所示激励信号下，研究系统与等效传递函数的输出误差可表示为

$$\varepsilon(t) = \Delta P(t) - \Delta \hat{P}(t) \tag{5-8}$$

基于最小二乘法理论，系统辨识的性能指标为

$$J = \frac{1}{T} \int_0^T \left| \Delta P(t) - \Delta \hat{P}(t) \right|^2 = \frac{1}{T} \int_0^T \left| \varepsilon(t) \right|^2 \tag{5-9}$$

计及测点数据的不连续性，式（5-9）可转换为

$$J = \frac{1}{N} \sum_{i=0}^{N} (\varepsilon_i)^2 \tag{5-10}$$

其中，i 为第 i 个采用时间；N 为总采样时间数；ε_i 为输出误差曲线 $\varepsilon(t)$ 在第 i 个采样时间的采样值。

为减少噪声对于训练过程的影响，基于指数函数以及 Huber 估计改造辨识的性能指标函数[14]：

$$J = \begin{cases} 1 - \dfrac{1}{N} \sum_{i=0}^{N} \mathrm{e}^{-\left(\frac{\varepsilon_i}{\sigma_\varepsilon}\right)^2}, & \left| \dfrac{\varepsilon_i}{\sigma_\varepsilon} \right| \leqslant \rho \\[4mm] 1 - \dfrac{1}{N} \sum_{i=0}^{N} \mathrm{e}^{-\left(2\rho \left| \frac{\varepsilon_i}{\sigma_\varepsilon} \right| - \rho^2\right)}, & \left| \dfrac{\varepsilon_i}{\sigma_\varepsilon} \right| > \rho \end{cases} \tag{5-11}$$

其中，σ_ε 为输出误差曲线 $\varepsilon(t)$ 的标准差；ρ 为超参数，需要依据数据进行测试确定取值。

事实上，模型网络的训练过程本质上是一个有监督学习的过程，其训练过程汇总采用有反向误差传播学习策略进行网络参数训练。其中，ANN 权重的更行策略可表示为

$$W(k) = W(k-1) + \Delta W(k) \tag{5-12}$$

其中，$W(k)$ 为 ANN 在第 k 次迭代时的权重；$\Delta W(k)$ 为第 k 次迭代时权重变化大小，其可由以下公式进行计算：

$$\Delta W(k) = -\eta J(k) \frac{\partial J(k)}{\partial W(k)} + \alpha \Delta W(k-1) \tag{5-13}$$

其中，η 为神经网络的学习率；α 为神经网络的调节系数；$J(k)$ 为第 k 次迭代时辨识的性能指标。

5.5　深度确定性策略梯度算法

5.5.1　马尔可夫动态建模

对于 STATCOM-ADC 的参数自调整问题，其可视为一个不确定环境下的最优决策问题，并转化成一个马尔可夫决策过程（MDP）。其中相关的要素描述如下。

智能体（Agent）：其为动作的执行单元，可依据系统的状态提供相应的控制器参数设置信息。其在训练过程中通过与环境的交互不断的训练以累积经验，最后获得最优的控制策略。

状态（State）：其表示的是智能体与环境交互所感知到的信息，用于智能体对于外界环境进行判断，表征存在的不确定性。本节中考虑风速波动特性所引发系统的不确定性，可定义为 $s_k \sim (P_{WT-1}, \cdots, P_{WT-1}, G_{STATCOM}(s), G_{ADC}(s), \xi_i, \sigma_i)$。

动作（Action）：其为不同状态下智能体的输出。本节指的是 STATCOM-ADC 的参数设置信息，可定义为 $a_k \sim (K, T_1, T_2, T_3, T_4)$。

奖励值（Reward）：其表示的是不同状态下对于智能体所输出动作的评价指标，用于评估智能体训练效果的优劣，可定义为

$$r_k(s_k, a_k) = -(J_{robust} + J_{punish})$$

$$\begin{cases} J_{robust} = \left\| G(s)/(1 + G(s)G_{ADC}(s)G_{STATCOM}(s)) \right\|_\infty \\ J_{punish} = \sum_{i=1}^{n} f(\xi_i, \sigma_i) \end{cases} \tag{5-14}$$

其中

$$f(\xi_i, \sigma_i) = \begin{cases} 0, & \xi_i \geqslant \xi_{spec}; \sigma_i \leqslant \sigma_{spec} \\ \delta, & 其他 \end{cases} \tag{5-15}$$

在迭代过程中，智能体感知环境的信息以获取状态，随后依据策略 π（策略 π 为状态和动作之间的非线性映射）采取相应的动作。环境受到产生的动作以及转移概率密度函数的影响会变化到新的状态。与此同时，智能体会获得一个立即的奖励值。上述的智能体与环境之间的信息交互不断地重复，直至智能体学习到最优的控制器参数自适应设置策略，即能够使得智能体获得最大的奖励值。

通常，值函数可用于表征状态动作对（State，Action）映射到策略 π 后的预期累计折扣回报：

$$Q^\pi(s_k, a_k) = \mathbb{E}_\pi \left[R_k | s_k, a_k \right] \tag{5-16}$$

其中

$$R_k = r_k(s_k, a_k) + \gamma r_{k+1}(s_{k+1}, a_{k+1}) + \cdots = \sum_{i=k}^{\infty} \gamma^{i-k} r_i(s_i, a_i) \tag{5-17}$$

γ 为折扣率，其反映了未来奖励值对于当前动作的影响。

事实上，式（5-15）满足递归关系，其可以转换成贝尔曼表达式[15]：

$$Q^\pi(s_k, a_k) = \mathbb{E}_\pi \left[R_k + \gamma \mathbb{E}_{a_{k+1} \sim \pi} \left[Q^\pi(s_{k+1}, a_{k+1}) \right] \right] \tag{5-18}$$

因此，解决 STATCOM-ADC 参数自整定问题的关键在于训练智能体获得最优的控制策略 π。

5.5.2　深度策略梯度算法

为了获取最优的控制策略，本节中引入深度确定性策略梯度（DDPG）进行智能体的训练。DDPG

算法中采用了两个神经网络来分别充当策略网络（Critic Network）以及动作网络（Actor Network）。其中，策略网络以状态与动作为输入，以值函数的无偏估计为输出，参数化为 θ^Q，用来拟合值函数；动作网络以状态为输入，动作为输出，参数化为 θ^μ，用来拟合策略函数 π。

在训练过程中，策略网络与动作网络相互协同来获取最优的策略 π。具体来说，基于智能体感知的环境的状态，动作网络会产生相应的动作。随后，策略网络会评估这个动作并产生一个估计的值函数值。为了提升估计的准确性，策略网络可基于损失函数进行训练：

$$L(\theta^Q) = \mathbb{E}_{\mu'}\left(\left(y_k - Q^\pi\left(s_k, a_k \middle| \theta^Q\right)\right)^2\right) \tag{5-19}$$

其中

$$y_k = r_k + \gamma Q^\pi\left(s_{k+1}, \mu\left(s_{k+1} \middle| \theta^\mu\right)\right) \tag{5-20}$$

对于动作网络，为了获取最优的控制策略，其训练过程是一个最大化值函数估计值的过程。基于策略梯度理论，动作网络可通过以下公式进行训练：

$$\nabla_{\theta^\mu} J\left(\theta^\mu\right) = \nabla_a Q\left(s, a \middle| \theta^Q\right)\Big|_{s=s_k, a=\mu(s_k)} \nabla_{\theta^\mu} \mu\left(s \middle| \theta^\mu\right)\Big|_{s=s_k} \tag{5-21}$$

在智能体进行训练的过程中，如何充分地进行动作域的探索是一个极大的挑战。为此，在 DDPG 中将噪声 N 引入动作的探索策略之中，如下所示：

$$\mu'(s_k) = \mu\left(s_k \middle| \theta_k^\mu\right) + N \tag{5-22}$$

此外，若策略网络直接采用式（5-19）进行训练，易使得训练过程不稳定，原因在于值函数估计值的计算 $r_k + \gamma Q^\pi\left(s_{k+1}, \mu\left(s_{k+1} \middle| \theta^\mu\right)\right)$ 以及策略网络参数的更新是同时进行，这使得训练过程易发散。为解决这一问题，DDPG 中引入了两个目标网络（目标动作网络、目标策略网络）辅助智能体的训练，可分别表示为 $\theta^{Q'}$ 和 $\theta^{\mu'}$。策略网络的参数更新可采用软更新策略：

$$\underset{\tau=0.0001}{\text{soft update}} \begin{cases} \theta^{Q'} \leftarrow \tau\theta^Q + (1-\tau)\theta^{Q'} \\ \theta^{\mu'} \leftarrow \tau\theta^\mu + (1-\tau)\theta^{\mu'} \end{cases} \tag{5-23}$$

在训练的过程中，状态样本是通过智能体与环境交互进行采样而得到的，这意味着并非独立同分布，这类数据不宜直接用于智能体的训练，为了打破数据之间的关联性，DDPG 采取了缓存器来实现经验重放机制。即在每一个迭代回合时，智能体与环境之间交互所获取的信息均存为一个经验 $e = (s_k, a_k, r_k, s_{k+1})$，并存到缓存器 $D = (e_1, \cdots, e_m)$。而缓存器的原理类似于队列：当缓存器被填充满时，新的生成经验将取代最旧的生成经验。在训练过程中，从缓冲区中抽取一小批经验进行梯度计算和网络参数更新。研究结果表明，该机制能显著降低样本间的相关性，使学习过程更加稳定，提高数据效率。

由于目标网络以及缓存器的应用，损失函数以及策略梯度应当进行校正。若从缓存器里面抽样批量（Mini-Batch）的经验 $(e_1, \cdots, e_N)$ 进行智能体的训练，则损失函数即可被校正为

$$L(\theta^Q) = \frac{1}{N}\sum_{k=1}^{N}\left(y_k - Q^\pi\left(s_k, a_k \middle| \theta^Q\right)\right)^2 \tag{5-24}$$

其中，$y_k = r_k + \gamma Q^\pi\left(s_{k+1}, \mu\left(s_{k+1} \middle| \theta^\mu\right)\right)$ 为值函数的估计值，其由目标策略网络进行计算。策略网络的更新可采用梯度下降的方法：

$$\nabla_{\theta^Q} L(\theta^Q) = \frac{1}{N}\sum_{i=1}^{N}\Big(y_k - Q^{\pi}\big(s_k, a_k \big|\theta^Q\big)\Big)\nabla_{\theta^Q} Q^{\pi}\big(s_k, a_k \big|\theta^Q\big)$$
$$\theta_{k+1}^{Q} = \theta_{k}^{Q} + \alpha^{Q}\cdot\nabla_{\theta^{\mu}} L\big(\theta_{k}^{Q}\big)$$

（5-25）

其中，α^Q 为策略网络的学习率。

策略梯度可被重新校正为

$$\nabla_{\theta^{\mu}} J(\theta^{\mu}) = \frac{1}{N}\sum_{i=1}^{N}\nabla_{a} Q\big(s, a\big|\theta^Q\big)\Big|_{s=s_k, a=\mu(s_k)}\nabla_{\theta^{\mu}}\mu\big(s\big|\theta^{\mu}\big)\Big|_{s=s_k}$$
$$\theta_{k+1}^{\mu} = \theta_{k}^{\mu} + \alpha^{\mu}\cdot\nabla_{\theta^{\mu}} J\big(\theta_{k}^{\mu}\big)$$

（5-26）

其中，α^{μ} 为动作网络的学习率。

DDPG 算法的训练过程如图 5.6 所示。

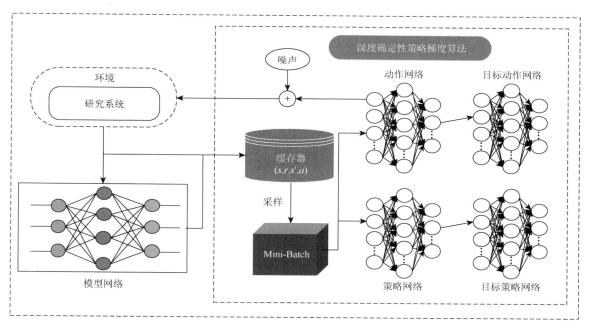

图 5.6　DDPG 算法训练图

5.6　算　例　分　析

5.6.1　测试系统

本节中引入四机两区域系统作为测试系统以验证所提方法的有效性。系统的结构图如图 5.7 所示，风电场被附加于母线 7 处，STATCOM 也被配置于母线 7 处。风电场采用了 5 行 5 列的矩形布局，所有风机均为直驱永磁同步发电机（Direct-Driven Permanent Magnet Synchronous Generator，DPMSG）[16]。此外，风场内部每两台风机之间的距离为风机转子直径的 7 倍。该发电机的技术细节如表 5.1 所示。

对于图 5.7 所示系统，特征值分析结果表明存在三个机电振荡模式，如表 5.2 所示。其中，Mode 1 的阻尼比小于 3%，为弱阻尼振荡模式，其他两个模式的阻尼比较大，故应该重点关注不同风速条件下 Mode 1 的阻尼变化情形，考虑优化 STTACOM-ADC 参数以提升 Mode 1 的阻尼。

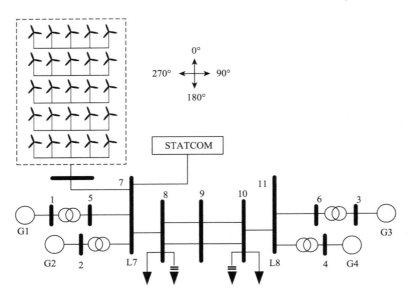

图 5.7　附加风电场的四机两区域拓扑

表 5.1　直驱永磁同步发电机技术细节

参数	参数值
切入风速	3m/s
额定风速	11.8m/s
切出风速	25m/s
风轮转子直径	35.2m
额定功率	2.5MW
额定转速	15.4r/min

表 5.2　测试系统机电振荡模式

振荡模式	特征值	阻尼比/%
Mode 1	−0.107+j11.48	0.94
Mode 2	−0.551+j9.04	6.09
Mode 3	−0.648+j3.27	19.42

5.6.2　智能体离线训练过程

在对智能体进行训练之前，需要对 DDPG 中四个网络的层数以及每一层网络的神经元的个数进行设定。在本节中四个网络均采用一致的结构，包括两个隐藏层，分别为 128 个以及 64 个神经元。此外，DDPG 算法的超参数也被预设，详见表 5.3。

表 5.3　测试系统机电振荡模式

超参数	参数
折扣率	0.9
软更新系数	0.0001

续表

超参数	参数
缓存器的容量	8000
每回合的步长数	10
动作网络的学习率	0.001
策略网络的学习率	0.002
最小批量的大小	40

本节中基于 Weibull 分布采集大量的风速数据，进行智能体的训练。即在每一个迭代回合中，智能体会与环境交互采集 10 个连续的风速数据，并依据此数据提供相应的动作。随后，将状态和动作信息发送给系统，并对系统进行时域仿真以及特征值辨识。基于辨识结果结合式（5-14）进行奖励值的计算。依据式（5-25）和式（5-26），更新 DDPG 的网络参数，随着迭代次数的增加，最终算法收敛。

5.6.3　智能体在线运用

智能体在基于海量风速数据进行训练之后，可直接用于 STATCOM-ADC 参数的自适应调整。此外，需要注意的是，本节中所提出的方法所整定的控制器参数具有鲁棒性，故依据某一风速情形下整定的控制器参数可能依旧适用于下一个风速情形，为此在智能体的在线运用时，并不需要实时修改控制器参数，仅需当控制器参数无法确保系统振荡模式具有充分的阻尼时再对控制器参数进行修正（图 5.8）。如此，既可确保系统的安全稳定运行又可减少运行过程中控制器调整次数，从而降低控制代价。为此，本节中提出如下智能体在线运用策略。

步骤 1：针对实时运行的系统进行特征值识别，基于辨识的结果判断系统是否存在位于稳定域外的特征值。

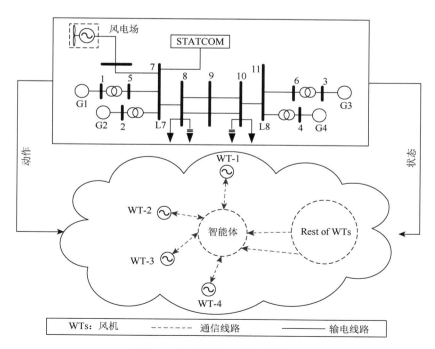

图 5.8　智能体的在线实施架构

步骤 2：若存在，则转向步骤 3，若不存在，则重复步骤 1。

步骤 3：智能体感知系统的实时状态信息，并给出相应的动作，用于指导系统内 STATCOM-ADC 的参数的修改。

5.6.4　性能评估

为了研究训练的智能体的有效性，两种常用的控制器参数整定策略（极点配置法[3]和田口法[17]）在本节中被引入作为比较案例。然后将上述三种方法整定的控制器参数在下述三种工况情形下进行评估。

工况 1：风场的风速为 12m/s，风向为 0°。

工况 2：风场的风速为 10m/s，风向为 45°。

工况 3：风场的风速为 8m/s，风向为 80°。

图 5.9～图 5.11 中给出了在故障 1（母线 9 处在 2s 发生单相接地短路故障，持续 0.2s）激发下，三种方法整定的控制器参数在上述三种工况情形下发电机组 G1 的有功功率偏差轨迹。可以看出，相较于极点配置法和田口法，本章所提出方法在三种工况情形下均能够使得系统具有更好的抑制振荡的能力，可快速平息机组振荡，使得系统以最快的时间恢复到平衡点。这意味着本章所提方法可更好地确保系统在多种工况下的稳定性。

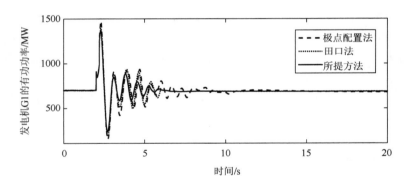

图 5.9　工况 1 情形下 G1 的有功功率轨迹

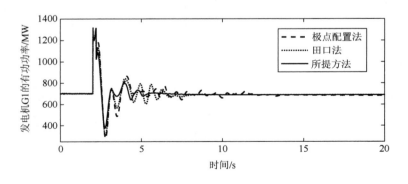

图 5.10　工况 2 情形下 G1 的有功功率轨迹

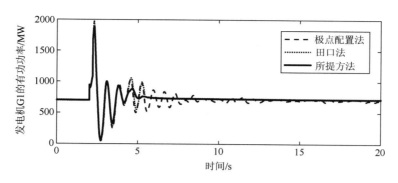

图 5.11　工况 3 情形下 G1 的有功功率轨迹

为进一步对比本章所提方法与其他方法的控制效果，本节采用特征值分析方法对于系统在三种情形下 Mode 1 进行了识别，辨识结果见表 5.4，通过对比系统中 Mode 1 特征值变化情形可看出本章所提出方法比其他两种方法在三种工况情形下能够更好地提升特征值的阻尼比。

表 5.4　测试系统机电振荡模式

策略	工况情形		
	工况 1	工况 2	工况 3
优化前	−0.11+j11.48	−0.04+j11.28	−0.03+j11.37
极点配置法	−0.38+j11.50	−0.29+j11.30	−0.28+j11.39
田口法	−0.62+j11.56	−0.56+j11.36	−0.55+j11.45
所提方法	−0.78+j11.59	−0.83+j11.38	−0.67+j11.48

为进一步分析所提方法的鲁棒性，本节中随机从 Weibull 分布中采取 125 个工况情形，并针对每一种工况情形下不同方法整定的 STATCOM-ADC 参数进行特征值分析，并在图 5.12 中给出了 Mode 1 分布情形。

从图 5.12（a）可以看出，在未对 STATCOM-ADC 参数进行优化前，随着风速的变化，系统在某些工况下的特征值位于实轴的右半平面，系统具有振荡的风险。图 5.12（b）可以看出采用极点配置法优化后，可使得 Mode 1 整体向左移动，但部分特征值依然位于实轴的右半平面，因此系统依然有产生振荡的风险。从图 5.12（c）和（d）可以看出，所提方法以及田口法均能使得全体特征值位于实轴的左半平面，从而确保 Mode 1 具有充分的阻尼，而且相较于田口法，所提方法能够让特征值向左移动的幅度更大，使得特征值的实部更小，系统具有更大的稳定裕度。

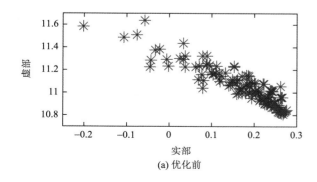

(a) 优化前

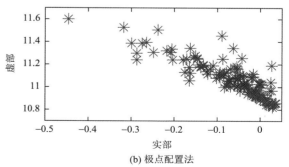

(b) 极点配置法

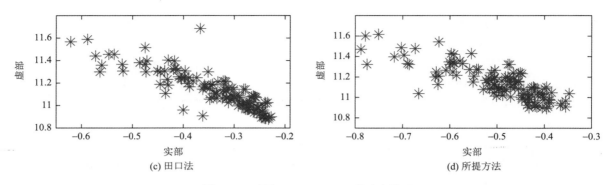

图 5.12　不同工况下 Mode 1 的分布情形

此外，针对图 5.12 所示的 Mode 1 在不同工况下的分布，计算其概率密度函数，结果如图 5.13 所示。因此可得，相较于其他两种参数整定方法，所提方法能更大程度地提升 Mode 1 的阻尼，从而确保系统安全稳定运行。

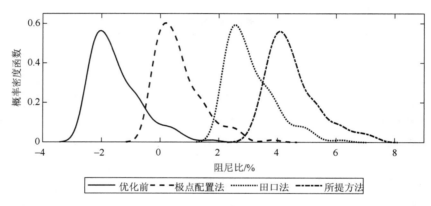

图 5.13　不同策略下 Mode 1 的概率密度函数

5.7　本 章 小 结

本章主要针对风电接入情形下，系统的不确定性增强，依据传统方法设计的控制器参数无法确保控制器充分发挥其性能，极端情形下存在失效风险。为此，提出了基于深度强化学习的控制器参数自调整策略，将深度策略梯度算法引入 STATCOM-ADC 参数自适应控制，通过训练一个智能体，实现在不同工况情形下，对于 STATCOM-ADC 的参数自调整。

仿真结果表明，本章所提出方法可有效地提升振荡模式的阻尼比，增强系统抑制振荡的能力。此外，通过与传统的极点配置法以及田口法的对比发现，本章所提方法相较于其他两种方法，能够使得系统具有更大的稳定裕度。

在电网的实际运行中，若出现由于可再生能源的波动而引发的系统振荡，本章所提出的智能体可依据系统的实时状态信息给出相应的动作，操作员可根据该动作指令对于控制器参数进行调节从而提升系统抑制振荡的能力。

参 考 文 献

[1]　Li J，Wang N，Zhou D，et al. Optimal reactive power dispatch of permanent magnet synchronous generator-based wind farm considering levelised production cost minimisation[J]. Renewable Energy，2020，145：1-12.

[2]　易建波，张国洲，刘敏，等. 抑制超低频振荡的稳定器控制机理及策略验证[J]. 电力系统自动化，2020，44（8）：192-200.

[3]　丁有爽，肖曦. 基于极点配置的永磁同步电机驱动柔性负载 PI 调节器参数确定方法[J]. 中国电机工程学报，2017，37（4）：1225-1239.

[4]　Shayeghi H，Shayanfar H，Jalilzadeh S，et al. TCSC robust damping controller design based on particle swarm optimization for a multi-machine power system[J]. Energy Convers Manage，2010，51（10）：1873-1882.

[5]　Movahedia A，Niasara A H，Gharehpetianb G B. Designing SSSC，TCSC，and STATCOM controllers using AVURPSO，GSA，and GA for transient stability improvement of a multi-machine power system with PV and wind farms[J]. International Journal of Electric Power Energy System，2019，106：455-466.

[6]　席裕庚，柴天佑，恽为民. 遗传算法综述[J]. 控制理论与应用，1996，（6）：697-708.

[7]　Chaturvedi D K，Malik O P. Generalized neuron-based adaptive PSS for multi-machine environment[J]. IEEE Transactions on Power System，2005，20（1）：358-366.

[8]　Yan Z，Xu Y. Data-driven load frequency control for stochastic power systems：A deep reinforcement learning method with continuous action search[J]. IEEE Transactions on Power System，2019，34（2）：1653-1656.

[9]　Wang Y，Sun J，He H，et al. Deterministic policy gradient with integral compensator for robust quadrotor control[J]. IEEE Transaction on Systems，Man，and Cybernetics：Systems，2020，50（10）：3713-3725.

[10]　Xu H，Sun H，Nikovski D，et al. Deep reinforcement learning for joint bidding and pricing of load serving entity[J]. IEEE Transactions on Smart Grid，2019，10（6）：6366-6375.

[11]　Elazim S M，Ali E S. Optimal location of STATCOM in multimachine power system for increasing load ability by cuckoo search algorithm[J]. International Journal of Electric Power Energy System，2016，80：240-251.

[12]　张国洲，易建波，滕予非，等. 多运行方式下多机 PSS 的协调优化方法[J]. 电网技术，2018，42（9）：2797-2805.

[13]　Supriyadi A，Takano H，Murata H，et al. Adaptive robust PSS to enhance stabilization of interconnected power systems with high renewable energy penetration[J]. Renewable Energy，2014，63：764-774.

[14]　岳雷，薛安成，徐飞阳，等. 基于实测试验数据的水轮发电机调速器动态参数抗差分步辨识研究[J].中国电机工程学报，2018，38（11）：3163-3171.

[15]　Zhang G，Hu W，Cao D，et al. A data-driven approach for designing STATCOM additional damping controller for wind farms[J]. International Journal of Electrical Power and Energy Systems，2016，80：240-251.

[16]　Wang P，Zhang Z，Huang Q，et al. Improved wind farm aggregated modeling method for large-scale power system stability studies[J]. IEEE Transactions on Power System，2018，33（6）：6332-6342.

[17]　陈刚，唐毅，张继红. 基于田口法与李雅普诺夫函数的鲁棒 PSS 参数设计[J]. 电网技术，2010，34（9）：82-87.

第 6 章　基于群智能强化学习的电网有功无功优化调度

本章以经典强化学习算法——Q 学习为核心,融入不同的群智能搜索方法,根据离散和连续优化变量的差异性,分别应用于电网的无功和有功优化调度模型,并与传统方法进行仿真测试对比。

6.1　群智能强化学习原理

6.1.1　联系记忆降维

本章采用最常用的强化学习方法——Q 学习[1]来进行调度寻优,假设第 i 个可控变量 x_i 有 m_i 种可选解,则动作集合元素个数 $|A| = m_1 m_2 \cdots m_n$,如图 6.1 所示。当控制变量个数 n 增加时,知识矩阵 Q 规模就会呈幂指数规律增加,容易导致"维数灾难"问题,从而使得算法寻优较慢,甚至无法迭代计算。

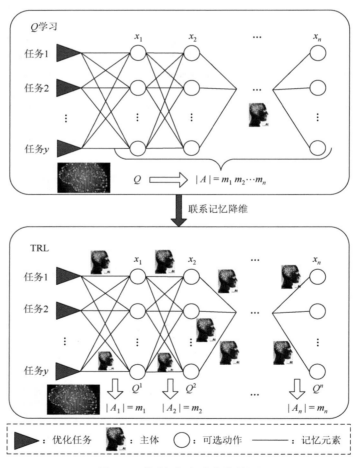

图 6.1　联系记忆与多主体协同

因此，本章提出了一种联系记忆的方式[2]，每个变量都有相应的知识矩阵 Q_i 与之对应，每次确定一个变量的动作后，才基于此动作去选择下一个变量的动作，从而形成链式联系。换句话说，每个变量的动作空间即为下一个变量的状态空间，从而形成变量之间的记忆联系。另外，相邻两个变量之间的连线即代表知识矩阵的元素，元素越大，各主体选择连线两端的变量值的概率就越大。其中，降维后的动作集合分别为 $(A_1, A_2, \cdots, A_n)$，在对每个知识矩阵迭代寻优时，动作空间明显变小，需要储存的记忆信息量也随之变少，显著降低了寻优的难度。在执行完某一次优化任务后，可以把知识矩阵保留下来，作为另一个关联性较强的优化任务的初始知识矩阵，这样就可以进行快速的动态寻优。

6.1.2　多主体协同学习

作为强化学习最广泛应用的算法之一，Q 学习可以在智能体与外部环境的不断交互后，根据反馈得到的奖励值，即可更新每个状态下的动作策略知识，如图 6.2 所示。其中，其知识矩阵可更新如下[1]：

$$Q_{k+1}(s_k, a_k) = Q_k(s_k, a_k) + \alpha \left(R(s_k, s_{k+1}, a_k) + \gamma \max_{a' \in A} Q_k(s_{k+1}, a') - Q_k(s_k, a_k) \right) \tag{6-1}$$

其中，k 表示第 k 次迭代；s_k 代表第 k 次迭代的环境状态；a_k 代表智能体在第 k 次迭代的执行动作；$R(s_k, s_{k+1}, a)$ 表示智能体从状态 s_k 执行动作 a_k 后从环境中得到的奖励值；A 为动作策略空间；a' 是指动作策略空间里面的任一动作；α 为学习因子，$0 < \alpha < 1$；γ 为折扣因子，$0 < \gamma < 1$。

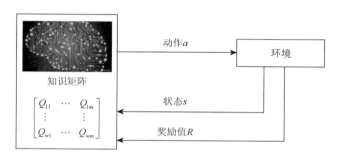

图 6.2　Q 学习算法原理

如图 6.1 所示，与 Sarsa[3]、$R(\lambda)$[4] 等其他强化学习算法一样，经典 Q 学习也仅采用单主体进行值函数矩阵更新，每次探索试错只能更新知识矩阵的一个元素，知识更新效率较低，当系统存在较多状态-动作对时，需要较长的时间才能遍历完，以获得最优解。与之相比，在群智能强化学习算法中，同时有多个主体进行探索学习，每次迭代时有多个状态-动作对的知识值被更新，Q^i 矩阵的更新速度显著提升，更新后的知识矩阵均可被所有主体共享。相比蚁群、蜂群、粒子群等传统群智能算法中的主体，在本章提出的多主体概念中，主体不再是表现出简单的动物组织行为，而是指具有单独探索知识自学习的高级个体。此外，在每次探索学习后，都会对所有个体进行奖励优劣评价，从而更快地逼近最优状态-动作对。在引入多主体协同后，算法的值函数可迭代更新如下[5]：

$$Q_{k+1}^i(s_k^{ij}, a_k^{ij}) = Q_k^i(s_k^{ij}, a_k^{ij}) + \alpha \left(R^{ij}(s_k^{ij}, s_{k+1}^{ij}, a_k^{ij}) + \gamma \max_{a^i \in A_i} Q_k^i(s_{k+1}^{ij}, a^i) - Q_k^i(s_k^{ij}, a_k^{ij}) \right) \tag{6-2}$$

$$j = 1, 2, \cdots, J; i = 1, 2, \cdots, n$$

其中，上标 i 表示第 i 个变量或第 i 个知识矩阵，上标 j 表示第 j 个主体。

6.1.3　动作选择

强化学习常采用贪婪动作的纯策略（即当前状态下知识最大的动作）或基于状态-动作概率矩阵分布的混合策略。一般来说，基于贪婪策略的局部搜索容易导致算法陷入局部最优解，而基于混合策略的随机全局选择则容易导致寻优时间过长。因此，本章采用 $\varepsilon\text{-greedy}$ 策略[6]来有效平衡局部搜索和全局搜索，具体如下：

$$a_{k+1}^{ij} = \begin{cases} \underset{a^i \in A_i}{\arg\max}\, Q_{k+1}^i(s_{k+1}^{ij}, a^i), & \varepsilon \leqslant \varepsilon_0 \\ a_s, & \text{其他} \end{cases} \qquad (6\text{-}3)$$

其中，ε 为服从均匀分布的随机数，$0 \leqslant \varepsilon \leqslant 1$；$\varepsilon_0$ 是一个正常数，用于确定贪婪动作选择的概率；a_s 表示用伪随机选择来确定的动作，本章按照动作混合策略 $\boldsymbol{\pi}^i$ 分布采用转盘式选择法确定要选择的动作，其中混合策略可计算如下：

$$\pi_{k+1}^i(s_{k+1}^{ij}, a_{k+1}^i) = \frac{\exp\left(Q_{k+1}^i(s_{k+1}^{ij}, a_{k+1}^i)\right)}{\sum\limits_{a^i \in A_i} \exp\left(Q_{k+1}^i(s_{k+1}^{ij}, a^i)\right)} \qquad (6\text{-}4)$$

由于本章采用多主体协同在问题环境中进行探索，因此除了式（6-4）给出的动作探索方式外，还可以利用具体的群智能技术进行探索，如粒子群中基于全局最优个体和局部最优个体的趋近探索[7]、蜂群中侦察蜂和采蜜蜂的分工探索[8]（图 6.3）。无论使用哪一种群智能技术来进行动作选择改进，其最终目的都是更好地平衡全局搜索和局部搜索两者之间的比重，需要针对具体的优化问题来设定相应的搜索比重。对于计算时间要求不高的电力系统静态优化问题，例如，机组组合优化问题[9]，则可以增加全局搜索的比重，提高全局最优解的质量；而对实时性要求较高的电力系统动态优化问题，如实时调度控制问题[10]，则应适当增加局部搜索的比重，缩短优化计算时间。

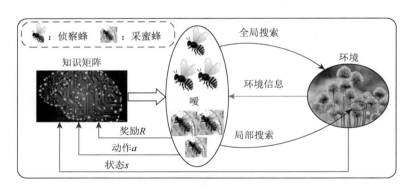

图 6.3　基于群智能技术的动作选择——蜂群示例

6.1.4　奖励函数

在所有主体执行完动作探索后，就需要根据它们获得的适应度函数对其进行奖励评估。对于一个求目标最小值的优化问题，如果主体在满足各种约束条件下获得的目标函数越小，其适应度函数也越小，主体就应该得到较大的奖励。为更好地区分不同主体的动作优劣，可采用蚁群算法的合作机制[11]来设计奖励函数，具体如下：

$$R^{ij}\left(s_k^{ij},s_{k+1}^{ij},a_k^{ij}\right)=\begin{cases}\dfrac{W}{f_{\text{Best}}+C}, & \left(s_k^{ij},a_k^{ij}\right)\in SA_{\text{Best}} \\ 0, & \text{其他}\end{cases} \tag{6-5}$$

其中，f_{Best} 代表在第 k 次迭代时最优个体（适应度最小的个体）的适应度函数；W 是一个正常数，个体得到的目标函数值越小，其奖励函数值就越大；C 也是一个正常数，为了确保奖励值为正；SA_{Best} 代表在第 k 次迭代时，最优个体执行的状态-动作对集合。

6.2　电网无功优化应用

为测试群智能强化学习算法的寻优效果，本章利用电力系统一个常见的多变量、多约束的非线性规划问题——无功优化模型[12]，分别进行了 IEEE 118 节点和 IEEE 300 节点仿真算例分析，并比较了所提算法与传统启发式人工智能算法的寻优性能。其中，本节将应用求解的群智能强化学习算法命名为多主体协同加速优化器（Accelerating Bio-Inspired Optimizer，ABO）。

6.2.1　电网无功优化模型

电网无功优化是在给定的运行方式下，通过改变发电机端电压幅值、有载变压器分接头和无功补偿装置，使得电网达到最优经济和安全运行。在本章中，无功优化模型主要考虑有功网损和电压稳定两个目标[13]，采用线性加权方式进行综合优化，具体如下：

$$\text{Minimize}\quad f(x,u)=\mu P_{\text{loss}}+(1-\mu)V_{\text{d}} \tag{6-6}$$

$$\text{s.t.}\quad\begin{cases}g(x,u)=0 \\ h(x,u)\leqslant 0\end{cases} \tag{6-7}$$

其中，P_{loss} 为非线性函数描述的有功网损分量；V_{d} 为电压稳定分量；μ 为权重系数，$0\leqslant\mu\leqslant 1$；x 为状态变量向量，包括节点电压、发电机无功输出、传输线路潮流等；u 为控制变量向量，包括发电机端电压、有载变压器分接头和无功补偿装置；g 代表等式约束条件；h 代表不等式约束条件。其中，有功网损和电压稳定分量可分别计算如下[14]：

$$P_{\text{loss}}=\sum_{i,j\in N_{\text{L}}}g_{ij}\left(V_i^2+V_j^2-2V_iV_j\cos\theta_{ij}\right) \tag{6-8}$$

$$V_{\text{d}}=\sum_{i\in N_i}\left|\frac{2V_i-V_i^{\max}-V_i^{\min}}{V_i^{\max}-V_i^{\min}}\right| \tag{6-9}$$

其中，V_i 和 V_j 分别是节点 i 和 j 的电压幅值；$V_i^{\max}$ 和 $V_i^{\min}$ 分别代表节点 i 的电压上下限；θ_{ij} 是节点 i 和 j 之间的相角差；N_i 为节点集合；N_{L} 为支路集合。

无功优化的等式约束分别包括有功和无功潮流等式方程，分别如下：

$$\begin{cases}P_{\text{G}i}-P_{\text{D}i}-V_i\sum_{j\in N_i}V_j\left(g_{ij}\cos\theta_{ij}+b_{ij}\sin\theta_{ij}\right)=0, & i\in N_0 \\ Q_{\text{G}i}-Q_{\text{D}i}-V_i\sum_{j\in N_i}V_j\left(g_{ij}\sin\theta_{ij}-b_{ij}\cos\theta_{ij}\right)=0, & i\in N_{\text{PQ}}\end{cases} \tag{6-10}$$

其中，$P_{\text{G}i}$、$Q_{\text{G}i}$ 分别代表节点 i 的发电有功功率和无功功率；$P_{\text{D}i}$、$Q_{\text{D}i}$ 分别代表节点 i 的有功功率和无功功率需求；b_{ij} 为线路 i-j 的电纳；N_0 表示除平衡节点外其他节点的集合；N_{PQ} 为 PQ 节点集合。

无功优化主要包含四类不等式约束，分别如下。

（1）发电机运行约束：

$$\begin{cases} P_{\mathrm{G,slack}}^{\min} \leqslant P_{\mathrm{G,slack}} \leqslant P_{\mathrm{G,slack}}^{\max} \\ V_{Gi}^{\min} \leqslant V_{Gi} \leqslant V_{Gi}^{\max}, \quad i \in N_{\mathrm{G}} \\ Q_{Gi}^{\min} \leqslant Q_{Gi} \leqslant Q_{Gi}^{\max}, \quad i \in N_{\mathrm{G}} \end{cases} \tag{6-11}$$

（2）变压器运行约束：

$$T_i^{\min} \leqslant T_i \leqslant T_i^{\max}, \quad i \in N_{\mathrm{T}} \tag{6-12}$$

（3）无功补偿约束：

$$Q_{Ci}^{\min} \leqslant Q_{Ci} \leqslant Q_{Ci}^{\max}, \quad i \in N_{\mathrm{C}} \tag{6-13}$$

（4）安全约束：

$$\begin{cases} V_i^{\min} \leqslant V_i \leqslant V_i^{\max}, \quad i \in N_{\mathrm{PQ}} \\ S_l \leqslant S_l^{\max}, \qquad\qquad l \in N_{\mathrm{L}} \end{cases} \tag{6-14}$$

其中，$P_{\mathrm{G,slack}}$ 为平衡节点的发电有功功率；V_{Gi} 为第 i 台发电机的端电压幅值；T_i 为第 i 台变压器的分接头变比；Q_{Ci} 为第 i 台无功补偿装置的无功输出；S_l 为第 l 条线路的复功率；N_{G} 为发电机集合；N_{T} 为变压器集合；N_{C} 为无功补偿装置集合。

从式（6-11）～式（6-14）可以发现，所有的状态变量和控制变量都必须被限制在其上下限内，其中状态变量 S_l 只有上限约束。本章采用快速 P-Q 解耦法进行潮流计算，并基于潮流计算结果校验每个状态变量是否越限，并将其分析结果反馈给优化算法。

6.2.2　算法求解设计

1）状态与动作设计

如前面所述，每个变量的动作空间即为下一个变量的状态空间，第一个变量的状态空间是根据电网优化任务来划分的。在快速无功优化模型中，本章选取每 15 分钟即划分一个无功优化任务。

2）适应度函数设计

如式（6-5）所示，适应度函数的不同直接导致了不同的奖励函数。为使得求解算法可以在满足无功优化所有约束条件的前提下，最小化式（6-6）给出的目标函数。因此，适应度函数需综合考虑式（6-6）～式（6-14）给出的目标函数及约束条件，可设计如下[2]：

$$f^j = \mu P_{\mathrm{loss}}^j + (1 - \mu) V_{\mathrm{d}}^j + \rho q^j \tag{6-15}$$

$$f_{\mathrm{Best}} = \min_{j \in J} f^j \tag{6-16}$$

其中，ρ 为惩罚因子；q^j 表示主体 j 确定控制变量后，潮流计算得出的不满足不等式约束条件的个数。

3）知识迁移

本章采用最简单的知识迁移方法给算法赋予一定的先验知识，即将前一个优化任务的最优知识矩阵迁移到新任务的初始化知识矩阵，从而给新任务的各个寻优主体提供先验知识，避免盲目的试错探索，提高搜索效率。如果新任务与前一个任务较为相似时，那么它们的最优策略矩阵也基本是一致的，算法就可以快速地找到高质量的最优解。其中，新任务的初始知识矩阵可表达如下：

$$Q_{\mathrm{n}}^{i0} = Q_{\mathrm{p}}^{i*}, \quad i = 1, 2, \cdots, n \tag{6-17}$$

其中，Q_{n}^{i0} 为新任务中第 i 个控制变量对应的初始知识矩阵；Q_{p}^{i*} 为前一个优化任务中第 i 个控制变量对应的最优知识矩阵。

4）参数设置

在本章应用的群智能强化学习算法 ABO 中，γ、α、ε_0、J、W 及 ρ 等 6 个主要参数对算法的性能影响较大，其影响机理分别如下[2-5]：

（1）折扣因子 $\gamma(0<\gamma<1)$：表征知识矩阵更新过程中对历史奖励值的折扣，由于未来奖励值对无功优化求解的影响更大，因此 γ 应设置得比较接近零。

（2）学习因子 $\alpha(0<\alpha<1)$：直接决定了算法的知识学习速率，α 取值越大，算法就收敛越快，但容易陷入局部最优解，相反地，α 取值越小，算法就收敛越慢，但提高最优解的质量。

（3）正常数 $\varepsilon_0(0<\varepsilon_0<1)$：直接决定了个体选择贪婪动作的概率，较大的 ε_0 值可以加速算法收敛，但也容易导致算法陷入局部最优。

（4）主体数量 $J(J\geqslant1)$：直接影响了算法的计算时间和最优解质量，较大的 J 值可以增加获得更高质量最优解的概率，但也容易导致较长的计算时间。

（5）正常数 $W(W>0)$：直接决定了适应度函数对奖励函数的增益作用，W 越大，则表明多主体可以从获得的当前解中获得更多的奖励。

（6）惩罚因子 $\rho(\rho>0)$：保证算法可以满足所有的不等式约束，较小的 ρ 容易导致算法收敛到不可行解。

经过基于均匀设计方法的多次仿真测试后，所有参数的设置值可详见表 6.1。其中，预学习是指群智能强化学习算法在执行优化任务前不具备任何先验知识，而在线学习则指算法在利用知识迁移获得一定的先验知识后，在线优化的过程。

表 6.1　ABO 参数设置表

参数	范围	IEEE 118 节点算例		IEEE 300 节点算例	
		预学习	在线学习	预学习	在线学习
γ	$0<\gamma<1$	0.2	0.2	0.2	0.2
α	$0<\alpha<1$	0.1	0.1	0.1	0.1
ε_0	$0<\varepsilon_0<1$	0.5	0.8	0.5	0.8
δ_w	$\delta_w>0$	0.005	0.01	0.005	0.01
δ_l	$\delta_l>0$	0.02	0.02	0.02	0.02
J	$J\geqslant1$	30	5	50	10
W	$W>0$	1	1	2	2
ρ	$\rho>0$	10	10	50	50

5）求解步骤

总的来说，本章采用的群智能强化学习算法 ABO 求解无功优化的步骤流程具体如图 6.4 所示。

6.2.3　算例仿真分析

为测试 ABO 算法的寻优性能，本章算例还引入人工蜂群（Artificial Bee Colony，ABC）算法[15]、群搜索优化器（Group Search Optimizer，GSO）[16]、蚁群系统（Ant Colony System，ACS）[17]、粒子群优化（Particle Swarm Optimization，PSO）算法[18]、遗传算法（Genetic Algorithm，GA）[19]、量子遗传算法（Quantum Genetic Algorithm，QGA）[20]、Q 算法[21]、$Q(\lambda)$ 算法[21] 及 Ant-Q 算法[22] 等九种人工智能算法与之进行比较。假定所有算法对式（6-6）所述目标函数中的有功网损和电压稳定分量没有偏好，则权重系数 μ 可设为 0.5。仿真计算均在 CPU 为英特尔 i5-4210M、主频 2.6GHz、内存 8GB 的计算机上运行。其中，算法均采用 Matpower 5.0 软件包进行潮流计算，为保证潮流收敛到可行解，算例中均设定足够多的无功可控变量，使系统的寻优空间显著增加，以满足在不等式约束条件下对不同负荷断面进行无功优化求解。

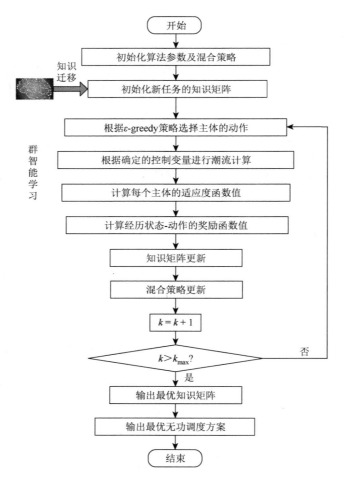

图 6.4　ABO 求解无功优化流程

1. 仿真模型

本章算例选取 IEEE 118 节点和 IEEE 300 节点为仿真对象，其中算例的可控变量规模具体如表 6.2 所示。其中，发电机端电压分为 7 个离散值，分别为 1.00（p.u.）、1.01（p.u.）、1.02（p.u.）、1.03（p.u.）、1.04（p.u.）、1.05（p.u.）、1.06（p.u.）；无功补偿容量以常规潮流中的数据为界，分成 5 档，分别对应正常值的-40%、-20%、0%、20%、40%；有载调压变压器变比分成 3 档，分别 0.98（p.u.）、1.00（p.u.）、1.02（p.u.）。因此，两个节点算例的解空间规模分别为 $7^{17} \times 5^3 \times 3^5$、$7^{56} \times 5^{11} \times 3^{44}$。

为进一步测试各算法对不同负荷断面的寻优适应性，分别对两个节点算例进行一天 96 个断面的无功优化。其中，日负荷曲线如图 6.5 所示，按照时间顺序依次为断面 1 至断面 96，即优化任务 1 至任务 96。

表 6.2　算例可控变量规模

节点规模	可控变量			
	无功补偿	变压器分接头	发电机端电压	个数
IEEE 118	节点 45、79、105	线路 8-5、26-25、30-17、63-59、64-61	节点 10、12、25、26、46、49、54、59、61、65、66、69、80、89、100、103、111	25

节点规模	可控变量			个数
	无功补偿	变压器分接头	发电机端电压	
IEEE 300	节点 117、120、154、164、166、173、190、231、238、240、248	线路 9021-9022、9002-9024、9023-9025、9023-9026、9007-9071、9007-9072、9003-9031、9003-9032、9003-9033、9004-9041、9004-9042、9004-9043、9003-9034、9003-9035、9003-9036、9003-9037、9003-9038、213-214、222-237、227-231、241-237、45-46、73-74、81-88、85-99、86-102、122-157、142-175、145-180、200-248、211-212、223-224、196-2040、7003-3、7003-61、7166-166、7024-24、7001-1、7130-130、7011-11、7023-23、7049-49、7139-139、7012-12	节点 84、91、92、98、108、119、124、141、143、146、147、149、152、153、170、176、177、185、186、187、190、191、198、213、220、221、222、227、230、233、236、238、239、241、242、243、7001、7002、7003、7011、7012、7017、7023、7024、7039、7044、7049、7055、7057、7061、7062、7071、7130、7139、7166、9054	111

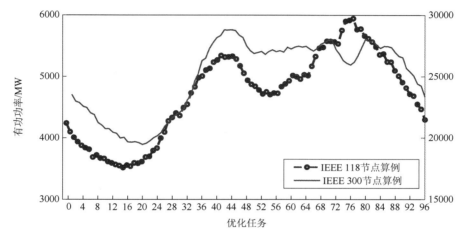

图 6.5　日负荷曲线

2. 预学习

为实现算法的迁移学习，两个算例的优化任务 1 必须进行预学习，从而获得迁移的最优知识矩阵。图 6.6 和图 6.7 分别给出了 IEEE 118 节点算例和 IEEE 300 节点算例下的优化任务 1 的预学习收敛过程。其中，图 6.6（a）和图 6.7（a）均为知识矩阵偏差的收敛曲线，即知识矩阵（$Q_{k+1}-Q_k$）的 2-范数$\|Q_{k+1}-Q_k\|_2$曲线。从图 6.6 中可以发现：ABO 算法在 10s 内即可获得当前断面最优知识矩阵，同时能收敛到优化任务 1 的最优解。另外，经典 $Q(\lambda)$ 算法在求解此问题时，由于记忆矩阵规模巨大，将出现"维数灾难"问题，以致无法进行迭代寻优。

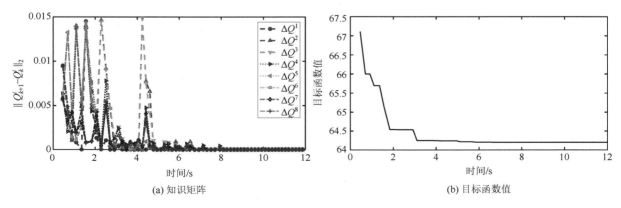

图 6.6　IEEE 118 节点算例任务 1 的预学习收敛过程

与 IEEE 118 节点算例相比，IEEE 300 节点算例的可控变量明显增加，经典 $Q(\lambda)$ 算法的记忆矩阵规模也将以幂指数增加，无法进行迭代计算。与之相比，ABO 算法通过联系记忆对解空间进行降维后，算法仍能快速地进行预学习。如图 6.7 所示，ABO 算法在 200s 之内即可完成优化任务 1 的预学习过程。

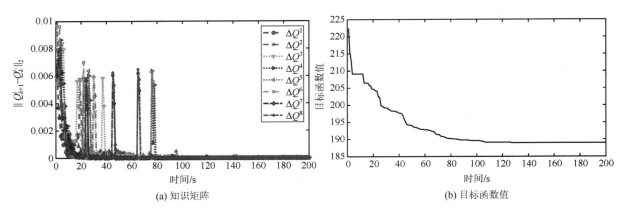

(a) 知识矩阵   (b) 目标函数值

图 6.7 IEEE 300 节点算例任务 1 的预学习收敛过程

当 ABO 算法收敛后，所有变量对应的知识矩阵 Q^i 和混合策略 π^i 都会偏好于某一个状态-动作对，此时具有共享知识矩阵的各个主体在选择动作也将趋于一致，如图 6.8 所示。

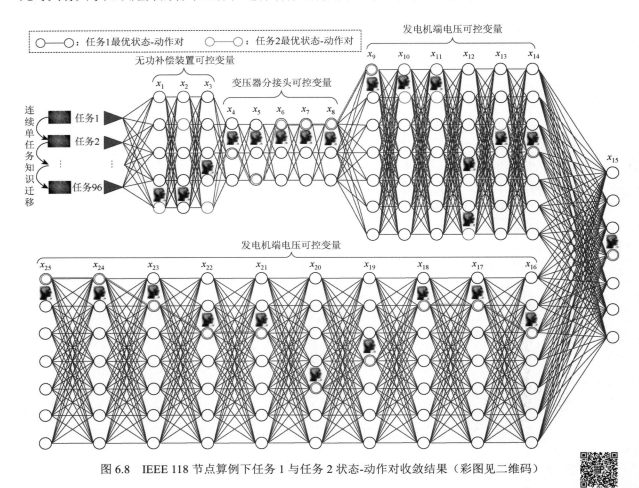

图 6.8 IEEE 118 节点算例下任务 1 与任务 2 状态-动作对收敛结果（彩图见二维码）

3. 在线学习

在获得优化任务 1 的最优知识矩阵后，ABO 算法就可以实现基于连续单任务知识迁移的在线优化。

图 6.9（a）给出了 IEEE 118 节点算例下任务 2 的在线优化目标函数收敛过程。从图中可以发现：①与其他算法相比，ABO 算法的收敛时间最短，收敛目标函数值最小；②ABO 算法能有效利用前一个任务（任务 1）的最优知识矩阵进行寻优，这也说明算法具有较好的在线学习能力。与之类似，在目标函数充分考虑到不等式约束后，在 IEEE 300 节点算例任务 4 下，ABO 算法的在线动态寻优性能仍是最优，如图 6.9（b）所示。

其中，IEEE 118 节点算例下任务 2 的在线寻优的状态-动作对结果可见图 6.8。从图中可以发现，相邻的任务 1 和任务 2 最优解比较接近。在 IEEE 118 节点算例下，任务 1 和任务 2 的最优解中，有 18 个可控变量值是一致的，占总变量个数的 72%，因此在利用任务 1 预学习收敛得到的最优知识矩阵后，就可以迁移到任务 2 的初始知识矩阵，快速地进行在线寻优。

为进一步合理地测试算法的性能，本节分别采用各种算法对一天内 96 个优化任务进行优化 50 次，然后进行统计比较分析。图 6.10 给出了 ABO 算法在每个任务的 50 次平均目标函数值的统计曲线，可以看出其趋势基本和图 6.5 的日负荷曲线趋势一致，这也说明了当负荷增加时，有功网损和电压偏差值也将增大。

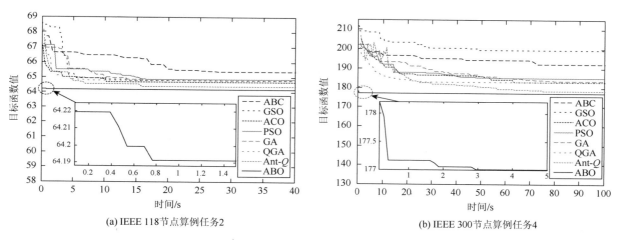

(a) IEEE 118节点算例任务2　　　　　　　　　(b) IEEE 300节点算例任务4

图 6.9　不同算法目标函数收敛过程对比

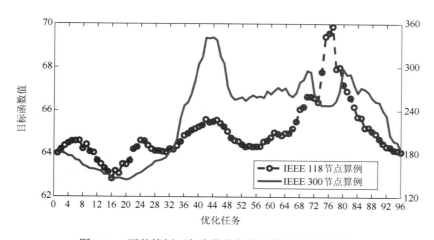

图 6.10　两种算例下各个优化任务的收敛目标函数值

　　表 6.3 给出了一天内各个算法运行 50 次的寻优结果统计表。其中,收敛时间是指每个优化任务的平均收敛时间(即在迭代步数内第一次找到最小适应度函数需要的时间);运行时间为每个优化任务的平均计算时间;其他指标均为 96 个优化任务总的平均值。从表中可以发现:①在两个节点规模算例下,与其他算法相比,ABO 算法的收敛时间均最小,4s 内即可收敛,在 IEEE 300 节点算例下寻优速度最快可达到 ACS 算法的 87.68 倍;②ABO 算法的计算时间明显小于其他算法,这也说明在引入在知识迁移后,算法即可获得较优的先验知识,在新任务下只需较小规模种群及较小迭代步数即可获得较高质量的最优解;③单主体 Q 及 $Q(\lambda)$ 强化学习算法受到"维数灾难"的限制,无法用于大规模复杂电网的无功优化计算;④Ant-Q 算法也可以获得较为满意的收敛值,但与 ABC、GSO、ACS、PSO、GA 及 QGA 其他 6 种算法一样,都缺乏知识迁移能力,在寻优时不能很好地利用相邻任务的关联性,各个优化任务都是孤立的,所以导致收敛时间过长,当电网规模达到一定程度时,将无法满足其无功在线滚动优化需求;⑤在两种算例下,在所有算法中,ABO 算法寻优得到的目标函数平均值则最小,这都凸显了算法的知识迁移能力以及多主体协同学习能力。

　　为进一步比较各算法的寻优稳定性,表 6.4 给出了各个算法的目标函数值寻优稳定性统计表。从表中可以发现,在所有算法中,ABO 算法的目标函数相对标准偏差最小,在 IEEE 118 节点算例下最小仅为 QGA 的 4%,这也表明从前一个任务提炼而来的先验知识可以有效加强算法在线学习的寻优稳定性。

表 6.3　两种算例下不同算法运行 50 次寻优结果统计对比表

算法	IEEE 118 节点算例					IEEE 300 节点算例				
	收敛时间/s	运行时间/s	P_{loss}/MW	V_d/%	f	收敛时间/s	运行时间/s	P_{loss}/MW	V_d/%	f
ABC	16.25	30.49	11117.86	1513.27	6315.57	74.23	111.19	38191.47	8333.35	23262.41
GSO	19.45	40.31	11121.24	1496.87	6309.06	59.88	106.93	38626.91	8853.86	23740.38
ACS	28.88	35.25	11108.40	**1438.78**	6273.59	302.49	420.45	38228.87	7298.32	22763.60
PSO	26.69	36.66	11123.53	1490.69	6307.11	75.20	161.03	38097.48	8072.35	23084.91
GA	14.32	21.31	11120.53	1504.87	6312.70	42.41	73.84	37738.23	7780.37	22759.30
QGA	4.51	12.18	11073.32	1491.10	6282.21	48.35	75.53	37630.18	7558.04	22594.11
$Q/Q(\lambda)$	$\lvert A\rvert=7^{17}\times5^{11}\times3^{44}$,动作空间过大导致维数灾难					$\lvert A\rvert=7^{56}\times5^{11}\times3^{44}$,动作空间过大导致维数灾难				
Ant-Q	3.97	15.44	11100.38	1498.52	6299.45	111.41	129.12	37427.18	7144.02	22285.60
ABO	**1.54**	**3.78**	**11013.09**	1463.92	**6238.51**	**3.45**	**5.90**	**37328.78**	**7061.72**	**22195.25**

注:加粗字体表示在每项统计指标下,所有算法获得的最小值。

表 6.4　两种算例下不同算法运行 50 次寻优稳定性统计对比表

算法	IEEE 118 节点算例					IEEE 300 节点算例				
	最小值	最大值	方差	标准差	相对标准偏差	最小值	最大值	方差	标准差	相对标准偏差
ABC	6310.33	6321.23	6.67	2.58	4.09×10^{-4}	23230.48	23297.05	271.61	16.48	7.08×10^{-4}
GSO	6298.30	6321.23	51.45	7.17	1.14×10^{-3}	23680.70	23810.08	993.23	31.52	1.33×10^{-3}
ACS	6244.85	6284.81	145.96	12.08	1.93×10^{-3}	22692.07	22824.96	1320.39	36.34	1.60×10^{-3}
PSO	6284.23	6329.03	236.14	15.37	2.44×10^{-3}	23020.09	23193.06	1347.35	36.71	1.59×10^{-3}
GA	6307.88	6318.80	10.01	3.16	5.01×10^{-4}	22705.25	22792.61	275.02	16.58	7.29×10^{-4}
QGA	6252.30	6318.80	378.22	19.45	3.09×10^{-4}	22569.67	22613.61	134.97	11.62	5.14×10^{-4}

续表

算法	IEEE 118 节点算例					IEEE 300 节点算例				
	最小值	最大值	方差	标准差	相对标准偏差	最小值	最大值	方差	标准差	相对标准偏差
$Q/Q(\lambda)$	$\mid A\mid = 7^{17}\times 5^{11}\times 3^{44}$，动作空间过大导致维数灾难					$\mid A\mid = 7^{56}\times 5^{11}\times 3^{44}$，动作空间过大导致维数灾难				
Ant-Q	6288.18	6310.36	69.87	8.36	1.33×10^{-3}	22252.46	22310.68	188.95	13.75	6.17×10^{-4}
ABO	**6236.65**	**6239.97**	**0.59**	**0.77**	**1.23×10^{-4}**	**22187.08**	**22206.08**	**22.69**	**4.76**	**2.15×10^{-4}**

6.3　微电网有功调度应用

为测试群智能强化学习（Swarm Reinforcement Learning，SRL）算法的寻优效果，本章利用微电网常见的有功调度问题进行测试，并引入 9 种传统优化算法进行比较。其中，本节主要用群智能优化算法进行连续优化变量的寻优，跟 6.2 节无功优化的离散变量有所区别。

6.3.1　微电网有功调度模型

如图 6.11 所示，微电网能量管理系统（Energy Management Systems，EMS）会根据预测的负荷、气象条件和获取的机组数据，制定系统当前最优的有功调度计划，并将计划指令下发给不同可控设备。

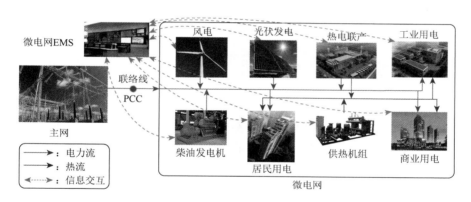

图 6.11　并网微电网的能量调度框架

1. 机组及负荷模型

（1）新能源发电：假定风电和光伏都采用最大功率点模式进行控制运行，不参与微电网有功调度。根据预测的气象条件，即可估算出新能源的发电功率，具体如下[23, 24]：

$$P_{wt} = \begin{cases} 0, & v < v_{in} \text{ 和 } v > v_{out} \\ P_{wt}^{r}\dfrac{v - v_{in}}{v_{r} - v_{in}}, & v_{in} \leqslant v \leqslant v_{r} \\ P_{wt}^{r}, & v_{r} < v \leqslant v_{out} \end{cases} \tag{6-18}$$

$$P_{pv} = P_{pv}^{r}(1 + \alpha_{pv}\cdot(T - T_{ref}))\cdot\dfrac{S}{1000} \tag{6-19}$$

其中，P_{wt}、P_{pv} 分别为风电和光伏机组的最大发电功率；P_{wt}^{r}、P_{pv}^{r} 分别代表风电和光伏机组的额定发电功率；v_r 为风电机组额定风速；v 为预测风速；v_{in}、v_{out} 分别为风电机组的切入和切出风速；S 为光照强度；T 为环境温度；T_{ref} 为温度参考值；α_{pv} 为温度影响系数。

（2）柴油发电机：其燃料成本可用一个二次函数来进行逼近，具体如下[25]：

$$f_{dg}(P_{dg}) = \alpha_{dg} + \beta_{dg}P_{dg} + \gamma_{dg}P_{dg}^2 \tag{6-20}$$

其中，P_{dg} 为柴油发电机的有功输出；α_{dg}、β_{dg}、γ_{dg} 分别为柴油发电机的发电成本系数。

（3）供热机组：主要为负荷提供热能，其成本函数也可用二次函数来表达，如下[25]：

$$f_h(H_h) = \alpha_h + \beta_h H_h + \gamma_h H_h^2 \tag{6-21}$$

其中，H_h 为供热机组的供热输出；α_h、β_h、γ_h 分别为供热机组的供热成本系数。

（4）热电联产（Combined Heat and Power，CHP）机组：可同时为负荷提供电能和热能[26]，其发电成本函数可表达如下[27]：

$$f_{chp}(P_{chp}, H_{chp}) = \alpha_{chp} + \beta_{chp}P_{chp} + \gamma_{chp}P_{chp}^2 + \delta_{chp}H_{chp} + \theta_{chp}H_{chp}^2 + \xi_{chp}H_{chp}P_{chp} \tag{6-22}$$

其中，P_{chp}、H_{chp} 分别为 CHP 机组的供电和供热输出；α_{chp}、β_{chp}、γ_{chp}、δ_{chp}、θ_{chp}、ξ_{chp} 分别为 CHP 机组的发电成本系数。

（5）主网：微电网运行在并网模式，与主网存在能量交互。若微电网自身发电功率不足，则会通过联络线向主网购电，反之，则向主网供电。因此，联络线功率带来的成本函数可表达如下：

$$f_{mg}(P_{tie}) = \begin{cases} C_{buy}P_{tie}, & P_{tie} \geqslant 0 \\ C_{sell}P_{tie}, & \text{其他} \end{cases} \tag{6-23}$$

其中，C_{buy}、C_{sell} 分别为微电网向主网购电和售电的价格；P_{tie} 为联络线计划输入功率。

（6）负荷：对于参与需求响应的柔性负荷，也可参与微电网的有功调度。根据其响应的响应功率，其成本函数可计算如下[28]：

$$f_{dr}(\Delta D) = \frac{-1}{b^{lin}}\Delta D^2 + \frac{D_0 - a^{lin}}{b^{lin}}\Delta D \tag{6-24}$$

其中，ΔD 为响应功率；D_0 为负荷的正常需求功率；a^{lin}、b^{lin} 为柔性负荷参与有功调度的成本系数。

2. 优化目标及约束

在本章中，有功调度的目标主要是最小化整个微电网的运行成本，同时满足多个运行约束，包括功率平衡约束、容量约束、可运行区域约束和最小用电约束，具体可表示如下[25]：

$$\min f_{cost} = \sum_{i=1}^{N_{dg}} f_{dg}^i\left(P_{dg}^i\right) + \sum_{j=1}^{N_h} f_h^j\left(H_h^j\right) + \sum_{k=1}^{N_{chp}} f_{chp}^k\left(P_{chp}^k, H_{chp}^k\right) + \sum_{m=1}^{N_{dr}} f_{dr}^m(\Delta D^m) + f_{mg}(P_{tie}) \tag{6-25}$$

$$\text{s.t.} \begin{cases} \sum_{i=1}^{N_{dg}} P_{dg}^i + \sum_{k=1}^{N_{chp}} P_{chp}^k + \sum_{l=1}^{N_{wt}} P_{wt}^l + \sum_{d=1}^{N_{pv}} P_{pv}^d + P_{tie} - \sum_{m=1}^{N_{dr}}\left(D_0^m - \Delta D^m\right) = 0 \\[2mm] \sum_{j=1}^{N_h} H_h^j + \sum_{k=1}^{N_{chp}} H_{chp}^k - H_{demand} = 0 \\[2mm] P_{dg}^{i,min} \leqslant P_{dg}^i \leqslant P_{dg}^{i,max}, \quad i = 1, 2, \cdots, N_{dg} \\[1mm] H_h^{j,min} \leqslant H_h^j \leqslant H_h^{j,max}, \quad j = 1, 2, \cdots, N_h \\[1mm] P_{chp}^{k,min}\left(H_{chp}^k\right) \leqslant P_{chp}^k \leqslant P_{chp}^{k,max}\left(H_{chp}^k\right), \quad k = 1, 2, \cdots, N_{chp} \\[1mm] H_{chp}^{k,min}\left(P_{chp}^k\right) \leqslant H_{chp}^k \leqslant H_{chp}^{k,max}\left(P_{chp}^k\right), \quad k = 1, 2, \cdots, N_{chp} \\[1mm] P_{tie}^{min} \leqslant P_{tie} \leqslant P_{tie}^{max} \\[1mm] 0 \leqslant \Delta D^m \leqslant \eta D_0^m, \quad m = 1, 2, \cdots, N_{dr} \end{cases} \tag{6-26}$$

其中，上标 i、j、k、m、l、d 分别代表第 i 个柴油发电机、第 j 个供热机组、第 k 个 CHP 机组、第 m 个负荷、第 l 个风机和第 d 个光伏机组；上标 min 和 max 分别代表下限值和上限值；N_{dg} 为柴油发电机个数；N_h 为供热机组个数；N_{chp} 为 CHP 机组个数；N_{dr} 为负荷个数；N_{wt} 为风机个数；N_{pv} 为光伏机组个数；η 表示负荷参与调控的最大削减比例。其中，对 CHP 机组来说，其能量输出上下限不是固定的，一般需要满足特定的可运行区域，如图 6.12 所示的 $ABCDEF$ 边界。

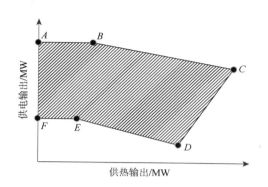

图 6.12　CHP 机组的可运行区域约束

6.3.2　算法求解设计

1. 问题分解

从式（6-20）～式（6-26）可以看出，由于受到联络线功率方向及 CHP 机组可运行区域约束的影响，本章构建的微电网有功调度问题是一个复杂的非凸优化问题。为降低该问题的求解难度，本节将其分解成一个顶层非凸优化子问题和一个底层凸优化子问题。其中，上层子问题负责联络线功率方向以及 CHP 机组供热输出的优化，下层子问题负责优化剩余的变量。其中，本节采用群智能强化学习算法求解上层优化子问题，采用内点法求解下层优化子问题。这两个优化子问题可分别描述如下。

（1）上层优化子问题：

$$\min_{x_{tl}} f_{cost}\left(x_{tl}, \bar{x}_{bl}^{*}\right) \tag{6-27}$$

$$\text{s.t.} \begin{cases} u_{tie} \in \{0,1\} \\ 0 \leqslant H_{chp}^{k} \leqslant H_{chp}^{k,\max}, \quad k = 1,2,\cdots,N_{chp} \end{cases} \tag{6-28}$$

其中，u_{tie} 联络线功率的传输方向，$u_{tie} = 0$ 则代表主网向微电网供电，$u_{tie} = 1$ 则代表微电网向主网送电；x_{tl} 代表上层优化子问题的变量；$\bar{x}_{bl}^{*}$ 代表底层优化子问题的当前最优解。

（2）底层优化子问题：

$$\min_{x_{bl}} f_{cost}\left(\bar{x}_{tl}^{*}, x_{bl}\right) \tag{6-29}$$

$$\text{s.t.　式（6-26）} \tag{6-30}$$

其中，x_{bl} 代表底层优化子问题的变量；$\bar{x}_{tl}^{*}$ 代表顶层优化子问题的当前最优解。

2. 状态与动作设计

如前面所述，每个变量的动作空间即为下一个变量的状态空间，第一个变量的状态空间是根据微电网优化任务来划分的。另外，为实现离散动作跟连续优化变量之间的映射，本节采用十进制联系记忆动作字符串来表征每个连续变量，如图 6.13 所示，其中 L 为二进制字符串的长度。因此，每个十进制位都会对应一个 10×10 规模的知识矩阵 Q_{il}，同样采用式（6-2）进行更新即可。

受到 CHP 机组的供热输出容量约束，每个主体找到的解可确定如下：

$$x_i^{kj} = \sum_{l=1}^{L} \left(a_{il}^{kj} - 1 \right) \times 10^{d_i - l}, \quad i = 1, 2, \cdots, n; j = 1, 2, \cdots, J \tag{6-31}$$

$$x_i^{kj} = \begin{cases} x_i^{\min}, & x_i^{kj} < x_i^{\min} \\ x_i^{\max}, & x_i^{kj} > x_i^{\max} \end{cases} \tag{6-32}$$

其中，x_i^{kj} 为主体 j 在第 k 次迭代找到变量 i 的解；d_i 变量 i 小数点前的位数；$x_i^{\min}$、$x_i^{\max}$ 分别代表变量 i 的下限和上限值。

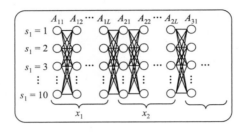

图 6.13　十进制字符串联系记忆原理图

3. 适应度函数设计

算法在寻优过程中可以满足式（6-28）给出的寻优空间和上下限容量约束，因此，其适应度函数可由底层优化找到的解质量来确定。本节采用罚函数法来进行设计适应度函数，具体如下：

$$F^{kj} \left(x_{tl}^{kj}, \bar{x}_{bl}^{kj*} \right) = f_{\text{cost}} \left(x_{tl}^{kj}, \bar{x}_{bl}^{kj*} \right) + p_f \cdot v_{bl} \left(x_{tl}^{kj}, \bar{x}_{bl}^{kj*} \right) \tag{6-33}$$

其中，x_{tl}^{kj} 为上层优化中主体 j 在第 k 次迭代获得的解；$\bar{x}_{bl}^{kj*}$ 为底层优化在上层优化解 x_{tl}^{kj} 条件下获得的最优解；p_f 为惩罚因子；v_{bl} 为优化结果 $\left(x_{tl}^{kj}, \bar{x}_{bl}^{kj*} \right)$ 对应的违背运行约束的个数。

4. 知识迁移

与无功优化应用不同，本节采用多个源任务库进行知识迁移，每个源任务的知识矩阵赋予一个相关性权重。其中，新任务的初始知识矩阵可表达如下[29]：

$$Q_{il}^{n0} = \sum_{h=1}^{H} r_h Q_{il}^{h*}, \quad i = 1, 2, \cdots, n; l = 1, 2, \cdots, L \tag{6-34}$$

$$r_h = d_h \Big/ \sum_{e=1}^{H} d_e \tag{6-35}$$

$$d_h = \sqrt{\left(P_{\Sigma}^{rh} - P_{\Sigma}^{m} \right)^2} \tag{6-36}$$

其中，Q_{il}^{n0} 为连续变量 i 的第 l 个字符对应的初始知识矩阵；Q_{il}^{h*} 为第 h 个源任务中连续变量 i 的第 l 个字符对应的最优知识矩阵；H 为源任务个数；r_h 为第 h 个源任务跟新任务之间的相关性；d_h 代表第 h 个源任务跟新任务之间的差距；P_{Σ}^{rh}、P_{Σ}^{m} 第 h 个源任务跟新任务的新能源发电有功输出总功率。

5. 求解步骤

总的来说，本节采用的群智能强化学习算法 SRL 求解微电网有功调度的步骤流程具体如图 6.14 所示。

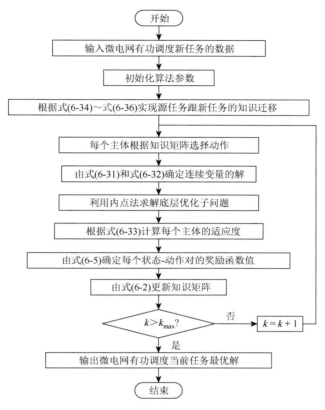

图 6.14　SRL 求解微电网有功调度流程图

6.3.3　算例仿真分析

本章利用一个并网的微电网模型[30]进行仿真分析,包括 10 个分布式电源和 7 个可控负荷,具体模型参数详见表 6.5~表 6.8。其中,CHP 机组的可运行区域参见图 6.15。为验证群智能强化学习算法的优化性能,本节同样引入 ABC 算法[15]、GSO 算法[16]、PSO 算法[18]、GA[19]、教学优化(Teaching-Learning-Based Optimization,TLBO)算法[31]、生物地理优化(Biogeography-Based Optimization,BBO)算法[32]、差分进化(Differential Evolution,DE)[33]、引力搜索算法(Gravitational Search Algorithm,GSA)[34]和内点法(Interior Point Method,IPM)[35]进行比较,其中智能算法种群规模和最大迭代步数分别设置为 150 和 250。仿真计算均在 CPU 为英特尔 i5-4210M、主频 2.6GHz、内存 8GB 的计算机上运行。

表 6.5　柴油发电机和供热机组参数

机组	成本系数			容量调节范围/MW	
	α_i	β_i	γ_i	最小值	最大值
柴油发电机#1	10.193	210.36	250.2	0	0.5
柴油发电机#2	2.305	301.4	1100	0.04	0.2
供热机组#1	33	12.3	6.9	0	2

表 6.6　CHP 机组的发电成本系数

机组	α_i	β_i	γ_i	δ_i	θ_i	ζ_i
CHP#1	339.5	185.7	44.2	53.8	38.4	40
CHP#2	100	288	34.5	21.6	21.6	8.8

表 6.7　联络线功率的售电跟购电价格

时段编号	时间	购电价格/(美元/(MW·h))	售电价格/(美元/(MW·h))
时段#1	00：00—06：59	192	180
时段#2	07：00—10：59 16：00—18：59 22：00—23：59	238	200
时段#3	11：00—15：59 19：00—21：59	317	260

表 6.8　不同时段负荷的运行成本系数

负荷	时段#1		时段#2		时段 3	
	a^{lin}	b^{lin}	a^{lin}	b^{lin}	a^{lin}	b^{lin}
L_1	0.9	−0.0028	0.95	−0.0025	1	−0.002
L_2	0.9	−0.0028	0.95	−0.0025	1	−0.002
L_3	0.9	−0.0025	0.95	−0.002	1	−0.001
L_4	0.9	−0.0025	0.95	−0.002	1	−0.001
L_5	0.9	−0.0025	0.95	−0.002	1	−0.001
L_6	0.9	−0.0042	0.95	−0.004	1	−0.0035
L_7	0.9	−0.0042	0.95	−0.004	1	−0.0035

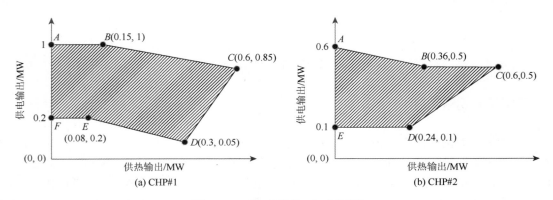

图 6.15　CHP 机组的可运行区域

1. 预学习

图 6.16 给出了群智能强化学习算法在时段 3 的源任务收敛曲线。从图中可以看到群智能强化学习算法可以很快收敛到上层优化子问题的最优知识矩阵，同时总的运行成本函数也很快下降。

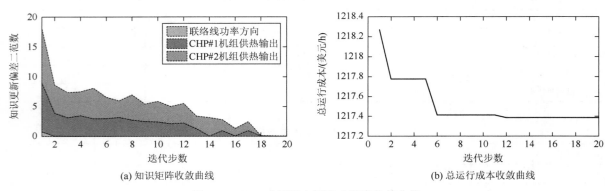

图 6.16　SRL 求解微电网有功调度收敛曲线

2. 在线学习

图 6.17 给出了不同算法在时段 3 的新任务在线优化收敛曲线。从图中可以发现，在所有算法中，SRL 可以在最短的计算时间内获得最低的总运行成本，其计算时间仅为 ABC 算法的 6.68%，总运行成本比 ABC 获得的值低 39.69 美元/h。

为进一步测试 SRL 算法的性能，所有对比算法均在不同时段的新任务下运行 50 次。图 6.18 给出了收敛总运行成本的统计盒须图分布，图 6.19 给出了不同算法在线优化的平均计算时间对比图。从图中可以发现，除了 TLBO 算法，SRL 始终能找到比其他算法更高质量的最优解；虽然 TLBO 能获得较高质量的最优解，但其平均计算时间高达 SRL 算法的 9.7 倍；另外，由于 IPM 是确定性的优化方法，因此其寻优稳定性最高，但受到全局搜索能力的制约，其找到的最优解质量较低；从寻优质量和寻优速度综合来讲，在所有对比算法中，SRL 在求解微电网有功调度问题上是表现最好的。

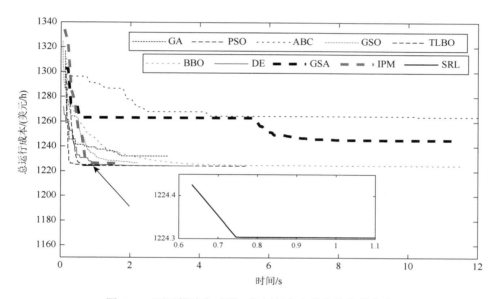

图 6.17　不同算法在时段 3 的新任务在线优化收敛曲线

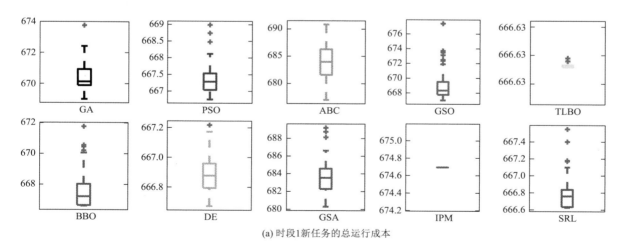

(a) 时段 1 新任务的总运行成本

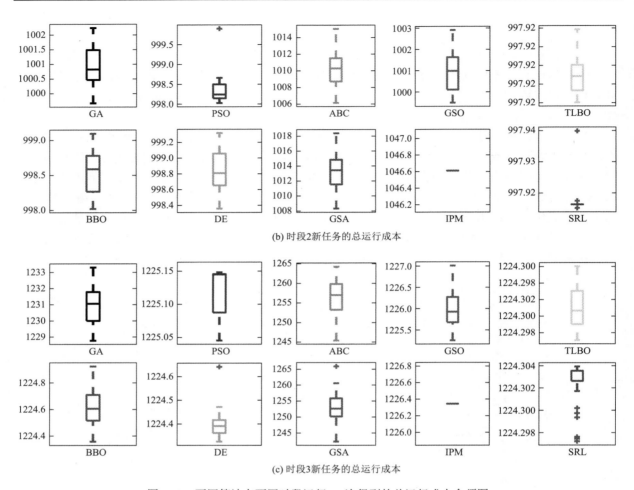

(b) 时段2新任务的总运行成本

(c) 时段3新任务的总运行成本

图 6.18　不同算法在不同时段运行 50 次得到的总运行成本盒须图

纵轴表示总运行成本，单位为美元/h

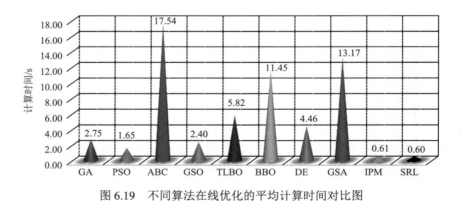

图 6.19　不同算法在线优化的平均计算时间对比图

6.4　本 章 小 结

　　本章首先从解空间降维、多主体协同、动作选择与奖励函数设计方面介绍了群智能强化学习的基本寻优原理，该类算法可以跟所有的群智能算法进行结合，有效加强全局搜索和局部搜索的能力，提高知识学习的效率。然后将所提算法分别应用到电网无功优化和微电网有功调度优化问题，分别解决复杂离散和连续变量优化问题。结果表明：群智能强化学习在保证最优解质量及寻优稳定性的同时，寻优速度最快可达其他传统启发式优化算法的 100 倍以上。另外，需要说明的是，与经典内点法相比，群智能强化学习算法也有较高的求解效率，且全局搜索能力更强，更适合求解含离散变量的多极值非线性优化问题。

参 考 文 献

[1] Watkins C J C H，Dayan P. Q-learning[J]. Machine Learning，1992，8（3/4）：279-292.

[2] 余涛，张孝顺. 一种具有记忆自学习能力的快速动态寻优算法及其无功优化求解[J]. 中国科学：技术科学，2016，46（3）：256-267.

[3] 余涛，张水平. 在策略 SARSA 算法在互联电网 CPS 最优控制中的应用[J]. 电力系统保护与控制，2013，41（1）：211-216.

[4] Yu T，Zhou B，Chan K W，et al. R（λ）imitation learning for automatic generation control of interconnected power grids[J]. Automatica，2012，48（9）：2130-2136.

[5] Zhang X，Yu T，Yang B，et al. Accelerating bio-inspired optimizer with transfer reinforcement learning for reactive power optimization[J]. Knowledge-based Systems，2017，116：26-38.

[6] Rodrigues Gomes E，Kowalczyk R. Dynamic analysis of multiagent Q-learning with ε-greedy exploration[C]//International Conference on Machine Learning. Montreal：ACM，2009：369-376.

[7] 郭乐欣，张孝顺，谭敏，等. 基于群智能强化学习的电网最优碳-能复合流算法[J]. 电测与仪表，2017，54（1）：1-7.

[8] 徐茂鑫，张孝顺，余涛. 迁移蜂群优化算法及其在无功优化中的应用[J]. 自动化学报，2017，43（1）：83-93.

[9] 王喆，余贻鑫，张弘鹏. 社会演化算法在机组组合中的应用[J]. 中国电机工程学报，2004，24（4）：12-17.

[10] 张孝顺，余涛. 互联电网 AGC 功率动态分配的虚拟发电部落协同一致性算法[J]. 中国电机工程学报，2015，35（15）：3750-3759.

[11] Zhang X，Chen Y，Yu T，et al. Equilibrium-inspired multiagent optimizer with extreme transfer learning for decentralized optimal carbon-energy combined-flow of large-scale power systems[J]. Applied Energy，2017，189：157-176.

[12] Grudinin N. Reactive power optimization using successive quadratic programming method[J]. IEEE Transactions on Power Systems，1998，13（4）：1219-1225.

[13] 刘明波，李健，吴捷. 求解无功优化的非线性同伦内点法[J]. 中国电机工程学报，2002，22（1）：1-7.

[14] Yu T，Liu J，Chan K W，et al. Distributed multi-step Q（λ）learning for optimal power flow of large-scale power grids[J]. International Journal of Electrical Power & Energy Systems，2012，42（1）：614-620.

[15] Secui D C. A new modified artificial bee colony algorithm for the economic dispatch problem[J]. Energy Conversion & Management，2015，89（89）：43-62.

[16] He S，Wu Q H，Saunders J R. Group search optimizer：An optimization algorithm inspired by animal searching behavior[J]. IEEE Transactions on Evolutionary Computation，2009，13（5）：973-990.

[17] Sarkar P，Baral A，Das K，et al. An ant colony system based control of shunt capacitor banks for bulk electricity consumers[J]. Applied Soft Computing，2016，43：520-534.

[18] 赵波，曹一家. 电力系统无功优化的多智能体粒子群优化算法[J]. 中国电机工程学报，2005，25（5）：1-7.

[19] 马晋弢，杨以涵. 遗传算法在电力系统无功优化中的应用[J]. 中国电机工程学报，1995，15（5）：347-353.

[20] 刘红文，张葛祥. 基于改进量子遗传算法的电力系统无功优化[J]. 电网技术，2008，32（12）：35-38.

[21] 张孝顺，郑理民，余涛. 基于多步回溯 Q（λ）学习的电网多目标最优碳流算法[J]. 电力系统自动化，2014，38（17）：118-123.

[22] Dorigo M，Gambardella L M. A Study of some properties of ant-Q[C]//International Conference on Parallel Problem Solving From Nature. Berlin：Springer-Verlag，1996：656-665.

[23] Kamalinia S，Shahidehpour M. Generation expansion planning in wind-thermal power systems[J]. IET Generation Transmission & Distribution，2010，4（8）：940-951.

[24] Brini S，Abdallah H H，Ouali A. Economic dispatch for power system included wind and solar thermal energy[J]. Leonardo Journal of Sciences，2009，14：204-220.

[25] Liu N，Wang J，Wang L. Distributed energy management for interconnected operation of combined heat and power-based microgrids with demand response[J]. Journal of Modern Power Systems and Clean Energy，2017，5（3）：478-488.

[26] Karki S，Kulkarni M，Mann M D. Efficiency improvements through combined heat and power for on-site distributed generation technologies[J]. Cogeneration & Distributed Generation Journal，2007，22：19-34.

[27] Piperagkas G S，Anastasiadis A G，Hatziargyriou N D. Stochastic PSO-based heat and power dispatch under environmental constraints incorporating CHP and wind power units[J]. Electric Power System Research，2011，81（1）：209-218.

[28] Yousefi S，Moghaddam M P，Majd V J. Optimal real time pricing in an agent-based retail market using a comprehensive demand response

model[J]. Energy，2011，36（9）：5716-5727.

[29]　Pan J，Wang X，Cheng Y. Multi-source transfer ELM-based Q learning[J]. Neurocomputing，2014，137：57-64.

[30]　Tan Z，Zhang X，Xie B，et al. Fast learning optimizer for real-time optimal energy management of a grid-connected microgrid[J]. IET Generation Transmission & Distribution，2018，12（12）：2977-2987.

[31]　Elanchezhian E B，Subramanian S，Ganesan S. Economic power dispatch with cubic cost models using teaching learning algorithm[J]. IET Generation Transmission & Distribution，2014，8（7）：1187-1202.

[32]　Bhattacharya A，Chattopadhyay P K. Application of biogeography-based optimization to solve different optimal power flow problems[J]. IET Generation Transmission & Distribution，2011，5（1）：70-80.

[33]　Wang S K，Chiou J P，Liu C W. Non-smooth/non-convex economic dispatch by a novel hybrid differential evolution algorithm[J]. IET Generation Transmission & Distribution，2007，1（5）：793-803.

[34]　Duman S，Sönmez Y，Güvenç U，et al. Optimal reactive power dispatch using a gravitational search algorithm[J]. IET Generation Transmission & Distribution，2012，6（6）：563-576.

[35]　Duvvuru N，Swarup K S. A hybrid interior point assisted differential evolution algorithm for economic dispatch[J]. IEEE Transactions on Power Systems，2011，26（2）：541-549.

第 7 章　基于蒙特卡罗树搜索的配电网检修决策

配电网检修决策主要解决配电设备修什么、何时修等问题。由于配电设备数量大、分布广、质量参差不齐，配电网有限的运维资源和繁重的检修任务之间矛盾突出。而分布式能源的大量接入，则显著增加了配电网的运行不确定性。考虑运行不确定性的配电网多时段检修决策是一类随机动态混合规划问题，属于 NP 难题。为提高该类问题的计算效率和结果最优性，本章引入并扩展了基本的蒙特卡罗树搜索方法，在树搜索过程中引入样本近似平均方法，同时，通过构造知识函数对策略价值进行后验修正，从而高效求得满足可靠性要求的优化检修策略。

7.1　问　题　概　述

7.1.1　配电网检修决策问题的研究现状

配电网检修决策旨在提高配电网供电可靠性并降低运维成本。实际中，针对配电网检修的策略主要包括故障后检修（Corrective Maintenance，CM）和预防性检修（Preventive Maintenance，PM）。按照时间尺度的不同，可将配电网检修计划划分为年度检修计划、月度检修计划和周检修计划等。其中，年度检修计划以年为单位，主要目的是确定每年待检修的设备清单，并初步将检修任务划分至不同月份之中。月度检修计划主要用于将检修任务分配至不同的工作日。周检修计划则进一步明确不同工作日的检修任务安排。此外，一些电力公司还制定了日检修计划，用于对周检修计划作进一步细化。

鉴于检修决策对提升配电网可靠性的重要性，许多工作对这一问题开展了研究。文献[1]、[2]建立了以可靠性提升为目的的配电网检修模型。文献[3]建立了一种定量模型，用于分析预防性检修对配电网可靠性和运维成本的影响。文献[4]采用模糊层次分析法对检修策略的优劣进行评判，主要考虑的评判因素包括供电可靠性和检修成本。文献[5]建立了一个混合整数线性规划模型（Mixed-Integer Linear Programming，MILP），综合考虑了期望缺供电量损失和其他检修成本，而后通过决策树对检修策略进行优化。文献[6]考虑了设备的时变故障概率，建立了混合整数线性规划模型，在满足可靠性约束的前提下降低配网检修成本。文献[7]、[8]针对含有多分段多联络开关的配电网检修问题，建立了混合整数非线性规划模型（Mixed-Integer Non-Linear Programming，MINLP），并利用启发式优化算法对该问题进行求解。文献[9]提出一种两阶段的配电网优化检修方法。文献[10]利用动态规划方法对配电网检修策略进行优化计算。然而，随着待检修设备数量的增加，传统的动态规划方法易造成"维数灾难"问题，导致其寻优计算效率提升困难[5]。

上述研究工作多将配电网检修视为确定性的混合整数线性或非线性规划问题。由于分布式光伏发电和电动汽车充电等分布式能源的大量接入，有必要在配电网检修决策过程中考虑运行不确定性。一些实际的案例表明，当未充分考虑配电网运行不确定性时，易造成不合理的计划停电，从而显著提高配网运维成本并对居民生产生活产生较大影响。另外，近期针对输电网和发电厂检修的多项研究结果表明，与确定性的检修决策方法相比，将不确定性纳入检修模型中可显著提升计算结果的最优性。文献[11]提出一种鲁棒优化方法，将检修过程中备用发电机是否可用这一不确定性因素纳入检修模型中，并在含有水电厂的 IEEE-24 RTS 可靠性测试系统中验证了计算效果。文献[12]提出了用于制定发电机组检修计划的两阶段随机优化方法，通过在模型中考虑故障发生的随机性，降低了检修综合成本。文献[13]研究了输电网随机检修方法，利用强化学习为含有四台待检修设备的小型电力系统制定了检修决策方案。

相较于其他领域的随机检修决策问题，配电网检修决策问题可建模为多阶段随机混合整数非线性规划模型，以考虑配电网中分布式能源的不确定性、检修任务的多时段性，以及配网网络重构和可靠性等复杂约束。当仅仅考虑一种可能的分布式能源运行场景时，该检修问题的搜索空间约包含 $k^{N_e \cdot T}$ 种检修策略，其中 k 表示待检修设备的检修方式数，N_e 表示待检修设备数，T 表示所考虑的检修时段数。由此可见，随着问题规模的增加，该问题计算复杂度将快速上升，传统方法难以高效求得最优的配电网检修决策结果。

为应对这一问题，蒙特卡罗树搜索（Monte-Carlo Tree Search，MCTS）技术为实现大规模计算提供了可行方案。文献[14]提出蒙特卡罗树搜索的基本思路，通过在全域策略空间中随机探索不同的策略组合，并根据策略价值评估结果逐步构建一棵搜索树，以渐近地逼近最优决策序列。在迭代搜索过程中，该方法通过"树策略"（Tree Policy）从当前决策策略扩展至下一阶段的决策策略，利用"默认策略"（Default Policy）随机仿真后续多个阶段的决策策略，直至本轮迭代计算结束，而后对本轮迭代中所探索决策路径的期望价值进行评估，并依据价值评估结果动态调整下一迭代轮次中的策略探索路径，直至获得最佳的计算结果。针对不同的问题结构，文献[15]综述了多种蒙特卡罗树搜索的变体方法。文献[16]对蒙特卡罗树搜索在围棋游戏中的实现策略进行了详细阐述。文献[17]从完美信息和不完美信息的角度对蒙特卡罗树搜索方法作了进一步扩展。近年来，蒙特卡罗树搜索方法在围棋博弈等大规模计算任务中表现非凡，它作为强化学习系统"AlphaZero"的核心算法之一，对人工智能领域产生了较为深远的影响[18]。本章基于蒙特卡罗树搜索方法求解配电网检修决策问题。然而，传统的蒙特卡罗树搜索方法多用于处理确定性的零和博弈问题，且问题约束通常较为简单，难以直接应用于考虑运行不确定性且含有复杂约束的配电网随机检修决策问题中。因此，有必要对基本的蒙特卡罗树搜索方法进行改进，以适应配电网检修决策的问题需求。

7.1.2　配电网检修决策的新挑战

由前面分析可知，如何针对配电网检修建立多阶段随机混合整数非线性规划模型，并改进传统的蒙特卡罗树搜索方法，是本章研究的主要问题[19]。在建模方面，本章重点考虑以下两方面因素[9, 10]。

（1）配电网检修成本模型需要考虑故障后检修和预防性检修所造成的综合运维成本，包括检修人员物资成本以及期望缺供电量损失等。期望缺供电量损失是期望缺供电量（Expected Energy not Supplied，EENS）的函数。对于期望缺供电量的刻画，已有研究通常将其视为确定性的参量，未充分考虑分布式电源不确定性的影响。

（2）在检修决策过程中，针对配电网的可靠性评估不可或缺。而在进行可靠性评估时，需要考虑配网的网络重构。例如，通过联合操控断路器、分段开关和联络开关，可将部分负荷转移到其他线路，减少不必要的负荷停电。而可转供负荷的大小，受到线路最大可转供容量的限制。已有工作多简化假设配电网中各节点的功率需求恒定，忽略了分布式能源的不确定性，无法充分满足分布式能源大量接入配电网的检修决策需求。

在计算方面，本章采用蒙特卡罗树搜索技术对考虑运行不确定性的配电网检修问题进行求解。然而，若直接应用基本的蒙特卡罗树搜索方法，存在以下两个问题。首先，在评估多阶段决策的价值函数时，基本的蒙特卡罗树搜索方法仅仅将最后一阶段的确定性价值评估结果用于更新所访问节点的价值函数。这一价值函数评估策略在许多游戏博弈问题中是可行的，因为在决策结束时方可获知输/赢结果，而中间多阶段序列决策过程的决策价值通常难以准确获知。而在配网检修问题中，每一时段的检修决策均会引起检修成本并对可靠性造成影响，若在价值更新时仅仅考虑最后一阶段的检修结果，将对多阶段检修的总成本（或总价值）造成估计偏差，从而导致寻优过程偏离最优决策路径。其次，由于在决策过程中考虑了不确定性，需要将蒙特卡罗树搜索中确定性的价值评估策略扩展为随机决策框架下的价值评估策略。其次，基本的蒙特卡罗树搜索方法多用于解决约束形式较为简单的问题。由于配网检修问题中涉及可靠性等复杂约束，若在树搜索过程中直接对这些复杂约束进行解析计算以确定每一决策阶段中可行的策略空间，将显著降低蒙特卡罗树搜索的计算效率，因此，有必要改进有关的计算策略，以考虑所研究问题中的复杂约束。

综合以上分析，本章重点针对以下两方面新挑战开展研究[20]。

（1）如何建立随机混合整数非线性规划模型，刻画分布式能源的不确定性并考虑网络重构策略等，通过在多检修时段上制定优化的检修策略，满足可靠性等约束并实现期望检修成本的最小化。

（2）如何改进基本的蒙特卡罗树搜索方法，以求解含复杂约束的多阶段随机检修决策问题。为了实现随机决策，需要将蒙特卡罗树搜索的价值评估方法由确定性的计算策略拓展为随机决策框架下的计算策略。为此，可借鉴随机优化领域的有关方法，例如，可利用场景树（Scenario Tree）对运行不确定性进行刻画，通过引入样本近似平均（Sample Average Approximation，SAA）方法[21]逼近期望价值函数。而为了考虑检修问题中涉及的复杂约束，可对这些约束构造相应的知识函数并融入计算过程中，从而避免在树搜索过程中因解析计算复杂约束而造成计算效率的大幅下降。

7.2　考虑不确定性的配网检修优化决策模型

为概要介绍本章所研究的配电网检修问题，图 7.1 示出一个简单的配电网检修案例。SS_1 和 SS_2 表示两个变电站，分别连接馈线 F_1、F_2。馈线 F_1 包含七条线段 $\{l_1, \cdots, l_7\}$ 和 3 台配变 $\{tr_1, tr_2, tr_3\}$。这些配变分别连接分布式电源、电动汽车充电站和其他负荷。开关设备包括两台断路器 $\{CB_1，CB_2\}$、三台分段器 $\{S_1, S_2, S_3\}$ 和一台联络开关 $\{T_1\}$。一般而言，断路器用于开断设备故障，分段器可用于隔离故障或恢复停电区域，联络开关可用于联系相邻馈线以提供替代的供电路径。在检修问题中，不同的开关在不同运行情况下可实现不同的功能。对于预防性检修，可通过网络重构来减少负荷停电范围。而当设备故障时，需要进行故障后检修，此时，同样需要考虑网络重构，以减少不必要的负荷损失。例如，当设备 l_1 执行预防性检修或故障后检修时，所有接入馈线 F_1 的负荷将被切断其常规供电电源；此时，通过潮流分析，可确定有关负荷点是否能够由 F_1 转供至 F_2。若 F_2 仍有较为充足的剩余容量，可将 T_1 闭合，为 F_1 的负荷点进行供电。若 F_2 的剩余容量不足，假设此时只有 LD 可以转供至 F_2，此时 T_1 和 S_3 将闭合，而 S_1 和 S_2 将断开。

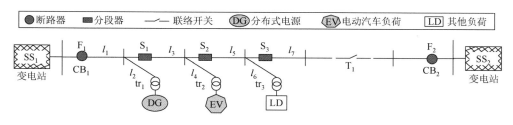

图 7.1　配电网检修问题示意

为描述上述检修问题，本节建立一个随机动态混合整数非线性规划模型。具体地，在检修目标中，配电网检修旨在针对所有待检修设备，对检修预算和检修时间进行优化，以期在满足可靠性等技术和经济约束的前提下，最大限度地降低配电网综合检修成本。设 T 为检修的时段数，t 表示检修时段 $[t, t+1)$，时段 t 的综合检修成本 $C(a_t)$ 可表达为

$$C(a_t) = C_t^{\mathrm{PM}} + C_t^{\mathrm{CM}} + C_t^{\mathrm{UE}} \tag{7-1}$$

其中，C_t^{PM}、C_t^{CM} 分别表示预防性检修和事故后检修所涉及的人工物料成本；C_t^{UE} 表示预防性检修和事故后检修涉及的缺供电损失；a_t 表示检修时段 t 中针对检修设备的决策向量。本章假设待检修设备包括所有的线路段和配变，令 j 表示某一待检修设备，f 表示馈线，Ω^l、Ω^{tr}、Ω^F 分别表示线段集合、配变集合和馈线集合。令 $a_{j,t}^f$ 表示在检修时段 t，在馈线 f 的待检修设备 j 的决策变量，$a_{j,t}^f = 1$ 表示设备 j 检修；反之，若 $a_{j,t}^f = 0$ 表示设备 j 不检修。因此，$a_t = \{a_{j,t}^f \mid j \in \Omega^l \cup \Omega^{\mathrm{tr}}, f \in \Omega^F\}$。

C_t^{PM} 的计算公式为

$$C_t^{\mathrm{PM}} = \sum_{f \in \Omega^F} \sum_{j \in \{\Omega^l \cup \Omega^{\mathrm{tr}}\}} a_{j,t}^f \cdot \mathrm{PM}_{j,t}^f \tag{7-2}$$

其中，$\mathrm{PM}_{j,t}^f$ 表示设备 j 的预防性检修预算。

类似地，C_t^{CM} 的计算公式为

$$C_t^{\mathrm{CM}} = \sum_{f \in \Omega^F} \sum_{j \in \{\Omega^l \cup \Omega^{\mathrm{tr}}\}} C_{j,t}^{\mathrm{CM},f} \tag{7-3}$$

$$C_{j,t}^{\mathrm{CM},f} = \lambda_{j,t}^f \cdot (C_j^{\mathrm{wor}} \cdot H_j^{\mathrm{wor}} + C_j^{\mathrm{mat}}), \forall j \in \{\Omega_l^f \cup \Omega_{\mathrm{tr}}^f\}, \forall f \in \Omega^F \tag{7-4}$$

其中，$\lambda_{j,t}^f$ 表示设备 j 在检修时段 t 的故障概率；C_j^{wor} 表示对于设备 j 开展事故后检修的人工成本/单位工时；H_j^{wor} 表示检修设备 j 需要的总工时；C_j^{mat} 表示检修设备 j 需要的物资成本。

通常，设备故障可分为随机故障和老化故障。随机故障可由指数函数等进行建模。老化故障可通过韦布尔（Weibull）函数或正态分布函数建模，此类故障概率可随时间增长而增加。通过预防性检修，可有效降低设备老化故障的可能性[10]，在一定范围内，所分配的检修预算经费越高，经过检修后设备的故障概率通常越低[7]。因此，在检修时段 t 内，设备的故障概率可表述为

$$\lambda_{j,t+1}^f = a_{j,t}^f \cdot \lambda_{j,t}^f \cdot \mathrm{e}^{-(b_j^f \cdot \mathrm{PM}_{j,t}^f)} + (1 - a_{j,t}^f) \cdot \lambda_{j,t}^f + \lambda_{j,t}^{f,\mathrm{incre}}$$
$$\forall j \in \{\Omega_l^f \cup \Omega_{\mathrm{tr}}^f\}, \forall f \in \Omega^F \tag{7-5}$$

其中，b_j^f 表示设备 j 的故障概率常量；$\lambda_j^{\mathrm{incre}}$ 表示设备 j 的故障概率增量。这两个参数可通过历史数据进行拟合[7]。需要说明的是，式（7-5）是描述设备老化故障概率的一种模型。对于短期检修决策而言，如月度检修计划或周检修计划，可简单将 $\lambda_j^{\mathrm{incre}}$ 置为 0。此外，随着数字化技术的发展和电力公司数据积累的不断丰富，未来可采用更加准确的故障概率模型以改进式（7-5）[22]。

C_t^{UE} 可通过因检修造成的负荷损失进行评估计算。为区分随机变量和确定性变量，本章通过符号 $\hat{\ }$ 来表示随机变量。令 $\hat{C}_t^{\mathrm{UE}}$ 表示考虑分布式能源不确定性的随机变量，其计算公式为

$$\hat{C}_t^{\mathrm{UE}} = \sum_{f \in \Omega^F} \sum_{j \in \{\Omega_l^f \cup \Omega_{\mathrm{tr}}^f\}} \sum_{i \in \Omega_{nn}^f} (\hat{C}_{i,j,t}^{\mathrm{P,UE},f} + \hat{C}_{i,j,t}^{\mathrm{U,UE},f}) \tag{7-6}$$

其中，$\hat{C}_{i,j,t}^{\mathrm{P,UE},f}$、$\hat{C}_{i,j,t}^{\mathrm{U,UE},f}$ 分别表示在检修时段 t 和馈线 f 上，因设备 j 的预防性检修或故障后检修而造成的负荷 i 的损失成本。

$\hat{C}_{i,j,t}^{\mathrm{P,UE},f}$ 的计算公式为

$$\hat{C}_{i,j,t}^{\mathrm{P,UE},f} = a_{j,t}^f \cdot \hat{P}_{i,j,t} \cdot r_{i,j,t}^{\mathrm{P}} \cdot \rho_{i,j,t}^{\mathrm{P}}, \quad \forall i \in \Omega_{nn}^f; \forall j \in \{\Omega_l^f \cup \Omega_{\mathrm{tr}}^f\}; \forall f \in \Omega^F \tag{7-7}$$

其中，$\hat{P}_{i,j,t}$ 表示节点 i 的负荷；$r_{i,j,t}^{\mathrm{P}}$ 表示因设备 j 的预防性检修而造成的停电恢复时间。这一时间可通过以下公式进行评估：

$$r_{i,j,t}^{\mathrm{P}} = \mathrm{LT}_{i,j,t} \cdot (p_{\mathrm{AS}} t_{\mathrm{AS}}^{f} + (1 - p_{\mathrm{AS}}) t_{\mathrm{MS}}^{f}) + (1 - \mathrm{LT}_{i,j,t}) r_{i,j}^{\mathrm{P,Mai}}$$
$$\forall i \in \Omega_{\mathrm{LD}}^{f}, \forall j \in \{\Omega^{f} \cup \Omega_{\mathrm{tr}}^{f}\} \tag{7-8}$$

其中，$\mathrm{LT}_{i,j,t}$ 用于表示负荷 i 是否能够进行转供。若负荷点 i 可以转移至其他线路，则 $\mathrm{LT}_{i,j,t}=1$。否则，$\mathrm{LT}_{i,j,t}=0$，此时，负荷点 i 所经历的恢复时间近似等于设备 j 的检修持续时间。在实际中，这一时间通常可持续数小时至数天。当负荷点 i 是可转供的，还需要进一步考虑自动化开关发生故障的可能性。设自动化开关正确动作的概率为 p_{AS}，若该开关能够在自动模式下正确动作，则负荷点 i 的恢复时间与开关自动动作的时间近似相等。相反地，若开关在自动模式下未能正确动作，此时负荷点 i 的停电时间则近似等于开关手动操作的持续时间[8]。

类似地，$\widehat{C}_{i,j,t}^{\mathrm{U,UE},f}$ 可通过以下公式进行评估：

$$\widehat{C}_{i,j,t}^{\mathrm{U,UE},f} = \lambda_{j,t}^{f} \cdot \widehat{P}_{i,j,t} \cdot r_{i,j,t}^{\mathrm{U}} \cdot \rho_{i,j,t}^{\mathrm{U}}, \quad \forall i \in \Omega_{nn}^{f}, \forall j \in \{\Omega_{t}^{f} \cup \Omega_{\mathrm{tr}}^{f}\}; \forall f \in \Omega^{F} \tag{7-9}$$

其中，$r_{i,j,t}^{\mathrm{U}}$ 表示因设备 j 的故障后检修而造成的停电恢复时间，其计算公式为

$$r_{i,j,t}^{\mathrm{U}} = \mathrm{LT}_{i,j,t} \cdot (p_{\mathrm{AS}} t_{\mathrm{AS}}^{f} + (1 - p_{\mathrm{AS}}) t_{\mathrm{MS}}^{f}) + (1 - \mathrm{LT}_{i,j,t}) r_{i,j}^{\mathrm{C,Mai}}$$
$$\forall i \in \Omega_{\mathrm{LD}}^{f}, \forall j \in \{\Omega^{f} \cup \Omega_{\mathrm{tr}}^{f}\} \tag{7-10}$$

令 Pr 表示在一个完备概率空间 $\mathbb{P}$ 上的随机功率 $\widehat{P}$ 的概率分布，令 $\widehat{\omega}_t \equiv \{\widehat{P}_{i,t} : i \in \Omega_{nn}\} \in \Omega_t^P$ 表示所有负荷点 i 在时段 t 的随机功率集合。设检修的初始时段为 0，令 $\omega_t^{\mathrm{T}} \in \Omega_t^{\mathrm{T,P}} \equiv \Omega_t^P \times \cdots \times \Omega_{T-1}^P$ 表示含 T 个阶段的随机过程 $\{\omega_t^{\mathrm{T}} : 0 \leqslant t \leqslant T-1\}$ 的一个可能的实现场景。因此，对于多阶段配网检修问题，其目标函数可表述为多阶段嵌套的期望目标最小化函数：

$$z = \min_{a_0} C(a_0) + \gamma \mathbb{E}_{\widehat{\omega}_1}\left(\min_{a_1} C(a_1) + \gamma \mathbb{E}_{\widehat{\omega}_2|\widehat{\omega}_1}\left(\min_{a_2} C(a_2) \right.\right.$$
$$\left.\left. + \cdots + \gamma \mathbb{E}_{\widehat{\omega}_{T-1}|\widehat{\omega}_{T-2}}\left(\min_{a_{T-1}} C(a_{T-1}) \right) \cdots \right)\right) \tag{7-11}$$

其中，$\mathbb{E}_{\widehat{\omega}_{t+1}|\widehat{\omega}_t}$ 表示针对条件概率 $\mathrm{Pr}(\widehat{\omega}_{t+1} | \widehat{\omega}_t)$ 的期望；$C(\cdot)$ 表示式（7-1）中描述的检修成本；γ 表示未来检修时段的成本在当前阶段的成本折扣因子。对于短期检修计划而言，γ 可设为 1。

检修问题中的约束主要包括技术、经济约束这两个维度。首先，在某检修时段 t，所分配的检修预算总和应小于该阶段总预算 MB_t 的上限：

$$C_t^{\mathrm{PM}} + C_t^{\mathrm{CM}} \leqslant \mathrm{MB}_t \tag{7-12}$$

其次，在可靠性评估中，本章采用了系统平均停电次数（SAIFI）和系统平均停电持续时间（SAIDI）两项指标，它们应小于预先规定的可靠性阈值上限：

$$\sum_{f \in \Omega^F} \sum_{j \in \{\Omega^f \cup \Omega^{\mathrm{tr}}\}} \left(\lambda_{j,t}^f \cdot \frac{\mathrm{NC}_{j,t}^{\mathrm{U},f}}{\mathrm{NC}} + a_{j,t}^f \cdot \frac{\mathrm{NC}_{j,t}^{\mathrm{P},f}}{\mathrm{NC}} \right) \leqslant \delta_{\mathrm{SAIFI}} \tag{7-13}$$

$$\sum_{f \in \Omega^F} \sum_{j \in \{\Omega^f \cup \Omega^{\mathrm{tr}}\}} \left(\lambda_{j,t}^f \frac{\sum_{i \in \Omega_{nn}^f} r_{i,j,t}^{\mathrm{U}}}{\mathrm{NC}} + a_{j,t}^f \frac{\sum_{i \in \Omega_{nn}^f} r_{i,j,t}^{\mathrm{P}}}{\mathrm{NC}} \right) \leqslant \delta_{\mathrm{SAIDI}} \tag{7-14}$$

再次，设备故障概率不应低于设备在全寿命周期内的最小故障概率：

$$\lambda_{j,t}^f \geqslant \lambda_{j,t}^{\mathrm{base}}, \quad \forall j \in \{\Omega_t^f \cup \Omega_{\mathrm{tr}}^f\}, \quad \forall f \in \Omega^F \tag{7-15}$$

其中，$\lambda_j^{\mathrm{base}}$ 表示设备 j 在其全寿命周期内的最小故障概率。可将 $\lambda_j^{\mathrm{base}}$ 简单设为 0。

在制定负荷转供策略时，需要满足有关设备的容量限制：

$$I_{j,t}^f(\widehat{\omega}_t) \leqslant I_{j,t}^{f,\max}, \quad \forall j \in \{\Omega_t^f \cup \Omega_{\mathrm{tr}}^f\}, \quad \forall f \in \Omega^F \tag{7-16}$$

其中，$I_{j,t}^{f,\max}$ 表示设备 j 的最大电流。根据潮流分析结果，可确定开关的具体动作策略，以实现负荷转供。

综上所述，可将配网检修问题刻画为

$$\begin{cases} \min 式(7\text{-}11) \\ \text{s.t.}\,式(7\text{-}12)\sim 式(7\text{-}16) \end{cases} \tag{7-17}$$

上述模型中的多阶段序列决策参量用集合 $\{a_0,\cdots,a_{T-1}\}$ 表示。相较于两阶段的随机优化模型，多阶段随机优化模型往往更加难以求解[23]。针对这一问题，7.3 节将提出扩展的蒙特卡罗树搜索方法对该问题进行求解。

7.3　蒙特卡罗树搜索方法

蒙特卡罗树搜索方法的基本思路是，通过迭代计算构造出一棵搜索树，以渐近地逼近最优决策序列[15]。该方法结合了蒙特卡罗技术的全局覆盖性和树搜索的精准性，在模型实现时通常由马尔可夫决策过程进行形式化表述。本节以配电网检修问题为对象，对基本的蒙特卡罗树搜索方法进行介绍。

令 $\mathcal{S}$ 和 $\mathcal{A}$ 分别表示状态空间和动作空间，$\mathcal{F}:\mathcal{S}\times\mathcal{A}\to\mathcal{S}$ 表示从一组状态-策略转移至下一状态的转移函数，$Q(s)$ 表示状态 $s\in\mathcal{S}$ 的价值函数，$\mathcal{A}_f(s)$ 表示处于状态 s 时的可行策略空间。在配网检修问题中，用 Q 表示式（7-1）中的检修成本 C 的负数，状态转移函数由式（7-5）给出，状态向量和动作向量分别表示为

$$s=\{\lambda_j^f\mid j\in\Omega^I\cup\Omega^{\mathrm{tr}},f\in\Omega^F\} \tag{7-18}$$

$$a=\{a_j^f\mid j\in\Omega^I\cup\Omega^{\mathrm{tr}},f\in\Omega^F\} \tag{7-19}$$

其中，s 和 a 分别表示所有待检修设备的故障概率集合和决策集合。如前所述，$\lambda_j^f\in[0,1]$ 是一个实值变量。$a_j^f\in\{0,1\}$ 是一个 0-1 变量，当 $a_j^f=1$ 时，它表示设备 j 进行预防性检修，反之，$a_j^f=0$ 表示设备 j 不执行预防性检修。令 $t=0$ 表示初始检修时段，$\lambda_{j,0}^f$ 表示设备 j 在初始检修阶段的故障概率，相应的，这一时段内所有设备故障概率的集合为 $s_0=\{\lambda_{j,0}^f\mid j\in\Omega^I\cup\Omega^{\mathrm{tr}},f\in\Omega^F\}$。若初始时段所有设备的检修决策 $a_0=\{a_{j,0}^f\mid j\in\Omega^I\cup\Omega^{\mathrm{tr}},f\in\Omega^F\}$ 已知，根据式（7-5），可获得检修时段 $t=1$ 对应的状态向量 s_1。以此类推，根据 $\{s_{t-1},a_{t-1}\}$ 可得出状态 s_t，其中，$t\in\{1,\cdots,T\}$。

对于最佳检修策略的搜索过程，即为构建蒙特卡罗搜索树的过程。具体而言，蒙特卡罗搜索树由节点和边组成。令 v 表示对应于状态 s 的树节点。连接一个父节点及其子节点的有向线段表示所采用的策略 a。每个节点 v 包含以下统计信息：状态 $s(v)$，所选择的策略 $a(v)$，价值 $Q(v)$ 和节点的访问次数 $N(v)$。在检修问题中，v_0 表示树的根节点，其统计信息 $s(v_0)$ 表示式（7-18）中定义的状态向量 s_0，$a(v_0)$ 表示式（7-19）所定义的 a_0。v_1 是 v_0 的一个子节点，其统计信息 $s(v_1)$ 和 $a(v_1)$ 分别表示阶段 1 中的状态 s_1 和策略 a_1。设待检修设备总数为 N_e，每台设备的检修方式数为 2（表示检修或不检修），则 v_0 的子节点数约为 2^{N_e}。在树搜索过程中，每个节点 v 的统计信息 $Q(v)$ 和 $N(v)$ 动态更新。当蒙特卡罗树搜索的计算结束时，该方法将提供一条最佳的状态转移路径 $\{v_0,v_1,\cdots,v_T\}$，该路径中的所有有向线段代表了一组最佳的检修策略 $\{a_0,a_1,\cdots,a_{T-1}\}$。以上即为将蒙特卡罗树搜索应用于配网检修问题的基本计算框架。

在迭代计算过程中，基本的蒙特卡罗树搜索方法主要包含以下 4 个步骤。

步骤 1：选择。蒙特卡罗树搜索的迭代过程均发起于根节点 v_0，节点的选择过程即为通过父节点选择子节点的过程。这里，子节点的选择原则为最大化下述 UCT 公式：

$$\mathrm{UCT_{basic}}=\frac{Q(v_c)}{N(v_c)}+C_p\sqrt{\frac{\ln N(v_p)}{N(v_c)}} \tag{7-20}$$

其中，$N(v_p)$ 表示 v_p 的访问次数；$N(v_c)$ 表示 v_c 的访问次数；C_p 表示一个大于 0 的常数。在选择子节

点时，要求该父节点为非终止节点，且该节点具有未访问的子节点。

步骤 2：扩展。假定在步骤 1 已经选择了 t 个节点 $\{v_0, v_1, \cdots, v_{t-1}\}$，随后，从阶段 $t-1$ 的节点 v_{t-1} 所对应的可行决策空间中随机探索一个策略 a_{t-1}，从而形成一条新的有向连接线及其对应的子节点 v_t。

步骤 1 和 2 实现了树策略（Tree Policy），该策略可在搜索过程中平衡探索-利用之间的矛盾[15]。

步骤 3：仿真。此步骤开始执行默认策略，从最新扩展的节点 v_t 开始进行快速仿真，直至至终端节点 v_T。通常，默认策略可采用随机搜索策略，从而高效获得某终端节点 v_T 对应的价值函数，即 $Q(v_T)$。很大程度上，该策略确保了蒙特卡罗树搜索方法的计算效率。

步骤 4：更新。在某轮迭代中，对于由 v_t 到 v_0 的所有访问过的节点，它们的统计信息将以反向传播的方式进行更新，

$$N(v) \leftarrow N(v) + 1 \tag{7-21}$$

$$Q(v) \leftarrow Q(v) + Q(v_T) \tag{7-22}$$

这里，更新所访问的节点统计信息的目的是，在后续迭代计算过程中，树策略能够更好地探索/利用有关的检修策略，以便发现更好的策略进行探索。

从以上迭代过程可以看出，基本的蒙特卡罗树搜索方法在默认策略的执行过程中，忽略了中间多个决策阶段的价值函数。而且，在树搜索过程中，该方法没有考虑不同运行场景对于价值函数评估结果的影响。此外，检修问题中的约束项（7-12）～（7-16）对动态策略空间加以约束，如果在搜索过程中对这些约束进行解析计算，将显著增加蒙特卡罗树搜索方法的计算负担。

7.4 蒙特卡罗树搜索方法的改进

本节在对蒙特卡罗树搜索方法进行改进时，依次实现了对于配电网运行不确定性和复杂约束的考虑。具体改进方法如下所述。

7.4.1 考虑运行不确定性的蒙特卡罗树搜索方法

本节对基本的蒙特卡罗树搜索方法进行改进，以实现考虑运行不确定性的蒙特卡罗树搜索方法。简单起见，本节将其称为随机蒙特卡罗树搜索方法。图 7.2 给出基本蒙特卡罗树搜索方法和随机蒙特卡罗树搜索方法在迭代过程中的区别。与基本的蒙特卡罗树搜索方法比较，在搜索树的配

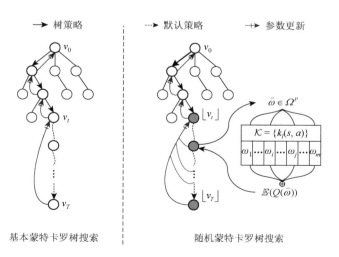

图 7.2　基本蒙特卡罗树搜索和随机蒙特卡罗树搜索在迭代过程中的差异

置方面，本节将树策略执行过程中所访问的节点 v 改造为机会节点 $\lfloor v \rfloor$。这里，引入机会节点的主要目的是考虑节点价值函数评估时的不确定性。具体地，某节点的单阶段价值评估公式为

$$Q(\lfloor v \rfloor) = \underset{\hat{\omega} \in \Omega^P}{\mathbb{E}}(Q(\hat{\omega})) \tag{7-23}$$

其中，$Q(\hat{\omega})$ 表示在单一阶段、单一场景下所获得的价值；$\mathbb{E}$ 表示期望；$Q(\lfloor v \rfloor)$ 表示单一阶段中考虑所有可能场景后的期望价值。根据文献[24]、[25]的统计模型，本章采用正态分布 $\hat{P} \sim N(\mu_{\hat{P}}, \sigma_{\hat{P}}^2)$ 对分布式能源的不确定性进行刻画，其中 $\mu_{\hat{P}}$ 和 $\sigma_{\hat{P}}^2$ 分别表示均值和方差。

请注意，若机会节点 $\lfloor v \rfloor$ 不是终端节点，则该节点的价值函数通常包含多个阶段的不确定性。在随机优化研究领域，针对多阶段不确定性的研究已有较多成果，例如，样本近似平均（SAA）方法[21]。在 SAA 方法中，针对随机变量 $\hat{\omega}$，可抽样获得 M 组可能场景 $\omega^1, \cdots, \omega^M$，这些随机场景可视为对原问题中随机变量分布的近似，每个可能场景的概率值通常设为 $1/M$。借鉴这一方法，本章在蒙特卡罗树搜索的基本计算架构中引入基于 SAA 的价值评估策略，即对于某机会节点 $\lfloor v_t \rfloor$，该节点自阶段 t 至终止阶段 T 的期望价值函数可表示为

$$Q_t^T(\lfloor v_t \rfloor) = \sum_{t}^{T} \underset{\hat{\omega}_t \in \Omega_t^P}{\mathbb{E}}(Q(\hat{w}_t)) \tag{7-24}$$

实际中，$Q_t^T(\lfloor v_t \rfloor)$ 可通过随机抽样 M 组可能场景而进行计算。

根据这一随机评估策略，可将式（7-20）修正为

$$\mathrm{UCT}_{\mathrm{modified}} = Q_t^T(\lfloor v_t \rfloor) + C_p \sqrt{\frac{\ln N(\lfloor v_p \rfloor)}{N(\lfloor v_c \rfloor)}} \tag{7-25}$$

与基本蒙特卡罗树搜索中仅使用终端节点的价值函数 $Q(v_T)$ 进行价值函数更新的策略不同，式（7-25）在评估所访问过的机会节点的期望价值时，将与该节点相关联的多阶段期望价值进行了累加。

下面，通过图 7.3 所示的简化案例对本节的改进方法进行说明。该案例仅考虑了 1 台待检修设备和两个待检修时段。图 7.3 分别给出两棵"树"，左侧为随机蒙特卡罗搜索树，右侧为场景树。蒙特卡罗搜索树用于制定检修决策，场景树用于提供检修决策过程中可能面临的运行场景。具体而言，搜索树始于根节点 $\lfloor v_0 \rfloor$ 并终止于某一终端节点，如 $\lfloor v_{2,2} \rfloor$。$\lfloor v_0 \rfloor$ 对应于待检修设备在初始阶段的故障概率。连接父节点和子节点的有向箭头表示不同的树枝，代表了不同的预防性检修策略。以 a_0 为例，若 $a_0 = 1$，则表示从 $\lfloor v_0 \rfloor$ 到 $\lfloor v_{1,1} \rfloor$ 的状态转移过程；若 $a_0 = 0$，则表示从 $\lfloor v_0 \rfloor$ 到 $\lfloor v_{1,2} \rfloor$ 的状态转移过程。总体来说，该决策树共包含四种不同的检修方案，对应于图 7.3 中的四种状态转移过程。场景树中提供了考虑运行不确定性的多种可能的场景实现。假设该场景树在两个决策阶段中共包含 6 种场景，若令 $\mathcal{W}_M := \{\omega^1, \cdots, \omega^M\}$ 表示所有可能的场景集合，则在本例中 $M=6$。

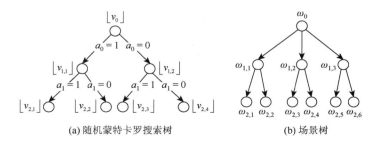

(a) 随机蒙特卡罗搜索树　　　　　　　　(b) 场景树

图 7.3　考虑运行不确定性的蒙特卡罗树搜索案例

假设在某次迭代过程中,默认策略从 $\lfloor v_{1,1} \rfloor$ 开始执行仿真计算,若策略 a_1 被随机设置为 0,则 $\lfloor v_{1,1} \rfloor$ 将转移至终端节点 $\lfloor v_{2,2} \rfloor$,同时,本轮仿真计算终止。然后,通过 SAA 方法,自下而上地估计所访问过节点的期望价值。对 $\lfloor v_{1,1} \rfloor$ 而言,它的价值函数近似可表达为所采取的检修策略在 6 种可能运行场景中的期望成本函数的负数。以上案例实现了期望策略价值的计算,而根据需要,也可采取其他方式计算策略价值。下面将进一步解决如何在搜索过程中考虑可靠性等复杂约束。

7.4.2　知识启发的随机蒙特卡罗树搜索方法

对式(7-12)~式(7-16)而言,若直接将这些约束在迭代过程中进行解析计算,树搜索的计算效率将显著下降。为此,本节转换思路,根据问题结构和这些不等式约束的特点,分别将它们转换为相应的知识函数,而后融入树搜索过程或者用于对策略价值评估函数进行后验修正。具体地,将所形成的知识函数集用 $\mathcal{K} = \{k_l(s,a)\}_{l=1}^5$ 表示。其中,$k_l \in \mathcal{K}$ 表示第 l 条知识函数,该函数对应于某一具体的约束项。例如,k_1 对应于式(7-12),k_5 对应于式(7-16)。

约束项(7-12)~(7-14)的形式皆为 $f(a) \leqslant \delta_a$ 的形式,其中,$f(a)$ 和 δ_a 分别表示约束项中不等式符号的左侧和右侧。它们皆可转换为下面形式的知识函数:

$$k_l(s,a): \text{penalty}_l = \sigma_l(f(a) - \delta_a), \quad l \in \{1,2,3\} \tag{7-26}$$

其中,$\sigma_l > 0$ 表示惩罚系数。对可靠性约束而言,由于供电可靠性随着停电区域和检修策略的不同而相应的变化,若评估的可靠性指标超出其阈值,式(7-26)将产生一个大于 0 的惩罚值,用于修正策略价值评估函数。

利用 if-then 规则的表示形式,可将约束项(7-15)转换成下述知识函数:

$$k_4(s,a): \text{if (15) is unsatisfied, then } \lambda_j^f \leftarrow \lambda_{j,t}^{f,\text{base}} \tag{7-27}$$

约束项(7-16)用于约束网络重构策略。若在迭代过程中动态搜索不同开关之间的配合策略,计算复杂度将显著增加。因此,本节通过离线计算预先获得针对不同情况下的可行转供策略集合,从而避免在搜索过程中进行解析计算:

$$k_5(s,a): \left\{ \Omega_{nn}^{f_{\text{trans}}}: \sum_{i \in \Omega_{nn}^{f_{\text{trans}}}} I_i \leqslant I^{f_b,\max} - I^{f_b} \right\} \tag{7-28}$$

其中,$\Omega_{nn}^{f_{\text{trans}}}$ 表示可从馈线 f 转移出去的所有负荷点集合;I_i 表示负荷点 i 的需求;$I^{f_b,\max} - I^{f_b}$ 表示待转供馈线 f_b 的剩余容量。

以上分别对不同的约束项建立了相应的知识函数,形成了数据-知识混联的融合模型。此时,式(7-25)可以进一步修正为

$$\text{UCT}_{\text{modified}} = Q_t^T(\lfloor v_t \rfloor) + C_p \sqrt{\frac{\ln N(v_p)}{N(v_c)}} - \sum_{l=1}^3 \max(0, \text{penalty}_l) \tag{7-29}$$

下面将式(7-29)在树搜索中的计算过程说明如下。在计算伊始,机器通常对如何发现较好的检修策略知之甚少,此时,主要通过算子 $C_p \sqrt{\ln N(v_p)/N(v_c)}$ 来鼓励机器对可能的策略进行充分探索;随着计算迭代的推进,该算子的数值结果不断减小,该公式逐渐由鼓励机器充分探索转变为鼓励机器利用已发现的最优策略。当约束项(7-12)~(7-14)违背时,算子 $-\sum_{l=1}^3 \max(0, \text{penalty}_l)$ 将修正有关节点的价值函数,以在未来迭代过程中减少机器选择这些节点的概率。随着迭代次数的进一步增加,算子 $\sum_t^T \mathbb{E}_{\hat{\omega}_t \in \Omega_t^P}(Q(\hat{w}_t))$ 将对有关节点赋予更高的价值评估结果。当计算结束时,最终可确定一条具

有最大价值的状态转移轨迹，同时形成相应的最佳检修策略。由以上分析可以看出，所获得的检修策略是对原问题（7-17）的一个逼近。

至此，本节完成了针对基本蒙特卡罗树搜索方法的改进。扩展的蒙特卡罗树搜索算法主要包括以下计算步骤。

第1步		根据当前状态 s_0 生成根节点 v_0，进入迭代过程
第2步	2.1	从父节点 v_0 开始，执行树搜索策略
	2.2	在选择某节点 v 的子节点时，优先选择未探索的节点
	2.3	连续执行树策略，直至节点 v_t
第3步		自节点 v_t 开始，执行默认策略，直至某终端节点 v_T
第4步		自 v_t 至 v_0，通过式（7-29）评估所访问的节点的价值
第5步	5.1	判断计算是否终止（计算时间、迭代次数等约束）
	5.2	若计算完成，返回最佳的检修策略 若计算未完成，转至第2步继续计算

7.5　算　例　分　析

本节通过一个单馈线配网检修算例来详细分析所提出方法的计算性能。图 7.4 给出配网测试系统。在该馈线中，待检修的线路段共 8 条，待检修的配变共 4 台。该馈线上配置有一台断路器、三台分段器和一台联络开关，它们之间的配合可实现不同的网络重构方式。在该馈线上，DG_1 表示分布式电源，它的运行具有不确定性。在检修计划方面，本节考虑月度检修计划安排，月度检修主要用于将检修任务分配至该月中不同的工作日，这些工作日通常由调度部门指定。本方法同样适用于其他时间尺度的检修计划决策安排。

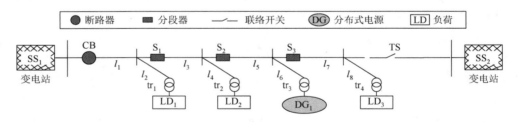

图 7.4　单馈线配网的结构示意

简单起见，假设共有 3 个工作日可用于安排预防性检修计划，即检修总时段数 T 等于 3。有关仿真参数示于表 7.1 中。

表 7.1　仿真参数

参数	数值	参数	数值
t_{MS}^f	2hr	b_l^f	0.00055
t_{AS}^f	0.1hr	b_{tr}^f	0.00055
p_{AS}	0.9	γ	1

　　为验证所提出方法的性能，本节对比了蒙特卡罗树搜索的多种变体方法，它们之间的区别总结于表 7.2 中。

表 7.2　不同蒙特卡罗树搜索方法的区别

方法	分布式能源随机性	网络重构	知识函数
B-MCTS[0,1] S-MCTS[1,1] S-MCTS[2,1]	1 种场景	考虑 不考虑 考虑	未引入 引入 引入
S-MCTS[0,20] S-MCTS[1,20] S-MCTS[2,20]	20 种场景	考虑 不考虑 考虑	未引入 引入 引入
S-MCTS[1,100] S-MCTS[2,100]	100 种场景	不考虑 考虑	引入 引入

　　这些方法的主要差异包括，是否在树搜索过程中考虑了分布式能源的不定性，是否考虑了网络重构策略，以及是否在蒙特卡罗树搜索过程中融入了知识函数。例如，B-MCTS[0,1] 表示基本的蒙特卡罗树搜索方法，该方法考虑了网络重构策略，未考虑分布式电源的随机性，换言之，该方法在寻优过程中仅考虑 1 种确定性的场景；此外，该方法未引入有关的知识函数。S-MCTS[2,100] 考虑了网络重构、融入了知识函数，并考虑了 100 种可能的场景。在所构造的知识函数中，针对单阶段的检修预算阈值设为 8×10^4 元，可靠性指标 SAIFI 和 SAIDI 的阈值分别设为 2 和 3；这 3 项知识函数的惩罚系数分别设为 5、10^5 和 10^5。在比较不同蒙特卡罗树搜索方法的性能时，首先利用这些算法形成各自的检修策略；然后，通过 1000 个随机生成的场景来评估各个检修策略的决策效果。

　　表 7.3 首先给出利用 S-MCTS[2,100] 形成的检修计划。其中，每个工作日最大检修能力为 6 条线段和 2 台配变。在第 1 个工作日中，由于负荷点 LD_1 和 LD_2 的功率需求低，因此在该工作日中对 4 条线段和 2 台配变开展了预防性检修。在检修期间，通过网络重构，将 DG_1 和 LD_3 转移至相邻的馈线中，从而降低缺供电量的损失。待检修结束后，DG_1 和 LD_3 将重新转移至原馈线中。在第 2 个工作日中，由于负荷点 LD_3 的功率需求较低，因此对连接 LD_3 的配变和线段开展了预防性检修，其他负荷点的供电未受影响。在第 3 个工作日中，DG 的发电量较低，因而对连接 DG 的有关设备实施了预防性检修；在这一时段内，其他的负荷点通过网络重构进行了供电转移。请注意，馈线段 l_6 在这些工作日中并未进行预防性检修，这是由于该设备的故障概率较低。因此，所制定的检修策略避免了过度检修问题。同时，从其他设备的检修安排可看出，所制定的检修策略避免了检修不足的问题，降低了有关配电设备发生故障的可能性，从而避免了因设备故障而造成的损失。此外，上述检修策略避免了不必要的负荷停电问题。例如，属于同一分支的线段和配变通常共同执行检修任务，这有助于降低缺供电量成本。而在主馈线上，线段 l_1 和 l_7 通常被安排在不同的工作日中进行检修，保证了供电路径的畅通，从而有助于提高供电可靠性。

表 7.3　预防性检修计划安排

月度检修计划	检修设备	检修期间开关动作策略	
		闭合	断开
工作日 1	l_1, l_2, l_3, l_4; tr_1, tr_2	TS, S_3	CB, S_1, S_2
工作日 2	l_7, l_8; tr_4	CB, S_1, S_2	TS, S_3
工作日 3	l_5; tr_3	CB, TS, S_1	S_2, S_3

表 7.4 给出引入有关的知识函数对于蒙特卡罗树搜索方法的性能改善效果。B-MCTS^{0,1}、S-MCTS^{0,20} 这两种方法皆未引入知识函数，它们提供的检修策略所对应的可靠性指标均超出了阈值；而 B-MCTS^{2,1}、S-MCTS^{2,20} 引入了知识函数，它们的可靠性指标均未超出阈值。由此可得出结论，引入知识函数提升了蒙特卡罗树搜索的结果可行性。

表 7.4　引入知识函数的效果对比

方法	可靠性		方法	可靠性	
	SAIFI	**SAIDI**		**SAIFI**	**SAIDI**
B-MCTS^{0,1}	1.25 1.11 0.11	**3.07** 1.95 0.25	S-MCTS^{2,1}	1.48 1.21 0.41	2.84 1.23 0.45
S-MCTS^{0,20}	1.28 1.12 0.12	**3.14** 2.11 0.28	S-MCTS^{2,20}	1.53 1.17 0.17	2.80 1.18 0.33

表 7.5 给出不同蒙特卡罗树搜索方法在考虑网络重构和分布式电源不确定性方面的效果对比。

表 7.5　计及网络重构策略和分布式能源不确定性的效果对比

方法	系统可靠性		期望成本/($\times 10^4$ 元)	
	SAIFI	SAIDI	单一阶段	总成本
S-MCTS^{1,1}	1.37 0.76 0.46	4.19 2.44 1.49	7.86 4.45 2.83	15.14
S-MCTS^{2,1}	1.53 1.12 0.99	2.87 1.44 1.36	7.58 4.03 3.35	14.96
S-MCTS^{1,20}	1.34 0.54 0.29	4.08 1.95 1.33	7.37 4.08 3.31	14.77
S-MCTS^{2,20}	1.49 1.17 0.17	2.80 1.21 0.36	7.88 3.67 1.99	13.54
S-MCTS^{1,100}	1.29 0.29 0.29	3.89 1.39 1.33	7.05 3.45 3.31	13.95
S-MCTS^{2,100}	1.53 1.19 0.39	2.77 1.19 0.40	7.55 3.80 1.76	13.11

首先，通过分别比较 S-MCTS^{1,1} 与 S-MCTS^{2,1}，或者 S-MCTS^{1,20} 与 S-MCTS^{2,20}，或者 S-MCTS^{1,100} 与 S-MCTS^{2,100}，可以看出当考虑网络重构策略后，蒙特卡罗树搜索的计算性能提升明显。以 S-MCTS^{1,1} 和 S-MCTS^{2,1} 的对比为例，在 S-MCTS^{1,1} 中，在第一个检修日评估的 SAIDI 超过其阈值，而 S-MCTS^{2,1} 所有可靠性指标的评估结果均满足约束要求。另外，S-MCTS^{2,1} 的检修成本低于 S-MCTS^{1,1} 的检修成本。在其他两组方法对比中，可观察到类似的结果。因此可以得出结论，在检修问题中考虑网络重构策略有助于提高系统可靠性并降低检修成本。

其次，为了对比考虑分布式电源不确定性的效果，可比较表 7.5 中的 S-MCTS^{2,1}、S-MCTS^{2,20} 和 S-MCTS^{2,100} 这三种方法。在检修成本方面，S-MCTS^{2,1} 的检修成本最高，而 S-MCTS^{2,100} 的检修成本最低；在可靠性约束方面，这 3 种算法的可靠性指标皆满足阈值。这一结果表明，与确定性的混合整数规划模型比较，通过建立随机混合整数非线性规划模型，可提升决策结果的最优性。此外，通过比较 S-MCTS^{1,1}、S-MCTS^{1,20} 和 S-MCTS^{1,100}，或者 S-MCTS^{2,1}、S-MCTS^{2,20} 和 S-MCTS^{2,100}，可以看出，随着考虑的场景数增加，结果最优性得到了优化。

表 7.6 给出不同蒙特卡罗树搜索算法的计算时间。当所考虑的场景数从 1 增加至 20 直至 100 时，由于引入知识函数避免了复杂约束的解析计算，S-MCTS^{1,1}、S-MCTS^{1,20} 和 S-MCTS^{1,100} 的计算时间随场景数的增加呈现出较为平缓的增加趋势。当进一步考虑网络重构策略时，算法的执行时间会少量增加，这一结果可通过比较 S-MCTS^{1,20} 与 S-MCTS^{2,20}，或者 S-MCTS^{1,100} 与 S-MCTS^{2,100} 看出。联合表 7.5 和表 7.6 可知，通过在随机蒙特卡罗搜索树中增加场景数，有助于提高结果的最优性，然而往往需要以额外的计算时间为代价。但是，考虑到原问题的计算规模，本方法的计算效率能够满足应用需求。当所考虑问题的计算规模显著增加时，蒙特卡罗树搜索算法还可通过并行计算等技术进一步提升其运算效率[15]。

表 7.6　不同方法的计算时间对比

方法	CPU 时间/s	方法	CPU 时间/s
S-MCTS^{1,1}	11.78	S-MCTS^{2,1}	12.84
S-MCTS^{1,20}	42.73	S-MCTS^{2,20}	44.65
S-MCTS^{1,100}	166.72	S-MCTS^{2,100}	192.26

7.6　本 章 小 结

本章研究了基于蒙特卡罗树搜索的配网检修决策方法。首先，研究了配网检修的随机动态混合非线性规划模型。该模型旨在满足可靠性等技术经济约束的前提下最小化期望检修成本。在目标函数中，考虑了故障后检修和预防性检修所涉及的人员物资成本和期望缺供电量损失。通过将分布式能源的出力刻画为随机变量，形成了多阶段嵌套的期望成本最小化目标函数。在约束中，考虑了单一检修时段中检修资源约束、可靠性约束、最大可转供负荷约束等技术经济约束。随后，研究了扩展的蒙特卡罗树搜索方法。为了在蒙特卡罗树搜索计算架构中实现随机决策，将基本蒙特卡罗树搜索中有关的树节点改造为机会节点，通过引入 SAA 方法，评估所探索策略的多阶段期望价值。为提高蒙特卡罗树搜索的计算效率，将检修问题中的复杂约束转换为知识函数，并对策略价值的评估结果进行后验修正，避免了因解析计算各项约束而导致计算复杂度的显著上升。最后，通过一个配网检修算例验证了所提出方法的可行性及潜在应用价值。

参 考 文 献

[1]　Dehghanian P，Firuzabad M，Aminifar F. A Comprehensive scheme for reliability centered maintenance in power distribution systems—Part I: methodologys[J]. IEEE Transactions on Power Delivery，2013，28（2）：761-770.

[2]　Dehghanian P，Firuzabad M，Aminifar F. A Comprehensive scheme for reliability-centered maintenance in power distribution systems—Part II: Numerical analysiss[J]. IEEE Transactions on Power Delivery，2013，28（2）：771-778.

[3]　Bertling L，Allan R，Eriksson R. A reliability-centered asset maintenance method for assessing the impact of maintenance in power distribution systems[J]. IEEE Transactions on Power Systems，2005，20（1）：75-82.

[4]　Tehrani M，Fereidunian A，Lesani H. Financial planning for the preventive maintenance of power distribution systems via fuzzy AHP[J]. Complexity，2014，21：36-46.

[5]　Shourkaei H，Jahromi A，Firuzabad M. Incorporating service quality regulation in distribution system maintenance strategys[J]. IEEE Transactions on Power Delivery，2011，26（4）：2495-2504.

[6]　Jahromi A，Firuzabad M，Abbasi E. An efficient mixed-integer linear formulation for long-term overhead lines maintenance scheduling in power distribution systemss[J]. IEEE Transactions on Power Delivery，2009，24（4）：2043-2053.

[7]　Mirsaeedi H，Fereidunian A，Hosseininejad S，et al. Electricity distribution system maintenance budgeting：A reliability-centered approachs[J]. IEEE Transactions on Power Delivery，2018，33（4）：1599-1610.

[8]　Mirsaeedi H，Fereidunian A，Hosseininejad S，et al. Long-term maintenance scheduling and budgeting in electricity distribution systems equipped with automatic switches[J]. IEEE Transactions on Industrial Informatics，2018，14（5）：1909-1919.

[9]　Aravinthan V，Jewell W. Optimized maintenance scheduling for budget-constrained distribution utility[J]. IEEE Transactions on Smart Grid，2013，4（4）：2328-2338.

[10]　Janjic A，Popovic D. Selective maintenance schedule of distribution networks based on risk management approach[J]. IEEE Transactions on Power Systems，2007，22（2）：597-604.

[11]　George-Williams H，Patelli E. Maintenance strategy optimization for complex power systems susceptible to maintenance delays and operational dynamics[J]. IEEE Transactions on Reliability，2017，66（4）：1309-1330.

[12]　Basciftci B，Ahmed S，Gebraeel N，et al. Stochastic optimization of maintenance and operations schedules under unexpected failures[J]. IEEE Transactions on Power Systems，2018，33（6）：6755-6765.

[13]　Rocchetta R，Bellani L，Compare M，et al. A reinforcement learning framework for optimal operation and maintenance of power grids[J]. Applied Energy，2019，241：291-301.

[14]　Coulom R. Efficient selectivity and backup operators in Monte-Carlo Tree Search[C]//Proceedings of the5th International Conference on Computers and Games. Berlin：Springer，2006.

[15]　Browne C B，Powley E，Whitehouse D，et al. A survey of Monte Carlo tree search methods[J]. IEEE Transactions on Computational Intelligence and AI in Games，2012，4（1）：1-43.

[16]　Silver D，Huang A，Maddison C J，et al. Mastering the game of go with deep neural networks and tree search[J]. Nature，2016，529（7587）：484-489.

[17]　Whitehouse D，Powley E J，Cowling P I．Determinization and information set Monte Carlo tree search for the card game Dou Di Zhu[C]. IEEE Conference on Computational Intelligence and Games（CIG），IEEE，2011.

[18]　Sutton R S，Barto A G．Reinforcement Learning：An Introduction[M]. London：MIT，2018：1-13.

[19]　尚宇炜. 数据-知识融合驱动的配电网健康评估与运维管控方法[D]. 北京：清华大学，2020.

[20]　Shang Y W，Wu W C，Liao J W，et al. Stochastic maintenance schedules of active distribution networks based on Monte-Carlo tree search[J]. IEEE Transactions on Power Systems，2020，DOI：10.1109/TPWRS.2020.2973761.

[21]　Shapiro A. Analysis of stochastic dual dynamic programming method[J]. European Journal of Operational Research，2011，209：63-72.

[22]　Yildirim M，Sun X A，Gebraeel N Z. Sensor-driven condition based generator maintenance scheduling—part I：Maintenance problem[J]. IEEE Transactions on Power Systems，2016，31（6）：4253-4262.

[23]　Bhattacharya A，Kharoufeh J，Zeng B. Managing energy storage in microgrids：A multistage stochastic programming approach[J]. IEEE Transactions on Smart Grid，2018，9（1）：483-496.

[24]　Arriagada E，López E，Roa C，et al. A stochastic economic dispatch model with renewable energies considering demand and generation uncertainties[C]. IEEE Grenoble Conference，IEEE，2013.

[25]　Abdel-Karim N，Nethercutt E J，Moura J N，et al. Effect of load forecasting uncertainties on the reliability of North American bulk power system[C]. IEEE PES General Meeting | Conference & Exposition，IEEE，2014.

第8章 基于 ADP 的微电网在线调度策略

本节将自适应动态规划（Adaptive Dynamic Programming，ADP）应用于微电网优化调度，设计基于 ADP 的微电网在线调度算法，使得运行人员在不依赖于可再生能源和负荷功率预测信息的情况下给出在线调度决策，从而降低源荷不确定性对微电网调度运行的影响。

基于 ADP 的在线调度策略通过逐时段求解贝尔曼方程（Bellman's Equation）得到各个时段的调度决策，该决策的优劣取决于对贝尔曼方程中值函数的近似程度。本章采用表函数近似贝尔曼方程中的真实值函数。首先，采用微电网的历史风电、光伏发电功率及负荷功率数据离线训练 ADP 算法获得近似值函数；然后，根据训练得到的近似值函数和系统的实时状态信息，通过在线求解贝尔曼方程得到微电网的调度决策。

8.1 自适应动态规划的基本思想

在生产实际中，多时段随机优化问题在数学上可建模为如下多阶段决策问题：

$$F = \min_{\pi \in \varPi} E \sum_{t=0}^{T} \gamma^t C_t(S_t, x_t) \tag{8-1}$$

其中，$x_t = X^\pi(S_t)$，X^π 为策略 π 下的决策函数；S_t 为系统的状态变量；$C_t(S_t, x_t)$ 为系统处于状态 S_t 时采取决策 x_t 后单时段的运行费用；γ 为衰减因子。

为求解此类多阶段决策问题，20 世纪 50 年代初美国数学家 Bellman 等提出了著名的最优性原理（Principle of Optimality）。根据贝尔曼最优性原理，可将式（8-1）所示多阶段（时段）优化问题建模为马尔可夫决策过程（Markov Decision Process，MDP），且最优决策序列可通过递归求解式（8-2）所示贝尔曼方程得到：

$$V_t(S_t) = \min_{x_t} \left(C_t(S_t, x_t) + \gamma \sum_{s \in S} p(s | S_t, x_t) V_{t+1}(s) \right) \tag{8-2}$$

其中，$V_t(S_t)$ 为值函数，也称为性能指标函数，表示系统从状态 S_t 出发，t 时段到 T 时段系统的累计运行费用；$p(s|\cdot)$ 为状态 s 出现的概率。s 为下一时刻系统的状态变量，其可由状态转移函数计算得到。从式（8-2）可以看出，要得到 t 时刻的最优决策 x_t 需计算期望项 $\sum_{s \in S} p(s|S_t, x_t) V_{t+1}(s)$，即我们需要获得每个状态 s 下的值函数以及状态转移概率 $p(s|S_t, x_t)$ 函数。然而，对于很多实际问题其状态空间和决策空间极为庞大，导致求取 $\sum_{s \in S} p(s|S_t, x_t) V_{t+1}(s)$ 的计算量很大甚至根本无法在可接受的时间内完成，此即"维数灾难"问题。例如，如果状态变量 S_t 中含有 n 个变量，决策变量 x_t 中含有 m 个变量。如果将状态变量 S_t 中的每个变量离散化为 u 个可选值，则任意时刻 t 系统的状态空间大小为 u^n。因此需要求解式（8-2）u^n 次以计算每个可能状态 S_t 对应的 $V_t(S_t)$，并且对于每个可能的状态 S_t，需要首先计算其中的期望值项。同时如果决策空间也极为庞大，将进一步增加计算该期望值的困难度。此外，实际问题的状态转移函数未知也进一步限制了动态规划算法的应用范围。

由于动态规划算法在解决复杂实际问题时面临"维数灾难"问题，相关学者提出了自适应动态规划（ADP）理论[1]，也被称为神经动态规划（Neuro-Dynamic Programming）[2]或者近似动态规划（Approximate Dynamic Programming，ADP）[3]。ADP 算法在不同领域取得均取得了较大发展和应用，如在最优控制领域，相关学者提出了启发式动态规划（Heuristic Dynamic Programming，HDP）、双启发式动态规划（Dual Heuristic Programming，DHP）、全局双启发式动态规划（Globalized Dual Heuristic Programming，GDHP）、目标表示启发式动态规划（Goal Representation Heuristic Dynamic Programming，GrHDP）等算法，并应用于电力系统稳定控制、机器人控制等问题。以上几种 ADP 算法通常采用神经网络来近似性能指标函数和策略函数。以 HDP 为例，其包含三个神经网络，即模型网络（Model Network）、评价网络（Critic Network）和执行网络（Action Network）。模型网络用来近似控制对象的动态系统模型，评价网络用于近似性能指标函数，执行网络根据系统状态给出最优控制决策。

在运筹学领域，相关学者提出了值函数近似（Value Function Approximation，VFA）、策略函数近似（Policy Function Approximation，PFA）和代价函数近似（Cost Function Approximation，CFA）等多种 ADP 算法[3]。在该领域，通常采用线性函数、分段线性函数、表函数、核函数等方法近似性能指标函数和策略函数。近年来，相关学者已将 VFA[4, 5]、PFA[6]和 CFA[7]等多种 ADP 算法应用于电力系统优化调度问题。例如，基于 VFA 的 ADP 算法的核心在于采用不同的函数近似手段对式（8-2）所示的贝尔曼方程进行近似求解：

$$X_t^{\text{VFA}}(S_t) = \arg\min_{x_t}\left(C_t(S_t, x_t) + E\left\{V_{t+1}(S_{t+1})\big|S_t\right\}\right)$$
$$= \arg\min_{x_t}\left(C_t(S_t, x_t) + \bar{V}_{t+1}(S_{t+1})\,|\,S_t\right) \tag{8-3}$$

其中，$\bar{V}_{t+1}(S_{t+1})$ 为近似值函数，用于实现对期望项 $E\left\{V_{t+1}(S_{t+1})\big|S_t\right\}$ 的近似。VFA 算法中常用的值函数近似方法有表函数近似、（分段）线性函数近似、核函数近似等。

综上，ADP 利用各种函数近似方法逼近贝尔曼方程中的性能指标函数和控制策略，使之满足贝尔曼最优性原理，进而获得最优控制效果。

8.2 微电网在线调度数学模型

微电网中的发电设备可分为可调度机组、不可调度机组。可调度机组包含微型柴油发电机（Diesel Generator，DG）等；不可调度机组包括小型风机（Wind Turbine，WT）、光伏发电系统（PV Generation System）等新能源发电设备。图 8.1 为本章采用的微电网结构示意图，其发电调度由集中式的能量管理系统（Energy Management System，EMS）控制。EMS 的输入信号可以分为两类：①风电、光伏、负荷及电价等随机量的预测信息；②实时监测到的系统状态量，如可控发电机组的出力、可再生能源的出力、负荷功率、电池的荷电状态（State of Charge，SOC）、节点电压信号等。EMS 根据获取的状态信息控制各可控单元的运行方式使微电网运行最经济，同时保证系统的安全稳定。此外，微电网通过公共连接点（Point of Common Coupling，PCC）与外部电网相连。通过开断设备微电网可以在孤岛运行和联网运行两种方式间自由切换。在联网运行方式下，微电网可以与外部电网进行功率交换。

微电网优化问题的总时段数为 T，时间步长为 Δt，定义 $\Gamma = \{\Delta t, 2\Delta t, \cdots, T\}$ 为离散时间集合。本章微电网在线调度的目标函数为最小化系统运行费用的期望。系统的运行费用包含可调度机组的燃料费用 $C_t^g(\cdot)$，微电网与外部电网的能量交互费用 $C_t^{\text{grid}}(\cdot)$，电池储能系统的运行损耗成本 $C_t^{\text{bat}}(\cdot)$ 以及系统的弃风、光费用 $C_t^{\text{cur}}(\cdot)$，如式（8-4）所示：

$$\min \Xi \left\{ \sum_{t=\Delta t}^{T} \left(\sum_{g \in G} C_t^g (P_t^g) + C_t^{\text{grid}} (P_{\text{buy},t}^{\text{grid}}, P_{\text{sell},t}^{\text{grid}}) + C_t^{\text{bat}} (P_t^b) + C_t^{\text{cur}} (P_t^{\text{cur}}) \right) \right\} \tag{8-4}$$

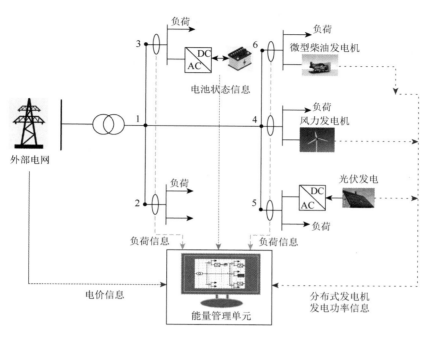

图 8.1　微电网结构示意图

其中，P_t^g 为可控机组的有功出力；$P_{\text{buy},t}^{\text{grid}}$ 和 $P_{\text{sell},t}^{\text{grid}}$ 分别为微电网向外部电网购电和售电功率；P_t^b 为电池储能输出的有功功率；P_t^{cur} 为系统弃风、弃光功率；T 为优化总时段数；下标 t 为时段索引。可控发电机组的燃料费用为输出有功功率的二次函数，如式（8-5）所示；微电网向外部电网的购售电费用如式（8-6）所示；电池的运行损耗费用由电池组的价格、额定容量及循环次数决定，本章假设电池的运行损耗费用为电池荷电状态变化量的线性函数[8]，如式（8-7）所示；当风机和光伏系统提供的可再生能源无法被微电网全部消纳，而且微电网向外部电网的输出功率达到 PCC 的功率上限时，运行人员需要将多余的新能源切除。为尽量减少系统出现弃风、弃光现象，定义弃风、弃光费用如式（8-8）所示。

$$C_t^g \left(P_t^g \right) = \left(\alpha^g (P_t^g)^2 + \beta^g P_t^g + c^g \right) \Delta t \tag{8-5}$$

$$C_t^{\text{grid}} \left(P_{\text{buy},t}^{\text{grid}}, P_{\text{sell},t}^{\text{grid}} \right) = \left(p_{\text{buy},t} P_{\text{buy},t}^{\text{grid}} - p_{\text{sell},t} P_{\text{sell},t}^{\text{grid}} \right) \Delta t \tag{8-6}$$

$$C_t^{\text{bat}} \left(P_t^b \right) = \rho \left| \text{SOC}_t - \text{SOC}_{t-\Delta t} \right| \tag{8-7}$$

$$C_t^{\text{cur}} \left(P_t^{\text{cur}} \right) = p^{\text{cur}} \left(\overline{P}_t^{pv} + \overline{P}_t^{wt} - P_t^{pv} - P_t^{wt} \right) \Delta t \tag{8-8}$$

其中，α^g, β^g, c^g 为机组的燃料费用系数；$p_{\text{buy},t}^{\text{grid}}, p_{\text{sell},t}^{\text{grid}}$ 分别为微电网向外部电网购电和售电电价；SOC_t 为电池的荷电状态；ρ 为电池的损耗费用系数；p^{cur} 为微电网弃风、弃光惩罚系数；P_t^{pv}, P_t^{wt} 分别为 t 时段光伏和风机的实际有功出力；$\overline{P}_t^{pv}, \overline{P}_t^{wt}$ 分别为 t 时段光伏和风机的最大有功出力；Δt 为时间步长。

　　为确保可控发电机组运行的经济性及安全性，其有功及无功出力应满足以下约束条件：

$$P^{g,\min} \leqslant P_t^g \leqslant P^{g,\max}, \quad \forall t \in \varGamma, \forall g \in G \tag{8-9}$$

$$(P_t^g)^2 + (Q_t^g)^2 \leqslant (S^{g,\max})^2, \quad \forall t \in \varGamma, \forall g \in G \tag{8-10}$$

其中，$P^{g,\max}$ 为可控发电机 g 的最大输出有功功率；$S^{g,\max}$ 为可控发电机 g 的最大输出复功率；Q_t^g 为可控发电机的无功出力；G 为可控机组的集合。此外，可控发电机组的运行还需满足以下爬坡速率约束：

$$P^{g,\text{down}} \cdot \Delta t \leqslant P_t^g - P_{t-\Delta t}^g \leqslant P^{g,\text{up}} \cdot \Delta t \tag{8-11}$$

其中，$P^{g,\text{down}}$ 和 $P^{g,\text{up}}$ 分别为可控机组的最大下爬坡和最大上爬坡速率。

外部电网相对于微电网可视为无穷大电网，但为了降低微电网对外部电网的影响，微电网与外部电网之间的功率交换需满足以下约束条件：

$$\begin{cases} 0 \leqslant P_{\text{buy},t}^{\text{grid}} \leqslant P_{\text{buy}}^{\text{grid,max}} \\ 0 \leqslant P_{\text{sell},t}^{\text{grid}} \leqslant P_{\text{sell}}^{\text{grid,max}} \end{cases} \tag{8-12}$$

$$0 \leqslant Q_t^{\text{grid}} \leqslant Q^{\text{grid,max}} \tag{8-13}$$

其中，$P_{\text{buy}}^{\text{grid,max}}$ 和 $P_{\text{sell}}^{\text{grid,max}}$ 分别为微电网向外部电网购电和售电功率的最大值；$Q^{\text{grid,max}}$ 为微电网与外部电网之间交换无功功率的最大值。

光伏发电及风电机组的出力具有不确定性，光伏发电系统及风机的发电功率满足以下约束条件：

$$0 \leqslant P_t^{wt} \leqslant \overline{P}_t^{wt}, \quad \forall t \in \Gamma \tag{8-14}$$

$$(P_t^{wt} + Q_t^{wt})^2 \leqslant (S^{wt,\text{max}})^2, \quad \forall t \in \Gamma \tag{8-15}$$

$$0 \leqslant P_t^{pv} \leqslant \overline{P}_t^{pv}, \quad \forall t \in \Gamma \tag{8-16}$$

$$(P_t^{pv} + Q_t^{pv})^2 \leqslant (S^{pv,\text{max}})^2, \quad \forall t \in \Gamma \tag{8-17}$$

其中，$S^{wt,\text{max}}$ 和 $S^{pv,\text{max}}$ 分别为风机及光伏发电系统的最大复功率上限。

对于电池储能系统，其必须满足式（8-18）～式（8-20）所示的最大充放电功率约束，且为了避免出现电池同时充放电现象，需同时满足约束（8-21）；电池的荷电状态转移函数及上下限约束如式（8-22）和式（8-23）所示：

$$\begin{cases} 0 \leqslant P_t^{\text{ch}} \leqslant I_t^{\text{ch}} P^{\text{ch,max}} \\ 0 \leqslant P_t^{\text{dis}} \leqslant I_t^{\text{dis}} P^{\text{dis,max}} \end{cases}, \quad \forall t \in \Gamma \tag{8-18}$$

$$P_t^b = I_t^{\text{dis}} P_t^{\text{dis}} - I_t^{\text{ch}} P_t^{\text{ch}}, \quad \forall t \in \Gamma \tag{8-19}$$

$$(P_t^b + Q_t^b)^2 \leqslant (S^{b,\text{max}})^2, \quad \forall t \in \Gamma \tag{8-20}$$

$$I_t^{\text{ch}} + I_t^{\text{dis}} \leqslant 1, \quad \forall t \in \Gamma \tag{8-21}$$

$$\text{SOC}_{t+\Delta t} = \text{SOC}_t + \eta^{\text{ch}} \frac{P_t^{\text{ch}}}{E^{\text{max}}} \Delta t - \frac{1}{\eta^{\text{dis}}} \frac{P_t^{\text{dis}}}{E^{\text{max}}} \Delta t \tag{8-22}$$

$$\text{SOC}^{\text{min}} \leqslant \text{SOC}_t \leqslant \text{SOC}^{\text{max}} \tag{8-23}$$

其中，$P^{\text{ch,max}}$ 和 $P^{\text{dis,max}}$ 分别为电池的最大允许充电和放电功率；P_t^{ch} 和 P_t^{dis} 分别为电池的充电功率和放电功率；I_t^{ch} 和 I_t^{dis} 分别为电池的充电状态和放电状态，其为二进制变量；P_t^b 和 Q_t^b 分别为电池的输出有功及输出无功功率；η^{ch} 和 η^{dis} 分别为电池的充电效率和放电效率；SOC^{min} 和 SOC^{max} 分别为电池的最小和最大荷电状态；E^{max} 为电池的额定容量。

最后，微电网运行需满足潮流约束，本章采用以下支路潮流模型[9]，如式（8-24）～式（8-27）所示：

$$\begin{cases} P_{j,t} = P_{ij,t} - r_{ij} l_{ij,t} - \sum_{m:(j,m)\in\Upsilon} P_{jm,t} \\ Q_{j,t} = Q_{ij,t} - x_{ij} l_{ij,t} - \sum_{m:(j,m)\in\Upsilon} Q_{jm,t} \end{cases}, \quad \forall(i,j)\in\Upsilon, \forall t\in\Gamma \tag{8-24}$$

$$v_{j,t} = v_{i,t} - 2(r_{ij}P_{ij,t} + x_{ij}Q_{ij,t}) + (r_{ij}^2 + x_{ij}^2)l_{ij,t}, \quad \forall t\in\Gamma \tag{8-25}$$

$$V_i^{\text{min}} \leqslant |V_{i,t}| \leqslant V_i^{\text{max}}, \quad \forall t\in\Gamma, \forall i\in\Omega \tag{8-26}$$

$$l_{ij,t} = \frac{P_{ij,t}^2 + Q_{ij,t}^2}{v_{i,t}}, \quad \forall (i,j) \in \varUpsilon, \forall t \in \varGamma \tag{8-27}$$

其中，$P_{j,t}$ 和 $Q_{j,t}$ 为节点 j 的输出有功及无功功率；$P_{ij,t}$ 和 $Q_{ij,t}$ 为线路 ij 从节点 i 传输到节点 j 的有功及无功功率；r_{ij} 和 x_{ij} 为线路 ij 的电阻和电抗；$l_{ij,t}$ 为流过线路 ij 的电流幅值的平方，即 $l_{ij,t} = |I_{ij,t}|^2$；$v_{i,t}$ 为节点 i 的电压幅值的平方，即 $v_{i,t} = |V_{i,t}|^2$。为了将优化模型建模为凸优化问题，我们将式（8-27）所示的二次等式约束松弛为以下不等式约束：

$$l_{ij,t} \geqslant \frac{P_{ij,t}^2 + Q_{ij,t}^2}{v_{i,t}}, \quad \forall (i,j) \in \varUpsilon, \quad \forall t \in \varGamma \tag{8-28}$$

由此，本章的微电网优化问题被建模为以下混合整数二阶锥规划（Mixed Integer Second-Order Cone Programming，MISOCP）问题：

$$\begin{cases} \min_{x_t} \varXi \left(\sum_{t=0}^{T-\Delta t} \left(\sum_{g \in G} C_t^g(P^g) + C_t^{\text{grid}}(P_{\text{buy},t}^{\text{grid}}, P_{\text{sell},t}^{\text{grid}}) + C_t^{\text{bat}}(P_t^b) + C_t^{\text{cur}}(P_t^{\text{cur}}) \right) \right) \\ \text{s.t.式}(8\text{-}9) \sim \text{式}(8\text{-}26), \text{式}(8\text{-}28) \end{cases} \tag{8-29}$$

其中，x_t 为 t 时段的决策变量，如式（8-30）所示：

$$x_t = \left(S_t^g, S_t^b, S_t^{pv}, S_t^{wt}, P_{\text{buy},t}^{\text{grid}}, P_{\text{sell},t}^{\text{grid}}, Q_t^{\text{grid}}, P_{ij,t}, Q_{ij,t}, v_{i,t}, l_{ij,t} \right) \tag{8-30}$$

其中，S 为复功率 $S = P + \mathrm{i}Q$。最小化优化时段内微电网运行费用的期望，关键是要找到最优的决策序列 $x_t \left(t \in \{0, \Delta t, 2\Delta t, \cdots, T - \Delta t\} \right)$。

8.3 基于自适应动态规划的微电网在线调度算法

微电网在线调度是一个多时段优化问题，本节将其建模为马尔可夫决策过程（MDP）。下面定义微电网优化调度问题的状态变量、决策变量、转移函数、外部信息以及目标函数。

微电网的状态变量 S_t 定义为

$$S_t = \{ \text{SOC}_t, P_{i,t}^L, Q_{i,t}^L, \overline{P}_t^{pv}, \overline{P}_t^{wt}, p_{\text{buy},t}^{\text{grid}}, p_{\text{sell},t}^{\text{grid}} \} \tag{8-31}$$

其中，$P_{i,t}^L$ 和 $Q_{i,t}^L$ 分别表示节点 i 处的有功负荷和无功负荷功率。

微电网需要根据系统的状态信息决策可控发电机的有功出力 P_t^g 及无功出力 Q_t^g、与外部电网交换的有功 $P_{\text{buy},t}^{\text{grid}}$、$P_{\text{sell},t}^{\text{grid}}$ 及无功功率 Q_t^{grid}、电池的充/放电状态 $I_t^{\text{ch}}/I_t^{\text{dis}}$、电池的充放电功率 P_t^b 及 Q_t^b、光伏发电系统出力 P_t^{pv} 和 Q_t^{pv}、风机出力 P_t^{wt} 和 Q_t^{wt}、网络节点电压 $V_{i,t}$ 和电流 $I_{i,t}$、线路潮流 $P_{ij,t}$ 和 $Q_{ij,t}$，其中 i 为网络节点编号。因此，微电网在线优化问题的决策变量如式（8-30）所示。

外部信息 W_t 定义为

$$W_t = \left\{ \hat{P}_t^{wt}, \hat{P}_t^{pv}, \hat{P}_{i,t}^L, \hat{Q}_{i,t}^L, \hat{p}_{\text{buy},t}^{\text{grid}}, \hat{p}_{\text{sell},t}^{\text{grid}} \right\} \tag{8-32}$$

外部信息 W_t 用来表征系统中的随机过程。其中，$\hat{P}_t^{wt}$ 和 $\hat{P}_t^{pv}$ 分别为 t 时刻风电和光伏发电功率相比于前一时刻的波动量；$\hat{P}_{i,t}^L$ 和 $\hat{Q}_{i,t}^L$ 分别为 t 时刻节点 i 的有功和无功负荷功率相比于前一时刻的波动量；$\hat{p}_{\text{buy},t}^{\text{grid}}$ 和 $\hat{p}_{\text{sell},t}^{\text{grid}}$ 分别为购售电价的波动量。值得注意的是，在时序上，外部信息 W_t 是在前一时段结束后而当前决策 x_t 获取前获得的随机信息。所以，状态变量 S_t、决策变量 x_t 和外部信息 W_t 的演进过程如式（8-33）及图 8.2（a）所示：

$$h_t = (S_0, x_0, W_{\Delta t}, S_{\Delta t}, x_{\Delta t}, W_{2\Delta t}, S_{2\Delta t}, x_{2\Delta t}, W_{3\Delta t}, \cdots, S_{T-\Delta t}, x_{T-\Delta t}, W_T, S_T) \tag{8-33}$$

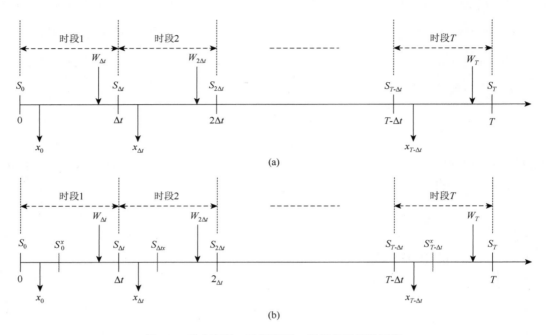

图 8.2　状态变量、决策变量、外部信息演进过程

根据 S_t、x_t 和 $W_{t+\Delta t}$，可定义转移函数 $S_{t+\Delta t} = S^M(S_t, x_t, W_{t+\Delta t})$，其中电池荷电状态转移函数如式（8-22）所示。由于本章采用历史风电、光伏和负荷功率序列数据训练算法，在此不需要建立风电、光伏和负荷功率的状态转移函数模型，仅需从历史数据中读取相应时段的状态量数据即可。最后，本章的目标函数已在式（8-4）给出，在此定义 MDP 模型的效用函数为

$$C_t(S_t, x_t) = \sum_{g \in G} C_t^g(P_t^g) + C_t^{\text{grid}}(P_{\text{buy},t}^{\text{grid}}, P_{\text{sell},t}^{\text{grid}}) + C_t^{\text{bat}}(P_t^b) + C_t^{\text{cur}}(P_t^{\text{cur}}) \tag{8-34}$$

式（8-29）所示的微电网优化问题的最优解可通过递归求解以下贝尔曼方程获得：

$$\begin{aligned}
x_t^* &= \arg\min\left(C_t(S_t, x_t) + \varXi\left(\sum_{\tau = t+\Delta t}^{T-\Delta t} C_\tau(S_\tau, x_\tau) \right) \right) \\
&= \arg\min\left(C_t(S_t, x_t) + \varXi\left(V_{t+\Delta t}(S_{t+\Delta t}) \mid S_t, x_t \right) \right)
\end{aligned} \tag{8-35}$$

其中，值函数 $V_{t+\Delta t}(S_{t+\Delta t})$ 表示从 $t+\Delta t$ 时段到 T 时段微电网的累计运行费用。由于计算贝尔曼方程中的期望存在诸多困难，相关学者提出了基于决策后状态值函数（Value Function around the Post-Decision State）的贝尔曼方程近似求解方法。决策后状态是指系统执行决策后但还未获得任何随机信息之前系统所处的状态。决策前状态 S_t、决策 x_t、随机信息 W_t 和决策后状态 S_t^x 之间的关系如图 8.2（b）所示。使用决策后值函数代替式（8-35）中的期望项后，贝尔曼方程可改写为

$$x_t^* = \arg\min\left(C_t(S_t, x_t) + V_t^x(S_t^x) \right) \tag{8-36}$$

其中，S_t^x 表示决策后状态变量；$V_t^x(\cdot)$ 为决策后状态值函数。决策后状态值函数 $V_t^x(S_t^x)$ 与式（8-35）中期望值项的关系如下：

$$V_t^x(S_t^x) = \varXi\left(V_{t+\Delta t}(S_{t+\Delta t}) \mid S_t, x_t \right) \tag{8-37}$$

决策后状态值函数 $V_t^x(S_t^x)$ 为未知量并且通常由于状态空间和决策空间极大导致难以计算。因

此，本节将采取函数近似的方法获得 $V_t^x(S_t^x)$ 的近似值，这也是值函数近似（Value Function Approximation，VFA）的基本思想。ADP 中常用的函数近似方法有表函数近似、分段线性函数近似及核函数近似等方法。本节采用表函数近似方法（Look-up Tables Method）逼近 $V_t^x(S_t^x)$，并用 $\overline{V}_t^x(\cdot)$ 表示近似表函数，此表函数可建立系统状态变量（需为离散化的状态变量）与微电网未来所有时段运行费用之和期望值的映射关系。式（8-36）所示的贝尔曼方程可进一步改写为

$$x_t = \arg\min\left(C_t(S_t, x_t) + \overline{V}_t^x(S_t^x)\right) \tag{8-38}$$

本章首先需将状态变量和决策变量中的连续变量离散化，如式（8-39）所示：

$$\Delta G = \frac{G_{\max} - G_{\min}}{d_G} \tag{8-39}$$

其中，G 表示状态变量和决策变量中的元素；ΔG 表示变量 G 的离散化步长；$G_{\max}$ 和 $G_{\min}$ 分别表示变量 G 的最大值和最小值；d_G 表示变量 G 的离散化份数。为了降低状态空间和决策空间的大小，将状态变量 S_t 和决策变量 x_t 中除了 SOC_t 和 P_t^b 之外其他连续变量的离散化份数设置为 1。由此，状态空间的大小为 $M = d_{\text{SOC}}$，表函数的大小为 $M \times T$。

通常我们将表函数随机初始化，然后通过多次迭代训练不断更新表函数直至算法收敛。表函数迭代更新的基本思路为，每次迭代更新开始前首先从历史数据中随机采样某一天的风电、光伏功率曲线和负荷曲线，然后从第一个时段开始逐时段地求解贝尔曼方程（8-38）并得到值函数的采样观测值，根据计算得到的采样观测值更新表函数中对应的元素。例如，在第 n 次迭代第 t 时段，系统的状态量为 S_t^n，ADP 使用在上一次迭代中获得的近似值函数递归地计算状态 S_t^n 对的采样观测值：

$$\overline{v}_t^n = \min_{x_t^n}\left(C_t(S_t^n, x_t^n) + \overline{V}_t^{x,n-1}(S_t^{x,n})\right) \tag{8-40}$$

其中，$\overline{v}_t^n$ 为系统处于状态 S_t^n 时的值函数采样估计值；上标 n 表示第 n 次迭代中的变量。值函数可通过如下公式更新：

$$\overline{V}_{t-\Delta t}^{x,n}(S_{t-\Delta t}^{x,n}) = (1 - \alpha^n)\overline{V}_{t-\Delta t}^{x,n-1}(S_{t-\Delta t}^{x,n}) + \alpha^n \overline{v}_t^n \tag{8-41}$$

其中，$\alpha^n \in (0,1)$ 为更新步长。值得注意的是，我们只更新了每次迭代中每个时段所访问的状态 $S_{t-\Delta t}^{x,n}$ 对应的值函数。表函数更新过程如图 8.3 所示。从图中可以发现，每次迭代表函数中被访问的对应元素逐时段前向更新，直至表函数收敛。

ADP 算法通过不断迭代的方式更新值函数表，在每个时步 t，算法需要遍历所有可行的电池充放电决策 $P_t^{b,n}$，并通过求解式（8-40）找到本时段的最优决策。在此，电池的可行充放电决策由约束（8-22）和（8-23）确定。对于任一可行充放电决策 $P_t^{b,n}$，我们通过求解以下单时段微电网经济调度问题获得 x_t^n 中剩余的决策变量，从而获得效用函数 $C_t(S_t^n, x_t^n)$：

$$\begin{cases} \min_{x_t^n \setminus P_t^{b,n}} C_t(S_t^n, x_t^n) \\ \text{s.t.式(8-9)～式(8-17),式(8-20),式(8-24)～式(8-26),式(8-28)} \end{cases} \tag{8-42}$$

对于式（8-42）我们可采用二阶锥规划求解器加以求解。然后将所有可能决策 x_t^n 对应的运行成本 $C_t(S_t^n, x_t^n)$ 代入式（8-40）获得值函数采样估计值 $\overline{v}_t^n$，使用式（8-41）更新值函数表中的元素 $\overline{V}_t^x(S_t^x)$。

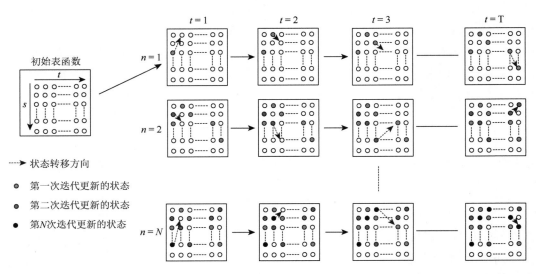

图 8.3　表函数迭代更新过程示意图

综上，本节提出的基于 ADP 的微电网动态经济调度算法如图 8.4 所示。从图中可以看出，原来

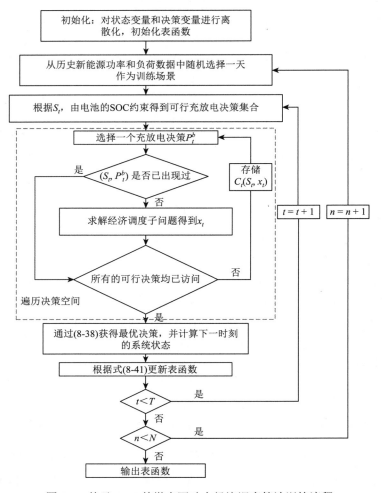

图 8.4　基于 ADP 的微电网动态经济调度算法训练流程

的多时段优化问题被分解为 T 个单时段子优化问题，每个时段的子问题的最优决策通过求解贝尔曼方程获得。对于每个可行充放电决策，通过求解单时段经济调度问题以获得剩余的决策量以及 $C_t(S_t^n, x_t^n)$。特别地，为了加快算法的训练速度，我们将计算得到的每对状态-决策 (S_t, x_t) 对应的运行成本 $C_t(S_t, x_t)$ 储存起来，这样在后续的训练中当遇到相同状态 S_t 下采取相同的电池充放电决策时，我们将不需要再次通过求解单时段经济调度问题获得运行成本 $C_t(S_t, x_t)$。在离线训练得到表函数后，即可通过逐时段求解式（8-38）所示的贝尔曼方程获得微电网的在线运行决策。

8.4　仿　真　分　析

基于所设计的微电网仿真模型，通过仿真算例分析 ADP 算法的优化效果和计算效率，并与短视策略和模型预测控制对比，以验证本章所提算法的有效性。仿真采用的微电网如图 8.1 所示。算例模型中微型柴油发电机的额定发电功率为 30 kW，发电功率下限为 10kW，燃料费用系数为 $\alpha^g = 1.04$ 美元 $/(kW^2 \cdot h)$，$\beta^g = 0.03$ 美元 $/(kW^2 \cdot h)$，$c^g = 1.3$ 美元 $/h$。电池储能系统连接于节点 3，其额定容量为 500kW·h，额定充放电功率为 100kW，循环效率为 90.25%，运行损耗费用系数为 $\rho = 0.1$ 美元 $/(kW^2 \cdot h)$。为了延长电池的使用寿命，电池允许的最低储能电量为 100kW·h。将电池的充放电功率离散化为 9 个可选值，即（−100kW、−75kW、−50kW、−25kW、0kW、25kW、50kW、75kW、100kW），其中正值表示放电，负值表示充电；对于电池的 SOC 状态，其运行范围为 $[SOC^{min}, SOC^{max}]$，本节将其离散化为 41 份，即 $d_{SOC} = 41$。本算例分析设置 $T = 24h$，$\Delta t = 1h$。本节采用实际电网小时级历史数据训练并测试 ADP 算法，光伏、风电和负荷功率数据集如图 8.5 和图 8.6 所示。在此，我们假设每个负荷节点的功率因数为固定值。微电网向外部电网的购售电电价如表 8.1 所示，线路参数如表 8.2 所示。

表函数中的所有元素初始化为 0，值函数更新步长 α^n 设置为固定常数 0.05。微电网优化模型均基于 MATLAB 编程，优化模型的求解采用 Gurobi 商业软件。计算所用计算机的配置如下：CPU 处理器为 Intel i7，主频为 1.90GHz，内存为 16GB。

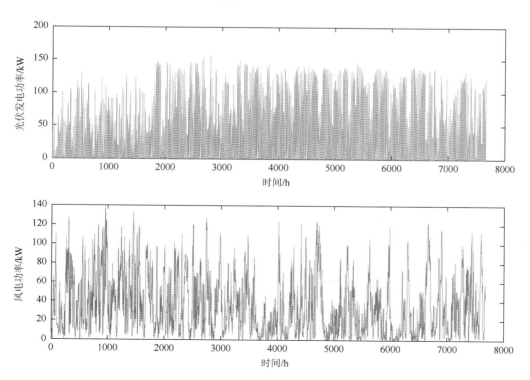

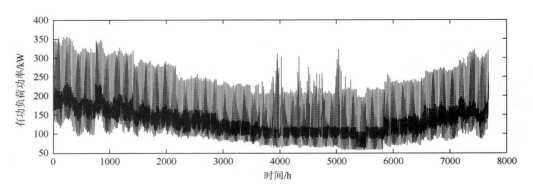

图 8.5 光伏系统、风电功率曲线及负荷功率曲线（训练数据集）

表 8.1 微电网购售电电价

时段	8：00~14：00	14：00~20：00	20：00~22：00	22：00~8：00
购电电价/ (美元/(kW·h))	0.28	0.48	0.28	0.12
售电电价/ (美元/(kW·h))	0.14	0.24	0.14	0.06

表 8.2 微电网线路参数

线路编号	始端节点	终端节点	线路电阻 /($10^{-2}\Omega$)	线路电抗 /($10^{-2}\Omega$)
L1	1	2	0.922	0.470
L2	1	3	4.930	2.511
L3	1	4	3.660	1.864
L4	4	5	3.811	1.941
L5	4	6	1.872	6.188

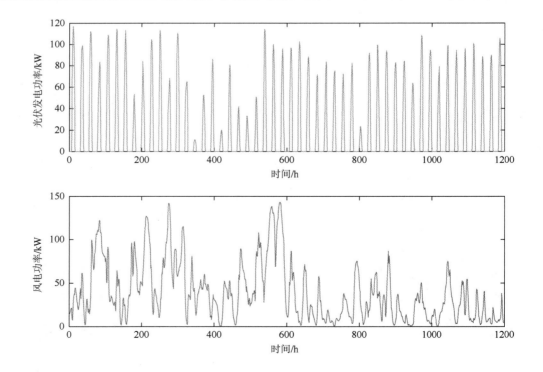

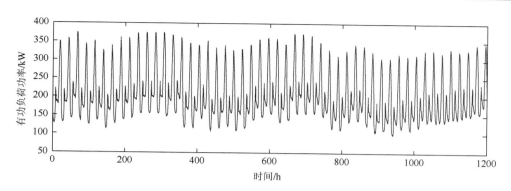

图 8.6　光伏系统、风电功率曲线及负荷功率曲线（测试数据集）

采用图 8.5 所示的训练数据集训练 ADP 算法，值函数 $V_0(S_0)$ 的收敛曲线如图 8.7 所示。我们可以发现 ADP 算法的值函数在 2 万次迭代之前快速增加，经过 5 万次迭代后基本收敛，在随后的训练过程中值函数虽然存在小幅波动，但其始终在 470 上下振荡。

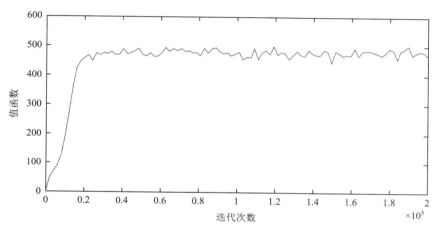

图 8.7　ADP 算法值函数收敛曲线

离线训练得到的近似值函数表可用于微电网的在线调度决策过程。为了验证所提基于 ADP 的微电网在线优化算法的有效性，本节对比了所提算法与短视策略（Myopic Policy）、模型预测控制（Model Predictive Control，MPC）等传统在线优化算法的优化效果。短视策略和模型预测控制的优化模型分别如式（8-43）和式（8-44）所示：

$$
\begin{cases}
\min\limits_{x_t} \sum\limits_{g \in G} C_t^g(P_t^g) + C_t^{\mathrm{grid}}(P_{\mathrm{buy},t}^{\mathrm{grid}}, P_{\mathrm{sell},t}^{\mathrm{grid}}) + C_t^{\mathrm{bat}}(P_t^b) + C_t^{\mathrm{cur}}(P_t^{\mathrm{cur}}) \\
\text{s.t.式(8-9)} \sim \text{式(8-26),式(8-28)}
\end{cases}
\tag{8-43}
$$

$$
\begin{cases}
\min\limits_{x_t,\dots,x_{t+H}} \sum\limits_{\tau=t}^{t+H} \left(\sum\limits_{g \in G} C_\tau^g(P_\tau^g) + C_\tau^{\mathrm{grid}}(P_{\mathrm{buy},\tau}^{\mathrm{grid}}, P_{\mathrm{sell},\tau}^{\mathrm{grid}}) + C_\tau^{\mathrm{bat}}(P_\tau^b) + C_\tau^{\mathrm{cur}}(P_\tau^{\mathrm{cur}}) \right) \\
\text{s.t.式(8-9)} \sim \text{式(8-26),式(8-28)}
\end{cases}
\tag{8-44}
$$

从式（8-43）和式（8-44）可以发现，短视策略仅做出当前最优的调度决策，无法考虑当前决策对后续时段运行费用的影响，而模型预测控制基于未来超短期预测信息在较短的时间窗内做优化。

在测试数据集中任选一天作为测试场景（图 8.8），三种在线优化算法的调度结果如图 8.9（a）～（c）所示，各算法得到的目标函数及计算耗时如表 8.3 所示。需要说明的是，模型预测控制需要根据未来 H 小时的短期风电、光伏功率及负荷功率的预测信息逐时段的滚动优化给出在线决策。本节我们

选取 $H = 4h$，并假设风电和光伏发电功率预测误差服从均值为 0，标准差为 10% 的正态分布；负荷功率预测误差服从均值为 0，标准差为 3% 的正态分布。根据图 8.9 （a） ～ （c），微电网运行中均未出现弃风、弃光现象，且三种在线优化算法均优先利用可再生能源和微型柴油发电机为负荷供电，不足的电力由外部电网或者电池放电供给。优先利用微型柴油发电机的原因是其平均燃料费用低于外部电网的电价。三种在线优化算法调度结果的主要差别在于对电池的充放电控制决策。此外，从仿真结果可以看出，ADP 算法的优化效果比短视策略和 MPC 更好，但在求解时间上 ADP 算法更耗时。这是因为 ADP 算法根据近似值函数可以获得近似全局最优解，但 MPC 和短视策略仅在相对较短的优化时间窗内作优化，由此，其决策非全局最优。

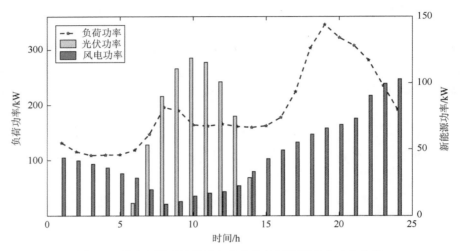

图 8.8　所选取测试场景的负荷曲线机新能源发电功率曲线

显然，在原理上 ADP 算法可能获得更优的决策，但由于需要逐时段求解贝尔曼方程，ADP 算法更加耗时。

表 8.3　不同算法优化结果对比

优化算法	目标函数/美元	平均计算时间/s
短视策略（Myopic Policy）	785.945	37.44
模型预测控制（MPC）	766.702	18.55
自适应动态规划（ADP）	732.313	41.04
完全信息下的最优解	702.951	3.75

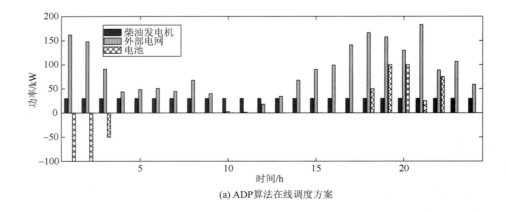

(a) ADP算法在线调度方案

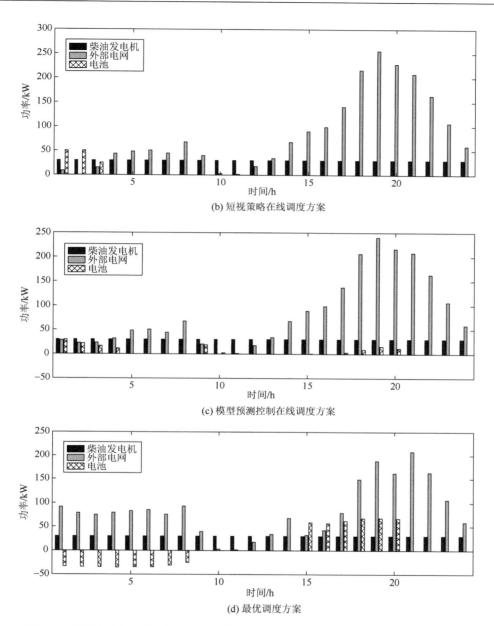

(b) 短视策略在线调度方案

(c) 模型预测控制在线调度方案

(d) 最优调度方案

图 8.9 自适应动态规划、短视策略、模型预测控制算法的调度方案及最优调度方案

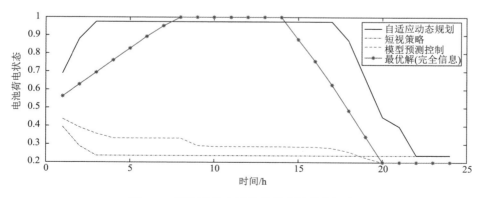

图 8.10 不同优化方法优化的电池荷电状态

由于近似值函数存在逼近误差，因此 ADP 算法求得的优化解与最优解之间存在一定差距。为了评估所提 ADP 在线调度策略的最优性，将其与完全信息下的最优解进行了对比。这里的完全信息指的是系统调度员可以提前获得全天实际的风电、光伏及负荷功率信息，由此，我们可以根据这些信息采用 Gurobi 求解器一次求解式（8-29）所示的优化模型，从而得到最优解。仿真结果如图 8.9（d）和表 8.3 所示。从表 8.3 可以看出，ADP 算法的优化解与最优解之间的间隙（Gap）为 4.177%。此外，图 8.10 给出了各算法优化的电池荷电状态变化曲线。从图示仿真结果可以发现，与最优调度策略类似，基于 ADP 的在线调度策略首先在负荷低谷且电价便宜的夜间向电池充电，然后在负荷晚高峰释放电力以降低微电网的运行费用；而短视策略和模型预测控制均未充分利用电池储能达到"削峰填谷"的功效。注意，由于可再生能源和负荷的功率预测始终存在误差，完全信息下的优化解在实际调度中无法达到，由此，基于短期日内预测信息的 MPC 调度策略在实际电网中获得了广泛应用。但是，基于 ADP 的微电网在线调度策略不需要未来的可再生能源和负荷的功率预测信息，其仅根据当前的系统状态信息做出调度决策，所以相比于 MPC 策略，此方法在微电网调度中具有简单、易实施的优点，而且也降低了可再生能源和负荷功率预测误差对调度结果的影响。综上，基于 ADP 的微电网在线调度策略可以获得良好的近似最优解，验证了本章所提算法的有效性。

为进一步验证所提基于 ADP 算法的调度策略的有效性，我们在图 8.6 所示的测试数据集上测试了所提算法的在线优化误差，并与短视策略和模型预测控制策略的优化结果进行了对比。我们定义所提 ADP 策略的在线优化误差为

$$e = \frac{F_{\mathrm{ADP}} - F^*}{F^*} \qquad (8\text{-}45)$$

其中，F_{ADP} 为采用基于 ADP 的在线优化策略获得的微电网运行费用；F^* 为完全信息下的微电网最优运行费用。短视策略和模型预测控制策略的在线优化误差可类比式（8-45）计算得到。对于模型预测控制策略，我们设置可再生能源及负荷功率预测误差分布与上面算例分析的假设一致。同时，本算例也给出了不同 H 取值下模型预测控制策略的在线优化误差，仿真结果如图 8.11 和表 8.4 所示。根据仿真结果，基于 ADP 算法的微电网在线优化策略的平均优化误差明显小于短视策略和模型预测控制。虽然，模型预测控制的平均优化误差随着 H 取值的增大快速减小，但即使用未来 24 小时的可再生能源和负荷预测信息，其优化效果依然不如基于 ADP 的在线调度策略。另外，我们可以发现，基于 ADP 的微电网在线调度策略优化效果的稳定性也要优于短视策略和模型预测控制。

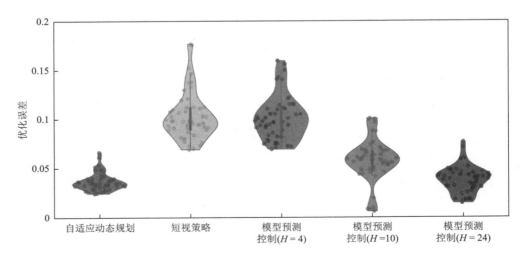

图 8.11　自适应动态规划、模型预测控制和短视策略的在线优化误差的小提琴分布图

表 8.4　自适应动态规划、模型预测控制和短视策略的在线优化误差

优化算法	优化误差均值/%	最大优化误差/%	最小优化误差/%	优化误差标准差/%
短视策略	10.32	17.62	6.90	2.44
模型预测控制（$H = 4$）	10.14	15.96	6.93	2.26
模型预测控制（$H = 10$）	5.77	10.07	0.62	2.16
模型预测控制（$H = 24$）	3.75	7.64	1.46	1.35
自适应动态规划	3.67	6.63	2.46	0.89

8.5　本 章 小 结

　　本章将 ADP 算法应用于微电网在线优化场景，通过多个仿真实验验证了本章算法的有效性。仿真结果表明，基于 ADP 的微电网在线调度策略不依赖于新能源及负荷等随机量的预测信息，可得到满足工程需求的在线调度决策。本章为微电网智能调度运行提供了一种新方法。

参 考 文 献

[1]　Bertsekas D P. Dynamic Programming and Optimal Control [M]. Belmont：Athena Scientific，1995.

[2]　Powell W B. Approximate Dynamic Programming：Solving the curses of dimensionality [M]. Hoboken：John Wiley & Sons，2007.

[3]　Bertsekas D P，Tsitsiklis J N. Neuro-dynamic programming：An overview [C]. Proceedings of 1995 34th IEEE Conference on Decision and Control，New Orleans，1995：560-564.

[4]　Nascimento J，Powell W B. An optimal approximate dynamic programming algorithm for concave，scalar storage problems with vector-valued controls [J]. IEEE Transactions on Automatic Control，2013，58（12）：2995-3010.

[5]　Shuai H，Fang J，Ai X，et al. Stochastic optimization of economic dispatch for microgrid based on approximate dynamic programming [J]. IEEE Transactions on Smart Grid，2018，10（3）：2440-2452.

[6]　Keerthisinghe C，Chapman A C，Verbič G. Energy management of PV-storage systems：Policy approximations using machine learning [J]. IEEE Transactions on Industrial Informatics，2018，15（1）：257-265.

[7]　Shuai H，Fang J，Ai X，et al. On-line energy management of microgrid via parametric cost function approximation [J]. IEEE Transactions on Power Systems，2019，34（4）：3300-3302.

[8]　Du Y，Li F. Intelligent multi-microgrid energy management based on deep neural network and model-free reinforcement learning [J]. IEEE Transactions on Smart Grid，2020，11（2）：1066-1076.

[9]　Low S H. Convex relaxation of optimal power flow—Part I：Formulations and equivalence [J]. IEEE Transactions on Control of Network Systems，2014，1（1）：15-27.

第9章　基于深度强化学习的多目标潮流优化控制与实践

随着特高压交直流混联、高比例可再生能源持续接入、储能装置逐步应用以及电力市场规则与市场参与者行为的改变，电力系统的电力电子化特征日趋显现，电网运行的不确定性、动态性和多元性显著增强。此外，网络安全和频发的自然灾害等外部不确定因素给电网安全运行增加了潜在风险，为电力系统实时调控决策的制定和优化带来前所未有的挑战。

通常情况下，大电网的设计和运行理念是保证 N-1（或部分 N-k）工况下的安全稳定运行，并制定相关标准考核故障前后包括电压、频率、线路潮流在内的多项安全指标[1, 2]。但在面临某些非预想故障等突发状况时，如果缺乏及时有效的在线控制策略，局部扰动可能会扩散，严重时将导致连锁故障甚至大停电的发生，如 2003 年 8 月北美东部大停电和 2011 年 9 月美国西南部大停电事故等[3]。因此，实时监测电网异常并采取快速、有效的调度控制措施对电网安全、经济运行至关重要。目前电网调度控制措施多为基于预设的"最恶劣"或"临界"运行工况并结合调度员历史经验而制定的。在网架结构矛盾突出、交直流相互影响、送受端电网交互作用等复杂场景下，特别是遇到未被预想故障涵盖的大扰动时，所给出的控制策略难以应对快速变化的系统状态，可能会导致过于保守或者乐观的调控措施。

近年来，新一代人工智能技术，特别是深度强化学习（Deep Reinforcement Learning，DRL）技术的不断进步及其在多个领域中的成功应用（如 AlphaGo[4]、AlphaStar、无人驾驶汽车、机器人[5]、负荷响应[6]等）为高度智能化的电网自主、自适应调控提供了启示。在电力系统控制和优化领域，基于该项技术已有部分研究工作展开，例如，文献[7]针对电力系统暂态稳定问题提出了基于强化学习的切机方案；文献[8]和[9]提出了基于强化学习的低频振荡抑制策略；文献[10]提出了在交直流微网环境中基于强化学习的储能装置最优控制方法；文献[11]提出了基于强化学习的电网网络拓扑实时优化与控制；以基于强化学习的电网拓扑实时优化控制为主题，法国电网公司联合多家单位先后三次举办了国际电力人工智能竞赛[12]。

总体来讲，目前对基于 DRL 技术的电网自主调控的研究和工业应用还处于起步阶段。因此，本章基于前期工作[13, 14]，提出了以深度强化学习技术为核心的数据驱动型电网智能自主调控技术框架/系统。基于该框架，由 AI 智能体根据当前电网运行状态和态势感知结果[15-21]，提供在线调控策略并给出该策略对应的预期效果。同时，在该系统的训练过程中，能够将历史控制决策和措施转化为自身的知识库，并根据实时量测数据进一步对控制策略进行优化提升，以应对复杂多变的电网环境。该系统的应用场景包括自主电压控制、联络线潮流控制、频率控制、最优潮流控制、电网网络拓扑实时优化与控制、连锁故障防控和安全防御等，是对电网现有调控决策系统的补充与提升。本章首先以自主电压控制和联络线潮流控制为例，介绍将深度强化学习应用于电网调控的方法并论证了其可行性。其次，提出了基于深度强化学习的多目标潮流实时优化控制方法，并以江苏电网张家港分区为例，介绍了该技术在实际电网中的应用及其效果。

9.1　深度强化学习原理及核心算法

9.1.1　DRL 概述

人工智能是计算机程序模拟人类行为去执行特定任务的过程。机器学习是人工智能体系的一个重要分支，可从复杂动态系统的大量观测数据中学习、训练并不断提升模型精度；使用时则针对当前观测值迅速给出相应输出结果。机器学习主要分为监督式学习、无监督式学习和强化学习（Reinforcement Learning，RL）三类[22]。

一方面，强化学习可有效地解决复杂物理系统的控制和决策问题。图 9.1 给出了强化学习智能体与环境交互（即真实的物理系统或高精度仿真器）的过程。系统环境每执行一个智能体给出的动作（Action），会返回新的系统状态（State）并计算相应的奖励（Reward）；而智能体则会根据当前状态，以输出能够最大化奖励期望值的控制动作为目标，在不断与环境交互过程中学习并改进动作策略。文献[7]详细介绍了将强化学习描述成马尔可夫决策过程、值函数的定义以及几种最优策略的分析算法。由于篇幅限制，该内容将不在本节中重复。

另一方面，深度学习（Deep Learning，DL）提供了通用化表征学习的平台，通常使用多层非线性函数来描述复杂物理系统的输入和输出关系。其特性是可以从大量训练样本中自动搜寻有效的样本特征来训练并提升智能体性能，而无须人工提前指定。

图 9.1　深度强化学习智能体与环境交互过程

DRL 是 DL 和 RL 的结合；其中 DL 用作表征学习，而 RL 则提供控制目标和策略。通过不断与环境交互迭代，DRL 可进行自主学习并逐步完善决策、推理、预测能力，不断提升控制效果。本节首先介绍两种 DRL 代表性算法，即深度 Q 网络（Deep Q Network，DQN）和深度确定性策略梯度（Deep Deterministic Policy Gradient，DDPG），分别适用于电力系统中控制变量为离散量和连续量的两种应用场景。

本节基于深度强化学习技术，提出了数据驱动型电网智能调控框架，其设计如图 9.2 所示。该系统由电力系统实时量测数据（如 PMU、SCADA 数据等）驱动，实时采集、处理、分析大量在线数据并结合电网网络拓扑结构进行状态估计，AI 智能体根据电网运行状态和态势感知结果提供在线调控策略并给出该策略对应的预期效果，从而纠正系统安全越限或优化电网运行状态。同时，AI 智能体可以通过对历史数据的分析或通过与基于高性能计算（High Performance Computing，HPC）的仿真计算程序之间的交互完成初始化。

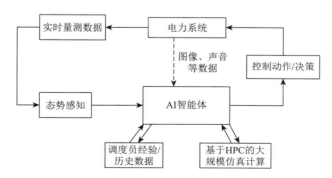

图 9.2　基于深度强化学习的智能调度系统框架

9.1.2　DQN 算法及其适用范围

　　DQN 是使用深度神经网络对 Q-学习算法的有效扩展。传统的 Q-学习算法训练时需要使用 Q 表格，来记录每个训练样本的状态、动作和相应的 Q 值。为了解决 Q-学习难以处理高维度状态和控制动作集的难题，在 DQN 方法中采用了神经网络模型来直接预测 Q 函数值，从而代替了 Q 表格的使用。这使得 Q 函数可以利用连续的状态作为输入变量，从而显著提升了处理更复杂问题的能力。在 DQN 方法中使用神经网络更新 Q 值的流程可描述为

$$Q'_{(s,a)} = Q_{(s,a)} + \alpha \left(r + \gamma \max Q_{(s',a')} - Q_{(s,a)} \right) \tag{9-1}$$

其中，s 与 s' 分别代表系统当前状态与下一刻状态；a 与 a' 代表系统当前控制动作与下一刻控制动作；$\alpha \in [0,1]$ 代表学习率；$\gamma \in [0,1]$ 是衰减率；r 是奖惩函数/值；$Q_{(s,a)}$ 则代表在状态 s 下采取动作 a 的值函数的 Q 值。训练神经网络的过程则是减小 Q 的预测值与真实值之间的误差，即 $\left(r + \gamma \max Q_{(s',a')} - Q_{(s,a)} \right)$。为了有效提升 DQN 的学习效率和性能，通常采用经验回放和定期修正目标网络 Q 值的方法。首先，DQN 分配内存专门存储历史经验并反复从中学习进而更新策略。其次，为了避免不稳定而导致神经网络最后发散，采用两个独立的神经网络模型：一个是目标网络，另一个是评估网络。二者具有相同的结构，但参数不同。评估网络通过不断训练新样本来更新参数（更新较快）；而目标网络则会从评估网络的参数中周期性更新（更新较慢）。该方法可有效提升 DQN 算法训练时的稳定性。

9.1.3　DDPG 算法及其适用范围

　　DDPG 是"演员-评论家"（Actor-Critic）方法和策略梯度算法的有效融合[23]。该方法采用策略网络提供控制动作（起到"演员"的作用），同时采用值函数网络来评估控制动作的效果（起到"评论家"的作用）。策略网络或值函数网络均可以采用类似于 DQN 方法中的两个神经网络以不同速率更新其策略，以达到良好的训练效果。此外，DDPG 同样具有存储历史经验和回放的功能以提高训练性能。例如，训练带有 N 个 $(s_i, a_i, r_i, s_{i+1}, \cdots, s_N, a_N, r_N, s_{N+1})$ 转移关系的随机样本子集（Mini-Batch），"演员"的策略网络可从最开始的 J 分布以式（9-2）进行持续更新：

$$\nabla_{\theta^\mu} J \approx \frac{1}{N} \sum_i \nabla_a Q(s, a \mid \theta^Q) \big|_{s=s_V, a=\mu(s_i)} \nabla_{\theta^\mu} \mu(s \mid \theta^\mu) \big|_{s_i} \tag{9-2}$$

其中，控制动作可以通过"演员"策略函数 $a = \mu(s \mid \theta^\mu)$ 直接算出；θ^μ 是策略网络参数，而 θ^Q 则是值函数网络中的参数。定义 $y_i = r_i + \gamma \hat{Q}(s_{i+1}, \hat{\mu}(s_{i+1} \mid \hat{\theta}^\mu) \mid \hat{\theta}^Q)$，那么"评论家"的值函数网络可以通过式（9-3）来更新，以最小化偏差：

$$L = \frac{1}{N} \sum_i (y_i - Q(s_i, a_i \mid \theta^Q))^2 \tag{9-3}$$

　　在 DDPG 算法中，目标网络的更新方式如式（9-4）所示，其中 τ 是一个较小的更新系数：

$$\begin{cases} \hat{\theta}^Q \leftarrow \tau \theta^Q + (1-\tau) \hat{\theta}^Q \\ \hat{\theta}^\mu \leftarrow \tau \theta^\mu + (1-\tau) \hat{\theta}^\mu \end{cases} \tag{9-4}$$

9.1.4　DQN 与 DDPG 算法的比较及应用方法

　　DQN 方法的实现相对容易，但值得注意的是，DQN 需要针对每一个控制措施指定并计算相应

的 Q 值，因此 DQN 方法适用于控制/决策空间维度较低的离散型控制系统。DDPG 算法的优势是可以有效处理大量、连续的控制变量，但相对于 DQN 方法实现相对复杂，且具有较高的计算复杂度。另外，DDPG 算法对于学习率、衰减率等超参数更为敏感，很容易因为参数影响达不到预期效果。因此，为了避免过拟合现象的发生，需要对 DDPG 算法中的超参数进行特殊处理。首先，使用较小的学习率和衰减率可以有效避免瞬间过度学习的情况发生。其次，随着训练的进行，学习率将会逐步降低，直至智能体能够完全掌握系统自主优化和控制。再次，为了提高训练的有效性，训练过程可以采用优先经验回放等智能采样算法来提高算法的稳定性[23, 24]。最后，考虑到问题的复杂程度，不宜使用过高的深度神经网络的层数以及神经元的个数设置。

　　DQN 和 DDPG 算法各有优缺点，需要针对不同应用场景重新设计整体算法流程。例如，针对控制变压器变比或并联电容器开关这类离散控制变量问题，DQN 算法可以有效地应对；而针对发电机机端电压调节、有功/无功出力调节这里连续变量控制问题，DDPG 算法则较为合适。为了更好地对比两种算法，图 9.3 与图 9.4 将详细阐述基于 DQN 和 DDPG 算法的电力系统自主控制通用方法以及智能体更新流程。

　　在图 9.3 中，在 DQN 智能体探索阶段，使用了衰减 ε-贪婪算法。即 DQN 在第 i 步控制迭代过程中，有 ε 的概率随机选取可选控制集中的任何控制措施，可用式（9-5）更新：

$$\varepsilon_{i+1} = \begin{cases} r_d \times \varepsilon_i, & \varepsilon_i > \varepsilon_{\min} \\ \varepsilon_{\min}, & \text{其他} \end{cases} \tag{9-5}$$

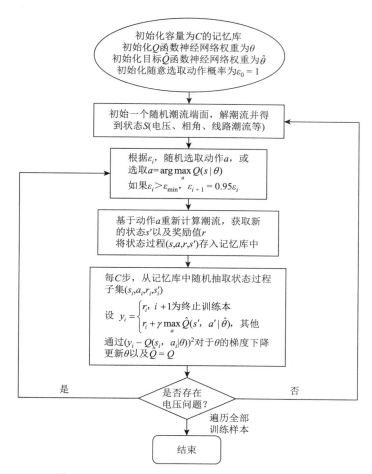

图 9.3　基于 DQN 算法的电力系统自主控制流程图

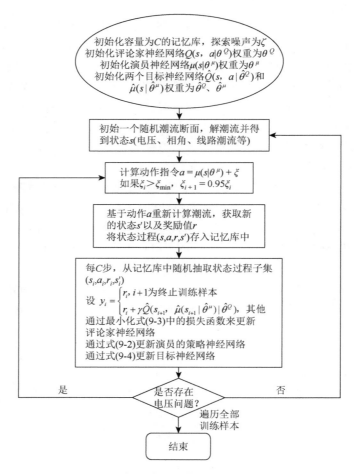

图 9.4　基于 DDPG 算法的电力系统自主控制流程图

如图 9.4 所示，在 DDPG 智能体探索阶段，更新策略时加入了随机衰减的噪声 ζ：

$$\mu'(s_i) = \mu(s_i \mid \theta^{\mu}) + \zeta_i \tag{9-6}$$

其中，$\zeta_{i+1} = r_d \times \varepsilon_i$。

9.2　基于 DRL 的自主电压控制策略

9.2.1　控制目标和样本的定义

为了验证 DRL 在电力系统自主控制应用中的可行性，本节首先以较为理想的自主电压控制为案例，通过智能体的不断学习和经验累计，提升其自主性和智能化水平，进而使电网各个母线电压幅值在各种电网运行工况和各种扰动前后均能够维持在指定范围之内，如[0.95，1.05]p.u.。理想的控制目标是发现电压越界后，智能体经过一次迭代直接给出最有效的控制策略解决系统电压问题。为了训练有效的 DRL 智能体，需要明确定义一个完整的训练样本（Episode）以及相应的奖惩值、系统状态和控制动作集。

（1）样本通过在线数据（SCADA、PMU）或系统状态估计结果采集，可起始于稳态或准稳态时的任何工况。

（2）若该工况无电压越界问题，则 DRL 智能体并不需要提供控制措施，该逻辑也可被设置为空的控制指令。

（3）若发现电压越界问题，DRL 智能体将被激发，以迭代的形式快速给出控制策略。迭代过程中，每组控制措施的效果可从电网进入新的准稳态采集，或通过高精度电网潮流计算引擎获得。

（4）若在规定的迭代次数内解决电压越界问题，则训练样本提前终止；若控制过程中出现潮流计算结果发散或超过规定的次数，该样本也将被强行终止。

9.2.2　奖励机制定义

本小节以最简单的情形为例，每个有效样本的奖励机制定义如图 9.5 所示。一般地，可将系统节点电压幅值分为三类：正常区域[0.95, 1.05]p.u.、越限区域[0.8, 0.95]p.u.或[1.05, 1.25]p.u.和发散区域[<0.8 或>1.25]p.u.。定义 V_j 为母线 j 的电压幅值，那么控制动作的第 i 次迭代奖励值可用式（9-7）来计算：

$$R_i = \begin{cases} 正奖励(+R_p), & \forall V_i \in [0.95,1.05]\text{p.u.} \\ 较小惩罚值(-R_n), & \exists V_i \in [0.95,1.05]\text{p.u.} \\ 较大惩罚值(-R_e), & 潮流发散 \end{cases} \tag{9-7}$$

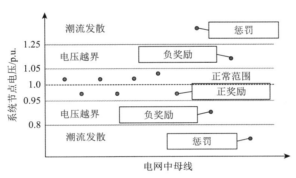

图 9.5　自主电压控制策略的奖励机制

通过式（9-7）定义的奖惩机制可使智能体朝着安全范围控制节点电压。为了得到更有效的控制策略（一次迭代解决电压问题），每个训练样本的最终奖励值 R_f 可定义为一个完整样本内所有控制迭代所得奖励的平均值：

$$R_f = \sum_i^n R_i / n \tag{9-8}$$

其中，n 为完成一个训练样本后所采取的控制迭代总次数。采用该方式可有效促使 DRL 智能体采取更少的控制迭代次数有效解决电压控制问题。需要指出的是，训练智能体时奖励值/函数的设定至关重要，对于不同控制问题和目标应采取不同的奖惩机制。例如，通过在奖惩函数中设计并加入成本函数，可以在系统运行条件约束下实现对不同目标（如网损、潮流越限等）的优化[25-27]。

9.2.3　系统状态定义

样本的状态可从在线系统如 EMS 或 WAMS 中获取，包括系统母线电压幅值、相角、线路有功功率、线路无功功率、发电机的出力、母线节点负荷等。为了有效处理不同类型量测值单位不同导致的灵敏度差异和误差，本节采用样本标准化的方式对所有类型的状态值进行统一处理[28, 29]。假设在一个采样样本中有 m 组状态变量 $B = \{x_1, \cdots, x_m\}$，首先计算样本的平均值 μ_B：

$$\mu_B = \frac{1}{m} \sum_{i=1}^{m} x_i \tag{9-9}$$

该样本的变异系数定义为

$$\sigma_B^2 = \frac{1}{m}\sum_{i=1}^{m}(x_i - \mu_B)^2 \tag{9-10}$$

那么，根据式（9-9）和式（9-10）可计算出该样本的标准化值：

$$x_i' = \frac{x_i - \mu_B}{\sqrt{\sigma_B^2 + \varepsilon}} \tag{9-11}$$

其中，ε 为提升数值稳定性的常数。最后，样本可进一步增加比例系数和偏移量来提升样本训练效率：

$$y_i = \gamma x_i' + \beta \tag{9-12}$$

其中，γ 和 β 是可调整的样本系数。

9.2.4　控制动作集定义

为了简化问题，本节以调节发电机端母线电压设定值为主要控制手段为例，系统介绍训练 DQN 和 DDPG 智能体达到自动电压控制的过程、经验和结论。

（1）基于 DQN 方法的控制措施：每台发电机端电压设定值在离散控制集中选取，如{0.95, 0.975, 1.0, 1.025, 1.05}p.u.。那么可选的控制空间可由所有参与调压的发电机组排列组合来构成。

（2）基于 DDPG 方法的控制措施：由于 DDPG 算法可有效针对每个连续控制变量进行独立决策，那么智能体可根据每台发电机的物理参数决定其相应的控制量取值范围，如[0.95, 1.05]p.u.。

9.2.5　基于 DRL 的自主电压控制实现流程

训练电压安全智能调度 DRL 智能体的流程图如图 9.6 所示，共分为以下四个主要步骤。

（1）根据当前电网工况，可随机更改负荷、发电机出力或者添加故障来模拟实际运行情况，如 *N*-1。求解电网潮流并检查系统所有节点电压幅值是否存在越界。

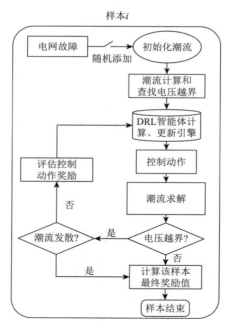

图 9.6　自主电压控制 DRL Agent 训练流程图

（2）若存在越界情况，DRL 智能体将提供控制策略，反馈给电网环境（潮流计算引擎或 EMS 系统）进行验证。

（3）电网环境获得控制指令后实施控制动作，通过潮流求解获取控制动作后的电网状态并计算相应的动作奖惩值。

（4）DRL 智能体从与环境交互中更新控制策略的各参数值并逐步提升控制性能。

需要指出的是，上述步骤主要是针对智能体的离线训练。在线训练或决策过程时，可以直接实施智能体的决策，而不需要反馈给潮流计算引擎，这时可以直接通过电网的实际量测值决定奖惩值；当然，也可以先反馈给潮流计算引擎或 EMS 系统进行验证，验证完毕之后再实施。

9.3　基于 DRL 的自主线路潮流控制实现流程

基于 DRL 的线路潮流是连续控制，并且离散化的效果不理想，因此 DDPG 算法较为适用。基于 DDPG 算法的线路潮流控制的实现与电压控制的实现过程整体类似，区别主要集中于以下几点。

（1）控制目标：电网各条（指定）线路上的潮流在各种运行工况及各种扰动前后都在线路额定容量之内。

（2）控制动作：除了平衡节点的发电机之外的机组的有功出力（在其有效控制范围 $[P_{\min}, P_{\max}]$ 之内）。

（3）奖励机制：为了更好地关联奖惩和控制效果，鼓励低发电成本同时惩罚线路和发电限制违反，奖惩的定义更新如下：

$$R = \begin{cases} \dfrac{(-C_{\text{sys}} + E_1)}{E_2}, & \text{潮流正常} \\ \left(-\dfrac{D_{\text{overflow}}}{E_3} - \dfrac{D_{\text{pgen}}}{E_4}\right) / E_5, & \text{潮流越界} \end{cases} \tag{9-13}$$

其中，潮流正常的定义为：①系统各条（指定）线路的潮流都在其相应的额定容量之内；②各发电机的有功输出均在相应的有效控制范围之内；C_{sys} 为系统的发电成本，定义为式（9-14）；D_{overflow} 和 D_{pgen} 分别衡量系统线路潮流和发电机有功出力违反的程度，定义分别为式（9-15）和式（9-16）；E_1 是一个常量使得在潮流正常的情况下奖励为正；$E_2 \sim E_5$ 的作用是使奖励值的范围落在 $[-1, 1]$ 之间。

$$C_{\text{sys}} = \sum_{i=1}^{l} C_{\text{gen}\_i}(P_{\text{gen}\_i}) \tag{9-14}$$

$$D_{\text{overflow}} = \sum_{i=1}^{l} \begin{Bmatrix} (\min(f_i - f_i^{\min}, 0))^2 \\ (\max(f_i - f_i^{\max}, 0))^2 \end{Bmatrix} \tag{9-15}$$

$$D_{\text{pgen}} = \sum_{i=1}^{n} \begin{Bmatrix} (\min(P_{\text{gen}\_i} - P_{\text{gen}\_i}^{\min}, 0))^2 \\ (\max(P_{\text{gen}\_i} - P_{\text{gen}\_i}^{\max}, 0))^2 \end{Bmatrix} \tag{9-16}$$

其中，n 和 l 分别为系统中发电机总数和（指定）线路总数；$C_{\text{gen}\_i}(\cdot)$ 是发电机 i 的发电成本函数；P_{gen_i} 为发电机 i 的有功出力；f_i、$f_i^{\min}$ 及 $f_i^{\max}$ 分别为线路 i 的潮流、最小容量和最大容量；$P_{\text{gen}\_i}^{\min}$ 与 $P_{\text{gen}\_i}^{\max}$ 分别为发电机 i 的最小有功出力和最大有功出力。

9.4　算例分析及讨论

为了验证本章所提出的基于深度强化学习算法的电网自主学习与控制方法，本节对之前架构的自主电压控制和联络线潮流控制方法分别进行测试。为了产生大量具有代表性的电网工况来训练 DRL 智能体，采用了以下步骤产生训练样本。

（1）了解并指定系统负荷变化的典型范围，如 60%~140%。针对系统中每个负荷节点，随机变化负荷的有功值并维持负荷节点的功率因数不变。

（2）当系统中所有负荷随机改变之后，按一定比例调整系统发电机的有功值。该比例系数值可根据发电机有功上限、可变化裕度、发电机类型等因素调整。

（3）通过设定故障开断状态来反映设备检修、元件停运等电网拓扑结构的变化。

（4）将所有变化反映在系统工况文件中，计算潮流，并保存有合理潮流解的运行工况。

本节采用了加拿大 Powertech Labs 开发的商业潮流计算软件 PSAT，按以上流程产生大量的系统运行点（5 万个以上），并以 PSS/E 文本文件格式存储。

9.4.1 算例验证：基于 DRL 的自主电压控制

本节提出的基于 DQN 和 DDPG 的自主电压控制算法在 IEEE 14 节点系统[13]和美国伊利诺伊 200 节点系统[28]上进行了有效性验证和详细的性能测试。在 IEEE 14 节点系统中，DRL 智能体通过控制 4 台（DQN）或 5 台（DDPG）发电机机端电压来控制全系统节点电压；而在伊利诺伊 200 节点系统中，DRL 智能体则通过同时调节 38 台发电机的机端电压来控制全网电压水平。在两个系统中，电压正常运行范围均定义为[0.95, 1.05]p.u.。另外，生成训练样本的统计电压越界情况如表 9.1 所示。由表 9.1 可见，绝大多数产生的运行工况中含有电压越界的情况。

表 9.1 大量运行工况的电压越界情况总结

测试系统 （负荷范围 60%~140%）		IEEE 14 节点 （特定样本个数/总样本数）	伊利诺伊 200 节点 （特定样本个数/总样本数）
低电压母线数	>6	0.02%	0
	5~6	0.47%	0
	3~4	26.40%	2.20%
	1~2	19.41%	19.36%
无电压越界数		8.25%	10.56%
过电压母线数	1~2	0	5.53%
	3~4	0.14%	60.52%
	5~6	7.97%	1.83%
	7~8	22.32%	0
	>8	15.03%	0

1. IEEE 14 节点系统测试结果

首先训练 DQN 智能体对 IEEE14 节点系统的 5 万个运行工况进行自主电压控制；其中前 4 万个用作训练模型，后 1 万个用作测试（不再更新控制策略）。训练时采用了双神经网络模型、归一化处理方法，并使用 4 台发电机（除平衡节点外）的机端电压值构成了 625（5^4）个控制策略。DQN 的控制效果如图 9.7 所示。随着训练次数逐渐增加，奖励值逐步提高。在测试集中，大多数样本中可以通过一步以内的控制迭代解决电压问题，证实了控制策略的有效性。当增大控制动作空间（5 个发电机同时控制，使动作空间增大到 $5^5 = 3125$）时，则发现许多测试样本需要 2 次以上的迭代才能解决电压问题。由此可见，随着离散变量控制空间的增大，DQN 算法的性能会有所降低。

DDPG 方法可有效解决上述维数灾问题，其在相同样本下的训练和测试的效果如图 9.8 所示。虽然在训练开始时 DDPG 需要更多迭代次数对整个控制空间进行探索，但是在测试（实施）阶段，基于 DDPG 算法的控制效果明显好于 DQN 算法。

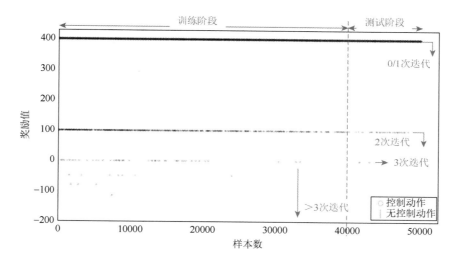

图 9.7　DQN 智能体在 IEEE 14 节点系统的测试效果

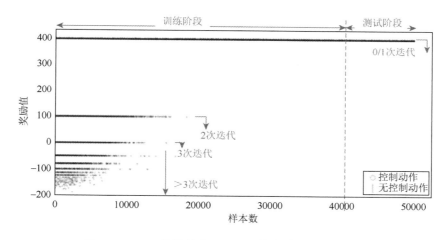

图 9.8　DDPG 智能体在 IEEE 14 节点系统的测试效果

2. 伊利诺伊 200 节点系统测试结果

为了进一步测试本节提出的基于深度强化学习的自主电压控制方法的效果和鲁棒性，同时考虑到维数灾等因素，本小节在伊利诺伊 200 节点系统[28]上测试了基于 DDPG 算法的自主电压控制策略，同时控制 38 台发电机母线电压的设定值。其控制效果如图 9.9 所示。图中上半部分给出了训练和测试样本集内电压越界情况的统计；中间的柱状图则给出了智能体在不同阶段控制迭代次数的统计；下面部分给出了奖励值随着样本数逐渐增大的过程；直至测试阶段所有样本均可在一次迭代以内解决电压问题。由此可见，在复杂度较高的伊利诺伊 200 节点系统中，DDPG 算法同样可达到快速、精准控制全系统电压的效果。

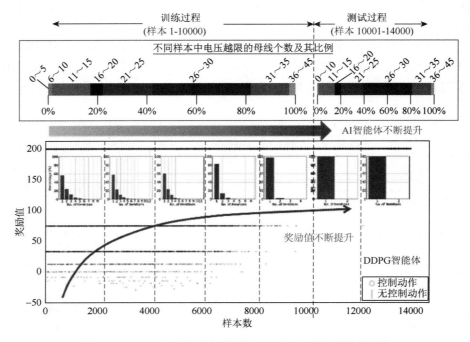

图 9.9　DDPG 智能体在伊利诺伊 200 节点系统的测试效果

3. 不同奖惩函数的效果及其影响

为了验证不同的奖惩机制能否激励智能体向着不同目标前进，在本案例中，每个节点电压都根据表 9.2 设定了不同的奖励值，以衡量其对于参考电压（V_{ref}）的偏离量。而奖励机制的目标就是最小化相对于 V_{ref} 的偏离量。从图 9.10 中可以明显看出，当 V_{ref} 不同时（0.98p.u.或者 1.0p.u.），节点电压的平均量测量会朝着指定的方向前进。这进一步证明了基于 DRL 的自主电压控制可以完成一部分优化目标。

表 9.2　针对每条母线的奖惩设置

运行区间	母线节点电压 V_k/p.u.	奖励值 R_k	奖励值 R_k 变化区间
正常区间	$[V_{ref}, 1.05]$	$\dfrac{1.05 - V_k}{1.05 - V_{ref}}$	$[0, 1]$
正常区间	$[0.95, V_{ref}]$	$\dfrac{V_k - 0.95}{V_{ref} - 0.95}$	$[0, 1]$
电压越界	$(1.05, 1.25]$	$-\dfrac{V_k - V_{ref}}{1.25 - V_{ref}}$	$[-1, -0.2]$
电压越界	$[0.8, 0.95)$	$-\dfrac{V_{ref} - V_k}{V_{ref} - 0.85}$	$[-1, -0.25]$
潮流发散	$[1.25, \infty)$	-5	—
潮流发散	$[0, 0.8)$	-5	—

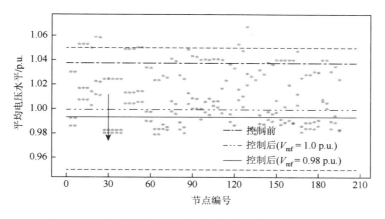

图 9.10　不同奖励机制对于智能体训练/学习结果的影响

9.4.2　基于 DRL 的线路潮流控制

1. IEEE 14 节点系统测试结果

基于 DDPG 算法的线路潮流控制在 IEEE 14 节点系统上进行了有效性验证，其中 3 万个工况用于训练，1 万个工况用于测试。在该系统中，DRL 智能体通过控制 4 台非平衡节点的发电机的有功出力，使得该系统中 20 条线路的潮流均在额定容量范围内。由于该系统的原始参数中并没有线路容量，我们在此采用了文献[12]中的容量限制，如表 9.3 所示。

该情况下的训练和测试结果如图 9.11 所示。经过 3 万个样本的训练，DDPG 智能体在之后的 1 万个测试样本能够快速给出有效的控制措施，使得所有的线路的潮流都在其相应的额定容量范围内。其中智能体在 9999 个样本中能够进行有效控制（99.99%），其中在 99.7% 的情况下能够在一步之内就给出有效控制值，另外 0.3% 的样本中智能体需要两步及以上迭代。由此可见，DDPG 在该系统中能够对线路潮流进行有效控制。

表 9.3　线路容量

线路编号	容量/A	线路编号	容量/A	线路编号	容量/A	线路编号	容量/A
1	996.8	6	447.1	11	390.5	16	100
2	399.9	7	301.9	12	353.7	17	155.3
3	428.4	8	123	13	211.8	18	315.5
4	374.4	9	100	14	175.1	19	150
5	221	10	208.9	15	161.6	20	241

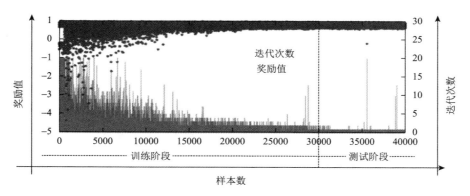

图 9.11　DDPG 智能体在 IEEE 14 节点系统的训练和测试效果

2. 伊利诺伊 200 节点系统测试结果

为了进一步测试本节提出的基于深度强化学习的自主潮流控制方法的效果和鲁棒性，本小节在前面分析的基础上继续针对美国伊利诺伊 200 节点系统[28]进行算法有效性验证。通过随机扰动负荷产生 5 万个样本，其中 4 万个样本用于训练，1 万个样本用于测试。训练和测试过程中使用的线路容量采用文献[26]中的数据。训练和测试结果如图 9.12 所示。为了提升训练过程中智能体的稳定性，对智能体参数的更新在一定的样本训练完成之后进行，即以 epoch 的方式对训练样本进行统计，一个 epoch 包含多个训练样本，因此训练阶段的结果显示的是每个 epoch 的平均迭代次数和奖励值。

经过 4 万个样本的训练，智能体在之后的 1 万个测试样本能够快速给出有效的控制措施，使得所有的线路的潮流都在其相应的额定容量范围内。其中智能体在所有 10000 个测试样本中能够进行有效控制（100.00%），其中在 99.98%的情况下能够在一步之内就给出有效控制值，另外 0.02%的情况下智能体需要两步及以上迭代。

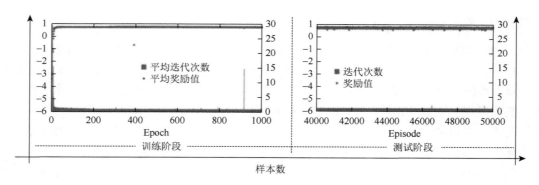

图 9.12　智能体在伊利诺伊 200 节点系统的训练和测试效果

9.5　基于深度强化学习的多目标潮流优化控制实践

我国电网网架结构变化较快，缺乏海量、长期稳定且"有效"的电网数据断面（标注数据样本），尤其是电网事故时的运行数据（标注数据样本），这也成为当下电网调控人工智能技术在实践应用中遇到的瓶颈。借鉴其他领域人工智能技术发展的成功经验，利用电力系统基本原理与规则，基于相对"典型"的电网数据断面（标注数据样本）随机生成合理的样本数据，通过快速地自我学习和训练（深度强化学习技术＋传统电力系统分析算法参与反馈评价），生成满足电网运行控制要求的系列智能体，支撑电网调度和自适应巡航，是解决当前电力人工智能技术发展瓶颈的一个可行思路。

9.5.1　总体流程设计

根据前述讨论，我们可针对母线电压、联络线功率、线路网损等不同控制问题分别训练 AI 智能体以提升其性能，达到预期的优化控制目标。考虑到工程实践中往往需要同时考虑多个优化控制目标，作者在上述成果基础上进一步优化算法，提出了基于最大熵深度强化学习（Soft Actor-Critic，SAC）算法的多目标电网运行优化控制方法，即在训练 AI 智能体的过程中同时考虑多个控制目标及安全约束。考虑多目标和安全约束的电网断面调优问题可建模为马尔可夫决策过程。本小节介绍的实践应用中考虑的多个控制目标为修复电压越限问题、减小网损以及修复联络线潮流越限问题。

即训练 AI 智能体，在电网（即将）发生电压越限和潮流越限时给出快速、有效的控制措施消除电压和潮流越限问题，同时尽量降低传输线路损耗。

为了训练有效的智能体达到该控制目标，相应的环境、样本、状态、动作以及奖励值定义如下。

环境：本小节所提出的 AI 智能体训练方法使用电网真实运行/计算环境，即智能电网调度控制系统（如 D5000）中的状态估计模块和潮流计算模块。该环境可每 5min 输出基于节点/断路器模型的电网状态估计和潮流计算结果，环境与 AI 智能体交互的接口为 QS 文件。

样本：训练和测试样本可从智能电网调度控制系统输出的海量断面潮流文件（CIM/E 格式）中获得，代表不同时间点的电网真实运行状态。样本中可能出现电压越限、传输线路越限等问题，当样本中没有出现电压或功率越限时，AI 智能体则会以降低网损为控制目标。样本的选取对于智能体的训练效果至关重要，应尽可能选取有典型意义的电网运行工况。当历史断面中电网拓扑结构发生重大变化时，该变化可直接反映在历史的海量断面潮流文件中，用于智能体的训练。若针对未来规划中的拓扑结构变化训练 AI 智能体，则需将该变化反映在样本中。此外，智能体的状态空间和控制空间维度也应进行相应的调整。

状态：针对控制目标，系统状态变量将包括变电站母线电压幅值、电压相角、传输线路有功功率和无功功率。

动作：为了有效调整变电站母线电压水平，控制动作可包括调节发电机端电压、投切电容/电抗器、变压器分接头调整、拉停线路等措施。

奖励值：奖励值的设计对 AI 智能体的性能至关重要。为了施加有效控制，考虑多控制目标后的每一步施加控制措施，所对应的奖励值 reward 定义如下。

（1）当发生电压或潮流越限时：

$$\text{reward} = -\frac{\text{dev\_overflow}}{10} - \frac{\text{vio\_voltage}}{100} \qquad (9\text{-}17)$$

（2）当无电压、潮流越限情况且 delta_p_loss＜0 时：

$$\text{reward} = 50 - \text{delta\_}p\_\text{loss} \times 1000 \qquad (9\text{-}18)$$

（3）当无电压、潮流越限情况且 delta_p_loss≥0.02 时：

$$\text{reward} = -100 \qquad (9\text{-}19)$$

（4）其他情况：

$$\text{reward} = -1 - (p\_\text{loss} - p\_\text{loss\_pre}) \times 50 \qquad (9\text{-}20)$$

其中，$\text{dev\_overflow} = \sum_{i}^{N}(\text{sline}(i) - \text{sline\_max}(i))^2$，$N$ 是功率越限线路的总数，sline 是线路视在功率，sline_max 是线路视在功率极限；$\text{vio\_voltage} = \sum_{j}^{M}(V_m(j) - V_{\min}) \times (V_m(j) - V_{\max})$，$M$ 是电压越限母线的总数，V_m 是母线电压幅值，$V_{\min}$ 是电压安全下限，$V_{\max}$ 是电压安全上限。$\text{delta\_}p\_\text{loss} = \dfrac{p\_\text{loss} - p\_\text{loss\_pre}}{p\_\text{loss\_pre}}$，$p\_\text{loss}$ 为当前网损，$p\_\text{loss\_pre}$ 为控制前网损值。

9.5.2　最大熵强化学习算法

强化学习算法可根据价值更新所使用方法的不同分为既定策略（on-Policy）和新策略（off-Policy）两大类。既定策略方法包括 SARSA（State-Action-Reward-State-Action）算法、近端策略优化（Proximal Policy Optimization，PPO）、信赖域策略优化（Trust Region Policy Optimization，TRPO）；而新策略方法包括 Q 学习（Q-Learning）、深度 Q 网络（DQN）、DDPG、SAC 算法等。考虑到实际电网

的复杂性，通过对比各算法的优缺点，在实践中作者采用 SAC 算法对智能体进行训练以实现既定的控制目标，该算法的鲁棒性和收敛性能十分优异。类似于其他强化学习算法，SAC 算法也采用值函数和 Q 函数。区别在于，其他 RL 算法只考虑最大化预期奖励值的积累（$\Sigma_t E_{(s_t,a_t)\sim\rho_\pi}(R(s_t,a_t))$）；而 SAC 算法采用随机策略，在最大化奖励值积累的同时，也最大化熵值，即在满足控制性能要求的前提下采取尽可能随机的控制动作。SAC 算法的核心算法中更新最优策略的过程可用式（9-21）进行表示：

$$\pi^* = \arg\max_\pi \Sigma_t E_{(s_t,a_t)\sim\rho_\pi}(R(s_t,a_t)+\alpha H(\pi|s_t)) \tag{9-21}$$

其中，$H(\pi|s_t)$ 代表控制策略在状态为 s_t 时刻的熵值；α 系数则控制探索新控制策略与采用已有控制策略之间的平衡。SAC 算法采用随机策略，针对多目标电网自主安全调控这一控制决策问题，具有更强大的探索可行域的能力。训练 SAC 算法智能体的过程类似于 DDPG 算法，对于控制策略的评估和提升可采用带有随机梯度的神经网络。构造所需值函数 $V_\psi(s_t)$ 和 Q 函数 $Q_\theta(s_t,a_t)$ 时，可分别用神经网络参数 ψ 和 θ 来表示。SAC 算法中采用两个值函数，其中一个值函数称为"软"（Soft）值函数，来逐步更新策略，以提升算法的稳定性和可靠性。通过最小化两个值函数之间的误差平方值来更新 SAC 的控制策略，如式（9-22）所示：

$$J_v(\psi) = E_{s_t\sim D}\left(V_\psi(s_t)-V_{\text{soft}}(s_t)\right)^2 \tag{9-22}$$

其中

$$V_{\text{soft}}(s_t) = E_{a_t\sim\pi}\left(Q_{\text{soft}}(s_t,a_t)-\alpha\log\pi(a_t|s_t)\right) \tag{9-23}$$

类似地，可定义软 Q 函数，通过式（9-24）来更新策略：

$$J_\theta(Q) = E_{(s_t,a_t)\sim D}\left(Q_\theta(s_t,a_t)-\hat{Q}(s_t,a_t)\right)^2 \tag{9-24}$$

其中

$$\hat{Q}(s_t,a_t) = R(s_t,a_t)+\gamma E_{s_{t+1}\sim p}\left(V_{\bar\psi}(s_{t+1})\right) \tag{9-25}$$

$V_{\bar\psi}(s_{t+1})$ 代表目标值函数网络，可定期更新。不同于其他确定梯度算法，SAC 算法的策略是由带有平均值和协方差的随机高斯分布所表达。代表其控制策略的神经网络参数可通过最小化预期 Kullback-Leibler（KL）偏差而得到，如式（9-26）所示：

$$J_\pi(\phi) = D_{\text{KL}}(\pi(\cdot|s_t))\left\|\left(\exp\left(\frac{1}{\alpha}Q_\theta(s_t,\cdot)\right)-\log Z(s_t)\right)\right.$$
$$= E_{s_t\sim D}\left(E_{a_t\sim\pi_\phi}\left(\alpha\log\left(\pi_\phi(a_t|s_t)\right)-Q_\theta(a_t,s_t)\right)\right) \tag{9-26}$$

训练 SAC 算法智能体的算法流程如算法 9.1 所示。

算法 9.1：SAC 算法智能体训练流程

1.初始化控制策略 $\pi(s,a)$ 和值函数 $V(s)$ 的神经网络参数 θ 和 ϕ；初始化两个 $Q(s,a)$ 函数的神经网络参数 ψ 和 $\bar\psi$；初始化回放缓存 D；设置仿真环境 env

2. for：$k=1,2,\cdots$ 执行，k 代表样本个数

3. for：$t=1,2,\cdots$ 每一步控制迭代，执行

4. 重置训练/测试环境 $s\leftarrow$ env.reset（）

5. 提取状态 s 和控制动作 $a\sim\pi(\cdot|s_t)$

6. 实施控制 α，提取下一步状态 s_{t+1}，奖励值 r 和结束信号 done

7. 储存元组 $<s_t,a_t,r_t,s_{t+1},\text{done}>$ 在缓存 D 中

8. $s_t=s_{t+1}$

9. if 如果满足更新策略条件，则
10. for 根据所需更新次数，执行
11. 从 D 中随机采样 $<s_t, a_t, r, s_{t+1}, \mathrm{done}>$
12. 更新 Q 函数 $Q(s,a)$：　$\theta_i \leftarrow \theta_i - \lambda_Q \nabla J_Q(\theta_i)$
13. 更新值函数 $V(s)$：　$\psi \leftarrow \psi - \lambda_v \nabla J_v(\psi)$
14. 更新策略网络　$\pi(s,a)$：　$\phi \leftarrow \phi - \lambda_\pi \nabla J_\pi(\phi)$
15. 更新目标值网络 $\bar{\psi} \leftarrow \tau\psi + (1-\tau)\bar{\psi}$
16. end for
17. end if
18. end for
19. end for

基于 SAC 算法的多目标电网潮流优化控制训练流程如图 9.13 所示。

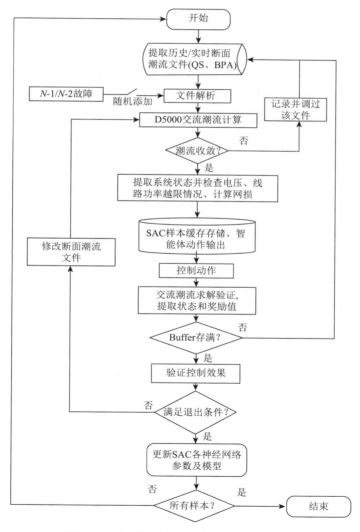

图 9.13　多目标自主调控智能体训练流程图

　　前期准备工作需要搜集大量电网断面潮流文件，代表历史运行工况，连续涵盖几周或者几个月的电网运行状态。训练开始时，首先提取并解析系统断面潮流文件，N-1 或 N-2 故障可以随机添加至基态潮流文件中。由调度员潮流程序进行基态潮流计算并判别是否收敛。若不收敛，则代表该基态潮流文件本身存在数据或模型错误，或电网工况不合理并可能包含安全性问题。若潮流收敛，则分析电网工况，检查包括电压、线路潮流、网损在内的各项指标。提取出的系统状态输入 SAC 算法智能体，给出控制策略。值得注意的是，SAC 算法需要积累一定数量的样本并存放至缓存里，才能进行下一步的模型更新和计算。因此，前期的若干样本会被保存在缓存中，而此时智能体的控制动作将随机产生。当缓存存满之后，将进行下一步智能体的计算和更新流程，直至当前样本训练过程满足退出条件。退出条件包括在规定控制迭代步数内成功修复电压越限、功率越限和成功降低网损（奖励值为正），或者在规定的迭代次数内，未完全解决安全问题（奖励值为负）。当前样本训练满足退出条件后，将更新 SAC 算法的各个神经网络模型参数。当所有样本均被训练后，该流程退出。

　　为了提高训练效果和控制准确性，通常可以采用多线程训练的方式，即采用不同的训练参数和随机数产生多个智能体，综合评估各智能体的效果并选择效果最好的一个或多个，用于在线运行。智能体的测试流程及在线应用流程类似于图 9.13 所示的训练流程；但区别在于：在测试过程中，SAC 算法智能体的各神经网络模型参数不再改变，而是由训练好的智能体直接给出控制策略，并使用智能电网调度控制系统潮流计算程序评估控制效果。

9.5.3　实际系统测试结果

1. 张家港分区概况及系统总体情况介绍

　　为了验证提出的基于 SAC 算法的多目标潮流优化控制在实际电网中的有效性，本小节以江苏电网张家港分区为例，展示所提出方法的实现流程和控制效果。张家港分区的高压网架结构包含 45 个厂站（其中发电厂 5 个，发电机 12 台，500kV 变电站 3 个，220kV 厂站 37 个），线路 96 条。该分区最大统调出力约 230 万 kW，张家港、晨阳、锦丰主变最大受电能力 350 万 kW，最大供电能力约为 580 万 kW。图 9.14 给出了训练 SAC 算法智能体与智能调度控制系统进行交互的过程以及相应的数据/信息传输。当系统断面 QS 文件输出到 AI 智能体所在服务器中时，训练好的智能体可在 1s 以内（亚秒级）给出合理建议来解决电压越界和潮流越限问题并降低系统网损。输出的控制指令将导入 D5000 系统中进行调度员潮流计算，验证其有效性。

　　该系统在张家港分区的训练与测试分为两个阶段，分别是针对典型运行工况的离线训练与测试和在线训练与测试。对于前者，作者采集了 2019 年 7 月底一周的断面潮流文件若干（BPA 格式文件，华东地区），用来验证系统在夏季高峰期的控制效果。而针对后者，首先采集了 2019 年秋/冬季（11 月下旬）几周的断面潮流文件（QS 文件，5 分钟时间间隔，全江苏范围）进行训练，性能达到要求后，进行了在线有效性测试及验证。

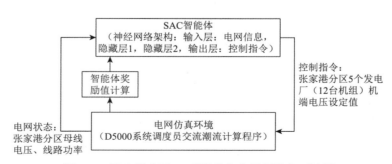

图 9.14　张家港分区 AI 智能体与电网环境交互过程

2. 典型运行工况（2019 年夏季高峰）测试

在训练该智能体的过程中，控制区域为张家港分区，考虑的控制目标包括：①220kV 及以上母线电压不越限，考虑范围为[0.97p.u., 1.07p.u.]；②220kV 及以上线路不过载；③降低 220kV 及以上线路网损达 0.5%以上。控制措施为调节张家港分区内 12 台发电机的机端电压设定值，在[0.97p.u., 1.07p.u.]范围内调节。训练和测试样本的生成流程如下。

在 2019 年 7 月份江苏（含全华东地区，220kV 以上网架）5 个基态断面潮流文件基础上随机扰动张家港分区负荷（±20%，即 80%～120%），并添加 N-1、N-1-1 故障。共产生了 24000 个断面样本，随机选取 12000 个作为训练样本，其余 12000 个作为智能体测试样本。

使用前面介绍的方法训练 SAC 算法智能体，经过 12000 个样本训练后所得到的智能体，对剩余 12000 个样本进行测试。测试结果表明：①在 12000 个测试断面中仅有一个断面的电压越限没有完全解决，其余断面电压越限问题全部解决，未解决断面的电压越限情况有所缓解，电压控制成功率为 99.9917%；②线路过载控制成功率为 100%；③网损降低成功率为 98.33%。该测试结果表明经过训练的 SAC 算法智能体可以有效帮助典型运行工况缓解电压、潮流越限问题并降低网损。一方面，考虑到用于该离线测试的断面数据是在"典型"的实际断面数据上添加各种随机扰动生成的，其中的 1 个未完全解决电压问题的断面数据本身由于不合理存在无解的可能性。因此，少量不合理数据本身并不会影响智能体的训练，更重要的是智能体在在线状态下是基于实际电网数据进行训练与测试。另一方面，训练和测试智能体过程中遇到难以求解的断面，可以进一步对其进行研究，有可能是电网关键断面。因此，该方法也可以用来寻找系统关键断面，由于本节的讨论重点和篇幅所限，在此不做赘述。

3. 在线系统性能测试（2019 年秋/冬季）

基于深度强化学习的多目标自主调控系统于 2019 年 11 月在江苏电网调控中心部署并开始上线运行。该系统的架构如图 9.15 所示，其中，智能体训练和计算服务器部署在安全 I 区，展示服务器部署在安全 III 区。该系统主程序与 D5000 系统在安全 I 区实时交互，用来训练和测试智能体的性能。

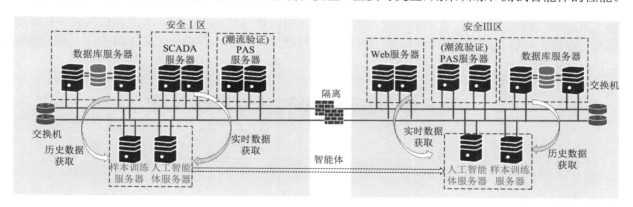

图 9.15　江苏多目标自主调控系统架构

首先采集 2019 年 11 月 22 日～11 月 29 日的江苏电网断面潮流 QS 文件。智能体的训练和测试性能如图 9.16 所示。当施加控制措施后电压和线路功率均不越限，奖励值为正；在此基础上，网损降低越多，奖励值越大。从图 9.16 中可以看出，智能体在训练过程中，前 120 个断面的效果并不理想，但是随着样本数的增加，其性能不断提升。训练集中共有 571 个断面出现电压越下限问题，智能体均可以快速且有效地解决；而在测试集中的 239 个有电压问题的断面均得以有效解决。

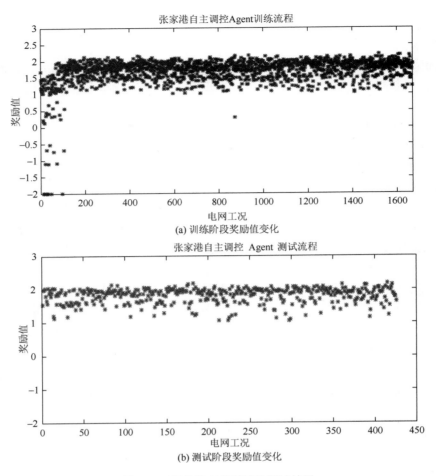

图 9.16 智能体在线训练及测试结果

相应地，图 9.17 给出了智能体训练和测试过程中张家港分区网损降低（输电线路两端有功功率绝对值之差）的变化情况。在训练集中，智能体可平均降低网损 3.4535%（基准为控制前该分区输电网网损值）；而在测试集中，智能体可平均降低网损达 3.8747%。根据智能体的决策，对于所有

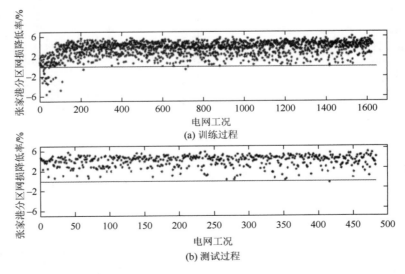

图 9.17 在线训练和测试过程中网损降低率

实时断面，电压越界问题均得到有效解决；有一个断面的电压越限问题得到解决，网损略微有提升；除此之外，所有断面网损均得到不同程度的优化，某些断面网损优化降低率高达 6%；所有断面控制措施实施前与实施后，所有线路潮流均无越限。

为了确保智能体的控制性能以及避免过拟合情况的发生，作者每周两次对智能体训练和测试模型进行运维。针对张家港分区的多目标 AI 调控系统，团队共启用了 3 个离线训练进程（使用不同 SAC 训练参数），1 个在线训练进程（每天针对当天采集到的样本进行训练，并随机抽取历史样本进行测试）以及 1 个实时应用进程（选取前 4 个进程中性能最好的 AI 智能体模型与 D5000 系统实时交互，每 5 分钟为一周期）。通过不断积累的训练样本和调试，可保持 AI 智能体控制措施的有效性和鲁棒性。例如，从 2019 年 12 月 3 日～2020 年 1 月 13 日，D5000 系统向 AI 智能体共发送了 7249 个有效断面潮流文件，其中 99.41%的断面潮流得到了智能体给出的有效控制措施，张家港分区的网损平均降低 3.6412%。其中有 1019 个断面发生了电压越限情况，智能体给出的优化控制策略均可解决（1014 个）或有效缓解（5 个）电压越限情况。在此阶段，线路功率越限的断面个数为 0。图 9.18 给出了该时间段内张家港分区网损降低率情况的总结。

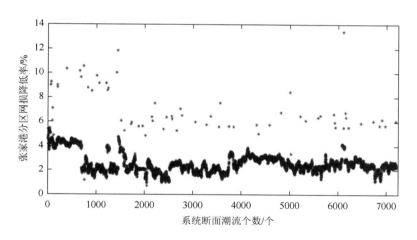

图 9.18　张家港分区网损降低率情况总结

此外，该系统也被部署在宁北分区，用于调节中枢节点电压水平（使用实际电压运行范围计算智能体的奖励值）。截至本节内容撰写之时，系统运行稳定，效果良好。例如，在 2020 年 4 月 10 日～4 月 28 日，该系统从 D5000 收到 4700 多个有效断面潮流文件，宁北分区电压越界问题均可以得到有效解决。AI 智能体平均决策用时为 5.42ms。该系统与 D5000 系统交互平均耗时 6.76s（含两次调度员交流潮流计算）。此外，使用多训练进程与自动更新模型的逻辑可对智能体所使用的神经网络进行权重自动更新，无须人工整定，且调控性能可由调度员潮流程序进行在线验证，确保 AI 控制性能长期有效。由于篇幅限制，本节将不对宁北分区的训练、测试细节进行阐述。考虑到与 AI 智能体交互的 D5000 系统接口与核心功能可覆盖地调的 110kV 及以下电压等级电网，因此本节所提出的基于深度强化学习的多目标潮流优化控制方法具有通用性和可移植性，可扩展并部署于地调系统。网损和电压合格率等考核指标均可被描述成智能体的控制目标。

9.6　本章小结

本章的主要内容包括如下几个方面。①提出了基于深度强化学习的多目标潮流优化控制框架和方法，基于该方法，AI 智能体通过与智能电网调度控制系统的交互，与针对电网多个优化控制目标在线快速提供解决方案。该技术近期可用于辅助调度员决策，远期可为自动调度提供技术手段。其主要技术特性包括：在线动态挖掘数据与模型之间的关联，有效提取电网运行和控制的状态信息；具有亚秒级决策速度；可提供控制策略有效性在线验证；可适用于未覆盖的预想故障、非预设的运行方式等未知工况。②使用该框架设计了自主电压控制与联络线潮流控制等系列应用，并通过大量数值实验和在实际电网中的运行实践验证了所提方法的有效性。实际的测试结果和试运行性能说明，基于人工智能技术的电力系统控制和优化具有广阔前景。

　　未来工作包括如下几个方面。①继续提升单个 AI 智能体的性能；②充分考虑电网测量及计算过程中引入的误差，调整智能体训练方式（在样本集中添加噪声扩充训练样本，调整智能体奖励值及停止训练阈值等），进一步提升 AI 智能体的抗噪性和鲁棒性，以确保智能体的长期有效性；③将应用场景扩展至大电网多个分区直至全网，并与现有调控手段进行详细量化对比；④在诸如地区潮流控制、区域联络线控制、系统运行优化控制和事故处理以及调度员辅助决策等方面进行应用拓展和推广。

参 考 文 献

[1]　North American Electric Reliability Inc. Transmission system planning performance requirements[EB/OL]. https://www.nerc. com/files/TPL-001-4.pdf. [2021-05-23].

[2]　中华人民共和国国家标准. 电力系统安全稳定导则. GB 38755—2019 [S]. 北京：中国电力出版社，2019.

[3]　U.S.-Canada Power System Outage Task Force. Final report on the August 14，2003 blackout in the United States and Canada[EB/OL]. https://www.energy.gov/sites/default/files/oeprod/DocumentsandMedia/BlackoutFinal-Web.pdf. [2021-05-23].

[4]　Silver D，Schrittwieser J，Mastering the game of go without human knowledge[J]. Nature – International Journal of Science，2017，550：354-359.

[5]　Kober J，Bagnell J，Peters J. Reinforcement learning in robotics：A survey[J]. International Journal of Robotics Research，2013，32（11）：1238-1278.

[6]　Bian D，Pipattansomporn M，Rahman S. A human expert-based approach to electrical peak demand management[J]. IEEE Transactions on Power Delivery，2015，30（3）：1119-1127.

[7]　刘威，张东霞，王新迎，等. 基于深度强化学习的电网紧急控制策略研究[J]. 中国电机工程学报，2018，38（1）：109-119.

[8]　Liu W，Zhang D X，Wang X Y，et al. A decision making strategy for generating unit tripping under emergency circumstances based on deep reinforcement learning[J]. Proceedings of the CSEE，2018，38（1）：109-119.

[9]　Duan J，Xu H，Liu W. Q-learning based damping control of wide-area power systems under cyber uncertainties[J]. IEEE Transactions on Smart Grid，2018，9（2）：6408-6418.

[10]　Hashmy Y，Yu Z，Shi D，et al. Wide area measurement system-based low frequency oscillation damping control through reinforcement learning[J]. IEEE Transactions on Smart Grid，2020，11（6）：5072-5083.

[11]　Duan J，Yi Z，Shi D，et al. Reinforcement-learning-based optimal control for hybrid energy storage systems in hybrid AC/DC microgrids[J]. IEEE Transactions on Industrial Informatics，2019，Early Access.

[12]　Kelly A，O'Sullivan A. Reinforcement learning for electricity network operation[EB/OL]. Available：https://arxiv.org/abs/2003. 07339.

[13]　France and Cha Learn. Learning to run a power network challenge [EB/OL]. Available：https://l2rpn.chalearn.org/[2020-12-18].

[14]　Diao R，Wang Z，Shi D，et al. Autonomous voltage control for grid operation using deep reinforcement learning[C]. IEEE PES General Meeting，Atlanta，2019.

[15]　Duan J，Shi D，Diao R，et al. Deep-reinforcement-learning-based autonomous voltage control for power grid operations[J]. IEEE Transactions on Power Systems，2019，Early Access.

[16]　Liao M，Shi D，Yu Z，et al. An alternating direction method of multipliers-based approach for PMU data recovery[J]. IEEE Transactions on Smart Grid，2019，10（4）：4554-4565.

[17]　Lu X，Shi D，Bin Z，et al. PMU assisted power system parameter calibration at Jiangsu electric power company[C]. IEEE PES General Meeting，Chicago，2017.

[18]　Zhang X，Shi D，Xiao L，et al. Sensitivity based Thevenin index for voltage stability assessment considering N-1 contingency[C]. IEEE PES General Meeting，Portland，2018.

[19]　Nie Z，Zhang X，Zhao X，et al. Adaptive online learning with momentum for contingency-based voltage stability assessment[C]. IEEE PES

General Meeting，Atlanta，2019.

[20]　Bian D，Yu Z，A Real-time robust low-frequency oscillation detection and analysis（LFODA）system with innovative ensemble filtering[J]. CSEE Journal of Power and Energy Systems，2019，Early Access.

[21]　Yu Z. Distributed estimation of oscillations in power systems：An extended Kalman filtering approach[J]. CSEE Journal of Power and Energy Systems，2019，Early Access.

[22]　Meng Y，Yu Z，Shi D，et al. Forced oscillation source location via multivariate time series classification[C]. IEEE PES T&D Conference and Exposition，Denver，2018.

[23]　Artificial Intelligence Industry. An overview by segment [EB/OL]. https://emerj.com/ai-sector-overviews/artificial-intelligence- industry-an-overview-by-segment/. [2021-05-23].

[24]　Lillicrap T P，Hunt J J，Pritzel A，et al. Continuous control with deep reinforcement learning[C]. International Conference on Learning Representations，San Diego，2015.

[25]　Dbadi M，Barham P，Chen J，et al. Tensorflow：A system for large-scale machine learning[C]. Symposium on Operating Systems Design and Implementation，Savannah，2016.

[26]　Tu L，Duan J，Zhang B，et al. AI-Based autonomous line flow control via topology adjustment for maximizing time-series ATCs[C]. IEEE PES General Meeting，Montreal，2020.

[27]　Zhang B，Lu X，Diao R，et al. Real-time autonomous line flow control using proximal policy optimization[C]. IEEE PES General Meeting，Montreal，2020.

[28]　Duan J，Li H，Zhang X，et al. A deep reinforcement learning based approach for optimal active power dispatch[C]. IEEE Sustainable Power and Energy Conference，Beijing，2019.

[29]　Xu T，Birchfield A，Overbye T J. Modeling，tuning and validating system dynamics in synthetic electric grids[J]. IEEE Transastions on Power Systems，2018，33（6）：6501-6509.

第10章 基于多智能体深度强化学习的配电网光伏逆变器协同控制

大规模分布式光伏接入配电网，给配网的安全稳定运行带来了一系列挑战。由于光照资源具有间歇性、波动性和随机性的特点，光伏的并网造成系统电压的波动。对并网逆变器实施无时延的高效率控制可以减小电压的波动，改善电能的质量；分布式光伏在整个配电网中覆盖率较高且安装位置十分分散，该现状增加了各并网逆变器之间协调控制的复杂度与难度。基于集中控制的策略，首先需要采集各分散逆变器的状态信息，然后经过专用通信线路传入集中控制室；由于信号采集、传送与处理过程中存在严重的时延问题，时延必然导致逆变器的控制效率低下，且难以满足实时控制要求。这使得含大规模分布式光伏的配电网运行异常困难。

针对集中控制存在的时延和控制效率低等问题，本章提出一种基于多智能体深度强化学习（Multi-Agent Deep Reinforcement Learning，MADRL）的配电网光伏逆变器协同控制方法，通过对各相邻区域逆变器进行就地控制，有效地避免了控制信号传递过程的时延问题，具体研究内容如下。提出一种基于 MADRL 的方法，用于具有含渗透率光伏的配电系统电压调节。通过对本地策略网络和中心评价网络的训练，设计的代理可以从历史数据中学习协调控制策略。学习到的策略能够实施在线协调控制。与其他方法的比较结果表明，该方法在各种条件下的控制能力均得到增强。

10.1 应 用 背 景

光伏在配电网中的渗透率不断提高，由于其快速的功率变化，可能导致电压波动。为了解决这个问题，学界相继提出了各种方法。对于电压控制策略可以分为两种：基于有功功率的方法和基于无功功率的方法。基于有功功率的方法适用于具有高 R/X 的低压配电网的电压调节。电池存储系统的充电调度[1]和减少光伏电源的功率[2]是两个主要策略。减少光伏发电的有功功率会降低配电网对光伏的吸收能力，且电池能量系统的充电/放电控制成本较高。另外，基于无功功率的策略通过利用电容器组，静态无功补偿器和电压逆变器的电压控制能力来减少电压波动。正如文献[3]、[4]所述，无功功率控制是一种有效且经济的电压调节方式。从控制框架的角度来看，电压调节策略可分为三类[5]：集中式[6]，无通信的本地控制[7]和有通信的分布式控制[8, 9]。集中控制策略需要快速而可靠的通信链接，这对于实际的配电系统而言是一个挑战。本地控制方法可以基于本地观察进行决策，但是由于代理之间缺乏协作，资源的能力可能无法得到充分利用。分散和协调的控制方法可以使用具有有限通信链接的本地信息来实现协作控制[9, 10]。

近年来，随着人工智能技术的发展，MADRL 算法在各种应用中变得越来越流行。在 MADRL 算法中，控制单元被建模为具有不同控制策略的智能体。智能体可以通过与环境（整个控制系统）的交互获得最佳控制策略，并可以通过在离线训练过程中建模其他智能体的策略来合作学习。训练完成后，智能体可以实时提供最佳控制策略，对未知状态信息具有较强适应性。

本章提出将基于 MADRL 的方法扩展到光伏逆变器的协调控制。它具有以下优点。①仅需要本地信息，而无须部署昂贵的通信设备。这有区别于广泛使用的基于机器学习的集中控制框架，该框架计算量大。②所提出的基于 MADRL 的方法能够从历史数据中提取最佳的协调控制策略。嵌入了过去的操作经验的这些信息可以推广到新遇到的情况，而无须解决优化问题。决策学习过程类似于从内存中回忆过去的控制经验，从而可以在线实现。③多智能体深度确定性策略梯度（Multi-Agent Deep Deterministic Policy Gradient，MADDPG）算法与注意力模型（Attention Model）集成在一起，以增强其可扩展性以处理更多的控制对象。

10.2　本章所提方法描述

在本节中，首先将配电网中的电压调节问题建模为马尔可夫博弈过程，然后通过采用带有注意力模型的 MADDPG 算法来求解博弈过程。

10.2.1　马尔可夫博弈过程

提出的基于 MADRL 的电压调节方法的体系结构如图 10.1 所示。在提出的控制框架中，配电网是环境，每个光伏逆变器表示一个独立的智能体。光伏逆变器的协同控制可以建模为 N 个智能体的马尔可夫博弈，具体包括如下。

状态集合：$s_t^i \in S_t$ 是智能体 i 在 t 时刻获得的本地信息。S_t 表示 t 时刻处所有智能体的状态。在本章中，s_t^i 由 $P_{L,t}^i$、$Q_{L,t}^i$ 和 $P_{PV,t}^i$ 组成，分别代表智能体所连接节点的负载需求的有功功率和无功功率以及 PV 的有功功率注入。

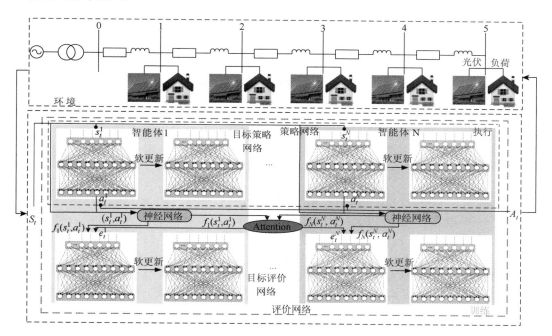

图 10.1　整体框架图

动作集合：$a_t^i \in A_t$ 表示代理 i 在时间 t 的动作。A_t 代表所有代理在时间步骤 t 的动作。在这种情况下，动作由 $Q_{PV,t}^i$ 表示，代表相应的光伏逆变器的无功功率。

奖励函数：$r_t^i \in r_t$ 表示在时间步长 t 对代理商 i 的直接奖励。r_t 是所有智能体的一套奖励。在本章中，奖励定义为

$$r_t^i = -\sum_{j=1}^{N} |\Delta V_j|$$

其中，ΔV_j 和 N 分别是母线 j 的电压偏差和母线个数。

在每个时间步长中，每个智能体都会根据本地观察状态 s_t^i 采取动作 a_t^i，并获得即时奖励 r_t^i，这取决于全局状态和其他代理的行动。当所有代理完成动作后，系统转移到下一个状态，即马尔可夫博弈过程。每个智能体的目标是学习 s_t^i 映射到 a_t^i 的协调策略，以获得最大的奖励值。

10.2.2　带有注意力机制的 MADDPG

为了实现协调控制策略，本章提出了一种基于 Actor-Critic 框架的 MADRL 算法。具体来说，每个智能体都由策略函数 μ_i 和评价函数 Q_i 组成。策略函数学习状态 s_t^i 到动作 a_t^i 的映射。(S_t, A_t) 映射到标量的评价函数是对该策略基于全局状态做动作的判断。每个智能体的策略函数和评价函数相互对抗训练，以使评价函数可以提供更加准确的评估，策略函数可以产生具有更小的电压偏差的无功功率。

策略函数：在本章中，使用参数化的神经网络（Neural Network，NN）来近似处理动态系统的策略函数。根据以下性能函数[11]的梯度优化参数：

$$\nabla_{\theta^{\mu_i}} J(\mu_i) = E_{S_t, A_t \sim D}\left(\nabla_{\theta^{\mu_i}} \mu_i(a_t^i \mid s_t^i) \nabla_{a_t^i} Q_i^\mu(S_t, a_t^1, ..., a_t^N)\big|_{a_t^i = \mu_i(s_t^i)}\right) \tag{10-1}$$

带有注意力机制的评价函数：在 MADDPG 算法中，评价函数平等对待所有智能体的状态和动作。这导致两个缺点：忽略了不同智能体之间的空间特性，当应用于具有大量控制对象的大型系统时，可能导致性能下降。为了解决这个问题，我们采用了带有注意力机制的评价函数。它允许聪明地学习关注与奖励最相关的特定信息。此机制增强了原始 MADDPG 算法的可伸缩性，以处理具有更多控制对象的方案。智能体 i 的评价函数 $Q_i^\mu(S_t, A_t)$，是所有智能体的状态和行为的函数，其表示如下[12]：

$$Q_i^{\mu_i}(S_t, A_t) = g_i(f_i(s_t^i, a_t^i), e_t^i) \tag{10-2}$$

其中，$f_i(\cdot)$ 表示由单层神经网络组成的智能体 i 的嵌入函数；$g_i(\cdot)$ 是用于近似评价函数的两层神经网络；e_t^i 是除智能体 i 以外的所有智能体的贡献的加权总和：

$$e_t^i = \sum_{j \neq i} \alpha_t^j \cdot u_t^j \tag{10-3}$$

$$u_t^j = V^{\mathrm{T}} \times f_j(s_t^j, a_t^j) \tag{10-4}$$

$$\alpha_t^j \propto \exp((u_t^j)^{\mathrm{T}} W_k^{\mathrm{T}} W_q f_i(s_t^i, a_t^i)) \tag{10-5}$$

其中，α_t^j 是智能体 i 在时间步长 t 对智能体 j 支付的注意力权重；u_t^j 是 j 的状态和动作的嵌入；V^{T} 是用于线性变换的矩阵；$f_j(\cdot)$ 是智能体 j 的嵌入函数；注意力权重 α_t^j 是通过比较智能体 i 和智能体 j 的嵌入值得出的；W_k 和 W_q 是过渡矩阵。智能体 i 的注意模型的注意力模型（式（10-3）～式（10-5）中的参数）和评价函数的参数由 θ^{Q_i} 表示。它们将以有监督的方式进行优化[11]。

目标网络和经验缓冲区：引入参数化的目标策略网络 θ^{μ_i} 和参数化的目标评价网络 θ^{Q_i}，以稳定训练过程。重播缓冲机制还用于打破数据之间的相关性[8]，智能体 i 的 NN 的参数可以表示为 $\{\theta^{\mu_i}, \theta^{Q_i}, \theta^{\mu_i}, \theta^{Q_i}\}$。

本章所提方法的实现过程如下。该方法的实施可以分为两个阶段：集中式离线训练和分散式在线执行。在训练阶段，每个智能体都由策略网络和评价网络组成。策略网络将本地信息作为输入，而评价网络的输入则通过其他智能体的状态和动作来增加。这有助于智能体建模其他智能体的决策程序，并有助于制定合作控制策略。由于训练是在离线模拟中完成的，无须特定的通信即可实现信息交换。在训练过程中，对策略网络和评价网络进行相互训练，以学习最佳控制策略。有关参数优化的详细步骤，请参考文献[11]。训练完成后，网络参数将固定，仅保留策略网络。然后，每个智能体的策略网络都可以根据本地观察实时做出决策。扩充后的信息仅在策略网络训练期间使用，因此智能体可以展示合作行为，并使用本地信息对其他智能体提供更可靠的决策。实时分散控制算法的程序如表 10.1 所示。

表 10.1　实时分散控制算法

1：加载每个代理的 actor 网络的参数
2：对于时间步 $t = 1, 2, \cdots, T$ 执行
3：对于代理 $i = 1, \cdots, N$ 执行
4：获取本地观测 s_t^i
5：根据 $a_t^i = \mu_i(s_t^i \mid \theta^\mu)$ 计算动作 a_t^i
6：输出智能体 i 的动作 a_t^i
9：结束
10：连接所有代理的动作 $A_t = (a_t^1, \cdots, a_t^N)$
11：结束
12：返回：$A_1 : A_T$

10.3　算例分析

首先在 IEEE 33 节点系统上进行仿真，以验证所提出方法的有效性，测试系统如图 10.2 所示。对来自中国四川省小金县的一年光伏输出数据进行了缩放，并用于验证。数据分为训练集和测试集。训练集用于训练代理并基于本地观察值学习协作控制策略，而测试集则用于调查掌握的控制策略的性能。仿真设置如表 10.2 所示。智能体个数设置为 9，每个智能体对应一个 PV 逆变器。每个智能体都有两个策略网络和两个评价网络。所有网络共享相同的结构。隐藏层的数量分别为 100 和 100。该方法的参数设置如表 10.3 所示。对文献中的几种方法进行了比较，以证明所提方法所获得的好处，包括传统的下垂控制方法和基于 MADDPG 的方法。值得注意的是，这是首次将基于 MADDPG 的方法扩展到使用 PV 逆变器的配电系统电压控制。本章提出的方法通过注意力模型进一步改进了它。

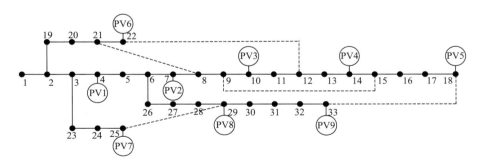

图 10.2　IEEE 33 节点测试系统

表 10.2　仿真设置

最大允许电压偏差	5%
光伏逆变器额定功率/MW	1.5
光伏逆变器视在功率/MVA	1.575

表 10.3　所提方法的超参数设置

参数	取值
神经网络训练批次	32
经验回放器容量	48000
折扣因子	0
软更新系数	0.001
策略网络学习率	0.001
评价网络学习率	0.002

10.3.1　训练过程

该方法开展了 14000 回合的训练,以学习最佳的就地协调电压调节策略。一个回合包含 24 个时间步长,每个时间步长对应一个小时。累积奖励是一个回合中所有电压偏差的总和。训练过程中奖励的变化如图 10.3 所示。由于所有智能体共享一个目标函数,所以训练过程的变化曲线时一致的。在 2000 回合之前,智能体随机选择动作以充分探索环境,积累经验。2000 回合之后,智能体开始学习,在此期间通过优化参数来最大化累积奖励。可以看出,在训练的初始阶段,由于缺乏相关经验,智能体获得的奖励值相对较低。通过不断的试错和经验积累,智能体获得的奖励值逐步提高,说明智能体通过与环境不断地交互,逐渐习得降低电压偏移的控制策略。当训练进行到 14000 回合时,智能体获得的奖励值稳定在了一个相对较高的水平,说明智能体此时已经掌握了就地协调电压控制策略。

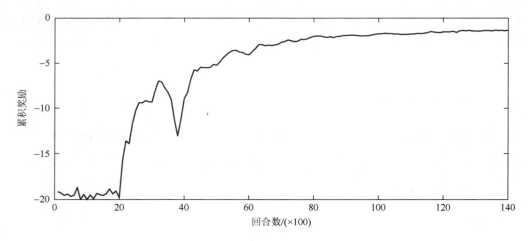

图 10.3　训练过程中奖励变化曲线

10.3.2　性能评估

为了评估从训练数据中学到的控制策略的性能和已经学习到的策略在处理不确定性时的能力，我们将在训练集上学习到的控制策略在测试集上开展测试。测试集包含了 30 天的数据。各种控制策略的电压偏差的平均，最大电压升和最大电压降如表 10.4 所示。原始方法意味着不对光伏逆变器进行控制。集中式方法假定了完美的通信条件，并且及时收集了 PV 的有功功率以及负荷的需求量。该策略提供了电压调节问题的理论极限。从表中可以观察到，当不采用任何控制策略时，配电网的电压因受到 PV 接入的影响而产生较大偏移。最大电压升为 7.42%，最大电压降为 3.66%，均超出了合理的电压范围。当采用基于 MADDPG 的控制策略时，电压偏移被降低到一个相对较低的水平，同时，最大电压升和最大电压降也均在合理的范围内。MADDPG 的方法在训练过程中通过对其他智能体的决策过程进行建模来学习协调控制策略，在实际部署后仅基于局部信息就可获得优良的控制性能。与基于 MADDPG 的方法相比，带有注意力机制的策略，可以帮助每个智能体的评价网络在训练期间关注与奖励值最相关的信息，从而降低当智能体增多时由于搜索空间的巨量增长而带来的性能下降。因此，当智能体数量较多时，所提方法能更有效地降低电压的偏移，获取更好的电压控制效果。

表 10.4　IEEE 33 节点系统的电压偏差情况

方法	平均值	最大电压升	最大电压降
原始方法	1.68%	7.42%	3.66%
MADDPG	0.16%	1.19%	0.87%
本章方法	0.12%	1.01%	0.75%
中心式控制	0.04%	0.62%	0.60%

为进一步评估本章所提方法的电压控制效果，我们定义了平均优化精度，以评估所提出方法的计算精度：

$$\text{ACC}=|\frac{\Delta V_{\text{pro}} - \Delta V_{\text{ori}}}{\Delta V_{\text{cen}} - \Delta V_{\text{ori}}}|\times 100\% \tag{10-6}$$

其中，ACC 表示与理论极限相比，所提出方法的最优性；ΔV_{pro}、ΔV_{cen} 和 ΔV_{ori} 分别是提出的方法、集中式方法和原始值的平均电压偏差。该方法仅使用本地信息即可达到 95.1% 的最优性，证明了其有效性。

为了进一步比较每种方法的性能，选择了测试集中光照较为充足的一天作为案例分析。PV 和负载曲线如图 10.4 所示。该测试的目的是展示各种控制策略的电压调节效果。图 10.5 展示了 $t = 1$：00 PM 时基于各种策略优化后的每个节点的电压偏移情况。可以从图中观察到，当不采用无功控制策略调压时，存在较为严重的过电压问题，请参见节点 9～18。使用 MADDPG 的策略进行无功控制时，电压被调整到一个合理的范围内，但是与本章提出的基于注意力机制的 MADRL 方法相比，它具有更大的电压波动。

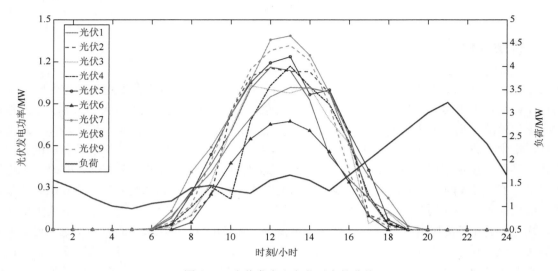

图 10.4　光伏发电和负荷需求的曲线

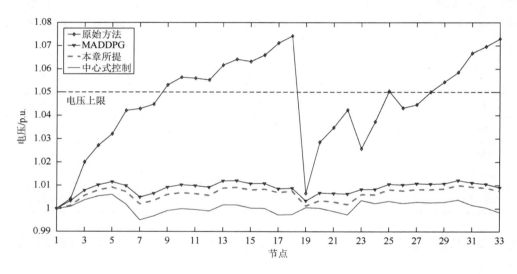

图 10.5　$t = 1{:}00\text{PM}$ 时优化前后每个节点的电压

10.4　本　章　小　结

本章利用光伏逆变器无功电压调节能力,提出了一种基于注意力机制的 MADRL 方法用于配电网电压调节。本章所提方法可以仅使用本地信息来实现光伏逆变器的就地协调控制,从而降低了通信链路的成本。IEEE 33 节点系统的仿真结果表明,学习到的协调控制策略有助于更好地利用 PV 资源的功能并获得更好的控制性能。注意力机制模型的集成进一步增强了 MADRL 方法在面临大量控制对象时的控制性能。并且本章所提方法是通用的,可以很容易地扩展到光伏,以及风能或其他类型的分布式发电集成系统。未来的工作将扩展基于 MADRL 的方法,用于具有各种类型控制设备的不平衡低压配电网络中的电压调节。

参 考 文 献

[1]　Zeraati M,Hamedani G M E,Guerrero J . Distributed control of battery energy storage systems for voltage regulation in distribution networks with high PV penetration[J]. IEEE Transactions on Smart Grid,2016,99:1.

[2]　Tonkoski R，Lopes L A C，El-Fouly T H M. Coordinated active power curtailment of grid connected PV inverters for overvoltage prevention[J]. IEEE Transactions on Sustainable Energy，2011，2（2）：139-147.

[3]　Weckx S，Driesen J. Optimal local reactive power control by PV Inverters[J]. IEEE Transactions on Sustainable Energy，2016，7（4）：1624-1633.

[4]　Stetz T，Marten F，Braun M. Improved low voltage grid-integration of photovoltaic systems in Germany[J]. IEEE Transactions on Sustainable Energy，2013，4（2）：534-542.

[5]　Mahmud N，Zahedi A . Review of control strategies for voltage regulation of the smart distribution network with high penetration of renewable distributed generation[J]. Renewable & Sustainable Energy Reviews，2016，64：582-595.

[6]　Ji H，Wang C，Li P，et al. A centralized-based method to determine the local voltage control strategies of distributed generator operation in active distribution networks[J]. Applied Energy，2018：2024-2036.

[7]　Baker K，Bernstein A，Dall A E，et al. Network-cognizant voltage droop control for distribution grids[J]. IEEE Transactions on Power Systems，2017，99：1.

[8]　Liu H J，Shi W，Zhu H. Distributed voltage control in distribution networks：Online and robust implementations[J]. IEEE Transactions on Smart Grid，2017，99：1.

[9]　Zeraati M，Golshan M E H，Guerrero J M . Voltage quality improvement in low voltage distribution networks using reactive power capability of single-phase PV inverters[J]. IEEE Transactions on Smart Grid，2019，10（5）：5057-5065.

[10]　Wang S，Duan J，Shi D，et al. A data-driven multi-agent autonomous voltage control framework using deep reinforcement learning[J]. IEEE Transactions on Power Systems，2020，99：1.

[11]　Lowe R，Wu Y，Tamar A，et al. Multi-agent actor-critic for mixed cooperative-competitive environments[J]. Advances in Neural Information Processing Systems，2017：6379-6390.

[12]　Iqbal S，Sha F . Actor-attention-critic for multi-agent reinforcement learning[C]. Proceedings of International Conference on Machine Learning，Stockholm，2018：2961-2970.

第 11 章　基于深度强化学习的混合能源系统优化

随着全球环境污染和能源消耗问题的日益严重，加快改善能源结构以促进新能源的发展，对创造环境友好型生态文明和促进能源的可持续发展有至关重要的作用。风能作为一种清洁能源有着广阔的发展前景，但是居高不下的弃风率阻碍了风电的发展和利用。在能源互联网的大背景下，本章针对电、热能源形式并存的地区严重的弃风现象，提出了一种含热电联产（Combined Heat and Plant，CHP）的电热综合能源系统，通过热电联产实现电、热能源的耦合，提高了系统的灵活性。本章的具体内容如下。

本章提出了一种考虑系统运营商（System Operator，SO）运行成本的电-热混合能源系统的动态能量转换策略。采用深度强化学习（Deep Reinforcement Learning，DRL）方法，将动态能量转换问题描述为离散的有限马尔可夫决策过程，并采用近端策略优化（Proximal Policy Optimization，PPO）算法求解。利用深度强化学习，系统运营商可以在在线学习过程中自适应地确定风电转换率，解决了用户负荷需求曲线的不确定性、电价的灵活性和风力发电间歇性等问题。仿真结果表明，基于PPO算法的可再生能源转换算法能有效降低系统运营商的运行成本。

11.1　应 用 背 景

随着人们对环境问题的日益关注，太阳能、风能等可再生能源和分布式发电在全球能源领域得到了蓬勃发展[1]。许多国家已经提出了技术和经济上可行的设想，以促进以可再生能源为基础的未来能源系统的发展。然而，可再生能源的间歇性，以及生产与消费之间的平衡比较复杂，均阻碍了可再生能源的发展[2]。因此，为了增加能源系统的灵活性或最小化其间歇性，诸多学者已经提出并制定了一些措施，如快速斜坡发电机、储能装置、柔性负载和功率流调节[3,4]。然而，具有不同类型分布式发电和储能装置的微电网只专注于电力系统的单独运行，这就产生了一些问题，如电压分布的波动、电压梯度、短路电流水平的增加和拥塞问题。

因为能量可以用来加热，如为热泵（Heat Pump，HP）供电，将电力和供热子网结合成一个混合能源系统（Integrated Energy System，IES），可能是解决电力平衡的一种方法。最近的研究表明，混合能源系统在提高能源利用的整体效率方面具有良好的性能。与各子网的单独运行和优化相比，多个系统同时协同工作可以提供更好的优化结果。因此，与其放弃清洁能源，进行系统的重建或基础设施扩建，不如合并不同的能源系统并在同一平台下运行，以获得更经济的解决方案，可靠地满足给定的电力和热量需求。混合能源系统的总体效益表现为"社会福利最大化"，具体如下。

（1）减少二氧化碳排放：电能和热能需求可以通过热电联产同时提供。此外，剩余的电力可以转换成热能（通过热泵），这是一种更环保的方式来满足热需求。

（2）提高可再生能源消纳：混合能源系统能有效缓解可再生能源的间歇性，最大限度地减少弃风、弃光现象。多余的电能可以转化为热能，从而提高可再生能源的利用率。

（3）降低运行成本：由于智能化的能源转换能够以较低的成本满足负载要求，并避免基础设施扩建，预计总运营成本将降低。

（4）增加灵活性和可靠性：与传统电力系统相比，混合能源系统可以通过智能能源转换而不是使用传统选项来实现同样的灵活性。此外，由于混合能源系统可以在不同的路径上满足给定的需求，因此系统的总体可靠性提高了。

　　有很多研究讨论了混合能源系统的不同方面。例如，在文献[5]中，混合能源系统是基于热电联产的区域供热（District Heating，DH）系统和储能系统。为了有效、灵活地规划和运行热电联产系统，一些学者研究了太阳能热电厂和蓄热式热电联产系统。同样，Ghaffarpour[6]提出并研究了一种新型的生物质联合发电系统，并进行了综合热经济性分析和多目标优化。Li 等[7]提出了基于综合指标的热电联产集成系统多目标优化模型，并采用遗传算法对关键设计参数进行优化。然而，在可再生能源中，优化可再生能源与其他能源的转化以使其运行成本最小化的研究往往被忽视。由于供需双方的随机性，可再生能源的转换调度是一个具有挑战性的问题。供给侧的随机性是由可再生能源的间歇性决定的，需求侧的随机性是由能源负荷的不确定性决定的。

　　为了解决上述随机性的问题，一些研究使用了确定性优化规则。然而，将确定性规则应用于非平稳系统的运行并不能保证最优运行，变量的任何变化都可能导致资本损失。一些研究应用抽象模型优化分布式能源系统[8, 9]（如通过混合整数线性规划）。然而，抽象模型通常是从真实模型发展而来的，其性能受到建模者的技能和经验的严重限制，因此，将抽象模型与真实能源系统进行比较是不现实的。近年来，随着人工智能技术的飞速发展，越来越多的研究采用机器学习方法来解决决策问题。强化学习（RL）是一种重要的机器学习方法，它受行为主义心理学的启发，关注个体在随机环境中如何采取行动以获得最大的累积回报。如图 11.1 所示，智能体与其环境交互以获取状态信息，并在每个时间步长从动作集合中选择一个动作。然后，智能体接收当前时间步长的奖励，环境进入下个状态。智能体的目标是通过迭代学习如何在相应的状态下选择动作，以获得尽可能多的回报。与现有的研究方法相比，在预测信息不准确甚至丢失的情况下，基于近似动态规划（Approximate Dynamic Programming，ADP）的强化学习方法比现有的确定性算法具有更好的性能。

　　因为传统的强化学习算法假设状态空间和动作空间是离散的，所以状态的值函数可以用对应于状态的查找表来表示。然而，更复杂和实际的任务通常有一个大的状态空间和一个连续的动作空间。强化学习算法在处理高维输入数据时会遇到"维数灾难"问题，极大地限制了强化学习算法的实际应用。深度强化学习结合了深度神经网络（Deep Neural Network，DNN）强大的非线性感知能力和强化学习的鲁棒决策能力。近年来，基于深度强化学习的方法在图像处理、参数估计和复

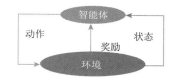

图 11.1　强化学习机制

杂决策应用方面取得了重大突破。2019 年，OpenAI 在一场 DOTA 游戏中击败了世界冠军 OG 团队，这显示了深度强化学习的巨大潜力。在物联网和智能城市场景中，文献[10]将深度强化学习扩展到了一个半监督的范例，它使用标记和未标记的数据来提高学习代理的性能和准确性。各种基于深度强化学习的方法已经在能源管理系统中得到了应用，并且在许多论文中已经证明了它们的优越性。在文献[11]中，基于深度强化学习的方法与动态规划算法和 Q 学习进行了比较，考虑到换乘行为的随机性，仿真结果表明基于深度强化学习的方法具有更好的性能。因此，在因素不断变化的情况下，如动态电价、发电量和消耗量，深度强化学习方法是获得能源管理系统最优运行状态的最有希望的方法之一。

　　如图 11.2 所示，本章以风电转换率为研究对象，电-热综合能源系统运营商根据用户（Customer，CU）的用热、用电需求以及上层电网实时电价制定基于深度强化学习算法的动态能量转换策略。具体来说，系统运营商（智能体）决定风电转换率（动作），动作值在每个时间步长传递给混合能源系统（环境）。然后，系统运营商计算系统的运行成本作为回报，状态用风力发电、用户的能源需求和电网的电价表示。本章使用深度强化学习方法来分析运营商如何通过与混合能源系统的持续互动来学习并最终获得动态风力发电转换策略，以最小化系统的运行成本。

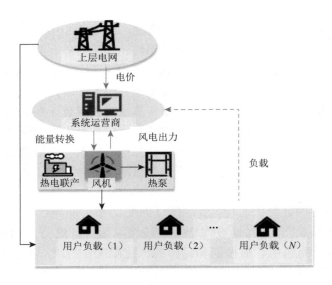

图 11.2　混合能源系统管理模型

11.2　混合能源系统结构与单体组件建模

现代混合能源系统的结构如图 11.3 所示。它由五部分组成：风机（Wind Turbine，WT）、热泵、热电联产、用户端和上级电网。这五个部分由两个网络连接：电力子网和热力子网。在混合能源系统运行模式下，系统运营商可以根据电价向上级电网购电或售电。电力子网用于满足用户的用电需求，而热力子网用于满足用户的热需求。热电联产可以同时产生热能和电能，可同时作为热网和电网的能量来源。风机"直接"连接到电力系统，并通过热泵"间接"连接到热力系统。因此，通过将多余的风能转换成热能，部分供热需求也可以由热泵提供。最后，热源，即热电联产和热泵，连接到分布式热网，用于将产生的热量从热源传输到用户。

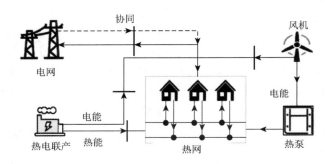

图 11.3　电-热混合能源网络

从上述能量转换过程可以看出，在这种情况下，可以提高风电消纳。此外，如果热需求由风电提供，热电联产的运行时间将缩短，从而降低燃料消耗和二氧化碳排放。然而，确定能降低运行成本的最佳能量转换量是一个重大挑战。如果把太多的风电转换成热能，就会导致电力短缺，这就需要从上层电网购入电力，从而增加运营成本。相反，当没有足够的能量转换成热量时，会增加热电联产的运行成本，因为热电联产必须满足更多的热量需求。因此，本章将通过深度强化学习算法研究最佳风电转换策略，以降低运营成本。

11.2.1　热泵和热电联产输出

Petrović 和 Karlsson[12]提供了一种通用而简单的热泵（HP）输出建模方法：

$$\phi_{th}(t) = COP_{ave}\Delta P_{HP}(t) \tag{11-1}$$

其中，$\phi_{th}(t)$ 表示产生的热功率，$\Delta P_{HP}(t)$ 是时间 t 时热泵产热所需的功率输入；COP_{ave} 表示输入功率和输出热量之间的转换率。至于热电联产，它同时产生热能和电能（根据热量定价的原则，它被用作热源，电能可被视为副产品）。热功率比可以表示为[13]

$$\alpha = \frac{Q_{CHP}}{P_{CHP}} \tag{11-2}$$

其中，Q_{CHP} 和 P_{CHP} 分别代表热电联产的输出热量和电量。

11.2.2　分布式供热系统

区域供热在热网中扮演着越来越重要的角色，如图 11.4 所示。它把热源和热负荷连接起来。选择水作为传热介质是因为它具有较大的比热容，在相同的温度下可以储存更多的热量。水由供热机组加热，然后通过管网输送到热负荷。换热器将热水中的热量抽到建筑物的管网中，以满足热需求。最后，回水管网将冷水带回加热装置，然后重复上述过程。

在区域供热系统中，必要的变量是集中供热系统所需的热功率 Q_load、供热管网中节点 i 的供热温度 Ts_i 和供热管网中节点的回水温度 Tr_i。在本章研究中，假设以下三个变量是特定的，即热负荷需求、热发电机组的供应温度 Tr_source 和水在进入回热网之前从建筑物流出时的返回温度 To_i。所需的剩余节点温度（节点 i 的 Ts_i 和 Tr_i）可根据管道系统的水力原理和其他一些参数计算，如管道的拓扑结构和特性以及流经每条管道的水的质量和压力。

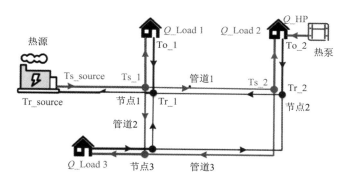

图 11.4　混合能源系统中的区域热网

区域供热建模过程可分为水力建模和热力建模两个步骤。水力子模型计算网络中节点和管道质量流的信息。然后，将从水力模型中得到的流量参数代入热力模型中，以估算水的温度（节点 i 的温度 Ts_i 和温度 Tr_i）和热电联产产生的热量（Q_{CHP}）。

1. 水力模型

水力和电气网络变量之间的关系具有一定的相似性，如表 11.1 所示。

表 11.1 水力和电气参数

电气网络	水力网络	水力方程
基尔霍夫电流定律	水流的连续性	$A \times \dot{m}_k = \dot{m}_q$
基尔霍夫电压定律	回路压力方程	$\sum \dot{P}_f = 0$ $B \times \dot{P}_f = 0$
欧姆定律	水头损失方程	$\dot{P}_f = R \times \dot{m}_j \times \mid \dot{m}_j \mid$

这里，$\dot{m}_k$ 表示管道 j 中的质量流量，$\dot{m}_q$ 表示直接连接到负载的管道中的质量流量。矩阵 A 的结构和内值与网络的拓扑结构有关。它的行数等于节点数，列数等于整个网络中的管道数。因此，在这种情况下，A 是一个 3×3 的矩阵。如果管道中的水流到达节点，则每个元素可以是"＋1"；如果水流离开节点，则为"−1"；如果管道和节点之间没有连接，则为"0"。因此，如图 11.4 所示，矩阵 A 被定义为

$$A = \begin{bmatrix} -1 & -1 & 0 \\ 1 & 0 & -1 \\ 0 & 1 & 1 \end{bmatrix} \tag{11-3}$$

表 11.1 中的水力方程可以组合起来得到一个附加公式，它表示为

$$\sum_{j}^{n\_pipe} B_{ij} R_j \times \dot{m}_j \times \mid \dot{m}_j \mid = 0 \tag{11-4}$$

矩阵 B 也与网络的拓扑结构有关。其行数是由管道组成的网络的回路数，其列数是相应回路中的管道数。此外，当回路中一个管中液体的流动方向为逆时针方向时，矩阵 B 中相应位置的值为"1"，相反位置的值设置为"−1"。"0"表示管道内没有液体流动。符号 R_j 代表每根管道的阻力系数 j。

2. 热力模型

热力模型的目的是利用前面的水力模型计算出的每根管道中的液体质量来估计每个节点的温度。在图 11.4 所示的模型中，节点 1 和节点 2 是非混合节点，其温度仅由一根管道的水温决定。因此，供热网络中节点 1 和节点 2（Ts_1 和 Ts_2）的温度分别由等式 9 到公式 11 得到，因为已经指定了热源供热温度（Ts_source）。ϕ_i 表示流经管道 i 的液体的温度降低系数，Ta_i 是管道 i 的环境温度。节点 3（Ts_3）是一个混合节点，其温度可通过公式 12 计算。

$$Ts\_2 = \phi_i \times Ts\_1 \tag{11-5}$$

$$Ts\_1 = Ts\_source \tag{11-6}$$

$$\phi_i = e^{-\frac{\gamma \cdot L_i}{C_p \cdot m_i}} \tag{11-7}$$

$$Ts\_3 \cdot (m_1 + m_2) = m_2 \cdot \phi_2 \cdot Ts\_2 + m_1 \cdot \phi_1 \cdot Ts\_1 \tag{11-8}$$

在上述方程式中，C_p 和 γ 表示水的比热容 (J / (kg·K)) 和导热系数 (W / (m·K))。相反，在回热网中，节点 3 是非混合节点。在式（11-8）中，节点 3(Tr_3) 的返回温度等于规定的出口温度(To_3)。另外，节点 1 和节点 2 是混合节点。因此，它们的返回温度（Tr_2 和 Tr_3）取决于到达节点的水的质量和温度，如式（11-9）和式（11-10）所示。最后，式（11-12）用于估算热电联产产生的热量（Q_{CHP}）。

$$Tr\_3 = To\_3 \tag{11-9}$$

$$Tr\_2 \cdot m_2 = m_{q2} \cdot To\_2 + m_3 \cdot \phi_3 \cdot Tr\_3 \tag{11-10}$$

$$\mathrm{Tr\_source} \cdot m_q = m_{q1} \cdot \mathrm{To\_1} + m_2 \cdot \phi_2 \cdot \mathrm{Tr\_2} + m_3 \cdot \phi_3 \cdot \mathrm{Tr\_3} \tag{11-11}$$

$$Q_{\mathrm{CHP}} = C_p \cdot \dot{m}_q \cdot (\mathrm{Ts\_source} - \mathrm{Tr\_source}) \tag{11-12}$$

3. 热力模型

在推导出热电联产的供热量后，利用热电比计算出热电联产的发电量。因此，可以使用牛顿-拉弗森（Newton-Raphson，NR）法获得系统中的电流、电压和损耗。综上所述，区域供热系统实际上可以分为两个子模型。首先利用水力模型计算出流量的质量和压力，然后将水力模型得到的流量参数代入热力模型，估算出水温和 Q_{CHP}。最后，将 P_{CHP} 和剩余的风电替代到电网中，以满足用户的用电需求。采用潮流法（如 NR 法）求解子电网。因此，电-热混合能源系统建模过程可以分为三个顺序步骤：水力→热力→电气。

4. 最优运行问题公式化

优化程序的目标是在最小化总运行成本（电力和热力系统的运行成本）的情况下，找出（通过热泵）应将多少风电转换为热量。在式（11-13）～式（11-15）中给出了与所有运行部件相关的成本函数。对于热电联产，成本函数（EUR / MW）可以用功率和热量的二次函数表示：

$$\begin{aligned}C_{\mathrm{CHP}}(t) = a + b \cdot P_{\mathrm{CHP}}(t) + c \cdot P_{\mathrm{CHP}}(t)^2 + d \cdot H_{\mathrm{CHP}}(t) + e \cdot H_{\mathrm{CHP}}(t)^2 \\ + f \cdot P_{\mathrm{CHP}}(t) \cdot H_{\mathrm{CHP}}(t)\end{aligned} \tag{11-13}$$

其中，$C_{\mathrm{CHP}}(t)$ 表示时隙 t 处的热电联产单元的小时成本函数；$P_{\mathrm{CHP}}(t)$ 和 $H_{\mathrm{CHP}}(t)$ 分别表示热电联产产生的功率和热量；字母 a 到 f 是常数。

风电生产的运营成本由式（11-14）给出：

$$C_{\mathrm{WT}}(t) = g \cdot P_{\mathrm{WT}}(t) + h \tag{11-14}$$

其中，$P_{\mathrm{WT}}(t)$ 表示 t 时刻处风力涡轮机的发电量；g 和 h 为常数。

对于热泵使用的成本，不考虑其成本函数。这背后的主要原因是，当电力过剩时，一些过剩的能量会转化为热量。相反，当电力需求高于生产时，额外所需的电力将以特定的成本（现货价格）从外部电网购买，一些购买的电力可以供给热泵提供热量。不过，在这两种情况下，HP 的效率都被考虑在内。

优化问题目标函数的数学表达式为

$$C = C^{\mathrm{e}} + C^{\mathrm{th}} = \sum_{t=1}^{24} C_{\mathrm{CHP}}(t) + C_{\mathrm{WT}}(t) + C_{\mathrm{grid}}(t) \tag{11-15}$$

其中，C 表示运营成本，单位为 EUR（指数 e 和 th 分别表示电气和热力子网）；t 表示一天中每小时的运营成本；$C_{\mathrm{grid}}(t)$ 表示电网为满足电力需求而购买电能的成本（该成本可能为负值，表示系统运营商需要从外部电网购买电力）。

约束条件（按小时）如下所示：

$$0 \leqslant P_{\mathrm{CHP}}(t) \leqslant P_{\mathrm{CHP}}^{\max}(t) \tag{11-16}$$

$$0 \leqslant P_{\mathrm{HP}}(t) \leqslant P_{\mathrm{HP}}^{\max}(t) \tag{11-17}$$

$$0.95 \leqslant V_i(t) \leqslant 1.05 \tag{11-18}$$

式（11-16）表示热电联产的功率输出范围。对于选定的热电联产，最大功率为 30MW，最大热输出为 45MW。类似地，在式（11-17）中，HP 的工作范围从 0MW 到最大输入（$P_{\mathrm{HP}}^{\max}(t)$）。本章以 8MW 为上限（最大风力发电量为 8MW，因此有可能将所有风力发电转化为热能）。共选择 153 台热泵机组（Vitocal350-GPro）实现该值。最后，式（11-18）指出，任何母线上的电压必须保持在 0.95～1.05p.u.[14]。

11.3　深度强化学习算法

DRL 是一种能够有效解决分层决策框架的方法，其中智能体为系统运营商，动作为每个时间步长的风电转换率，用户的负荷需求信息和实时电价作为状态，系统的运行成本代表奖励。在这项研究中，电-热混合能源系统中的动态能量分配问题被描述为一个 MDP。然后，在不完全了解系统动态和不确定性的情况下，提出了一种基于 PPO 算法的动态能量分配算法。

11.3.1　将动态能量分配问题阐述为马尔可夫决策过程

马尔可夫决策过程是构建强化学习模型的一种有效方法，它描述了系统的下一个状态不仅与当前状态有关，而且与当前采取的行动有关[15]。在本章研究中，动态能量转换问题是随机环境中的一个决策框架，因此可以将其建模为一个离散的、有限的马尔可夫决策过程。马尔可夫决策过程模型的回报不依赖于历史数据，只依赖于 t 时刻的风电转换率。

需要在马尔可夫决策过程中建模的关键元素包括离散时间步长 t、动作 a_t：α_t、状态 s_t：$\{WP(t), \pi(t), \mu(t), \sigma(t)\}$ 和奖励 $r(t)$：$r(\alpha(t)|s(t))$。α_t 是系统运营商在时间 t 选择接入风电的分配率。

$WP(t)$ 指 t 时刻的风电输出，$\pi(t)$ 指 t 时刻的实时电价，$\mu(t)$ 和 $\sigma(t)$ 分别表示用户在 t 时刻的电需求和热需求。

$r(\alpha(t)|s(t))$ 的值是系统运行成本的相反数。如上述定义，$r(t)$ 指在状态 s_t 下执行动作 a_t 所获得的即时奖励。

MDP 由许多离散的回合组成，每一个回合都由有限的时间步长、状态、动作和奖励序列组成。考虑到 MDP 的一个回合的总奖励可以很容易地计算出来：

$$R = r(\alpha(1)|s(1)) + r(\alpha(2)|s(2)) + \cdots + r(\alpha(T)|s(T)) \tag{11-19}$$

然而，由于环境的随机性，即使智能体下次执行相同的操作，但也无法保证能够获得相同的奖励。使用累积折扣奖励表明，随着训练过程的继续，它变得更容易收敛：

$$R = r(\alpha(1)|s(1)) + \gamma \cdot r(\alpha(t+1)|s(t+1)) + \cdots + \gamma^{T-t} \cdot r(\alpha(T)|s(T)) \tag{11-20}$$

其中，$\gamma \in [0,1]$ 是表示对未来影响的折扣因子。

另外，策略 π：$\alpha(t) = P_\theta(WP(t), \pi(t), \mu(t), \sigma(t))$ 表示将状态映射到动作的概率。显然，通过最大化累积折扣奖励来解决动态风电转换问题是指在每个时间段找到选择动作（风电转换率）的最优策略。

11.3.2　采用 PPO 算法求解风电分配问题

深度强化学习是一种将强化学习的决策能力与深度学习感知有效结合的方法。它使用深层神经网络来表示价值函数从而提供目标价值，并使用强化学习将奖励作为估计值。深层神经网络的参数不断更新，直到目标值和估计值的差值收敛为止。

PPO 算法是一种无模型强化学习技术[16]。本章利用 PPO 算法来获得最优策略。PPO 背后的基本原理是为 t 时刻设置的每个状态动作分配一个策略：$\alpha(t) = P_\theta(WP(t), \pi(t), \mu(t), \sigma(t))$，并使用两个类似的神经网络在每次迭代时更新策略，以加强好的行为。最优策略表示当在每次迭代的 s_t：$\{\{WP(t), \pi(t), \mu(t), \sigma(t)\}\}$ 状态下采取动作 a_t：α_t 时，可以获得最大累积折扣奖励。

PPO 算法是一种基于演员-批评家（Actor-Critic）结构的深度强化学习算法，基于策略梯度（Policy

Gradient，PG）[17]获得最优策略。图 11.5 中的流程图展示了 PPO 算法是如何在电-热混合能源系统中实现的。PPO 算法由批评家网络（Critic Network，CN）、θ' 参数化的演员网络（Actor Network，AN）和另一个 θ 参数化的演员网络组成。演员网络的目的是通过奖励期望不断调整策略的参数，以增加获得高奖励的概率。批评家网络的作用是通过学习环境和奖励之间的关系来获得当前状态的潜在价值。因此，PPO 算法使用批评家网络来指导演员网络，以便演员网络在每一步中都往高奖励值方向更新。通过智能体与环境的不断交互作用，基于概率 $P_{\theta'}(s_t, a_t)$ 由 θ' 参数化的演员网络选择一条轨迹 $\tau = \{s_1, a_1, r_1, s_2, a_2, r_2, \cdots s_T, a_T, r_T\}$。在演员网络与环境交互后，PPO 算法将获得的轨迹发送到演员网络和批评家网络，以优化下一轮状态到动作的映射。批评家网络输出下一个状态 $V_{\text{critic}}(s_{t+1})$ 的值，并基于 Bellman 方程计算累积折扣奖励 $R(t)$。累积折扣奖励 $R(t)$ 和状态值 $V_{\text{critic}}(s_{t+1})$ 之间的差被定义为优势函数 A，并传递给演员网络以评测当前动作 α_t 的值。

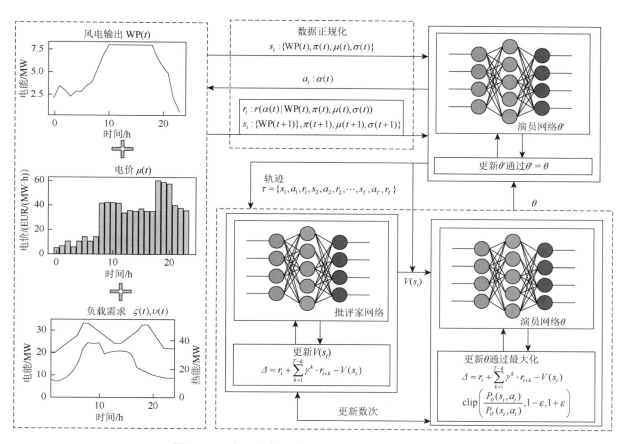

图 11.5　电热混合能源系统中运行 PPO 算法的流程图

　　传统的策略更新是基于策略梯度的，但是单纯的策略梯度会降低演员网络的学习速度。这是因为演员网络 θ' 是一种线上策略，在每次事件更新之后，都需要花费大量时间来重新与环境交互。因此，引入另一个参数化 θ 的演员网络与环境交互以提取数据特征。然后，前一个演员网络使用数据执行多个学习更新，从而多次重用采样数据，并提高学习速率，这就转变为离线策略。当输入相同的状态时，两个参与者网络得到的动作的概率分布不能太远。因此，ε 用于将概率差限制在一定范围内。这种思想是 PPO 算法的核心。神经网络参数的更新机制是基于损失函数和反向传播来更新神经网络参数。当更新参数化的演员网络的数目达到既定的更新次数后，将参数化的演员网络 θ 的参数分配给参数化的演员网络 θ' 以更新参数。

在图 11.5 中，PPO 算法在一天开始的时候运行。智能体与环境相互作用，以获得风力发电、客户的热电需求以及后续时段的批发电价。收到这些变量后，SO 以迭代的方式计算最优风电转换率。在每次迭代 i 中，系统运营商在每个时隙 t 观察用户的能源需求、电价信息和风力发电（状态）。然后，演员网络基于这些数据做出决策，并计算决策的回报值，以在迭代中获得一系列轨迹。随后，批评家网络和演员网络利用该轨迹反复更新网络参数，提高了策略的效率。演员网络 θ 反馈参数以更新另一个演员网络 θ'。迭代的终止条件设置为 $|R^i - R^{i-1}| \leqslant \zeta$。这种终止条件意味着当当前的未来奖励期望与之前的未来奖励期望之间的差距小于 ζ 时，奖励期望收敛到最大值。ζ 的值取决于系统设计。最后，系统运营商将在随后的时段内实现最佳的风电转换率。

11.4　实　验　仿　真

通过实验仿真对深度强化学习算法在混合能源系统中的应用性能进行了评价。首先，详细介绍了训练过程，证明该算法在不确定情况下能够学习到满意的策略。其次，在不同的训练日对训练结果进行了测试，仿真结果表明该算法对不确定性具有良好的适应性。最后，将仿真结果与其他方法进行了比较，证明了该算法的优越性。

为了便于说明，图 11.6 是电力子模型和热力子模型的结构示意图。基于一个热电联产、一个负载连接的风机和热泵以及十个用户负载进行了仿真。该仿真将 24 个时间步长定义为一天中对应于 24 小时的整个时间周期。本章以某个地区 120 天的历史数据作为训练集。

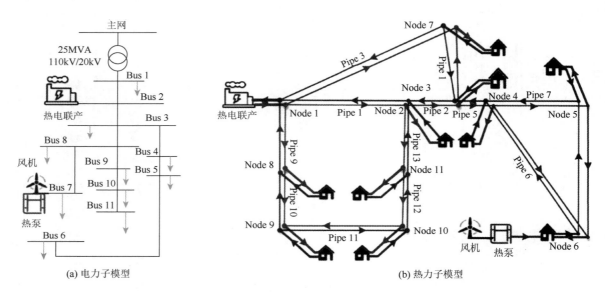

图 11.6　电-热混合能源模型结构

11.4.1　训练过程

在上述场景的基础上，通过迭代计算确定系统的最优风电转化率。在一天的开始，系统运营商接收来自上层电网的批发电价、用户的电力和热需求以及风电输出。另外，系统运营商根据 PPO 算法计算奖励值（风电分配率）来调整策略参数，直到最终获得后续时段的最大奖励（最小运行成本）。图 11.7 表示出了在通过迭代的训练过程中奖励值的收敛性。该算法经过 100000 个回合的训练，得到了一个最优的风电转换策略。可以观察到，由于训练初期对环境并不熟悉，系统运营商不能选择可靠动作来获得高回报的经验。然而，智能体不断地与环境交互以获得经验，因此奖励增加并最终收敛到最大值。这说明智能体已经学习到了最小化系统运行成本的最优策略。由于每天训练的 24 小时数据是在 120 天内随机抽取的，而且每天输入的数据不同，所以在训练过程中奖励值是不断增加和振荡的。

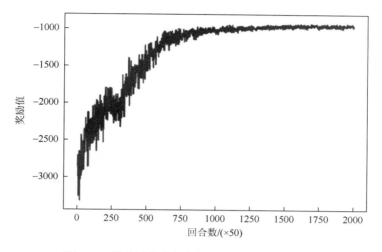

图 11.7　训练过程中累积折扣奖励随回合数变化

图 11.8 表示热电联产的运营成本与为满足电力需求而购入电能（该成本可以是负的，表示系统电力被卖出到上层电网）。从图中可以看出，在上述训练机制下，热电联产运行成本的趋势与购电成本的趋势相反。这是因为热电联产运行成本的变化与热电联产的热需求有关；如果更多的风电接入电网，热电联产需要提供热电联产的热需求，导致热电联产的运行成本增加。

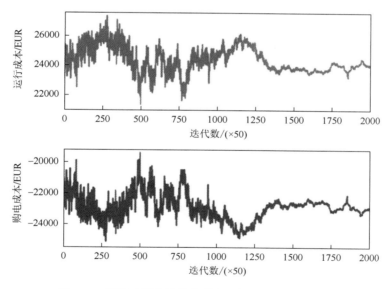

图 11.8　训练过程中的热电联产运行成本与购电成本

11.4.2　三天数据仿真

利用 100000 回合对 120 天的历史数据进行离线训练后，对动态风电分布模型进行测试，以证明 PPO 算法在电-热混合能源系统中的实时优化能力。

为了评估系统的性能，测试仿真基于三天的数据。图 11.9 显示了这三天内可再生能源的最佳风电分布以及上层电网的电价。本章详细讨论了第一天的仿真结果。首先，在 00：00～07：00，风电转换与风力发电相匹配，这意味着在此期间，所有的风电都被转换成了热泵的能源，从而产生了足够的能量转换。由于上一级电网电价较低，从外电网购买多余电力更为经济。类似地，风电与电力负荷的相互作用将导致一连串的事件：一部分生产的风电将用于满足电力需求，从而导致用于热力子网的风电减少。同时，热电联产的输出将增加，因为一部分热量需求无法由高压机组提供，从而再次为电力子网提供更多的电力。这两种情况都会导致从外部电网购买的能源减少（以较低的价格），从而导致整体上更昂贵的解决方案。然后，在一天中的其他时间，风能的转化率随着电力的增加而降低。特别是 18：00～20：00，由于电价较高，风电转换率约为 0。在 8：00～10：00 的时间范围内，虽然电价基本不变，但风电转化率在下降。这是因为这一时期用户热需求量很大，系统运营商需要更多的风电来供热，以降低热电联产的运行成本。因此，需要从外部电网购买更多的电力来满足电力需求。其他两天的结果与第一天相同。

不同天数的测试仿真进一步验证了之前的训练结果分析，表明本章提出的 PPO 算法具有解决实时操作成本优化问题的能力。

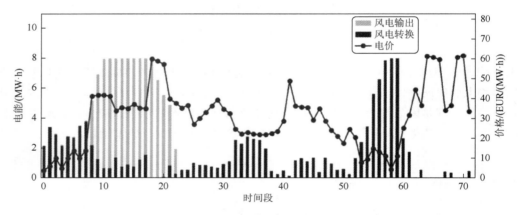

图 11.9　在三天数据基础上的最佳风电转换率

11.4.3　算法对比

为了说明 PPO 算法在处理不确定性时的有效性，采用了基于深层 Q 网络（DQN）和粒子群优化（PSO）算法的随机优化方法进行比较。PPO 算法的最优解是演员网络的策略输出，其参数在训练后是固定的。通过平均 120 个样本的最优行为，给出了基于 PSO 算法的随机优化方法的最优解。DQN 算法是一种利用神经网络预测动作值，通过不断更新神经网络来学习最优动作路径的深度神经网络方法。在此假设下，将风电转换率设定为一个动作变量 A，包含 6 个选项：将 20%、40%、60%、80%或 100%的风电转换为电能或将所有的风电转换为供热。在 DQN 训练过程中，数据和参数的设置方法与之前的 PPO 训练过程相同。

在 30 天的测试集上进行模拟。图 11.10 给出了相应方法在 30 天的运行成本。利用 PSO 算法对 30 天内的每一天进行优化，得到最优值。可以看出，在这三种方法中，本章所提出的方法的运行成本最低。不同方法对试验数据的定量结果见表 11.2。与基于 DQN 和 PSO 的随机优化方法相比，PPO 算法能有效地降低运行成本。由于 DQN 采用动作值函数将状态映射到动作，因此它基于当前条件进行实时决策，比基于 PSO 的随机优化方法具有更好的性能。然而，由于电-热混合能源系统具有高维连续的状态空间，基于 DQN 的值函数学习很难获得最大值的行为。因此，DQN 在训练后期会围绕最优值函数振荡而不收敛。与 DQN 的策略更新相比,基于策略梯度的 PPO 算法有了很好的改进,其收敛性也优于 DQN。表 11.3 显示了用于能量转换的 PPO、DQN 和 PSO 的仿真时间。

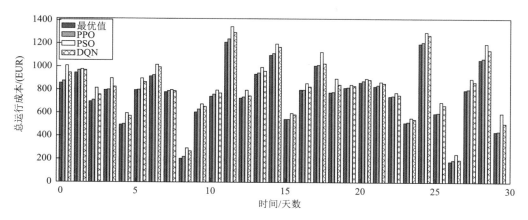

图 11.10　PPO 算法、DQN 算法与 PSO 算法在测试集上的对比

表 11.2　不同方法对比

方法	平均成本/(EUR/天)	提高
PSO	852.6	0
DQN	818.7	3.98%
PPO	781.1	8.41%

表 11.3　三个方法的所需的仿真时间

方法	用时/s
PSO	1812
DQN	31.9
PPO	62.3

　　显然,这两种基于深度强化学习的策略的仿真时间比 PSO 算法要短得多,显示了它们在实际应用中的实时性。由于 PPO 和 DQN 在测试初期需要大量的模型训练,得到了从状态到动作的最优映射关系,从而提高了测试效率。相反地,PSO 算法没有记忆功能,反馈不能实时在线执行,因此,与 DRL 算法相比,PSO 算法作为一种全局优化算法,在计算效率方面表现得并不理想。

11.5　本　章　小　结

　　本章研究了一种混合能源系统中电、热子模型间的动态能量转换算法,该算法能够根据上层电网的电价、用户的能源需求和风力发电情况,采用深度强化学习方法自适应地确定风电转换率。本章首先将动态风电转换问题转为有限离散马尔可夫决策过程,并利用 PPO 算法来解决此决策问题。在使用深度强化学习方法的过程中,系统运营商(智能体)不需要预先指定的电-热混合能源系统(环境)模型,在该模型上需要选择能量转换率(动作)。相反,通过与演员网络和批评家网络的动态在线交互,智能体学习状态、动作和奖励之间的关系。考虑到风力发电和电价的灵活性以及用户负荷需求曲线的不确定性,它能够通过不断的在线学习来应对动态变化的环境。最后,数值仿真结果表明,提出的动态功率转换算法能够有效地降低系统的运行成本,提高系统的收益。

参 考 文 献

[1] Obama B. The irreversible momentum of clean energy[J]. Science，2017，355（6321）：126-129.

[2] Sen S，Ganguly S. Opportunities，barriers and issues with renewable energy development – A discussion[J]. Renewable & Sustainable Energy Reviews，2017，69：1170-1181.

[3] Leonard M D，Michaelides E E，Michaelides D N. Substitution of coal power plants with renewable energy sources – shift of the power demand and energy storage[J]. Energy Convers Manage，2018，164：27-35.

[4] Rahman M S. Distributed multi-agent scheme for reactive power management with renewable energy[J]. Energy Convers Manage，2014，88：573-581.

[5] Wang H，Yin W，Abdollahi E，et al. Modelling and optimization of CHP based district heating system with renewable energy production and energy storage[J]. Application Energy，2015，159：401-421.

[6] Ghaffarpour Z. Thermoeconomic assessment of a novel integrated biomass-based power generation system including gas turbine cycle，solid oxide fuel cell and Rankine cycle[J]. Energy Convers Manage，2018，161：1-12.

[7] Li H，Kang S Lu L，et al. Optimal design and analysis of a new CHP-HP integrated system[J]. Energy Convers Manage，2017，146：217-227.

[8] Lu S，Li Y，Xia H. Study on the configuration and operation optimization of CCHP coupling multiple energy system[J]. Energy Convers Manage，2018，177：773-791.

[9] Zhang X，Li H，Liu L，et al. Optimization analysis of a novel combined heating and power system based on biomass partial gasification and ground source heat pump[J]. Energy Convers Manage，2018，163：355-370.

[10] Mohammadi M. Semisupervised deep reinforcement learning in support of io-T and smart city services[J]. IEEE Internet Things Journal，2018，5（2）：624-635.

[11] Wu J，He H，Peng J，et al. Continuous reinforcement learning of energy management with deep Q network for a power split hybrid electric bus[J]. Application Energy，2018，222：799-811.

[12] Petrović S N，Karlsson K B. Residential heat pumps in the future Danish energy system[J]. Energy，2016，114：787-797.

[13] Cho W，Lee K S. A simple sizing method for combined heat and power units[J]. Energy，2014，65：123-133.

[14] Wisdorf B. Technical and economic evaluation of voltage regulation strategies for distribution grids with a high amount of fluctuating dispersed generation units[J]. Innovative Technologies for an Efficient and Reliable Electricity Supply（CITRES），2018：8-14.

[15] Olivier S，Olivier B. Markov Decision Process in Artificial Intelligence[M]. Hoboken：John Wiley & Sons，Inc.，2013.

[16] Schulman J，Wolski F，Dhariwal P，et al. Proximal policy optimization algorithms[J]. arXiv preprint arXiv：1707.06347（2017）.

[17] Peters J，Schaal S. Reinforcement learning of motor skills with policy gradients[J]. Neural Networks，2008，21（4）：682-697.

第12章 基于深度强化学习的风电厂商竞价策略研究

当风电厂商参与电力市场集合竞价时，市场管理部门要求风电厂商提前一天提交发电量和价格，而风电功率预测本身具有不确定性，导致风电厂商在参与电力市场时存在利润损失的风险。该利润损失可以通过战略性参与存储市场并提前购买一定数量的电能来抵消。然而，由于风力发电，电力市场和存储市场的高度不确定性，导致存储电能的购买量难以量化。

近年来，强化学习作为一种自学习算法，已经广泛应用于控制和优化领域。深度强化学习，则是结合了深度神经网络的非线性感知能力与强化学习的动态决策能力，实现输入状态到控制决策的端对端的映射。深度强化学习通常把控制主体建模为一个具有自适应能力的智能体，通过智能体和环境的不断交互以习得一个自适应的控制和优化策略。深度强化学习本质上是一种数据驱动的方法，能较好地应对环境中的不确定性，适合于在随机环境中的控制和优化。基于此，本章分析探讨基于深度强化学习算法的风电厂商竞价策略。通过将风电厂商建模成为一个智能体，并让智能体和市场环境不断交互，以从历史数据和交互经验中学习到不确定性风电功率预测条件下的竞价策略。最后通过在丹麦西部的一个真实风电场的实际发电数据验证了所提方法的有效性。

12.1 应用背景

随着全球变暖的日益加剧，环境恶化问题的逐渐凸显和能源的日渐枯竭，风电作为一种可持续的清洁能源而受到全人类的关注。然而，风力发电受自然条件影响较大，具有随机性和不确定性，当风电厂商参与短期电力市场时，会由于竞价的风电量和实际发电量的偏差而遭受罚款。近年来，研究人员提出了不同的竞价策略以减少风电场因风力发电不确定性而造成的利润损失。这些研究可主要分为两大类。

第一类是通过在参与电力市场时制定战略性的竞价策略来减少因风力发电的不确定性而带来的利润损失。随机规划[1]、马尔可夫概率[2]等方法被用来制定风电场的竞价量。

第二类是通过将风电场和能量存储装置如能量存储系统、抽水蓄能电站、电动汽车等结合来抵消风电场在参与电力市场时的利润损失。文献[3]将风电场和能量存储系统结合进行竞价，仿真结果显示联合竞价可以有效提高风电场商的利润，减小由风力发电不确定性带来的不利影响。文献[4]将风电场和抽水蓄能电站结合进行联合竞价。文献[5]提出一种基于智能体的优化方法为由风电场和电动汽车组成的虚拟电厂制定参与短期电力市场时的竞价策略。

以上研究都是考虑风电场仅参与能量市场时的策略研究。文献[6]探讨了当风电厂商同时参与能量市场和存储市场的可能性。仿真结果表明，当同时参与两个市场时，可以在一定程度上降低由于风力发电不确定性所带来的利润损失。文献[7]的仿真结果同样验证了以上结论。

强化学习作为人工智能的一个分支，近年来在优化、控制以及博弈领域得到了广泛的应用。在电力市场领域，把交易主体建模为一个智能体，通过不断与市场环境交互并改进智能体交易策略，以习得在面临不确定性环境下的灵活竞价策略。例如，文献[8]把 Q-learning 算法应用于传统电厂的交易策略制定中，然而，相比于传统电厂，风力发电面临更多的不确定性，因此，风电场交易策略的制定也更加具有难度。文献[9]利用强化学习算法制定风电场交易策略，但是，该方法需要把动作空间离散化，这会导致训练过程中的信息丢失，难以学得最优的交易策略。

针对风电厂商同时参与能量市场和存储市场的情况，本章提出一种基于深度强化学习算法的竞价策略。把风电场建模为自适应智能体，并利用深度强化学习算法从历史数据中学习最优交易策略，以减小在面临诸多不确定性时的利润损失。

12.2　问　题　建　模

本章采用文献[10]所述的建模方法。在短期电力市场中，风电场的利润由三部分构成，分别是现货市场、天内市场和管理市场竞价的风电量所对应的利润。由于天内市场的交易量通常都比较小，因此本章不予考虑。因此，风电厂商的利润可以推导为

$$\pi_t = p_{\text{spot},t} E_{\text{bid},t} + p_{\text{reg},t}(E_{a,t} - E_{\text{bid},t}) \tag{12-1}$$

其中，π_t 代表风电场在时刻 t 的利润；$p_{\text{spot},t}$ 表示时刻 t 现货市场的电价；$E_{\text{bid},t}$ 表示风电场在时刻 t 的竞价电量；$E_{a,t}$ 表示风电场在时刻 t 的实际电量；$p_{\text{reg},t}$ 表示在时刻 t 管理市场的电价。

当实际的电量和竞价电量有偏差，且该偏差加剧发电和用电的不平衡时，风电厂商受到市场的惩罚后的利润为

$$\pi_t = p_{\text{spot},t} E_{\text{bid},t} + \begin{cases} p_{\text{up},t}(E_{a,t} - E_{\text{bid},t}), & E_{a,t} \leqslant E_{\text{bid},t} \\ p_{\text{down},t}(E_{a,t} - E_{\text{bid},t}), & E_{a,t} > E_{\text{bid},t} \end{cases} \tag{12-2}$$

其中，$p_{\text{up},t}$ 表示上调的管理市场价格；$p_{\text{down},t}$ 表示下调的管理市场的价格。风电场的利润还可以表示如下：

$$\pi_t = p_{\text{spot},t} E_{a,t} + \begin{cases} \Delta p_{\text{up},t}(E_{a,t} - E_{\text{bid},t}), & E_{a,t} \leqslant E_{\text{bid},t} \\ \Delta p_{\text{down},t}(E_{a,t} - E_{\text{bid},t}), & E_{a,t} > E_{\text{bid},t} \end{cases} \tag{12-3}$$

$$\Delta p_{\text{up},t} = p_{\text{up},t} - p_{\text{spot},t} \tag{12-4}$$

$$\Delta p_{\text{down},t} = p_{\text{down},t} - p_{\text{spot},t} \tag{12-5}$$

其中，$\Delta p_{\text{up},t}$ 和 $\Delta p_{\text{down},t}$ 分别表示上调和下调管理市场价格的变化量。式（12-3）中，利润 π_t 由两部分构成：第一项 $p_{\text{spot},t} E_{a,t}$ 表示由风电场实际发出的风电在日前市场中的利润；第二项表示由于实际发出的电量和日前竞价电量的偏差造成的利润损失。

从式（12-3）可以看出，当风电场实际发出电量和日前的竞价电量不相等时，风电场会受到管理市场的"惩罚"。研究指出可以通过配置部分存储能量来抵消风力发电的不确定性，进而减少风电厂商的利润损失。存储能量的来源具有多样化，例如，可以通过在风电场配置能量存储系统，参与存储市场以及由双边市场交易来获得。本章考虑当风电场同时参与能量市场和存储市场的情况，风电场可以通过在存储市场提前预订一定量的能量来抵消当管理市场上调价格时风电场可能面临的惩罚。这时风电场的收入可以由以下公式表示：

$$\pi_t^R = p_{\text{DA},t} E_{a,t} + \begin{cases} \Delta p_{\text{up},t}(E_{a,t} - E_{\text{bid},t} + R_{\text{up},t}), & E_{a,t} < E_{\text{bid},t} - R_{\text{up},t} \\ 0, & E_{\text{bid},t} - R_{\text{up},t} \leqslant E_{a,t} \leqslant E_{\text{bid},t} \\ \Delta p_{\text{down},t}(E_{a,t} - E_{\text{bid},t}), & E_{a,t} > E_{\text{bid},t} \end{cases} \tag{12-6}$$

其中，π_t^R 表示当风电场同时参与能量市场和存储市场时获得的利润；$p_{\text{DA},t}$ 表示天前市场的价格；$p_{\text{DA},t} E_{a,t}$ 表示实际发电量带来的利润；式（12-6）中第二项表示风电厂商在管理市场的损失；$R_{\text{up},t}$ 表示风电厂商在日前存储市场预定的能量；在日内能够调度的存储能量不能超过预定值 $R_{\text{up},t}$。当管理

市场上调电价并且 $E_{a,t} - E_{\mathrm{bid},t}$ 小于日前在存储市场预定的值 $R_{\mathrm{up},t}$ 时，由于实际发电量和日前竞价电量的偏差可以被完全抵消，这时风电厂商避免了管理市场的惩罚；当偏差大于 $R_{\mathrm{up},t}$ 时，风电厂商受到的惩罚量降低到 $(E_{a,t} - E_{\mathrm{bid},t} + R_{\mathrm{up},t})$。

从存储市场购买电量的花费可以表示如下：

$$c_{R,t} = \eta_{\mathrm{up},t} R_{\mathrm{up},t} + \begin{cases} \mu_{\mathrm{up},t} R_{\mathrm{up},t}, & E_{a,t} \leqslant E_{\mathrm{bid},t} - R_{\mathrm{up},t} \\ \mu_{\mathrm{up},t}(E_{\mathrm{bid},t} - E_{a,t}), & E_{\mathrm{bid},t} - R_{\mathrm{up},t} \leqslant E_{a,t} \leqslant E_{\mathrm{bid},t} \end{cases} \tag{12-7}$$

其中，花费主要由两部分构成：$\eta_{\mathrm{up},t} R_{\mathrm{up},t}$ 表示在日前存储市场预定电量的花费，其中 $\eta_{\mathrm{up},t}$ 表示日前存储市场的价格；第二项表示实际调度存储容量的花费，其中 $\mu_{\mathrm{up},t}$ 表示存储容量的实时调度价格。为了研究方便，本章对存储容量的调度价格作如下假设：

$$p_{\mathrm{DA},t} \leqslant \mu_{\mathrm{up},t} \tag{12-8}$$

当风电场同时参与两个市场时，它的利润可表示如下：

$$\pi_t = \pi_t^R + c_{R,t} = p_{\mathrm{DA},t} E_{a,t} - \eta_{\mathrm{up},t} R_{\mathrm{up},t}$$
$$+ \begin{cases} \Delta p_{\mathrm{up},t}(E_{a,t} - E_{\mathrm{bid},t} + R_{\mathrm{up},t}) - \mu_{\mathrm{up},t} R_{\mathrm{up},t}, & E_{a,t} < E_{\mathrm{bid},t} - R_{\mathrm{up},t} \\ -\mu_{\mathrm{up},t}(E_{\mathrm{bid},t} - E_{a,t}), & E_{\mathrm{bid},t} - R_{\mathrm{up},t} \leqslant E_{a,t} \leqslant E_{\mathrm{bid},t} \\ \Delta p_{\mathrm{down},t}(E_{a,t} - E_{\mathrm{bid},t}), & E_{a,t} > E_{\mathrm{bid},t} \end{cases} \tag{12-9}$$

$$\pi_t = p_{\mathrm{DA},t} E_{a,t} + c_t^S \tag{12-10}$$

本章的目标是通过在能量市场和存储市场开展战略性的竞价来降低风电厂商因风力发电不确定性所带来的利润损失。在式（12-10）中，$p_{\mathrm{DA},t} E_{a,t}$ 表示实际发出的风电带来的利润，这项不受战略竞价的影响，因此，最大化利润转化为最大化式（12-10）中的第二项 c_t^S，目标函数表示如下：

$$\max F = \max_{E_{\mathrm{bid},t}, R_{\mathrm{up},t}} \sum_{t=1}^{T} c_t^S \tag{12-11}$$

12.3　马尔可夫建模

本节把风电场的竞价问题转化为马尔可夫决策过程（Markov Decision Process，MDP）。其中一个 MDP 主要包含三个部分：状态集合、动作集合和奖励函数。这三个部分分别代表内容如下。

（1）状态集合：状态集合包含决策过程的所有状态。对于风电场竞价问题，时刻 t 的状态 $s_t = (E_{\mathrm{fore},t}, E_{\mathrm{bid},t-1})$，其中 $E_{\mathrm{fore},t}$ 表示时刻 t 风电功率的预测值；$E_{\mathrm{bid},t-1}$ 表示上一时刻的风电功率竞价量。

（2）动作集合：动作集合包含决策过程的所有动作。对于风电场竞价问题，时刻 t 的动作 $a_t = (\Delta E_{\mathrm{bid},t}, R_{\mathrm{up},t})$。其中 $\Delta E_{\mathrm{bid},t} = E_{\mathrm{bid},t} - E_{\mathrm{bid},t-1}$ 表示当前时刻风电竞价功率相对于上一时刻的增量。

（3）奖励函数：奖励函数值是指在 t 时刻，在状态 s_t 下执行动作 a_t 后获得的即时回报。对于本章所研究的问题，时刻 t 的奖励 $r_t = c_t^S$。

一个 MDP 表示，在某个时刻 t，智能体观察到环境的状态 s_t 后执行动作 a_t，得到即时回报 r_t 后系统转移到新的状态 s_{t+1} 的过程。对于一个交易日的奖励可表示为

$$R_t = r(s_1, a_1) + r(s_2, a_2) + \cdots + r(s_T, a_T) \tag{12-12}$$

其中，引入折扣因子 $\gamma \in [0,1]$ 以表征环境的不确定性，式（12-12）可表示为

$$R_t = r(s_t, a_t) + \gamma r(s_2, a_2) + \cdots + \gamma^{T-t} r(s_T, a_T) \tag{12-13}$$

12.4　采用的方法

本节选取异步优势 Actor-Critic 算法（A3C）来求解 MDP 过程。异步优势 Actor-Critic 算法主要包含两个部分：Actor 网络和 Critic 网络。Actor 网络把状态 s_t 作为输入，输出动作值 a_t；Critic 网络把状态 s_t 作为输入，输出一个评价值。Actor 网络和 Critic 网络相互辅助训练，以使得 Actor 网络学习到更好的交易策略，同时 Critic 网络学习到更合理的评价。

Critic 网络的目的是学习状态 s_t 到评价值的映射，也就是拟合价值函数 $V(s_t)$。Critic 网络以有监督学习的方式进行更新。假设 Critic 网络被神经网络参数化表示，它的参数集合为 θ^v，于是可以将它的损失函数值表示为

$$L(\theta^v) = \mathbb{E}_{\theta^v}(r_t + \gamma V(s_{t+1}) - V(s_t))^2 \tag{12-14}$$

其中，r_t 是在状态 s_t 执行动作 a_t 后获得的即时回报；$V(s_t)$ 表示价值函数。式（12-14）表示的是单步的方法，为了加速训练过程，A3C 采用多步的奖励来更新 Critic 网络的参数。这时，损失函数值被定义为

$$L(\theta^v) = \mathbb{E}_{\theta^v}(\sum_{i=0}^{k-1} \gamma^i r_{t+i} + \gamma^k V(s_{t+k} \mid \theta^v) - V(s_t \mid \theta^v))^2 \tag{12-15}$$

Critic 网络的参数可以依据损失函数进行更新：

$$\theta_{t+1}^v \leftarrow \theta_t^v - \eta_v \nabla_{\theta^v} L(\theta^v) \tag{12-16}$$

其中，θ_t^v 和 θ_{t+1}^v 分别表示第 t 步和第 $t+1$ 步 Critic 网络的参数集合；η_v 表示 Critic 网络的学习率。

Actor 网络：A3C 是基于策略的方法的一种变体。通常来讲，基于策略的方法更新参数的目的是最大化累积回报：

$$\max \mathbb{E}[R_t \mid \pi] \tag{12-17}$$

其中，R_t 表示在状态 s_t 执行动作 a_t 之后所获得的累积折扣奖励。累积折扣奖励的期望可以表示为

$$R_t = \sum_{\tau} R_t(\tau) p_{\pi}(\tau) = \mathbb{E}_{\tau \sim p_{\pi}(\tau)}(R_t(\tau)) \tag{12-18}$$

其中，$R_t(\tau)$ 表示从第 t 个时刻往前的一个轨迹 τ 的累积折扣奖励；$p_{\pi}(\tau)$ 表示轨迹 τ 发生的概率。一个轨迹的概率可以表示为

$$p_{\pi}(\tau) = p(s_t) \prod_{t}^{T} p_{\pi}(a_t \mid s_t) p(s_{t+1} \mid s_t, a_t) \tag{12-19}$$

其中，$p_{\pi}(a_t \mid s_t)$ 是由 Actor 网络的策略所决定，而策略函数被神经网络参数 θ^{μ} 参数化表示，因此，可以推导出累积折扣奖励的期望关于神经网络参数 θ^{μ} 的偏导：

$$\nabla R_{\theta^{\mu}} = E_{\tau \sim p_{\pi}(\tau)}(R_t(\tau) \nabla \log p_{\theta^{\mu}}(\tau)) \approx \frac{1}{N} \sum_{n=1}^{N} \sum_{t=1}^{T} R_t(\tau^n) \nabla \log p_{\theta^{\mu}}(a_t^n \mid s_t^n) \tag{12-20}$$

其中，$R_t(\tau^n)$ 的方差相对较高，而高方差将会降低算法的收敛速度和收敛精度，为此，引入基数项 $b(s_t)$。在实际操作过程中，基数项通常用价值函数 $V(s_t)$ 代替，这样，式（12-20）变为

$$\nabla R_{\theta^{\mu}} \approx \frac{1}{N} \sum_{n=1}^{N} \sum_{t=1}^{T} (R_t(\tau^n) - V(s_t)) \nabla \log p_{\theta^{\mu}}(a_t^n \mid s_t^n) \tag{12-21}$$

其中，$R_t(\tau^n) - V(s_t)$ 是对优势函数的估计，表征当前状态下智能体给出的决策相对于基准值的好坏。在单步深度强化学习算法中，优势函数是由 $r + \gamma V(s_{t+1} \mid \theta_v) - V(s_t \mid \theta_v)$ 计算得到，其中，r 是在状态 s_t 下执行动作 a_t 后获得的单步奖励。这种计算优势函数的方法在训练过程中收敛速度相对较慢，为了

加速学习过程，A3C 算法采用 n 步法，优势函数定义如下：

$$\sum_{i=0}^{k-1} \gamma^i r_{t+i} + \gamma^k V(\mathrm{s}_{t+k} \mid \theta_v) - V(\mathrm{s}_t \mid \theta_v) \tag{12-22}$$

为了鼓励更好地探索环境，A3C 算法在策略梯度中引入正则项，正则项通常用策略函数 π 的熵 $H(\pi(\mathrm{s}_t;\theta_\mu))$ 来表示，此时，策略梯度变为

$$\nabla R_{\theta_\mu} \approx \frac{1}{N} \sum_{n=1}^{N} \sum_{t=1}^{T} \nabla_{\theta_\mu} \log \pi(a_t \mid s_t;\theta_\mu)(\sum_{i=0}^{k-1} \gamma^i r_{t+i} + \gamma^k V(s_{t+k} \mid \theta_v) - V(s_t \mid \theta_v)) + \beta \nabla_{\theta_\mu} H(\pi(s_t;\theta_\mu))$$

$$\tag{12-23}$$

其中，β 是正则项的权重系数。本章采用神经网络去拟合策略函数，此时，策略函数被神经网络参数化，神经网络的参数集合为 θ_μ，它的更新方式为

$$\theta_{t+1}^\mu \leftarrow \theta_t^\mu - \eta_u \nabla_{\theta^\mu} R_{\theta^\mu} \tag{12-24}$$

其中，θ_t^μ 表示第 t 个时刻神经网络的参数；η_u 表示策略函数的学习率。

在训练神经网络的过程中，为了保证训练的稳定性，通常训练数据要独立同分布，然而深度强化学习在和环境交互过程中产生的数据具有较强的时间相关性。基于价值函数的深度强化学习算法通常采用经验回放机制来打破训练数据的时间相关性，不同于其他基于价值函数的深度强化学习方法，A3C 通过采用多核并行的机制保证训练过程的稳定。同时，这种方法也能从一定程度提高训练的效率，缩短学习时间。算法训练过程见表 12.1。

表 12.1　算法训练过程

1. 初始化 Actor 和 Critic 网络的参数 θ_μ 和 θ_v，回合计数器 $T=0$
2. 初始化分布式 Actor 的参数 θ_μ'
3. 当回合数小于 $T_{\max}$ 时，
4. 重置 Actor 网络的梯度 $d_{\theta_\mu} \leftarrow 0$ 和 Critic 网络的梯度 $d_{\theta_v} \leftarrow 0$
5. 重置分布式 Actor 网络参数 $\theta_\mu' = \theta_\mu$
6. 当 $t = 1, 2, \cdots, 24$ 时
7. 获取状态 s_t
8. 根据策略 $\pi(a_t \mid s_t;\theta_\mu')$ 选取动作 a_t
9. 获取奖励值 r_t，然后系统转移到新的状态
10. If $t/t_{\max} = 0$:
11. $R = \begin{cases} 0 & \text{for terminal } s_t \\ V(s_t,\theta_v') & \text{for non-terminal } s_t \end{cases}$
12. 当 $i \in \{t, t-1, \cdots, t-t_{\max}\}$ 时
13. $R \leftarrow r_i + \gamma R$
14. 根据式（12-23）计算关于 θ_μ' 的梯度
15. 根据式（12-15）计算关于 θ_v' 的梯度
16. 结束
17. 根据式（12-24）更新参数 θ_μ'，根据式（12-16）更新参数 θ_v'
18. 重置 Actor 网络和 Critic 网络的梯度为 0
19. 重置分布式 Actor 的参数 $\theta_\mu' = \theta_\mu$
20. 结束
21. 结束

12.5 算 例 分 析

12.5.1 算例背景

本章以丹麦西部的一个装机为 160MW 的风电场为例来验证所提方法的有效性。风电场的功率数据和丹麦西部电力市场数据均起始于 2016 年 1 月 1 号，终止于 2018 年 11 月 27 号。算例分析中将数据集分成两部分：从 2016 年 1 月 1 号到 2018 年 5 月 31 号的数据为训练集，用来训练深度强化学习算法；从 2018 年 6 月 1 号到 11 月 27 号的数据为测试集数据，用来测试学得算法的性能。

12.5.2 参数设置

A3C 算法中 Actor 网络和 Critic 网络都是由包含有三个隐藏层的神经网络构成，隐藏层神经元个数分别为 200、100 和 100。Actor 网络和 Critic 网络的学习率分别是 0.0001 和 0.001，折扣率设置为 0，熵的权重系数为 0.01，分布式 Actor 的个数设置为 10。测试集的风电功率、现货市场和管理市场的电价数据如图 12.1～图 12.3 所示。

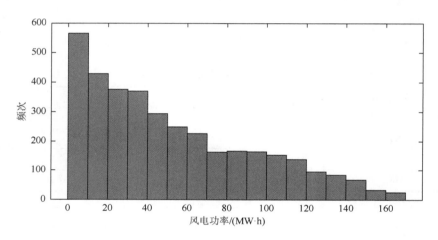

图 12.1 测试集风电功率

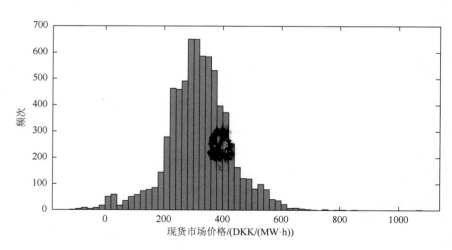

图 12.2 测试集现货市场价格

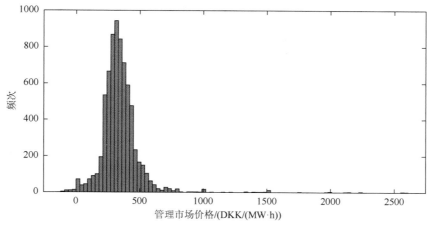

图 12.3　测试集管理市场价格

12.5.3　测试集结果分析

本章引入系数 ψ 和 ω 来探究存储市场的价格对风电厂商利润的影响：

$$\eta_{\text{up},t} = \psi p_{\text{DA},t}, \qquad \mu_{\text{up},t} = (1+\omega)p_{\text{DA},t} \qquad （12\text{-}25）$$

在本案例中，ψ 和 ω 分别设置为 0 和 20%。

算法的训练过程如图 12.4 所示。从图 12.4 中可以看出，智能体在初始阶段并不知道如何竞价，所以不断地尝试并和环境不断交互获取经验。随着经验的不断积累和神经网络参数的不断更新，智能体逐渐学会竞价的策略。算法在 80000 回合左右收敛，整个训练过程耗时 2 个小时。

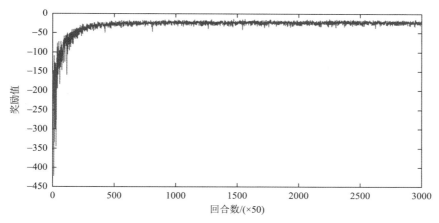

图 12.4　训练过程奖励函数变化

为了验证本章所提方法在测试集上学到的策略的好坏，作者在测试集上展开测试。对比的指标是风电场总的花费，也就是管理市场的惩罚和购买存储能量的花费之和。结果显示，优化前的总花费为 517600DKK（丹麦克朗，丹麦的货币单位），平均每天的花费为 3474.8DKK；而经过所提的方法优化后的总花费为 364850DKK，平均每天的花费为 2448.7DKK。经过本章提出的方法优化后，风电场总的花费下降了大约 30%。这说明所提的方法在训练集上学习到的交易策略也适用于测试集上，具有较强的泛化性。

一个高风电产出日和低风电产出日分别选作案例分析来进一步验证所提方法的有效性。低风电产出日取至该风电场 2018 年 7 月 11 号的数据。该天的电价、风电预测以及竞价量和花费如图 12.5 所示。

从图 12.5 中可以看出，在 20～21 点，实际发出的风电功率低于日前的竞价量，此时管理向上调节机制激活，导致风电场受到惩罚。然而，我们所提的方法在存储市场预定了一定的能量作为预备，因此抵消了一部分由于预测不准确所带来的惩罚，从而极大地减少了风电场的花费。优化前和优化后的情况可以从图 12.5（c）中观察得到。

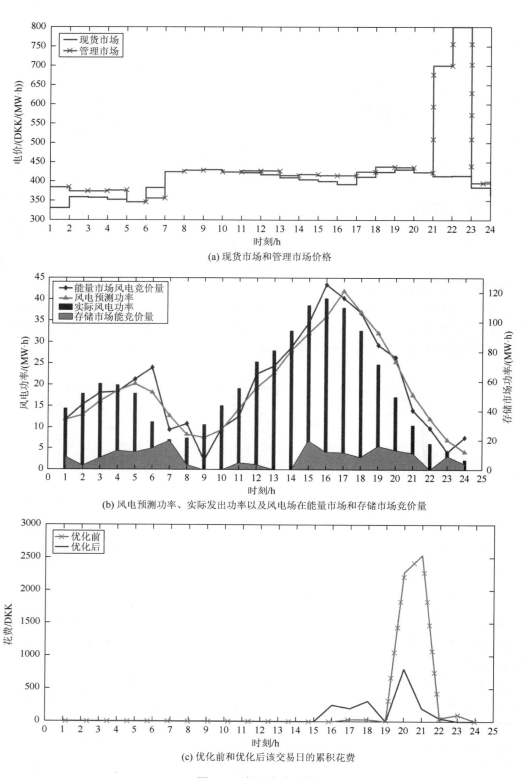

(a) 现货市场和管理市场价格

(b) 风电预测功率、实际发出功率以及风电场在能量市场和存储市场竞价量

(c) 优化前和优化后该交易日的累积花费

图 12.5　低风电产出日

　　高风电产出日对应的是 2018 年 6 月 11 号的真实数据。电价、竞价量以及风电真实功率和优化前后的花费如图 12.6 所示。从图 12.6（a）可以看出该交易日管理市场电价下调机制被激活。从图 12.6（c）可以观察到，本章所提方法的花费比直接拿预测值作为竞价量的情况要少。该交易

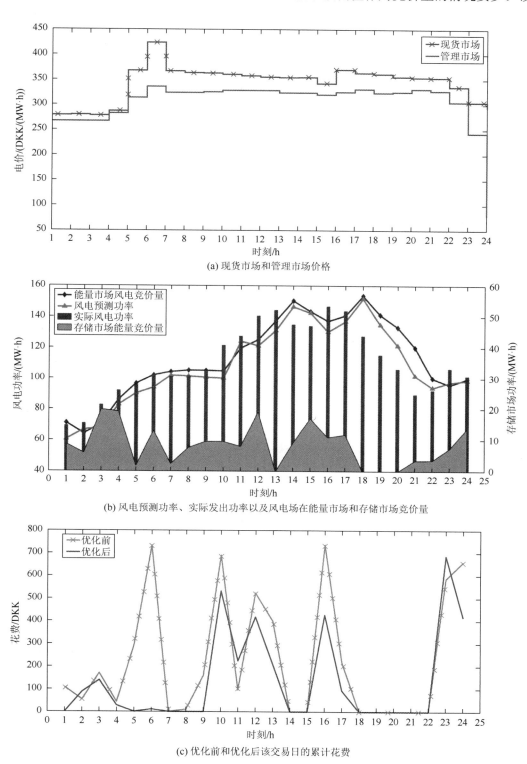

(a) 现货市场和管理市场价格

(b) 风电预测功率、实际发出功率以及风电场在能量市场和存储市场竞价量

(c) 优化前和优化后该交易日的累计花费

图 12.6　高风电产出日

日优化后的花费比优化前减少 40.3%。由于这种情况下不会在天内调度存储市场的能量，因此，这种情况下利润的减少主要来源于在天前电力市场的战略性竞价。这说明本章所提方法在训练集上学习到的竞价策略具有较强的泛化性。

12.6　本章小结

本章探究了通过参与存储市场来降低风电厂商在参与电力市场时由风力发电预测不确定性所带来的利润损失。首先，把竞价问题建模成马尔可夫决策过程，其次采用 A3C 算法求解该过程。利用神经网络强大拟合能力学习 A3C 算法中的策略函数的价值函数。然后，在丹麦电力市场验证了所提方法的有效性。最后，仿真结果显示，所提出的方法可以在训练集上学习到风电厂商同时参与能量和存储市场时的战略性竞价决策，并且学习到的策略具有较强的泛化性，可以在动态的电力市场中帮助风电厂商减少利润损失。

参 考 文 献

[1]　Matevosyan J，Soder L. Minimization of imbalance cost trading wind power on the short-term power market[J]. IEEE Transactions on Power Systems，2006，21（3）：1396-1404.

[2]　Bathurst G N，Weatherill J，Strbac G. Trading wind generation in short term energy markets[J]. IEEE Transactions on Power Systems，2002，17（3）：782-789.

[3]　Ding H，Pinson P，Hu Z，et al. Integrated bidding and operating strategies for wind-Storage systems[J]. IEEE Transactions on Sustainable Energy，2016，7（1）：163-172.

[4]　Garciagonzalez J，La Muela R M，Santos L M，et al. Stochastic joint optimization of wind generation and pumped-storage units in an electricity market[J]. IEEE Transactions on Power Systems，2008，23（2）：460-468.

[5]　Vasirani M，Kota R，Cavalcante R L，et al. An agent-based approach to virtual power plants of wind power generators and electric vehicles[J]. IEEE Transactions on Smart Grid，2013，4（3）：1314-1322.

[6]　Du E，Zhang N，Kang C，et al. Managing wind power uncertainty through strategic reserve purchasing[J]. IEEE Transactions on Power Systems，2017，32（4）：2547-2559.

[7]　Naghibisistani M B，Akbarzadehtootoonchi M R，Bayaz M H，et al. Application of Q-learning with temperature variation for bidding strategies in market based power systems[J]. Energy Conversion and Management，2006，47（11）：1529-1538.

[8]　Li G，Shi J. Agent-based modeling for trading wind power with uncertainty in the day-ahead wholesale electricity markets of single-sided auctions[J]. Applied Energy，2012，99：13-22.

[9]　Cao D，Hu W，Xu X，et al. Bidding strategy for trading wind energy and purchasing reserve of wind power producer-A DRL based approach[J]. International Journal of Electrical Power & Energy Systems，2020：117.

[10]　Mnih V，Badia A P，Mirza M，et al. Asynchronous methods for deep reinforcement learning[C]. International Conference on Machine Learning，2016：1928-1937.

第五部分　展　望　篇

第1章　人工智能在电气工程中应用的展望

1.1　人工智能发展的简要回顾

1.1.1　人工智能概念的演进

1950 年，计算机科学之父、人工智能科学之父——图灵发表了题为 *Computing machinery and intelligence* 的论文，图灵在文章的第一句就提出一个尖锐的问题，机器会思考吗？这一提问连同图灵关于机器智能方面的创造性工作，或许是人工智能的萌芽[1]。

1956 年，斯坦福大学的 McCarthy 教授、麻省理工学院的 Minsky 教授在达特茅斯聚会，共同研究和探讨用机器模拟智能的一系列问题，首次提出了"人工智能"这一术语，标志着"人工智能"这门新兴学科的正式诞生[2]。

自 20 世纪 50 年代以来，相关专家学者从控制论、自动机器理论和信息论等不同的角度，对人工智能或会思考的机器（Thinking Machines）的形态提出了不同的定义，举例如下。

（1）人工智能是关于智能机器的科学与工程技术（Artificial Intelligence is the Science and Engineering of Making Intelligent Machines。John McCarthy，1955）。

（2）人工智能是关于如何让机器去做需要人类智能才可以完成的事情的科学（Artificial Intelligence is the science of making machines do things that would require intelligence if done by men。Marvin Minsky，1968）。

（3）人工智能是指那些能够对环境做出响应并最大化成功机会的设备（Artificial Intelligence is anything a machine does to respond to its environment to maximize its chances of success。Steven Struhl）。

（4）人工智能是关于创建能够学习、认知、预测、计划、推荐的机器，以及理解并响应图像和语言的计算机科学（Artificial Intelligence is a field of computer science that focuses on creating machines that can learn，recognize，predict，plan，and recommend — plus understand and respond to images and language。Salesforce）。

（5）人工智能是一种能够自我识别事情，可以自我编程的程序（Artificial Intelligence is a program that can figure out things for itself. It's a program that can reprogram itself。Jim Sterne）。

以上定义从不同角度概括了 AI 是关于制造具有智能表现（能够与环境交互并实现目标）的机器的科学。为此，智能机器需要具有感知、识别、判断、预测、学习以及行动能力，即思考与行为能力（Thinking and Acting）。

随着 AI 科学与技术的快速发展，对人工智能内涵的认识也在不断深化。人工智能已经发展成为一个庞大的学科体系，人工智能学科是研究、开发用于模拟、延伸和扩展人的智能的理论、方法、技术及应用系统的一门新的技术科学（引自百度百科）。

1.1.2　人工智能的发展进程回顾

与任何新生事物一样，人工智能也经历了曲折的发展历程，发展历程见图 1.1。

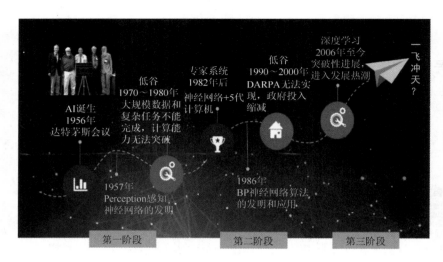

图 1.1　人工智能发展的曲折过程

人工智能的发展历程大致可以划分为以下三个主要阶段。

第一阶段：1956～1980 年。在 1956 年人工智能概念首次提出后，相继出现了一批显著的成果，如机器定理证明、跳棋程序、通用问题 s 求解程序、LISP 表处理语言等。但是计算能力有限以及基于语法的机器翻译的失败，使人工智能走入了低谷。这一阶段的特点是重视问题求解的方法，而忽视了知识的重要性[3, 4]。

第二阶段：1980～1990 年。随着专家系统的出现，人工智能研究出现新的高潮。DENDRAL 化学质谱分析系统、MYCIN 疾病诊断和治疗系统、PROSPECTIOR 探矿系统、Hearsay-II 语音理解系统等专家系统的研究和开发，将人工智能引向了实用化[5]。使人们看到了应用 AI 解决实际问题的成果。但专家的知识和逻辑结构仍需经过人工的梳理和提炼，难以形成一般化的方法加以推广应用。

第三阶段：2006 年以来，在飞速发展的计算机技术和大量积累的数据资源共同助推下，计算能力和信息处理能力更加易得且价廉，人们得以在高算力支撑下从大数据中获取知识/智能。现在一块 GPU 芯片的计算能力（8.2tflops）就已经超过了 2000 年全球巨型机冠军 ibm asci white 的计算能力（7.2tflops）。计算能力的提高，使得人们可以处理更多的数据，使用更有效的计算方法，从而扩展知识获取的深度和广度。随着大数据技术的发展和深度学习方法的涌现，人工智能在图像分类与识别、自然语言处理与机器翻译、围棋和策略游戏对弈、自动驾驶等领域取得令人瞩目的成绩，使人工智能应用进入了广泛的工业和社会领域。

从流派变迁的视角（图 1.2）分析，AI 的发展大概经历了符号学派、控制学派、连接学派，正在进入繁花似锦的新时代[6]。

依照人工智能内在的层级结构（人工智能的层级与进展见图 1.3），大致可分为计算智能、感知智能、认知智能以及创造性智能几类[7]。

在计算智能方面，若单纯考察计算能力，机器早已远超过人的表现，但是算什么（建模）、怎么算（编程）、算出了什么（结果分析与解读）尚需依赖专业领域的专家。

在感知智能领域，随着深度学习方法的进步，机器在人脸识别的正确率早在 2017 年已达到 99.8%，远超过人类肉眼识别的正确率 97.53%。人脸识别已经广泛进入金融、安防、社会管理等身份识别和管理的应用领域。在自然语言处理（NLP）领域，随着基于语料大数据的智能语音/语言识别处理技术的发展，自然语言/语音处理及翻译已经开始实用化，极大地改善了人际/人机交流的便利性。

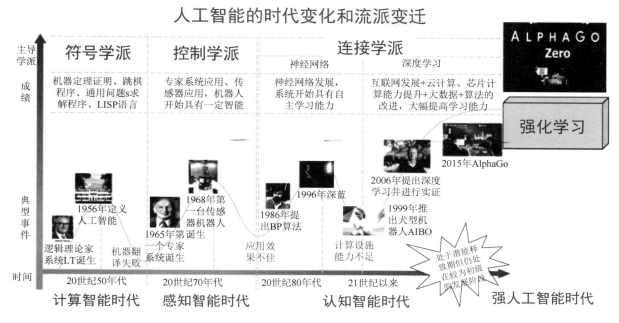

图 1.2　人工智能的流派变迁

图 1.3　人工智能的层级与进展

认知智能领域正在成为人工智能发展的前沿。随着人工智能基础理论和方法的进步，机器的智能水平快速提升，2016 年 3 月，AlphaGo 击败了世界围棋冠军李世石，成为人工智能发展的标志性事件。随后在 2017 年 10 月 19 日 AlphaGo 团队在《自然》期刊上发表文章，介绍了 AlphaGo 的新版本 AlphaGo Zero。AlphaGo Zero 完全通过自己与自己对弈来学习，在 40 天内就超过了所有之前的版本。从 AlphaGo Zero 开始，人工智能强大的自主学习能力受到了广泛的关注。

如果是围棋属于场景复杂但规则简单的博弈问题，人工智能近来在复杂策略游戏这样不完美信息博弈领域也取得了战胜人类顶尖高手的成绩，展示了高超的决策水平。

2019 年 1 月，"深层思维"的另一个人工智能程序"AlphaStar"在经典即时战略电脑游戏《星际争霸 2》中，与高水平人类职业选手的比赛中以 10 比 1 获胜。与围棋棋盘上所有棋子都对双方可见不同，《星际争霸 2》中有"战争迷雾"，一方需要猜测和侦察对方的行动，属于"不完美信息博弈"，并且要求人工智能必须实时做出反应。

人工智能领域的高地在创造性智能，即发掘和创造前所未有的新知识。不限于对已有现象、规律的简单归纳和表达，而是实现从量变到质变的飞跃和突变。在这一层面，既面临着巨大的挑战，也有诸多不确定的风险。

在人类不断推升人工智能研究水平，创造越来越先进的智能机器的过程中，也有专家担忧人工智能发展可能带来的风险。未来超高智商的智能机器是否能变成人类的主宰？高度智能的机器战士是否会调转枪头？专家们也是见仁见智。值得注意的是，现实的人工智能应用已经涉及了诸多法律、伦理、隐私保护等社会问题。有专家指出人工智能正面临"伦理问题、算法歧视问题、个人数据与机器学习的矛盾、基于 GAN 的仿真和替换技术真假难辨"等风险问题。

人工智能虽已取得令人瞩目的成绩，但在各领域成功应用的主要还是针对特定问题的专用人工智能，通用人工智能尚处于探索阶段，是否存在通用的知识/智能？如何获取通用智能？人工智能面临着"专"与"通"的矛盾；在人工智能方法方面，深度学习、强化学习等方法通过对海量数据的计算将知识转化为深度神经网络及其连接权重，形成对知识外特性的映射，并用于解决问题，但网络表达并未真正理解和掌握知识的内核，因而虽能达到"形似"，但很难做到"神似"，面临"死记硬背"与"理解融通"的矛盾；虽然很多应用场合可以将数据集中后再进行处理，但在物联网时代，更多的数据分布在底层传感单元，且需要借助于边缘计算就地做出智能决策。因此，人工智能应不仅有"高大上"的应用，还应该发展适应"小快灵"的智能方法。

1.2　人工智能在电气工程中应用的前景

本书各章节已经全面介绍了人工智能在电气工程领域的应用成果。对于人工智能电气应用这样一个快速发展的领域，很难具体预测未来的技术发展，只能对发展趋势做一个展望。

1.2.1　人工智能发展的趋势

人工智能的发展是其在电气工程中应用的原动力。

1. 由知识到智能

人工智能的未来发展将在更深入探究"智能"本质的基础上，从主要致力于解决"数据—知识"的问题，向解决"数据—知识—智慧"问题的方向迈进。

研究工作将更加关注对"知识"本身内在结构的认知与分析，研究"知识"内在结构与知识表达结构（神经网络）的相互映射关系，研究"知识"表达结构的优化准则及效能评估方法，研究"知识"的共性规律与提取表征方法，从而形成对"知识"体系架构的深入认知。相关成果有助于解决知识的提取、迁移、共享和高效表征问题。

研究工作将关注多知识体系和知识表达方法的融合，研究基于模型的因果知识与基于数据的统计学知识的有效融合方法，研究不同领域知识的共性特征及其提取方法，研究不同知识表达方式之间的等价约化方法，研究多知识体系的拼接与融合方法，可以发展出更高效更具通用性的人工智能方法。

研究工作将更加关注"智能"应用场景的跨越。未来人工智能应不断探索解决在非完备规则、不完全信息、非确定边界场景下的应用问题。需要研究基于有限样本的知识提取方法，研究对象行为特征的认知和表征方法，研究多模型、多规则相容的知识/智能获取方法，探索推理与经验相结合的智能决策方法，构建可解释的、可信的智能决策架构。

除了体量巨大的人工智能系统，未来以 5G 甚至 6G 等技术支撑的泛在物联网为基础，泛在感知、万物互联、边缘计算、群智系统将成为智能系统应用中的新主角。

2. 去中心化的群体智能

在自然界中，由多个功能简单的个体组成的生物群体会展现出强大的群体功能，可以为人工智能的发展提供有益借鉴。

群体智能（Swarm/Collection Intelligence，SI/CI）是指在集体层面表现的分散的、去中心化的自组织行为。群体智能典型案例见图 1.4，例如，蚁群、蜂群构成的复杂类社会系统，鸟群、鱼群为适应空气或海水而构成的群体迁移，以及微生物、植物在适应生存环境时候所表现的集体智能。群体不存在中心控制，具有自组织性[8]。

(a) 飞行中的蜂群　　　　　　　(b) 蚂蚁造桥梁　　　　　　　(c) 无人机群

图 1.4　群体智能的典型案例

相较于复杂的单智能体或少量智能体协同的智能复合体，群体智能具有以下特点。

（1）分布式控制：不存在中心控制。因而它更能够适应当前网络环境下的工作状态，并具有较强的鲁棒性，即不会由于少量个体的故障而影响群体整体功能的实现。

（2）易扩充性：每个个体都能够通过与环境交互实现个体之间的间接通信。由于无须个体间的直接通信，当个体数目增加时，通信开销的增幅较小。

（3）规则简单：群体中每个个体只需遵循非常简单的行为规则，对个体的能力要求很低，因而群体智能易于以低成本、低功耗方式实现。

（4）自组织性：通过众多简单个体依据简单规则和少量通信实现群体整体的目标功能，因此，群体具有自组织性。

群体智能将在未来能源系统、交通系统、工业生产系统乃至社会系统的智能化方面发挥重要作用。

2019 年 9 月发布的 6G 白皮书《6G 泛在无线智能的关键驱动因素及其研究挑战》中，提出了 6G 愿景：泛在无线智能。"泛在"——能在任何地方为用户提供无缝服务；"无线"——无线连接是关键基础设施的组成部分；"智能"——面向人类和非人类用户的上下文感知智能服务和应用。足见智能既是未来创新的动力，也为未来创新提供需求。

1.2.2　人工智能发展的主要推动力

人工智能发展主要依赖于以计算机为基础的机器（实现工具）和基于神经科学对人类大脑智能形成发展机制的认知与理解（模仿对象）两方面的进步。

1. 脑科学的启示

人工智能的直接解释就是模仿人类智能的机器。人类的大脑是一个涉及生物、化学、电磁、信息等多学科的复杂体系，人类虽对人脑的研究付出了巨大的努力，取得很大的进展，但人类对大脑的认知还是很初步的。近年来，随着 PET、fMRI（功能磁共振成像）和脑起搏器等脑信号检测和干预技术的巨大进步，脑科学也进入科学实证研究的阶段。

在人工智能领域，早期的感知器网络就是模仿生物学神经网络作用机制构建出来的，这既带来了 20 世纪 80 年代的一波人工神经网络研究热潮，也是近来深度神经网络发展的基础。

脑科学的研究揭示了人类在学习、记忆、思考、决策过程中脑神经系统的生化电反应过程和机制。人类的记忆、遗忘、注意力、奖赏回报等神经科学概念，都被延展借鉴到人工智能领域[9]。在哺乳动物视觉皮层对视觉输入信号处理的研究表明对信号进行了卷积处理，受此启发发展了卷积神经网络。受人脑记忆-遗忘机制及其对学习效果影响的启发，发展了长短期记忆网络。受动物的条件反射机制（奖赏-回报机制）的启发，发展了强化学习的人工智能方法。

随着世界各国大力推进的各种脑科学计划的进展，大脑运行机制的奥秘会更多地被揭示出来，将极大地深化人们对智能本质、智能产生和运作机制的认识，也会启发人类发展出更多的人工智能新方法。

除了完全用机器（芯片或计算机）构建"离脑"的人工智能系统之外，有很多脑科学研究项目正在建立"脑机"系统（图 1.5），借此直接研究脑的运作与功能，甚至对脑的功能病变进行干预（脑起搏器）。2020 年 7 月 10 日，特斯拉 CEO 埃隆·马斯克（Elon Musk）在推特上表示，他创立的脑机接口公司 Neuralink 将于 2020 年 8 月 28 日公布其最新进展。Neuralink 的首批产品可以帮助解决神经系统受损者的大脑健康问题。

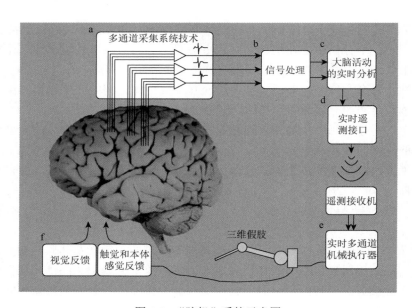

图 1.5　"脑机"系统示意图

2. 数学理论与方法的进步

任何科学领域都离不开数学。人工智能发展到今天，得到多种数学方法的有力支撑，数学的贡献功不可没。另外，人工智能领域尚有很多难题尚未得到清晰的数学刻画和完美解决。未来人工智能发展质的飞跃有赖于新数学方法的涌现。

人工智能领域的一些深层次问题有待于数学理论和方法的突破。例如，由数据习得的知识结构的代数/几何刻画；知识形态的定量度量及其与表征结构的关系；知识系统的解释、约化与加工处理；知识与智能的递进关系，知识/智能获取、迁移、加工转换及表达的数学基础；确定性知识/智能与不确定性知识/智能的互嵌与融合，等等。

1.2.3　电气工程中的人工智能应用需求

与经济领域中"供给"与"需求"是推动发展的孪生兄弟相似，电气领域的应用需求也是拉动人工智能电气应用的重要因素。电气领域人工智能应用需求浩若瀚海，难以枚举。仅按领域进行简要归类。

1）电气运行领域

电气设备状态的多维感知、设备运行状态的智能诊断、设备缺陷/故障的智能预警。

基于人工智能的电力系统运行状态的感知、分析、预测与优化调度，基于物联网和人工智能的能源互联网协调优化与控制。

2）电气制造领域

智能化的产品优化设计，智能化的产品制造系统，智能化的生产组织及优化系统。

3）电气运维领域

智能化的产品运维服务系统，基于产品运行数据的智能化产品质量分析及优化辅助决策系统。

在未来电气领域人工智能应用中，离不开领域专家的重要作用。

1.3　世界各国鼓励人工智能发展的规划与措施

1.3.1　我国发展人工智能的战略目标与规划

我国高度重视人工智能的战略地位，将其视为新科技革命的重要突破点，花大力气推动人工智能理论和应用的发展。

2017 年 7 月 20 日国务院印发《新一代人工智能发展规划》，其中提出了新一代人工智能发展分三步走的战略目标，到 2030 年使中国人工智能理论、技术与应用总体达到世界领先水平，成为世界主要人工智能创新中心，这是中国首个面向 2030 年的人工智能发展规划，随着人工智能上升到国家战略，顶层设计框架搭建完成，产业发展有望持续提速，带来投资新机遇。

国家人工智能发展三步走的战略目标具体如下。

第一步，到 2020 年人工智能总体技术和应用与世界先进水平同步，人工智能产业成为新的重要经济增长点，人工智能技术应用成为改善民生的新途径，有力支撑进入创新型国家行列和实现全面建成小康社会的奋斗目标。

第二步，到 2025 年人工智能基础理论实现重大突破，部分技术与应用达到世界领先水平，实现人工智能核心产业规模达 4000 亿元，带动相关产业规模超 5 万亿元。

第三步，到 2030 年，我们的人工智能务必要占据全球人工智能制高点。我国的人工智能理论、技术与应用总体达到世界领先水平，成为世界主要人工智能创新中心，其智能经济、智能社会取得明显成效，从而为跻身创新型国家前列和经济强国奠定重要基础，实现人工智能核心产业规模达 1 万亿元，带动相关产业规模超 10 万亿元。

我国的相关部门也制定了推动人工智能发展的具体计划。

部门	时间	名称
国家发展改革委、科技部、工信部、中央网信办	2016 年 5 月	《"互联网＋"人工智能三年行动实施方案》
国务院	2017 年 7 月	《新一代人工智能发展规划》

部门	时间	名称
工信部	2017 年 12 月	《促进新一代人工智能产业发展三年行动计划（2018—2020 年）》
教育部	2018 年 4 月	《高等学校人工智能创新行动计划》

1.3.2　外国推动人工智能发展的规划和举措

美国、日本、德国等世界主要国家和组织也制定了多项推动人工智能发展的国家战略规划和相关计划，具体示意图见图1.6。

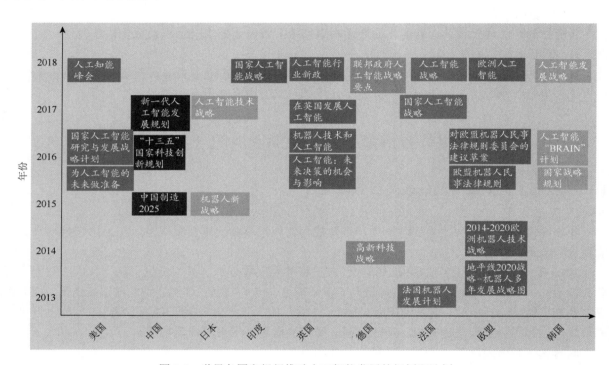

图 1.6　世界各国和组织推动人工智能发展的规划和计划

1. 美国

美国在人工智能发展方面具有明显的优势，从政府到企业对人工智能带来的变革都极为重视，科研机构对人工智能重视程度也在不断加强，相关创新型产品迭代迅速。

战略层面高度重视，成立国家专家委员会机构

2015 年以来，美国白宫科技政策办公室连续发布的《为人工智能的未来做好准备》、《国家人工智能研究和发展战略计划》和《人工智能、自动化与经济报告》3 份重量级报告。2016 年 5 月，美国白宫推动成立了机器学习与人工智能分委会（MLAI），专门负责跨部门协调人工智能的研究与发展工作，并就人工智能相关问题提出技术和政策建议，同时监督各行业、研究机构以及政府的人工智能技术研发。

2019 年 2 月，特朗普签署一份行政令，启动"美国人工智能倡议"。这份倡议明确要求联邦机构在研发投入中把人工智能列入优先地位，从人-机-环境系统的角度出发，表现出"基础优先"、"资源共享"、"标准规范"、"人才培养"和"国际合作"五个关键特征。

2. 德国

德国政府"工业 4.0"计划在工业机器人发展的初级阶段发挥着重要作用，其后，产业需求引领工业机器人向智能化、轻量化、灵活化和高能效化方向发展。2013 年，德国推行了以"智能工厂"为重心的"工业 4.0"计划，工业机器人推动生产制造向灵活化和个性化方向转型。

以服务机器人为重点，加快智能机器人的开发和应用

德国联邦教研部在"信息和通讯技术 2020—为创新而科研"研究计划中安排有服务机器人的项目。联邦经济部的"工业 4.0 的自动化计划"的 15 个项目中涉及机器人项目的有 6 个。德国科学基金会通过计划和项目资助大学开展机器人基础理论研究，如神经信息学、人机交互通信模式、机器人自主学习和行为决策模式等。

推动"自动与互联汽车"国家战略，引领汽车产业革命，2015 年 9 月联邦政府内阁通过了联邦交通部提交的"自动与互联汽车"国家战略。德国顶尖大学和研究机构对传感器、车载智能系统、连通性、数字基础和验证测试进行的广泛研发使德国在技术领域又一次走在前沿。德国以设备制造商和大学的紧密科研合作为特点，通过公共补贴项目，支持更高水平的自动驾驶大规模研发。

3. 法国

2017 年 3 月，法国经济部与教研部发布《人工智能战略》，旨在把人工智能纳入原有创新战略与举措中，谋划未来发展。

发起长期资助计划、人工智能＋X（相关领域）合作计划、建设大型科研基础设施、新建法国人工智能中心、设立领军人才计划、普及人工智能知识等。

设立技术转化项目与奖金、设立人工智能公共服务项目、建设云数据共享平台及数据和软件等资源集成与展示平台、设立投资基金和人工智能基金会、推动人工智能在智能汽车及金融投资等领域应用、扶持人工智能在安全及监测异常行为等冷门研究方向的新创企业、共同起草人工智能研发路线图等。

4. 日本

2016 年，日本通过的新版《日本再兴战略 2016》中，将 2017 年确定为日本人工智能元年，将通过大力发展人工智能，保持并扩大其在汽车、机器人等领域的技术优势，逐步解决人口老化、劳动力短缺、医疗及养老等社会问题，扎实推进超智能社会 5.0 建设。

2017 年，日本政府出台《下一代人工智能推进战略》，明确了人工智能发展的技术重点，并推动人工智能技术向强人工智能和超级人工智能的方向延伸。2018 年 5 月，日本经济产业省公布《新产业构造蓝图》，将视角由技术研发转向应用与产业化，提出利用人工智能及物联网等技术，普及自动驾驶汽车及建立新医疗系统。

目前，日本人工智能研发重点聚焦于日本的汽车、机器人、医疗等产业强项领域，并以老龄化社会对智能机器人的迫切需求，以及超智能社会 5.0 建设等为主要拉动力，突出以硬件带动软件、以创新社会需求带动产业发展等特点，在产业布局方面具有非常显著的目标性和针对性。

5. 欧盟

2018 年 3 月，欧洲政治战略中心发布《人工智能时代：确立以人为本的欧洲战略》支撑欧盟进一步营造人工智能的有利发展环境及确认发展路径。2018 年 4 月，欧盟委员会提交了《欧盟人工智能》报告，构建起人工智能投资框架，提出通过消除数字鸿沟积极应对经济社会变革，并建立了人工智能的伦理和法律框架，延续了以人为本的发展战略。

欧盟着重于公私合作来构建人工智能投资框架，提出欧盟委员会将投资 15 亿欧元用于人工智能技术研究与创新，加强人工智能研究中心建设和推广人工智能行业应用；同时，以欧洲战略投资基金为主体，吸引各行业优质企业资本，初步规划筹集至少 5 亿欧元，用于升级泛欧人工智能卓越中心网络，以及在交通、医疗、农产品、制造等领域新建数字创新中枢。

6. 印度

在"数字印度"的强力推动下，印度政府逐步关注人工智能、机器人、量子通信、区块链、机器学习和物联网等创新技术，挖掘并利用人工智能的潜力，提升印度制造业、医疗行业、农业的产业效率，加速智慧城市的建设。

2018 年，印度出台《人工智能国家战略》，充分利用人工智能这一变革性技术，促进经济增长和提升社会包容性，寻求一个适用于发展中国家的人工智能战略部署。该战略短期内聚焦社会公共服务效率提升，明确了人工智能技术的五大重点应用领域，包括医疗、农业、教育、智慧城市和基础设施、交通运输。

印度政府认为有必要将人工智能提升到战略治理工具的高度，将着力构建国家智能网络平台，连接政府业务和公民数据库，并通过建立多个稳定的机器学习架构来填补国家安全和公民利益的漏洞，积极打造一个基于人工智能平台的国家安全智能基础设施。

参 考 文 献

[1] Edmond P，Odescalch I. Can a machine think？[J]. School Science & Mathematics，1958，58（9）：667-671.

[2] 陈晋. 人工智能技术发展的伦理困境研究[D]. 长春：吉林大学，2016.

[3] Newell A，Simon h A.The logic theory machine—A complex information processing system[J].IEEE Transactions on Information Theory，1956，2（3）：61-79.

[4] Mccarthy J.Recursive functions of symbolic expressions and their computation by machine，part Ⅰ [J].Communications of the ACM，1960，3（4）：184-195.

[5] Feigenbaum E A.The art of artificial intelligence.i.themes and case studies of knowledge engineering [C]//Proceedings of the 5th International Joint Conference on Artificial Intelligence.San Francisco：Margan Kaufmann，1977：1014-1029.

[6] 褚秋雯. 从哲学的角度看人工智能[D]. 武汉：武汉理工大学，2014.

[7] 毛航天. 人工智能中智能概念的发展研究[D]. 上海：华东师范大学，2016.

[8] 赵健，张鑫褆，李佳明，等. 群体智能 2.0 研究综述[J]. 计算机工程，2019，45（12）：1-7.

[9] Fan J T，Fang L，Wu J M，et al. From brain science to artificial intelligence[J]. Engineering，2020，6（3）：96-106.